U0315740

共和国钢铁脊梁丛书

中国冶金地质总局成立70周年系列丛书

中国冶金地质黑色金属勘查70年

锰矿卷

主编　牛建华

北　京

冶 金 工 业 出 版 社

2022

内 容 提 要

本书全面系统地梳理了冶金地质部门70年来锰矿勘查和科研工作的历史贡献。书中概述了我国锰矿资源状态和勘查历程，详细介绍了冶金地质部门参与勘查的主要锰矿床地质特征、发现与勘查历史、开发利用情况，以及承担的锰矿调查评价和锰矿科研项目所取得的成果。

本书涉及范围广，时间跨度大，内容丰富，资料翔实，可供广大地质工作者在锰矿勘查和科研方面参考使用。

图书在版编目(CIP)数据

中国冶金地质黑色金属勘查70年．锰矿卷／牛建华主编．—北京：冶金工业出版社，2022.12

（共和国钢铁脊梁丛书）

ISBN 978-7-5024-9323-3

Ⅰ．①中…　Ⅱ．①牛…　Ⅲ．①锰矿—地质勘探—中国—纪念文集　Ⅳ．①P618.3-53

中国版本图书馆 CIP 数据核字(2022)第 202732 号

中国冶金地质黑色金属勘查70年　锰矿卷

出版发行	冶金工业出版社	电　话	(010)64027926
地　址	北京市东城区嵩祝院北巷 39 号	邮　编	100009
网　址	www.mip1953.com	电子信箱	service@mip1953.com

责任编辑　王　双　张熙莹　美术编辑　彭子赫　版式设计　郑小利
责任校对　郑　娟　责任印制　窦　唯
北京捷迅佳彩印刷有限公司印刷
2022 年 12 月第 1 版，2022 年 12 月第 1 次印刷
787mm×1092mm　1/16；30 印张；726 千字；460 页
定价 199.00 元

投稿电话　(010)64027932　投稿信箱　tougao@cnmip.com.cn
营销中心电话　(010)64044283
冶金工业出版社天猫旗舰店　yjgycbs.tmall.com
（本书如有印装质量问题，本社营销中心负责退换）

中国冶金地质总局成立 70 周年系列丛书
编 委 会

主　　　任：牛建华

执行副主任：王文军　琚宜太

副　主　任：古越仁　丁传锡　李　伟　王　彦
　　　　　　傅金光

执行编委：易　荣　孙修文　仇仲学　陈　伟
　　　　　　田郁溟

编　　　委：李喜荣　方合三　袁　明　陈海弟
　　　　　　杨占东　吴云劼　苗国航　崔文志
　　　　　　张云才　黄　锋　张东风　杨玉坤
　　　　　　宋　军

专家顾问组（按姓氏笔画排序）：
　　　　　　丁万利　万大福　王永基　王泽华
　　　　　　刘令胜　安　竞　李仕荣　李树良
　　　　　　张振福　陈军峰　周尚国　单晓刚
　　　　　　屈绍东　潘新辉　薛友智

本书编委会

主　　　编：牛建华

副 主 编：琚宜太

执行主编：孙修文　陈　伟　田郁溟

总撰稿人：王泽华　李朗田　曹景良　吴继兵　夏柳静

编　　　辑：陈广义　高宝龙　黄　屹　徐海林　王维李
　　　　　　江　沙　罗　恒　龙　鹏　姜　玲　陈　旭
　　　　　　刘殿蕊　张志华　张青杉　陈贺起　王华青
　　　　　　赵立群　张振福　雷玉龙　万大福　程　春
　　　　　　陈　斌　杜荣学　王　春　吴纪宁　郑　杰
　　　　　　杨　敏　孙　芳　肖德长　华　二　刘　阳
　　　　　　刘东升　刘　虎　黄　飞　胡雅菲　李荣志
　　　　　　刘　元　李　伟　贾　耿

承担单位：中国冶金地质总局中南局

总　　序

　　党的二十大报告指出，增强国内大循环内生动力和可靠性，提升战略性资源供应保障能力，确保粮食、能源资源、重要产业链供应链安全。2022年10月2日，习近平总书记给山东省地矿局第六地质大队全体地质工作者回信，强调了矿产资源是经济社会发展的重要物质基础，矿产资源勘查开发事关国计民生和国家安全。习近平总书记系列重要讲话和指示批示精神，深刻阐明了构建我国矿产资源安全保障体系的紧迫性和重要性，为推进我国资源安全保障工作指明了前进方向、提供了根本遵循，进一步增强了全国地矿工作者的使命感和责任感。

　　为实现战略性矿产资源从高度依赖进口到生产自给支撑托底，我国已启动新一轮找矿突破战略行动，铁、锰、铬为本轮找矿突破行动中确定的紧缺战略性矿产。系统梳理冶金地质在铁、锰、铬勘查中形成的理论成果，全面总结冶金地质铁、锰、铬勘查成就，对进一步开展我国黑色金属深勘精查，实现找矿突破与安全保障，具有重要的指导意义。

　　黑色金属是大宗战略性矿产资源，是我国国民经济发展的基础，事关国计民生与国家安全。铁、锰、铬在紧缺战略性矿产中分别位列第二、第五、第六，据有关数据统计，铁、锰对外依存度超过80%，铬矿对外依存度超过99%。我国铁矿资源富矿少，贫铁矿多，难选矿多，自产铁矿石严重不足，供需矛盾突出，对外依存度居高不下。我国锰矿资源较丰富，但小矿多，大矿少；贫矿多，富矿少；难选矿多，优富矿少；开采利用条件差的多，易采的少，绝大部分仍为资源量，尚需开展详查、勘探及开发利用可行性研究工作。我国铬矿资源十分匮乏，区域分布差异明显，查明资源储量少；矿床类型单一，优质资源少，供需关系失衡导致严重依赖进口，进口量逐年上涨。铁、锰、铬资源安全保障形势十分严峻。

　　中国冶金地质总局在黑色金属勘查方面有着悠久的历史，为国民经济建设提交了丰富的黑色金属矿产资源，为形成鞍本铁矿、冀东及邯邢铁矿、鲁中铁矿、桂西南锰矿、桂中锰矿、湘中锰矿、西昆仑锰矿等一批矿产资源基地作出了重要贡献。截至目前，累计提交的铁矿、锰矿、铬矿分别占我国查明总资源储量的 49.1%、55.3%、33%，为我国成为钢铁大国和以鞍山、包头、马鞍山、黄石、莱芜、淄博等为代表的工业城市的崛起作出了历史性贡献。冶金地质在长期的地质勘查工作中，通过实践和验证建立了铁矿向斜（形）控矿找矿模式，模式的应用累计提交的铁矿资源量超 100 亿吨；建立了"内源外生"锰矿成矿说，构建了中国南方锰矿地质学框架，丰富了全球锰矿地质学科的理论体系；铬矿提出西藏铬铁矿形成—分布受走滑型陆缘构造控制的新认识。

2022 年是中国冶金地质总局成立 70 周年，70 年来，一代代冶金地质人栉风沐雨、薪火相传，发扬"三光荣、四特别"精神，为我国资源安全保障和经济建设作出了重要贡献。尊重历史、尊重事实、总结成果，真实记录冶金地质几代人勘查历程，是冶金地质工作者的殷切期盼，为此，总局党委组织开展了本次《中国冶金地质黑色金属勘查 70 年》的编写工作，旨在全面梳理总结冶金地质黑色金属勘查与科研工作的历史，纪念广大冶金地质工作者的丰功伟绩，激励鞭策当代地质工作者发扬老一辈的奉献精神，为我国地质工作再创佳绩。全书分为铁矿卷、锰矿卷、铬矿卷，每一卷的编纂，都经过编写组、专家顾问组的反复研讨推敲，同时充分吸收原冶金地质系统属地化后兄弟单位的成果及建议，尽管统计工作不完全，文字表达欠华丽，但力争做到资料全面真实、据典可查、简练易懂、图文并茂。

不忘初心，方得始终，《中国冶金地质黑色金属勘查 70 年》作为中国冶金地质总局成立 70 周年特别编纂的图书，凝聚了冶金地质老、中、青三代人的智慧和心血，是冶金地质 70 年来一代代地质工作者无私奉献和突出贡献的重要体现，其资料翔实、内容丰富，综合研究和系统分析科学客观、条理清晰。谨以此序向本书编纂者、顾问组、研阅者及属地化的冶金地质兄弟单位致以崇高的敬意和谢意。

希望冶金地质广大青年技术工作者以老一辈地质人为榜样，坚定理想信念、彰显时代本色、践行初心使命；希望冶金地质广大工作者深刻领悟习近平总书记关于"大力弘扬爱国奉献、开拓创新、艰苦奋斗的优良传统，积极践行绿色发展理念，加大勘查力度，加强科技攻关，在新一轮找矿突破战略行动中发挥更大作用，为保障国家能源资源安全、为全面建设社会主义现代化国家作出新贡献"的重要指示，发挥中央企业初级产品托底作用，全面提升支撑服务国家能源资源安全保障的能力水平。

中国冶金地质总局党委书记、副局长

2022 年 11 月

前　　言

　　1952 年，重工业部成立地质司（局），并组建一支新型的地质勘探队伍，主要担负已生产的矿山本区、附近及地质部尚未进入地区的普查勘探工作。1956 年 6 月，重工业部地质局改为冶金工业部地质局，并明确主要负责黑色、有色金属矿产地质勘探工作。1983 年，钢铁与有色两个产业分开，黑色地质与有色地质分成两个系统。冶金工业部地质局管辖黑色地质系统，并上收了原隶属地方管理的四川、安徽、山东、山西、福建的地质勘探公司。1999 年，国务院对地质勘查队伍管理体制作出了新的部署，冶金地勘队伍有 3 个地勘局（西南、华东、东北）和 1 个地勘队（重庆 607 队）下放到有关省，实行属地化管理。同时，冶金地质名称和上级管理单位也经过了多次变迁，现名称为中国冶金地质总局，隶属于国务院国资委管理。

　　冶金地质部门从成立到现在的 70 年中，自始至终把为发展我国国民经济特别是钢铁工业生产建设服务，作为自己的神圣职责。70 年来，冶金地质部门累计探明锰矿石资源储量占全国的 55.3%；提出了锰矿主要形成于被动大陆边缘裂谷盆地，成矿物质多为"内源外生"的成矿新认识，多次参与全国锰矿勘查规划方案编制，开展了我国锰矿资源现状调查、形势分析及潜力预测，制定了我国锰矿勘查规范；出版了《中国锰矿志》，为我国锰矿勘查和科研作出了重大贡献。

　　本书是中国冶金地质总局成立 70 周年系列丛书之一，全面系统地梳理了冶金地质部门 70 年来锰矿勘查和科研工作的历史贡献。

　　全书共分为四篇。

　　第一篇"绪论"，概略介绍了我国锰矿资源基本特征、保障程度、资源潜力，以及冶金地质部门锰矿勘查历程、进展及科技进步。

　　第二篇"主要锰矿床"，逐一介绍冶金地质部门参与勘查的 57 处主要锰矿床（其中，部分锰矿床资料来源于《中国锰矿志》，仅进行了修改、补充和完善）。这些锰矿床主要分布于全国 12 个锰矿富集区中，各锰矿床均按照矿床概况、矿床发现与勘查史、矿床开发利用情况三部分内容编写。

第三篇"锰矿调查评价成果"，集成了冶金地质部门自 20 世纪 80 年代中期以来，所完成的锰矿预查、普查及调查评价类项目，各个项目分别按项目基本情况、主要成果、评审验收情况等三部分内容编写。

第四篇"锰矿科研成果"，按照锰矿综合研究、成矿预测、工业利用、勘查技术和勘查部署五类，归集了冶金地质部门所承担的国家重大科技项目和总局及局院（所）安排的锰矿科研项目，并逐一阐述了各项目的基本情况、主要成果和应用转化情况。

本书是冶金地质部门锰矿勘查、科研工作的历史回顾，是冶金地质部门广大锰矿地质工作者集体劳动成果的结晶。本书忠于事实，尊重历史，力求全面记述锰矿勘查和科研过程，公正反映有关单位和人员的功绩。但是，一个矿床的发现到勘探完毕，往往要经历一个长期、反复认识的过程，加之 70 年来机构、单位名称和人员变化较大，因此，书中涉及矿床发现和勘查的单位或个人，难免有遗漏之处，同时由于本书涉及面广，篇幅较长，引用文献资料较多，很难一一列出。在此特请广大读者谅解，并欢迎提出宝贵意见。

本书在编写过程中，始终得到了中国冶金地质总局领导、总局地质矿产部和其他局院的关心和支持，得到了锰矿专家薛友智、王永基、周尚国等的指导和帮助，在此一并表示感谢。

编　者

2022 年 6 月

目　　录

第一篇　绪　　论

第二篇　主要锰矿床

第四篇　锰矿科研成果

第一篇

绪　论

第一章 锰及锰矿资源

第一节 锰的分布及地球化学特征

锰属于过渡金属元素，致密块状金属锰表面为银白色，粉状呈灰色，金属锰力学性能硬而脆，莫氏硬度 5~6，熔点 1244℃，沸点 2097℃，在元素周期表第四周期过渡元素中其熔点、沸点最低。

金属锰为立方晶体结构，在固态状态下以四种同素异形体存在：α 锰（体心立方）、β 锰（立方体）、γ 锰（面心立方）、δ 锰（体心立方），常温下以 α 锰最为稳定。

锰的相对原子质量为 54.938049（9），原子体积为 $7.39\mathrm{cm^3/mol}$，金属锰的原子半径和室温下的密度随晶型不同而稍有差别（见表 1-1）。

表 1-1 室温下金属锰的原子半径、密度与晶型的关系

晶型	原子半径/pm	密度/$\mathrm{g \cdot cm^{-3}}$
α	124	7.44
β	—	7.29
γ	136.6	7.11
δ	133.4	—

一、锰的分布

锰（Mn）以化合物形式广泛存在于自然界中。根据 1976 年黎彤发布的锰在地球及各层圈中的丰度（地球 1200×10^{-6}，地壳 1300×10^{-6}，上地幔 1600×10^{-6}，下地幔 1500×10^{-6}，地核 360×10^{-6}）和 2005 年黄宗理、张良弼主编的《地球科学大辞典》中地球及各圈层质量（地球 $5.9742 \times 10^{21} \mathrm{t}$，地壳 $0.27 \times 10^{21} \mathrm{t}$，地幔 $4.068 \times 10^{21} \mathrm{t}$，地核 $1.881 \times 10^{21} \mathrm{t}$）计算，锰在地球、地核、地幔、地壳中的分布量分别为 $7.1690 \times 10^{18} \mathrm{t}$、$0.6772 \times 10^{18} \mathrm{t}$、$6.4578 \times 10^{18} \mathrm{t}$ 和 $0.0351 \times 10^{18} \mathrm{t}$，锰在地核、地幔、地壳的分布量分别占地球分布量的 9.44%、90.08%、0.49%。由此可以看出，锰在地球各层圈中的分布与铁不同，在地核中丰度低，而多富集在地幔岩中。

在地壳不同类型岩石圈中，锰的丰度也不同。其丰度值由大陆型地壳向大洋型地壳有逐渐增加的趋势：大陆壳中较低（1100×10^{-6}），锰在大洋壳中稍高（2000×10^{-6}）。

鄢明才和迟清华对中国大陆地壳岩石组成与元素丰度研究成果显示：中国东部大陆地壳的锰丰度为 810×10^{-6}，同全球大陆地壳丰度 1100×10^{-6} 相比，其丰度系数为 0.74，所以，中国东部陆壳是贫锰的，其贫化程度达 26%。中国酸性岩、中性岩、基性岩、超镁铁质岩锰丰度分别为 380×10^{-6}、960×10^{-6}、1310×10^{-6}、920×10^{-6}，可见锰主要在基性岩中富集。

二、锰的地球化学特征

锰是元素周期表第四周期第七副族元素，原子序数 25，只有一个稳定的同位素 ^{55}Mn。根据 1984 年刘英俊等编著出版的《元素地球化学》，锰的主要地球化学参数见表 1-2。

表 1-2 锰的地球化学参数

元素	原子序数	相对原子质量	原子体积 /$cm^3 \cdot mol^{-1}$	原子密度 /$g \cdot cm^{-3}$	熔点 /℃	沸点 /℃	电子构型	电负性	地壳丰度
Mn	25	54.94	7.39	7.20	1244	2097	$3d^5 4s^2$	2.5（+7） 1.4（+2）	1300×10^{-6}

元素	地球化学电价	原子半径（12 配位）/nm	共价半径 /nm	离子半径（6 配位）/nm	电离势 /eV	还原电位 /V	离子电位
Mn	+2，+4，+3，（+5），（+6），（+7）	0.1366	0.117	0.080（+2） 0.062（+4）	7.432	$MnO_4^- + 8H^+ \rightarrow$ Mn^{2+}，1.491	2.5（+2） 6.45（+4）

锰原子处于基态的电子构型为 $3d^5 4s^2$。由于其最外层和次外层中的电子都可以成为价电子，因此锰是变价元素。自然界中锰有+2、+3、+4、+6 和+7 等价态，其中以+2 和+4 价最为常见。价态的变化导致离子性质的变化，如锰离子半径随价态的增高而变小，离子电位和电负性随价态增高而相应增大，其氧化物的酸碱性随价态增高由碱性向酸性变化，具体情况见表 1-3。

表 1-3 锰的价态与对应氧化物的性质

价态	Mn^{2+}	Mn^{3+}	Mn^{4+}	Mn^{6+}	Mn^{7+}
氧化物	MnO	Mn_2O_3	MnO_2	MnO_3	Mn_2O_7
性质	碱性	两性	弱酸性	酸性	酸性

多数+2 价锰盐（如卤化物、硝酸盐、硫酸盐等）在酸性介质中易溶，介质氧化电位增高或遇强氧化剂，低价锰的化合物则被氧化成高价锰而发生沉淀（MnO_2 不溶于水）。因此，锰价态的改变直接影响它的运移和沉淀，决定了锰的富集与贫化。

不同价态的锰离子形成配阴离子的能力也不同。在离子电位与配阴离子稳定关系图上，Mn^{2+} 落在强基性的阳离子区间，而 Mn^{4+} 则落在能形成复杂配阴离子区间。

按地球化学分类锰是强烈的亲氧元素。MnO 形成的自由能为 $-\Delta G^{\ominus}$ 91.3，远大于 MnS 形成的自由能 $-\Delta G^{\ominus}$ 45.52，说明锰亲氧性大于亲硫性。

不同价态锰的离子半径和表 1-4 中元素的离子半径相近，因此它们之间可以类质同象。其中 Mn^{2+} 同 Fe^{2+}、Mg^{2+}、Zn^{2+}、Ca^{2+} 等价类质同象最为广泛。

表 1-4 与锰离子半径相近的元素

离子	Mn^{2+}	Fe^{2+}	Mg^{2+}	Zn^{2+}	Ca^{2+}	Y^{3+}	Mn^{3+}	Fe^{3+}	Al^{3+}	Cr^{4+}
半径/nm	0.091	0.086	0.080	0.083	0.108	0.098	0.073	0.073	0.061	0.070

Mn^{2+} 与 Y^{3+} 在石榴石晶格中可以类质同象，相互替代形成钇锰铝榴石。由于 Y^{3+} 半径大于 Mn^{2+} 的离子半径，也引起石榴石晶格的变化。据约德报道，人工合成的含钇锰铝榴石具有比纯锰铝榴石更大的晶体格架。

锰具有强烈的亲氧性，在自然界中主要形成氧化物、氢氧化物和硅酸盐、碳酸盐等含氧酸盐矿物；同时由于锰也具有一定的亲硫性，也常见锰的硫化物工业矿物，根据《扬子地台及周边锰矿》，中国主要锰矿物见表1-5。

表1-5　中国主要锰矿物

分类	氧化物和氢氧化物类	碳酸盐类	硅酸盐类	硫化物
主要锰矿物	软锰矿、锰钾矿、硬锰矿、锰钡矿、钙锰矿、水钠锰矿、钙锰矿、水羟锰矿、水锰矿、方铁锰矿、方锰矿、褐锰矿、黑锰矿、锰铅矿、锰铁矿、锂硬锰矿、六方锰矿、拉锰矿、水锌锰矿、黑锌锰矿、锰磁铁矿、红钛锰矿、锌锰矿、建水矿、黑银锰矿、锰钠矿、复水锰矿、斜方水锰矿、水硅锰石、锰蛋白石、含锌锰矿[①]（暂定名）	菱锰矿、钙菱锰矿、铁菱锰矿、锰方解石、镁菱锰矿、菱铁锰矿、锰菱铁矿、含锰方解石、锰白云石、镁锰白云石	蜡硅锰矿、肾硅锰矿[②]、粒硅锰矿[②]、锰铝榴石、蔷薇辉石、钙蔷薇辉石、锰辉石、钠锰辉石、锰橄榄石、辉叶石[②]、锰镁闪石、锰铁闪石、锰透闪石、锰金云母、锰黑云母、锰帘石、红帘石、锰硅镁石、锰绿泥石、锰镁绿泥石、锰铝蛇纹石、锰铁叶蛇纹石、锰叶蛇纹石、红硅铁锰矿、红硅钙锰矿、锰热臭石	硫锰矿、铁硫锰矿、褐硫锰矿

① 冶金地质部门可能发现的新矿物或矿物新变种；
② 冶金地质部门在国内首次发现的锰矿物。

第二节　锰的工业利用

一、锰的应用领域

锰不仅是维系我国国民经济正常运行的支柱性大宗紧缺战略性金属，同时也是支撑高新技术和战略性新兴产业发展的重要原料。

锰的用途非常广泛，几乎涉及人类生产生活的方方面面。全球每年生产的锰中，约90%用于钢铁工业，10%用于有色冶金、能源、化工、电子、电池、环保和农牧业等行业。随着国家新能源产业的发展，锰日益成为生产镍钴锰三元正极材料不可或缺的理想材料。因此，锰既是钢铁工业的基本原料，也是动力电池、磁性材料等战略性新兴产业的重要原料，在国民经济中具有十分重要的战略地位。

（一）锰在钢铁工业中的应用

锰是钢铁工业的基本原料，90%的锰矿石用于钢铁生产。在钢铁工业中锰具有脱氧、脱硫及调节作用。锰的加入可增加钢材强度、硬度、耐磨性、韧性、可淬性。锰可制造高锰钢（含 Mn 7.5%～19%），如高碳高锰耐磨钢、低碳高锰不锈钢、中碳高锰无磁钢、高锰耐热钢。近年来，我国以锰代镍的几种奥氏体节镍、代镍不锈钢得到了广泛使用。

（二）锰在有色冶金工业中的应用

锰在有色冶金工业中主要有两种用途：一是在铜、锌、镉、铀等有色金属的湿法冶炼过程中加入二氧化锰或高锰酸钾作氧化剂，使溶于酸溶液中的二价铁氧化成三价，调整溶液 pH 值，使铁沉淀而除去；另一个是与铜、铝、镁生成许多有工业价值的合金，如黄铜、青铜、白铜、铝锰合金、镁锰合金等。锰可以提高这些合金的强度、耐磨性和耐腐蚀性，如在镁中加入 1.3%~1.5% 的锰形成的合金具有更好的耐蚀性和耐温性能，被广泛应用于航空工业。

（三）锰在电子工业中的应用

四氧化三锰制成的锰锌铁氧体磁芯（占 21% 左右）的软磁材料是电子工业的基本原料，因其具有狭窄的剩磁感应曲线，可以反复磁化，在高频作用下具有高导磁率、高电阻率、低损耗等特点，已经取代了大部分镍锌铁氧体，在软磁材料中占到了 80% 以上，可制成各种电感器件、变压器、线圈、扼流圈等，在通信设备、家电产品、计算机产品、工业自动化设备等方面都得到了广泛应用。

（四）锰在电池工业中的应用

锰，尤其是氧化锰是传统电池的主要原料，随着国家新能源产业的发展，高纯硫酸锰、电池用四氧化三锰、高纯电解锰等锰产品成为新能源、新材料等新兴产业发展的重要原料。高纯硫酸锰是镍钴锰（NCM）三元系正极材料的重要原料，随着电动汽车及动力电池正极新材料的发展，高纯硫酸锰的市场容量也随之扩大；电池用四氧化三锰因具有杂质少、纯度高、粒度均匀的优势，开始逐步替代部分电解二氧化锰，制备电池正极材料锰酸锂，并在动力型锂离子电池上有更好的性能表现，高温和常温循环性能明显优于其他前驱体合成的材料；高纯电解锰由于低锌（含 $Zn \leqslant 20 \times 10^{-6}$），是生产电池级高纯硫酸锰的理想原材料。

（五）锰在环保方面的应用

锰也可以应用到污水、废气的处理及天然饮用水的净化中。地下水中含有铁质，当铁的浓度过高时就会对人们的生产生活产生一些影响，如水发浑并带有铁腥味、形成水垢等，而二氧化锰可以氧化水中的铁，将水中可溶性二价铁氧化成不溶于水的三价铁的氢氧化物而除去。此外，二氧化锰还可用于净化废水中的砷，净化废气中的硫化氢、二氧化硫和汞等。最近由中国冶金地质总局矿产资源研究院利用低品位氧化锰矿研发出"一种吸附分解甲醛和 TVOC 的方法"（total volatile organic compounds，总挥发性有机化合物），并获国家发明专利。这是一种安全无毒的含锰钾矿天然矿物材料，在室温及自然光条件下就可吸附、分解空气中的甲醛和 TVOC，将甲醛分解为二氧化碳和水，不产生二次污染物，与不经处理的原矿矿物相比，甲醛、TVOC 去除率均可提高 30% 左右。

（六）锰在农业中的应用

锰是植物正常生长不可缺少的微量元素之一，它参与光合作用和氮素的转化，参与许多酶的活动和氧化还原过程，能促进叶绿素的合成和碳水化合物的运转。当土壤中锰严重缺乏时，农作物就会出现枯黄、生长不良、产量下降等问题。所以，锰常被添加在肥料中用于农业生产，如含硫酸锰的锰肥被用作种子催芽剂。除了用作肥料之外，锰在农业上还被用作杀菌剂和饲料添加剂等。

（七）锰渣的回收和利用

锰渣是在生产电解金属锰过程中产生的过滤酸渣，含有大量对环境有害的物质，对其进行资源化处理，不仅能消除其中的重金属和氨、氮等对环境造成的污染，还能将其作为资源加以利用，变废为宝。

我国在 20 世纪 90 年代之后，开展了关于锰渣的系列综合研究，利用途径主要包括：用于生产水泥、生产灰渣砖及小型砌块、生产混凝土、作为路基材料、制造锰肥等。对于富锰渣，还可以用做生产硅锰合金、金属锰及电炉锰铁和中低碳锰铁的原料和配料。

二、锰产业链

在中国现代工业中，锰及其化合物应用于国民经济的各个领域，形成了较完整的锰产业链，详细情况如图 1-1 所示。

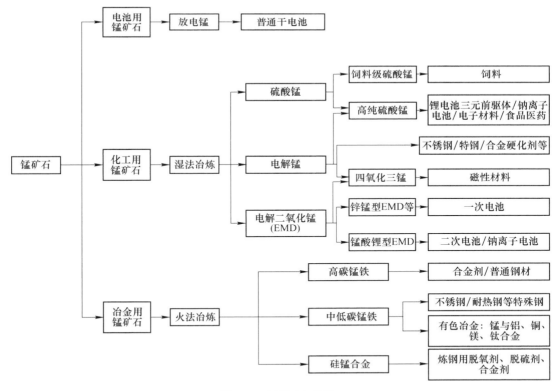

图 1-1　中国锰产业链

（一）锰矿石—锰系合金（碳素锰铁、硅锰合金）—高锰合金钢

锰系合金产品由锰矿石与其他矿物经高炉冶炼而成，主要有碳素锰铁、硅锰合金。碳

素锰铁按碳含量分为高碳锰铁（碳含量 2%～8%）、中碳锰铁（碳含量 0.7%～2%）、低碳锰铁（碳含量小于 0.7%）等，主要用于钢铁工业。高碳锰铁作为合金剂加入钢中，能改善钢的力学性能，增加钢的强度、延展性、韧性及耐磨能力；中低碳锰铁主要用于特殊钢的生产。锰硅合金主要用于钢铁生产的脱氧剂和合金剂的中间料。锰系合金用量占到了锰需求的 85%～90%。

（二）锰矿石—锰系合金（碳素锰铁、硅锰合金）—有色冶金

作为重要的合金元素，锰与铝、铜、镁、钛等构成了用途极其广泛的合金系列。

铝合金：铝-锰合金系热处理不可强化的铝合金，锰为主要合金元素，随着锰含量的增加，合金强度提高，锰含量在 1%～1.6% 范围内时，不但合金的强度高，而且有良好的塑性和工艺性能。铝-锰合金塑性好，可加工板、管、棒、型及线材；铝-铜-锰构成硬铝系列合金，属变形铝合金。该合金具有较高的强度，热处理后强度达 395MPa，同时合金具备较高的耐热性和良好的焊接性能。

铜合金：锰青铜为铜-锰二元合金，有相当高的力学性能，抗腐蚀，耐热，可进行冷、热压力加工，多用于制造在高温下工作的零件，如电子仪表零件、蒸汽锅炉管及其配件、蒸汽阀和锅炉焊接件等；锰黄铜有相当好的加工性能，锰对黄铜有固溶强化作用，并能大大增强黄铜对海水、氯化物和过热蒸汽的抗腐蚀性。含有铝、锡、铁的锰黄铜在船舶、军工等部门有广泛应用。

镁合金：镁-锰合金属于变形镁合金，存在挤压效应，挤压制品的强度超过轧制产品，是最常见的镁合金系之一。镁-锰合金最主要的优点是具有优良的抗蚀性和焊接性，其板材可用于制造飞机蒙皮、壁板及内部零件，管件多用于汽油、润滑油系统等要求抗腐蚀的管路。

钛合金：典型的钛-锰合金为 Ti-8Mn 系。该合金与常见的钛合金 Ti-6Al-4V 室温性能相当，高温性能略低，而其塑性优于后者，可作为飞机外板、框架用材料。

（三）锰矿石—电解金属锰—四氧化三锰—锰锌软磁铁氧体—各种元器件

电解金属锰是用锰矿石经酸浸出获得锰盐，再送电解槽电解析出的单质金属。外观似铁，呈不规则片状，质坚而脆，为银白色到褐色，加工为粉末后呈银灰色。中国电解锰生产企业除用进口矿生产外，国内普遍用原矿品位为 13%～15% 的碳酸锰矿石进行生产，每生产 1t 电解金属锰需要品位 15% 的锰矿石 8～9t。电解金属锰是锰矿石消耗的第二大户。

电解锰分为普通级（$w_{Mn}=99.7\%$）、高纯级（$w_{Mn}=99.9\%$）两类。在传统应用领域，主要用于冶炼有色金属合金，如铝锰合金、铜锰合金，还应用于电焊条材料，化工、医药、食品等部门。随着技术进步和新型产业的兴起，不仅成为了生产四氧化三锰、锰锌铁氧体软磁材料的主要原料，还逐步大量进入高锰低镍奥氏体 200 系不锈钢（J1 牌号 Mn 7%～8%，J4 牌号 Mn 8.5%～10%）、微碳锰铁合金生产领域，消费需求随之大幅度增长，奠定了电解锰深加工的市场基础和发展前景。在 2018 年中国电解锰的终端用途分布中，钢铁行业用量虽然相对 2017 年减少 8 万吨，但仍以 57% 的占比高居首位；其次是出口，2018 年出口量比 2017 减少了 2 万吨，占总体比例的 31%；用于化工行业的产品量基本与 2017 持平，此用途占到剩余的 12%。

（四）锰矿石—电解二氧化锰（EMD）—无汞碱锰电池

在所有的锰化工产品中，电解二氧化锰是产量最大和产值最高的品种，而且电解二氧化锰也是关系国计民生的重要行业——电池行业生存和发展不可或缺的基础性材料。电解二氧化锰主要分为碳锌级、锰碱级、锰酸锂级和锂锰级4种，其锰金属量差别不太大，产品工艺之间有差别，中国地区主要以本地低品位碳酸锰矿为原料，其生产工艺：浸出—氧化除铁—中和—固液分离—硫化除重金属—电解—剥离—粉碎—漂洗脱酸—干燥—计量包装。主要用于生产民用锌锰电池，锂离子电池和动力型锂离子电池。

（五）锰矿—高纯硫酸锰—电池正极材料

硫酸锰主要采用含 Mn 35%的氧化锰矿石生产，应用于电池、超级电容器等领域。我国硫酸锰行业的发展方向是高纯硫酸锰，主要用于生产锂离子电池正极材料、三元材料前驱体、电子级软磁铁氧体、记忆合金和储氢合金材料、新半导体和电子材料、受激发光半导体材料、压电材料、强磁材料、高档的催化剂，以及食品医药等材料和产品的原材料。随着电动汽车的发展及动力电池正极材料技术的日趋成熟，高纯硫酸锰的市场需求巨大。国内生产高纯硫酸锰的方法有氧化锰矿焙烧浸出法、氧化锰矿 SO_2 还原浸出法、氧化锰矿加黄铁矿还原浸出法、碳酸锰矿酸浸法和电解锰酸溶法。

（六）锰矿石—锰盐（硼酸锰、硝酸锰、草酸锰等）—化工和制药

锰盐是重要的基础无机盐化工产品，应用领域主要是化工和制药，也是工农业生产的一种母体材料，可用作微量元素肥料添加剂、畜牧业的饲料添加剂，在工业上还用作于油漆、油墨的催干剂、合成脂肪的催化剂、陶瓷工业的着色剂、纺织印染剂等各行各业。

第三节　中国锰矿床基本特征

一、中国锰矿床类型及地质特征

中国锰矿主要有海相沉积锰矿床、沉积变质/改造锰矿床和风化型氧化锰矿床三大类型，以海相沉积型锰矿为主。

（一）海相沉积锰矿床

海相沉积锰矿床是工业锰矿床中最重要的类型，特点是产出层位多、矿石类型复杂、分布范围广、资源潜力大。

按含锰岩系和锰矿层特征，分为六个亚类：

（1）产于硅质岩、泥质灰岩、硅质灰岩中的碳酸锰矿床。分布于台盆或台槽区，含锰岩系以富含硅质、泥质，并出现硅质岩段或不纯碳酸盐岩夹层等为特征。锰矿层主要产于含锰岩系的泥质、硅质灰岩段内，矿体呈层状、似层状、透镜状，长数百米至数千米，厚一米至数米。矿石具泥晶结构，结核状、豆状、微层状构造。矿石类型有菱锰矿型、钙菱锰矿-锰方解石型、锰方解石型。脉石矿物主要为石英、玉髓、方解石，多属酸性矿石。

矿层浅部发育次生氧化带, 矿床规模多属中、大型, 典型矿床为广西大新下雷锰矿、龙头锰矿。

(2) 产于黑色岩系中的碳酸锰矿床。含锰岩系或含矿岩段为黑色含碳页岩、黏土岩, 具水平层理或线理。矿体呈层状、似层状、透镜状, 长数百至数千米, 厚一米至数米。矿石具泥晶结构、球粒结构及少量鲕状结构, 块状、条带状构造。矿石类型最普遍的是菱锰矿型, 次有钙菱锰矿-锰方解石型、锰方解石型。脉石矿物主要为石英、方解石及黏土矿物, 常见星散状黄铁矿, 以酸性矿石为主。近地表部分不同程度地发育次生氧化带。矿床规模以大中型居多, 典型矿床有湘潭锰矿、湖南民乐锰矿、贵州松桃高地锰矿、遵义铜锣井锰矿。

(3) 产于杂色岩系中的灰质氧化锰、碳酸锰矿床。含锰岩系为杂色粉砂质页岩、粉砂岩, 常夹有泥质灰岩、灰岩, 矿体常呈透镜状, 可有数层矿。矿石具细粒集合体及鲕状、球粒状结构, 条带状、块状构造。原生矿石有氧化锰类型和碳酸锰类型, 氧化锰类型主要为水锰矿型, 碳酸锰类型有菱锰矿型、钙菱锰矿-锰方解石型。脉石矿物以石英、玉髓或方解石为主。矿石属酸性、自熔性或碱性矿石, 近地表有发育程度不等的氧化矿石。矿床规模一般较大, 典型矿床为辽宁瓦房子锰矿、云南斗南锰矿。

(4) 产于白云岩、白云质灰岩中的碳酸锰矿床。含锰岩系或含矿段为白云岩、粉砂质白云岩、白云质灰岩, 矿体呈层状、似层状、透镜状。矿石有菱锰矿型。锰方解石-菱锰矿型。呈晶粒或隐晶结构, 鲕状、豆状、块状、条带状构造。脉石矿物有石英、白云石、方解石, 属酸性矿石。次生氧化带以软锰矿和水羟锰矿型矿石为主。矿床规模包括大、中及小型, 以云南白显锰矿为代表。

(5) 产于火山-沉积岩系中的氧化锰、碳酸锰矿床。含锰岩系属火山喷发期后或火山喷发间歇期的正常海相沉积碎屑岩与碳酸盐岩, 矿层产在碎屑岩中或碎屑岩向碳酸盐岩过渡处。矿体呈层状、似层状, 厚数米, 长可达数千米。矿石呈晶粒状、球粒状结构, 块状、条带状、网脉状构造, 主要为菱锰矿型矿石, 含褐锰矿和锰的硅酸盐, 并有微弱的方铅矿、闪锌矿化, 脉石矿物多为硅质矿物, 属酸性矿石。矿床规模为中型, 典型矿床为新疆和静县莫托萨拉锰矿。

(6) 产于含磷页岩或含磷硅泥质岩系中的碳酸锰矿床。含锰岩系由黑色条带状页岩(板岩)夹层状、透镜状、条带状碳酸锰矿层, 或由黑色页岩、含磷的白云质灰岩夹中薄层碳酸锰矿和磷块岩互层组成, 碳酸锰矿石矿物主要是菱锰矿类和钙菱锰矿类, 或是锰白云石类, 多属酸性矿石。典型矿床为高燕锰矿、天台山锰矿。

(二) 沉积变质/改造锰矿床

沉积变质/改造锰矿床可分为以下几类:

(1) 产于区域变质岩系中的锰矿床。为海相沉积矿床经受变质作用而成。矿石具变晶或变鲕结构, 条带状构造, 主要为菱锰矿-褐锰矿型、褐锰矿-黑锰矿型, 一般有锰的硅酸盐出现。脉石矿物除石英、方解石外, 出现少量钠-奥长石、闪石、辉石、石榴子石、云母等, 围岩多属千枚岩, 绿片岩类。矿床规模属中小型, 典型矿床为四川黑水锰矿、陕西黎家营锰矿、河北龙田沟锰矿。

(2) 产于热变质岩系中的硫锰矿、碳酸锰矿床。为海相沉积矿床经接触变质或其他变质作用而成。矿石变成硫锰矿-菱锰矿型或硫锰矿-锰白云石型矿石, 具变晶及球粒状结构,条带状构造，也出现少量锰的硅酸盐。脉石矿物除石英、方解石、白云石外，出现少量变质硅酸盐矿物，围岩属板岩或绿片岩类。矿床规模属中型，典型矿床为湖南棠甘山锰矿。

（3）热液叠加改造锰矿床。常产于某些固定的层位内，明显受到后期热液叠加改造。矿石组分复杂，含铁、铅、锌等多种元素。矿体大多呈透镜状，与围岩产状近乎一致，但不完全整合。围岩蚀变有白云岩化、铁锰碳酸盐化。原生矿石有方铅矿-菱锰矿型、硫锰矿-磁铁矿型和闪锌矿-锰菱铁矿型。呈粒状、球粒状结构，块状、浸染状、细脉状构造。次生氧化后显著富集，有软锰矿-硬锰矿型和软锰矿硬锰矿-褐铁矿型锰矿石。铅锌矿物在半氧化带有白铅矿和铅矾等矿物，在氧化带有铅硬锰矿和黑锌锰矿等矿物。矿床规模大型、中型、小型都有。典型矿床为湖南后江桥锰矿、玛瑙山锰矿。

（三）风化型氧化锰矿床

风化型氧化锰矿床可分为以下几类：

（1）锰帽矿床。

1）沉积含锰岩层的锰帽矿床。为原生沉积含锰岩层，经次生富集而形成有工业价值的矿床。矿体保持原来含锰岩层的产状，沿走向延续较长，沿倾向延续深浅受氧化带发育深度控制，可由数米至数十米，个别上百米。当含锰岩层产状平缓且大面积赋存在氧化带内时，矿体才有很大的延伸，矿石主要由各种次生锰的氧化物、氢氧化物组成，具次生结构和构造。矿床规模多属中型、小型，典型矿床为广西东平锰矿、广西木圭锰矿。

2）热液或层控锰矿形成的锰帽矿床。常产于层控矿床产出的地层的风化带内，矿体呈透镜状、脉状、囊状。矿石由各种次生的锰的氧化物、氢氧化物组成，常见铅硬锰矿、黑锌锰矿、水锌锰矿、黑银锰矿，含铅锌常较高，具次生结构、构造，矿床规模多属中型、小型。典型矿床为广东高明锰矿、安徽塔山锰矿。

3）与热液贵金属、多金属矿床有关的铁锰帽矿床：矿石呈土状、角砾状，含大量黏土或岩屑，其铁、锰含量只达一般指标的边界品位，但含金、银、铅、锌、铜等多种有用金属具有一定规模，可具有工业利用价值，如江苏南京栖霞山锰多金属矿和湖北阳新银山锰多金属矿。

（2）淋滤锰矿床。锰矿常产于含锰沉积岩层的构造破碎带、层间剥离带、裂隙、溶洞中，是锰质在地下水运动中被溶解，携带至适合部位积聚而生成。矿体呈脉状、透镜状、囊状。矿石主要由次生氧化锰、氢氧化锰矿物组成，具胶状、网脉状、空洞状、土状构造。矿床规模多属中型、小型，如福建兰桥锰矿、广东汾水锰矿。

（3）第四系中的堆积锰矿。由含锰岩层或锰矿层经次生氧化富集、破碎、短距离搬运、堆积而成。矿体呈层状、似层状，产状与地面坡度基本一致，受含锰层的出露和地貌形态的控制。矿石由各种锰的次生氧化物、氢氧化物组成，呈角砾状、次角砾状、豆粒状，积聚于松散的砂质土壤之中。矿床规模多属中型、小型，如广西思荣锰矿、广西凤凰锰矿、广西木圭锰矿、广西平乐锰矿、湖南东湘桥锰矿。

二、中国锰矿资源特点

中国锰矿资源较丰富，既是全球产锰大国，也是消费大国。中国锰矿资源分布、数量、质量及开发利用条件有如下特征。

（一）地理分布较集中

据自然资源部 2021 年 7 月发布《2020 年全国矿产资源储量统计表》，以及《中国锰业现状及资源安全保障研究》等相关数据统计，截至 2020 年底，我国累计查明锰矿石资源储量 208965 万吨（见表 1-6），85% 分布在南方的贵州、广西、湖南、重庆、四川及云南等省（市、自治区），15% 分布在北方的辽宁、河北及新疆等地。其中贵州、广西和湖南位居我国查明资源储量前三位，占全国查明锰矿石资源储量的 74.1%。其余资源储量主要分布在重庆、河北、云南、辽宁、四川、新疆等省（市、自治区）。

表 1-6　截至 2020 年底中国查明及保有锰矿资源储量分布情况一览表

地区	保有储量 /万吨	保有资源量 /万吨	保有资源储量 /万吨	保有资源储量 占全国比重/%	查明资源储量 /万吨
广西	11892	25230	37122	21.18	47992
贵州	1997	82018	84015	47.93	87159
湖南	1574	10582	12156	6.93	19660
重庆	831	5910	6741	3.84	11830
辽宁	971	2953	3924	2.24	4508
云南	1231	6162	7393	4.22	7555
新疆	567	1686	2253	1.29	3594
四川	6	2338	2344	1.34	5082
河北	0	8814	8814	5.03	9101
其他	2227	8306	10533	6.00	12485
合计	21296	153999	175295	100	208965

从保有锰矿石储量分布看，截至 2020 年底，我国保有锰矿石储量 21296 万吨，仅占全国保有资源储量的 12.1%。广西、贵州和湖南的锰矿石保有储量位居我国的前三位，占全国储量的 72.6%；广西保有储量位居全国第一，占全国保有储量的 55.8%，与广西是我国锰矿石产量最大的省（市、自治区）相一致。

从保有锰矿石资源量分布看，截至 2020 年底，我国保有锰矿石资源量高达 153999 万吨，其中贵州、广西和湖南探获锰矿石资源量位居我国前三位，占全国保有资源量的 76.5%。贵州探获锰矿石资源量位居全国第一，占全国保有资源量的 53.3%。

总体上看，在我国查明的资源储量结构中，资源量多，储量少；经济可利用性差或经济意义还需进一步论证的资源量多，可经济利用的资源储量少；控制和推断的资源储量多，探明的资源储量少。

从区域分布看，我国锰矿主要分布在 13 个锰矿富集区（见表 1-7），分别为桂西南地区、桂中地区、湘桂粤毗邻区、湘中地区、湘鄂渝黔毗邻区、川渝陕毗邻区、滇东北—黔西北毗邻区、滇东南地区、闽东南—粤东北毗邻区、赣东北乐平地区、晋冀蒙辽毗邻区、西（南）天山地区和塔里木西南缘，其查明锰矿资源储量占中国的 94.4%。

表 1-7　中国主要锰矿富集区资源概况　　　　　　（万吨）

序号	名　称	查明锰矿资源储量	预测锰矿资源潜力
1	桂西南锰矿富集区	38291	118400
2	桂中锰矿富集区	7239	32000
3	湘桂粤锰矿富集区	12836	54500
4	湘中锰矿富集区	6288	31200
5	湘鄂渝黔锰矿富集区	84010	46400
6	川渝陕锰矿富集区	10617	24800
7	滇东北—黔西北锰矿富集区	16174	22900
8	滇东南锰矿富集区	6000	10400
9	闽西南—粤东北锰矿富集区	959	0
10	赣东北锰矿富集区	2425	12000
11	晋冀蒙辽锰矿富集区	9000	47000
12	西（南）天山锰矿富集区	1127	2000
13	塔里木西南缘锰矿富集区	2209	20100
	合　计	197175	421700

（二）矿床规模普遍较小

我国共发现锰矿产地 433 处，其中超大型矿床（>1 亿吨）有广西下雷、贵州铜仁地区普觉、高地、道坨、桃子坪等 5 处，大型矿床（>2000 万吨）21 处，中型矿床 94 处，其余为小型矿床。

（三）矿石质量较差

我国锰矿石锰品位为 8%~25%，平均约 18%。探获富锰矿（氧化锰矿含锰大于 30%、碳酸锰矿含锰大于 25%）资源储量 14662 万吨，仅占全国保有资源储量的 8%，没有锰品位不小于 48% 的国际商品级富矿石，贫锰矿资源储量占全国的 92%。此外，我国有很大一部分为高硅高磷高铁锰矿石，矿石结构复杂，嵌布粒度细，有用矿物与脉石矿物紧密交生，选矿难度较大。

（四）开采条件较复杂

我国锰矿适合露天开采的资源储量只占全国的 6%，且几乎全为小矿，其他均为地下开采，由于部分锰矿区，特别是湘黔渝毗邻区近 10 年新增的一大批锰矿资源量（6.67 亿吨），主要矿体埋藏一般在 1000~2000m，矿体产状平缓，开采技术条件较复杂，应加强开发利用的可行性研究。

目前我国锰矿可采储量较少，且矿石禀赋较差，国产锰矿石远远满足不了我国消费市场的需要。因此，未来多方式获取境外高品质锰资源、继续加速锰资源的全球配置是必然趋势。

第四节 中国锰矿资源保障程度

一、全球锰矿资源概况

全球锰矿资源丰富，2021 年探明锰矿（金属）储量 15 亿吨，其中 95% 以上分布在南非、澳大利亚、巴西、乌克兰、加蓬、中国、印度和加纳等国，而优质高品位锰矿主要集中在南非、澳大利亚、巴西、加蓬、加纳、印度，这些国家也是我国锰矿资源的主要进口国。

根据美国地质局（USGS）2021 年统计数据，2021 年全球锰矿（金属）储量、产量及储产比见表 1-8 和图 1-2。

表 1-8 2021 年全球主要产锰国锰矿储量（锰金属量）

国别	矿石含锰量/%	储量/万吨	全球占比/%	产量（概算）/万吨	储产比/%
南非	30~50	64000	42.67	740	86
澳大利亚	42~48	27000	18.00	330	82
巴西	27~48	27000	18.00	40	675
乌克兰	30~35	14000	9.33	67	209
加蓬	50	6100	4.07	360	17
中国	15~30	5400	3.60	130	42
印度	50	3400	2.27	60	57
加纳	42~54	1300	0.87	64	20
其他国家和地区	—	1800	1.20	209	9
世界总量	—	150000	100	2000	75

（一）南非

南非矿产资源丰富，分布较集中，矿业发达，矿产勘查程度比较高。其锰矿储量（金属量）6.4 亿吨，占世界总量的 42.67%，居世界首位；预测锰矿资源潜力（锰矿石）近 100 亿吨，位居全球第一。

南非从 2000 年开始出口锰矿石，出口量逐年上升，从 2000 年的 181 万吨增长到 2021 年的 2228 万吨。中国从南非进口锰矿石呈上升趋势，由 2011 年 346 万吨至 2013 年达到 518 万吨，取代澳大利亚成为我国第一大锰矿进口国。其后进口量一路攀升，

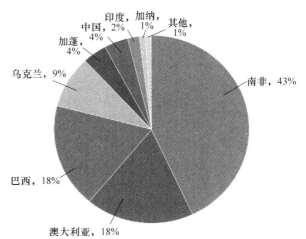

图 1-2 2021 年全球主要产锰国
锰矿储量分布图

至 2021 年达到了 1396 万吨。

南非锰矿可采储量充足，资源潜力巨大，基础设施条件良好，政局相对稳定，法律法规体系日趋完善，是我国最佳的锰矿资源潜力国。

（二）澳大利亚

澳大利亚锰矿资源丰富，找矿潜力大，锰矿品位高、质量好，是全球范围内高品位锰矿石主要生产国之一。该国锰矿（金属量）储量 2.7 亿吨，占世界总量的 18%，居世界第二。

锰矿出口量近几年也在不断增加，从 2008 年的 400 万吨增至 2018 年的 750 万吨。在 2012 年之前，澳大利亚是我国第一大锰矿进口国，2013 年第一大锰矿进口国的位置被南非取代，澳大利亚居第二位。我国从澳大利亚进口锰矿石量比较稳定，一般在 400 万 ~ 500 万吨，2021 年达到 542 万吨。在全球主要锰矿资源潜力国中，澳大利亚是我国第二大锰矿投资潜力国。

（三）巴西

巴西锰矿资源及产量在世界上占有重要地位，矿床锰平均品位高，且有高品级的电池用锰矿石，已探明的锰矿储量（金属）2.7 亿吨，占世界总量的 18%。

2021 年，巴西位居全球主要产锰国中第五位，中国从巴西进口锰矿石 152 万吨。

（四）乌克兰

乌克兰锰矿资源丰富，探明锰矿储量（金属量）1.4 亿吨，占世界锰矿储量的 9.33%，主要集中在大托克马克（BolshoiTokmak）和尼科波尔（Nikopol）两大矿区，品位 30% ~ 35%。

但其传统销售市场在国内或欧洲，自 2015 年以来，中国未从乌克兰进口锰矿。而且由于近期乌克兰国内政治局势不稳定，具有一定政治风险，需谨慎投资。

（五）加蓬

加蓬锰矿储量（金属量）6100 万吨，占世界总量的 4.07%。

中国和加蓬自 1974 年建交以来，关系发展顺利。双方政治交往频繁，高层互访不断，是与中国签订"一带一路"相关合作协议的国家，为两国发展长期友好合作打下了坚实的基础。其国内的相关政策、投资条件，以及与我国的友好关系，使之成为我国理想的锰矿投资潜力国之一。

加蓬一直是我国第三或第四大锰矿进口国，近三年进口量均在 300 万吨以上，其中 2021 年达到了 425 万吨。

（六）印度

锰矿是印度优势矿种之一，目前全印度有重要锰矿床 30 多处。锰矿类型有红土型锰矿床，以氧化锰为主，锰矿石品位 41% ~ 57%；同生沉积变质型锰矿床，以褐锰矿为主，品位可达 40% ~ 50%；钾长锰榴岩型矿床，矿石品位较低，一般含锰 35% 左右。

2021 年，印度锰矿储量（金属量）3400 万吨，占世界总量的 2.27%。该国不对外出口锰矿资源，且国内锰矿需求也需部分进口，是全球锰矿及精矿砂进口排名第二位的国家。

（七）加纳

加纳锰矿储量不多，但品位较高，其中碳酸锰品位 27%~32%，氧化锰品位可达 40% 以上。2021 该国锰矿储量（金属量）1300 万吨，占世界总量的 0.87%。

2017 年 5 月，宁夏天元锰业集团有限公司与加纳政府达成锰矿开采协议，中国从加纳进口锰矿石量大幅提升，从最初 2011 年 85 万吨上升到 2021 年 247 万吨，在全球主要产锰国中进口量排名第四位。

（八）东南亚

东南亚主要锰矿出口国为马来西亚、越南和缅甸。

马来西亚锰矿主要集中在吉兰丹（Kelantan）和关丹（Kuantan），锰矿主要分为三种：高锰、高铁及高硅矿。吉兰丹锰矿主要为高硅锰矿，锰品位 25%，硅含量 25%~30%，月产量 2 万~4 万吨。关丹锰矿主要为高铁锰矿，锰品位 18.5~40%，铁含量 15%~24%，月产量约 5 万吨。

中国通过马来西亚关丹港（Kuantan Port）和甘马挽港（Kemaman）进口锰矿，近几年进口马来西亚锰矿石量有所减少，2021 年为 57 万吨，位居全球第六位。

越南锰矿资源比较丰富，矿床规模多为小型，含量高、品质好、易采易选，探明储量约数百万吨，矿床类型主要为沉积型和热液型，锰矿石平均品位在 20% 左右，氧化矿石锰品位可达 35% 以上。

我国通过岳圩口岸年进口越南锰矿约 20 万吨，同时已有多家公司与越南重庆县矿产公司达成意向，准备开发越南锰矿资源。

缅甸近几年出口中国锰矿 27 万~37 万吨。

东南亚各国锰矿资源数量及潜力不清，但锰矿石质量好，便于开发，系中国周边国家，运输距离近，开发利用成本低。近几年中国进口东南亚锰矿石均达 200 多万吨，约占全部进口锰矿石量的 8%，是满足我国锰矿需求的重要补充。

二、中国锰矿资源供给能力

（一）矿区数量与规模

截至 2020 年底，中国锰矿区共计 433 处，其中超大型 5 处、大型 21 处、中型 94 处、小型 313 处，占比分别为 1.15%、4.85%、21.71% 和 72.29%，其中矿区数前三位的省区为广西 116 处、湖南 56 处、贵州 49 处。我国保有锰矿石资源储量 17.53 亿吨。其中前三位的省区为贵州 8.40 亿吨、广西 3.71 亿吨、湖南 1.22 亿吨（见表 1-9）。

表 1-9 中国锰矿分布情况一览表

省、直辖市、自治区	矿区总数/个	超大型/个	大型/个	中型/个	小型/个	保有资源储量/万吨	查明资源储量/万吨
贵州	49	4	6	18	21	84015	87159

省、直辖市、自治区	矿区总数/个	超大型/个	大型/个	中型/个	小型/个	保有资源储量/万吨	查明资源储量/万吨
广西	116	1	4	23	88	37122	47992
湖南	56	0	5	20	31	12156	19660
河北	5	0	1	0	4	8814	9101
云南	32	0	0	11	21	7393	7555
重庆	9	0	2	5	2	6741	11830
辽宁	6	0	1	2	3	3924	4508
甘肃	22	0	1	1	20	3001	3001
四川	15	0	0	3	12	2344	5082
新疆	22	0	1	2	19	2253	3594
江西	5	0	0	1	4	1539	1721
内蒙古	7	0	0	1	6	1326	1325
湖北	11	0	0	1	10	1309	1309
福建	30	0	0	0	30	959	959
广东	10	0	0	3	7	755	1400
陕西	12	0	0	3	9	560	1669
山西	3	0	0	0	3	501	501
安徽	11	0	0	0	11	233	233
河南	8	0	0	0	8	210	226
海南	1	0	0	0	1	104	104
天津	1	0	0	0	1	28	28
吉林	2	0	0	0	2	8	8
合计	433	5	21	94	313	175295	208965

（二）资源储量数量与分布

根据自然资源部 2021 年 7 月发布的《2020 年全国矿产资源储量统计表》，中国保有锰矿储量仅 21296 万吨，其中广西保有储量 11892 万吨，占全国的 55.84%，是我国最重要的产锰大省。

中国锰矿保有资源量 15.40 亿吨，在 24 个省（直辖市、自治区）均有分布，其中保有资源量最多的 3 个省区为贵州、广西和湖南，分别为 8.20 亿吨、2.52 亿吨和 1.06 亿吨，占中国总保有查明资源量比例分别为 53.25%、8.20% 和 6.88%，三省合计保有资源量 11.78 亿吨，占中国比例为 76.49%。中国锰矿资源量虽然数量较大，但有近一半属于埋深超 1000m 和超低品位锰矿，其开发利用可行性尚需进一步研究。

具体分布情况详见表 1-10、图 1-3 和图 1-4。

表 1-10　截至 2020 年底中国查明及保有锰矿资源量汇总表

地区	保有储量/万吨	保有资源量/万吨	保有储量占全国比重/%	保有资源量占全国比重/%	查明资源储量/万吨
贵州	1997	82018	9.38	53.25	87159

地区	保有储量/万吨	保有资源量/万吨	保有储量占全国比重/%	保有资源量占全国比重/%	查明资源储量/万吨
广西	11892	25230	55.84	16.36	47992
湖南	1574	10582	7.39	6.88	19660
河北	0	8814	0	5.72	9101
云南	1231	6162	5.78	4.00	7555
重庆	831	5910	3.90	3.84	11830
辽宁	971	2953	4.56	1.92	4508
甘肃	1421	1580	6.67	1.03	3001
四川	6	2338	0.03	1.52	5082
新疆	567	1686	2.66	1.09	3594
江西	64	1475	0.30	0.96	1721
陕西	278	282	1.31	0.18	1669
广东	64	691	0.30	0.45	1400
内蒙古	34	1292	0.16	0.84	1325
湖北	281	1028	1.32	0.67	1309
福建	74	885	0.35	0.57	959
山西	11	490	0.05	0.32	501
安徽	0	233	0	0.15	233
河南	0	210	0	0.14	226
海南	0	104	0	0.06	104
天津	0	28	0	0.02	28
吉林	0	8	0	0.00	8
合计	21296	153999	100	100	208965

注：保有储量数据源于自然资源部 2021 年 7 月发布的《2020 年全国矿产资源储量统计表》。

保有储量，
12.15%

保有资源量，
87.85%

图 1-3 中国锰矿保有储量与保有资源量对比

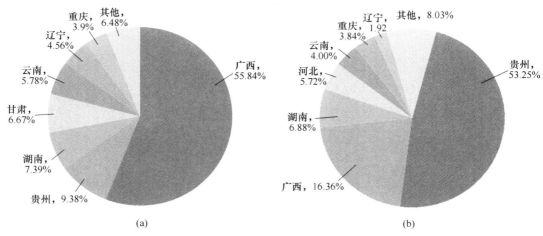

图 1-4　全国各省区锰矿保有储量与保有资源量占比图

(a) 保有储量占比；(b) 保有资源量占比

我国保有资源储量中，保有储量仅占 12.15%，不能满足锰业稳定健康持续发展的需要。

截至 2020 年底，中国保有富锰矿资源储量 14661.58 万吨，其中贵州 8683.84 万吨、新疆 2250.4 万吨、广西 1675.28 万吨，具体分布情况详见表 1-11 和图 1-5～图 1-7。

表 1-11　截至 2020 年底中国富锰矿保有资源储量汇总表　　　　　　（万吨）

地区	保有储量	保有资源量	保有资源储量
全国	1721.2	12940.36	14661.58
贵州	332.40	8351.44	8683.84
新疆	2.26	2248.14	2250.4
广西	736.20	939.08	1675.28
重庆	219.72	448.09	667.81
云南	135.20	263.90	399.10
湖南	180.60	123.16	303.76
四川	12.83	246.07	258.90
广东	—	156.31	156.31
福建	15.72	75.20	90.92
甘肃	60.76	28.30	89.06
山西	12.90	21.40	34.30
海南	—	31.70	31.70
辽宁	11.81	5.77	17.58
湖北	0.82	1.40	2.22
吉林	—	0.40	0.40

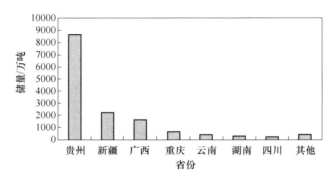

图 1-5 中国主要富锰矿保有资源储量分布图

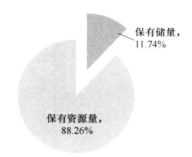

图 1-6 中国富锰矿保有储量与保有资源量对比

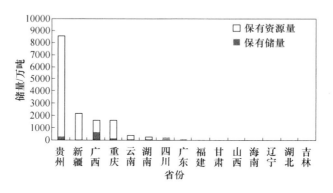

图 1-7 中国富锰矿保有资源储量分布图（原矿，万吨）

三、中国锰矿进口情况

尽管我国锰矿资源较丰富，查明的资源储量近 21 亿吨，但以贫矿为主，品位较低，且真正可用的锰矿资源并不多。因此，长期以来，我国锰矿资源严重短缺，供需矛盾十分突出，每年都需要进口大量的锰矿，以弥补国内锰矿的不足，尤其在锰矿缺乏地区，进口锰矿石比例更高，特别是中低碳锰铁的生产几乎全部依赖进口。近年来，我国锰矿石进口量一直在高位运行。

从 2011~2021 年锰矿进口情况看，中国锰矿主要进口国有南非、澳大利亚、加蓬、加纳、巴西、马来西亚等 6 个国家，进口量占全国总进口量的 90% 以上。其中南非是我国第一大锰矿进口国，且进口锰矿石量逐年增加，2018 年突破 1000 万吨，2021 年达到 1396 万吨；澳大利亚是我国第二大锰矿进口国，进口数量总体平稳，一般在 400 万~500 万吨，2021 年进口量 542 万吨。

2019~2021 年，中国从南非、澳大利亚、加纳、加蓬、巴西进口的锰矿总量在众多国家中居高位，位列前五。其中从南非进口锰矿总量一直最多且变化不大，其次为澳大利亚，加纳、加蓬、巴西的锰矿进口数量随年份的不同有所波动（见表 1-12 和图 1-8）。

表 1-12　2011~2021 年中国进口锰矿石情况　　　　　　　（万吨）

年份	进口总量	主要国家进口量						主要进口国累计进口量	占比/%
		南非	澳大利亚	加蓬	加纳	巴西	马来西亚		
2011 年	1297	346	437	144	85	79	68	1159	89.4
2012 年	1237	332	420	105	119	84	90	1150	93.0
2013 年	1661	518	486	173	143	82	108	1510	90.9
2014 年	1622	576	517	148	106	80	93	1520	93.7
2015 年	1576	641	430	188	54	151	57	1521	96.5
2016 年	1705	710	406	126	175	130	83	1630	95.6
2017 年	2126	927	407	206	190	179	107	2016	94.8
2018 年	2763	1139	513	261	315	163	165	2556	92.5
2019 年	3420	1342	519	362	508	296	137	3164	92.5
2020 年	3170	1370	530	470	190	280	90	2930	92.4
2021 年	2997	1396	542	425	247	152	57	2819	94.1

注：数据来源于中国海关，SMM。

四、对外依存度

对外依存度即年净进口锰矿量（进口量减出口量）占当年锰矿消费量比例，反映我国锰矿消费量对净进口锰矿量的依赖程度。对外依存度越高，安全保障程度越低。

我国虽然是全球主要的锰矿生产国之一，但由于自产锰矿石品位低，下游各类锰产品的生产主要以进口高品位锰矿石为原料，2018 年以来对外依存度一直维持在 84.9% 以上。

2021 年我国国内锰矿石总产量折算成金属锰为 131.4 万吨；进口锰矿石 2997 万吨，出口锰矿砂或锰精矿（锰品位 35%~45%）1.6 万吨，折算净进口金属锰为 1144.24 万

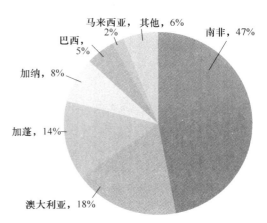

图 1-8　2021 年中国进口各国锰矿占比
（数据来源于中国海关，SMM）

吨。全年锰金属消费总量 1275.64 万吨，我国对外依存度为：

$$Y = \frac{1144.24}{1275.64} \times 100\% = 89.7\%$$

根据近年来我国锰矿进口量与消费量（见表 1-13）计算，锰矿对外依存度逐年攀升（见图 1-9），其中 2021 年我国锰矿对外依存度高达 89.7%。

表 1-13　2011~2021 年我国锰矿消费与进口情况

年份	锰产业消费量（金属量）/万吨	国内锰矿石产量（原矿）/万吨	进口锰矿石量（原矿）/万吨	出口锰矿砂或锰精矿/万吨	对外依存度/%
2011 年	962.96	2600	1297	1.3	51.4
2012 年	918.12	2478	1237	1.2	51.4
2013 年	1057.75	2355	1661	1.7	59.9
2014 年	1031.19	2290	1622	1.6	60.0
2015 年	958.68	1985	1576	1.7	62.7
2016 年	968.04	1766	1705	3	67.2
2017 年	1036.48	1254	2126	3.6	78.2
2018 年	1240.36	1038	2763	5.1	84.9
2019 年	1475.45	950	3420	5.2	88.4
2020 年	1398.49	1050	3170	3.8	86.5
2021 年	1275.64	730	2997	1.6	89.7

注：国内锰矿原矿按平均品位 18.0% 计，进出口矿均按平均品位 38.2% 计。

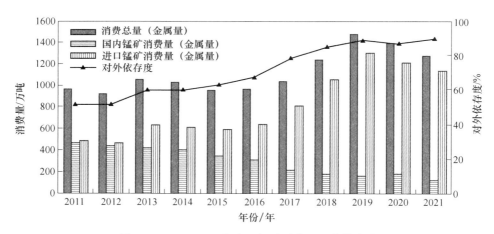

图 1-9　2011~2021 年中国锰矿需求及对外依存度

此外，从表 1-13 也可以看出，我国锰矿消费量总体呈上升趋势。2021 年锰产业消费量（金属量）1275.64 万吨，如果全部由国内锰矿石供给、按照 90% 的采矿回收率，平均品位 18% 计算，2021 年共消耗锰矿资源 7800 多万吨。根据 2021 年底中国锰矿保有资源储量 17.53 亿吨计算，我国锰矿的静态保障程度不足 25 年。

根据国内锰矿资源现状及矿山产能估计，在较长一段时期内，我国锰矿产量、产能不会出现大幅提升，而对锰的需求仍将维持高位。因此，为满足我国对锰矿的巨大需求，一方面要建立境外稳定供应渠道，形成国外稳定的资源供应基地；另一方面国内要加大锰矿勘查投入，夯实国内锰矿资源基础，同时还应加强锰矿勘探，提高储采比，确保国内锰矿份额稳定供应，努力降低对外依存度，实现中国锰业安全、稳定、健康、可持续发展。

五、我国潜在锰矿资源及分布特征

（一）我国锰矿潜在资源评估情况

以 2012 年全国锰矿资源潜力评价为基础，中国冶金地质总局结合 2012 年以来锰矿勘查新进展，对我国锰矿资源潜力进行了动态评估，预测我国 22 个重要找矿远景区锰矿潜在资源为 43.68 亿吨（原矿，下同）。

1. 按深度统计

我国锰矿潜在资源按深度分类统计如下：500m 以浅 22.32 亿吨，1000m 以浅 29.26 亿吨，2000m 以浅 43.68 亿吨。

全国 1000m 以浅的锰矿潜在资源占全国的 66.99%，主要分布在广西、湖南、贵州、重庆、四川、河北、辽宁、新疆等地区，其中广西、湖南、贵州 1000m 以浅潜在资源达 16.25 亿吨，占全国的 55.54%。具体分布情况见表 1-14。

表 1-14　我国主要锰矿远景区锰矿潜在资源统计（按深度统计）　　　（万吨）

锰成矿远景区名称	锰矿潜在资源（矿石量）		
	500m 以浅	1000m 以浅	2000m 以浅
阿克陶—乌恰	3499	9046	20139
吉根—昭苏	1448	1448	1448
莫托萨拉—库米什	562	562	562
北祁连	3146	3146	3146
山西太白—维山	12538	12630	12630
河北兴隆—迁西	18496	18518	18518
辽宁凌源—瓦房子	15854	15854	15854
重庆城口	13969	24831	24831
四川黑水—平武	13443	17841	20968
四川茂县—朝天	10364	10364	10364
四川汉源—延边	307	307	307
贵州遵义	1087	3795	22860
黔东—湘西	13383	22587	46411
湘西南	982	982	982
湘中	6238	16842	31189
湘南	29237	33436	33436
赣东北	9581	11971	11971
滇东南	2136	3286	10431
桂中	19227	25636	32045
桂西南	47380	59225	118450
滇西南	291	291	291
合　计	223168	292598	436833

2. 按预测精度分类

我国锰矿潜在资源按预测精度分类如下：334_1 类 16.48 亿吨，334_2 类 13.33 亿吨，334_3 类 13.88 亿吨。全国 334_2 类以上的潜在资源为 29.80 亿吨，占全国总量的 68.23%。主要分布在广西、湖南、贵州、新疆、河北、辽宁、重庆等地区，具体情况见表 1-15。

表 1-15　中国锰矿潜在资源统计（按精度统计）　　　　　　（万吨）

锰成矿远景区	锰矿潜在资源（矿石量）			总量
	334_1 类	334_2 类	334_3 类	
阿克陶—乌恰	16525	3614	0	20139
吉根—昭苏	1290	22	136	1448
莫托萨拉—库米什	562	0	0	562
北祁连	1427	367	1352	3146
山西太白—维山	2111	5152	5367	12630
河北兴隆—迁西	3772	12471	2275	18518
辽宁凌源县—瓦房子	5425	7422	3007	15854
重庆城口	7391	5092	12348	24831
四川黑水—平武	8895	8724	3349	20968
四川茂县—朝天	2051	1711	6602	10364
四川汉源—延边	101	49	157	307
贵州遵义	11793	267	10800	22860
黔东—湘西	15793	26463	4155	46411
湘西南	573	0	409	982
湘中	14659	16530	0	31189
湘南	4243	2098	27095	33436
赣东北	1326	1472	9173	11971
滇东南	1043	1356	8032	10431
桂中	6409	4807	20829	32045
桂西南	59225	35535	23690	118450
滇西南	167	115	9	291
合　计	164781	133267	138785	436833

注：334_1 类指已知矿田或已知矿床深部及外围预测的矿产资源；

　　334_2 类指最小预测区内同时具备直接和间接找矿标志预测的矿产资源；

　　334_3 类指最小预测区内只有间接找矿标志预测的矿产资源。

（二）中国主要锰矿潜力区及潜在资源分布情况

从区域上讲，我国主要有桂西南、湘渝黔毗邻区、湘桂粤毗邻区、桂中、湘中、川渝陕毗邻区、滇东北—黔西北、滇东南和塔里木西南缘地区等 12 个锰矿资源潜力区，预测潜在锰矿资源为 42.17 亿吨，占全国的 96.54%。各潜力区分布范围、面积及资源潜力见表 1-16。

表 1-16 中国主要锰矿潜力区潜在资源统计

序号	潜力区	潜力区位置	潜力区面积/km²	预测区/个	潜在资源/亿吨
1	桂西南	德保、靖西、田东、天等、大新一带	9000	24	11.84
2	湘渝黔毗邻区	秀山、花垣、松桃一带	12000	6	4.64
3	湘桂粤毗邻区	广西全州—湖南资兴—广东连山一带	60000	237	5.45
4	桂中地区	桂平、来宾、柳州、平乐、宜山一带	17500	10	3.20
5	湘中地区	湘潭、安化、桃江一带	6000	15	3.12
6	川渝陕毗邻区	重庆城口一带	2000	5	2.48
7	滇东北—黔西北	遵义市播州、红花岗、汇川一带	4200	14	2.29
8	滇东南	云南建水、开远、文山、广南一带	15000	9	1.04
9	塔里木西南缘	乌恰—阿克陶一带	9000	4	2.01
10	西（南）天山	乌恰—昭苏—和静一带	90000	4	0.2
11	赣东北	乐平市东南部地区	1300	1	1.20
12	晋冀蒙辽	山西灵丘、河北、蒙南和辽西一带	117000	3	4.7
合　计				332	42.17

第二章 冶金地质锰矿勘查工作

我国锰矿找矿始于 1886 年，于 1890 年发现湖北阳新银山锰矿，1897 年、1907 年在湖南先后发现安仁、攸县、常宁、耒阳锰矿。地质专业人员进行锰矿地质工作则始于 20 世纪初。1928 年、1933 年先后有湖南地质调查所田奇㻛、王晓青等人和北平地质调查所王竹泉、熊永先对湖南上五都锰矿（湘潭锰矿）的调查。1934 年，田奇㻛、王晓青等人对湖南锰矿做了全面地质调查后，著有《湖南锰矿志》。30 年代前后，李殿臣、王镇屏、高振西、王植等人先后对广西来宾凤凰、柳江思荣、武宣三里、桂平木圭、钦州等地锰矿进行了地质调查。1932 年、1948 年，李四光、谢家荣等人先后对南京栖霞山锰矿进行了地质调查。40 年代尹赞勋、侯德封、刘之远等人对贵州遵义锰矿进行了调查。到 1949 年新中国成立前，全国已发现锰矿产地 40 多处，但一般只做了地表踏勘调查，没有进行正规勘探工作获取工业储量。

新中国成立以后，我国钢铁工业逐步发展起来，对锰矿石的需求日益增长，由此推动了全国锰矿的勘查工作开展。

第一节 锰矿地质勘查历程与进展

1949 年以前，尽管发现了少量的锰矿产地，但我国没有一个经过系统地质勘查的锰矿区，也没有一份可供矿山设计和开采用的地质勘探报告，尽管当时广西、湖南是锰矿主要产出省份，也不了解锰矿资源的真实储量。我国锰矿地质勘查是新中国成立以后才开展起来的。冶金部门地质队伍自 1952 年成立，就承担起为国家冶金工业寻找矿产资源的重任，1954 年开始部署部分省区的锰矿勘查工作，在国内锰矿勘查进程中起了主力军的作用。回顾我国锰矿勘查历程，大致可分为以下几个阶段。

一、锰矿勘查起步阶段（1950~1957 年）

这一阶段，以群众报矿、露头找矿为主，开展氧化锰矿勘查工作。

新中国成立以后，从 1950 年起，广西工业厅探矿队对桂平木圭锰矿区、华东地测处王植等人对南京栖霞山锰矿区、西南工业厅罗纯武等人对贵州遵义铜锣井锰矿区、地质部秦萧等人对辽宁瓦房子锰矿区开展地质工作。冶金部门地质队伍对湖南湘潭锰矿、棠甘山锰矿、广西龙头锰矿、广西八一锰矿开展勘查工作，全国锰矿找矿勘探工作拉开了序幕。

1952 年 10 月，广西正式成立了锰矿探矿专业队（原 4216 队），在广西石龙三里、柳江思荣、来宾凤凰、宜山上角、防城大直、钦州黄屋屯等地开展锰矿普查找矿，并优选了凤凰—思荣、木圭和上角等锰矿作为重点评价基地。

1953 年发现铜锣井碳酸锰矿，贵州地质局遵义队于 1954~1957 年开展了锰矿地质勘探工作，提交氧化锰矿418.1万吨，碳酸锰矿2959.5万吨，使贵州省的锰矿储量跃居当时全国第二位。

1952～1957年，地质部东北地质局101队勘探了辽宁瓦房子锰矿，并提交了勘探报告。根据当时的工业要求，按第1勘探类型布置探矿工程，用100m×100m网度求C级储量，用50m×50m网度求B级储量，成为使用勘探网度控制锰矿体以求得工业储量的首例。

1953年，湘潭锰矿氧化锰矿资源枯竭，中国科学院长春地质研究所侯德封与叶连俊带领北京地质学院学生6人到湘潭锰矿考察，发现氧化锰矿层之下的碳酸锰矿，认为储藏量丰富，为进一步勘查开发指明了方向。1954年8月，重工业部华中地质勘探公司组建锰矿勘探队（后称冶金工业部（以下简称冶金部）湖南分局901队）于1954～1957年到矿区勘探碳酸锰矿，并提交《湖南省湘潭锰矿地质勘探总结报告书》，探明工业储量687.9万吨，远景储量164.8万吨，使湘潭锰矿储量迅速增加，开辟了湘潭锰矿地质勘查的新时期（为后来扬子陆块东南缘寻找南华纪"湘潭式"锰矿奠定了基础）。

1954年3月，湖南省工业厅蒋志诚对棠甘山锰矿区进行调查，同年6月，组建宁涟锰矿试验工区开始探矿，提交《湖南省工业厅宁涟锰矿试采工区工程总结报告》。1957年3月，冶金部地质局湖南分局901队对矿区进行调查，编写了《湖南宁乡涟源两县交界一带唐家山锰矿详细报告》。

1952年12月，中南地质局4216队钟铿、郑功溥与广西工业厅探矿队茹廷锵、杨志成、钟滋果等5人组成锰矿普查小组，到上角矿区龙头锰矿进行调查，编写了《宜山上角锰矿普查报告》。1953年初，广西工业厅陈祝庠等人到上角进行地质普查，编写了《宜山上角同德乡锰矿总结报告》。同年3月，中南地质局平桂队杨志成等人到宜山进行预查，编写了《宜山北牙大安岗锰矿预查报告》及《宜山龙头银山锰矿预查报告》。1955年4月，中南地质局415队诸乙农、许剑雄、李鉴章等人会同各院校实习生进行龙头、上角、大安岗一带区域普查。吴惠民、罗玉成等人在龙头矿区进行了详细找矿工作，编写了《宜山龙头、上角、大安岗锰矿普查报告》。1956年6月，广西地质局宜山地质队对该区进行初步勘探，对陈村地段进行远景评价。1957年起继续进行观音山一带详细勘探，探明锰矿石储量B+C+D级1417.25万吨，其中氧化锰矿石储量68.22万吨。

1952年12月，中南地质局4216队和广西工业厅探矿队组成锰矿快速普查小组到广西八一锰矿区普查，并撰写了第四号及第五号《广西锰矿普查快报》。

1955年2～3月，中南地质局415队对思荣锰矿区南部进行补充勘探，于1955年5月提交《广西柳江县思荣锰矿区南部增长储量补充报告》。

1956年9月，西南地质局536队（云南地质局陡岩地质队）发现云南白显锰矿，1957年初，对该点重新进行评价，并与地质部301物探大队10分队配合进行锰测量工作，确认该点赋存于三叠纪地层中的沉积变质型锰矿。

到1956年底，全国已探明锰矿31处，储量达到1.21亿吨，其中锰品位大于30%的富锰矿石储量1029万吨。当时，广西区锰矿储量最多，约6310万吨，贵州省3139万吨，湖南省锰矿616万吨。这是我国历史上发现和开采锰矿以来第一次准确的储量统计。经勘查证实，当时全国最大的锰矿床是辽宁瓦房子锰矿，其次是遵义铜锣井，其后为湘潭、木圭、思荣—凤凰、宜山等。在锰矿地质勘查中，以寻找原生的、大型锰矿为目标。瓦房子、湘潭、柴家屯、太平沟、乐华、遵义、屯留等锰矿均投入较多地质勘查工作，对埋藏较浅、易采的小型锰矿认识不足，对湘、桂、黔、川、滇、粤、闽等省区广大地区的次生堆积和风化淋滤型氧化锰矿地质勘探工作投入较少。到 1957 年底，我国探明锰矿储量为1.85 亿吨。

二、锰矿勘查发展阶段（1958~1966 年）

这一阶段，以就矿找矿、浅表（地表下 100~200m 范围）找矿为主，开展以大、中型矿床为找矿目标的地质勘查工作。

1958 年由于"大炼钢铁运动"，在动员群众上山找铁矿的同时，发现许多锰矿露头点。这些锰矿床（点）多数只做了一些简单的地质工作，部分重点矿床进行了详查或勘探，取得了较好成果。

这一时期各种成因类型和工业类型锰矿床都有发现，并相应地开展了地质勘探工作，如白显芦寨、宣威格学、石龙盘龙、荔浦、平乐二塘、邵阳清水塘、谷城南河、长阳古城、平武平溪、平武虎牙（大平）、汉源轿顶山、四子王旗西里庙、内蒙古乌拉特中后旗东加干、乌鲁木齐市白杨沟、伊犁昭苏、西宁上寨、平谷前干涧、凌源野猪沟、桦甸暖木条子、依兰马鞍山等。

锰矿勘查发展的结果，出现了新的产锰矿省份，并在福建、云南、四川、陕西等省查明和证实了一些重要的锰矿产地。其中，部分矿区后来是我国富锰矿的重要产出基地。这一阶段，冶金部门地质队伍在新疆、陕西、辽宁、河北、湖南、江苏、福建、广西等省区锰矿勘查工作全面展开。

1958 年，新疆有色金属公司 703 队在新疆伊犁昭苏县阿克苏锰矿西矿区进行普查~初勘工作，提交 C_1+C_2 级锰矿石储量 55.7 万吨。

1958 年 7 月，陕西安康冶金地质队检查群众报矿点时发现屈家山锰矿。1959 年对该矿进行普查，获锰矿石远景储量 32.8 万吨。1959 年 11 月~1960 年 10 月进行初勘，探获锰矿石储量 81.7 万吨，其中 B+C 级 25.6 万吨。

1959~1964 年，新疆有色局地质勘探公司 705 队对库车县卡朗沟锰矿进行了勘查，由刘芸霞、吴文海等人编写提交了《库车卡勒古尔锰矿床初勘地质工作报告》。

1959 年 11 月，福建省冶金厅地质二分队对竹子板铁锰矿区进行详查工作，探明铁锰矿石 C+D 级储量 29.2 万吨，探明共生铁矿石 C+D 级 99.7 万吨，提交了《福建省龙岩县竹子板铁锰矿详查总结报告》。1960 年 4 月，福建省冶金地质二分队对连城锰矿进行普查，发现坡积矿，计算 C+D 级氧化锰矿石储量 14 万吨。1963 年 2 月，福建省重工业厅地质勘探公司三队进行普查，1966 年 12 月提交《福建连城庙前锰矿区储量报告书》，探明氧化锰矿石储量 C_1+C_2 级 77.4 万吨。连城庙前锰矿是福建省首次发现并探明的具较大工业意义的锰矿床。这一发现促进了省内锰业的发展。用激电法找锰在国内也属首创。

1959 年 6 月~1960 年 2 月，河北省冶金局 516 队在胥家窑、相广、黑山寺一带进行检查评价工作，提交了《河北省怀来县胥家窑、相广、黑山寺一带锰矿详查报告》，探获锰矿石 C+D 级储量 14.7 万吨。

1959 年 7 月~1961 年 2 月，鞍钢地质勘探公司 407 队在瓦房子锰矿区局子沟一霭神庙一带进行深部找矿勘探，获得 D 级优质锰矿 11.6 万吨，普通锰矿 195.1 万吨，贫锰矿58.8 万吨，提交了《辽宁省朝阳县瓦房子锰矿床局子沟区地质勘探总结报告》。

1960 年，湖南冶金地质勘探公司 236 队发现金石锰矿。1960～1965 年，湖南冶金地质勘探公司 236 队对湘潭锰矿区补做了水文地质工作，增加了储量，扩大了矿区远景。1964 年，提交《湘潭锰矿鹤岭矿区水文地质勘探总结报告》，1965 年 5 月提交了《湘潭锰矿鹤岭矿区地质勘探补充总结报告》。

1962～1964 年，湖南冶金地质勘探公司 236 队对湖南省桃江县响涛源矿区奥陶系锰矿开展勘查工作，提交了《湖南桃江响涛源锰矿评价报告》，首次发现并评价了低磷低铁、半自熔和自熔性优质碳酸锰矿石，为桃江锰矿初期建设与生产提供了地质资源依据。1964～1971 年，236 队对矿区南部斗笠山矿段进行重点勘探工作，1972 年 8 月提交了《湖南桃江响涛源锰矿地质勘探总结报告》，为该矿第二期扩建提供了地质依据。

20 世纪 50 年代末至 60 年代中期，我国锰矿勘查中最重要的发现和成绩，当属广西大新下雷锰矿的发现和勘探。1958 年 7 月，广西大新县逐更乡赵承祥报矿，广西南宁专署地质队颜锦生等人到现场检查并发现了下雷锰矿。下雷锰矿于 1958 年 11 月开展普查，1959 年 3 月开展详查，1960 年 2 月开始勘探，1963 年继续勘探，并把勘探和对外围普查等列为国家重点普查勘探项目，1967 年 2 月结束野外地质勘探工作，提交了总结报告书，批准工业矿石储量氧化锰矿 821.61 万吨、碳酸锰矿 4146.36 万吨，远景氧化锰矿 124.02 万吨、碳酸锰矿 2760.76 万吨。该矿后来成为探明储量达到 1 亿吨以上的大型锰矿床。同时扩展了桂西南地区上泥盆统榴江—五指山组含矿岩系的普查找矿，使该区成为我国重要的锰矿资源基地。

到 1966 年底，全国锰矿储量达到 2.61 亿吨，锰矿区 105 处。与前一时期相比较，锰矿储量增加 7600 万吨，锰矿床个数增加 74 个，提交锰矿石储量报告 62 份。储量最多的省区是：广西锰矿储量 7745 万吨，贵州锰矿储量 5508 万吨，湖南锰矿储量略有增加，新发现和评价了桃江县响涛源锰矿。在这一时期内，全国锰矿地质工作范围有了扩大，大量中、小型风化淋滤和堆积锰矿被发现，如湖南桂阳、零陵，广西平乐，福建连城等地。

三、总结经验、重点突破阶段（1967～1980 年）

这一时期，重点围绕扬子地台周缘开展海相沉积型锰矿勘查工作。对海相沉积型的"湘潭式"锰矿找矿比较重视，找矿经验也日臻成熟。在湖南湘潭、白衣庵、南木冲、九潭冲、磨子潭、棠甘山，贵州大塘坡、高燕，湖北古城等锰矿普查勘探中，已认识到分布于扬子陆块东南缘和西北缘的南方南华纪锰矿具有广泛的找矿前景。1966 年，湖南省地矿局 405 队在花垣县南华系大塘坡组地层中发现"湘潭式"民乐锰矿后，经过 1967～1978 年的普查、详查和勘探，于 1980 年提交地质勘探报告，累计探明锰矿储量 2969.8 万吨，从而扩大了湖南省相应层位中"湘潭式"锰矿的勘查成果。

这一阶段冶金地质部门锰矿勘查主要集中在湖南、广西、陕西、辽宁等省区。

1972 年 4 月～1975 年 1 月，辽宁省冶金地质勘探公司 105 队和鞍钢地质勘探公司 405 队在瓦房子小杨树沟矿区进行二次勘探，新增加锰矿储量 341.2 万吨。提交了《辽宁省朝阳县瓦房子锰矿小杨树沟矿区地质勘探总结报告》。

1979 年 4 月～1981 年 11 月，西北冶金地质勘探公司 716 队对陕西省镇巴屈家山锰矿进行详勘。

1969～1972 年，冶金 711 队对陕西宁强县黎家营锰矿进行评价，于 1973 年提交《陕西省宁强县黎家营锰矿床评价勘探报告》，获锰矿石 B+C+D 级储量 140.5 万吨。1978~1979 年，该队在原基础上进行详勘，对标高 800m 以上的矿体进行储量升级，累计获 B 级储量 50 万吨（其中，新增矿石储量 34.05 万吨）。

1970 年 3 月~1971 年 3 月，湘潭锰矿勘探队对金石锰矿开展踏勘工作，获得氧化锰矿石储量 4.1 万吨。1975~1980 年，在金石锰矿万群矿段开展勘探工作，1981 年 10 月提交了《湖南省湘乡县金石矿区万群段碳酸锰矿详细勘探地质报告》，获得 B+C+D 级储量 144.35 万吨，靳源段 D 级储量 68.5 万吨。

1972~1974 年，湘潭锰矿地测科勘探队对湘潭锰矿进行了生产勘探。1974 年 11 月，提交了《湘潭锰矿三期区地质勘探补充总结报告书》，升级储量 A+B+C 级 210 万吨，D 级 37.8 万吨。

1972~1976 年，湖南冶金 246 队对宁乡棠甘山锰矿区开展地质勘查工作，1976 年 12 月提交《湖南省宁乡县棠甘山锰矿第一期储量报告书》，获得储量 B+C_1+C_2 级 324.1 万吨。之后该队继续按详勘工作程度开展地质工作，并于 1980 年 7 月提交《湖南省宁乡县棠甘山锰矿详细地质勘探报告》，获得储量 B+C 级 372 万吨，D 级 180 万吨，合计 552 万吨。

1975~1979 年，湖南省冶金 236 队在桃江锰矿斗笠山矿段进行了补勘工作。1979 年 5 月提交了《湖南省桃江县响涛源锰矿区斗笠山段勘探报告》，获得碳酸锰矿石储量 B 级 20.1 万吨，C 级 228.7 万吨，D 级 51.4 万吨。

1976 年~1977 年 5 月，湖南冶金地质勘探公司 206 队对东湘桥堆积型氧化锰矿进行普查工作。1977 年 5 月~1978 年 9 月，转入勘探工作，1978 年底提交了勘探报告，提交氧化锰矿石 B+C+D 级储量 801.49 万吨。

1977 年 8 月~1978 年 11 月，湖南冶金 236 勘探队二分队对九潭冲矿区中赋存的锰矿进行了地表评价及初步普查，提交了《湖南省湘潭县九潭冲锰矿评价报告》，估算矿区 D 级储量 101 万吨（块状矿石），地质储量 283 万吨（似条带状矿，评审未批准）。

70 年代末，锰矿石产量开始下降，暴露了我国锰矿资源和勘查工作的某些弱点。1980 年，地质部着手开展锰矿调研工作，积极筹备召开"全国锰矿地质工作座谈会"，以总结交流地质系统锰矿找矿理论研究和地质找矿问题。冶金部根据锰矿找矿的需要，委托湖南冶金地质勘探公司成立了"全国锰矿专题研究协作小组"，研究和规划锰矿资源及找矿问题，针对全国各重点锰矿成矿区带，首次编写出《中国锰矿类型、成矿特征及找矿方向》报告，对全国锰矿地质工作提出找矿部署意见。

至 1980 年底，全国累计探明锰矿储量达到 4.30 亿吨，保有储量达到 3.97 亿吨，探明锰矿床达到 150 个。在这个时期提交了 56 份地质报告，其中勘探报告 12 份，探明了一批锰矿，如下雷、大塘坡、古城、莫托沙拉、响涛源、玛瑙山、后江桥、高燕、花亭、棠甘山、九潭冲、兰桥、小陶等；正在勘探的有东湘桥、金石、江口锰矿等；还勘查了一批小型锰矿床。历经 30 年锰矿地质勘查，广西壮族自治区一直保持锰矿储量最多，为 1.35 亿~1.38 亿吨；湖南省锰矿储量跃居全国第二位（5846.8 万吨），贵州省锰矿勘查工作，在遵义锰矿之后较少有新的发现，黔中地区储量增长缓慢。由于黔东北部地区大塘坡锰矿和湘西北花垣民乐锰矿的发现，使湘黔川接壤地区的锰矿地质普查工作不断有新进展。

四、调整布局、稳步推进阶段（1981~1990 年）

在国民经济迅速发展的"六五""七五"两个五年计划期间，我国锰矿地质勘查通过调整部署，发展较快。1981 年以后，为推动锰矿找矿工作的发展，地质部（1981 年）和冶金部（1986 年、1990 年）分别多次召开全国性的锰矿地质工作会议，总结交流锰矿地质理论研究和找矿勘探经验，共商锰矿找矿工作部署。1982 年，冶金部成立了"全国锰矿技术委员会"，负责制定全国锰业科技发展规划，审查与推广科研成果，组织重大技术攻关。

"六五"期末，全国已有 23 个省、市、自治区探明有锰矿，发现锰矿床（点）约 840 多处。全国累计探明锰矿储量 5.8 亿吨，保有储量达到 4.8 亿吨，锰矿区增加到 157 处，比"五五"期末净增锰矿储量 8245 万吨。探明的大、中型矿床有东平、民乐、杨立掌、大屋、土湖、金石、江口、小茶园、东湘桥、黎家营、屈家山、岩子脚、斗南外围、汾水，以及一些小的锰矿床。这一期间，地质勘探部门提交 25 份地质报告，其中勘探报告 7 份。

经过多年勘探，下雷锰矿的规模基本清楚，共提交 B+C+D 级锰矿储量 13159.6 万吨，其中，氧化锰矿石 951.5 万吨、碳酸锰矿石 12208.1 万吨。下雷锰矿历经 20 余年的普查找矿，成为我国大型锰矿床之首。总结下雷锰矿赋存规律，厘定找矿标志层，认定上泥盆统榴江组上部或五指山组是真正的赋矿层位，锰矿体赋存于含锰泥岩或硅质岩中，以颜色复杂多变为特征。在下雷锰矿地质研究基础上，拓展了桂西南地区上泥盆统锰矿的找矿范围，相继在下雷外围地区找到土湖、湖润、朴隆、巡屯、茶屯、峒邑等锰矿，并找到一定比例的富矿体，成为当时我国锰矿储量最多的资源基地。

从 1984 年起，冶金部地质勘查部门调整找矿队伍布局，以锰矿地质勘查为主要任务，先后组建了广西南宁冶金地质调查所、云南昆明冶金地质调查所、湖南长沙冶金地质调查所，在广西、湖南、云南、贵州、四川、福建、广东、陕西、山西等省区加强了锰矿地质找矿勘探工作，根据钢铁工业对锰矿石质量要求，提出以寻找"优质锰矿"和"富锰矿"的勘查方针，增加了锰矿地质勘探的投入。

1985 年，冶金部西南地质勘探公司 609 队发现大瓦山锰矿，1986 年开展详查工作。1990 年初提交《四川省金口河区大瓦山锰矿详查地质报告》，获得 C+D 级储量 47.5 万吨，其中"优质富矿"39.34 万吨。

1985 年，冶金部西南地质勘查局昆明地质调查所对鹤庆锰矿猴子坡—武君山矿段和西部地区开展了普查，1986~1988 年对猴子坡 I 号矿体为主进行详查，1988 年底提交《云南省鹤庆县猴子坡—武君山锰矿 I 号矿体详查地质报告》，探获 C+D 级储量 76.47 万吨，其中，优质富锰矿 65.94 万吨。

1986 年，中南冶金地质勘探公司 607 队对湖南桃江响涛源锰矿南石冲矿段 10~42 线进行补勘工作与深部找矿。1987 年 12 月，提交了《湖南省桃江县响涛源锰矿区南石冲段储量升级及深部找矿地质报告》，批准 D 级升为 C 级储量 50.83 万吨，新增 D 级储量 151.08 万吨。

1988 年~1990 年 12 月，中南冶金地质勘探公司 607 队在湖南桃江响涛源锰矿木鱼山矿段开展详查工作，1990 年 12 月提交《湖南省桃江县响涛源矿区木鱼山段详查地质报告》，探获 C 级储量 57.33 万吨，D 级储量 418.59 万吨，新增（C+D）级储量 460.27 万吨，为桃江锰矿发展提供后续基地。

1987 年 4 月~1988 年 12 月，中南冶金地质勘探公司 607 队对湖南省城步县清源锰矿区开展详查工作，共探明 C+D 级氧化锰矿石储量 40 万吨。

1985~1988 年，冶金部西南地质勘探公司 607 队对笔架山锰矿开展详查，提交《四川省秀山县笔架山锰矿区详查地质报告》，提交锰矿石储量 829.31 万吨。

1989~1992 年，冶金部西南地质勘查局昆明地质调查所对鹤庆锰矿区小天井 I 号矿体开展详查，1993 年提交《云南鹤庆县鹤庆锰矿详查地质报告》，探获 C 级储量 6.80 万吨，D 级储量 47.04 万吨。

1987 年 3 月，中南冶金地质勘探公司南宁地质调查所对广西湖润锰矿区内伏矿段 24~72 线氧化锰矿进行详查工作，提交《广西靖西湖润锰矿区内伏矿段 24~72 线氧化锰矿详查地质报告》。

1988 年 3 月~1988 年 12 月，中南冶金地质勘探公司南宁地质调查所在广西宜山县龙头矿区深部及外围普查找矿，1988 年 12 月提交《广西宜山县龙头锰矿区深部及外围普查地质报告》，探获锰矿石 D 级储量 84 万吨。

1988 年 8 月~1992 年 11 月，南宁地质调查所根据中南冶金地质勘探公司部署对茶屯矿段进行详查，1993 年 6 月提交《广西靖西县湖润锰矿区茶屯矿段详查报告》，探明锰矿储量 C+D 级 646.39 万吨。

到 1990 年底，全国累计探明锰矿石储量 6.38 亿吨，保有储量 5.82 亿吨，探明矿区增加到 189 处。"七五"期间，是我国历个五年计划时期中锰矿地质勘查收获最大的时期，提交各类锰矿储量报告 24 份，其中勘探报告 4 份，净增锰矿保有储量 1.03 亿吨，增长率达到 21.5%；增加储量最多的矿区有下雷锰矿（6640 万吨）、巡屯（1612 万吨）、天台山（834 万吨）、岩子脚（261 万吨）等。20 世纪 80 年代中期以后，富锰矿的找矿勘探得到重视，取得较好成绩。1990 年底，全国富锰矿保有储量达到 3985.7 万吨，其中富氧化锰矿储量 2814.6 万吨，富碳酸锰矿储量 1171.1 万吨。富锰矿找矿的新转机和富矿保有储量出现增长的势头，主要在于提出和执行加强勘探富锰矿的指导方针，重点勘查了鹤庆猴子坡、大瓦山、清源、建爱、木鱼山、新庄、洛富和足荣等优质锰矿和富锰矿。

1983~1991 年期间，探明储量约 2 亿多吨。锰矿找矿工作，无论在地域上、矿床类型上、以及认识上，均有较新的发展。另一个重要的发现和认识，是在历来认为属难用的高磷锰矿带中查明了低磷"优质锰矿"，为相应区域或类型的找矿开拓了新思路。

五、锰矿地质综合研究及成果总结阶段（1991~1998 年）

这一阶段，主要系统开展了锰矿地质科研工作，建立了锰矿"内源外生"系统成矿理论，提出优质锰矿工业指标，出版了《中国锰矿志》等著作。

1990~1998 年，受宏观经济影响，中国地质勘探行业处于改革转型期，地质找矿投入较少，锰矿地质勘查也不例外。这一时期，冶金地质部门重点部署工业生产急需的优质锰矿、优质富锰矿的找矿及锰矿的科研工作。冶金地质总局除长沙地质调查所、南宁地质调查所分别对湖南、广西重点锰矿成矿带有少量的国家财政补助经费投入优质锰矿、富锰矿的勘查外，全国其他地方锰矿勘查基本停滞，地质队伍转行，新增锰矿资源储量较少。

锰矿是发展钢铁工业的重要矿产原料，我国虽然已探明一定数量的锰矿资源，但由于我国锰矿资源特点是矿床规模小、贫矿多、富矿少、矿石质量存在缺陷，矿石中磷、铁、二氧化硅等杂质含量较高，而锰含量较低，矿石利用率低，冶炼成本高，且影响产品质量。随着钢铁工业的发展，优质锰矿石的需求更加突出。为更好地服务于钢铁冶金业，冶金地质勘查部门根据多年锰矿勘查中积累的经验，于1991年提出了优质锰矿、优质富锰矿的概念，明确规定了"优质锰矿"的定义，制定出优质锰矿工业指标，即：$P/Mn \leqslant$ $0.003 \sim 0.005$，$Mn/Fe \geqslant 4 \sim 6$ 的工业矿石为优质锰矿石，并于2002年把优质锰矿工业指标标准列入《铁、锰、铬矿地质勘查规范》（DZ/T 0200—2002）。冶金地质部门调整了锰矿地质工作方针，把优质锰矿作为地质勘查的主要对象，全面部署优质锰矿的勘查工作，取得了如下重要成果：（1）在湖南湘中奥陶系中统地层中发现和评价了"桃江式"低磷、低铁高碱度优质锰矿；（2）根据锰、铁分离理论，提出在扬子地台周缘南华系大塘坡组"湘潭式"锰矿中寻找低磷锰矿的思路。

1991年10月，中南地勘局长沙地质调查所提交《湖南桃江响涛源木鱼山段详查报告》，探获储量460万吨，属低磷、低铁、高钙优质碳酸锰矿石；南宁地质调查所于1987年、1993年提交广西靖西湖润锰矿内伏、茶屯矿段详查报告，分别探获锰矿储量105万吨、646万吨。

进入20世纪90年代，在全国地勘行业转型期找矿项目锐减的大环境下，冶金地质部门重点加强了对铁、锰成矿区带的研究。集中科研力量开展了"扬子地台周边及邻区锰矿成矿规律及资源评价"系列课题研究，提出了锰矿"内源外生"系统成矿理论，搭建了扬子地台周边锰矿地质学框架，预测研究区锰矿潜在资源13亿吨，为我国锰矿地质学、锰矿勘查学、锰矿工业利用奠定了坚实的基础。

这一时期，冶金地质系统相继出版了《中国锰矿志》（姚培慧等著，冶金工业出版社，1995年）、《扬子地台南缘及其邻区锰矿研究》（姚敬劬、王六明等著，冶金工业出版社，1995年）、《中国南方锰矿地质》（侯宗林、薛友智主编，四川科学技术出版社，1996年）、《扬子地台周边锰矿》（侯宗林、薛友智等著，冶金工业出版社，1997年）、《湘中湘南古构造成锰盆地及锰矿找矿》（姚敬劬、苏长国等著，冶金工业出版社，1998年）等著作，全面反映中国南方锰矿在大地构造、岩相古地理、层序地层、沉积地质、矿床地质、地球物理、地球化学等领域的新成果，形成了冶金地质关于锰矿成矿的基本理论体系，为进一步锰矿理论找矿奠定了理论基础。

六、地质勘查工作调整阶段（1999～2010年）

全国地质勘查工作经历了十年萧条，矿产资源短缺问题突出，大部分矿山资源枯竭问题严重。在这种情况下，国家启动了新一轮地质大调查及危机矿山深边部找矿。这一阶段锰矿勘查以优质锰矿、危机锰矿山深部找矿为重点，部署锰矿各项工作。

1999～2010年，国家新一轮国土资源大调查开启，国家陆续投入矿产调查、资源补偿费矿产勘查、中央财政补助勘查和全国危机矿山接替资源勘查等专项地质工作，启动了包括锰矿在内的矿产资源的调查评价工作。冶金地质总局充分利用国家矿产资源专项找矿资金择优湖南、广西、福建、陕西、新疆等省（区）重点锰矿成矿带部署锰矿调查评价项目、重点锰矿山接替资源勘查项目等，寻找优质锰矿，取得了一批找矿成果。

1999 年，国家试行公益性与商业性地质工作分体运行。1999 年 6 月，国土资源部决定成立中国地质调查局，管理公益性地质工作，开启新一轮国土资源大调查。冶金地质部门积极响应，提交了《中国优质锰矿资源调查评价立项建议书》，将"优质锰矿"纳入了《新一轮国土资源大调查实施方案》。受中国地质调查局委托，中国冶金地质勘查工程总局于 2001 年编制了《全国优质锰矿"十五"期间矿产资源调查评价工作部署方案（2001～2005 年）》。并在 1999～2006 年期间，在全国重点锰矿成矿区带上部署优质锰矿调查评价项目 18 项，取得了较大进展。（1）发现了一批新的矿产地，扩大了优质锰矿资源量；（2）进一步证实我国北纬 23°带是形成氧化锰矿最有利的地区；（3）对广西下雷锰矿中的优质锰矿初步评价取得进展；（4）广西桂西南百色市发现下石炭统含锰岩系；（5）滇东南地区锰矿勘查取得较大进展。累计估算锰矿 333+334 资源量 13250.26 万吨；新发现锰矿矿产地 26 处，可供普查锰矿矿产地 28 处，可供详查锰矿矿产地 7 处。

2003 年，国务院第 63 次常务会议审议通过了《全国危机矿山接替资源找矿规划纲要（2004～2010 年）》，计划投资 20 亿元，地方及矿山企业配套 20 亿元，对部分大中型矿床深部进行勘查。全国选择 8 个危机锰矿山进行了勘查工作部署，中央财政资金、地方财政资金及企业配套资金联合投入。中国冶金地质勘查工程总局积极响应，并承担了其中的"湖南省湘潭市湘潭锰矿勘查""福建省连城县连城锰矿勘查""云南省鹤庆县鹤庆锰矿勘查""陕西省镇巴县屈家山锰矿勘查"等 4 个危机锰矿山的接替资源勘查工作，取得了较好的找矿效果，不同程度地延长了矿山寿命。

为加强地质矿产勘查，确保经济建设所需矿产资源，2006 年 1 月，国务院发布了《国务院关于加强地质工作的决定》。2006 年 7 月，建立中央地质勘查基金（周转金），各省区也先后设立地质勘查基金，支持矿产资源勘查。全国矿产资源勘查工作得到了重视和加强，国内矿产资源调查、勘查工作全面启动，掀起了又一轮矿产勘查高潮。矿山企业、民营资本、探矿权人对锰矿勘查热情高涨，勘查经费大幅增加，勘查成果不断涌现，我国锰矿查明资源储量大幅增长。

2006～2010 年，中国冶金地质勘查工程总局中南局在广西、湖南实施了多个锰矿财政勘查项目、自主矿权勘查项目、社会市场勘查项目，均取得了较好的找矿成果，探获了一批锰矿资源储量。

截至 2010 年底，我国锰矿累计查明资源储量 11.12 亿吨，保有资源储量 8.18 亿吨，其中，保有储量 1.30 亿吨、基础储量 2.01 亿吨、资源量 4.87 亿吨。全国保有锰矿产地 237 处，主要分布在广西、湖南、贵州、重庆、河北、云南、辽宁等省区。

七、找矿突破战略行动阶段（2011～2021 年）

这一阶段，冶金地质部门参加了全国找矿突破战略行动，利用中央、地方和社会企业勘查资金，在全国重点成矿区带部署矿产资源大调查、矿产资源综合评价、整装勘查、省级基金及矿业权人自主勘查项目等，锰矿找矿取得了突破性进展。

为保障我国经济社会可持续性发展，提高矿产资源保障能力，2011 年 12 月 8 日，国务院办公厅印发《找矿突破战略行动纲要（2011～2020 年）》，全面推行"公益先行、商业跟进、基金衔接、整装勘查、快速突破"地质找矿新机制。提出"三年有重大进展，五年有重大突破、八到十年重塑地质矿产勘查开发格局"的"358"目标。国土资源部于

2011 年组织开展找矿突破战略行动，围绕铀、铁、铜、铝、钾盐、铅、锌、金、锰等重点矿种，优选有望形成大型-特大型后备资源基地的矿集区开展整装勘查。在全国 49 个成矿远景区带设立 104 片找矿突破战略行动整装勘查区，地方也设立整装勘查区，通过统筹中央财政资金、各省级地勘基金及企业资金的投入，加大了矿产资源勘查力度。2011 年首选 47 片整装勘查区，2012 年新增 57 片整装勘查区，全国共 104 片整装勘查区。其中，锰矿整装勘查区 5 片，主要部署在广西、贵州、湖南、重庆等省区市锰矿集中区。即重庆市城口锰矿整装勘查区、贵州省铜仁地区锰矿整装勘查区、湖南省祁零盆地锰矿整装勘查区、广西天等县龙原—德保县那温地区锰矿整装勘查区及广西宜州市龙头地区锰矿整装勘查区。

2013 年 6 月中国冶金地质总局中南局受中国地质调查局委托编制提交了《全国锰矿勘查工作部署方案》，该方案以海相沉积型锰矿床为重点，以南华系大塘坡组、泥盆系五指山组、三叠系北泗组和法郎组、石炭系巴平组、奥陶系磨刀溪组、二叠系孤峰组（当冲组）、长城系高于庄组等 7 个区域含锰层位为重点找矿层位，以湘黔渝毗邻区、桂西南、湘中、滇东南、滇东北—黔西北、四川茂县—朝天、桂中、湘桂粤毗邻区、河北迁西—兴隆、四川黑水—平武等 10 个重要锰矿远景区为工作部署重点区域，部署了 20 个重点锰矿勘查项目，为 2020 年前中国地质调查局部署全国公益性锰矿勘查工作提供了依据，也为非公益性锰矿勘查工作提供了部署建议，较好指导了全国锰矿勘查工作。

2012 年 10 月～2017 年 11 月，中国冶金地质总局广西地质勘查院承担了"广西天等龙原—德保那温地区锰矿整装勘查"项目。累计投入总经费 12078 万元。完成各类地质勘查项目 16 个（共 24 批次），其中，中央财政资金项目 4 个、地方财政资金项目 5 个、企业资金投入项目 7 个。整装勘查区的锰矿勘查工作主要在东平、龙怀、扶晚、六乙等锰矿区进行。提交了 2 个特大型锰矿床、4 个大型锰矿床、4 个中型锰矿床、1 个小型锰矿床。整装勘查区共探获新增锰矿石 333+334 资源量 35879.98 万吨，其中 333 及以上资源量 27912.65 万吨。

2015 年，中国地质调查局根据国家经济社会发展对能源、资源的需求，编制 2015～2020 年地质调查总体方案，设置了地质调查"九大计划"，部署了 49 项工程、190 个项目。这一阶段，中国冶金地质总局主要承担了全国重要锰矿成矿区带矿产资源调查工作。

2016～2018 年，中国冶金地质总局中南局承担"湘西—滇东地区矿产地质调查"，中国冶金地质总局西北局承担"塔里木盆地西南缘锰多金属矿产地质调查"两个二级项目，重点对滇东、湘西、湘中、桂中、桂西南、新疆西南天山阿克陶县玛尔坎苏富锰矿带及乌恰县吉根地区等成矿区锰矿开展 1:5 万矿产地质调查，圈定进一步的找矿靶区，提供后备勘查基地。

"湘西—滇东地区矿产地质调查"项目部署 14 个子项目和 2 个科研专题，项目经费 11032 万元。新发现矿产地 12 处，其中大中型矿产地 8 处。探获锰矿石 333+334 资源量 5620 万吨，圈定地球化学综合异常 179 个，圈定找矿靶区 25 处，圈定锰矿找矿最小预测区 99 处，预测锰矿资源潜力 26 亿吨。

"塔里木盆地西南缘锰多金属矿产地质调查"项目部署 8 个子项目，项目经费 6775 万元。新发现矿（化）点 47 处，圈定地球化学综合异常 156 个，圈定找矿靶区 14 处，估算玛尔坎苏地区 2000m 以浅锰矿预测资源总量 2.01 亿吨，助推形成了玛尔坎苏大型锰矿资源基地。

2019年5月~2020年11月，中国冶金地质总局湖南地质勘查院承担了中国地质调查局"重要锡、锰等矿集区矿产地质调查"二级项目的子项目"湖南省洞口—靖州一带锰矿矿集区矿产地质调查"，项目在新路河矿区深部发现了平均厚度6m的锰矿层，新增碳酸锰矿333+334资源量391.3万吨。

2019~2021年，中国冶金地质总局中南地质调查院承担了"上扬子东南缘锰矿调查评价"项目。该项目隶属于"重要金属非金属矿产地质调查"计划中的"大宗急缺矿产调查工程"，项目经费2164万元。取得的主要成果：厘定区内1：5万矿产地质专项填图的填图单元，对区内南华系、奥陶系等主要含锰岩系进行了划分和对比，并对大塘坡组、磨刀溪组等沉积建造的形成条件进行研究；新发现锰、钒、金、硫铁矿等矿（化）点30处，其中锰矿14处、钒矿14处、金矿1处、硫铁矿1处；提交新发现九潭冲—楠木冲、月山铺—祖塔两个中型锰矿产地，均有望提升为大型锰矿产地；圈定找矿靶区3处；圈定湘中地区锰矿最小预测区5处，探获推断资源量：锰矿石654.39万吨；预测锰矿潜在资源8550万吨，五氧化二钒（V_2O_5）116万吨。

根据《2011~2020年找矿突破战略行动评估报告》，2011年实施找矿突破战略行动以来，至2020年中国锰矿勘查投入约25.1亿元，完成钻探133.27万米，新增锰矿资源储量超过12.45亿吨。锰矿勘查工作主要集中在贵州、广西、湖南、重庆和新疆等5省区市，累计投入资金近19亿元，其中财政资金约占30%，社会投入约占70%，累计完成钻探69万米，锰矿整装勘查取得重大进展：一是贵州省地矿局在贵州铜仁地区发现道坨、高地、普觉和桃子坪四处超大型锰矿，新增锰矿石查明资源量63655万吨，遵义地区新增锰矿石查明资源量2654万吨。二是中国冶金地质总局广西地质勘查院在广西桂西南锰矿整装勘查区探获天等东平外围、德保扶晚、田东六乙、靖西湖润等多处大型锰矿，新增查明锰矿石资源量27912.65万吨。三是湖南地矿局在湖南永州市祁零盆地水埠头锰矿区探获贫碳酸锰矿石查明资源储量4909万吨，通过预可研证实低品位碳酸锰矿通过电解法可获得锰产品，具有工业利用价值，对我国低品位碳酸锰矿的勘查开发具有良好的示范作用。四是重庆地矿局在城口锰矿整装勘查区探获查明的锰矿石资源储量3700万吨，秀山地区2975万吨。五是新疆地质矿产勘查开发局、中国冶金地质总局西北局等在新疆南疆阿克陶县玛尔坎土至奥尔托喀纳什一带新发现富锰矿带，探获富锰矿石资源储量2209万吨。

但是，值得注意的是，2011年以来，尽管我国在桂西南锰矿基地、贵州铜仁锰矿基地勘查评价了多个大型、超大型锰矿床，但存在超深勘探、过度勘探的问题。

贵州松桃县铜仁锰矿基地矿床勘查深度普遍偏大，桃子坪锰矿北矿体控制标高−1385~−280m，南矿体控制标高−1980~−1040m，地面高程一般420~470m，ZK216孔深2311.33m，矿体最大埋深达2530m，勘查线剖面图上矿体埋深基本超过1500m。道坨锰矿钻孔平均深度1264.25m，ZK310孔深1499m，深度1443.22~1495.90m区间见矿，勘查线剖面图解矿体埋深大部超过1000m，勘查深度为773~1499m，平均品位19.92%。高地锰矿钻孔平均孔深1721m，ZK2719孔深近2000m，地面标高750~1000m，控制的矿体底板标高为−450~−1125m，矿体最大埋深约2100m，勘查线剖面图解矿体埋深超过1300m。普觉锰矿ZK418孔深2068.48m，矿体最大埋深约2300m，勘查线剖面图解50%以上资源量埋深超过1400m。贵州深溪锰矿勘查深度550~1700m，平均品位21.00%。重庆高燕锰矿最大勘查深度 2100m，平均品位 19.24%。针对探矿深度过大的问题，行业规范《矿产地质勘查规范铁、锰、铬》规定："勘查工作应科学合理地确定勘查深度。一般不超过1000m，矿床开采内外部条件好时，或老矿山边、深部，勘查深度可适当增加。"由于矿体埋深过大，未来开发必须大幅度增加开拓、掘进成本、设施配套成本、能源消耗成本。这种埋藏深度的碳酸锰矿石在当前经济条件下开发，应当进行详细经济技术评价。

在桂西南锰矿基地，由探矿权人出资勘探了扶晚、六乙等超低品位的锰矿床，碳酸锰矿按边界品位 5%、单工程平均品位 6.5% 圈定矿体。尽管这一圈矿指标是由探矿权人在开展矿床开发预可行性研究后提供的资源量估算工业指标，所估算的资源量也通过了储量评审单位的认定，但扶晚、六乙锰矿区仍未转入开发阶段，未来开发仍需进一步开展经济技术评价工作。

第二节　锰矿科技进步

随着地球科学和现代科学技术的进步，中外地质学家及锰矿地质工作者围绕锰质来源、锰的迁移机制、赋存条件三个基本问题，对锰矿地质学进行了不懈的探索研究，锰矿成矿条件、成矿规律的认识不断深化，并取得一系列科研成果，锰矿成矿理论体系不断完善。同时，为满足国民经济对锰矿勘查和开发的需要，在锰矿勘查技术、成矿预测、工业利用等方面，我国也投入了许多研究工作，大大促进了锰矿勘查和开发技术进步，为我国锰业健康发展提供了有力支撑。

一、锰矿物化探技术进步

（一）锰矿物化探工作

20 世纪 50 年代，冶金地质部门就开始应用物化探方法寻找锰矿。70 年来，物化探找锰虽然投入不多，但仍然取得了良好的找矿效果。

20 世纪 50 年代，在少量矿区开展过零星的物化探找锰试验工作。60～70 年代，福建冶金地质部门在闽西南—粤东北地区的庙前、兰桥、麻坝等矿区完成 1：2000、1：5000、1：1 万激电面积性测量 70km²。70 年代末，在庙前矿区及外围完成水系沉积物测量500km²，并在连城庙前、兰桥矿区取得良好的找矿效果，对物化探找锰起到了积极的推动作用。

80 年代是物化探找锰的兴旺时期。1982～1990 年，福建冶金地质二队先后在永梅坳陷进行水系沉积物测量，完成 1：5 万面积 2200km²，1：10 万面积 3300km²，初步肯定了水系沉积物测量工作的找矿效果，同时获得了多元素组合异常 130 多处，为化探找锰矿总结了有益的经验。在此期间，对辽宁锦西兰家沟锰矿、高桥锰矿、宁城千层沟锰矿、辽宁老官台锰矿等开展了物化探普查找矿工作，选择激发极化法为主要找矿手段，找矿效果较好。1985 年，第一冶金地质勘探公司 516 队在河北黑山寺锰矿开展 1：5000 激发极化法普查找矿工作。1986 年，中南冶金地质勘探公司 606 队、605 队及中南冶金地质研究所先后在广西吴圩、大新下雷、湖润、木圭、同德、月亮塘、下田、湖北襄阳锰矿区开展锰矿物探普查方法试验及评价工作。

90 年代，西南冶金地质勘查局 605 队在云南白显、大新山、巴夜等矿区开展激电、自电电阻率联剖、高精度磁法及水系沉积物测量等工作。冶金部（保定）地球物理勘查院在云南勐宋地区，采用综合物化探方法（激发极化法、甚低频电磁法、磁法及水系沉积物测量、土壤测量）进行了方法试验工作及面积性普查，水系沉积物测量 207km²，对"优质富锰矿"的物化探勘查方法提出了有效的工作程序。1990 年，对西北冶金地质调查所在陕西略阳县史家院地区进行激电扫面。1992 年，冶金部地球物理勘查院采用激电变脉冲衰减法，并配以点源测深拟断面法等手段进行异常评价，获得了良好的结果。

1991 年，冶金部地球物理勘查院和中南工业大学在云南鹤庆小天井矿段采用美国 Zonge 公司生产的 GDP-16 综合电法测量系统，进行可控源音频大地电磁测深（CSAMT）和激电测深（IP）方法试验，并获得成功。

1992～1993 年，中南地质勘查局 606 队在湖南省蓝山地区开展铁锰矿物探普查，完成 1：1 万高精度磁法面积性测量 126km²，1：2000 磁法、激电中梯剖面 11.4km，五级纵轴测深 48 点，电参数测定 276 块，磁参数测定 145 块。工作成果显示：铁锰矿体具有中高阻高极化特征。区内圈出了咱林坳、田心、井头三个综合物探异常带，反映了三个近东西走向且厚度变化较大的铁锰矿层的存在。

1999～2000 年，中南地质勘查局 606 队在广西天等把荷开展锰矿物探工作，完成 1：5000 高精度磁测剖面 5km，激电测深 50 点，电参数测定 71 块，磁参数测定 24 块。通过工作推断区内圈定的 10 余个低阻高极化异常为氧化锰矿（化）体引起。

2014～2016 年，中国冶金地质总局湖南地质勘查院开展"湖南安化—桃江地区锰矿资源调查评价"，完成可控源音频大地电磁测深 212 点，成果反映了隐伏奥陶系磨刀溪组含锰黑色岩系的分布特征，较好地指导了锰矿靶区的验证。

2019～2020 年，中国冶金地质总局中南地质调查院开展"上扬子东南缘锰矿调查评价"，在重点找锰靶区完成音频大地电磁测深（AMT）798 点、广域大地电磁法测深 60 点、物性标本采测 747 件、电阻率测井 5953m。音频大地电磁测深成果较好地勾勒出九潭冲—楠木冲一带断裂及褶皱构造轮廓，同时刻画了含锰黑色岩系的空间展布特点，为钻探工程布设提供了依据。

（二）锰矿勘查技术进步

70 年来，冶金地质部门广泛开展了锰矿物探、化探、遥感技术应用与研究工作，有关部门曾多次将锰矿勘查技术方法的研究列入冶金部地质局重点项目、国家计委重点科技攻关项目或国家科技支撑计划项目，先后组织完成多个重大研究课题。并通过各类科研项目的实施，基本建立了物化探找锰技术方法体系。

1985～1986 年，郑达源负责完成的"电法找锰研究"，首次系统地研究了下雷、木圭、同德、平乐、桃江、棠甘山等锰矿区富矿石物性特征；总结了不同成因类型的锰矿床中不同矿石类型物探找锰的技术方法；通过锰矿异常模拟实验解释方法研究，提出了"双 AB"供电电极排列法，使电法找锰研究达到半定量、定量推断解释的阶段；发现原生沉积锰矿与围岩有明显的相频、幅频特性差异，为运用电磁法寻找原生锰矿提供了物性依据。

1989~1991 年，吴孝国负责完成的"氧化锰矿激电异常评价方法"研究，在大量的模型试验研究不同测试条件下氧化锰矿的激发极化特征及非氧化矿对激电电流脉冲宽度变化响应的差异并总结规律的基础上，提出了区分氧化锰矿与非矿激电异常的评价方法"激电交脉冲衰减法"。该方法给出了野外实施方案及资料整理解释途径，编制了时域激电谱 Cole-Cole 模型的正反演程序及矿与非矿异常的区分准则，取得了较好的效果。

1991~1994 年，李色篆、侯景儒、朱礼负责完成的"扬子地台西缘及邻区优质锰矿勘查技术方法及应用研究"，建立了优质锰矿勘查地球物理—勘查地球化学—遥感地质—数学地质综合勘查技术方法系统。其成果在《中国南方锰矿地质》（侯宗林、薛友智，1996 年，四川科学技术出版社）和《扬子地台周边锰矿》（侯宗林、薛友智等，1997 年，冶金工业出版社）中进行了详细论述。其中：

李色篆、李惠、侯景儒、朱礼等人以中国南方主要类型优质锰矿床为研究对象，采用物、化、遥先进仪器及方法技术，开展高精度、多参数测量，利用多元统计方法软件包，提取优质锰矿物、化、遥综合信息特征标志，建立了中国南方优质锰矿地质—地球物理—地球化学—遥感综合找矿模式。其主要特征标志为：（1）优质锰矿带：布格重力异常等值线扭曲带、二级异常相对起伏区，航磁平稳低磁和正、负过渡异常区；氧化锰矿床：高充电率异常、不规则弱磁异常、自电负异常；原生锰矿床：弱磁、弱充电率、中高电阻异常；（2）水系沉积物 Mn、Ag、Zn 异常可圈出找矿远景区；岩石和土壤地球化学异常可圈定赋矿部位；（3）线性+线弧形—环弧形影像为遥感构造影像标志；含锰岩系和锰矿层的 TM（543）图像呈蓝色、TM（745）呈暗色至朱红色色调异常。应用综合找矿模式提出的不同勘查阶段、不同类型优质锰矿的最佳勘查方法组合，提高了隐伏含锰岩系、隐伏控矿构造和隐伏矿体预测能力，建立了优质锰矿找矿新途径。

丘荣蓍系统介绍了不同锰矿成因类型、不同产出地质环境和矿物组合的地球物理特征及勘查方法试验研究成果，详细阐述了以鹤庆、勐宋、巴夜、兰桥等锰矿为研究对象，应用可控源音频大地电磁法、点源梯度测深拟断面图法、变脉冲衰减法、高精度磁法等，测量极化率（充电率）、电阻率、二次场半衰时、磁场强度或梯度等参数，在找锰矿时直接或间接发挥地球物理方法的作用。

曹振峰、杨立增、郑达源等人以桂西大新锰矿和湘中桃江锰矿、棠甘山锰矿等我国南方代表性锰矿床为物性研究对象，开展锰矿床各类岩性的电性（充电率、电阻率）、磁性（磁化率）和密度等参数特征及其规律研究，建立了沉积型和沉积改造型锰矿床的岩性与物性关系模式，并有针对性地进行了锰矿床岩矿石的复电阻特性研究。在物性参数特征研究和总结的基础上，提出了物性参数特征的应用前景和物探方法找锰的技术手段。（1）次生沉积型锰矿（氧化锰）与原生碳酸锰和其他岩石电性差异明显，表现为良导、高极化率。因此，应用电法（尤其是采用激电或复电阻率方法）进行次生锰矿的普查或探测效果良好。（2）沉积型锰矿（包括氧化锰、碳酸锰）比围岩的磁性强，采用高精度磁测，并辅以物性研究工作，有可能取得较好的碳酸锰找矿效果。（3）沉积型锰矿岩矿石物性与矿物组分及含量的相关性研究结果表明，其矿石的激电效应系二氧化锰引起，而磁性则由矿石中的部分顺磁性和铁磁性矿物产生。（4）沉积改造型锰矿床的含锰岩组与围岩相比，具有良导、高极化特征。该特征为电法探测含锰岩组，间接找矿提供了物性依据。另外，开展复电阻相频特性的研究和探测有助于含锰岩组的含矿性评价。（5）沉积改造型锰矿岩矿石激电效应与多种矿物及其电化学性有关，除与锰含量有一定的关系外，与岩矿石中游离碳的含量关系更密切。岩矿石的磁性则与铁磁性矿物的含量有关。（6）研究锰矿床岩矿石的物性特征及其规律，不仅是物探方法的基础工作，还可以应用于矿床成因探讨、岩矿石类型划分以及地质填图和成矿预测等。

孙凤舟、李惠、张景波、梁世全等人系统讨论了水系沉积物、土壤、岩石、植物等不同介质锰矿地球化学勘查方法技术，研究了土壤离子电导率方法在浮土覆盖区找锰的技术，总结了锰矿地球化学异常模式和找矿标志，并用该模式进行了成矿预测。研究结果表明，化探找锰是一种经济、快速、直接、有效的方法和手段。（1）水系沉积物测量可有效地圈定锰矿带、含锰岩系甚至直接圈定锰矿床。工作比例尺（1∶20万）~（1∶5万），以1∶5万效果最好，采样粒度0.42~0.178mm（40~80目），最佳指示元素组合为Mn、Ag、Zn（Pb）。（2）土壤地球化学测量（1∶10000）~（1∶2000）可有效地圈出锰矿床（体），采样层位B层，采样粒度小于0.25mm（60目），最佳指示元素组合为Mn、Ag、Pb、Zn、As。（3）岩石地球化学测量可有效圈定含锰岩系、含锰层及含锰层内赋矿部位。当含锰层出露较好时，可在含锰层走向上按25~100m线距布置剖面，点距3~10m，最佳指示元素组合：Mn、Ag、Pb、Zn、As、Co、Ni。（4）植被发育地区采用植物地球化学找隐伏锰矿是有效的方法。在斗南采取白栎枝，指示元素为Mn、Zn、Cu、Ni、Cr、Pb、Mo、V、Ba；在勐宋采取解放草枝，指示元素为Mn、Zn、Sr、Ba。白栎和解放草在云南广泛分布，是较好的植物地球化学找矿介质。（5）土壤电导率在厚层土壤覆盖区找隐伏锰矿，在一定条件下是一种快速有效的方法技术。

2006~2010年，骆华宝等人完成了"桂西—滇东南大型锰矿勘查技术与评价研究"，首次建立了GIS锰矿多元地学空间数据库及其管理系统；建立了优质锰矿地球物理综合方法找矿模型，锰矿化信息的遥感解译标志和锰矿遥感找矿模型，提供锰矿预测靶区；建立了桂西—滇东南地区大型锰矿床综合勘查技术系统。

2011~2015年，周尚国、程春、毛先成等人完成了"广西田林—大新地区锰矿成矿规律与深部勘查技术研究"。通过区域成矿条件研究和示范区找矿勘查试验，建立了广西田林—大新地区锰矿深部勘查技术系统。（1）精细划分成锰沉积盆地结构，识别成锰构造体系及沉积体系，定位锰矿沉积中心，推断蕴含锰矿资源潜力的地段。（2）利用化探异常、磁异常圈定找矿远景区。土壤地球化学Mn、As、Sb、Mo、Cu、Hg、Ga元素组合异常圈定锰矿找矿靶区，Mn、Ni、Zn、W、Cu、Ba组合异常预测深部锰矿体；岩石地球化学Mn、As、Co、Ni、Zn及Co、As、C（Zn、W）元素组合，尤其Ga与Mn关系密切；高精度磁测、大功率激电方法显示的低磁化率、低电阻率、高充电率异常，往往指示隐伏含锰岩系分布范围。（3）可控源音频大地电磁测深（CSAMT）、音频大地电磁测深（AMT）剖面异常能够有效揭示深部含锰岩系分布范围及空间形态。（4）基于物化探及以往钻探验证成果，构建了锰矿床的地层、褶皱、次生富集等控矿因素的三维定量分析方法及数学模型，开展锰矿深边部隐伏矿体的三维可视化定位定量预测。（5）布设钻孔，探索锰矿体，评价资源潜力。

2019~2020年，杨龙彬、肖明顺、丛源、高宝龙等人依托"上扬子东南缘锰矿调查评价"项目，开展音频大地电磁法（AMT）应用研究，建立了湖南省桃江县文家湾、湘潭市九潭冲两个矿区的地电模型及地质地球物理勘查模型，总结了采用 AMT 成果勾勒褶皱、断裂构造，特别是隐伏构造的空间形态的基本方法，为钻探工程布置提供了依据。

二、锰矿地质科研进展

（一）20 世纪 50~70 年代锰矿地质研究

1953 年，侯德封、叶连俊在对广西木圭、思荣、凤凰、武宜三里及钦县、防城地区的锰矿进行调研基础上，陆续发表了数篇研究成果。如叶连俊 1953 年的《中国锰矿探索工作中的几个基本问题》、1955 年的《中国锰矿沉积条件》、1959 年的《论中国沉积锰矿的若干特点》等。侯德封 1953 年在湘潭锰矿调查时发现了菱锰矿。侯德封和叶连俊对我国锰矿床形成的条件、成因、矿物组合进行了系统的研究。叶连俊将我国锰矿分为海成沉积、湖成沉积、锰帽型、淋滤型 4 类。侯德封根据铁、锰、磷等矿产的时空分布特征，提出了“地层地球化学论”，另外他对湘潭锰矿的新发现，开辟了锰矿找矿新途径。

1956 年赵家骧、刘佑馨发表了《中国外生锰矿的初步探讨》，1957 年黎盛斯发表了《关于中国南部锰矿及磷矿成矿区域预测问题》。1959 年李家驹发现了辽宁瓦房子锰矿中的水锰矿，1962 年茹廷锵、梁德厚发表了《广西锰矿工业类型的划分及分布主要特点》，1963 年范德廉研究了辽宁瓦房子锰矿的物质成分。

至 60 年代初，我国锰矿地质研究取得了丰硕成果，这些成果揭示了我国锰矿产出的主要层位、矿床类型、地质特征，总结了锰矿形成的主要规律，推动了锰矿找矿和工业利用的进步。

50~70 年代，冶金地质部门围绕锰矿勘查开展了一些综合研究工作。其中 1966~1977 年锰矿地质勘查和科研有许多新的发现和进步。一是冶金部桂林地质研究所利用电子探针等现代测试方法，研究我国南方 7 省区的氧化锰矿物及主要锰矿的伴生有益元素，区分出多种二氧化锰多型矿物，确认恩苏塔矿在许多氧化锰矿中存在。二是湖南冶金地质研究所季金发和杨悌君等人对湖南等地南华纪碳酸锰矿组构进行研究，在鲕状结构矿石中发现许多球形锰矿小颗粒具有蓝藻化石细胞形态特征，并证实整个矿床是由无数单细胞蓝藻化石堆积形成的礁群体构成。这一发现表明碳酸锰的生成与古藻类的生命活动有过密切关系。他们发现的蓝藻化石经南京大学地质系和南京古生物研究所鉴定，为色球藻科色球藻属、粘球藻属、隐球藻属及石囊科的某些属类；并认为蓝藻在其生命活动过程中吸取海水中的锰质作为养料，成为锰的直接富集剂；成岩早期阶段发生有机质的分解和转化，使锰从有机质中分离出来富集形成碳酸锰矿物。此外，在湘潭、民乐等锰矿的矿石中检出卟啉、绿素、干酪根、氯仿沥青“A”、饱和烃等多种有机化合物。这一发现引起了锰矿地质研究者注意。

（二）20 世纪 80 年代锰矿地质研究

1981 年 12 月，冶金部全国锰矿专题研究协作组提交了《全国锰矿类型、成矿特征及找矿方向》专题总结报告，对我国锰矿资源概况及类型、主要成锰期地质特征及成矿地质规律进行了归纳。认为我国锰矿主要产于地台区、滨海障壁及滞流环境控矿。矿床多位于单向海侵旋回中、上部或单韵律层下部，铁锰按“分步沉淀”模式分离。成矿中心在地史中发生过迁移。这篇文献汇集了大量资料，初步摸清了我国锰矿资源情况和主要地质特征，为以后的工作奠定了基础。

1982 年，冶金部成立了"全国锰矿技术委员会"，负责制定全国锰业科技发展规划，审查与推广科研成果，组织重大技术攻关。

1984 年 7 月，冶金部在宜昌召开了全国锰矿地质科研攻关规划研讨会，提出锰矿地质科研"七五"目标以研究寻找优质锰矿和低磷锰矿为主。中南冶金地质研究所受冶金部地质勘查总局委托起草了《中国锰矿地质科研"七五"攻关规划》，提出"中国原生优质低磷锰矿成矿规律及预测研究""中国南方表生富集锰矿成矿规律及预测研究""难选碳酸锰及其伴生组分物质成分与赋存状态研究""物化探寻找锰矿方法及隐伏矿预测研究"等科技攻关项目。

据统计，80 年代中后期，冶金地质部门组织实施各类科研专题 23 个，具体情况详见表 2-1。

表 2-1 冶金地质系统完成的主要锰矿科研项目表

项目名称	起止年限	承担单位	主要负责人	备注
闽西南—粤东地区锰矿床类型、成因系列及氧化锰找矿问题	1984～1986 年	冶金部天津地质调查所	黄金水	冶金部地质局项目
高磷锰矿利用途径研究	1985～1986 年	中南冶金地质研究所	姚敬劬	冶金部地质局项目
锰矿石中锰磷的物相分析方法研究	1985～1986 年	中南冶金地质研究所	唐肖枚	冶金部地质局项目
电法找锰研究	1985～1986 年	中南冶金地质研究所	郑达源	冶金部地质局项目
巴山锰矿带沉积环境与成矿条件研究	1985～1986 年	冶金部西北地质勘查局六队	张恭勤	西北局项目
西南地区低磷富锰矿成矿规律及成矿预测	1985～1988 年	西南冶金地质科学研究所	伍光谦	冶金部地质局项目
四川省黑水地区低磷锰矿含锰岩系（三叠系菠茨沟组）岩相古地理特征及成矿预测	1985～1986 年	西南冶金地质科学研究所	伍光谦	冶金部地质局项目
四川省峨边—汉源—泸定地区晚奥陶世五峰期岩相古地理特征及锰矿成矿预测	1985～1987 年	西南冶金地质勘探公司 609 队	曲红军	冶金部地质局项目
四川省金口河区大瓦山锰矿微相研究	1986～1987 年	西南冶金地质勘探公司 609 队	王杏芬	冶金部地质局项目
云南省鹤庆地区晚三叠世诺利期岩相古地理及成矿预测	1987 年	西南冶金地质科学研究所	刘红军等	冶金部地质局项目
黔北地区晚三叠世低磷锰矿成矿地质条件及找矿远景预测	1987 年	西南冶金地质科学研究所	王则江	冶金部地质局项目
滇西北上三叠统松桂组锰矿远景区划研究	1986 年	西南冶金地质勘探公司 603 队	白崇裕	西南冶金地质勘探公司项目

项目名称	起止年限	承担单位	主要负责人	备注
滇东南地区中三叠世法郎组优质锰矿成矿地质条件及找矿方向	1986~1988 年	冶金部天津地质调查所	刘仁福	冶金部地质局项目
滇西滇南锰矿床（点）锰矿石类型及锰矿物研究	1986~1988 年	冶金部天津地质调查所	杨玉春	冶金部地质局项目
湖南桃江中奥陶统优质锰矿成矿地质条件及找矿方向	1986~1987 年	中南冶金地质研究所	苏长国	冶金部地质局项目
湖北团山沟高磷高铁贫锰矿的利用途径研究	1987 年	中南冶金地质研究所	苏恩清	冶金部地质局项目
桂中锰矿富集规律及找矿预测研究——下石炭统、上泥盆统锰矿成矿地质条件及找矿预测	1987~1988 年	中南冶金地质研究所	王六明	冶金部地质局项目
中国锰矿成矿地质背景、成矿区划及资源潜力评价	1987~1992 年	冶金部天津地质研究院	黄金水	冶金部地质局项目
广西宜山龙头地区"龙头式"锰矿床研究	1988 年	中南冶金地质研究所	苏长国	中南冶金地质勘探公司项目
湖北孝感黄陂一带沉积变质锰矿床物质成分研究	1988~1989 年	中南冶金地质研究所	姚敬劬	中南冶金地质勘探公司项目
陕南优质锰矿的赋矿规律及找矿方向	1988~1990 年	冶金部天津地质研究院 冶金部西北地质勘查局六队	刘仁福 张立勋	资料未收到
湖南永州大屋松软氧化锰矿选矿研究	1989 年	中南冶金地质研究所	缪锋	中南冶金地质勘探公司项目
扬子地台周边低磷优质锰矿成矿条件与成矿预测（冶金部地质总局分解为 5 个专题）	1989~1991 年	冶金部天津地质研究院 中南冶金地质研究所 西南冶金地质科学研究所 冶金部地球物理勘查院	黄金水	国家计委重点科技攻关项目，资料未收到
（1）扬子地台周边含锰岩系地质特征及成矿区划	1989~1991 年	冶金部天津地质研究院	黄金水	资料未收到
（2）湖南广西优质锰矿成矿地质条件及找矿预测	1988~1990 年	冶金部中南冶金地质研究所	苏长国	攻关项目子课题
（3）云南省鹤庆县猴子坡锰矿地质特征及盲矿体预测	1989~1990 年	冶金部西南地质勘查局科研所	刘红军	攻关项目子课题
（4）滇东南地区表生风化锰矿富集规律及找矿方向	1989~1991 年	西南地质勘查局昆明地质调查所	刘荣	攻关项目子课题
（5）氧化锰矿激电异常评价方法	1989~1991 年	冶金部地球物理勘查院	吴孝国	攻关项目子课题
湘中锰矿 1:10 万岩相古地理调绘	1990~1991 年	中南地质勘查局长沙地质调查所	张玉琦	冶金部地质总局项目

项目名称	起止年限	承担单位	主要负责人	备注
扬子地台周边及其邻区优质锰矿成矿规律及资源评价（包括下列 5 个二级课题）	1991~1995 年	冶金部地质局	侯宗林 薛友智	冶金部"八五"科技攻关计划项目
（1）扬子地台周边及其邻区优质锰矿成矿环境及成矿模式研究	1994~1995 年	冶金部天津地质研究院	黄金水	科技攻关项目二级课题
（2）扬子地台北缘优质锰矿成矿规律及成矿预测	1992~1994 年	冶金部天津地质研究院 冶金部西北地质勘查局	袁祖成 张恭勤	科技攻关项目二级课题
（3）扬子地台南缘及邻区成矿规律及成矿预测	1991~1994 年	冶金部中南地质勘查局 冶金部第二地质勘查局	姚敬劬 王六明	科技攻关项目二级课题
（4）扬子地台西缘及邻区优质锰矿成矿条件及成矿预测	1991~1994 年	冶金部西南地质勘查局	刘红军 唐瑞清	科技攻关项目二级课题
（5）扬子地台周缘及邻区优质锰矿勘查技术方法及应用研究	1991~1995 年	冶金部地球物理勘查院 北京科技大学 冶金部遥感技术应用中心	李色篆等 侯景儒 朱礼	科技攻关项目二级课题
湘中湘南地区大型优质锰矿床找矿预测和综合评价	1995~1997 年	中南冶金地质研究所	姚敬劬 王六明	国家计委科技找矿项目
桂西南石炭系、三叠系表生富集型优质锰矿成矿机制及勘查研究	1996~1999 年	中南冶金地质研究所	祝寿泉	冶金部地质局项目
我国铁锰铬矿产资源勘探现状、潜力及可供性分析	2003~2004 年	中国冶金地质工程总局	邢新田	中国工程院承担课题的子项目
中国锰矿资源远景分析	2004~2005 年	中国冶金地质工程总局 中南地质勘查院	周尚国	地质调查综合研究项目
全国铁锰铬矿产资源潜力分析与"十一五"地质勘查工作部署	2006 年	中国冶金地质工程总局	骆华宝	
桂西—滇东南大型锰矿勘查技术与评价研究	2006~2010 年	中国冶金地质总局	骆华宝	国家"十一五"科技支撑项目
全国锰矿勘查工作部署方案（2011~2020 年）	2012~2013 年	中国冶金地质总局中南局	李朗田	源于中国地质调查局
广西田林—大新地区锰矿成矿规律与深部勘查技术研究	2011~2015 年	中国冶金地质总局矿产资源研究院	周尚国 程春	国家"十二五"科技支撑项目
扬子陆块东南缘南华系锰矿成矿预测与选区	2016~2018 年	中国冶金地质总局湖南地质勘查院	雷玉龙	地质调查综合研究项目
湘西—滇东地区锰矿成矿条件及资源潜力评价	2017~2018 年	中国冶金地质总局中南地质勘查院	刘延年	地质调查综合研究项目
湘中—桂西低品位锰矿锰氧化物环境矿物学研究及应用	2019~2020 年	中国冶金地质总局矿产资源研究院	赵立群 牛斯达	研究院项目

项目名称	起止年限	承担单位	主要负责人	备注
中国锰业现状及资源安全保障研究	2019~2020 年	中国冶金地质总局	田郁溟	自然资源部"全国矿产资源规划（2021~2025 年）前期研究"子课题

主要研究成果简要介绍如下。

黄金水负责完成了"中国锰矿成矿地质背景、成矿区划及资源潜力评价"和"扬子地台周边低磷优质锰矿成矿条件与成矿预测"。将含锰岩系分为黑色岩系、硅质岩系、泥质岩系、碳酸盐岩系、火山沉积岩系 5 类。将锰矿形成的成因—构造环境分为陆壳稳定型和过渡型陆棚浅海环境，伴有拉张裂陷的陆棚浅海碳酸盐台地及大陆边缘岛弧海三种类型，划分出 9 个成矿区带和 34 个矿带，圈出了寻找低磷优质锰矿重点区带。

刘仁福负责完成的"滇东南地区中三叠世法郎组优质锰矿成矿地质条件及找矿方向"研究，认为低磷优质锰矿与内生金属矿产类似，是一定的地壳结构类型、构造环境和地史发展阶段的产物。锰矿分布受多组断裂交汇部位控制，具有等距离分布的特点。该区优质锰矿是在古大陆裂谷环境下的深水深源热液沉积矿床。

刘仁福、张立勋负责完成的"陕南优质锰矿的赋矿规律及找矿方向"研究，提出优质锰矿成矿物质主要来自深源海底火山和热泉，属火山成因的沉积矿床。锰矿以扬子地台西北端为中心，由内向外、由老到新，由优地槽近火山沉积锰矿到地台盖层沉积型锰矿，由硅酸锰、氧化锰到碳酸锰，由低磷锰矿到高磷锰矿，呈规律性环带状分布特征。

苏长国等人负责完成的"湖南、广西优质锰矿成矿地质条件及找矿预测研究"，对"峒邑式""城步式"优质氧化锰矿，"桃江式""龙头式"优质原生锰矿的成矿条件、矿床成因、富集地带进行了研究，共划分出优质锰矿成矿带 4 个、成矿区 7 个，圈出找矿预测区 21 个。并就优质锰矿床的评价，提出了应考虑的前提条件及评价中使用的建议指标。

姚敬劬等人对我国主要高磷锰矿中磷、锰分布和赋存状态进行了研究，查明了磷在锰矿床三度空间上的分布规律及与锰品位的关系，提出高磷锰矿床中磷锰总体共生，但在一定范围内和一定程度上存在"自然分离"现象，表现为矿带、矿床、矿石中磷、锰各自分段分层富集、互为消长，高磷锰矿中可能出现低磷矿段和矿层，这种现象为在高磷锰矿中圈出低磷块段和机械选矿方法除磷提供了依据。

唐肖玫负责完成的"锰矿石中锰磷的物相分析方法研究"，建立了化学物相方法测定菱锰矿、锰方解石、氧化锰、硫锰矿、硅酸锰及锰的价态和磷的赋存状态的方法，对推动我国锰矿勘查及资源合理利用具有重要作用。

杨玉春等人完成的"我国滇西、滇南锰矿床（点）锰矿石类型及锰矿物研究"，在滇西首次发现了锰铁矿、含锌锰矿（暂定名）、锌铁尖晶石、粒硅锰矿、锰铝蛇纹石、锰镁绿泥石，并建立了锰矿物的演化系列。通过对锰矿物质成分研究，总结了一套新的工作方法，提交了《锰矿物类别、研究方法及找矿意义》和 218 种矿物鉴定表。

黄金水等人完成了"闽西南—粤东北地区锰矿床类型成矿系列及氧化锰找矿问题"专题研究，提出闽西南—粤东华力西—印支断裂坳陷带氧化残余矿床、氧化淋滤—淋积矿床、表生风化残坡积矿床三种锰矿矿床成因序列模式，总结了工业氧化锰矿床的主要控矿因素、找矿远景和若干勘查准则。

王六明等人完成了"桂中锰矿富集规律及找矿预测研究——下石炭统、上泥盆统锰矿成矿地质条件及找矿预测"，将表生氧化富集型锰矿划分为锰帽型、淋积型、堆积型。

刘荣负责完成的"滇东南地区表生风化锰矿富集规律及找矿方向"研究，对表生锰矿地质特征、成矿地质作用、成矿规律，以及与表生锰矿成矿有关的含锰母岩、地质构造、地形地貌、地下水条件等进行了研究，总结了表生氧化锰分布特征及富集规律，并建立了成矿模式，对滇东南地区锰矿找矿具有指导意义。

伍光谦负责完成的"西南地区低磷富锰矿成矿规律及成矿预测"，以现代沉积学理论为指导，重点对四川汉源—泸定地区晚奥陶世五峰期含锰岩系，黑水地区早三叠世晚期，秀山地区中南华世大塘坡期及云南鹤庆—丽江地区晚三叠世诺利克期含锰岩系的岩相古地理特征及锰矿成矿条件进行研究，建立了成矿模式。

刘红军、唐瑞清负责完成的"云南省鹤庆锰矿地质特征及盲矿体预测"，认为"鹤庆式"锰矿为内源外生沉积的火山热水沉积矿床，并完善了沉积成矿模式；提出区内锰矿受晚三叠世早中期裂陷槽（拗拉谷）控制，锰质来源与拗拉谷中下切地幔的同生断裂活动密切相关；建立了盲矿预测标志，并圈出 8 个锰矿远景地段。

1986 年，冶金部地质局黄世坤、宋雄、林琦、汪国栋等人编写的《中国锰矿资源状况、地质特征及远景区划》报告，从资源、远景区划角度对锰矿地质进行了总结，同时还就某些成矿理论进行了探讨。报告将我国含锰构造环境划分为古陆边缘盆地、碳酸盐礁滩内侧盆地、海域中隆起的碳酸盐平台顶部、广海中深断裂旁侧的洼地等 5 种类型。认为我国比较多的锰矿床是与海底火山作用和海底喷溢热卤水有关，古海底断裂系统、古洋流、古陆边缘是控制锰矿的决定因素。

"七五"期间，中国地质学会列为地质科技重要成果的冶金地质系统的论文有：王六明的《中国扬子区锰矿找矿理论及预测》，姚敬劬的《我国沉积碳酸锰矿物质成分特征及利用途径探讨》，杨立增的《物化探找锰方法技术应用研究》，周成奋的《永梅坳陷带锰矿成矿条件及找矿》，刘仁福的《滇东南低磷优质锰矿成矿区沉积—构造环境》，刘红军的《火山沉积建造最重要的含锰建造》，秦有余的《华东地区（四省）铁锰资源找矿潜力及预测》，王炼的《广东汾水锰（银）矿床的类型及控矿条件》。另外，陈文森的《永梅坳陷的两类氧化锰矿床》也较有影响，是"七五"重要科技成果大会上宣读论文之一。

除了冶金地质部门外，地矿部、科学院及高校也开展过大量锰矿地质及相关科研工作。

20 世纪 80 年代初期，广西地调所、贵州区调所、云南区调所实施了"桂西南晚泥盆世锰矿成矿远景区划""滇黔桂华力西—印支期沉积锰矿成矿条件及找矿方向"等专题，系统研究了滇黔桂地区华力西—印支期锰矿成矿条件及富集规律，取得较多新认识。根据微体化石确定下雷锰矿层属晚泥盆世五指山期，湖润锰矿层属晚泥盆世榴江期，东平锰矿层属早三叠世北泗期；提出锰矿形成于浅海盆地相带中封闭的低能环境；对表生氧化矿强调了淋滤作用对形成富矿的重要性。涂光炽主持的层控矿床地球化学研究，对沉积锰矿的岩浆气液叠加改造和表生氧化改造作了论述。1982 年张宝贵发表的《湖南棠甘山层控锰矿床地质地球化学》一文，认为棠甘山锰矿中出现的硫锰矿、褐硫锰矿、锰铝榴石、锰闪石、锰白云石及红钛锰矿是沉积锰矿多次热力改造的结果。陈先沛等人研究了广西泥盆系硅质岩，认为硅质岩中硅质交代普遍存在，硅质岩中的乳房状构造是热水溶液沉淀的特殊构造，下雷锰矿的豆状构造应与乳房状构造具有相同成因。

1983 年，地质矿产部区域地质矿产地质司组织编辑出版的《中国锰矿地质文集》，是一部全面反映新中国成立以来锰矿地质工作主要成果的专辑，该专辑主要侧重于矿床基本地质特征，也涉及沉积环境、矿床成因和找矿标志等问题。其中岳希新的《中国锰矿地质概况》和黎盛斯的《当前我国锰矿地质工作中的几个问题》两篇论文对我国锰矿产出的地质环境、物质来源及矿床成因等问题进行了系统论述。他们认为，我国锰矿产于地壳比较稳定部位，在含矿岩系沉积较厚的情况下，可有多层锰矿沉积；含锰建造形成于台地内部盆地或台沟，具有一定方向性，受基底断裂构造控制；沉积碳酸锰矿物生成与古藻类生命活动发生过直接关系。

1981~1985 年，贵州地矿局实施了"贵州锰矿地质研究"项目，并出版了《贵州东部大塘坡组地层沉积环境和成锰作用》（王砚耕等，1985 年）。对贵州锰矿在中南华世和中二叠世两个成矿时期的地层、沉积环境和成矿机理做了深入研究，全面总结了贵州省锰矿床地质特征和成矿规律。

1985~1990 年，地矿部、科学院及高校系统开展了锰矿科研，在锰矿基础地质理论研究方面成绩显著。

地矿部组织地矿局和所属所（队），对典型锰矿床进行了总结研究。广西地矿局地质四队曾有寅等人 1987 年完成了"广西大新下雷锰矿地质研究"，在矿床成因、沉积相微相分析等方面取得了重要进展。湖南地矿局刘金山提出湖南中南华世锰矿多源、生物—浊流沉积的成矿模式，提出锰质由陆源、火山源和地壳深部来源三部分组成。湖南地矿局 405 队唐世瑜完成了"湖南花垣民乐震旦系（现为南华系）锰矿床同位素地质研究"，认为锰矿形成于"半局限的弱咸水湖坪—潟湖环境"，推测了成矿介质的古温度，并认为成矿物质来源于大陆物质的风化析离。

1987 年，广西地矿局茹廷锵、韦灵敦、树皋等撰写的《广西锰矿地质》，全面总结了锰矿成矿规律、成矿模式、评价方法及远景评价准则。提出海相沉积型锰矿形成于海水进退的转折点上，较深水台沟控制锰质的停积与分布。锰质主要来自大陆风化产物。

1987 年，地矿部全国地质资料局傅荫平等人完成的《矿产资源战略分析——锰矿》，广泛涉及锰矿资源基本情况、成矿条件、矿床特征、矿石特征及找矿前景、采选冶条件、技术经济指标及供需趋势等。

1985~1990 年，刘宝珺负责的地矿部"七五"重点攻关项目"中国南方岩相古地理及沉积层控矿产远景预测"，应用板块构造、层序地层学、事件地层学的观点，专门讨论了锰矿成矿问题，并将我国南方海相锰矿定为"大陆边缘与热事件有关的沉积矿产"。

1985 年王鸿祯主编的《中国古地理图集》融汇了 1955~1985 年 30 年间地层古生物、沉积古地理和大地构造等方面的重要进展，将古地理与古构造相结合，综合反映了各时代的沉积环境和构造背景。这一基础研究多处涉及锰矿，对锰矿地质研究有重要的影响。

1986~1990 年，我国参加了"国际地质对比计划 226 项目"（IGCP226）的研究，范德廉任中国组组长，项目名称为"沉积锰矿和古沉积环境对比计划"，主要研究利用沉积矿床成因模式来确定元古代和中新生代锰矿沉积作用，古沉积环境及其演化，并建立锰矿勘查模式。范德廉根据我国锰矿含矿岩系特征将锰矿划分为泥质岩型、黑色岩系型和碳酸盐岩型 3 类和 10 种元素组合类型，其中 B-Mn、S-Ca-Mg-Mn、Co-Mn、P-Mn 组合是独特的。认为锰矿物质具有多来源、多阶段富集特点，锰矿的形成与大的造山事件、缺氧事件、火山事件等密切相关。

1989 年，贵州地矿局编辑出版的《贵州锰矿地质》（刘巽锋等，1989 年），对锰矿成矿物质来源提出古陆径流和海底火山两种截然不同的解释。同年著名地质学家涂光炽教授提出广西下雷锰矿属热水沉积成因，认为大量的不是陆源所能解释的海底锰堆积的发现，更使人相信热水沉积锰矿床的重要性并不亚于陆源（冷水）沉积锰矿床。

（三）20 世纪 90 年代锰矿地质研究

20 世纪 90 年代，冶金地质部门共实施锰矿地质科研项目 4 个，其中：冶金部科技攻关计划项目 1 个（包括科技攻关项目二级课题 5 个），国家计委科技找矿项目 1 个，冶金地质总局科研项目 2 个。详情见表 2-1，取得的主要成果简述如下。

黄金水负责完成的"中国锰矿成矿地质背景、成矿区划及资源潜力评价"，使用逻辑信息法建立锰矿资源总量估计模型，对全国 10 个一级成矿区、31 个二级成矿带的资源量和潜力进行了评估，估计全国锰矿资源总量 9.36 亿吨，尚有潜力 2.13 亿吨。

张玉琦负责完成的"湘中锰矿 1：10 万岩相古地理调绘"，讨论了研究区大地构造演化历史，确定了南华纪含锰盆地为被动大陆边缘上的裂陷盆地、中奥陶世为拗陷盆地。对南华纪和中奥陶世的沉积环境、沉积作用和岩相古地理演化进行研究，将南华纪划分为 2 个相区、5 个相、7 个亚相和 13 个微相，中奥陶世划分为 2 个相区、3 个相、7 个亚相和 13 个微相。根据含锰岩段的沉积序列、岩相组合及碳酸锰矿结构、构造特点，确定了有利的锰矿沉积的岩石、岩相组合，明确锰矿富集主要在斜坡相。首次提出该区锰矿成因为热水沉积成矿。通过分析，提出棠甘山—三尖峰、白竹山—硝石湾和黑油洞—毛腊—月山铺、扁鱼山—南坝 4 个找矿有利地段。

侯宗林、薛友智负责完成的冶金部"八五"科技攻关计划项目"扬子地台周边及其邻区优质锰矿成矿规律及资源评价"，揭示了中国南方锰矿成矿规律，阐明了海相锰矿受大陆边缘海域性质和成锰盆地构造环境支配的机理；系统建立起中国南方含锰地层体系，确定了中国南方主要成锰时代和主要成锰期；对中国南方主要成锰期进行了沉积建造分析，确认次稳定型建造是中国南方最重要的含锰建造系列；对中国南方主要成锰期进行了层序地层分析，确认许多重要含锰层位常常出现在最大海泛期形成的"凝缩层"中；对中国南方主要成锰盆地进行了系统研究，划分出离散环境与会聚环境中八种主要的成锰盆地类型，确认板块之间的背向拉张和深断裂带的转换拉张活动引起的离散作用，是成锰盆地形成的主要动力学机制；基于含锰沉积岩系形成的构造—沉积环境、岩石组合及地球化学特征，系统归纳出含锰黑色页岩系、含锰杂色泥质岩系、含锰硅质/硅泥灰质岩系、含锰碳酸盐岩系、含锰磷质岩系、含锰火山—沉积岩系等六种主要的含锰岩系类型；首次全面总结了中国南方锰矿物学特征，详细描述了 47 种锰矿物的化学成分、物理性质，乃至晶体光学特征，并在国内首次发现肾硅锰矿、粒硅锰矿、辉叶石、锰硅镁石等四种矿物；

对中国南方锰矿床进行了成因分类，制订出锰矿床新的成因分类方案。划分出沉积、沉积受变质（改造）、次生氧化 3 大类 11 个亚类锰矿床；提出"内源外生"系统成矿理论，刻画了中国南方锰矿床的形成机理，认为形成锰矿床的锰质主要来自内源，中性和弱碱性环境是锰磷分异的有利条件，Eh 值对矿物共生组合面貌产生重要作用，弱还原-弱氧化、弱碱性、欠补偿、低能、低速率沉淀，是形成海相沉积锰矿床，尤其是形成优质锰矿床的最佳环境；建立了优质锰矿的综合勘查技术方法系统，推荐在不同勘查阶段采用的几种技术方法组合方案，建立了多维综合找矿模型；划分了成矿区带，并对中国南方 16 个预测区优质锰矿潜力进行了预测。该项目系统建立起中国南方锰矿地质学框架，特别是对加里东期及海西—印支期华南古大陆边缘的成矿环境、成矿条件、成矿规律进行了全面归纳和系统总结，不仅填补了国外对于这两个地史阶段成锰作用研究的空白，而且大大丰富了全球锰矿地质学科理论体系，把我国锰矿地质学研究推进了一大步。项目研究成果获得国家科技进步奖二等奖、获冶金工业部科学技术进步奖特等奖。项目完成后，冶金地质系统相继出版了《扬子地台南缘及其邻区锰矿研究》（姚敬劬、王六明等著，冶金工业出版社，1995 年）、《中国南方锰矿地质》（侯宗林、薛友智主编，四川科学技术出版社，1996年）、《扬子地台周边锰矿》（侯宗林、薛友智等著，冶金工业出版社，1997 年）等著作，全面反映该项目研究中国南方锰矿在大地构造、岩相古地理、层序地层、沉积地质、矿床地质、地球物理、地球化学等领域的新成果。

姚敬劬、王六明负责完成的"湘中湘南地区大型优质锰矿床找矿预测和综合评价"，揭示了"桃江式"优质锰矿分布规律，提出中奥陶世桃江成锰盆地中一系列南北向断陷槽控矿的新认识，解决了找矿工作部署的方向性问题。首次提出"红土型锰矿"类型，并深层次地解决了红土化作用与锰矿成矿作用的关系，为湘南地区表生氧化锰矿找矿奠定了基础。提出了 8 个优质锰矿找矿预测区，预测优质锰矿资源潜力 3870 万吨。同时该项目提出的"区域构造控制成锰盆地、成锰盆地控制聚锰岩相、聚锰岩相控制优质锰矿产出"的科学找矿思路，在我国南方具有推广应用意义。该项目编著出版了《湘中湘南古构造成锰盆地及锰矿找矿》（姚敬劬、苏长国等著，冶金工业出版社，1998 年）。

祝寿泉负责完成的"桂西南石炭系、三叠系表生富集型优质锰矿成矿机制及勘查研究"，开展了桂西南地区石炭系、三叠系锰矿床形成条件、控矿因素、富集特征研究，分析了表生富集型优质锰矿的成矿环境、控制要素、形成机制。在此基础上，提交成矿预测区 5 个，并提出了具体勘查建议。

王永基对我国南方氧化锰矿的分布和产出特征进行了系统分析研究，认为氧化锰矿是原生碳酸锰矿（化）层在大气圈、水圈、土壤圈、植被圈和微生物圈的综合作用下，经红土化过程而形成的风化型矿床。并在对其成矿机理进行充分讨论的基础上，以太阳的北回归线（北纬 $23°26'21.488''$）为基准，提出北纬 $23°$ 带（北纬 $25° \sim 20°$，东西长约 2000km，南北宽约 500km 范围内）是我国氧化锰矿分布的主要地段，也是我国寻找红土型金矿、离子吸附型稀土矿、堆积型铝土矿等风化型矿床的重要地带。

20 世纪 90 年代，冶金地质系统科技人员发表与锰矿有关的论文 100 多篇，其中主要有：《试论我国富锰矿类型特征及控矿因素》（黄世坤等，1991 年）、《湘桂锰矿地质找矿的进展和方向》（梁裕智，1991 年）、《我国沉积碳酸盐型锰矿中菱锰矿的成分特征》（姚敬劬，1991 年）、《我国原生锰矿床的沉积建造及形成环境》（黄世坤等，1991 年）、《永梅拗陷的两类氧化锰矿床》（陈文森，1991 年）、《锰成矿作用的新认识——兼论中国锰矿》（黄世坤等，1992 年）、《桃江式锰矿特征及成矿地质条件》（曾孟君，1992 年）、《云南鹤庆蜡硅锰矿的矿物学特征》（赵天蓝，1992 年）、《以成矿规律指导找富锰矿》（孙家富，1992 年）、《鄂东北早元古代沉积变质锰矿元素矿物组合特征》（姚敬劬，1992 年）、《闽西南风化淋积型氧化锰矿床的一种重要成矿模式》（林金钰，1993 年）、《云南鹤庆—丽江地区锰资源量预测——资源量模型法的应用》（官容生等，1993 年）、《云南鹤庆含锰岩系马尔柯夫过程分析》（汪西鸣等，1993 年）、《高明锰矿床成因及应用》（祝寿泉，1994 年）、《龙岩小娘坑锰铅锌矿床地质特征与海底火山喷流—热水沉积机制浅析》（郑仁贤，1994 年）、《锰矿地球化学勘查》（王义为，1994 年）、《滇西南澜沧群中氧化锰矿成矿规律及找矿前景》（柏万灵，1994 年）、《沉积锰矿铁锰分离的热力学分析和实验研究》（姚敬劬，1995 年）、《对南丹—宜山地区龙头式锰矿成因的新认识》（张清才，1995 年）、《中国南方海相锰矿地质概论》（黄金水等，1996 年）、《桃江式锰矿成矿期岩相古地理及成矿预测》《桃江式锰矿的热水沉积特征》（祝寿泉，1996 年）、《广西东平表生富集型锰矿床地质特征及成矿条件初步研究》（刘腾飞，1996 年）、《湘中锰矿控岩控矿构造遥感地质分析》（刘绍濂，1996 年）、《优质锰矿地球化学异常模式》（李惠等，1996 年）、《广西氧化锰矿类型及成矿条件》《我国锰矿资源开发利用现状及勘查对策》（刘腾飞，1997 年）、《滇西南地区二叠纪锰矿的成因及其找矿方向初步研究》（张明贤等，1997 年）、《中国锰业的现状与展望》（孙家富，1997 年）、《湘南—粤北铁锰多金属矿床的表生风化作用》（朱恺军等，1997 年）、《桃江锰矿锰帽形成的地球化学过程》（朱恺军等，1998 年）、《广东省锰矿勘查及开发前景》（袁宁，1998 年）、《中国沉积锰矿的成矿规律》（祝寿泉，1999 年）、《论我国南方优质锰矿产资源调查评价工程》（宋雄等，1999 年）。

（四）2000 年以来锰矿地质研究

2000 年以来，中国冶金地质总局实施各类锰矿科研项目 10 个，其中：国家科技支撑项目 2 个，自然资源部“全国矿产资源规划（2021～2025 年）前期研究”子课题 1 个，中国地质调查局科研及规划类项目 6 个，局院项目 1 个。具体情况详见表 2-1。取得的成果简述如下。

周尚国负责的“我国优质锰矿勘查资源远景分析”，全面总结了我国锰矿地质工作的重要进展，对我国主要锰矿成矿带资源远景进行了预测，首次建立了“中国锰矿产地数据库”。

邢新田负责完成的“我国铁锰铬矿产资源勘查现状、潜力及可供性分析”和骆华宝负责组织完成的“全国铁锰铬矿产资源潜力分析与‘十一五’地质勘查工作部署”。对我国铁锰铬矿资源特点、勘查开发利用现状、资源供需形势、存在的主要问题进行了全面梳理，并对主要铁矿、锰矿远景区资源潜力进行了预测，提出了全国铁锰铬矿产“十一五”地质勘查工作部署方案。

骆华宝负责完成的“桂西—滇东南大型锰矿勘查技术与评价研究”，进一步确认了桂西—滇东南地区晚古生代—三叠纪成锰作用所在的层序位置，阐述了热事件、缺氧事件、生物灭绝事件等在成锰过程中的重要作用；首次建立起大型锰矿综合勘查技术系统，有机地集成地质、物探、化探、遥感、GIS、探矿等多项新的技术方法；应用锰矿勘查集成技术系统，在研究区圈出 6 个远景区，优选出 11 个找矿靶区。

李朗田负责编制完成的"全国锰矿勘查工作部署方案（2011~2020 年）"，在系统总结我国锰矿成矿特征、预测主要锰矿远景区资源潜力的基础上，提出了全国锰矿勘查工作部署的主要原则、重点层位、重点区域，并部署了 20 个重点锰矿勘查项目。

周尚国、程春负责完成的"广西田林—大新地区锰矿成矿规律与深部勘查技术研究"，精细分析了成锰沉积盆地结构，总结了矿集区锰矿成矿模式，建立了桂西南地区锰矿深部综合勘查技术系统，初步形成了锰矿深部找矿的理论及勘查技术体系。

夏柳静、汤朝阳负责完成的"广西天等龙原—德保那温地区锰矿整装勘查区专项填图与技术应用示范"综合研究项目，认为东平锰矿区在早三叠世北泗期为一个热源出口，或是火山喷溢口，所带出的深源锰质就近沉积，形成较富、规模巨大的碳酸锰矿床。预测整装勘查区内锰矿石资源潜力为 6.5 亿吨。

雷玉龙负责完成的"扬子陆块东南缘南华系锰矿成矿预测与选区"研究，厘清了湘黔渝地区中南华世大塘坡期总体构造格架，阐明了同沉积断裂控盆、控相、控矿规律，建立了南华系锰矿区域成矿模式及预测模型，总结了基底平移断裂和同沉积断裂的"行""列"交汇的控凹、控相、控矿特征，提出了"盆中盆"—"凹中凹"控制锰矿沉积中心的新认识。

刘延年负责完成的"湘西—滇东地区锰矿成矿条件及资源潜力评价"，对黔湘、湘中、桂中、右江、南盘江等成锰盆地的控盆古构造、岩相古地理环境、含锰岩系和锰矿层特征、后期构造定位等进行了研究与成果集成；总结了区域成矿规律，建立或完善了湘西—滇东地区主要成锰期锰矿的成矿模式；圈定了锰矿找矿远景区和找矿靶区，估算了潜在锰矿资源。

陈旭等人依托"上扬子东南缘锰矿资源基地综合地质调查"，开展湘潭成锰盆地和桃江成锰盆地中聚锰槽盆结构的精细研究，从聚锰槽盆中进一步识别出了北东向、北东东向基底浅层平移断裂沉陷形成的锰矿沉积中心（即赋锰洼地），总结出聚锰槽盆控制锰矿带、赋锰洼地控制矿体的成矿规律。

田郁溟负责完成的"中国锰业现状及资源安全保障研究"，在系统调查国内外锰矿资源及其勘查开发利用现状的基础上，提出我国锰业存在资源比较优势差、矿山集中度低、贫矿尾矿综合利用不足、矿山环保问题突出、锰产业结构不合理、锰矿资源查明率低、综合保障程度低等 7 大问题，并针对这些问题提出了相应对策建议。

2000 年以来，冶金地质科技人员发表与锰矿有关的论文有 120 多篇，其中主要论文有：《中国北纬 23°带氧化锰矿》（王永基，2002 年）、《我国优质锰矿的勘查方向》（骆华宝，2002 年）、《桂西南优质锰矿成矿机理分析》（李升福等，2009 年）、《中国锰矿地质特征与勘查评价》（薛友智等，2012 年）、《博茨瓦纳锰矿地质特征及成因》（朱永刚等，2013 年）、《广西大新县下雷锰矿床成因新认识》（夏柳静，2014 年）、《桂西南下雷锰矿床地球化学特征及沉积环境分析》（赵立群等，2016 年）、《云南省开远地区中三叠统法郎组锰矿成矿地质条件及控矿特征》（曾凯等，2017 年）、《湖南湘潭地区南华系锰矿成矿地质条件分析及找矿预测》（黄飞等，2017 年）、《新疆阿克陶县玛尔坎苏一带锰矿石矿物特征及矿床成因浅析》（谷骏等，2018 年）、《广西宜州市龙头锰矿床地质特征及深部找矿研究》（严新添等，2017 年）、《贵州省黔东南地区锰矿成矿地球化学特征及找矿方向分析》（华二等，2018 年）、《再论锰的"内源外生"成矿说》（薛友智等，2019年）、《广西南丹—宜州台沟盆地锰矿成矿规律及找矿方向》（周星等，2019 年）、《广西忻城县里苗—塘岭锰矿床控矿因素及成矿模式》（江沙等，2019 年）、《湖南桃江响涛源锰矿地球化学特征及其成因意义》（刘虎等，2019 年）、《新疆乌恰县吉根含锰岩系地质特征与找矿靶区优选》（许明等，2020 年）、《湘中地区成锰盆地内部聚锰槽盆结构初探》（陈旭等，2021 年）、《中国锰业存在的主要问题及对策建议》（黄屹等，2021 年）。

2000 年以来，中国地质调查局、中国地质大学、贵州地矿局等单位在锰矿科研上也投入了大量工作。

2011~2018 年，贵州地矿局 103 队和中国地质大学先后完成了"黔东地区大塘坡期锰矿成矿地质背景综合研究""黔东地区南华纪锰矿成矿系统与深部找矿重大突破""贵州铜仁松桃锰矿整装勘查区关键基础地质研究""上扬子地块东南缘锰矿国家整装勘查区成矿系统与找矿关键技术研究及示范""贵州锰矿成因与成矿规律"等科研专题，并出版了《华南古天然气渗漏沉积型锰矿》（周琦、杜远生等，科学出版社，2017）和《古天然气渗漏与锰矿成矿——以黔东地区南华纪"大塘坡式"锰矿为例》（周琦、杜远生，地质出版社，2012）两部专著。2018 年贵州地质矿产开发局出版了《纪念中国"大塘坡式"锰矿发现 60 周年论文专辑》（贵州地质，第 35 卷，第 4 期）。

2016 年，中国地质大学（武汉）地质调查研究院完成了《中上扬子南缘锰矿成矿构造环境研究》，对南华纪裂谷盆地结构与锰矿的关系进行了深入研究与总结，为黔东地区南华纪锰矿成矿系统研究、锰矿成矿区带划分和锰矿找矿预测提供了基础资料。

2021 年，中国地质调查局西安地质调查中心基于"西昆仑铁铅锌资源基地地质调查与勘查示范"项目的研究成果，编写出版了《西昆仑锰锂铅锌铁区域成矿规律与资源潜力》一书，初步研究了西昆仑玛尔坎苏锰矿带成矿岩相古地理环境，建立了西南天山晚古生代"玛尔坎苏式"内源外生富锰矿成矿模式。

2022 年，李艳等人发表了《深时地球锰矿物演化与产氧光合作用》（矿物岩石地球化学通报，2022 年 4 月，第 2 期），该文从深时锰矿物的演化、产氧光合作用、锰簇中心的物质起源和水钠锰与 PSⅡ的光催化产氧作用四个方面，介绍了深时地球锰矿物演化与产氧光合作用研究成果：地质历史时期锰氧化物矿物的出现早于产氧光合作用起源，锰矿物的成分与种类和地球环境呈现深时共演化关系。地表最普遍的锰氧化物——层状水钠锰矿与生物产氧光合作用中心 Mn_4CaO_5 团簇在化学成分、局域结构和性质功能上具有相似性，该现象使有机和无机界中 Mn 驱动的光反应得以紧密结合，锰氧化物因此很可能是光合产氧中心的雏形。在阳光照射的自然环境中，锰氧化物的光化学作用可收集并转化太阳能，在光照下裂解水产生氧气，因此在地质历史时期可能发挥着类似生物光合作用的矿物产氧功能。进一步揭示含锰矿物与环境因子协变关系及锰氧化物光催化分解水产氧活性机制，可为查明生物产氧光合作用起源与能量转化机制提供矿物学证据，为探索矿物—生物共演化和人工光合作用应用提供科学与技术突破的机遇。

（五）锰矿地质研究理论进展

70 年来，冶金地质部门开展了大量锰矿科研工作，特别是冶金部"八五"科技攻关计划项目的顺利实施，大大促进了锰矿地质理论的发展，提出了锰矿"内源外生"系统成矿理论，搭建了中国南方锰矿地质学框架。这些重要进展为我国锰矿地质学、锰矿勘查学和锰矿工业利用奠定了坚实的基础。

1. 锰矿"内源外生"系统成矿理论的创立

长期以来，国内外对锰矿床的形成和物质来源的认识大致可归纳为两大类：一是"陆源说"，认为锰矿形成主要发生在古陆边缘，是陆缘浅海或浅海陆棚环境沉积的产物，成矿物质源于古陆，锰矿床围绕古大陆分布。二是"火山成矿说"，认为锰矿的发育与地槽发展早期阶段的火山喷发有关，矿化发育在火山沉积岩系中。关于锰矿的火山成因已不是指黎家营和莫托沙拉等直接产于火山建造中的那些锰矿，而是有着广泛得多的内涵。持有此观点的人，已将下雷、龙头、鹤庆、桃江、民乐、遵义等几乎大部分锰矿都列为火山来源（《中国锰矿志》，姚培慧等），因此引起了广泛的关注。然而，随着找矿实践和锰矿地质研究的不断深入，"陆源说"疑点重重，"火山成矿说"也只是解释与火山沉积岩系密切相关的锰矿床的锰质来源问题，大多数海相沉积锰矿床的锰质来源仍然众说纷纭。

（1）"陆源成矿说"存在诸多疑问。古地理研究表明，锰矿并不都分布于古陆边缘。华南二叠系孤峰组（当冲组）中的锰矿位于湘桂广海中；我国广西下雷、木圭、东平等著名矿床，均为碳酸盐台地内的台沟相沉积产物，附近并不存在提供成矿物质的古陆；沿江南古陆两侧分布的湘潭、民乐、松桃等锰矿实际上是产于受构造控制的脊槽相间的盆地中。而且陆源物质可能难以形成桂西南、湘黔地区那样巨量锰质聚集。

矿区沉积相研究表明，一些矿区沉积相的分布不符合滨岸相—浅海陆棚相—半深海相—深海相的传统陆源沉积分异的相序分布规律，常存在缺相或相序突变现象。如桂西南一带泥盆纪锰矿产于碳酸盐台地内的"台沟"中的泥硅质岩相。

锰矿分布与古陆关系的新认识对锰矿的陆源说提出了很多质疑。

（2）锰质"内源"证据越来越多。多数锰矿产出的地质背景为板块活动张裂带，与火山沉积建造关系密切。据刘红军等人研究，鹤庆锰矿形成时，丽江—鹤庆裂陷槽发育了与古特提斯构造旋回余裂期构造—岩浆热力场密切相关的含锰火山沉积建造体系。裂陷槽的形成是地幔喷流上升产生的陆壳颈缩和洋壳化的产物，锰矿层与基性火山沉积建造伴生。下雷锰矿形成于南盘江—右江张裂盆地演化初期，在初裂期产生的构造—热力场范围内，形成两个含锰层位。下雷锰矿位于扩张中心东南侧的火山硅质碳酸盐建造带中，硅质与锰质来源于扩张中心的火山作用，属火山热水沉积矿床。宣威—遵义锰矿成矿区受扬子板块西部内缘二叠纪黔北裂谷盆地控制，其东北部发育含锰硅质岩建造，西南端发育"白泥塘层"硅质灰岩夹锰矿层，分别形成遵义锰矿和格学锰矿。

在含锰岩系或锰矿层中不断发现火山物质。湖南民乐锰矿中发现石英、钠长石、钾长石晶屑及少量玻屑，夹于泥质岩与菱锰矿层中，甚至在镜下清晰可见火山物质条纹与锰矿条纹相互构成叠复层理，或互相混合物堆积成条带状；湖南桃江地区与锰矿层有成因联系的灰色块状黏土岩中夹有火山凝灰岩，在响涛源一带黏土岩含火山碎屑；云南鹤庆含锰岩系上部有一层球粒玄武岩，代表了与锰矿生成有关的火山作用全过程中的一个阶段；云南斗南锰矿和白显锰矿形成于中三叠世，在成矿前期、同期和后期都有海底火山活动，含锰岩系为含有孔虫生物碎屑灰岩、放射虫硅质岩、粉砂质泥岩夹层凝灰岩和基性火山岩。显示锰矿床与内力地质作用的内在关系。

一些过去认为变质作用形成的硅酸盐矿物、热液作用形成的硫化物等经常出现在"正沉积矿床"中。如下雷锰矿原生矿石由菱锰矿、蔷薇辉石、锰帘石、锰铁叶蛇纹石、褐锰矿、黑镁铁锰矿、锰石榴子石等组成，并出现多种硫化物，这种成分复杂的、形成温度较高的矿物组合很难以一般的陆源沉积解释。并且矿石中豆鲕状结构广泛分布，细粒石英、黑云母、蔷薇辉石等呈核心或环带状产出，黑云母脉、石英脉、钠长石脉、重晶石脉、锰铁叶蛇纹石脉仅在矿层中发育，表明存在着富含挥发分流体参与了锰矿的沉积过程，与发生在红海和大洋底的现代热水成矿作用十分类似。鹤庆锰矿发现了大量应产于内生矿床的蜡硅锰矿，且矿石中微晶蔷薇辉石组成球粒状、粒状菱锰矿假象结构，蛇纹石、硅灰石、锰铝榴石呈团块状、脉状结构。民乐锰矿常伴有重晶石、碧玉、硅质岩等热水沉积的典型矿物及岩石。

锰矿中伴生有丰富的有色金属、贵金属等元素，其元素组合和矿物组合特征显示锰质来源的复杂性。我国锰矿中含有丰富的伴生元素：黑色金属元素有铁，有色金属元素有铜、铅、锌、钨、铋、镍、钴、锡，贵金属元素有金、银，分散元素有铟、镉，化工原料砷、硫、磷、硼等 17 种。据傅荫平资料，全国有 63 个矿床伴生有有益组分，部分氧化矿石含钴、镍，部分氧化矿石含磷、银、锡、铟、硼等；并已查明下雷、轿顶山、遵义等碳酸锰矿石中的钴和镍主要以微细粒的硫镍钴矿、针镍矿、辉钴矿和含钴镍的黄铁矿形式存在。这些元素在锰矿中富集反映了它们与锰矿的密切关系。

现代海底热水成锰作用拓展了海相沉积型锰矿床形成过程的认识。根据黄世坤等人 1992 年发表的《锰成矿作用的新认识——兼论中国锰矿》，自 1966 年红海海底扩张中心发现热水矿化作用以来，相继发现的海底热水矿化点达 120 多处。这些矿化点都有着各自的热水循环系统，进行着复杂的成矿作用。如红海因存在高盐度比重大于海水的热卤水，则沉淀出多层的金属硫化物并与铁、锰氧化物及氢氧化物、石膏共生，太平洋的加拉帕戈斯扩张中心则是低盐度热水呈沸腾式的喷发，先形成"黑烟筒"式的块状硫化物，接着其外围又形成层状的铁、锰氧化物及氢氧化物层。此时热水溶液与冷海水混合程度以及温度下降的快慢，溶液的 pH 值、Eh 值变化的速度都影响铁、锰的分离程度，有时可出现铁、锰的彻底分离。涂光炽等总结海底热水成矿模式为：海水（可能部分大气降水、岩浆水）组成对流室，其驱动能是大洋壳热流或局部的侵入—喷出体。当海水下流到对流室中时被加热，与岩石反应形成还原弱酸性盐溶液，并从岩石中淋出金属。然后沿渗透带上升到接近海底处，与海水或孔隙水混合、沸腾或与围岩反应产生矿物沉淀，其最初的反应是在近海底形成蚀变岩筒及网脉型岩石。在喷出孔口的海水-岩石界面上由于化学反应快，形成块状硫化物土丘，当溶液通过土丘继续流动，则形成层状矿体。现代海底热水成锰作用给我们提供了锰矿床形成过程的再认识：涂光炽认为我国热水沉积矿床发育广泛，多具一定规模，广西下雷锰矿就是典型的热水沉积矿床。他认为太古代的热水沉积矿床具有普遍性，是现代勘查和开发的重要矿床类型，后太古代热水沉积矿床则主要发育在海沟、岛弧、洋脊等构造活动带，规模相对较小。苏联 М. М. Мелислав-ский 认为，世界一些大型锰矿床，如尼柯波尔、恰图拉、格鲁特艾兰德、伊米里等矿床都是海底热水成矿作用形成的。它们都与地球发育的海洋扩张时期裂谷作用有关，锰矿床主要形成于地裂作用产生的边缘海或洋壳扩张时的裂谷区。

国内外大洋中锰的地球化学特性深入研究，较好阐释了锰质来源。20世纪80年代，国内外有关大洋中锰的地球化学特性的研究，获得关于锰质来源的新认识：（1）大洋中的锰主要是内源的。太平洋中79%的深水沉积是热液锰，大洋中脊处的喷溢物涌达洋底，对于锰进入海洋起着决定性作用。加拉帕戈斯裂谷带海底火山喷出的羽状体高达2km，绵延200km。新鲜的铁、锰氧化物是一种强大的吸附剂，可以圈闭大量的微量元素，并将其由溶解态转化为悬浮态而沉淀洋底。（2）锰在大洋中主要不是以悬浮状态，而是以溶解状态存在的占93%。以溶液状态从大陆进入海域的只占陆源风化物锰总量的0.9%，而大洋中来自内部的溶解锰等于河流悬浮锰的9倍以上，经过河流进入大洋的溶解锰不足总锰的1‰。

综上所述，锰矿床所处特殊大地构造位置，锰矿石特殊的矿物组合及结构构造特征，锰矿层共伴生钴、镍、铜、铅、锌等元素的存在，以及稀土元素、同位素地球化学及包裹体地质特征等大量证据显示，锰矿物质来源复杂，具有"内源"特点。

（3）锰矿"内源外生"系统成矿理论的提出。20世纪90年代，侯宗林和薛友智等人"坚持成矿物质以内源为主的观点"，以"八五"科技攻关计划项目——"扬子地台周边及其邻区优质锰矿成矿规律及资源评价"为依托，以沉积构造环境、成锰盆地性质、成矿物质来源及成矿机理为主要研究内容，以查明锰矿成矿规律、建立成矿模式，总结勘查评价准则，探索有效的勘查方法，为优质锰矿的勘查评价提供靶区为主要目的。在大陆边缘构造学、沉积建造学、层序地层学、沉积地球化学、热水成矿学等先进地质科学理论支撑下，对中国南方锰矿的成矿条件、分布规律、资源前景及勘查方法进行系统的科学研究。提出了锰矿的形成主要与古板块及其边缘的张裂活动密切相关、锰矿分布受被动大陆边缘裂谷及板内裂谷控制等完全不同于经典成矿理论（陆源说）的新认识。同时基于含锰建造和含锰岩系的深入分析，以及锰矿层中的火山物质、成因矿物学、微量元素、稀土元素、同位素地球化学及包裹体地质的深入研究，在前人研究成果的基础上，创立了锰矿"内源外生"系统成矿理论。

（4）锰矿"内源外生"系统成矿理论。锰矿"内源外生"系统成矿理论的内涵是：构成锰矿资源主体的海相沉积锰矿床的锰质主要来自内源；裂谷是内源锰质上升的通道；岩浆岩（海底火山岩）及其含锰热液是锰质的载体；海底火山喷流或喷气、热水循环和对岩浆岩的海解萃取为锰质浸出集聚的方式；锰质通过海水（介质）进入成锰盆地蕴集，并经过复杂的物理、化学和生物作用，经沉积、埋藏和成岩作用形成锰矿层。

2. 建立了中国南方锰矿地质学框架

在锰矿"内源外生"系统成矿理论的指导下，冶金地质部门侯宗林和薛友智等人对晋宁期、加里东期及海西—印支期华南古大陆边缘的成矿环境、成矿条件、成矿规律进行了系统研究和总结，填补了国外对于加里东期及海西—印支期这两个地史阶段成锰作用研究的空白，丰富了全球锰矿地质学科的理论体系，构建起独具特色的中国南方锰矿地质学框架：

（1）对中国南方主要成锰盆地进行了系统研究，划分出离散环境与会聚环境中八种主要的成锰盆地类型。根据板块相互作用的关系及成锰沉积盆地形成时的板块构造环境和成锰期盆地演化阶段的特征，将扬子地台周边主要成锰沉积盆地划分为离散环境与会聚环境中八种主要的成锰盆地类型：离散环境中的拗拉槽、被动陆缘裂谷、转换拉张裂谷、内克拉通盆地；会聚环境中的残留洋盆、弧前盆地、弧后盆地、弧间盆地。

扬子地台周边锰矿成矿及时空演化受控于中国南方古大陆边缘构造演化，并受大陆边缘海域性质和成锰盆地环境支配。成锰盆地基底多为过渡性地壳，板块之间的背向拉张和深断裂带的转换拉张活动引起的离散作用，是成锰盆地形成的主要动力学机制，多数具有工业意义的锰矿床分布在离散型成锰盆地中。

（2）建立起中国南方含锰地层体系，明确了中国南方主要含锰建造类型。区内成锰时代历经中—晚元古代、震旦纪—早古生代、晚古生代—早中生代三个地史阶段；主要成锰期：蓟县纪—青白口纪、中南华世、早震旦世、中—晚奥陶世、晚泥盆世、早石炭世、早—晚二叠世、中—晚三叠世；在三大地史阶段中，一共发育27个含锰层位，其中18个层位产工业锰矿；优质锰矿主要发育于中—晚元古代、中—晚奥陶世、中—晚三叠世的含锰层位。

在稳定型、次稳定型、非稳定型三类建造系列中，确认次稳定型建造是中国南方最重要的含锰建造系列。主要含锰建造多出现在低能、低速率、欠补偿、弱氧化、弱碱性的拉张断裂盆地中。

（3）划分了含锰沉积旋回，查明了含锰层系层序特征、区域变化及其控制因素。通过中国南方主要成锰期层序地层分析，归纳出全球性海平面变化与锰的时限沉积相和空间定位的关系，确认许多重要含锰层位常常出现在最大海泛期形成的"凝缩层"中。总结出中国南方锰质沉积与中—晚元古代硅铁建造、中南华世间冰期、早震旦世—早寒武世洋流风暴、早古生代黑色页岩沉积、泥盆纪造礁、二叠纪基性火山作用及晚三叠世重力流等一系列地质事件之间的成生联系。

（4）系统归纳出六种主要的含锰岩系类型。根据含锰沉积岩系的构造—沉积环境、岩石组合及地球化学特征，划分为六种含锰岩系：含锰黑色页岩系、含锰杂色泥质岩系、含锰硅质/硅泥灰质岩系、含锰碳酸盐岩系、含锰磷质岩系、含锰火山—沉积岩系。

（5）通过热力学实验，研究锰、铁、磷分离主要控制因素。热力学实验表明，溶液的 pH 值是决定铁、锰、磷三者分合的主要因素，中性和弱碱性环境，是锰、磷分离、沉淀的有利条件，而 Eh 值对矿物的共生组合具有一定的控制作用。弱还原—弱氧化、弱碱性、欠补偿、低能、低速率沉淀，是形成海相沉积锰矿床，尤其是形成优质锰矿床的最佳环境。

（6）系统总结了中国南方锰矿物学特征。全面介绍了锰的氧化物及氢氧化物、锰的硫化物、锰的碳酸盐、锰的硅酸盐等四大类 70 多种锰矿物，详细描述了其中 47 种锰矿物的化学成分、物理性质，乃至晶体光学特征。在国内首次发现肾硅锰矿、粒硅锰矿、辉叶石、锰硅镁石等 4 种矿物，发现"含锌锰矿"（暂名），可能是新矿物或矿物新变种。把优质锰矿划分为 6 种矿物组合，并分别介绍了它们的成因，提出优质锰矿的找矿矿物学标志，对矿石伴生元素进行分析，为综合利用提供了资料。

（7）总结了中国南方锰矿成矿规律，并进行了锰矿成因分类。从中国南方古大陆构造演化分析入手，揭示了海相沉积锰矿成矿的时空演化规律，以及受大陆边缘海域性质和成锰盆地构造环境支配的机理。根据成矿作用的时空演化特点，把中国南方锰矿划分为四个成矿域。即：晋宁期扬子地台增生边缘锰矿成矿域，加里东期扬子地台被动大陆边缘锰矿成矿域，海西—印支期扬子地台周缘及其邻区锰矿成矿域，喜山期次生氧化锰矿成矿域。

结合中国南方锰矿地质特征，制订了锰矿床新的成因分类方案，划分出沉积、沉积受变质/改造、次生氧化三大类11个亚类的锰矿床。分别描述了各类矿床的地层序列、含锰岩系、岩石组合、矿石矿物系列、成矿环境。全面总结了各典型矿床的赋矿层位、区域分布、构造—盆地背景、岩相或建造类型、矿床构造、矿体产状形态、矿床规模、矿石结构构造、矿物组合、化学成分、地球化学标型特征、成矿条件、矿床成因及成矿模式。

（8）提出中国北纬23°带是氧化锰矿的富集地带。在对中国南方氧化锰矿的分布和产出特征进行系统分析研究的基础上，王永基提出我国北纬23°带（即北纬25°～20°，东西长约2000km，南北宽约500km范围内）是氧化锰矿的富集地带。该地带气候炎热、年积温高，也是东南季风（台风）、西南季风（暖湿气流）和西北季风（寒流）入侵或交汇地带、年积雨量大的地带，区内广泛分布的含锰地层，具有得天独厚的氧化锰矿富集条件。区内氧化锰矿是原生碳酸锰矿（化）层在大气圈、水圈、土壤圈、植被圈和微生物圈的综合作用下，经红土化过程而形成风化型锰矿，北纬23°带是我国氧化锰矿分布的主要地带。因此，在我国进一步开展氧化锰矿找矿工作应布置在北纬23°带范围内，这一地带也是我国寻找红土型金矿、离子吸附型稀土矿、堆积型铝土矿等风化型矿床的重要地带。

（9）建立了优质锰矿的综合勘查技术方法系统，推荐在不同勘查阶段采用的几种技术方法组合方案。把勘查地球物理—勘查地球化学—遥感地质—数学地质方法技术运用于锰矿地质勘查，广泛开展了多种方法的找矿试验，总结出一套有效的勘查经验，制订了寻找优质锰矿的综合勘查技术方法系统。

（10）建立了多维综合找矿模型，提出了锰矿地质勘查学原则。在总结归纳中国南方锰矿成矿机理的基础上，建立了晋宁期、加里东期、海西—印支期三个构造发展阶段海相沉积锰矿的区域成矿模式，在重点成矿区带建立典型矿床成矿模式，建立起多维综合找矿模型。并指出超巨旋回沉积建造下部是大型锰矿的赋存部位，而其上部往往是中小型（个别大型）优质富锰矿赋存层位；被动陆缘和转换拉张裂谷盆地中的后火山沉积和部分远火山热水沉积型锰矿常可达大型—超大型；线性张裂盆地中火山沉积型锰矿只能达到中、小型规模，面状构造—岩浆（热液）动力场背景可形成大-超大型锰矿床。

锰矿地质勘查学主要原则：在板内拉张裂谷带或被动大陆边缘裂谷带/转换断层控制的盆地中，开展沉积盆地分析及含锰岩系的岩相古地理研究，寻找同沉积断裂控制的次稳定型建造中可能赋存的锰矿。

锰矿成矿构造—沉积环境和物质来源研究取得的新认识、新进展，"内源外生"系统成矿理论创立，从根本上改变了锰矿找矿的指导思想，在理论上和实践上具有重大而深远的意义。

第二篇

主要锰矿床

本篇共收录了历史上冶金地质部门地勘单位独自勘查或参与勘查的57个典型锰矿床，其中，44个锰矿床的资料来源于冶金地质部门主持编制、1995年出版的《中国锰矿志》。由于《中国锰矿志》中所收录的典型锰矿床的勘查资料、资源储量数据及矿床开发利用情况等截止于1991年底，而很多锰矿床后期均进行了不同程度的勘查工作，资源储量数据发生了一定变化，且近30多年来随着基础地质研究的深入，对其含锰地层的认识、含锰地层的时代划分也有一定变化，本次对锰矿床成果集成部分，根据所能收集到的最新资料，进行了一定的补充、修改和完善，力求反映锰矿床最新成果资料。

本次成果集成中所收录的锰矿床，绝大部分分布于全国13个主要的锰矿富集区，其锰矿床成因类型主要为海相沉积碳酸锰矿床和风化型氧化锰矿床。由于国家经济发展对锰资源的需求旺盛，电解锰技术的进步，很多低品位的碳酸锰矿床可以综合利用，扩大了锰矿资源的利用范围，本次成果集成也包含了少部分这类锰矿床。

需要说明的问题：一是由于所收集资料的来源不同，各锰矿床累计探明资源储量的截止时间不同，在"锰矿床发现与勘查史"部分，为了与原始资料保持一致，对不同年代所提交的成果报告中资源储量仍保留了不同历史时期的分类，未进行套改；二是绝大部分矿床累计探明的资源储量数据来源于所收集到的所在省区不同年代资源储量表，少部分矿床因未收集到最新资源储量数据而沿用原数据，而资源储量表中有些数据仅代表矿权区范围内资源储量，与整个矿区资源储量可能会有一定差别；三是在"锰矿床开发利用"部分，因资料难于收集，主要沿用《中国锰矿志》内容，仅根据所收集到的资料进行了少量修改；四是由于全国地层委员会于2001年4月出版了新的《中国地层指南及中国地层指南说明书》，以及其后关于震旦系地层的研究，含锰地层地质年代划分发生了变化，比如，原震旦系下统地层划为南华系，石炭系地层由原来三分调整为二分，二叠系地层由原来二分调整为三分等。本次锰矿成果集成结合各省最新地质志对含锰地层进行了重新调整，由于锰矿成果集成涉及的区域广，可能存在含锰地层调整不当之处，在此特别指出。

第三章　桂西南锰矿富集区和滇东南锰矿富集区

　　桂西南锰矿富集区东起广西平果—崇左，南至中越边界，北到巴马县城，西至那坡县，面积约 9000km²，是我国锰矿最主要的集中分布区及产区。该区大地构造位置属华南褶皱带右江再生地槽西南部下雷—灵马拗陷，位于 Ⅲ-88 桂西—黔西南—滇东南北部 Au-Sb-Hg-Ag-Mn-Al-Sn-Cu-Ti-Te-稀土-煤-石膏-水晶成矿区。区内含锰层位有上泥盆统榴江组，五指山组，上—下石炭统巴平组，下三叠统北泗组。主要矿床类型为海相沉积型锰矿床及次生锰帽型氧化锰矿床。该区已发现锰矿床 30 处，主要有超大型矿床 1 处（大新下雷），大型矿床 4 处（田东六乙、靖西湖润、天等东平、德保扶晚），中型矿床 10 处，小型矿床 13 处；查明锰矿石资源储量 38291 万吨。根据《中国锰业现状及资源安全保障研究成果报告》，该区圈定锰矿预测区 24 个，预测锰矿资源潜力 11.84 亿吨（见图 3-1）。

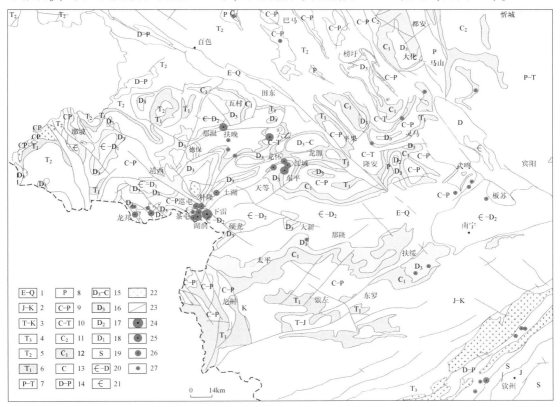

图 3-1　桂西南地区锰矿分布图

1—古近系—第四系并层；2—侏罗系—白垩系并层；3—三叠系—白垩系并层；4—上三叠统；5—中三叠统；
6—下三叠统；7—二叠系—三叠系并层；8—二叠系；9—石炭系—二叠系并层；10—石炭系—三叠系并层；
11—上石炭统；12—下石炭统；13—石炭系；14—泥盆系—二叠系并层；15—上泥盆统—石炭系并层；
16—上泥盆统；17—中泥盆统；18—下泥盆统；19—志留系；20—寒武系—泥盆系并层；21—寒武系；
22—侵入岩；23—断层；24—超大型锰矿；25—大型锰矿；26—中型锰矿；27—小型锰矿

在桂西南地区，冶金地质部门勘探或参加勘探的主要锰矿床：下雷、湖润、龙邦、扶晚、龙怀、六乙、板苏、东平、华荣—大洞、安宁、那敏等 11 处锰矿床。

滇东南锰矿富集区位于云南东南部建水—砚山—富宁一带，面积约 15000km²。该区大地构造位置属右江海槽，处于Ⅲ-89 滇东南南部 Sn-Ag-Pb-Zn-W-Sb-Hg-Mn 成矿带。区内含锰层位为中三叠统法郎组和上泥盆统五指山组。中三叠统法郎组包括含白云质锰质岩和含海绿石砂泥质锰质岩两种含锰岩系，后者产出质量优异的灰质氧化锰（原生褐锰矿）矿石。上泥盆统五指山组为一套含锰硅质岩建造，矿床类型主要为海相沉积锰矿床，部分地区风化成次生氧化锰矿床。该区已发现锰矿床（点）十多处，其中中型矿床 7 处（白显、斗南、岩子脚、老乌、土基冲、龙潭、龙箐）。累计查明锰矿石资源储量 6000 万吨。根据近年勘查成果在该区圈定岩子脚—斗南—老乌、麻栗坡-西畴和富宁—花甲—皈朝等 9 个锰矿预测区，预测锰矿资源潜力 1.04 亿吨（见图 3-2）。

在滇东南地区，冶金地质部门勘探了白显锰矿床。

第一节　下 雷 锰 矿

矿区位于广西大新县北西直距 51km 的下雷镇逐更村，有公路通达矿区。自下雷东经雷平、新和至湘（衡阳）—桂（南宁）铁路线崇左站 122km。

该矿床为一超大型锰矿床，也是我国放电锰矿石的最大产区。

一、矿床概况

矿区西北部与靖西县湖润锰矿区茶屯矿段相邻，东北部与菠萝岗锰矿区相邻，南部与越南接壤，东西长 6km，南北宽 2.5km，面积约 15km²。

矿区出露地层主要为中泥盆统东岗岭组、上泥盆统榴江组和五指山组、下石炭统隆安组、巴平组和上石炭统黄龙组等。含锰岩系赋存于上泥盆统五指山组中，自下而上可分为四段：第一段为含泥质条带扁豆状灰岩或条带状灰岩，厚度 50~80m；第二段为含锰岩系，由上、中、下 3 层锰矿组成。锰矿层由碳酸锰矿和硅酸锰-碳酸锰矿组成，矿层间夹有含锰泥岩、硅质灰岩 2 个夹层；第三段为硅质灰岩夹硅质岩，局部夹有含锰灰岩，上部偶夹 0.2m 厚的碳酸锰薄层，底部有一层厚 0.5~0.92m 的含锰石英质硅质岩，厚 41~60m；第四段为泥灰岩，钙质泥岩夹硅质条带，厚 81~125m。

矿区位于华南褶皱系右江褶皱带大明山古拱褶皱束西部的大新凹断束的西北端。矿区为一近东西走向，向西端翘起的向斜构造。向斜两翼不对称，南翼产状陡峻并且倒转，北翼产状正常，向斜西部仰起部分构成次级复式向斜构造，褶皱及断裂发育，岩层产状多变。

矿区岩浆岩不发育，仅在矿区东北角有零星的钠长石化辉绿岩和蚀变辉绿岩等基性小岩株和岩脉侵入中泥盆统及上石炭统地层中。

矿区锰矿层围绕向斜两翼出露，南翼锰矿层产状呈陡倾斜，倾角一般在 70°以上，部分倒转；北翼锰矿层产状平缓，倾角一般约 25°。在当地最低侵蚀基准面以上为氧化锰矿石，在侵蚀基准面以下为碳酸锰矿石。地表露头带距侵蚀基准面的氧化带深度为 50~150m，局部为 15m，矿体埋深 0~600m。

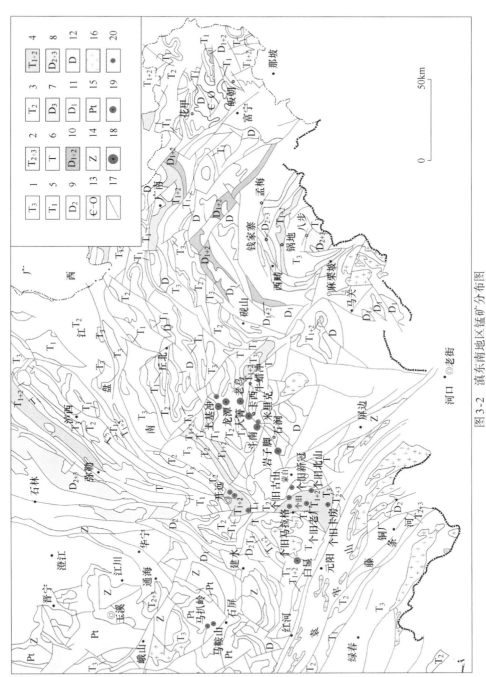

图 3-2　滇东南地区锰矿分布图

1—上三叠统；2—中上三叠统并层；3—中三叠统；4—下中三叠统并层；5—下三叠统；6—三叠系；

7—上上泥盆统；8—中上泥盆统并层；9—中泥盆统；10—下中泥盆统并层；11—下泥盆统；

12—泥盆系；13—寒武系—奥陶系并层；14—震旦系；15—元古界；16—花岗岩体；17—断层；18—大型锰矿；19—中型锰矿；20—小型锰矿

　　矿区含锰层共分 3 层矿和两个夹层，自下而上可分为 I 矿层、夹一层、II 矿层、夹二层、III 矿层，分述如下。

　　I 矿层：厚度 0.5~5.88m，南翼中段厚 1~2m；北翼西段厚 0.5m，东段减薄或尖灭。

　　夹一层：主要由硅质灰岩夹泥质灰岩、硅质岩组成，最厚可达 20.88m，南翼厚 1~2m，北翼厚 10~15m。

　　II 矿层：厚度 0.6~9.80m，南翼最厚达 4.96m，北翼变薄为 0.6m。

　　夹二层：主要由薄层状锰质泥灰岩或锰质泥岩组成。厚度 0.2~1.28m，含 Mn 8%~15%。

　　III 矿层：厚度 0.5~8.9m，南翼厚 1~1.5m，北翼变薄为 0.5m。

　　整个含矿层的厚度一般为 10~20m，南翼厚 11.37m，北翼厚 16.34m（见图 3-3 和图 3-4）。

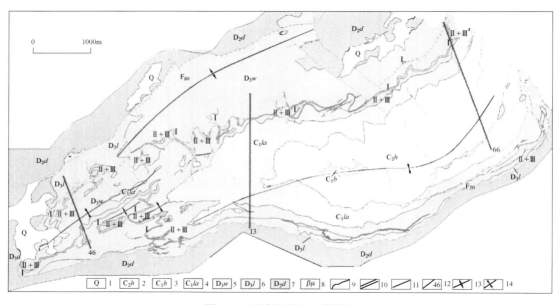

图 3-3　下雷锰矿区地质简图

1—第四系；2—上石炭统黄龙组；3—下石炭统巴平组；4—下石炭统隆安组；5—上泥盆统五指山组；
6—上泥盆统榴江组；7—中泥盆统东岗岭组；8—辉绿岩；9—地质界线；10—断层；
11—矿层露头；12—勘探线及编号；13—背斜；14—向斜

　　锰矿石的自然类型可分为碳酸锰矿石、硅酸锰-碳酸锰矿石及氧化锰矿石 3 种，其矿物组分如下。

　　碳酸锰矿石的矿物组分为菱锰矿（30%~50%）、钙菱锰矿（30%~50%）、锰方解石（10%~20%）。脉石矿物有石英、玉髓（15%~20%）、绿泥石（5%~10%）和少量的绢云母、白云母、黄铁矿等。

　　硅酸锰-碳酸锰矿石的矿物组分以菱锰矿、钙菱锰矿为主（45%~50%），硅酸锰（蔷薇辉石、锰铁叶蛇纹石、锰帘石、锰辉石、锰橄榄石及锰石榴子石等）次之，约占 20%~30%。脉石矿物有阳起石、黑云母、绿泥石等。

　　氧化锰矿的矿物组分有锰钾矿、硬锰矿、软锰矿、恩苏塔矿、偏锰酸矿、褐铁矿、赤

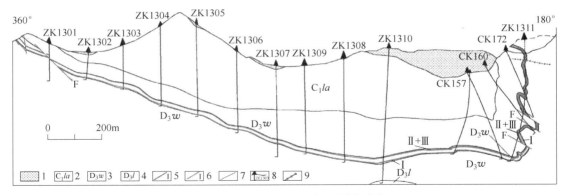

图 3-4　下雷锰矿区 13 线地质剖面图

1—第四系浮土；2—下石炭统隆安组；3—上泥盆统五指山组；4—上泥盆统榴江组；
5—氧化锰矿层及编号；6—碳酸锰矿层及编号；7—断层；8—钻孔及编号；9—氧化界线

铁矿、针铁矿等。脉石矿物为石英、玉髓、高岭石、水云母及少量蒙脱石、水黑云母、绢云母等。

碳酸锰矿石以微细粒结构为主，次为显微鳞片泥质结构、生物碎屑结构等。氧化锰矿石呈显微隐晶结构、微粒至细粒结构、泥质结构，次为残余变晶结构、胶体或残余胶体结构。

原生碳酸锰矿石及硅酸锰矿以块状、豆状、鲕状、条带状、微层状构造为主。次生氧化锰矿石的构造多为胶状、凝块状、土状、空洞状、网格状构造及粉末状、页片状、葡萄状、肾状构造。

下雷锰矿床有两种成因类型：一为海相沉积硅酸锰-菱锰矿矿床；二为风化锰帽型氧化锰矿床。

原生硅酸锰-碳酸锰矿石平均品位 Mn 22.07%，TFe 6.18%，P 0.118%，SiO_2 23.01%，Al_2O_3 1.48%，CaO 8.74%，MgO 3.03%，烧失量 22.89%，Mn/Fe=3.57，P/Mn=0.005，碱比 0.49。

氧化锰矿石平均品位 Mn 32.81%，TFe 9.58%，P 0.158%，SiO_2 23.55%，Al_2O_3 3.28%，CaO 0.64%，MgO 0.44%，烧失量 12.05%，Mn/Fe=3.42，P/Mn=0.0048。

据《广西壮族自治区矿产资源储量表》，截至 2018 年底，累计探明锰矿石资源储量 17317.96 万吨，其中：基础储量 7874.10 万吨，资源量 9443.86 万吨。锰矿石中氧化锰矿石资源储量 1224.93 万吨，碳酸锰矿石资源储量 16093.03 万吨。

二、矿床发现与勘查史

下雷锰矿是在 1958 年由群众报矿发现的。1958 年 7 月，逐更乡乡长赵承祥在逐更的路上捡到几块黑色矿石，送到南宁专署地质队报矿。该队技术员颜锦生与大新地质队技术员黄金到下雷逐更乡进行检查，认为是有工业价值的锰矿。随后该队陆世琛、唐文宣、覃茂炳、岑鸣等 4 人进行复查，认为该区是具有工业远景的锰矿床。

1958 年 11 月，广西南宁专署地质队 903 分队衣云生、陆世琛等开展下雷矿区地质普查。1959 年 3 月，903 分队对矿区进行初步勘探，探获次生氧化锰矿石储量 C+D 级 1080

万吨（其中 C 级 440 万吨）；估算原生碳酸锰矿石地质储量 1496 万吨。1960 年 2 月 18 日，广西壮族自治区地质局以〔1960〕桂地字 57 号文下达任务，要求该队进行详细勘探，在年底前探明锰矿储量 B+C+D 级 1500 万吨（B 级 300 万吨，C 级 700 万吨）并扩大矿区远景。903 分队于 1962 年初提交《广西大新下雷锰矿地质勘探报告书》。1962 年 1 月 8 日，广西地质局技术委员会以〔1960〕地技勘字 10 号决议书批准为中间性勘探报告，批准锰矿石储量 C+D 级 982.71 万吨（其中，氧化锰矿石 C 级 148.19 万吨，D 级 653.89 万吨；碳酸锰矿石 D 级 180.63 万吨）。

1962 年 3 月，桂南地质综合大队五分队方超、韦灵敦等人进行下雷矿区及外围地质普查勘探。1963 年，区地质局在原五分队建制基础上加强力量，将桂南综合大队撤销，改为广西壮族自治区 424 地质队（后又改为第二地质队）。424 地质队王斌、张学寿等人对矿区内氧化锰矿、碳酸锰矿开展普查评价，至 1967 年 2 月结束野外工作。1968 年提交《广西大新下雷锰矿区地质勘探报告书》。1971 年 8 月 21 日，区地质局审批并批准该报告，批准锰矿石储量：B+C 级氧化锰矿石储量 821.61 万吨，碳酸锰矿石储量 4146.36 万吨（其中含锰 15%~20% 的贫矿 1335.62 万吨）；D 级氧化锰矿 124.02 万吨，碳酸锰矿 2760.76 万吨（其中含锰 15%~20% 的贫矿 2081.08 万吨）。合计 B+C+D 级氧化锰矿储量 945.63 万吨，碳酸锰矿储量 6907.12 万吨。

1972 年 9 月，广西壮族自治区第二地质队二分队为了生产建设的需要，对矿区进行补充勘探，于 1976 年 12 月提交《广西大新县下雷锰矿补充地质勘探报告》。1978 年 3 月，广西区地质局以桂地审字〔1978〕9 号文批准为勘探报告。批准锰矿石储量 B 级 867.52 万吨，其中，氧化锰矿石 459.60 万吨，碳酸锰矿石 407.92 万吨（内有 122.84 万吨为含锰 15%~20% 贫矿）；C 级 355.89 万吨，其中，氧化锰矿石 57.14 万吨，碳酸锰矿石 298.75 万吨（内有 122.35 万吨为含锰 15%~20% 贫矿）；D 级氧化锰矿石 14.70 万吨。共计探明 B+C+D 级储量 1238.11 万吨。

1978 年，国家地质总局将此矿列为 1979 年地质工作重点勘探项目。区地质局以桂地矿〔1978〕96 号文下达补充地质勘探任务，要求在矿区向斜内加密勘探工程，为首期开采地段提交 10%~20% 的 B 级储量，于 1981 年底提交碳酸锰矿补充地质勘探报告。后又以桂地〔1979〕26 号文具体规定工作内容和要求。由广西区第四地质队四分队进行矿区详细勘探，并于 1985 年 6 月提交《广西大新县下雷锰矿南部碳酸锰详细勘探地质报告》。1985 年 7 月，广西壮族自治区矿产储量委员会以桂储审字〔1985〕4 号审批决议书批准为详细勘探地质报告，并指出补勘范围内的碳酸锰矿可作为建井设计的依据。批准碳酸锰矿石储最 B+C+D 级 3019.25 万吨（其中，B 级 524.06 万吨，C 级 1509.51 万吨，D 级 985.68 万吨）。暂定表内储量；B+C+D 级 1938.18 万吨（其中，B 级 124.06 万吨，C 级 902.51 万吨，D 级 911.61 万吨）。另外桂地矿〔1978〕96 号文下达南部矿段详细补充勘探的同时还要求对下雷锰矿中部、西北部乌龟背以北及北翼地区进行深部普查，扩大矿区储量。广西区第四地质队四分队按照广西区地质局下达任务要求，基本上对整个矿区深部碳酸锰矿做了远景控制，并分别圈定了各矿层工业矿体。1983 年 11 月，提交《广西大新县下雷矿区北、中部矿段碳酸锰矿详细普查地质报告》。1984 年 5 月 9 日，广西区第四地质队以桂四地审字〔1984〕1 号文批准为详细普查地质报告。批准碳酸锰矿石储量 C+D 级 6543.83 万吨（暂定表内储量 4579.30 万吨），其中，C 级 995.96 万吨（暂定表内

396.94 万吨），D 级 5547.87 万吨（暂定表内 4182.36 万吨）。

1962 年 3 月~1983 年 6 月，下雷矿区经广西区第二地质队和第四地质队进行勘探和补勘。截至 1985 年底，累计探明锰矿石表内储量 B+C+D 级 13159.6 万吨，其中，氧化锰矿 951.5 万吨，碳酸锰矿 12208.1 万吨。氧化锰矿储量：B 级 541.9 万吨，C 级 315.8 万吨，D 级 93.8 万吨。碳酸锰矿储量：B 级 1597.2 万吨，C 级 5620.6 万吨，D 级 7529.0 万吨。

1987 年 3 月，广西第四地质队四分队开展矿区西南部西段一带氧化锰矿普查，又发现一些锰帽型氧化锰矿体和产于第四系残坡积层中的堆积型氧化锰矿。至 1990 年 7 月 25 日结束野外工作。1990 年 9 月 25 日，由第四地质队提交《广西靖西县新兴锰矿区详查地质报告》。1990 年 11 月 10 日，地矿部直管局以地直发〔1990〕330 号文下达评审验收详查报告函，并委托广西区地矿局对修改后的报告进行复核。1991 年 5 月，广西区地质局复核后，以桂地矿审字〔1991〕7 号文批准该报告。批准氧化锰矿石储量 C+D 级 255.50 万吨（其中富锰矿石 76.37 万吨），其中，C 级 42.06 万吨（其中富矿石 16.58 万吨），D 级 213.44 万吨（其中富矿石 59.79 万吨）。

2005 年 1~8 月，中国冶金地质总局中南局南宁地质调查所对位于下雷锰矿区东北角的菠萝岗锰矿区开展普查地质工作，共探获锰矿石 332+333 资源量 84.69 万吨，其中锰矿石 332 资源量 13.81 万吨、锰矿石 333 资源量 70.88 万吨；保有的锰矿石 333+334 资源量 66.99 万吨、采空的锰矿石 333+334 资源量 17.70 万吨。

2008 年 10 月~2009 年 9 月，中国冶金地质总局中南局南宁地质调查所对菠萝岗锰矿区 32 线以南开展详查地质工作，项目经理为简耀光，参加的技术人员有蒙永励、马斌、李中启、黄荣章、雷金泉、高谢君、吴刚、莫亚敏等，提交了《广西壮族自治区大新县菠萝岗矿区锰矿详查报告》；2011 年 2 月 8 日，南宁储伟资源咨询有限责任公司在南宁召开报告评审会，并以桂储伟审〔2011〕12 号评审意见书批准该报告为详查报告，批准锰矿石 332+333 资源储量 88.84 万吨，其中 332 资源储量 39.90 万吨，占总资源量的 44.91%；采空的氧化锰矿石资源量 11.41 万吨、保有氧化锰矿石资源量 18.77 万吨；采空的碳酸锰矿石资源量 6.05 万吨、保有碳酸锰矿石资源量 35.48 万吨；采空的低品位碳酸锰矿石资源量 0.32 万吨、保有的低品位碳酸锰矿石资源量 16.81 万吨。

2012 年 1 月~2015 年 5 月，中信大锰矿业有限责任公司委托中国冶金地质总局广西地质勘查院在 1983 年详查工作的基础上，对大新县下雷矿区大新锰矿北、中部矿段开展勘探工作。项目经理为夏柳静，参加项目的技术人员有文运强、黄均城、田郁溟、刘照星、马斌、刘晓珠、刘健、叶胜、侯宁、周翔、周普红、邹颖贵、陈文通、严新添、李克、李建文、和平贤、蒙永励、卢斌、韦运良、黄荣章等。2014 年 12 月，提交了《广西大新县下雷矿区大新锰矿北中部矿段勘探报告》；2014 年 12 月 24 日，国土资源部矿产资源储量评审中心在北京召开评审会议，对报告进行会审，并以国土资矿评咨〔2015〕3 号文批准该报告为勘探报告；2015 年 5 月提交修改审定稿。评审中心批准的锰矿石 111b+122b+333 资源储量 3372.94 万吨，矿床平均 Mn 品位 19.33%；其中锰矿石 111b 基础储量 2104.49 万吨，占总矿石量的 60.76%。

该勘探报告在综合研究方面也取得了丰硕的成果，以此荣获 2015 年全国十大找矿成果奖。获奖证书号为 ZK-DZXH2015-G07-01。

三、矿床开发利用情况

下雷锰矿床于 1958 年被发现，1959 年 10 月成立大新县下雷锰矿进行开采，为地方国营矿山，隶属大新县工业局领导。1963 年 1 月，广西壮族自治区正式收回大新县下雷锰矿，改名为广西壮族自治区大新锰矿，隶属广西锰矿公司。1966 年，广西锰矿公司与湖南锰矿公司合并，成立冶金部中南锰矿公司，大新锰矿隶属中南锰矿公司，改名为中南锰矿公司桂南锰矿。1971 年 9 月，桂南锰矿下放给南宁地区管理，1972 年 8 月，恢复原名为大新锰矿。1978 年，广西壮族自治区冶金局又将大新锰矿改为区直属企业。

1981 年，大新锰矿与大新县政府、下雷公社签订协议，将部分地段浅部氧化锰矿划归地方开采，由于管理不严，未进行开采设计，乱采乱挖现象一度波及大新锰矿区范围内。1998 年以后，又收归大新锰矿所有。

2001 年 6 月，广西区政府下文成立广西大锰锰业有限公司，大新锰矿隶属于广西大锰锰业有限公司；2005 年 4 月，广西大锰锰业有限公司和中信大锰投资有限公司作为股东（发起人），共同出资成立中信大锰矿业有限责任公司，经营广西大锰锰业有限公司属下的大新锰矿和天等锰矿。

大新锰矿自 1959 年建矿至今，已有 60 多年的开采历史。露天开采从建矿至今一直进行，前期主要露天开采浅部氧化锰矿，目前露天开采主要为碳酸锰矿石，氧化锰矿石较少。现露天开采区有东部采场、西南采场和西北采场 3 个露天采场。西南采场和西北采场现已开采至最终境界线 385m 标高。东部采场开采至 310m 台阶。

1969 年前为手工开采，1969~1978 年为半机械化开采，1978 年后为机械化开采，并形成年产 10 万吨矿石的生产能力。1986 年开始扩建年产 30 万吨原矿采选工程，至 1992 年矿山扩建工程全部建成投产。2003 年矿山开始地下开采碳酸锰矿试生产，2005 年矿山在东部和中部 340~420m 中段形成完整的地下开采生产系统。至今，矿山地下开采系统已开至 160m 标高。

1992 年矿山的采矿设计生产规模为年采选原矿 30 万吨。氧化锰矿设计产品为四种，即三级冶金锰块矿、二级冶金锰粉矿、二级电池锰子砂、三级电池锰子砂，分别年产 5.56 万吨、9.67 万吨、1.70 万吨、2.80 万吨。碳酸锰矿设计产品为三级冶金锰烧结矿，年产 20.2 万吨，或年产三级冶金锰烧结矿 10.1 万吨及电解金属锰 2.1 万吨。

2014 年，根据市场需求、产业政策、矿区资源储量和配套企业电解金属锰生产实际情况，中信大锰矿业有限责任公司规划将大新锰矿产能扩建至 150 万吨/年，委托中冶长天国际工程有限责任公司编制了《大新锰矿分公司 150 万吨/年扩能工程可行性研究报告》。同时，大新锰矿设计产品为氧化锰粉、电解二氧化锰（EMD）、电解金属锰、硫酸锰、锰酸锂、四氧化三锰、铬铁合金等深加工产品。

氧化锰矿入选品位 Mn 26.68%，精矿化工锰砂品位 Mn 36.94%，回收率 2.69%；冶金块矿品位 Mn 28.57%，回收率 80.24%；化工锰摇床粉矿品位 Mn 30.06%，回收率 7.50%；尾矿品位 Mn 13.84%。

矿区氧化锰矿石的放电性能：经放电试验结果表明，氧化锰矿石含有拉锰矿（斜方软锰矿、γ-MnO_2）及恩苏塔矿，具有良好的放电性能，尤以 I 矿层的放电性能最好，矿石含 MnO_2 48%~55%，制成电池，立即放电的平均间歇放电时间为 800min；含 MnO_2

55%～63%的矿石，放电时间为 870min，含 MnO_2 63%～71%的矿石，放电时间为 970min，含 MnO_2 71%～79%的矿石，放电时间为 1035min。

碳酸锰矿选冶：当入选锰矿石品位为 13.95%，原矿送入破碎系统经过一段粗碎和二段中碎后经双层干式筛分系统进行筛分分级，双层筛上层大于 10mm 产品经过第三段细碎后返回双层筛，形成三段一闭路破碎筛分系统，保证入选粒度小于 10mm；双层筛中间层 3～10mm 产品进入粗粒级干式磁选系统进行磁选得到粗粒精矿，中矿再进行第三段细碎返回双层筛；双层筛底层小于 3mm 产品进入细粒级干式磁选系统进行磁选（一粗一扫）得到细粒精矿和尾矿。

综合精矿（粗粒精矿＋细粒精矿）产率 74.79%，Mn 品位 17.49%，Mn 回收率 93.77%；尾矿产率 25.21%，Mn 品位 3.45%，Mn 回收率 6.23%。

硫酸锰生产工艺流程及其技术经济指标：将锰矿石磨细至小于 0.124mm（120 目）→锰矿粉与煤粉混合，进入炉内焙烧还原，控制还原度→焙烧还原粉冷却后，用一定浓度的硫酸加热浸出→浸出浆料泵入回滤机进行固液分离并洗涤→硫酸锰溶液净化除杂→合格硫酸溶液泵入蒸发器蒸发、结晶→用离心机脱水，待固体硫酸锰母液返回浸出用→固体硫酸锰烘干、粉碎、包装，即得商品硫酸锰产品。

硫酸锰技术经济指标：锰矿粉：$MnO_2 \geqslant 55\%$，1.1t/t；$MnO_2 \geqslant 50\%$，1.2t/t；$MnO_2 \geqslant 45\%$，1.35t/t。

电解金属锰生产工艺流程：碳酸锰矿粉用硫酸浸取获得硫酸锰溶液，加氧化锰氧化，氨水中和除铁，加净化剂除重金属，经精滤净化，加电解添加剂后送入电解槽电解，对阳极板上的单质金属锰进行钝化、漂洗、烘干、剥片、检验、包装即得电解金属锰产品。

电解二氧化锰（EMD）生产工艺流程：采用碳酸锰矿粉和电解尾液（或浓硫酸）混合制浆，通入蒸汽加温浸出，加入二氧化锰除铁，经沉降、过滤得到粗硫酸锰溶液，滤渣送入尾渣库；用几种除杂剂除去溶液中的重金属和钾等杂质，将粗硫酸锰深度净化，除去钼等杂质，制成精制的纯净硫酸锰溶液；将纯净硫酸锰溶液加入悬浮粒等药剂，加热电解，在电解阳极得到二氧化锰产品。将电解二氧化锰产品进行破碎、粉磨、漂洗、干燥、检测、计量、包装等成品。

目前矿山正常的年实际生产能力达 150 万吨以上，其中露采 30 万吨/年，地采 120 万吨/年。

矿山生产选矿回收率为 85%。露天氧化锰回采率 92.81%，贫化率 6.87%；碳酸锰回采率 92.27%，贫化率 7.35%；地采碳酸锰回采率 85.91%，贫化率 11.43%。

第二节　湖润锰矿

矿区位于广西靖西县城东南 43km 的湖润镇，区内有铁路、公路相连，各矿段有简便公路相连，交通方便。

该矿为海相沉积型菱锰矿-硅酸锰矿床，浅表为锰帽型氧化锰矿床，是广西电池锰矿粉重要生产基地之一。

一、矿床概况

矿区北东起自峒邑、教育、富乐一带，经湖润向南西延至越南境内；南东与下雷锰矿毗邻；东面与土湖自锰矿及菠萝岗锰矿相邻。矿区全长约19km，宽2~5km，面积65km²。

矿区出露地层主要有下泥盆统郁江组、中泥盆统、东岗岭组、上泥盆统榴江组、五指山组、下石炭统隆安组、巴平组和第四系。锰矿层赋存于上泥盆统五指山组第二段。含锰岩系厚12.4~44.8m，由微晶灰岩夹钙质泥岩、碳酸锰矿及硅质灰岩、硅质岩、泥岩、含锰泥岩及钙质泥岩夹层组成（见图3-5）。

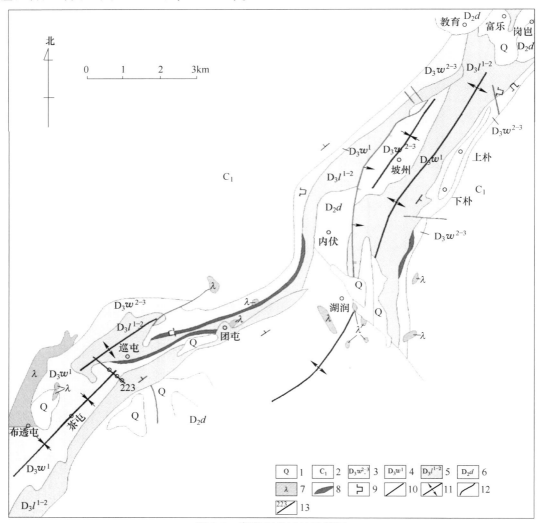

图3-5 湖润锰矿区地质简图

1—第四系；2—下石炭统；3—上泥盆统五指山组第二至三段；4—上泥盆统五指山组第一段；
5—上泥盆统榴江组第一至二段；6—中泥盆统东岗岭组灰岩；7—辉绿岩；8—锰矿层；9—平窿；
10—断层；11—背斜；12—地质界线；13—剖面线位置及编号

矿区构造主要为北东—南西走向的湖润复式背斜，背斜核部为中泥盆统砂岩和页岩，翼部由中、上泥盆统和石炭系灰岩组成。矿区内次级褶皱有竹叶山—弄柏山向斜、茶屯—念团向斜和巡屯背斜。按构造和锰矿层出露位置，将矿区分为6个矿段。背斜北段西翼为内伏矿段，东翼为朴隆矿段，其中部次级褶皱为坡州矿段，背斜南段的西侧隆起的次级巡屯背斜的北西翼为巡屯矿段，北东翼为团屯矿段，南东为茶屯矿段。矿区更次级的褶皱及小挠曲均较发育，尤其巡屯背斜北西翼，常有起伏至轻微倒转。

矿区内断裂构造发育，断距大于10m以上的断层有20条，规模较大者为走向断层。次级小揉皱及横切断层使矿层形态变得复杂。

矿区内岩浆岩不发育，仅有印支期辉绿岩、辉长玢岩及辉石闪长玢岩等呈岩枝、岩床、岩盆和岩墙状产出，分布在背斜两翼和轴部。

锰矿床由3层锰矿和两个夹层组成，自下而上为：Ⅰ矿层为碳酸锰矿，厚0~1.76m，平均厚度0.39m；夹一层为微晶灰岩、硅质微晶灰岩夹硅质岩及泥岩，厚7.4~27.5m；Ⅱ矿层为碳酸锰矿，厚0~4.0m；夹二层为含锰泥岩及钙质泥岩，厚0~0.44m；Ⅲ矿层为碳酸锰矿，厚度0~1.11m。由于夹二层厚度小于夹石剔除厚度，且含锰量接近边界品位，故将Ⅱ矿层、夹二层和Ⅲ矿层合并统称Ⅱ+Ⅲ矿层（见图3-6），平均厚度1.21m。整个含锰层厚7.4~34.8m。

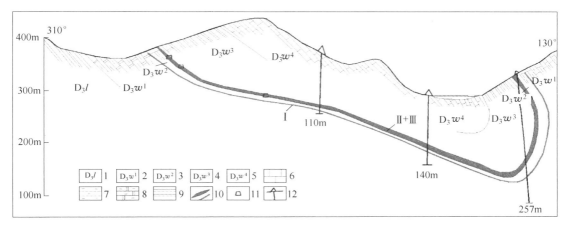

图3-6　湖润锰矿区茶屯矿段223线剖面图

1—榴江组；2—五指山组一段；3—五指山组二段；4—五指山组三段；5—五指山组四段；6—灰岩；
7—硅质泥岩；8—泥岩；9—钙质泥岩；10—矿体；11—坑道；12—钻孔

矿区包括内伏、坡州、朴隆、团屯、巡屯、茶屯等6个矿段，各矿段矿层规模、长度、厚度见表3-1。

表3-1　湖润锰矿区各矿段矿层规模、产状一览表

矿段名称	氧化锰矿露头长度/m		氧化锰矿层厚度/m			碳酸锰矿层厚度/m			倾向/(°)	倾角/(°)
	全长	工业矿体	最大	最小	一般	Ⅰ	Ⅱ+Ⅲ	Ⅰ+Ⅱ+Ⅲ		
内伏	7600	5740	2.13	0.26	1.20	0.43	1.17	1.60	315	22~63
坡州	5200	2510	1.36	0.37	0.80				290	15~52
朴隆		7560	2.56	0.47	1.0	0.82	1.34	2.16	120	45

续表 3-1

矿段名称	氧化锰矿露头长度/m		氧化锰矿层厚度/m			碳酸锰矿层厚度/m			倾向/(°)	倾角/(°)
	全长	工业矿体	最大	最小	一般	I	II + III	I + II + III		
团屯	6900	4800	1.0	0.16	0.60				290	30~50
巡屯	6400	2200	2.82	0.29	0.8~1.9	1.03	2.02	3.05	135	30~50
茶屯	6600	4400	1.63	0.23	0.8	0.33	0.78	1.11	315	34~62

锰矿床层呈层状产出,层位稳定。原生带为碳酸锰矿,近地表氧化带为锰帽型氧化锰矿。全矿区地表氧化锰矿的分布和 II + III 碳酸锰矿层的厚度与品位,以内伏、朴隆、茶屯、巡屯 4 个矿段最好,达工业要求的矿体较长,坡州矿段次之,团屯较差。I 矿层厚度变化较大,只有巡屯和朴隆矿段大部分厚度和品位达可采要求;内伏矿段仅局部达可采要求。

矿石自然类型有碳酸锰矿石与氧化锰矿石。

碳酸锰矿石的主要矿物成分为铁菱锰矿(占 80%~90%)、菱锰矿、钙菱锰矿、锰方解石和硅酸锰矿物,微量矿物有黄铁矿、褐铁矿和针铁矿。脉石矿物主要为方解石(5%~15%),石英、绿泥石和水云母、磷灰石等。菱锰矿呈隐粒-微粒结构,显微层理构造。铁菱锰矿呈微粒结构。

氧化锰矿石的矿物成分主要为硬锰矿,次为软锰矿。脉石矿物主要为石英和泥质物,次为磷灰石和沸石。硬锰矿呈微晶、隐晶粒状与胶状结构,同心环带构造。软锰矿呈他形微晶粒状或隐晶粒结构。氧化锰矿主要呈斑状构造和蜂窝状构造。

矿床成因类型为浅海沉积菱锰矿矿床。地表氧化带为表生风化锰帽型矿床。

矿区各矿段氧化锰矿石与碳酸锰矿石的厚度、平均品位见表 3-2。

表 3-2 湖润锰矿各矿段锰矿石厚度、平均品位表

矿段	矿层	氧化锰矿石厚度、品位/%				碳酸锰矿石厚度、品位/%				
		厚度/m	Mn	TFe	P	SiO2	厚度/m	Mn	TFe	P	SiO2
内伏	I	—					0.43	14.09	5.2	0.161	34.22
	II + III	1.20	26.93	12.66	0.52	30.20	1.37	16.65	7.51	0.186	20.22
坡州		0.8	25.47	10.25	0.132	33.46					
朴隆	I	0.81	29.44	9.57	0.156	30.69	0.82	23.59	5.09	0.097	26.9
	II + III	1.35	25.61	11.13	0.152	28.65	1.34	17.6	8.9	0.133	19.45
团屯		0.6	25.98	10.91	0.111.	31.21					
巡屯	I	0,72	37.81	8.24	0.101	13.41	1.03	23.30	6.02	0.113	15.67
	II + III	1.92	25.69	10.44	0.131	26.32	2.02	18.42	6.79	0.119	22.24
茶屯	II + III	0.5~0.8	30.10	8.64	0.101	28.09	0.78	21.29	6.22	0.092	28.14

据《广西壮族自治区矿产资源储量表》,截至 2018 年底,累计探明锰矿石资源储量 2878.27 万吨,其中氧化锰矿石资源储量 204.23 万吨,碳酸锰矿石资源储量 2674.04 万吨。

二、矿床发现与勘查史

湖润锰矿于 1958 年由当地群众报矿发现。由南宁专署地质队 903 分队进行地表踏勘检查，确定具有工业价值。继后该分队及桂西地质综合大队、广西区 424、426 地质队、广西区第四地质队先后在该区进行普查工作。

1960 年 5～12 月，南宁专署地质队 903 分队陆世琛等在湖润、巡屯、茶屯进行 1∶5000 地质测量，并对内伏至叫朗一带锰矿进行普查。估算这一带碳酸锰矿石地质储量 5283 万吨。

1960 年 11 月 17 日～1961 年 5 月 26 日，百色专署地质队二分队（后改为桂西地质综合大队五分队）杨翼民、陆绍武、王书贵、冯振国等人对巡屯、朴隆锰矿开展普查工作，于 1962 年 4 月 18 日提交《广西靖西县湖润四明一带锰矿地质普查报告》。

1963 年 3 月～1965 年 9 月，广西区 424 地质队韦灵敦等人对矿区进行锰矿地质普查，至 1965 年，广西区 424 地质队将湖润矿区普查移交给区 426 地质队。区 426 地质队于 1966 年 2 月提交《广西靖西湖润锰矿区普查报告》。1972 年 1 月，广西区地质局以桂地审字〔1972〕11 号审查意见书批准为初步普查报告。批准 D 级氧化锰矿石储量 140.44 万吨，其中内伏 49.15 万吨，坡州 14.69 万吨，朴隆 46.88 万吨，团屯 11.22 万吨，茶屯 18.5 万吨。

1979 年 3 月，广西区第四地质队三分队冠秀根等人进入矿区，首先在坡州矿段施工 4 个钻孔找到深部薄层贫锰矿。后于 1979 年 10 月转移至内伏矿段，施工钻探工程，共估算 D 级碳酸锰贫矿 712.49 万吨。1981 年 11 月提交《广西靖西县湖润锰矿区内伏矿段碳酸锰初步普查地质报告》。

1983 年 11 月，广西区第四地质队四分队杨家谦等人进入巡屯矿段开展碳酸锰矿普查工作，至 1986 年初转入地质详查，于 1987 年 5 月结束野外工作。1987 年 12 月，广西区第四地质队提交《广西靖西县湖润锰矿区巡屯矿段碳酸锰矿详查地质报告》，1987 年 12 月 25 日广西地质矿产局以桂地矿审字〔1987〕12 号评审意见书批准为详细普查地质报告。批准碳酸锰矿石储量 C+D 级 1152.8 万吨，其中，C 级 109.8 万吨，D 级 1043.0 万吨。批准氧化锰矿石储量 D 级 16.4 万吨。

1987 年 3 月，中南冶金地质勘探公司南宁地质调查所杨少培等对内伏矿段 24～72 线氧化锰矿进行详查工作，1987 年 12 月，提交《广西靖西湖润锰矿区内伏矿段 24～72 线氧化锰矿详查地质报告》。1988 年 10 月 18 日，广西区冶金工业厅以冶计字〔1988〕61 号评审决议书批准为详查地质报告。批准氧化锰矿石储量 C+D 级 61.47 万吨，其中，C 级 57.02 万吨，D 级 4.25 万吨。碳酸锰矿石储量 44.27 万吨。

1986 年 8 月，南宁地质调查所根据中南冶金地质勘探公司〔1987〕冶勘地字 234 号文下达的任务，在桂西南地区开展寻找富锰矿工作。继后按照中南冶金地质勘探公司〔1989〕冶勘地字 11 号文、〔1990〕冶勘地字 22 号文及中南地质勘查局〔1991〕地发字 27 号文指示，对茶屯矿段进行详查，提交 C+D 级锰矿储量 500 万吨，其中优质富锰矿 70 万吨，富锰矿 50 万吨。南宁地质调查所自 1988 年 8 月开始工作，至 1992 年 11 月结束茶屯矿段的详查工作，历时 4 年 3 个月。1993 年 6 月，南宁地质调查所王跃文、周尚国等人编撰提交《广西靖西县湖润锰矿区茶屯矿段详查报告》。共探明锰矿储量 C+D 级 646.39 万吨，（其中 C 级 121.30 万吨，D 级 525.09 万吨）。按矿石品级统计，氧化锰富矿 C+D 级 61.42 万吨，品位 Mn 32.99%，TFe 8.71%；氧化锰贫矿 C+D 级 22.84 万吨，品位 Mn 22.32%，TFe 8.45%；碳酸锰富矿 C+D 级 123.11 万吨，品位 Mn 26.8%，TFe 5.85%；碳酸锰贫矿 C+D 级 439.02 万吨，品位 Mn 19.74%，TFe 6.33%。

三、矿床开发利用情况

靖西县湖润锰矿区自 1958 年被发现后，开始只有少量人工开采。1970 年在湖润矿区坡州矿段增设湖润分场。1973 年对湖润矿区内伏—巡屯矿段进行开采，矿山改名为靖西县锰矿。1976 年后由冶金部补助投资建设，设计能力采矿 4 万吨/年，锰粉 2 万吨/年。先后在内伏、朴隆矿段与新兴矿区成立工区进行开采。1977 年矿部由内巡迁到湖润，并建设了选矿厂和锰粉加工厂。1977 年产锰矿石 1.766 万吨，锰粉 0.143 万吨。1984 年 3 月 23 日，由广西锰矿公司与靖西县联合经营靖西锰矿，并投资进行扩建。1985 年由冶金部投资进行矿山技术改造，于 1985 年 8 月改造完毕投产。1985 年产锰矿石 2.86 万吨，锰粉 0.99 万吨。至 1990 年末，建成生产能力：采矿 2.5 万吨/年，选矿 4.5 万吨/年，锰粉 1.5 万吨/年。

现全矿有 5 个采矿工区，除朴隆矿段地面部分采用露天开采外，其他矿段全部采用地下开采。

洗选矿工艺：对含泥较高的冶金锰矿石用汽车运至洗矿场，经粗碎—双螺旋洗矿机—筛分，得到大于 5mm 块矿和小于 5mm 粉矿。电池锰矿石全部集中用汽车运至选厂车间，经粗碎—双滚机中碎—振动筛分—跳汰—强磁选，其精矿作为锰粉加工的原料，尾矿作为冶金用锰，电池锰产率为 42.27%～69.36%，锰矿总回收率为 95%。

锰粉加工流程为：电池锰子砂经晒干或圆筒干燥机烘干—配矿—矿仓—斗式提升机—雷蒙机粉碎—风力输送至粉矿仓—装包进库—分级调运。生产细度一般为 0.178～0.124mm（80～120 目），锰回收率为 95%～98%。

产品产量：1990 年产冶金锰矿石 8.94 万吨，锰粉 1.41 万吨。1991 年产冶金锰块矿 5.4819 万吨，锰粉 1.4044 万吨，电池锰 1.7933 万吨，天然电池锰粉 1.5031 万吨。

靖西锰矿是广西电池锰粉生产的重要基地之一，现已建成一定的锰粉加工能力。

湖润矿区虽已生产多年，但地质勘探程度不够，矿区已探明氧化锰矿储量 254.8 万吨，至 1991 年底，保有储量 164 万吨，是广西较好的电池锰矿资源。今后应加强资源保护，实行正规开采。内伏、巡屯两矿段已探明碳酸锰矿石储量 1197 万吨，含 Mn 19%～27%，应加强锰矿石开发利用研究。

1994 年湖润锰矿在开展朴隆矿段详查工作时作了碳酸锰矿石的可选性试验。矿山碳酸锰原矿生产电解金属锰的工艺流程：碳酸锰原矿—破碎（<2cm）—磨矿（<0.15mm（100）目）—进入化合槽与 H_2SO_4 反应—压滤（固液分离）—净化—电解—金属锰。

碳酸锰原矿生产电解金属锰的主要经济技术指标为：碳酸锰矿入选品位 Mn13% 时，每吨电解金属锰产品需耗碳酸锰原矿 8～10t；锰精矿品位为 25.29%，产率为 62.49%，回收率为 83.61%；总回收率约为 75%。

2011 年由百色百矿集团有限公司整合重组改制为有限责任公司。矿山名称为靖西县锰矿有限责任公司湖润锰矿区，矿区面积 9.6164km²，矿山规模中型，为国有独资企业，隶属广西百色市国资委。

矿床开采方式为地下开采，采用联合开拓方式，采矿最大深度 220m，设计年开采量 30 万吨，实际年开采量 28.03 万吨。目前，巡屯矿段、茶屯矿段、内伏矿段、朴隆矿段均开采深部碳酸锰矿石。

第三节　龙邦锰矿

矿区位于广西靖西市南 30km，邻近中越边境，行政区划属安宁乡、龙邦镇、地州镇、壬庄镇管辖。安宁乡和龙邦镇均有柏油路直通靖西市，边境公路从矿区南部通过，靖西市周边各县市有二级公路相连，交通较为方便。

一、矿床概况

矿区东部与下雷锰矿区、湖润锰矿区相距约 35km，南部与越南接壤，东西长 10.88km，南北宽 10.0km，面积 108.8km²。矿床由龙邦、龙昌、地州三个矿段（区）组成，如图 3-7 所示。

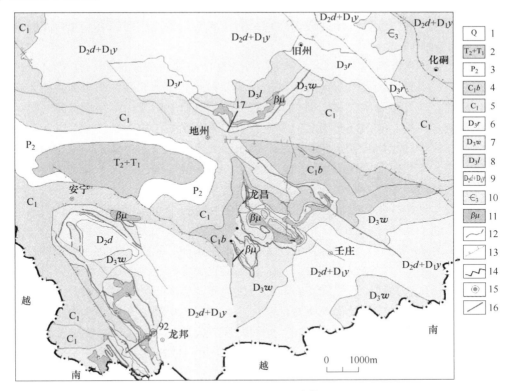

图 3-7　龙邦锰矿区地质简图

1—第四系；2—下三叠统+中三叠统；3—中二叠统；4—下石炭统巴平组；5—下石炭统；
6—上泥盆统融县组；7—上泥盆统五指山组；8—上泥盆统榴江组；9—中泥盆统东岗岭组+下泥盆统郁江组；
10—上寒武统；11—辉绿岩；12—锰矿层露头线；13—断层；14—角度不整合界线；15—钻孔；16—勘探线部面

矿区出露地层主要为上寒武统、下泥盆统郁江组、中泥盆统东岗岭组、上泥盆统融县组、榴江组和五指山组，下石炭统巴平组、中二叠统、下三叠统、中三叠统和第四系。含锰岩系为上泥盆统五指山组，根据其岩性特征，自下而上可分为三段；锰矿层赋存于第二段的顶、底部。自下而上各段岩性特征如下。

第一段：为钙质硅质岩夹硅质灰岩或泥质条带灰岩，段厚 57.4~65.4m。

第二段：为薄层条带状硅质泥岩夹硅质灰岩、硅质条带灰岩、三层锰矿层。锰矿层编号为Ⅰ、Ⅱ、Ⅲ，锰矿层赋存于该段的底部、顶部，段厚 11.6~23.3m。

Ⅰ矿层厚 0.31~0.93m，Ⅱ矿层厚 0.30~0.60m，Ⅲ矿层厚 0.32~0.78m。Ⅰ、Ⅱ、Ⅲ矿层在氧化带之上为氧化锰矿，氧化带之下为碳酸锰矿。

第三段：为薄层灰质硅质岩、条带状灰岩夹硅质条带及泥质灰岩，段厚 66.6~125.7m。

矿区位于华南褶皱系右江褶皱带大明山古拱褶皱束西部的大新凹断束的西北端。

龙邦矿段主体褶皱有安宁背斜、品明向斜。安宁背斜被北西及北东向断层切割、破坏，两翼地层出露不完整，地层呈不对称性分布，背斜北东、南西翼发育有多个次级褶皱，锰矿层赋存于两翼及北西转折端；品明向斜位于安宁背斜南西翼，该向斜的北东、南西两翼上发育有多个次级褶曲构造，尤其是南西翼上的倒转褶曲，形成了背斜较紧闭、向斜较宽阔的叠瓦状褶曲，锰矿层赋存于其两翼及转折端部位。矿段内断裂构造主要有北西向和北东向两组，尤以北西向断裂较为发育。北西向断裂较北东向断裂发生较早，北东向断裂受制于北西向断裂。

龙昌矿段主体褶皱有大荀向斜、龙昌背斜。大荀向斜由于正断层、逆断层的破坏作用，使东翼缺失下石炭统岩关组地层；龙昌背斜轴向北北西到北西，南段两翼五指山组地层均保存完整，并发育有次一级的褶曲，次级褶皱十分有利锰矿的氧化和富集，是矿区主要的控矿构造。断裂以北西向和南北向为主，主要为正断层，次为平移断层、逆断层。

地州矿段位于区域褶皱地州向斜北翼。地州向斜走向近东西，锰矿即赋存于向斜北翼的含锰岩系中；地州矿段岩矿层呈单斜构造展布，岩层倾向南，倾角一般为 20°~40°。断裂构造主要为北西向，以正断层为主，逆断层次之。

矿区内侵入中生代基性火成岩，以辉绿岩为主。主要分布于褶皱的两翼，具顺层侵入特征，与地层同步褶皱（见图 3-6 和图 3-7），呈似层状侵入泥盆系上统和石炭系下统，呈岩株、岩墙、岩床产出，其长轴延伸方向大体和地层走向一致，一般宽几米至数百米，长数十米至数千米不等，局部成片分布。近地表辉绿岩大多风化成黏土状。辉绿岩侵入产生的热液叠加于锰矿层，使矿石脱硅，有利于形成优质富锰矿石；辉绿岩的侵入同时对矿层有一定的破坏作用，表现在局部地段基性岩切穿或超覆于矿层之上，使浅部矿层缺失。

矿区不同矿段锰矿层发育情况不同。龙邦矿段只发育Ⅰ矿层，Ⅱ+Ⅲ矿层少见；龙昌矿段见到Ⅰ矿层、Ⅱ+Ⅲ矿层，地州矿段也发育Ⅰ、Ⅱ+Ⅲ两矿层（见图 3-8 和图 3-9）。

锰矿层呈层状产出，层位稳定。龙邦矿段、龙昌矿段、地州矿段矿层规模、厚度等特征见表 3-3。

矿石自然类型有碳酸锰矿石与氧化锰矿石。氧化锰矿石工业类型有中铁低磷Ⅱ级优质富氧化锰矿石、优质氧化锰矿石、氧化锰富矿石、氧化锰贫矿石；碳酸锰矿石工业类型有中铁中磷优质碳酸锰矿石、优质碳酸锰富矿石、碳酸锰贫矿石。

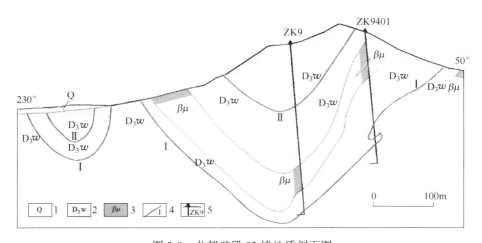

图 3-8 龙邦矿段 92 线地质剖面图

1—第四系；2—上泥盆统五指山组；3—辉绿岩；4—锰矿层及编号；5—钻孔及编号

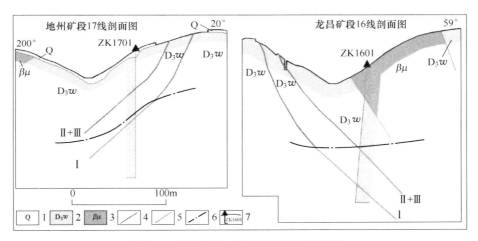

图 3-9 龙昌矿段、地州矿段地质剖面图

1—第四系；2—上泥盆统五指山组；3—辉绿岩；4—氧化锰矿层；5—碳酸锰矿层；6—氧化界线；7—钻孔及编号

表 3-3 龙邦锰矿区各矿段锰矿层规模、产状一览表

矿段名称	氧化锰矿露头长度/m		氧化锰矿层厚度/m			碳酸锰矿层厚度/m			倾向/(°)	倾角/(°)
	全长	工业矿体	最大	最小	平均	I	II+III	I+II+III		
龙邦	47130	47130	0.93	0.31	0.41	0.58	0	0.58	北东或南西	21~85
龙昌	5200	2510	1.36	0.37	0.80				290	15~52
地州		7560	2.56	0.47	1.0	0.82	1.34	2.16	120	45

碳酸锰矿石的主要含锰矿物有菱锰矿、锰方解石，次为钙菱锰矿，锰硅酸盐；脉石矿物主要为石英、方解石、黏土矿物。矿石结构主要为隐晶-微晶结构、胶状结构；构造以块状构造、微层状构造、条带状构造为主，次为豆状构造、饼状构造、结核状构造。

氧化锰矿石的矿物成分以褐锰矿、硬锰矿、软锰矿为主，次有黑锰矿、钾硬锰矿、偏锰酸矿、恩苏塔矿等；脉石矿物主要为石英、方解石，次为黏土矿物、褐铁矿等。矿石结构为隐晶质胶状结构、粒状结构；构造以块状构造、微层状或条带状构造、薄层状构造为主，次为蜂窝状构造、豆状构造和土状构造。

矿床成因类型：原生锰矿属海相沉积碳酸锰矿床，地表氧化带锰矿属表生风化锰帽型矿床。

据《广西壮族自治区矿产资源储量表》，截至 2018 年底，龙邦、龙昌、地州三个矿段累计探明锰矿石资源储量 526.55 万吨，其中，氧化锰矿石基础储量 75.95 万吨，资源量 414.11 万吨；碳酸锰矿石基础储量 9.3 万吨，资源量 51.15 万吨。

二、矿床发现与勘查史

龙邦锰矿区自 1960 年以来，曾先后有桂西地质队、广西区 424 地质队、广西区域地质测量队、广西地质局第三地质队、中南地质勘查局南宁地质调查所等单位进行过地质勘查工作。

1960 年，桂西地质队对该区进行过矿点检查。1964 年，广西区 424 队对该区进行地质踏勘工作。1965 年，广西地质局第三地质队对该区做过地质调查评价工作，对该区的地层、构造及矿床地质特征进行了初步的了解和研究。这些单位大多是在开展下雷锰矿区、湖润锰矿区勘查工作时对该区开展附带性的地质工作，没有提交报告，未估算锰矿石资源量。

自 2002 年开始，中国冶金地质总局中南地质勘查院南宁分院根据《铁、锰、铬矿地质勘查规范》（DZ/T 0200—2002）中优质锰矿、优质富锰矿圈矿指标（主要是将最低可采厚度降为 0.3~0.4m），在龙邦锰矿区利用国家中央财政资金、自有资金、企业资金相继在龙邦矿段、龙昌矿段、地州矿段开展普查、详查工作，提交 2 个中型锰矿床、1 个小型锰矿床。

（一）龙邦矿段开展的地质工作

2002 年 2 月~2007 年 12 月，中国冶金地质总局中南地质勘查院南宁分院连续四年在龙邦矿段利用中央财政资金实施矿产资源补偿费项目，项目经理先后为夏柳静、黄桂强，参加的主要技术人员有简耀光、卢斌、周泽昌、胡华清、邱占春、林志宏等。于 2008 年 7 月提交《广西壮族自治区靖西县岜爱山优质锰矿普查报告》，2008 年 7 月 24~31 日中国冶金地质总局组织专家组对该普查报告进行评审，2008 年 7 月 28 日中国冶金地质总局以冶金地质资评〔2008〕20 号文批准该报告，并于 2008 年 12 月 31 日以冶金地质地〔2008〕363 号文对该报告进行批复。普查工作在矿段内共圈定了 10 个锰矿体；控制 I 矿层地表走向延长约 47.13km，矿层厚 0.31~0.93m，平均为 0.41m；矿石 Mn 品位 15.63%~53.48%。共估算锰矿石 333+334 资源总量为 1220.38 万吨，其中 333 资源量 132.06 万吨，334 资源量 1088.32 万吨；优质（富）锰矿 333+334 资源量 1193.74 万吨，其中 333 资源量 121.66 万吨，334 资源量 1072.09 万吨；估算的氧化锰矿 333+334 资源量为 1154.56 万吨，其中 333 资源量 118.98 万吨，334 资源量 1035.58 万吨，全部属于优质富锰矿石；估算的碳酸锰矿 333+334 资源量为 65.82 万吨，其中 333 资源量 13.09 万吨，334 资源量 52.74 万吨；优质富锰矿石资源量 39.18 万吨，贫锰矿石为 26.64 万吨。

2005 年 4 月～2006 年 12 月，中国冶金地质总局中南局南宁地质调查所受广西大新县新振锰品有限责任公司委托，开展龙邦锰矿区南段详查地质工作，项目经理为黄桂强，参加主要技术人员有夏柳静、胡华清、林志宏、卢斌、杨远峰、周泽昌等。2006 年 12 月提交《广西壮族自治区靖西县龙邦矿区南矿段锰矿详查报告》，2007 年 2 月 25 日南宁储伟资源咨询有限责任公司以桂储伟审〔2007〕10 号文批准该报告。批准的锰矿石 332+333 资源总量为 264.36 万吨（保有 257.83 万吨，采空 6.53 万吨），其中氧化锰矿石资源量 240.40 万吨（保有 233.87 万吨，采空 6.53 万吨），碳酸锰矿石资源量 23.96 万吨。332 资源量 57.30 万吨（保有 53.29 万吨，采空 4.01 万吨），333 资源量 207.07 万吨（保有 204.55 万吨，采空 2.52 万吨）；优质富锰矿石 332+333 资源量 247.91 万吨（保有 241.38 万吨，采空 6.53 万吨），其中 332 资源量 55.54 万吨（保有 51.53 万吨，采空 4.01 万吨），333 资源量 192.37 万吨（保有 189.85 万吨，采空 2.52 万吨）。

（二）龙昌矿段开展的地质工作

2003～2006 年，中国冶金地质总局中南地勘院南宁分院在龙昌矿段利用中央财政资金实施矿产资源补偿费项目，项目经理为简耀光，参加的主要技术人员有夏柳静、黄荣章、李中启、高谢君、刘晓珠、邱占春、杨远峰、姜邦浩、莫亚敏等。2008 年 10 月提交《广西靖西县龙昌矿区优质锰矿普查报告》，2009 年 3 月 24 日中国冶金地质总局组织专家对该报告进行评审；2009 年 3 月 25 日中国冶金地质总局以冶金地质资评〔2009〕15 号文批准该报告。此次普查工作共圈定了 16 个矿体，其中在上泥盆统五指山组地层中的 Ⅰ 矿层圈定矿体 8 个、Ⅱ+Ⅲ 矿层圈定矿体 7 个、在下石炭统大塘组地层中圈定矿体 1 个；控制矿体走向总延长 27857m。共探获锰矿石 333+334 资源量 732.76 万吨，其中氧化锰矿石 333 资源量 82.49 万吨、碳酸锰矿石 333 资源量 21.22 万吨、氧化锰矿石 334 资源量 512.99 万吨、碳酸锰矿石 334 资源量 116.06 万吨。

以工业类型分：优质氧化锰富矿石资源量为 280.75 万吨，占总资源的 38.31%，矿体平均厚 0.54m，Mn 品位为 39.02%，Mn/Fe＝5.45，P/Mn＝0.002；优质氧化锰矿石资源量为 4.67 万吨，占总资源的 0.64%，矿体平均厚 0.37m，Mn 品位为 29.61%，Mn/Fe＝7.13，P/Mn＝0.002；氧化锰富矿石资源量为 47.29 万吨，占总资源的 6.45%，矿体平均厚 0.61m，Mn 品位为 36.48%，Mn/Fe＝3.26，P/Mn＝0.003；氧化锰贫矿石资源量为 262.77 万吨，占总资源的 35.86%，矿体平均厚 0.66m，主要化学组分平均为：Mn 25.84%、TFe 12.11%、P 0.109%、SiO_2 26.35%。

优质碳酸锰富矿石资源量为 62.20 万吨，占总资源的 8.49%，矿体平均厚 0.75m，Mn 品位为 32.24%，Mn/Fe＝6.46，P/Mn＝0.004；碳酸锰贫矿石资源量为 75.08 万吨，占总资源的 10.25%，矿体平均厚 0.61m，主要化学组分平均为：Mn 14.30%、TFe 3.70%、P 0.093%、SiO_2 32.26%、CaO 19.08%、MgO 1.78%、Al_2O_3 1.07%、烧失量 22.16%。

（三）地州矿段开展的地质工作

2005 年 1 月～2012 年 6 月，南宁地质调查所利用自有资金在地州矿段开展详查工作。项目经理先后为夏柳静、黄桂强、廖青海担任，前后参加项目的技术人员主要有李中启、雷金泉、赵品忠、韦运良、宋兰华、张小周、黄荣章、黄承泽等。2012 年 5 月提交《广西壮族自治区靖西县那敏矿区锰矿详查报告》，2012 年 7 月 2 日广西壮族自治区国土资源规划院以桂规储评字〔2012〕22 号文批准该报告，广西壮族自治区国土资源厅以桂资储备案〔2012〕48 号文对报告资源储量备案。

详查工作控制 Ⅰ 矿层地表走向延长约 3460m，控制 Ⅰ 矿层厚 0.30～0.96m；锰矿石 Mn 品位 26.28%～52.63%；控制 Ⅱ+Ⅲ 矿层地表走向延长约 1810m，控制 Ⅱ+Ⅲ 矿层厚 0.50～1.20m；锰矿石 Mn 品位 21.37%～38.78%。共估算锰矿石 332+333 资源总量为 86.22 万吨，其中：332 资源量 17.00 万吨，333 资源量 69.22 万吨；优质富氧化锰矿石资源量 42.95 万吨，贫氧化锰矿石资源量为 33.01 万吨；碳酸锰矿石资源量 10.26 万吨，全部为 333 资源量，且全部属于优质碳酸锰矿石。

三、矿床开发利用情况

（一）氧化锰矿石选矿工艺

根据龙邦矿区锰矿石工艺矿物学特性，采用干—湿式磁选选矿流程方案对氧化锰矿进行实验室流程选矿试验研究。实验室流程选矿试验表明，氧化锰矿石可选性能良好，当入选原矿锰品位为 22.75% 时，实验室流程选矿试验研究所获得的最终锰精矿产品指标为：产率为 49.07%，锰品位为 40.10%，锰回收率为 86.50%，精矿产品质量达到冶金用氧化锰 Ⅱ 级以上标准；且因选矿流程简单环保，技术经济可行，矿床开发效益显著。

（二）碳酸锰矿石选矿工艺

整个矿区见碳酸锰矿的工程较少，地表未见碳酸锰矿层露头，所探获的碳酸锰矿石资源量较少，无法采到足量的矿石选冶所需要的矿石量，因此，龙邦锰矿区碳酸锰矿石的选冶技术性能及选别指标目前只能参照“下雷式”锰矿床的选冶技术性能及选别指标。

（三）龙邦锰矿床开采利用情况

龙邦锰矿区三个矿段目前只有龙邦矿段南部（南矿段）办有采矿证，但采矿权人也一直没有建矿山开采；三个矿段只在 2005～2008 年被当地老百姓对浅表氧化锰矿进行了疯狂的无序开采，尤其是龙邦矿段，民采最盛的时候，仅南矿段就有 20 多个采坑，采出的氧化锰矿石品位优富，坑口价达到 1800 元/吨。随着矿业秩序的好转，地方国土管理部分对乱采乱挖的行为进行了全面、严厉的打击，将采坑大多炸塌、封堵，保证了未来的矿山有序建设。

第四节　扶晚锰矿

矿区位于广西德保县城北东方向 15km，行政区划属德保县足荣镇及荣华镇管辖。德保县城与周边各县市有二级公路相连，足荣镇至德保县有二级公路，各村均有简易公路与足荣镇相通，矿区交通较方便。

一、矿床概况

矿区位于下雷—东平锰矿成矿带的东部，国家级"广西田东龙原—德保那温地区锰矿整装勘查区"内，东南部有东平、龙怀锰矿，矿区面积约62km²。

矿区出露地层主要有上二叠统合山组，下三叠统马脚岭组、北泗组，中三叠统百逢组和第四系。岩性以碎屑岩为主。其中下三叠统北泗组为本区锰矿的赋矿层位（见图3-10）。根据含锰岩系的岩性特征，可分为上、中、下三段，锰矿层赋存于中段。其岩性特征分述如下。

上段：主要岩性为泥质硅质岩、凝灰岩、硅质岩夹泥岩。凝灰岩厚2~10m，其下距锰矿层5~15m，是极好的见矿标志层。段厚27~71m。

中段：主要岩性为含锰泥岩、硅质泥岩、含锰硅质岩、泥岩、含锰粉砂质泥岩、泥质粉砂岩夹数层锰矿层；该段以普遍含锰为特征，以夹微层理构造为标志。段厚16~29m。

下段：主要岩性为泥岩夹硅质岩，偶夹锰质条带；底部夹钙质泥质硅质岩。段厚15~35m，与下伏下三叠统马脚岭组呈平行不整合接触。

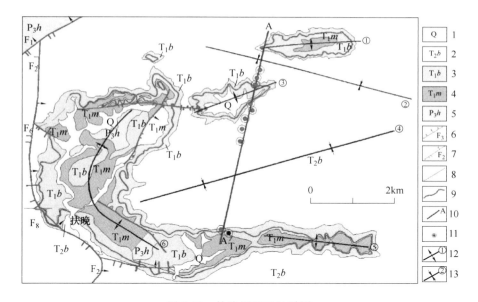

图3-10　扶晚锰矿区地质图

1—第四系；2—中三叠统百逢组；3—下三叠统北四组；4—下三叠统马脚岭组；5—上二叠统合山组；
6—正断层及编号；7—逆断层及编号；8—性质不明断层；9—锰矿层；10—剖面线及编号；
11—钻孔；12—背斜及编号；13—向斜及编号

矿区位于摩天岭复向斜北西翼。矿区内的褶皱、断裂构造均较发育。主构造线总体呈近东西走向，与北东向构造反复接合，形成向西凸出的弧形褶皱；一些次级褶皱叠加近南北向、近东西向断裂（见图3-10）。主要控矿构造从北往南为平村背斜、足六向斜、陇汤背斜、平模向斜、普楞背斜、岜意屯背斜。

矿区内断裂构造主要有近南北向和近东西向两组，北东向和北西向断裂为次。北西向断裂和北东向断裂发育较晚。主要断裂有6条，而对矿区矿体圈定影响较大的有F_4、F_8、

F_7、F_2 四条断层。

矿区内未发现侵入岩，仅见有火山凝灰岩，普遍稳定，厚度 2~10m，一般为一层，局部见二层，属印支早期海相火山喷发沉积之产物；其在含锰岩系北泗组上部呈夹层产出，其下距锰矿层 5~15m，是非常明显的见矿标志层。

矿区含锰层共分 5 层矿和 4 个夹层，自下而上可分为 I 矿层、夹一层、II 矿层、夹二层、III 矿层、夹三层、IV 矿层、夹四层、V 矿层（见图 3-11）。其主要特征分述如下：

I 矿层：以含锰泥岩为主，深灰色，氧化后呈灰褐色，隐晶质结构，微层状构造。厚0.49~3.77m。

夹一层：含锰泥岩，深灰色，氧化后呈灰褐色，隐晶质结构，薄层状构造，厚 0.51~3m。局部尖灭。

II 矿层：含锰泥岩，局部碳酸锰矿，灰黑色，隐晶质结构，微层状构造。厚0.65~4.31m。

夹二层：含锰泥岩、硅质泥岩，深灰色，氧化后呈灰褐色，隐晶质结构，薄层状构造，厚 0~3m。局部尖灭。

III 矿层：碳酸锰矿，灰黑色，隐晶质结构，微层状构造，厚 2~7m。

夹三层：泥岩、含锰泥岩，深灰色，氧化后呈灰褐色，隐晶质结构，薄层状构造，厚1~3m。

IV 矿层：碳酸锰矿，灰黑色，隐晶质结构，微层状构造，厚 0.3~1m。

夹四层：含锰泥岩、硅质泥岩，深灰色，风化后呈灰褐色，隐晶质结构，薄层状构造，厚 5~14m。

V 矿层：含锰泥岩，局部碳酸锰矿，灰黑色，隐晶质结构，微层状构造，厚 0.5~2m，零星分布。

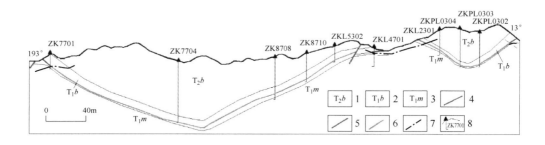

图 3-11 扶晚锰矿 A—A'线剖面图

1—中三叠统百逢组；2—下三叠统北泗组；3—下三叠统马脚岭组；4—断层；5—氧化锰矿层；
6—碳酸锰矿层；7—氧化界线；8—钻孔及编号

各矿层在地表均氧化形成条带状、块状、网脉状的氧化锰矿层。

矿区内控制矿层走向延长 15km，矿层呈层状分布于陇汤背斜、平村背斜、足六向斜、平模向斜、岜意屯背斜翼部及核部；矿层与围岩整合接触，产状与地层完全一致，较稳定，倾角 21°~65°，平均 36°；以 III 矿层为主，厚度大，分布连续，规模较大；次为 II 矿层、IV 矿层；I 矿层、V 矿层仅个别工程见矿、零星出露；在 III 矿层、II 矿层中圈有 III-1、

Ⅲ-4、Ⅱ-2 三个主矿体，估算的资源量占全区资源总量的 95% 以上。矿层地表及浅部为氧化锰矿石，深部为碳酸锰矿石。

矿石的自然类型分为氧化锰矿石及碳酸锰矿石两种类型。

氧化锰矿石主要矿石矿物为硬锰矿、软锰矿、水锰矿等；脉石矿物主要为绢云母、高岭石、石英、方解石、绿泥石、褐铁矿。呈显微鳞片泥质结构、隐晶质结构、他形粒状结构；微层状构造、条带状构造、薄层状构造。

碳酸锰矿石主要矿石矿物为锰方解石；脉石矿物主要为绢云母及水云母、石英、方解石、高岭石、黄铁矿等矿物。呈显微鳞片泥质结构、泥晶-粉晶结构、粉砂结构；微层状构造、条带状构造、略具定向构造。

矿床成因类型为海相沉积碳酸锰矿床和锰帽型风化锰矿床。

Ⅱ 矿层氧化锰矿石主要化学成分平均为：Mn 9.01%，TFe 4.27%，P 0.06%，SiO_2 33.44%，Mn/Fe = 2.11，P/Mn = 0.007。

Ⅱ 矿层碳酸锰矿石主要化学成分平均为：Mn 7.22%，TFe 3.98%，P 0.070%，SiO_2 39.74%，CaO 10.50%，MgO 2.45%，Al_2O_3 7.63%，烧失量 16.07%，Mn/Fe = 1.81，P/Mn = 0.010。

Ⅲ 矿层氧化锰矿石主要化学成分平均为：Mn 9.42%，TFe 4.57%，P 0.06%，SiO_2 32.18%，Mn/Fe = 2.06，P/Mn = 0.006。

Ⅲ 矿层碳酸锰矿石主要化学成分平均为：Mn 7.35%，TFe 7.01%，P 0.15%，SiO_2 35.73%，CaO 11.82%，MgO 3.13%，Al_2O_3 6.99%，烧失量 18.64%，Mn/Fe = 1.05，P/Mn = 0.020。

Ⅳ 矿层氧化锰矿石主要化学成分平均为：Mn 8.70%，TFe 4.85%，P 0.120%，SiO_2 32.23%，Mn/Fe = 1.79，P/Mn = 0.014。

Ⅳ 矿层碳酸锰矿石主要化学成分平均为：Mn 9.15%，TFe 8.25%，P 0.170%，SiO_2 38.07%，CaO 7.91%，MgO 2.71%，Al_2O_3 7.11%，烧失量 16.42%，Mn/Fe = 1.11，P/Mn = 0.019。

Ⅴ 矿层碳酸锰矿石主要化学成分平均为：Mn 7.15%，TFe 6.65%，P0.13%，SiO_2 36.44%，CaO 12.81%，MgO 2.85%，Al_2O_3 5.69%，烧失量 19.23%，Mn/Fe = 1.08，P/Mn = 0.018。

据《广西壮族自治区矿产资源储量表》，截至 2018 年底，累计探明锰矿石资源储量 8684.68 万吨，其中氧化锰矿石基础储量 421.48 万吨，资源量 529.44 万吨；碳酸锰矿石基础储量 2192.75 万吨，资源量 5541.01 万吨。

二、矿床发现与勘查史

1965～1967 年，广西区测队开展 1∶20 万区测工作时，对扶晚锰矿区完成路线调查、踏勘一类的初步地质工作。

1979 年，广西区 273 队对足荣扶晚—果福矿区进行过锰矿地质普查，估算锰矿石地质储量 114.4 万吨。

1985 年，广西区物探队对扶晚矿区进行初步普查，估算锰矿地质储量 79.43 万吨。

1986 年 4～12 月，广西区物探队对足荣扶晚—果福矿区进行详查。

　　2005 年 4~9 月，中国冶金地质总局中南局南宁三叠地质资源开发有限责任公司受德保广源矿业有限公司委托对"广西德保县通怀锰矿普查"探矿权范围内开展锰矿地质普查工作。项目经理为蒋元义，参加的技术人员有陆君、炼伟荣等。2005 年 9 月提交《广西德保县通怀矿区南矿段锰矿普查报告》，2006 年 1 月 26 日南宁储伟资源咨询有限责任公司以桂储伟审〔2006〕28 号文批准该普查报告。批准氧化锰矿 333 资源量 26.77 万吨。

　　2005 年 8 月~2006 年 3 月，中国冶金地质总局中南局南宁三叠地质资源开发有限责任公司受业主委托，对"广西德保县足荣镇扶晚锰矿普查"探矿许可证范围内的老坡矿段和孟棉矿段的含锰地层开展地质普查工作。项目经理为邱占春，参加的技术人员有姜邦浩、杨三元、黄银华、林旭江等。2006 年 4 月提交《广西壮族自治区德保县扶晚矿区老坡~孟棉矿段锰矿普查报告》，2006 年 7 月 26 日南宁储伟资源咨询有限责任公司以桂储伟审〔2006〕79 号文批准该普查报告。批准氧化锰原矿矿石 332+333 资源量 174.69 万吨，平均含矿率 52.69%，净矿石资源量 90.67 万吨，净矿平均 Mn 品位 26.09%。

　　2008 年 12 月~2011 年 12 月，中国冶金地质总局南宁地质勘查院受广西南宁浩元铭锰业有限责任公司委托，开展广西德保扶晚锰矿外围地质详查，投入勘查经费 3000 万元。项目经理为王跃文，参加的技术人员有蒙永励、韦运良、刘健、林志宏、梁文峰、黄承泽、周鑫、马斌、黄煜川、李言复、吴刚、张昌珍、刘照星、姚杰、雷金泉、曾汉云、王亚飞、高谢军、江沙、赵品忠、周翔、宋兰华等。2011 年 12 月 1 日提交《广西德保县足荣扶晚矿区（陇汤矿段、老坡矿段、岜意屯矿段、孟屯矿段）锰矿详查报告》，该详查报告根据 2011 年 11 月广西壮族自治区工业建筑设计院《关于广西德保县扶晚锰矿区（陇汤矿段、孟屯矿段、老坡矿段、岜意屯矿段）工业指标推荐的函》、2011 年 12 月广西南宁浩元铭锰业有限责任公司《关于下达〈广西德保县扶晚锰矿区（陇汤矿段、孟屯矿段、老坡矿段、岜意屯矿段）锰矿详查报告〉资源/储量估算工业指标的函》（桂浩政字〔2011〕7 号）下达的工业指标圈定矿体，并进行资源储量估算。下达的圈矿指标具体见表 3-4。

表 3-4　扶晚锰矿区详查报告资源储量估算工业指标表

类　　别	$w_{Mn}/\%$	
	边界品位（原矿）	单工程平均品位（原矿）
氧化锰矿	6.00	8.00
碳酸锰矿	5.00	6.50
最低可采厚度/m	0.70	
夹石剔除厚度/m	0.50	

　　2012 年 1 月 16 日南宁储伟资源咨询有限责任公司以桂储伟审〔2012〕3 号文批准该报告，2012 年 1 月 19 日广西壮族自治区国土资源量厅以桂资储备案〔2012〕7 号文对该报告进行了备案。扶晚锰矿区批准、备案的资源储量为：锰矿石 122b+333 资源储量 8161.34 万吨，其中氧化锰矿石量 427.58 万吨，Mn 平均品位 9.37%；碳酸锰矿石量 7733.76 万吨，Mn 平均品位 7.35%。

　　由于提交一特大型锰矿床，首次使用论证工业指标圈矿，并估算超低品位锰矿石资源量，预测桂西南地区同类型的锰矿石量巨大，该项目以此荣获 2012 年全国十大找矿成果奖，获奖证号为 ZK-DZXH2013-G07-01。

2013 年 5 月~2014 年 7 月, 广西南宁浩元铭锰业有限责任公司向广西国土资源厅提交了生产勘探申请, 广西壮族自治区国土资源厅以桂国土资函〔2013〕2034 号文《关于广西南宁浩元铭锰业有限责任公司德保扶晚矿区老坡—孟棉矿段锰矿生产勘探设计备案的函》批准该申请; 广西南宁浩元铭锰业有限责任公司委托中国冶金地质总局广西地质勘查院开展勘查工作。项目经理为王跃文, 参加的技术人员有邹颖贵、马斌、吴万冰、杨晔、李克、李有炜、周鑫、罗松植、林志宏、黄承泽、陆世才、张永金、高谢君、覃冠毅、文运强、黄均城、卢斌、杨必庆、曾冬丽、黄大明、韦建跃、黄桂强、蒙永励等。2014 年 12 月提交《广西德保县扶晚矿区老坡—孟棉矿段 1040~575m 标高锰矿生产勘探报告》, 该勘探报告根据广西南宁浩元铭锰业有限责任公司委托广西冶金研究院编制提交的《广西德保县扶晚矿区老坡—孟棉矿段 1040~575m 标高锰矿矿床工业指标论证及预可行性研究报告》及所出具《关于广西德保县扶晚矿区老坡—孟棉矿段 1040~575m 标高锰矿矿床工业指标推荐书》进行矿体圈定、估算资源储量。具体指标见表 3-5。

表 3-5　扶晚锰矿老坡—孟棉矿段资源储量估算工业指标表

类　别	$w_{Mn}/\%$		备　注
	边界品位（原矿）	单工程平均品位（原矿）	
氧化锰矿	5.00	6.50	
碳酸锰矿（原矿）	5.00	6.50	
矿层最低可采厚度/m	0.80		
夹石剔除厚度/m	1.00		

2014 年 12 月 12 日南宁储伟资源咨询有限责任公司以桂储伟审〔2014〕11 号文批准该勘探报告; 2015 年 3 月 12 日广西壮族自治区国土资源厅以桂资储备案〔2015〕9 号文对勘探报告进行备案。批准、备案的资源储量为: 累计查明锰矿石原矿资源储量 (保有+消耗+低品位矿) 干矿石量 2303.11 万吨, 湿矿石量 2393.39 万吨。其中保有资源储量及消耗资源储量干矿石量共 2074.08 万吨, 湿矿石量为 2161.04 万吨; 氧化锰矿干矿石量 785.96 万吨, 湿矿石量 862.40 万吨; 碳酸锰矿干矿石量 1288.12 万吨, 湿矿石量 1298.64 万吨。

勘探工作新增资源储量为: 氧化锰矿新增资源储量湿矿 670.11 万吨, 干矿石资源储量为 611.27 万吨。碳酸锰矿新增资源储量湿矿石量 1298.64 万吨, 干矿石量 1288.12 万吨, Mn 平均品位 7.80%。

勘探工作共估算新增低品位矿石 331+332+333 资源量: 总矿石量 232.36 万吨。其中氧化锰矿 16.09 万吨, Mn 平均品位 5.57%; 碳酸锰矿 216.26 万吨, Mn 平均品位 6.01%。

三、矿床开发利用情况

（一）氧化锰矿石的加工技术性能

原矿洗矿分级: 因该矿含有大量黏土矿物, 可采用槽式洗矿机进行洗矿, 以打散泥团洗去矿泥。原矿通过双螺旋槽式洗矿机洗矿, 槽洗返砂产率 62.84%, Mn 品位 11.55%,

锰回收率 94.14%。洗矿效果较好，可预先丢弃 37.16% 的矿泥，大幅减少进入选别主流程的矿量，有利生产成本的降低。

通过洗矿，洗矿精矿破碎到小于 10mm 之后进行干式强磁选，得到高品位精矿Ⅰ；干式强磁选尾矿磨至小于 2mm 后再进行湿式强磁选，得到低品位精矿Ⅱ。采用这一流程，可以得到两个精矿产品：精矿Ⅰ的 Mn 品位 30.95%，达到冶金用锰三级品标准；精矿Ⅱ的 Mn 品位 25.77%，达到冶金用锰四级品标准。锰精矿的 Mn 综合回收率 86.03%，能有效地回收该锰矿中目的组分锰，试验获得的选矿技术指标较理想。

对入选的净矿进行不同粒级条件下磁选试验，确定入选最佳粒度为小于 1mm，确定 14000Oe 为最佳强度，对矿石中锰矿物进行富集回收效果显著，可获得理想的锰精矿选矿指标。

氧化锰矿采用"洗矿—矿砂磨矿—烘干—干式强磁选（精矿）—湿式强磁选（尾矿）"的选矿工艺流程较为合理。

当原矿锰品位 8.04% 时，实验室流程扩大选矿试验研究所获得的最终锰精矿产品指标：精矿Ⅰ的 Mn 品位 30.95%，达到冶金用锰三级品标准；精矿Ⅱ的 Mn 品位 25.77%，达到冶金用锰四级品标准。锰精矿的 Mn 综合回收率 86.03%。且选矿流程简单，技术经济可行，矿床开发效益显著。

（二）碳酸锰矿石的加工技术性能

碳酸锰矿石当原矿锰品位 6.00% 时，采用跳汰重选、摇床重选方法处理该碳酸锰矿石均不能获得良好的分选效果；浮选获得的精矿锰品位 8.13%，回收率 51.33%，尾矿含 Mn 仍大于 5%，证实效果极不理想。因此放弃浮选方法。

最终确定入选最佳粒度为小于 0.074mm 占 70%，磁场强度为 13500Oe 为最佳强度，对矿石中锰矿物进行富集回收效果显著，可获得理想的锰精矿选矿指标。

碳酸锰矿石可选性能良好，当原矿锰品位 6.0% 时，通过强磁选条件试验研究，采用一粗两精一扫强磁选试验流程，获得的最终试验指标为：锰精矿产率 32.50%，锰品位 14.20%、锰回收率 71.39%，锰精矿中铁含量为 2.63%，试验指标较理想。该精矿产品质量达到冶金用电解锰矿石标准；且选矿流程简单环保，技术经济可行，矿床开发效益显著。

（三）扶晚锰矿床开采利用情况

该矿区在 20 世纪虽有民采活动，但由于品位低，民采规模不大，一般只零星开采出露地表的锰矿层，故形成的采空区很有限，矿区内各锰矿体保存较完好，民采对现在矿山开采影响不大。

2006 年 8 月，广西工业建筑设计研究院受广西南宁浩元铭锰业有限责任公司委托编制了《广西南宁浩元铭锰业有限责任公司德保县扶晚锰矿开采设计方案》。设计开采对象为矿区范围内的氧化锰矿（不含低品位矿），设计规模 8 万吨/年，设计最终产品为冶金或化工用锰精矿，Mn 品位 ≥32%。矿山开采方式为露天开采，广西南宁浩元铭锰业有限公司 2007 年取得老坡—孟棉矿段采矿权证后一直开采至今。累计开采氧化锰原矿石量约 93.68 万吨。

2014 年，广西工业建筑设计研究院编制了《广西德保县扶晚矿区老坡—孟棉矿段

1040~575m 标高锰矿矿床工业指标论证及预可行性研究报告》中简单论证了矿区开采方案，设计生产规模 75 万吨/年。氧化锰矿设计采用露天开采的开采方式，碳酸锰矿设计采用地下开采的开采方式。

老坡—孟棉矿段矿石分为两种类型，即原生碳酸锰矿和锰帽型层状氧化锰矿。目前矿山开采的主要以层状氧化锰矿为主，占总采出量的 99%，仅在华屯矿段开采出 0.70 万吨原生碳酸锰矿石。

2014 年 7 月 31 日~2020 年 5 月 22 日期间，采矿权范围内采空（探明+控制+推断）锰矿石资源量共 65.27 万吨，其中采出氧化锰矿石资源量 64.57 万吨（净矿 30.18 万吨），碳酸锰矿资源储量 0.70 万吨。另外，采空尚难利用锰矿矿石量 1.20 万吨，全为氧化锰矿石。

第五节　龙怀锰矿

矿区位于广西田东县城正南的江城圩一带，属江城乡和印茶乡管辖。北距田东县城 40km，南距天等县城 36km，东距东平锰矿区 15km，区内有公路、铁路相通，交通便利。

一、矿床概况

矿区包括龙怀、江城和那社 3 个矿段，面积约 59km²。

矿区内出露的地层有上二叠统合山组，下三叠统马脚岭组、北泗组，中三叠统百逢组、河口组及第四系（见图 3-12）。其中下三叠统北泗组为含锰地层，可分为三段，上段和下段分别为硅质泥岩和钙质泥岩，中段为含锰层，由 5 层黑褐色至紫红色氧化锰矿层夹 4 层薄层状钙质泥岩及硅质钙质泥岩组成，自下而上矿层编号为 Ⅰ、Ⅱ、Ⅲ、Ⅳ、Ⅴ，其中 Ⅰ、Ⅱ、Ⅲ 矿层为主要矿层。各矿层均由多层微薄~薄层状锰矿夹薄层状泥岩组成。单层锰矿薄层厚一般为 0.5~2cm，但 Ⅲ 矿层单层厚度较大，为 5~10cm，最大可达 20cm；单层泥岩厚一般为 0.5~2cm，但 Ⅳ、Ⅴ 矿层中所夹泥岩单层厚度较大，为 3~6cm。本层分别以 Ⅴ 矿层顶板及 Ⅰ 矿层底板与上、下段分界，厚 5.06~28.80m。

矿区位于摩天岭复式向斜构造南翼南东扬起端，次级褶皱发育，主要控矿褶皱从北往南依次为：老虎头向斜、山月向斜、顶那当—伏内向斜、江城背斜、瑶山向斜、那社—绿柳背斜等。各褶皱均由中、下三叠统组成，褶皱轴向均为北东—南西向。

矿区内断裂构造主要为走向断层，规模较大的走向断层有位于江城矿段西北面的 F_3 断层、位于那社矿段东南部的 F_1 断层，这两条规模较大的断层对矿区锰矿层影响较小，而规模较小的 F_5、F_6 平移断层对锰矿层有一定的破坏作用。

矿区内未见岩浆岩出露。

矿区地貌类型属低山-丘陵区，海拔高程 302~850m，一般 500~700m，相对高度为 200~400m。区内地形起伏较大，侵蚀切割作用强烈，红土化作用较弱，不利于堆积型锰矿的发育，因此沿下三叠统北泗组中段含锰层分布的低山-丘陵地区，一般仅形成锰帽型氧化锰矿。

矿区内共有 5 个锰矿层，均赋存于下三叠统北泗组中段，与东平锰矿下含锰层产出层

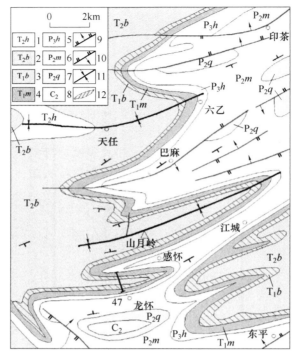

图 3-12　龙怀锰矿区地质简图

1—中三叠统河口组；2—中三叠统百逢组；3—下三叠统北泗组；4—下三叠统马脚岭组；5—上二叠统合山组；
6—中二叠统茅口组；7—中二叠统栖霞组；8—上石炭统马平组；9—正断层；10—逆断层；11—向斜轴；12—含锰层

位相当，但主矿层为 I 、 II 、 III 矿层，而 IV 、 V 矿层仅局部有工业意义（见图 3-13）。

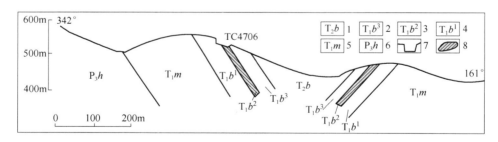

图 3-13　龙怀锰矿区 47 线剖面图

1—中三叠统百逢组；2—下三叠统北泗组上段；3—下三叠统北泗组中段；4—下三叠统北泗组下段；
5—下三叠统马脚岭组；6—上二叠统合山组；7—探槽；8—锰矿层

主矿层露头带均分布于矿区褶皱构造的两翼，受褶皱形态及两翼产状控制，呈蛇曲状延伸，矿带总长 50km，已控制含矿层 33km，矿层总厚 3.54m。矿层顶、底板围岩均为土黄色、灰白色微层状含锰钙质泥岩。矿层呈层状，产状与围岩一致。矿层倾角 35°~50°，在向斜扬起端，地层反复褶曲，矿层产状变陡或倒转。

I 矿层：总长 27400m，厚 0.54~4.70m，平均 1.58m，延深未控制。

II 矿层：总长 29800m，厚 0.50~4.80m，平均 1.79m，延深未控制。

Ⅲ矿层：总长 20800m，厚 0.52~2.80m，平均 1.14m，延深未控制。

矿层的厚度变化系数为：Ⅰ矿层 62.30%，Ⅱ矿层 75.1%，Ⅲ矿层 68.50%。属形态变化较稳定型。

矿石自然类型有氧化锰矿石与碳酸锰矿石，以氧化锰矿石为主，碳酸锰矿石目前只在那社矿段Ⅳ矿层中见到。其他矿胚层含锰 5.10%~8.94%，可以圈超低品位矿体。

氧化锰矿石矿物主要为硬锰矿、次为锂硬锰矿、偏锰酸矿和褐铁矿，偶见恩苏塔矿和褐锰矿。脉石矿物主要为石英、玉髓及黏土矿物等。矿石具隐晶质、胶状、半自形晶及碎裂结构。矿石构造主要为片状及条带状构造，次为块状、网脉状和肾状构造。各矿层的矿石构造不尽相同，Ⅰ矿层主要为片状及条带状构造；Ⅱ矿层上、下部为片状构造，中部为块状构造；Ⅲ矿层主要为块状构造及网格状构造。

碳酸锰矿石中矿物主要以碳酸锰（菱锰矿）的形式存在，占比达 96%，少量以硅酸盐形式存在，占比 4%。结构主要为微晶结构、显微鳞片泥质结构、微晶泥晶结构；构造以微~薄层状构造为主，次为块状构造。

矿床的成因类型为海相沉积型碳酸锰矿床和风化锰帽型氧化锰矿床；矿石工业类型属贫锰矿石。

据《广西壮族自治区矿产资源储量表》，截至 2018 年底，矿区累计探获氧化锰矿石资源储量 611.72 万吨，其中基础储量 24.10 万吨，资源量 587.62 万吨。另外，龙怀锰矿区那社矿段普查探获碳酸锰矿石资源量 232.05 万吨，平均 Mn 品位 11.22%，未上资源储量表。龙怀矿段氧化锰矿石平均品位 Mn 27.77%，江城矿段氧化锰矿石平均品位 Mn 25.57%，那社矿段氧化锰矿石平均品位 Mn 33.02%。

二、矿床发现与勘查史

1967 年，当地农民在龙怀村北面山坡上发现锰帽矿露头，并进行小规模开采。

1979~1981 年，广西冶金地质勘探公司 273 队在对东平锰矿进行勘探的同时，为扩大找矿远景，在区内开展矿点检查，认为龙怀锰矿点较有远景。

1988 年，南宁冶金地质调查所对区内龙怀、立新、班劳等锰矿点进行了矿点检查，认为可进一步开展普查找矿工作。

1990 年初，中南冶金地质研究所"湖南、广西优质锰矿成矿地质条件及找矿预测研究"课题组到该区进行野外调研，认为该区氧化锰矿易采易选，值得进一步工作，并提交了找矿建议书。

1990 年以前，在龙怀锰矿区工作单位虽较多，但都属于踏勘、检查性质，地质效果不佳。

1990~1991 年，冶金部地勘总局南宁地质调查所在龙怀锰矿区开展地质概查工作。

1991 年以后，中南地质勘查局南宁地质调查所一直在该区开展普查找矿工作，于 1991 年底提交了《广西田东龙怀锰矿区概查地质报告》，估算了 E 级锰净矿石储量 266 万吨。认为该区值得进一步开展普查找矿工作，并于 1991 年 11 月编写了该区江城、龙怀和六双 3 个矿段 3 年普查找矿总体设计。

1992 年 3 月~1994 年 10 月，冶金部地勘总局南宁地质调查所对龙怀锰矿区开展普查工作，寻找普锰中的优质锰、富锰和优质富锰。项目经理为李升福，参加技术人员有林旭江、周倜、吴国平、夏柳静、简耀光、林健、黄晖明、黄荣章、施伟业、马斌、邱占春、蒙永励、陆彪、江家汉、李华刚、李向伟、赵彦生、李定波等。1994 年 12 月提交《广西田东县龙怀锰矿区普查地质报告》；该报告依据冶金部中南地质勘查局局地发〔1994〕89 号文《关于广西田东龙怀锰矿区工业指标的批复》中下达的工业指标圈矿、估算资源量。具体指标见表 3-6。

表 3-6 龙怀锰矿区工业指标表

工业类型	净矿含 Mn/%		SiO₂/%	Mn/Fe	P/Mn	含矿率/%
	边界	工业				
贫锰矿	≥12	≥18				≥25
富锰矿	≥20	≥30	≤35	≥3	≤0.006	≥25
优质富锰矿	≥20	≥30	≤35	≥4	≤0.005	≥25
矿床开采指标	最低可采厚度 0.50m，夹石剔除厚度 0.50m					

通过 3 年的工作，全矿区共探明 D+E 级氧化锰净矿石储量 572.22 万吨。其中 D 级 126.43 万吨，占总储量 22.09%；在总储量中，D+E 级普锰 401.67 万吨，占 70.20%；D+E 级优质富锰 170.55 万吨，占 29.80%。各个矿段估算储量如下：

江城矿段 D+E 级储量 345.70 万吨。其中 D 级 69.23 万吨，占 20.03%；D+E 级优质富矿 32.73 万吨，D+E 级贫矿 312.97 万吨。

龙怀矿段 D+E 级 121.42 万吨，其中 D 级 29.58 万吨，占 24.37%；D+E 级优质富矿 43.22 万吨，D+E 级贫矿 78.20 万吨。

那社矿段 D+E 级储量 105.10 万吨，其中 D 级 27.62 万吨，占 26.28%；D+E 级优质富矿 94.60 万吨，D+E 级贫矿 10.50 万吨。

1995 年 9 月~1996 年 3 月，中南地质勘查局南宁地质调查所开展那社矿段详查工作。项目经理为李升福，主要参与技术人员有林健、简耀光、夏柳静、王跃文、李向纬、施伟业、马斌、蒙永励、盛志华、陆彪等。1996 年 3 月提交《广西田东县龙怀锰矿区那社矿段 88~128 线氧化锰矿详查地质报告》；报告根据冶金部中南地质勘查局以局地发〔1994〕89 号文《关于广西田东龙怀锰矿区工业指标的批复》下达的指标圈矿。具体指标见表 3-6。1996 年 6 月 17 日冶金部中南地质勘查局以局地发〔1996〕87 号文批准该报告；批准的资源储量为：C+D 级氧化锰净矿石储量 28.77 万吨；其中 C 级储量 9.02 万吨；C+D 级优质富锰矿石量为 25.73 万吨。

1996 年 1 月~1997 年 11 月，中南地质勘查局南宁地质调查所开展那社矿段瑶山向斜详查工作。项目经理为李升福，主要参加技术人员有林健、简耀光、马斌、蒙永励、邱占春、陆彪、黄荣章、胡华清、刘健等。1998 年 1 月提交《广西田东县龙怀锰矿区那社矿段氧化锰矿详查地质报告》；1998 年 6 月 7 日广西壮族自治区矿产资源委员会以桂资审〔1998〕8 号文批准该报告；1998 年 10 月 16 日广西壮族自治区矿产资源委员会以桂资准〔1998〕16 号文批准该报告。批准的资源储量为：C+D+E 级氧化锰矿净矿石储量 58.40 万吨，其中 C 级 11.69 万吨，D 级 41.01 万吨，E 级 5.70 万吨；富矿 45.55 万吨，贫矿 12.85 万吨。

1997~1998 年，中南地质勘查局南宁地质调查所提交龙怀锰矿区及外围普查总结报告，普查工作新增 D+E 级氧化锰净矿石储量 224.54 万吨；其中 D 级储量 51.52 万吨；D+E 级优质富锰矿 13.63 万吨。

1998 年 7 月~1999 年 10 月，中南地质勘查局南宁地质调查所开展龙怀矿段详查工作，项目经理为夏柳静，参加的主要技术人员有黄荣章、马斌、蒙永励、陆彪等。1999 年 10 月提交《广西田东县龙怀锰矿区龙怀矿段氧化锰矿详查地质报告》；2000 年 4 月 13 日广西壮族自治区矿产资源委员会以桂资审〔2000〕5 号文批准该报告；2000 年 4 月 18 日广西壮族自治区矿产资源委员会以桂资准〔2000〕7 号文批准该报告。批准的 C+D+E 级氧化锰净矿石储量 94.48 万吨；其中优质富矿 C 级储量 7.80 万吨，D 级 16.10 万吨，E 级 4.60 万吨，优质富矿化学成分为：Mn 32.43%，TFe 4.99%，P 0.105%，SiO_2 25.05%，Mn/Fe = 6.50，P/Mn = 0.003；贫矿 C 级 15.70 万吨，D 级 39.0 万吨，E 级 11.30 万吨，贫矿化学成分为 Mn 25.77%，TFe 6.26%，P 0.080%，SiO_2 31.79%，Mn/Fe = 4.12，P/Mn = 0.003。

2000 年 3~10 月，中南地勘局南宁地质调查所对龙怀锰矿区江城矿段开展地质勘查工作。项目经理为施伟业，主要参与技术人员有林健、刘健、杨少培等。于 2000 年 12 月提交《广西田东县龙怀锰矿区江城矿段氧化锰矿详查地质报告》；2001 年 12 月 25 日广西矿产资源储量评审中心以桂矿储审〔2001〕17 号文批准该报告；2001 年 12 月 27 日广西壮族自治区国土资源厅以桂国土资认储〔2001〕26 号文对该报告估算的资源量进行认定、备案。批准、认定的 C+D 级氧化锰原矿储量 798.85 万吨，净矿石储量 400.69 万吨。其中：C 级 50.505 万吨；D 级 350.183 万吨；C+D 级富矿 68.723 万吨，贫矿 331.965 万吨。

2004 年 5 月~2004 年 9 月，中国冶金地质总局中南局南宁三叠地质资源开发有限责任公司受探矿权人委托对广西田东县六林锰矿区探矿证范围内开展地质普查工作。项目经理为施伟业，参加的技术人员有邱占春、林健等。2005 年 2 月提交《广西壮族自治区田东县六林锰矿区六慕矿段普查地质报告》；2005 年 9 月 16 日南宁储伟资源咨询有限责任公司以桂储伟审〔2005〕76 号文批准该报告。批准的资源量为：氧化锰原矿石 333 资源量 47.39 万吨，净矿石量 21.11 万吨，含矿率为 44.91%。

2005 年 2~9 月，南宁恒雷商贸有限公司在取得广西田东县江城那赖锰矿区的探矿权后委托中国冶金地质总局中南局南宁三叠地质资源开发有限责任公司对该矿区进行锰矿地质普查工作。项目经理为黄晖明，参加的主要技术人员有晏玖德、吴万冰、姜天蛟、刘榕、杨峰、高玉勤等。2005 年 9 月提交《广西田东县江城那赖矿区锰矿普查报告》；2005 年 11 月 12 日南宁储伟资源咨询有限责任公司对该报告进行评审，并以桂储伟审〔2005〕90 号文批准该报告。批准的资源量为：氧化锰矿原矿 332+333 资源量 33.69 万吨，净矿 23.35 万吨；矿床 Mn 平均品位 22.11%，平均含矿率 68.51%。其中净矿石 332 资源量 1.02 万吨；净矿石 333 资源量 22.33 万吨。

2013 年 4 月~2015 年 3 月，中国冶金地质总局中南局南宁地质勘查院承担广西区财政项目"广西田东县龙怀锰矿区那社矿段碳酸锰矿普查"项目。项目经理为简耀光，参加的主要地质人员有龙涛、夏柳静、黄桂强、刘晓珠、叶胜、宋兰华、黎丹、雷金泉、李有炜、赵汉中、彭磊、赵品忠等。2018 年 1 月提交《广西田东县龙怀锰矿区那社矿段碳酸锰矿普查报告》；2018 年 3 月 16 日广西壮族自治区国土资源厅以《广西地质勘查项目成果报告评审意见书》批准该报告。批准碳酸锰矿石 333+334 资源量 381.40 万吨，其中

333 资源量 232.05 万吨。

三、矿床开发利用情况

(一) 氧化锰矿石选冶

龙怀锰矿区氧化锰矿原矿含泥质、杂质多，品位低，不能直接利用。但经简单的人工洗选或槽式机洗选后，锰矿与杂质极易分离，使矿石达到冶金工业用锰的标准。在淘洗原矿样的过程中，随着矿石的破碎，去泥去杂质，净矿锰品位逐渐提高。但如果矿石过分破碎，不但含矿率过低，且由于尾矿流失过多，净矿锰品位提高不大或反而降低。含矿率在 45%~60% 范围内时，净矿锰品位较有代表性。当原矿锰品位 17.85%，以 1mm 水洗粒级界限采用 ϕ800mm×345mm 槽式洗矿机和 ϕ500mm×5800mm 单旋分级串联的洗矿流程，净矿锰品位可提高到 28.37%，二氧化硅则降低到 25.78%。说明洗矿效果好。

净矿深选试验共做了重选试验、干—湿式强磁选试验和湿式强磁选试验。前两种试验结果尾矿丢弃总量大，尾矿品位高，且流程复杂。湿式强磁选试验方法是：以 10mm 为入选粒度，利用 SHC-1800 型湿式磁选机作试验。对原矿首先进行磁场强度为 14900Oe 的粗选，其尾矿用磁场强度为 16500Oe 扫选的流程进行精选试验。当入选锰品位为 28.35%，净矿可获得含锰为 30.57%、产率为 86.22%、锰回收率为 92.97% 的精矿。

(二) 氧化锰矿石的开发利用情况

龙怀锰矿区三个矿段的勘查程度均达到详查，勘查程度相对较高；但由于矿层厚度较薄，走向延长大，矿体分散；氧化界线以上的氧化锰原矿品位较低，氧化界线以下的矿胚层含锰低，一般只有 5.10%~8.94%，按一般工业指标在主矿层无法圈出矿体，因此，龙怀锰矿区主矿层只能在氧化界线以上圈出氧化锰矿估算资源量，矿石总体资源量规模较小，特别是龙怀矿段、那社矿段，资源量规模均不到 100 万吨，故严重影响了投资商建矿山规模开采积极性，特别是那社矿段在 2005 年组建矿山开采效果不太理想，对后来的矿山开采影响较大。

那社矿段在 2005 年组织开采情况如下。

2005 年 4 月，广西工业建筑设计研究院（原广西冶金设计院）提交了《广西田东锰矿露天开采方案》。该设计简要内容如下：确定的利用储量 C+D+E 级为 58.40 万吨，其中 C 级 11.69 万吨、D 级 41.01 万吨、E 级 5.70 万吨；可开采储量为 40.88 万吨；生产规模为年采选矿石量 4.5 万吨；矿山服务年限为 9 年；开采方式为先露采后地采。

产品方案为：经水洗、选矿后得两种产品，一是 Mn 品位不小于 35% 的氧化锰净矿石（富矿产品）；二是 Mn 品位 25%~35% 的氧化锰净矿石（贫矿产品）。

开拓运输方案：采取公路开拓、汽车运输。

采、选工艺方案：采矿工艺为露天开采，采矿贫化率 10%，回采率 90%；选矿工艺为水洗、跳汰选矿，总采选回收率 82%。

项目的综合评价：项目投资 670 万元，年采选锰净矿石 4.5 万吨，年销售收入 1476 万元，企业年均获利 201.28 万元，年均上缴税费 217.22 万元，有较好的经济效益和社会效益。

但自组织开采以来，生产很不正常，到 2008 年 12 月为止，在那社矿段共有较大采场

9个，长度 100~360m 不等，采深 10~18m，共采出净矿石量 7.34 万吨，远未达到设计生产规模，很不理想。

另外，自 20 世纪 60 年代以来，氧化锰矿民采一直不断，特别是 2005~2008 年这段时间，民采更盛，几乎遍地开花；民采采富弃贫，毫无规划，导致采坑星罗棋布，废石遍地，这无疑又增加了规模开采的难度。

第六节 六乙锰矿

矿区位于广西百色市田东县南部，属印茶镇管辖，距印茶镇约 9km，从天等至田东的二级公路经过印茶镇；印茶镇距田东县城约 36km，有南昆铁路、南昆高铁、南百高速公路相接，矿区交通便利。

一、矿床概况

矿区南部与田东县龙怀锰矿区相邻，南北长 6.5km，东西宽 5.2km，面积为 33.80km²。

矿区出露地层主要为中二叠统茅口组、上二叠统合山组、下三叠统马脚岭组、北泗组、中三叠统百逢组、第四系等。含锰岩系为下三叠统北泗组（见图 3-14）。根据其岩性不同，可分为四段，自下而上简要介绍如下：

第一段：主要岩性为含粉砂钙质泥岩，夹薄层状硅质岩、锰质条带。厚度 4~16m，与下伏马脚岭组呈平行不整合接触。

第二段：主要岩性为含粉砂硅质泥岩、含锰含泥含硅微晶灰岩夹 3 层贫碳酸锰矿层。锰矿层以Ⅱ、Ⅲ矿层厚度较大，分布亦较稳定。厚度 5~11m。

第三段：主要岩性为含粉砂含钙泥岩。层厚 4~18m。

第四段：主要岩性为凝灰岩，间夹 1~3 层含钙硅质泥岩。

矿区主要控矿构造为六乙复式向斜。向斜南东翼上发育次一级褶皱农弄背斜。

矿区内断裂构造主要有北西向和北东向两组。对矿体影响较大的有 F_{11}、F_{12} 两条。

矿区内未发现侵入岩，仅见有火山凝灰岩，一般为一层，局部见二层，中间夹含钙硅质泥岩，普遍稳定，厚度 40~100m，属印支早期海相火山喷发沉积产物。其在含锰岩系北泗组上部呈夹层产出，其下距锰矿层 8~20m，是非常明显的见矿标志。

矿区锰矿层呈层状分布于六乙复式向斜两翼及核部，顺层产出，产状与地层完全一致，倾角 15°~55°，平均 35°；主矿层为Ⅲ、Ⅱ矿层，次为Ⅰ矿层；地表及浅部为氧化锰矿，深部见碳酸锰矿。

含锰岩系自下而上可分为Ⅰ矿层、夹一层、Ⅱ矿层、夹二层、Ⅲ矿层（见图 3-15）。

Ⅰ矿层：厚度 0.50~2.80m，平均 1.36m。矿层在向斜北翼沿走向延长为 2613m，倾向延深为 215~668m，在南翼沿走向延长为 3397m，倾向延深为 232~1370m。

夹一层：为含锰含硅含泥微晶灰岩，厚 0~2.46m。局部尖灭。

Ⅱ矿层：厚度 0.55~3.49m，平均 1.90m。矿层在向斜北翼沿走向延长为 2613m，倾向延深为 215~677m，在南翼沿走向延长为 3397m，倾向延深为 233~1372m。

夹二层：为含锰含硅含泥微晶灰岩，厚 0~3.49m。局部尖灭。

图 3-14 六乙锰矿区地质图

1—第四系；2—中三叠统百逢组；3—下三叠统北泗组；4—下三叠统马脚组；5—上二叠统合山组；
6—中二叠统茅口组；7—断层；8—锰矿层；9—勘探线及编号；10—见矿钻孔；11—未见矿钻孔

Ⅲ矿层：厚度 0.74~6.99m，平均 1.95m。矿层在向斜北翼沿走向延长为 2613m，倾向延深为 210~680m，在南翼沿走向延长为 3397m，倾向延深为 234~1375m。

锰矿石的自然类型分为氧化锰矿石和碳酸锰矿石。

氧化锰矿石主要矿石矿物为硬锰矿、软锰矿，水锰矿等；脉石矿物主要为绢云母、高岭石、石英、方解石、绿泥石、褐铁矿等。矿石结构有显微鳞片泥质结构、显微粒状结构、他形粒状结构、粉砂质结构、隐晶质结构；构造有微层状构造、条带状构造、网脉状构造、薄层状构造。

碳酸锰矿石主要矿石矿物为锰方解石；脉石矿物主要为绢云母及水云母、石英、方解石、高岭石、黄铁矿等。矿石结构有显微鳞片泥质结构、微晶结构、粉砂质结构；构造有微层状水平层理构造、薄层状水平层理构造、波状层理构造、透镜状构造。

矿床成因类型属海相沉积型碳酸锰矿床、次生锰帽型氧化锰矿床两类。

Ⅰ矿层氧化锰矿石主要化学成分平均为：Mn 9.36%，TFe 4.60%，P 0.056%，SiO_2

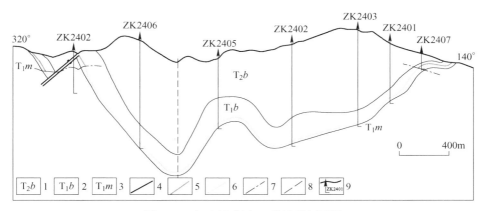

图 3-15　六乙锰矿区 24 线地质剖面图

1—中三叠统百逢组；2—下三叠统北泗组；3—下三叠统马脚岭组；4—断层；5—氧化锰矿层；
6—碳酸锰矿层；7—氧化界线；8—向斜核部；9—钻孔及编号

25.01%，Mn/Fe=2.04，P/Mn=0.006，属高铁中磷贫锰矿石。

Ⅰ矿层碳酸锰矿石主要化学成分平均为：Mn 7.18%，TFe 3.83%，P 0.053%，SiO_2 37.88%，CaO 12.79%，MgO 3.30%，Al_2O_3 8.04%，烧失量 18.98%，Mn/Fe=1.88，P/Mn=0.007，（CaO+MgO）/（$SiO_2+Al_2O_3$）=0.35，属高铁高磷酸性锰矿石。

Ⅱ矿层氧化锰矿石主要化学成分平均为：Mn 10.15%，TFe 5.18%，P 0.058%；SiO_2 26.80%，Mn/Fe=1.96，P/Mn=0.006，属高铁中磷贫锰矿石。

Ⅱ矿层碳酸锰矿石的主要化学成分平均为：Mn 7.76%，TFe 4.01%，P 0.065%，SiO_2 35.40%，CaO 13.44%，MgO 3.31%，Al_2O_3 7.46%，烧失量 19.91%，Mn/Fe=1.94，P/Mn=0.008，（CaO+MgO）/（$SiO_2+Al_2O_3$）=0.39，属高铁高磷酸性锰矿石。

Ⅲ矿层氧化锰矿石主要化学成分平均为：Mn 9.97%，TFe 5.16%，P 0.058%，SiO_2 26.61%，Mn/Fe=1.93，P/Mn=0.006，属高铁中磷贫锰矿石。

Ⅲ矿层碳酸锰矿石主要化学成分平均为：Mn 7.89%，TFe 5.31%，P 0.095%，SiO_2 34.25%，CaO 12.56%，MgO 3.08%，Al_2O_3 6.75%，烧失量 17.80%，Mn/Fe=1.49；P/Mn=0.012，（CaO+MgO）/（$SiO_2+Al_2O_3$）=0.38，属高铁高磷酸性锰矿石。

据《广西壮族自治区矿产资源储量表》，截至 2018 年底，累计探明锰矿石资源储量 5203.47 万吨，其中氧化锰矿石基础储量 321.52 万吨，资源量 277.73 万吨；碳酸锰矿石基础储量 4465.5 万吨，资源量 138.72 万吨。

二、矿床发现与勘查史

六乙锰矿区锰矿地质勘查工作始于 1956 年，随着东平锰矿区、龙怀锰矿区锰矿找矿工作的不断深入，对其周围成矿有利的区段也开展了踏勘、矿点检查等工作，其中就包括六乙锰矿区。

1999~2002 年，中国冶金地质勘查工程总局中南地质勘查院在广西桂西南地区开展优质锰矿资源评价地质工作时，在田东县六乙锰矿区施工探槽工程，但未估算资源量。

2004 年 11 月~2011 年 10 月，中国冶金地质总局中南局南宁地质调查所承担六乙锰矿区的预查、普查地质工作。此次工作并未提交成果报告。

2011~2013 年，中国冶金地质总局广西地质勘查院受业主委托，对探矿许可证范围内开展详查地质工作。此次详查工作也未提交成果报告。

2013 年 11 月~2015 年 11 月，广西田东县银山矿业有限责任公司委托中国冶金地质总局广西地质勘查院对六乙锰矿区开展地质勘探工作。项目经理为段庆林，先后参与人员有李学志、姚杰、吕敏君、周翔、梁文峰、刘健、夏柳静、黄桂强、胡华清、农泽伟、覃嘉殷、龙航、杨文海、文运强、李言复、王亚飞、颜京、盘斌、李国强、张砚斌、王跃文、蒙永励等。2016 年 9 月提交《广西田东县六乙矿区锰矿勘探报告》；该报告根据 2016 年 2 月 29 日广西冶金研究院有限公司《关于广西田东县六乙锰矿矿床工业指标推荐的函》、2016 年 5 月广西田东县银山矿业有限责任公司《关于下达（广西田东县六乙锰矿区锰矿勘探报告）资源/储量估算工业指标的函》（桂银政字〔2016〕1 号）确认的工业指标，圈定矿体，并进行资源量估算。探矿权人确认的圈矿工业指标见表 3-7。2016 年 9 月 16 日广西壮族自治区国土资源规划院以桂规储评字〔2016〕58 文批准该报告，2016 年 10 月 12 日广西壮族自治区国土资源量厅以桂资储备案〔2016〕60 号文对评审的资源储量进行备案。批准、备案的资源储量为：122b+2M21+2M22+333 总资源储量为 5203.47 万吨，其中 122b 基础储量 321.52 万吨，占总资源储量的 6.18%；2M21 基础储量 774.48 万吨，占总资源储量的 14.88%；2M22 基础储量 2441.92 万吨，占总资源储量的 46.92%；333 资源量 1665.55 万吨，占总资源储量的 32.01%。

表 3-7 六乙锰矿资源储量估算工业指标表

类 别	$w_{Mn}/\%$	
	边界品位（原矿）	单工程平均品位（原矿）
氧化锰矿	6.00	6.50
碳酸锰矿（原矿）	6.00	6.50
矿层最低可采厚度/m	0.80	
夹石剔除厚度/m	0.30	

估算的氧化锰矿石量：122b+333 资源储量 599.25 万吨，其中 122b 基础储量 321.52 万吨，333 资源量 277.73 万吨。

估算的碳酸锰矿石 2M21+2M22+333 资源储量 4604.22 万吨，其中 2M21 基础储量 774.48 万吨，2M22 基础储量 2441.92 万吨，333 资源量 1387.82 万吨。

三、矿床开发利用情况

（一）氧化锰矿石的加工技术性能

根据氧化锰矿石含泥质较多的情况，先对原矿进行擦洗，获得净矿，再根据锰矿物的密度及比磁化系数与脉石矿物的差异，对氧化锰矿石实验室流程选矿分别采用重选及磁选法进行选矿试验研究。

根据矿石工艺矿物学特性、实验室流程选矿试验要求，并参考该类型锰矿山生产实践，针对矿石中矿物嵌布粒度细，部分软锰矿等锰矿物易过粉碎情况，采用干—湿式磁选选矿流程方案对氧化锰矿进行实验室流程选矿试验研究，能有效地回收该锰矿中目的组分锰，试验获得的选矿技术指标较理想，当原矿锰品位为 7.21% 时，实验室流程选矿试验研究所获得的最终锰精矿产品指标：产率 23.04%，锰品位 26.50%，锰回收率为 83.81%，精矿产品质量达到冶金用氧化锰四级以上标准。对选矿工艺流程进行环境保护、技术经济的初步评价也表明，生产工艺为单一的磁选工艺，选矿过程不添加任何药剂，生产成本低，经济效益显著，故该工艺经济合理、对环境也不造成污染。

（二）碳酸锰矿石的加工技术性能

碳酸锰矿石的实验室流程选矿试验及扩大连续试验表明，碳酸锰矿石可选性能良好，当原矿锰品位 7.14% 时，在磨矿细度小于 0.074mm 占 75%、磁场强度 13500Oe 条件下进行一粗一精一扫强磁选试验，实验室小型试验可获得锰精矿产率 35.96%，锰品位 15.53%、回收率 77.79%；实验室扩大连续试验可获得锰精矿产率 34.93%，锰品位 15.57%、回收率 76.18%。试验指标较理想，该精矿产品质量达到冶金用电解锰矿石标准；且选矿流程简单环保，技术经济可行，矿床开发效益显著。

（三）六乙锰矿床开采利用情况

广西田东县银山矿业有限责任公司对六乙锰矿区目前只申请了探矿权证，探矿权人正在招商引资，准备建矿山对六乙锰矿区进行开采。

第七节　板苏锰矿

矿区位于广西武鸣县南东直距 22km 的板苏村，隶属双桥乡管辖。距湘（衡阳）—桂（南宁）铁路线南宁站 33km，有公路相通。

一、矿床概况

矿区出露地层主要有上泥盆统榴江组，下石炭统巴平组、隆安组，上石炭统黄龙组。含锰层赋存于下石炭统巴平组内，由几个薄层状硅质岩与硅质灰岩夹层组成。含锰层总厚 10~15m，最大厚度 30m。单矿层厚 0.1~1.5m，各矿层合计厚 1~3.5m，夹层厚 0.2~0.8m。

矿区为一北东东向延伸的向斜构造。锰帽型氧化锰矿床和堆积型锰矿床分布于板苏向斜的东南翼。

锰矿分布于甘圩、板苏、葛阳等地，断续长约 35km。

锰帽型氧化锰矿赋存于巴平组硅质岩与硅质灰岩中，有 1~2 层矿，长 600~1300m，矿体不连续，倾角 30°~60°，埋深 0~35m。矿层厚 1~3m。第 1 层矿（下层）平均厚 0.78m，第 2 层矿（上层）平均厚度 0.69m。矿体呈似层状、透镜状和不规则状。

残积—堆积型锰矿床赋存于第四系残坡积层中，有 4 个矿体，矿体厚 0.5~5m，面积 0.0038~0.12km²，含矿率 17.6%，矿体形态呈不规则状（见图 3-16）。

锰帽型、堆积型氧化锰矿石主要为软锰矿、黝锰矿及偏锰酸矿。

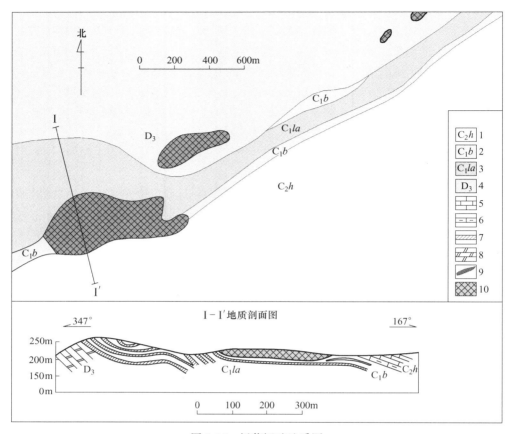

图 3-16　板苏锰矿地质图

1—上石炭统黄龙组灰岩；2—下石炭统巴平组；3—下石炭统隆安组；4—上泥盆统灰岩；5—灰岩；
6—泥质灰岩；7—硅质岩；8—条带状灰岩；9—锰矿层；10—残坡积型锰矿体

矿石构造主要为致密块状、多孔状、网格状、肾状、葡萄状构造。

矿石的自然类型为次生氧化锰矿石，工业类型为铁锰矿石及富氧化锰矿石。

该区锰矿床成因类型有两种，即锰帽型铁锰矿床和堆积型锰矿床。

矿区锰帽型铁锰矿石的平均品位：Mn 25.89%，TFe 10.16%，P 0.15%，SiO_2
15.91%。堆积型氧化锰矿石的平均品位：含 Mn 36.95%，TFe 3.57%，P 0.12%，SiO_2
13.48%，含矿率 17.6%。

据《广西壮族自治区矿产资源储量表》，截至 2018 年底，累计探明氧化锰矿石资源
储量 186.93 万吨，其中基础储量 179.83 万吨，资源量 7.09 万吨。

二、矿床发现与勘查史

1953 年，广西工业厅大明山探矿队曾到甘圩、板苏矿区工作，未提交报告。

1955 年，中南地质局 415 队到板苏矿区进行踏勘，认为该矿属风化残余型锰矿，系
由上泥盆统榴江组薄层状硅质岩中铁锰质胶结的劣质锰矿层。

1959 年 7 月~1960 年 3 月，广西南宁专署地质局 901 地质队罗一光、许剑雄等人对

板苏矿区进行详细普查,同时对外围的太平(林圩)、甘圩等 9 个锰矿点进行检查,于 1960 年 4 月提交《广西武鸣板苏锰矿区地质勘探报告书》。1962 年 10 月 8 日,广西地质局技术委员会以〔1962〕地技普字 4 号决议书审查批准为详查报告。批准储量:表内氧化锰矿石 D 级储量 45.172 万吨(其中富矿 33.176 万吨,贫矿 11.996 万吨);表内堆积型氧化锰矿石 D 级储量 1.526 万吨(其中富矿 0.764 万吨,贫矿 0.762 万吨)。锰帽型和堆积型锰矿石合计 D 级储量 46.698 万吨(其申富矿 33.94 万吨,贫矿 12.758 万吨)。

1963 年 1~7 月,广西地质局 424 地质队杨腊元等根据广西地质局〔1962〕桂地质字 230 号文下达任务要求,在 901 地质队详查工作基础上,对板苏矿区进行补充勘探,共探明锰矿石储量约 20 万吨。于 1965 年 5 月提交《广西武鸣板苏锰矿补充勘探评价报告》。1967 年 2 月 17 日,广西壮族自治区地质局技术委员会以〔1967〕地技普字 387 号审查意见批复该报告为补充勘探性质。

1984 年 12 月广西冶金地质勘探公司 273 队对板苏矿区氧化锰矿进行地质详查,提交《广西武鸣县板苏氧化锰矿床详查(评价)报告书》。广西冶金地质勘探公司于 1987 年 2 月以 8 号决议书批准为详查报告。批准储量:氧化锰矿石表内储量 D 级 94.8 万吨。

三、矿床开发利用情况

在新中国成立以前,板苏锰矿就已发现,但其开采状况缺乏资料。

1959 年初,南宁专区成立板苏锰矿,组织群众开采,全部为人工土法开采,于 1962 年停产。

1966 年武鸣县在板苏成立民矿站,继续组织群众开采,年产锰矿石 0.67 万吨。

1975 年民采站改为武鸣县锰矿,年产锰矿石 2.48 万吨,其中冶金锰矿 2.24 万吨,化工锰 0.27 万吨。

1976 年 12 月,板苏水采场建成,设计规模 2 万吨/年,当年产冶金锰矿石 1.74 万吨,化工锰 0.41 万吨。

1979 年机采场建成,年产冶金锰 2.6 万吨,化工锰 0.12 万吨。

但水采、机采场建成后,因堆积矿被破坏严重,品位下降,机采成本高,两个采场均未正式投产而停滞或报废。矿山至今一直维持人工土法开采。堆积型锰矿采用露天坑和浅井相结合,人工手掘矿。锰帽型矿体全部采用浅井开采,采出矿石经手选后即为成品矿。1990 年武鸣县锰矿产冶金锰 0.67 万吨,化工锰 0.34 万吨。

第八节 东平锰矿

矿区位于广西天等县正北直距 22km 的东平镇洞蒙—利屯一带,属东平乡及向都乡管辖。距天等县城 45km,有公路相通,至湘(衡阳)—桂(南宁)铁路线崇左站 124km,至南(宁)—昆(明)铁路线隆安站 60km,交通方便。

一、矿床概况

矿区包括驮仁东—利屯、咸柳、冬裕、驮仁西、驮琶、渌利、洞蒙、迪诺、顶花岭、那造、乌鼠山和平尧等 12 个矿段,面积 58km²(见图 3-17)。

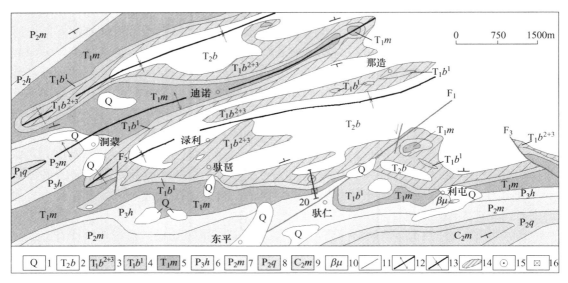

图 3-17　东平锰矿区地质简图

1—第四系；2—中三叠统百逢组；3—下三叠统北泗组第二、三段；4—下三叠统北泗组第一段；
5—下三叠统马脚岭组；6—上二叠统合山组；7—中二叠统茅口组；8—中二叠统栖霞组；9—上石炭统马平组；
10—辉绿岩；11—断层；12—背斜轴；13—向斜轴；14—含锰层；15—钻孔；16—浅井

　　矿区出露地层有上石炭统马平组，中二叠统栖霞组、中二叠统茅口组，上二叠统合山组，下三叠统马脚岭组、北泗组，中三叠统百逢组及第四系残坡积、冲积层。其中下三叠统北泗组为原生含锰地层，可分为四组，锰矿层赋存于北泗组第二段、第三段；第四系残坡积层为次生含锰地层。

　　下三叠统北泗组四段岩性特征由下而上分述如下：

　　第一段：为含锰硅质泥灰岩、硅质泥岩，局部夹粉砂岩、粉砂质泥岩，段厚 13.80m，与下伏地层呈整合接触。

　　第二段：为含锰硅质泥灰岩夹 6 层碳酸锰矿层，矿层编号自下而上分别为 X、Ⅰ、Ⅱ、Ⅲ、Ⅳ、Ⅴ，其中：Ⅰ、Ⅱ、Ⅲ、Ⅳ矿层为该区主要矿层，X 矿层又可细分为 X_1、X_2、X_3 三个矿层。在氧化界线以上，矿层均氧化富集成氧化锰矿。段厚 40.25m。

　　第三段：为含锰硅质泥灰岩、硅质泥岩夹 4 层碳酸锰矿层。矿层编号自下而上为Ⅵ、Ⅶ、Ⅷ、Ⅸ，顶部Ⅸ矿层又可细分为 $Ⅸ_1$、$Ⅸ_2$ 两个矿层，其间夹层为厚 0.1~0.2m 的灰色硅质岩。在氧化界线以上，矿层均氧化富集成氧化锰矿。段厚 36.35m。

　　第四段：为硅质泥灰岩、凝灰质硅质泥灰岩，顶部局部见有含锰硅质泥灰岩层。段厚 18.4m。

　　第四系残坡积层：为棕黄色黏土夹基岩碎屑及锰矿碎块。在主矿层附近，该层中下部常夹有堆积锰矿层，厚 0~14m。

　　矿区主体构造为洞蒙复式向斜，轴向北东—南西，向南西扬起，由洞蒙向斜、迪诺背斜、乌鼠山向斜 3 个二级褶皱构造及那造背斜、渌利背斜、驮仁向斜和咸柳背斜等三级褶皱构造组成。各褶皱地层均由下三叠统马脚岭组、北泗组及中三叠统百逢组组成。

　　断裂构造主要有驮仁西与驮仁东及咸柳矿段之间的 F_1、冬裕矿段的 F_3、洞蒙矿段的

F_5 等断层。以 F_1 断层规模最大，长 1600m，走向北东，断距 194m，并使矿层发生一定的位移（见图 3-17）。

矿区内的矿层部位未发现火成岩，但在利屯南面的上二叠统合山组下部，局部地段夹有辉绿岩。

矿区地貌类型属岩溶化低山—丘陵区，以侵蚀切割比较强烈的低山地貌为主，海拔高程为 365~793m，相对高度 100~400m，一般 200~300m。由于区内地形起伏较大，侵蚀切割较剧烈，剥蚀作用速度较快，化学风化堆积作用较弱，因此区内由下三叠统北泗组含锰岩系组成的低山—丘陵区一般仅发育锰帽型锰矿，而堆积型锰矿不发育，锰帽型氧化锰矿的发育程度受地形条件的控制，地形的坡向、坡度与含锰岩层或锰矿层的产状大体一致的地貌，有利于锰帽矿体的形成。

矿区内锰矿层均赋存在下三叠统北泗组中，有上、下两个含锰层，共有矿层 13 个，自下而上矿层编号为 X_1、X_2、X_3、Ⅰ、Ⅱ、Ⅲ、Ⅳ、Ⅴ、Ⅵ、Ⅶ、Ⅷ、IX_1、IX_2。各矿层的原生矿石均为贫碳酸锰矿（含锰灰岩），矿层间及矿层内夹层均由含锰泥质硅质灰岩组成。原矿因锰低硅高、颗粒细，无工业价值，但经风化次生富集后，可形成具较大工业价值的锰帽型氧化锰矿。各氧化锰矿层均由数层薄氧化锰矿层与泥岩相间组成，薄层锰矿的单层厚度一般为 1~15cm，最厚可达 25cm，泥岩薄层或条带一般厚为 1~3cm。上述矿层中，以下含锰层中的Ⅰ、Ⅱ、Ⅲ、Ⅳ矿层规模最大，是区内主要工业矿层。其余各矿层因厚度及品位变化较大，仅局部具工业意义。此外在主矿层的附近第四系残坡积红土层中，发育有堆积锰矿。

锰帽型矿：主要赋存在下三叠统北泗组下含锰层中，次为上含锰层，全区共有锰帽型矿 13 层，分布于洞蒙复向斜及其次级褶皱两翼的浅部，常出露于山顶及山坡上。主矿层露头带总长 43km，矿层总厚 11.57m，矿层底板为含锰泥硅质灰岩，顶板为含锰泥硅质灰岩及厚层状泥质灰岩（Ⅳ矿层），矿体呈层状，产状与围岩一致（见图 3-18）。

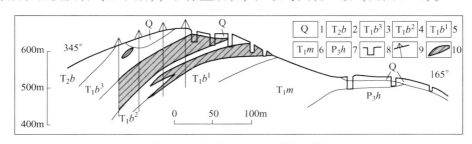

图 3-18　东平锰矿区 20 线剖面图

1—第四系；2—中三叠统百逢组；3—下三叠统北泗组第三段；4—下三叠统北泗组第二段；

5—下三叠统北泗组第一段；6—下三叠统马脚岭组；7—上二叠统合山组；8—浅井；9—钻孔；10—锰矿层

Ⅰ矿层：总长 38911m，延深 10~305m，平均 70.06m，厚 0.51~7.97m，平均 2.04m，展布面积为 2.63km²。

Ⅱ矿层：总长 41382m，延深 5~265m，平均 68.93m，厚 0.60~10.52m，平均 3.48m，矿层展布面积为 2.70km²。

Ⅲ矿层：总长 19920m，延深 10~236m，平均 66.59m，厚 0.50~7.95m，平均 2.18m，矿层展布面积为 1.19km²。

Ⅳ矿层：总长 43098m，延深 7~238m，平均 66.54m，厚 0.55~11.70m，平均 3.87m，

矿层展布面积 2.74km²。

主矿层的厚度变化特点是：在走向方向上，矿层西厚东薄，局部有分枝现象；在横向上矿层南厚北薄。主矿层的形态变化较稳定，均属形态变化稳定—较稳定型。

堆积锰矿：矿体主要赋存在主矿层附近的第四系残坡积红土层中，全区已控制圈定矿体 99 个，单个矿体的展布面积 392~89514m²，一般矿体展布面积为 1035~8185m²。矿体多呈平缓的似层状单层产出，局部呈两层产出，厚 1~2m，部分 3~5m，平均 2.01m，矿体埋深 0~5m，少数达 20m。

主矿体为驮仁东 6 号矿体，分布于驮仁东南部小向斜 2~7 线间主矿层附近的红土层中，矿体顶、底板围岩均为红色黏土，矿体平面形态不规则，矿体长约 800m，宽 30~150m，平均 112m，展布面积 89514m²，矿体厚 1.77~2.25m，平均 1.95m，含矿率 508~816kg/m³，平均 701kg/m³。

碳酸锰矿：原生含锰层有 13 层矿胚层，呈层状产出，与围岩为整合接触。由于其含锰不同，锰矿层的连续性也不同（见图 3-18）。矿区内 X_3、Ⅵ、Ⅶ、Ⅷ 等 4 个碳酸锰矿层基本上缺失；X_1、X_2、Ⅴ 等 3 个碳酸锰矿层仅在局部地段有出现，原因是各层的原生矿胚层含锰低，一般在 4%~5%；Ⅰ、Ⅱ、Ⅳ 等 3 个矿层为矿区的主矿层，在走向或倾向上，各矿胚层含锰 Mn≥8%，且以 Mn≥10% 为主，碳酸锰矿层连续性好，厚度稳定。Ⅲ、IX_2、IX_1 等 3 个矿层为工作区的次要矿层。矿胚层含锰 Mn≥8% 的地段，深部发育有碳酸锰矿；矿胚层含锰在 3%~8% 的地段，碳酸锰矿层缺失。因此，Ⅲ、IX_2、IX_1 等 3 个矿层存在尖灭的现象，连续性较差。

区内矿石自然类型主要为氧化锰矿石，次为原生含锰碳酸岩矿石（含锰灰岩矿）。

氧化锰矿石：主要矿石矿物为硬锰矿和偏锰酸矿，次为少量的软锰矿、恩苏塔矿和褐铁矿；脉石矿物主要为石英及水云母。矿石结构主要为显微鳞片泥质、胶状、隐晶质、隐晶-针状等结构。矿石构造主要为块状、薄片状、肾状、网格状和葡萄状等构造。

矿层的氧化垂深，以渌利及咸柳矿段最小，分别为 31.7m 及 22.7m，以驮仁西矿段最大，为 70.1m，全区平均为 51.7m。其氧化斜深以咸柳矿段最小，平均仅 45.8m，以驮仁西矿段最大，平均为 104.2m，全区平均为 75.7m。

原生碳酸锰矿石：主要矿石矿物为钙菱锰矿、锰方解石和含锰方解石；脉石矿物主要为方解石和石英，次为水云母和绿泥石，此外尚有少量的黄铁矿、黄铜矿、闪锌矿、赤铁矿及白云石等。矿石为微粒结构，矿石构造主要为微层状构造，其次在Ⅰ、Ⅱ矿层中还可见豆状构造。

矿床成因类型主要为海相沉积碳酸锰矿床、锰帽型风化锰矿床，次为堆积型风化锰矿床。矿石工业类型主要为贫锰矿石和铁锰矿石。

据《广西壮族自治区矿产资源储量表》，截止到 2018 年底，累计探明氧化锰矿石资源储量 2331.98 万吨，其中，基础储量 1881.28 万吨，资源量 450.70 万吨。

区内锰帽型氧化锰矿石原矿含锰一般较低，但通过简单的人工水洗去泥后，可提高锰含量 0.5 倍，使净矿品位达到冶金用锰矿石的要求。其矿石平均品位原矿为 Mn 16.39%，Fe 6.11%，P 0.101%，SiO_2 41.38%；净矿为 Mn 25.61%，TFe 6.82%，P 0.118%，SiO_2 30.02%，含矿率 48.03%，Mn/Fe＝3.76，P/Mn＝0.0046，属中磷中铁贫锰矿石。

堆积型锰矿石的平均品位为：Mn 31.95%，Fe 10.34%，P 0.115%，SiO_2 14.67%。

主矿体的平均品位为：Mn 30.66%，Fe 7.41%，P 0.068%，SiO_2 18.74%，其中富锰矿石的平均品位为：Mn 32.74%，Fe 6.82%，P 0.069%，SiO_2 15.83%；贫锰矿石的平均品位为：Mn 28.09%，Fe 8.14%，P 0.068%，SiO_2 22.34%。

全区锰帽型及堆积型氧化锰矿石平均品位为：Mn 27.72%，Fe 7.03%，P 0.111%，SiO_2 36.37%，Mn/Fe=3.94，P/Mn=0.004，属中铁中磷贫锰矿石。

由于锰工业利用需求的增加，以及电解锰技术的进步，使原来的低品位碳酸锰矿（含锰灰岩）得到工业利用。该矿区低品位碳酸锰矿规模大，在以往的地质勘查工作中对碳酸锰矿仅作过了解，未开展过系统的地质工作，未提交资源储量。自2000年以来，中国冶金地质总局广西地质勘查院在东平矿区及外围实施过多个财政项目，以边界品位 Mn≥10%，单工程平均 Mn≥15%，锰矿层厚度不小于 0.5m，圈定锰矿体，累计探获碳酸锰矿 333+334 资源量 18437.94 万吨，其中 333 资源量 17079.98 万吨。各项目探获碳酸锰矿资源量见表3-8。

表3-8　东平锰矿区各项目碳酸锰矿资源量及锰矿石平均品位表

项目名称	资源量类别	矿石类型	真厚度/m	资源量/万吨	矿石品位/%								Mn/Fe	P/Mn
					Mn	TFe	P	SiO_2	CaO	MgO	Al_2O_3	灼失量		
东平矿区外围普查	333类	碳酸锰矿	3.12	9641.73	11.79	3.69	0.060	28.73	13.28	4.76	6.58	22.57	3.20	0.005
天等锰矿接替资源勘查			3.15	4621.25	11.99	4.00	0.082	28.37	13.05	4.28	6.52	22.29	2.99	0.007
平尧矿段普查			2.10	2158.16	12.35	5.39	0.125	26.72	10.71	4.01	5.98	21.73	3.62	0.010
冬裕—咸柳矿段普查			2.09	503.98	11.48	2.60	0.041	24.70	16.88	4.19	5.56	25.84	4.01	0.004
那造矿段普查			1.45	154.86	11.23	3.01	0.049	28.60	16.27	3.86	6.15	25.38	3.74	0.004
驮琶矿段预查	334类			1357.96	15.01									
合　计				18437.94										

二、矿床发现与勘查史

1956年底，木圭地质队第二普查组根据当地群众报矿前往检查时发现，并开展地表踏勘工作，同时检查了平尧乡锰矿。于同年12月13日提交了《广西天等县东平锰矿区及向都平尧乡锰矿踏勘报告》。肯定了东平矿区及外围平尧锰矿有进一步开展地质普查工作的必要，并提出了下一步的工作意见和计划工作量。

1957~1958年，东平地质队（1957年上半年称木圭地质队）在区内进行普查勘探工作，于1959年3月提交了《广西区东平锰矿区勘探报告书》，经广西区储委于1961年8月24日及1962年3月10日先后两次审查，最后以桂储字〔1962〕14号决议书批准，批准储量为表内C+D级锰净矿石储量514.2万吨，其中C级48.6万吨；表外C+D级锰净矿石储量151.04万吨。

1968年，广西区测队一分队在该区进行区域地质测量时，在相当于锰矿层上部层位中采到腕足类、斧足类和菊石类化石，将含锰地层时代定为中三叠统百逢组（以前定为上二叠统合山组）。

1981~1982年，广西地质研究所韦仁彦和农树泽，在矿区含矿层位中，系统采集牙形刺及菊石化石标本，经韦仁彦鉴定，并经南京地质古生物所王义刚等审查鉴定，这些菊石化石标本共有 3 个门类 12 个属，其中 10 个属是早三叠世标准分子，因此将含锰层时代定为早三叠世。

1979 年 1 月~1981 年 9 月，广西冶金地质勘探公司 273 队在东平地质队工作的基础上，对区内氧化锰矿层进行勘探，同时把矿区外围的平尧锰矿点也划归东平锰矿床。并选择驮仁东—利屯、咸柳、驮仁西、驮琶、渌利、洞蒙和迪诺等 7 个矿段进行勘探，对乌鼠山、顶花岭、平尧、那造和冬裕等 5 个矿段进行详查。于 1983 年 12 月提交《广西天等县东平氧化锰矿床地质勘探报告》，1985 年 1 月经广西区储委审查，并以桂储审字〔1985〕1 号审批决议书批准该报告为详勘报告；批准表内 B+C+D 级锰矿石储量 1622.3 万吨，其中 B+C 级 828.2 万吨，表外 B+C+D 级储量为 280 万吨，其中 A+B+C 级 47.4 万吨。

2012 年 6 月~2015 年 3 月，中国冶金地质总局广西地质勘查院申报广西地质找矿突破战略行动勘查项目 2012 年第一批、2014 年第一批项目获得批准，开展了广西天等县东平锰矿区外围锰矿普查工作。项目经理为简耀光，参加的技术人员有龙涛、叶胜、宋兰华、黎丹、李有炜、赵汉中、赵品忠、彭磊、吴刚、夏柳静、黄桂强、刘晓珠、雷金泉、张绍屏等。2017 年 3 月提交《广西天等县东平锰矿区外围锰矿普查报告》，2017 年 11 月 15 日广西壮族自治区矿产资源储量评审中心以桂储评字〔2017〕5 号文批准该报告；2017 年 12 月 25 日广西壮族自治区国土资源厅以桂资储备案〔2017〕73 号文对该报告资源量进行备案。批准、备案的资源量如下：碳酸锰贫矿 333 资源量 130.17 万吨；低品位矿 333 资源量 9641.73 万吨。

2013 年 8 月~2015 年 5 月，中国冶金地质总局南宁地质勘查院承担了中国地质调查局下达的"广西天等县天等锰矿接替资源勘查"项目。项目经理为简耀光，参加的技术人员有夏柳静、黄桂强、吴贤图、李建文、龙涛、叶胜、宋兰华、黎丹、李有炜、赵汉中、赵品忠、彭磊、廖青海、吴刚、李中启、刘晓珠、雷金泉、张绍屏等。2016 年 5 月提交《广西天等县天等锰矿接替资源勘查报告》，2016 年 6 月 23 日中国地质调查局发展研究中心（国土资源部矿产勘查技术指导中心）以中地调（发展）评字〔2016〕135 号文《地质调查项目成果报告评审意见书》批准该报告。批准的新增锰矿石资源量 4621.25 万吨，其中碳酸锰贫锰矿石 333 资源量 157.56 万吨；碳酸锰低品位矿石 333 资源量为 4463.69 万吨。

2013 年 8 月 20 日~2015 年 5 月 10 日，中信大锰矿业有限责任公司委托中国冶金地质总局广西地质勘查院分别开展渌利矿段、洞蒙矿段以及驮仁矿段采矿权（440m）标高下部碳酸锰矿详查工作。项目经理为简耀光，参加的技术人员有夏柳静、黄桂强、叶胜、雷金泉、龙涛、宋兰华、黎丹、李有炜、赵汉中、赵品忠、彭磊、刘晓珠、张绍屏等。2018 年 7 月分别提交《广西天等县东平矿区渌利、洞蒙矿段采矿权标高（440m）下部碳酸锰矿详查报告》和《广西天等县东平矿区驮仁矿段采矿权标高（440m）下部碳酸锰矿详查报告》，2018 年 11 月广西壮族自治区矿产资源储量评审中心分别以桂储评字〔2018〕78 号文和〔2018〕79 号文批准该二份报告；2019 年 1 月 17 日广西壮族自治区国土资源厅又分别以桂资储备案〔2019〕2 号文和〔2019〕3 号文对该两份报告资源量进行备案。该两份详查报告根据广西宏亚设计咨询有限责任公司提交的《广西天等县东平矿区驮仁东、驮仁西、渌利、洞蒙矿段碳酸锰矿（露天开采部分）预可行性研究报告》及《中信大锰矿业有限责任公司天等锰矿碳酸锰利用及工业指标推荐》的工业指标圈矿，估算资源量，具体指标见表3-9。其中，渌利、洞蒙矿段批准、备案碳酸锰矿332+333资源量1092.68万吨，其中碳酸锰矿石332资源量374.58万吨，占比34.28%；碳酸锰矿石333资源量718.10万吨，占比65.72%。探获低品位矿资源量350.80万吨，其中332资源量11.12万吨，333资源量339.68万吨。驮仁矿段批准、备案的资源量为：碳酸锰矿332+333资源量477.74万吨，其中332资源量153.92万吨，占比32.22%；333资源量323.82万吨，占比67.78%；探获低品位矿资源量358.36万吨，其中332资源量28.23万吨，333资源量330.13万吨。

2014年12月~2016年3月，中国冶金地质总局广西地质勘查院承担广西找矿突破战略行动项目"广西天等县东平锰矿区冬裕—咸柳矿段碳酸锰矿普查"，项目经理为赵品忠，参加的技术人员有彭磊、陆世才、张柏森、黄荣章、石伟、黄桂强、刘晓珠、简耀光、黄晖明、王跃文、刘晓珠等。2018年3月提交《广西天等县东平锰矿区冬裕—咸柳矿段碳酸锰矿普查报告》，2018年3月6日广西壮族自治区国土资源厅批准该报告。批准、备案新增的低品位碳酸锰矿石333+334资源量503.98万吨。

表3-9 资源量估算指标表

矿石自然类型	工业类型	w_{Mn}/%	
		Mn边界品位	单工程Mn平均品位
碳酸锰矿	工业矿石	10	12
矿床开采 技术指标	可采厚度/m	0.5	
	夹石剔除厚度/m	0.3	

2015年3月~2017年1月，中国冶金地质总局广西地质勘查院承担广西找矿突破战略行动矿产勘查项目"广西天等县东平锰矿区平尧矿段碳酸锰矿普查"，项目经理为卢斌，参加的技术人员有杨泽金、邹颖贵、严乐佳、杨文海、袁魏、李首聪、夏柳静、刘晓珠、丘剑威、黎丹、黄桂强、黄晖明等。2017年12月提交《广西天等县东平锰矿区平尧矿段碳酸锰矿普查报告》，2018年3月19日广西壮族自治区矿产资源储量评审中心以桂储评字〔2018〕14号文批准该报告；2019年1月17日广西壮族自治区国土资源厅以桂资储备案〔2019〕4号文对该报告资源量进行备案。批准并备案的资源量为：碳酸锰贫矿石333资源量272.23万吨，低品位碳酸锰矿石333资源量1885.93万吨。

2016年3月~2017年2月，中国冶金地质总局广西地质勘查院承担广西地质矿产勘查项目"广西天等县东平锰矿区那造矿段碳酸锰矿普查"，项目经理为邹颖贵，参加的技术人员有彭磊、黄承泽、韦义师、徐加袁、冯曦轩、张柏森、夏柳静、丘剑威、黎丹等。2017年11月提交《广西天等县东平锰矿区那造矿段碳酸锰矿普查报告》；2017年11月17日广西壮族自治区国土资源厅批准该报告，批准新增低品位碳酸锰矿石333资源量154.86万吨。

三、矿床开发利用情况

1958年，天等县成立县锰矿进行开采，至1962年因工业生产调整停产。

1965年，成立天等县民矿站，组织各乡镇人工开采驮仁东、驮仁西2个矿段的堆积锰矿及锰帽矿。

1973 年，在县民矿站的基础上组成天等县锰矿，并由冶金部补助投资，由区冶金局组织设计，对矿区进行建设。主要建设工程为驮仁西、驮仁东 2 个采场，1976 年洗矿工程建成投产，至 1979 年全部建成，形成生产能力为采洗矿 4.5 万吨/年。

1958~1962 年及 1965~1976 年共 15 年为手工开采，主要开采驮仁西、驮仁东两个矿段的堆积型锰矿及锰帽型锰矿，主要生产含锰大于 30%、块度大于 10mm 的富锰矿，回采率很低，仅达 30%左右。

1976 年后，采洗矿工程投产并开始回收块度小于 5mm 的粉矿，使采矿的回收率达到80%，洗矿回收率达到 95%以上，采洗矿总回收率达到 76%左右。但由于矿区没有选矿设施，矿石锰品位随回收率的提高而下降，至 1980 年采出矿石的锰品位只达 28%左右。

1980 年 10 月矿山关停，后由乡镇农民自由选点开采，所采矿石送洗矿站洗后，获得成品矿。

1986 年，根据广西区人民政府决定将天等县锰矿交由广西区劳改局经营，并改名为东平锰矿。

1987 年底，天等县又在东平乡重新组建天等县锰矿站，进入东平矿区组织群采。与此同时，天等县矿产公司也进入矿区收购群采矿石。至此，东平锰矿、天等县锰矿和天等县矿产公司 3 家同时在东平锰矿区组织群采。截至 1991 年底，全矿区共开采锰矿石成品矿 105.68 万吨。

1998 年，东平锰矿进行了所有制改造，并按照国家矿业政策，设置了采矿权。目前，东平锰矿区本部 11 个矿段及周边，共设置有 12 个矿业权，但只有中信大锰矿业有限责任公司天等锰矿在正式开采。

自 1999~2007 年，矿山在驮仁东、驮仁西两个矿段，共采出氧化锰原矿石量 295.81万吨。

当前天等锰矿矿石分为三种类型，即原生碳酸锰矿、锰帽型层状氧化锰矿及堆积型氧化锰矿。2013 年之前矿山开采主要以层状氧化锰矿为主，虽然氧化锰矿的工艺流程已经很成熟，但由于市场原因，2010 年起矿山开始减少氧化矿石的开采量，2016 年起采出的氧化锰矿石只能单独堆存未能加以利用，加上之前不规范和破坏性的民采活动，氧化锰矿的开采利用还是受到一定程度影响。

2013 年，随着天等锰矿配套的 50 万吨/年碳酸锰原矿石电解金属锰厂的扩建完成，矿山设计开采驮仁东、驮仁西、洞蒙、渌利矿段的碳酸锰矿石，设计开采规模为 50 万吨/年。

近年来，碳酸锰矿由于采用了先进设备、先进技术并加强管理，生产力及效率大幅提高，天等锰矿实际生产能力已超过设计水平，达到年产 50 万吨原矿石的能力。

截至 2018 年 12 月 31 日，采矿权证范围内四个矿段累计采出氧化锰矿石量 473.30 万吨，动用氧化锰矿资源储量 481.87 万吨。证内保有氧化锰矿资源储量还有 741.12 万吨，其中 111b+121b+122b 基础储量 276.5 万吨。

截至 2018 年 10 月底，共采出碳酸锰矿石量 92.83 万吨，动用碳酸锰矿资源储量94.84 万吨，生产电解金属锰 11.22 万吨。

随着东平锰矿区勘查工作的不断深入，碳酸锰资源量的增加，中信大锰矿业有限责任公司天等锰矿开采经济效益的凸现，逐渐有产业公司投入对"东平式"锰矿床的开采中来,如天等县东平乡干房锰矿、天等县东平乡班造锰矿等被产业公司组合,正在开展资源量升级工作,准备建厂开采。

可以预期,随着高质量的锰矿石资源储量的逐年减少,选冶技术的不断提升,具有埋藏浅、总体厚度大的"东平式"锰矿床的开发远景会越来越好。

第九节 华荣—大洞锰矿

矿区位于广西钦州市以西直距 39km 的华荣山一带,属大直乡管辖。至南(宁)—防(城)铁路线钦州站 50km,有公路相通。

一、矿床概况

矿区自北部石头岭至南部鸡笠岭长 8km,面积 45km²,包括华荣矿段和大洞矿段。

矿区内出露地层有上泥盆统榴江组,上二叠统乐平组及第四系。其中榴江组上段及乐平组下段地层为区内主要含锰地层,乐平组上段及第四系残坡积层为区内次要含锰地层(见图 3-19)。

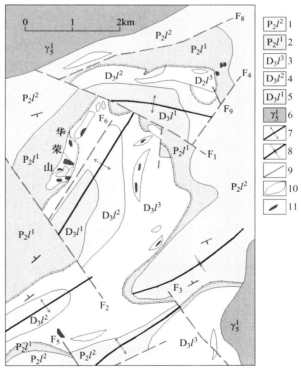

图 3-19 华荣锰矿区地质图

1—上二叠统乐平组上段;2—上二叠统乐平组下段;3—上泥盆统榴江组上段;4—上泥盆统榴江组中段;
5—上泥盆统榴江组下段;6—印支期黑云母花岗岩;7—背斜轴;8—向斜轴;9—断层;10—含锰层;11—锰矿体

榴江组上段:由 5 个含锰层组成。其中以第一和第二含锰层规模较大,层位较稳定,含锰量相对较高,分布较广,风化后形成本区主要的次生氧化锰矿体;第五含锰层因受剥蚀和掩盖，出露不全。每个含锰层均组成一个成矿韵律，各个成矿韵律都有 4 个相似的小分层，其岩性为：上部为硅质灰岩、灰岩、钙质页岩、含锰硅质岩及硅质页岩；中部为含锰层，由含锰硅质页岩、菱锰矿薄层、含锰硅质灰岩及含锰灰岩组成；下部为硅质页岩、硅质岩、含钙硅质岩、钙质页岩和泥灰岩，局部夹含炭硅质页岩；底部为灰黑色含炭硅质岩、炭质硅质页岩及炭质页岩。上段厚 380~1430m。

乐平组下段：上部为砾岩、含砾砂岩、粉砂岩及粉砂质页岩；下部为角砾岩夹含砾砂岩、粉砂质泥岩及含锰角砾岩，风化后形成区内主要氧化锰矿体。下段厚 100~200m。

乐平组上段：上部为粉砂质泥岩、粉砂岩，局部夹砂岩和细砾岩透镜体；下部为泥质硅质岩、含炭硅质页岩、硅质页岩，局部夹含锰硅质页岩和含锰泥灰岩，风化后形成区内规模较小的氧化锰矿体。上段厚 1100m。

第四系残坡积层：为黄褐色、红色黏土，夹少量基岩碎屑，部分地段在红土层的中下部夹有堆积锰矿层。厚 0~15m。

矿区位于灵山—防城褶断带、钦灵复式背斜的北西翼南端，褶皱构造和断裂构造都很发育。区内淋积锰矿的形成与含锰层中较为发育的构造裂隙有密切的关系。

矿区内主体褶皱构造为华荣背斜，轴向总体为北东—南西，局部轴向略有变化。背斜枢纽向北东倾伏，且被 F_1、F_2 及 F_4 断层所错断。背斜核部由榴江组组成，两翼由乐平组组成。

区内断裂构造以平推断层为主，成组出现，主要有 F_1、F_2、F_3、F_5 等断层，走向北西—南东或北西西—南东东，长 1~4km，断距较大；其次为正断层，主要有 F_4、F_6 和 F_7 等断层，也成组出现，断层走向为北北东—南南西，长一般仅数百米至千余米，断距较小。矿区节理构造较发育，与淋积锰矿成矿有关的主要有：倾向 120°~210°，倾角 50°~90°；倾向 230°~260°，倾角 35°~80° 及倾向 300°~360°，倾角 50°~90° 等 3 组节理。

矿区内出露的岩浆岩均为印支期黑云母花岗岩，分布于矿区北西部及南东部，呈岩基或岩株产出。

矿区地貌类型属岩石丘陵区，海拔高程为 30~494m，一般 100~250m，相对高度一般为 50~150m。区内由乐平组及榴江组含锰层所组成的岩石丘陵，化学风化作用强烈。其风化基岩的节理裂隙及构造破碎带中，常有淋积型锰矿体分布，在红土层的中下部，局部地段夹有堆积锰矿层。

矿区内有淋积型和堆积型两类风化锰矿床，共有锰矿体 30 个。其中淋积型锰矿有矿体 25 个，赋存于榴江组上段硅质页岩及乐平组下段角砾岩地层的层间裂隙及节理裂隙中，为含锰层风化淋滤富集所形成；堆积锰矿有矿体 5 个，产于淋积型锰矿体附近的坡积层中，为淋积锰矿体风化破碎堆积而成。

淋积锰矿：主矿体为华荣山地段 5 号矿体，产于乐平组下段地层中，矿体的顶、底板围岩均为角砾岩。主矿体呈似层状、透镜状产出。长 320m，宽 10~70m，延深 8.84~20m，平均 17.00m。

堆积锰矿：主矿体为 27 号矿体，分布于华荣山地段淋积锰矿体附近的第四系残坡积层中，矿体的顶、底板围岩均为第四系残坡积红土层。矿体呈似层状、透镜状及团包状产出。长约 180m，宽 45~90m，平均 60.3m。矿体厚度为 0.60~1.15m，平均 0.80m，含矿率为 294kg/m³。

矿石的自然类型均为氧化锰矿石，其矿石矿物主要为钾硬锰矿，次为锂硬锰矿、软锰矿、锰土及少量褐铁矿。脉石矿物主要为玉髓、石英、云母、磷灰石及碳酸盐类矿物等。

锰矿石为典型的胶体或偏胶体结构，多为隐晶质结构，次为细晶质及粗晶质等结构。矿石构造主要为块状构造，次为片状、肾状、葡萄状、花斑状、皮壳状和网格状构造。

矿床成因类型均为风化锰矿床，按其形成条件不同又可细分为淋积型及堆积型风化锰矿床。矿石的工业类型均为富锰矿石。

据《广西壮族自治区矿产资源储量表》，截至 2018 年底，累计探明氧化锰矿石资源储量 806.77 万吨，其中基础储量 262.67 万吨，资源量 544.10 万吨。

淋积锰矿矿石的平均品位为：MnO_2 52%～81%，平均 63.59%；TFe 0.60%～10.9%，平均 1.83%；含矿率为 105～1190kg/m³，平均 341.65kg/m³。

堆积锰矿矿石的平均品位为：MnO_2 55%～74%，平均 65%；TFe 1.9%～2.4%，平均 2.1%；含矿率 159～649kg/m³，平均为 334kg/m³。

全区堆积及淋积型锰矿矿石平均品位为：MnO_2 52%～81%，平均 63.66%；TFe 0.6%～10.9%，平均为 1.84%。

区内矿石中 Co、Ni 及 Cu 的含量均较高。据 5 号矿体矿石化学全分析资料，矿石中含 Co 0.064%，Ni 0.150%，Cu 0.106%，均可综合利用。此外矿石中含 Au 0.037g/t、Ag 2.80g/t，虽未达到综合利用指标要求，但据钦州锰矿田华荣、屯笔及天岩 3 个矿床 7 个贵金属分析样品资料，矿石中含 Ag 1.60～22.00g/t，平均 11.71g/t，可综合利用。因此该区矿石中银的含量需作进一步查定，并考虑综合利用。

区内矿石的放电性能较好，据华荣山地段 9 个放电试验样品资料，间歇放电时间为 462～850min，平均 626min。其中放电性能较好的两个样的间歇放电时间为 850min 及 840min，平均 845min；其连续放电时间为 750min 及 780min，平均为 765min，均达到一级放电锰的要求。

二、矿床发现与勘查史

矿区内堆积锰矿于 1965 年被当地农民发现并开采，淋积锰矿则是 1966 年广西冶金地质勘探公司 273 队在该区踏勘时发现。

1966 年 1 月～1967 年 1 月，广西冶金地质勘探公司 273 队为了满足国家对富锰矿石的需要，在对区内淋积锰矿进行踏勘了解之后，开展了详查地质工作，于 1968 年 10 月提交了《广西钦州锰矿区华荣山地段详查报告》，获表内 C+D 级化工、电池锰矿石储量 13.31 万吨，其中放电锰矿石 13.12 万吨，化工锰 0.19 万吨。报告未审批，但所提交储量已经广西冶金地质勘探公司核实。

1966 年 3 月～1975 年 6 月，广西冶金地质勘探公司在对钦州锰矿化工、电池锰进行评价的同时，对华荣矿床的 Co、Ni、Cu、Au、Ag 等伴生元素也进行了综合评价。认为区内 Co、Ni、Cu 及 Ag 均可综合利用。

三、矿床开发利用情况

1965 年，随着钦州地区社、队办矿热潮的兴起，区内华荣山地段的堆积矿开始有小规模民采，所采矿石均由县工业局矿产供销站购销。

1973 年，根据冶金部关于将部分地方锰矿山进行扩建，形成稳定生产能力的要求，由冶金部补助投资，开始筹建华荣锰矿，采用人工开采及洗矿，设计能力为 0.5 万吨/年，1975 年底建成，1976 年投产。后因用工情况及首采区矿体规模、形态产状探采资料对比相差较大等原因，矿区于 1981 年底关闭。

自 1982 年至今，矿区一直只有个体开采。

区内电池锰矿石因 Co、Ni、Cu 含量较高，销路不好，所采矿石均作化工锰销售。截至 1991 年底，矿区内共采化工锰矿石 5.84 万吨。

第十节 安宁锰矿

矿区位于广西靖西县城南西方向 30km，属安宁乡管辖。安宁乡有柏油路直通靖西县城，边境公路从矿区通过；向西南 10km 到达龙邦一级口岸，有田阳至龙邦一级口岸的高速路、铁路相通，交通便利。

一、矿床概况

矿区内出露地层有中泥盆统东岗岭组、上泥盆统五指山组、下石炭统隆安组、巴平组、上石炭统和第四系，如图 3-20 所示。

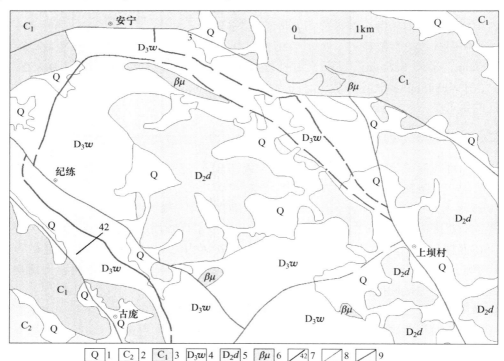

图 3-20 安宁锰矿区地质图

1—第四系；2—上石炭统；3—下石炭统；4—上泥盆统五指山组；5—中泥盆统东岗岭组；6—辉绿岩；

7—勘探线及编号；8—断层；9—锰矿层露头

矿区内含矿岩系为泥盆系上统五指山组。根据其岩性特征，自下而上可分为三个岩性段，锰矿层赋存于第二段的底部和顶部。

第一段：浅表为褐黄色薄层状泥质硅质岩，深部为灰色硅质灰岩、青灰色灰质硅质岩，段厚 57.4~65.4m。

第二段：为含锰岩段。顶部为Ⅱ矿层，浅表为黑色带褐黄色薄层氧化锰矿，深部为灰绿、肉红及灰白等彩色条带碳酸锰矿；中部为泥质灰岩、硅质灰岩、硅质岩；底部为Ⅰ矿层，浅表为黑色稍带紫红色薄层状氧化锰矿，深部为浅红色、豆状、条带状碳酸锰矿。本段厚 11.6~23.9m。

第三段：为褐黄色薄层状泥质硅质岩、硅质灰岩，局部夹炭质泥岩和泥质灰岩。段厚 66~125.7m，如图 3-21 所示。

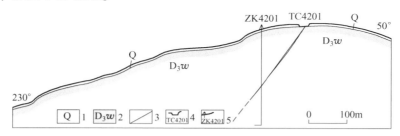

图 3-21 安宁锰矿区 42 号勘探线地质剖面图
1—第四系；2—上泥盆统五指山组；3—锰矿层；4—探槽及编号；5—钻孔及编号

矿区内褶皱、断裂构造均较发育。主体控矿褶皱构造为安宁背斜，背斜为开阔褶皱，两翼地层产状较陡，平均倾角大于 50°。背斜被北西及北东向断层切割、破坏，两翼地层出露不完整，地层呈不对称性分布；背斜北东、南西翼发育有多个次级褶皱，次级褶皱构造控制了本矿区锰矿层的分布；断裂构造有 5 条，主要有北西向和北东向两组，尤以北西向断裂较为发育。断裂对锰矿层的连续性有一定的破坏作用（见图 3-20）。

矿区内岩浆岩以基性辉绿岩为主。主要分布于安宁背斜北东翼，侵入地层主要有泥盆系上统和石炭系下统。呈岩株、岩墙、岩床产出，一般宽几米至数百米，长数十米至数千米不等，局部成片分布。

矿区内见两层锰矿层，自下而上为Ⅰ矿层、Ⅱ矿层。锰矿层呈层状产出，层位稳定。原生矿为碳酸锰矿，近地表氧化带为锰帽型氧化锰矿。

Ⅰ矿层控制走向延长为 5.44km，矿层厚度为 0.30~0.50m，平均 0.39m；锰矿石品位为 27.48%~46.28%，平均为 35.73%；矿石为优质富氧化锰矿石。

Ⅱ矿层近地表常呈松散状，零星分布，矿石品位相对较低，深部锰矿石厚度一般小于规范要求的最低可采厚度，品位低，达不到优富，无法圈定锰矿体。

矿区内共圈定Ⅰ-①号、Ⅰ-②号、Ⅰ-③号等 3 个锰矿体，其中Ⅰ-①号、Ⅰ-②号为主要矿体。Ⅰ-①号矿体控制走向延长为 3.03km，倾向斜深为 50~150m，矿体厚 0.30~0.50m，平均 0.40m，氧化锰矿石 Mn 品位为 30.03%~46.28%，平均 34.26%，Mn/Fe 平均为 5.86；P/Mn 平均为 0.002。Ⅰ-②号矿体控制走向延长为 2.24km，倾向斜深 50~100m，矿层厚 0.30~0.51m，平均 0.39m，氧化锰矿石 Mn 品位为 27.48%~44.78%，平均 38.30%，Mn/Fe 平均为 5.62；P/Mn 平均为 0.002。

锰矿石自然类型为氧化锰矿石。其矿石矿物以硬锰矿、软锰矿为主，次有褐锰矿、钾硬锰矿、偏锰酸矿、恩苏塔矿、褐铁矿等；脉石矿物主要为石英、方解石，次为黏土矿物。氧化锰矿石中绝大部分的锰赋存于氧化锰-氢氧化锰矿物中，赋存于碳酸锰和硅酸锰中的锰很少。

矿石结构为隐晶质胶状结构、他形粒状结构；构造以块状构造、薄层状构造、微层状或条带状构造为主，次为蜂窝状构造和豆状构造。

矿床成因类型为风化型锰矿床。

据《广西壮族自治区矿产资源储量表》，截至 2018 年底，矿区累计探明氧化锰矿石资源储量 65.76 万吨。氧化锰矿石全部为低磷低铁优质富锰矿石，综合品级为 II 级。

二、矿床发现与勘查史

1960 年，桂西地质队对该区开展过矿点检查。1964 年，广西区 424 队对该区进行地质踏勘工作。1965 年，广西地质局第三地质队对该区做过地质调查评价工作，对该区的地层、构造及矿床地质特征进行了初步的了解和研究。由于当时单矿种规范中没有优富锰矿的工业指标，而安宁锰矿区锰矿层厚度大部分达不到规范中工业指标要求的最低可采厚度，因此，这些工作均未估算资源量，提交报告。

1999~2003 年，中国冶金地质勘查工程总局中南地质勘查院实施"广西桂西南优质锰矿评价"国土资源大调查项目，在龙邦—壬庄评价区（安宁锰矿区位于评价区的西北角）开展优质锰矿调查评价工作。项目经理为李升福，参加的主要技术人员有苏绍明、夏柳静、王泽华、简耀光、吕光裕、黄桂强、林建、钱应敏等。2005 年 4 月提交《广西桂西南优质锰矿评价成果报告》，2005 年 4 月 12 日中国冶金地质勘查工程总局组织专家对报告进行了评审，并以中地调（冶）审字〔2005〕1 号文批准该报告。该报告在龙邦—壬庄评价区共估算锰矿石 333+334 资源量 903.27 万吨，其中在安宁锰矿区估算锰矿石 334 资源量为 302.15 万吨。

2002~2004 年，中国冶金地质勘查工程总局中南地质勘查院在桂西南优质锰矿大调查的基础上又实施了"广西靖西县岜爱山矿区优质锰矿普查"矿产资源补偿费项目，安宁锰矿区位于岜爱山锰矿区的北部。项目经理为夏柳静、黄桂强，参加的主要技术人员有简耀光、卢斌、周泽昌、胡华清、邱占春、林志宏、杨远峰、姜邦浩、莫亚敏、阳纯龙、黄荣章、炼伟荣等。2008 年 7 月 24~31 日中国冶金地质总局组织专家对《广西壮族自治区靖西县岜爱山优质锰矿普查报告》进行评审；2008 年 7 月 28 日中国冶金地质总局以冶金地质资评〔2008〕20 号文批准该报告，并于 2008 年 12 月 31 日以冶金地质地〔2008〕363 号文对该报告评审进行批复。普查工作共估算锰矿石 333+334 资源量为 1220.38 万吨，其中在安宁锰矿区对三个锰矿体估算锰矿石资源量为 461.82 万吨，全部为氧化锰矿石。

2010 年 7 月~2012 年 5 月，中国冶金地质总局中南局南宁地质勘查院对已取得探矿权证的广西靖西县安宁锰矿区开展详查地质工作。项目经理为廖青海，参加的主要技术人员有黄荣章、雷金泉、韦运良、赵品忠、李中启、宋兰华、黄承泽、王亚飞、颜京、张小周、戴秋兰等。2012 年 5 月提交《广西靖西县安宁矿区锰矿详查报告》，2012 年 6 月 4 日广西壮族自治区国土资源规划院以桂规储评字〔2012〕17 号文批准该报告为详查报告，

2012 年 6 月 7 日广西壮族自治区国土资源厅以桂资储备案〔2012〕45 文对评审的报告进行了备案。批准、备案的氧化锰矿石 332+333 资源量为 65.76 万吨，所探获氧化锰矿资源量全部为优质富锰矿石，综合品级为Ⅱ级。

三、矿床开发利用情况

安宁锰矿区目前只有探矿权，未建矿山开采；只在 2005～2008 年当地老百姓对浅表富氧化锰矿进行了无序开采。

第十一节　那敏锰矿

矿区位于广西靖西县城正南方向 15km，有柏油路直通靖西县城；往西南 16km 到龙邦一级口岸，田阳至龙邦一级口岸的高速路、铁路在靖西市、龙邦一级口岸均设有出口、车站，交通便利。

一、矿床概况

矿区内出露地层有中泥盆统东岗岭组，上泥盆统融县组、榴江组、五指山组，下石炭统隆安组、巴平组，上石炭统，中二叠统栖霞组、茅口组，下三叠统罗楼组、中三叠统百逢组和第四系，如图 3-22 所示。

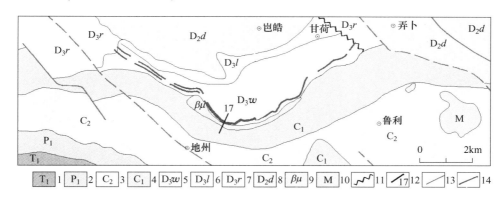

图 3-22　那敏锰矿区地质图

1—下三叠统；2—中二叠统；3—上石炭统；4—下石炭统；5—上泥盆统五指山组；6—上泥盆统榴江组；
7—上泥盆统融县组；8—中泥盆统东岗岭组；9—辉绿岩；10—基性岩；11—岩相分界线；
12—勘探线及编号；13—断层；14—锰矿层露头

矿区内含矿岩系为上泥盆统五指山组。根据其岩性特征，可分为三个岩性段，锰矿层赋存于第二岩性段的底部和顶部。其特征自下而上分述如下。

第一岩性段：为深灰色灰岩与纯白色硅质岩互层。灰岩单层较厚，一般在 0.10～0.50m，硅质岩稍薄，厚 0.01～0.10m。

第二岩性段：为矿区的含锰岩性段。由三层锰矿层和二层夹层组成，自下而上为：

Ⅰ矿层：厚 0.32～0.78m。氧化带之上为钢灰色、黑色氧化锰矿，氧化带之下为肉红色、猪肝色碳酸锰矿。

夹一层：厚 30~80m，岩性为钙质硅质岩、硅质灰岩，底部多为硅质灰岩，顶部普遍含锰，地表上为含锰泥质硅质岩，局部见有灰岩出露。

Ⅱ矿层，厚 0.30~0.60m。氧化带之上为黑色、钢灰色氧化锰矿，氧化带之下为深灰色碳酸锰矿。

夹二层：厚 0~0.10m，大部分地段为 0，使Ⅱ矿层与Ⅲ矿层合并。岩性为含锰钙质硅质岩。

Ⅲ矿层，厚 0.32~0.78m。氧化带之上为黑色、钢灰色氧化锰矿，氧化带之下为深灰色碳酸锰矿。

第三岩性段：为含锰钙质硅质岩、含锰硅质灰岩、含炭含钙硅质岩、硅质岩，夹钙质条带。

矿区构造比较简单，主要褶皱构造为地州向斜，矿区位于该向斜北翼，呈单斜构造展布，岩层倾向南，倾角一般为 20°~40°，锰矿即赋存于向斜翼部的含锰岩系中；矿区内断裂构造有 5 条，主要为北西向，以正断层为主，逆断层次之，断裂构造对矿体有一定的破坏作用（见图 3-22）。

矿区内岩浆岩主要为印支期辉绿岩及基性火山岩。印支期辉绿岩具顺层侵入特征（见图 3-23），呈似层状侵入泥盆系上统和石炭系下统，呈岩株、岩墙、岩床产出，其长轴延伸方向大体和地层走向一致。一般宽几米至数百米，长数十米至数千米不等，局部成片分布。基性火山岩分布于矿区东部石炭系地层中，主要岩性为玄武玢岩、熔岩角砾岩和凝灰熔岩。

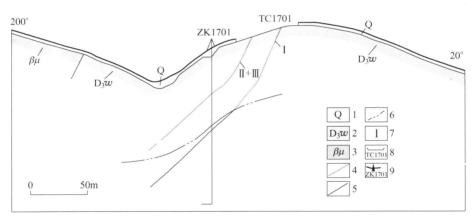

图 3-23　那敏锰矿区 17 号勘探线地质剖面图

1—第四系；2—上泥盆统五指山组；3—辉绿岩；4—氧化锰矿层；5—碳酸锰矿层；6—氧化界线；
7—锰矿层编号；8—探槽及编号；9—钻孔及编号

矿区内见 3 层锰矿层，自下而上为Ⅰ矿层、Ⅱ矿层、Ⅲ矿层，由于Ⅱ矿层与Ⅲ矿层间夹层厚度小于夹石剔除厚度，且含锰量接近边界品位，故将Ⅱ矿层、夹层和Ⅲ矿层合并统称为Ⅱ+Ⅲ矿层。锰矿层呈层状产出，层位稳定。原生矿为碳酸锰矿、近地表氧化带为锰帽型氧化锰矿。

Ⅰ矿层控制走向延长 3.64km，矿层厚度为 0.30~0.50m，平均 0.42m；氧化锰矿石品位为 26.28% ~ 52.63%，平均为 39.27%，碳酸锰矿石品位为 14.12% ~ 30.85%，平均为 20.02%。矿石铁、磷含量相对较低，绝大部分矿石属优质富锰矿石。

Ⅱ+Ⅲ矿层控制走向延长为 1.81km，矿层厚度为 0.60 ~ 0.80m，平均 0.72m；矿石锰品位为 21.37% ~ 38.78%，平均 30.83%。部分矿石属优质富锰矿石。

矿区内共圈定 4 个锰矿体，其中 Ⅰ-①、Ⅰ-②、Ⅰ-③ 号矿体为 Ⅰ 矿层中的矿体，（Ⅱ+Ⅲ）-① 号矿体为（Ⅱ+Ⅲ）矿层中的矿体。主要矿体有 Ⅰ-① 号、（Ⅱ+Ⅲ）-① 号矿体。

Ⅰ-① 号矿体控制走向延长为 1.79km，倾向斜深为 50 ~ 160m，矿体厚 0.30 ~ 0.80m，平均 0.43m，氧化锰矿石锰品位 26.28% ~ 43.71%，平均为 35.22%，Mn/Fe 平均为 3.55，P/Mn 平均为 0.004；碳酸锰矿石锰品位平均为 30.85%，Mn/Fe 平均为 4.67，P/Mn 平均为 0.003。

（Ⅱ+Ⅲ）-① 号矿体控制走向延长为 1.81km，倾向斜深为 50 ~ 115m，矿体厚 0.50 ~ 1.20m，平均 0.72m，氧化锰矿石锰品位 21.37% ~ 35.82%，平均为 30.83%，Mn/Fe 平均为 3.10，P/Mn 平均为 0.003。

矿石自然类型有氧化锰矿石、碳酸锰矿石。

氧化锰矿石主要矿物成分以硬锰矿、软锰矿为主，次有褐锰矿、钾硬锰矿、偏锰酸矿、恩苏塔矿、褐铁矿等；脉石矿物主要为石英、方解石，次为黏土矿物。氧化锰矿石中绝大部分的锰赋存于氧化锰-氢氧化锰矿物中，赋存于碳酸锰和硅酸锰中的锰很少。

氧化锰矿石结构为隐晶质结构、粒状结构，构造有块状构造、微层状构造、蜂窝状构造和土状构造。

碳酸锰矿石主要矿物成分为菱锰矿、锰方解石，次为钙菱锰矿、锰硅酸盐；脉石矿物主要为石英、方解石、黏土矿物等。

碳酸锰矿石结构主要为隐晶-微晶结构、胶状结构，构造以块状构造、微层状构造、条带状构造为主，次为豆状构造、结核状构造。

矿床成因类型属海相沉积碳酸锰矿床，地表氧化带的锰矿属风化型锰矿床。

氧化锰矿石主要化学成分平均为 Mn 34.51%，TFe 9.17%，P 0.090%，SiO_2 17.41%，Mn/Fe = 3.76，P/Mn = 0.003。

据《广西壮族自治区矿产资源储量表》，截至 2018 年底，矿区累计探明氧化锰矿石资源储量 75.96 万吨。

二、矿床发现与勘查史

1960 ~ 1965 年，广西区 424 队、第四地质队在开展下雷锰矿区、湖润锰矿区勘查工作时，在本区开展矿点踏勘及矿点检查工作；1966 年，广西区 426 地质队在本区开展 1 ：5 万路线地质填图工作。由于当时矿区交通不便，锰矿层露头断续分布，规模小，上述地勘单位并未对矿区开展进一步勘查工作，未估算资源量、提交报告。

1999 ~ 2003 年，中国冶金地质勘查工程总局中南地质勘查院实施"广西桂西南优质锰矿评价"国土资源大调查项目，在岳圩—地州评价区（那敏锰矿区位于评价区的西北角）开展优质锰矿调查评价工作。项目经理为李升福，参加的主要技术人员有苏绍明、夏柳静、王泽华、简耀光、吕光裕、黄桂强、林健、钱应敏等。2005 年 4 月提交《广西桂西南优质锰矿评价成果报告》，2005 年 4 月 12 日中国冶金地质勘查工程总局组织专家对报告进行了评审，并以中地调（冶）审字〔2005〕1 号文批准该报告。该报告在岳圩—地州评价区共估算锰矿石 333+334 资源量 289.42 万吨，其中在那敏锰矿区估算氧化锰矿石资源量 71.22 万吨。

2010 年 7 月～2012 年 6 月，中国冶金地质总局中南局南宁地质勘查院对已取得探矿权证的广西靖西县那敏锰矿区进行详查地质工作。项目经理为廖青海，参加的主要技术人员有黄桂强、李中启、雷金泉、赵品忠、韦运良、宋兰华、张小周、黄荣章、黄承泽等。2012 年 5 月提交《广西靖西县那敏矿区锰矿详查报告》，2012 年 7 月 2 日广西壮族自治区国土资源规划院以桂规储评字〔2012〕22 号文批准该报告为详查报告，2012 年 7 月 11 日广西壮族自治区国土资源厅以桂资储备案〔2012〕48 文对评审的报告进行了备案。批准、备案的锰矿石 332+333 资源量为 86.22 万吨，其中，氧化锰矿 75.96 万吨，碳酸锰矿石资源量 10.26 万吨。

三、矿床开发利用情况

那敏锰矿区目前只有探矿权，未建矿山开采；只在 2005～2008 年当地老百姓对浅表锰矿石质量较好的地段进行了无序开采，形成少量的浅坑。

第十二节 白 显 锰 矿

矿区位于云南省建水县城南 54km，在建水至元阳公路茶山 K204 路标处有 18km 专用公路通达矿区。

一、矿床概况

矿区包括芦寨、平台两个矿段，面积 8.3km² （见图 3-24）。

矿区出露地层为元古界哀牢山群，二叠系、三叠系和第三系。与成矿有关的地层为中三叠统法郎组（从上而下有 2 个含矿层位）。含锰岩系主要为薄至中厚层状灰岩、灰质白云岩，夹硅质条带、粉砂质板岩、千枚岩。

矿区主体构造为芦寨背斜、马鸡亭岗岭向斜和洋马河向斜，均为贡草坝向斜南东翼的次一级构造，形态、产状和展布方向受龙岔河花岗岩体侵入的影响。

芦寨背斜为矿区的控矿构造，呈北北东向展布，走向长 42km，两翼反向倾斜，轴面近于直立，系一基本对称的背斜构造（见图 3-25）。V_1、V_2 矿体位于背斜南端。马鸡亭岗岭向斜为 V_3、V_4 矿体的控矿构造，轴向 350°，走向长 4km，为一弧形向斜。

矿区断裂构造除受区域上北东（弥勒—师宗）大断裂和北西向（红河大断裂）体系构造的控制外，还受到龙岔河花岗岩体侵入的影响，使矿区断裂构造显得零乱。矿区除分割几个矿体的断层规模较大外，一般规模较小，断距不大，对矿体无大的破坏。总体可归并为 3 组：北东向断层、北西向断层、东西向断层。

芦寨矿段主要有 V_1、V_2 2 个矿体（见图 3-26），平台矿段主要由 Ⅰ、Ⅱ、Ⅲ 3 个矿体群组成，参加储量计算的共 88 个矿体，主矿体为 $Ⅰ_1$、$Ⅲ_3$，约占总储量的 68%。

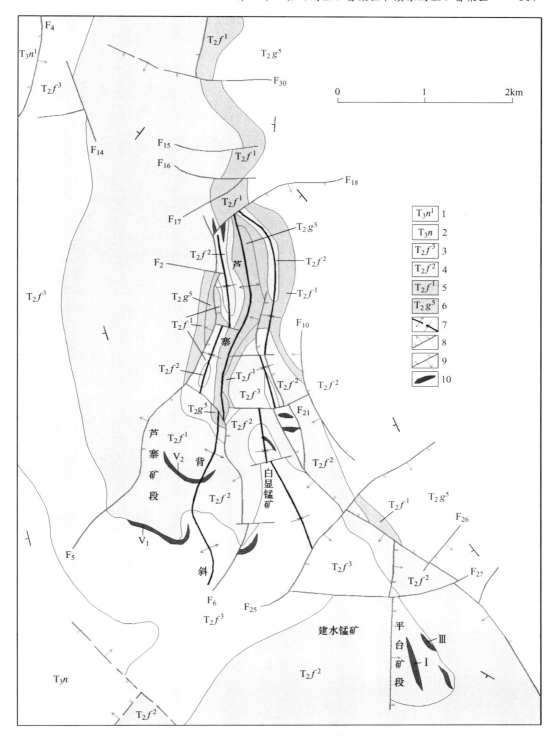

图 3-24 白显锰矿区地质图

1—上三叠统鸟格组一段；2—上三叠统鸟格组未分；3—中三叠统法郎组三段；
4—中三叠统法郎组二段；5—中三叠统法郎组一段；6—个旧组五段；7—背、向斜轴；
8—正断层；9—逆断层；10—矿体

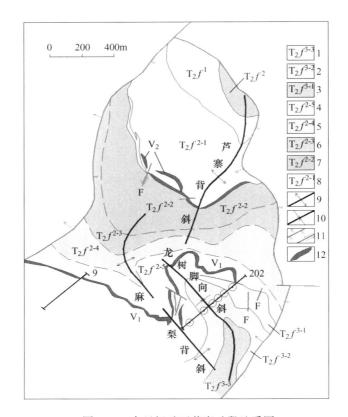

图 3-25 白显锰矿区芦寨矿段地质图

1—法郎组第 3 段第 3 层；2—法郎组第 3 段第 2 层；3—法郎组第 3 段第 1 层；4—法郎组第 2 段第 5 层；
5—法郎组第 2 段第 4 层；6—法郎组第 2 段第 3 层；7—法郎组第 2 段第 2 层；8—法郎组第 2 段第 1 层；
9—背斜轴；10—向斜轴；11—断层；12—矿体

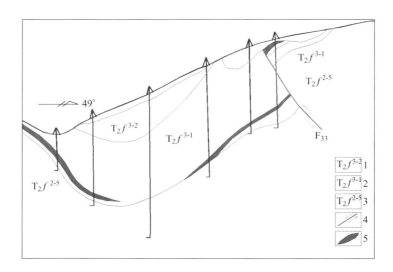

图 3-26 芦寨矿段 202 勘探线剖面图

1—法郎组第 3 段第 2 层；2—法郎组第 3 段第 1 层；3—法郎组第 2 段第 5 层；4—断层；5—矿体

芦寨矿段：V_1 矿体属上矿层，为该区规模最大的一个矿体，赋存于具硅质条带的薄层灰岩底部。矿体内部结构简单，呈层状-似层状产出，总体走向310°，走向长度1300余米，最大厚度11.97m，最小0.22m，平均2.41m，矿体倾斜延深157～1659m，分布面积1.16km²。

V_2 矿体属下矿层，为一套单一的碳酸盐建造，上下矿层间距271～352m。V_2 矿体呈层状，走向长度1150m，呈弧形展布，最大厚度9.10m，最小厚度0.42m，平均3.00m。矿体连续分布面积0.30km²。

平台矿段：矿体呈似层状、透镜状。Ⅰ号矿体群由9个矿体组成，矿体富厚、稳定、连续，是最主要的矿体群。其中 $Ⅰ_1$ 矿体走向330°，倾向南西。矿体长1143m，最大厚度17.35m，最小0.49m，平均5.06m。

矿石类型有原生沉积的碳酸锰矿石、次生改造的氧化锰矿石和碳酸盐氧化锰矿石。

碳酸锰矿石：由锰白云石、钙菱锰矿（或菱锰矿）及钙（硬）锰矿、水锰矿、硫锰矿、方解石、石英、黄铁矿、云母、炭质组成。矿石具隐晶质结构，条带状、藻层纹状构造。

氧化锰矿石：由钙（硬）锰矿、软锰矿、偏锰酸矿、黑镁锰矿、塔锰矿、锰钾矿、钙锰石及绢云母、石英、方解石、白云母、白云石组成。矿石为微粒状、叶（鳞）片状、纤维状结构，土状、蜂窝状、微孔状、结核状构造。

碳酸盐氧化锰矿石：由钙（硬）锰矿、黑锰矿、水锰矿及软锰矿、褐锰矿、偏锰酸矿、方解石、石英、白云石、褐铁矿组成。矿石为细晶结构，花斑状、条带状、网脉状构造。该矿石类型为氧化锰矿石和碳酸锰矿石之间的过渡带，占矿段总储量的绝大部分。

矿床成因类型为浅海沉积碳酸锰-次生氧化锰矿床。

平台矿段Ⅰ号矿体群中冶金锰占73.76%，放电锰占26.24%。芦寨矿段磷含量偏高。

冶金锰平均品位：Mn 27.55%，TFe 5.12%，P 0.153%，Mn/Fe = 5.38，P/Mn = 0.0055，SiO_2 9.61%，其中，酸性矿石，Mn 32.47%，TFe 7.35%，P 0.122%，Mn/Fe = 4.42，P/Mn = 0.0038，SiO_2 15.73%，碱度0.19，烧失量15.11%。

碱性矿石，Mn 26.47%，TFe 3.03%，P 0.178%，Mn/Fe = 8.02，P/Mn = 0.0067，SiO_2 5.22%，碱度3.36，烧失量24.62%。

对勘探区最西部一排钻孔（23个孔）统计结果表明：深部见矿深度50～190m，全为碱性冶金锰。锰平均品位26.54%，平均厚度3.79m，其中，富锰矿平均厚2.32m，平均品位：Mn 34.22%，P 0.184%，P/Mn = 0.0054；贫锰矿平均厚3.03m，平均品位 Mn 20.61%，P 0.171%，P/Mn = 0.0083。

据云南省建水县白显锰矿芦寨矿段、平台矿段资源储量核实报告，截至2017年4月30日，芦寨矿段、平台矿段二处探矿权范围内，累计探明锰矿石 111b+122b+333 资源量843.41万吨。其中，111b 基础储量619.41万吨，122b 基础储量45.85万吨，333 资源量178.15万吨。平台矿段探明锰矿石中，优质放电锰资源储量117.90万吨，MnO_2 平均品位65.81%。

放电锰主要分布在矿体近地表部分，埋深10～30m，平均品位：MnO_2 66.04%，TFe 4.83%，Mn/Fe = 8.74，属优质放电锰。

二、矿床发现与勘查史

1956 年 9 月，西南地质局 536 队普查组在此间普查时发现该矿。最初认为是一硫化矿床氧化残余锰帽，未予足够重视。1957 年初，536 队改名为云南地质局陡岩地质队，对该点重新进行评价，并与地质部 301 物探大队 10 分队配合进行锰测量工作，确认该点赋存于三叠纪地层中的沉积变质型锰矿。

1958 年，组建白显地质队，开展白显锰矿普查与勘探工作。1959 年 3 月提交了《建水白显锰矿储量报告》，1961 年云南储委批准储量 B+C+D 级 203 万吨，其中，B 级 40 万吨、C 级 158 万吨、D 级 5 万吨。

1965~1966 年，云南省地质局第五地质队对芦寨矿段进行补勘，因补勘报告未获批准，于 1978 年 12 月云南省地质局第十五地质队三分队再次进行补勘，1981 年云南省地矿局又将该矿区交给体改后新成立的第二地质大队补勘。1989 年 6 月提交《云南省建水县白显锰矿区芦寨矿段勘探地质报告》，获储量 701.67 万吨，其中，B 级 79.31 万吨、C 级 228.42 万吨、D 级 393.94 万吨。

1964 年 7 月~1965 年 6 月，平台矿段由云南省地质局第五地质队补勘，提交了《云南建水白显锰矿平台矿区储量计算说明书》，获储量 93.34 万吨，其中，放电锰 C 级 68 万吨、D 级 11 万吨，冶金锰 C 级 5 万吨、D 级 0.34 万吨，表外（含锰灰岩）C 级 8 万吨、D 级 1 万吨。

1979 年 3 月~1986 年 3 月，冶金部和中国有色金属工业总公司西南地质勘探公司 306 队在原工作基础上开展工作，提交了《云南省建水县白显锰矿平台矿床勘探地质报告》，提交储量 395.98 万吨，其中，放电锰 91.61 万吨，冶金锰 304.38 万吨。云南省储委 1987 年 12 月以云储字〔1987〕12 号文批准，表内储量：A+B+C 级 249.4 万吨，D 级 111.0 万吨。

三、矿床开发利用情况

平台矿段由省属云南建水锰矿露天开采。1958 年 7 月投产，设计规模 6.0 万吨/年。

矿区 1992 年计划剥采总量 120 万吨，其中，剥离量 115 万吨、采矿量 5 万吨（放电锰 1.7 万吨，冶金锰 3.3 万吨），分 4 个台阶进行露天开采。实际产量（矿石）5.3017 万吨/年。矿石回采率 92%，贫化率 8%，剥采比 23。

1992 年计划深加工锰粉 1.03 万吨，电炉锰铁 1 万吨，电解金属锰 0.05 万吨。

截至 1991 年底，共开采矿石 265.00 万吨，其中，A+B+C 级 230.6 万吨，D 级 34.4 万吨。

芦寨矿段由建水县社联营白显锰矿小规模开采，1982 年 5 月投产，设计规模 30 万吨/年。截至 1992 年底，共采矿石 26.9 万吨，其中，A+B+C 级 19.2 万吨，D 级 7.7 万吨。

第四章　桂中锰矿富集区

桂中锰矿富集区位于桂平—平乐—宜州市一带，包括桂平、来宾、武宣、柳州、荔浦、平乐、宜山等县（市）构成的三角区域，面积约 17500km²，是我国重要的氧化锰矿分布区及产区之一。该区大地构造位置属上扬子东南缘被动边缘盆地凤凰—宜州台缘盆地桂中凹陷、大瑶山凸起南侧桂平拗陷，处于Ⅲ-86 湘中—桂中北（坳陷）Sn-Pb-Zn-W-Fe-Cu-Sb-Hg-Mn 成矿带。区内含锰地层是上-下石炭统巴平组、上泥盆统榴江组、中二叠统孤峰组、第四系。区内主要矿床类型为"龙头式"沉积型锰矿、"凤凰式"堆积型锰矿和"土湖式"锰帽型锰矿。以氧化锰矿为主，属易选锰矿床，如"土湖式"锰帽型氧化锰矿床（木圭）和堆积型氧化锰矿床（平乐二塘）等。该区已发现锰矿床 45 处，其中中型矿床 8 处，小型矿床 37 处。查明锰矿石资源储量 7239 万吨。根据《中国锰业现状及资源安全保障研究成果报告》，该区圈定锰矿预测区 10 个，预测锰矿资源潜力 3.2 亿吨（见图 4-1）。

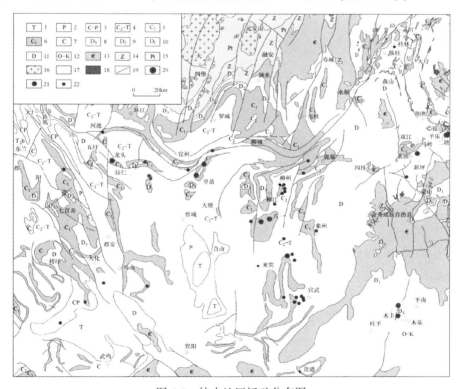

图 4-1　桂中地区锰矿分布图

Ⅰ—三叠系；2—二叠纱；3—石炭二叠并层；4—石炭三叠并层；5—上石炭统；6—下石炭统；
7—石炭系；8—上泥盆统；9—中泥盆统；10—下泥盆统；11—泥盆系；12—奥陶白垩并层；
13—寒武系；14—震旦系；15—元古界；16—侵入岩；17—辉绿岩；18—二长花岗岩；
19—断层；20—大型锰矿；21—中型锰矿；22—小型锰矿

冶金地质部门勘探的主要锰矿床有龙头、里苗、八一、木圭等4个锰矿床。

第一节 龙 头 锰 矿

矿区位于广西宜州市南西的龙头乡与拉利乡交界处，直距56km。北至黔（贵阳）—桂（南宁）铁路线德胜站50km，西至金城江站44km，东至宜州站76km，交通较方便。

该矿为一中型碳酸锰及氧化锰矿床，具含中高磷、低铁、碱比大于0.9的碱性-自熔性富锰矿特点，是广西锰矿生产基地之一。

一、矿床概况

矿区长约15km，宽约0.5~1km，面积约14km²，其中勘探范围约8.5km²。

矿区出露地层主要为上泥盆统榴江组，下石炭统鹿寨组和巴平组，上石炭统大埔组和黄龙组，中二叠统茅口组等地层（见图4-2）。锰矿层赋存于下石炭统巴平组上部。含锰岩系主要为深灰色含燧石灰岩、灰岩、含锰灰岩夹泥质灰岩、硅质岩及碳酸锰矿层组成。

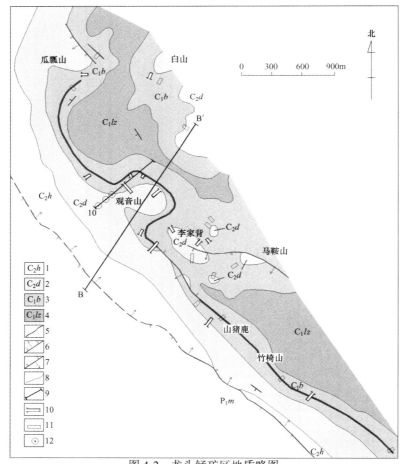

图4-2 龙头锰矿区地质略图

1—上石炭统黄龙组；2—上石炭统大埔组；3—下石炭统巴平组；4—下石炭统鹿寨租；5—矿体露头；
6—正断层；7—逆断层；8—地质界线；9—地质剖面线；10—坑探；11—槽探；12—钻孔

矿区位于扬子准地台江南古陆南缘湘南—桂北坳陷带的南部，丹池断裂南端北侧。矿区为一北西西向短轴背斜构造，称龙头背斜。其轴向北西—南东，轴面倾向北东，倾角45°~70°，含锰地层沿背斜两翼分布。主要锰矿体大部分位于短轴背斜的南西翼，断续延长约3km。背斜南西翼有一平行背斜轴的大逆掩断层，但对矿体无影响。

矿区内有2个含锰层位，皆赋存于下石炭统巴平组上部。其中靠近顶部的为夹碳酸锰透镜体的含锰灰岩，因含矿性不稳定，矿体变化大，无工业价值；其下相距40m处为主要含锰矿层，含矿层厚6~8.5m，由4层碳酸锰矿和3层含锰灰岩夹层组成，自上而下岩性分述如下。

第一层锰矿：位于含锰层顶部，矿石呈青灰色和灰黑色。矿层厚0.6~0.8m，个别厚达1.5m，长3km，宽600m，储量占矿区总储量的64%，是主要矿层（见图4-3）。夹层1为浅灰或灰黑色硅化结晶含锰灰岩，厚0.9~1.5m。

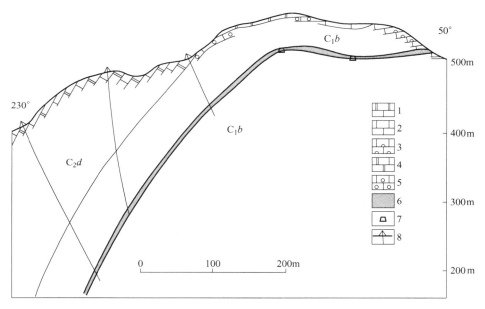

图4-3 龙头锰矿10线地质剖面图

1—薄层灰岩与硅质灰岩互层；2—灰岩；3—扁豆状灰岩；4—白云质灰岩；

5—含硅质结核灰岩；6—矿层；7—坑口；8—钻孔

第二层锰矿：矿石呈浅灰、灰白、粉红色，具带状构造，层纹发育，厚0.3~0.4m。夹层2为浅灰色生物屑泥晶含锰灰岩，厚0.9~1.2m。

第三层锰矿：为浅灰、灰色碳酸锰矿，纹层发育，厚0.4~0.5m。夹层3为浅灰色颗粒泥晶含锰灰岩，厚1.8~2.25m。

第四层锰矿：位于含锰层底部，矿石呈灰黑及棕黄色，纹层构造发育，厚1.1~1.85m。又可细分为4层小矿层和3个小夹层。

主矿层共有5个矿体，其中，主矿体呈似层状，长1400m，宽135~600m，厚0.8m，产状与围岩一致。其余4个矿体长90~600m，宽65~440m，厚0.6m，呈扁豆体产出。矿体之间相距110~400m，分布含锰灰岩或无矿带。

锰矿床地表浅部为次生氧化锰矿，氧化带深度一般为 15～20m，个别可达 30m。

锰矿石的自然类型可分原生碳酸锰矿、含锰灰岩矿和次生氧化锰矿 3 类。

碳酸锰矿石的矿物成分以锰一钙系列类质同象的锰方解石、含锰方解石为主，占 58%～94%，其次为钙菱锰矿（4%）、硫锰矿（2%～4%）、锰白云石（11%）。脉石矿物主要为石英及方解石，次为少量玉髓、白云母、黄铁矿、文石、高岭石、绿泥石及泥质、炭质等。矿石结构简单，常呈显微粒状、散粒状及异粒结构。多为层状及团块构造。

含锰灰岩的矿物成分与碳酸锰矿相似，以含锰方解石为主。

氧化锰矿的矿物成分主要有偏锰酸矿（5%）、软锰矿（2%～5%）、硬锰矿（5%～45%）及黝锰矿等，偶见钡镁锰矿、恩苏塔矿。脉石矿物有石英、玉髓、方解石、褐铁矿、泥质等。矿石为致密粒状、显微粒状、隐晶状及胶状结构，多呈块状、薄层状、条带状、网格状、细网格状、胶状构造。

矿床成因类型：原生碳酸锰矿属浅海相沉积锰矿床，次生锰矿床属表生风化锰帽型氧化锰矿床和少量堆积型锰矿。矿床工业类型属中高磷低铁碳酸锰-含锰灰岩型，氧化锰矿床属低铁高磷贫锰矿床。

碳酸锰矿石含 Mn 18.56%，TFe 0.86%，P 0.13%，SiO_2 12.28%，CaO 27.79%，烧失量 28.0%，Mn/Fe＝21.6，P/Mn＝0.007。

含锰灰岩矿石含 Mn 12.24%，TFe 0.50%，P 0.05%，SiO_2 9.34%，CaO 32.94%，烧失量 32.90%，Mn/Fe＝24.5，P/Mn＝0.0049。

氧化锰矿石含 Mn 33.77%，TFe 1.48%，P 0.11%，SiO_2 18.96%，Mn/Fe＝22.9，P/Mn＝0.0032。

据《广西壮族自治区矿产资源储量表》，截至 2018 年底，矿区累计探明锰矿石资源储量 916.46 万吨，其中：氧化锰矿石基础储量 105.22 万吨，资源量 19.10 万吨；碳酸锰矿石基础储量 675.86 万吨，资源量 116.28 万吨。

二、矿床发现与勘查史

龙头锰矿是在 20 世纪初期，为当地农民所发现。

1952 年 12 月，中南地质局 4216 队钟铿、郑功溥与广西工业厅探矿队茹廷锵、杨志成、钟滋果等 5 人组成锰矿普查小组，到上角矿区进行调查，编写了《宜山上角锰矿普查报告》。

1953 年初，广西工业厅陈祝庠等人到上角进行地质普查，编写了《宜山上角同德乡锰矿总结报告》。同年 3 月，中南地质局平桂队杨志成等到宜山进行预查，编写了《宜山北牙大安岗锰矿预查报告》和《宜山龙头银山锰矿预查报告》。

1955 年 4 月，中南地质局 415 队诸乙农、许剑雄、李鉴章等人会同各院校实习生进行龙头、上角、大安岗一带区域普查。吴惠民、罗玉成等在龙头矿区进行了详细找矿工作，编写了《宜山龙头、上角、大安岗锰矿普查报告》。

1956 年 6 月，广西地质局宜山地质队对该区进行初步勘探，对陈村地段进行远景评价。1957 年起继续进行观音山一带详细勘探，探明锰矿石储量 B＋C＋D 级 1417.25 万吨，其中氧化锰矿石储量 68.22 万吨。于 1958 年 5 月提交《广西宜山县龙头锰矿地质勘探报告书》。经广西地质局技术委员会于 1962 年 10 月以〔1962〕地技勘字 9 号文审批，核减去含锰品位3%~8%的含锰灰岩储量409.4万吨，并修改部分储量，实际批准B+C+D级锰矿石储量809.0万吨。

1988年3月18日~1988年12月1日，中南冶金地质勘探公司南宁地质调查所王跃文等进行龙头矿区深部及外围普查找矿，共探获锰矿石储量D级84万吨。南宁地质调查所王跃文、薛金水、蒙永励等人于1988年12月提交《广西宜山县龙头锰矿区深部及外围普查地质报告》。

三、矿床开发利用情况

龙头锰矿发现较早，但其采挖历史缺乏记载，难以考证。1958年开始民工采矿。1959年成立宜山县龙头锰矿，为地方国营矿山，开始进行人工不定点采挖，年产氧化锰矿石1.25万吨。到1962年因工业调整而停产。1965年4月，广西锰矿公司组织开采龙头锰矿区，成立龙头锰矿。1966年1月，广西、湖南锰矿公司合并成立冶金部中南锰矿公司，龙头锰矿隶属中南锰矿公司。1968年12月中南锰矿公司撤销，1970年初同德锰矿并入龙头锰矿，1970年6月根据冶金部〔1970〕冶军字826号文将龙头锰矿下放给广西壮族自治区管理，隶属于重工业公司领导。1972年1月起龙头锰矿下放河池地区管理。1978年11月广西壮族自治区又决定将龙头锰矿收回自治区管理。1986年5月，自治区决定下放河池地区管理。

龙头锰矿的采矿业先后开采锰帽型氧化锰矿、堆积锰矿、碳酸锰矿。

锰帽型矿床开采：从1959年开始，至1962年为人工不定点采挖，1965年恢复生产后，先后建设了金城洞深凹露天采场和龙王洞山坡露天采场，1955~1970年采用人工分台阶采挖，1971年后改为半机械开采，矿石回采率达90%。龙王洞采区于1977年开采结束，金城洞采区于1979年开采结束。

堆积矿开采：从1972年起矿山先后建成竹椅山、金城洞和红山3个山坡露天采场开采堆积锰矿，形成采矿能力为1.5万吨/年。矿石回采率85%~90%，洗矿回收率95%。竹椅山采区于1977年开采结束，红山采区于1981年开采结束，金城洞山坡采区于1982年开采结束。

碳酸锰矿开采：1972年由矿山自行设计和建设2号和1号坑口开采碳酸锰矿石。2号坑口开采李家背陡倾斜矿体，设计采矿能力为2.5万吨/年。1号坑口开采观音山、李家背、银山背缓倾斜矿体，设计采矿能力5万吨/年。2号坑和1号坑分别于1974年12月和1976年12月建成投产，采矿能力为4.5万吨/年，洗矿4万吨/年。投产后，因工效低、贫化率高、出窿品位低，造成焙烧矿质量差，成本高，销路受阻。2号坑于1978年4月停产。1号坑银山背采区于1983年停产。1985年矿山自行建设3号坑，开采观音山缓倾斜和陡倾斜矿体，生产能力4万吨/年。

1990年底，全矿职工970人。保有生产能力：碳酸锰采矿2.5万吨/年，碳酸锰选厂7.0万吨/年，土法烧结1万吨/年，焊剂0.5万吨/年，电解二氧化锰500吨/年，硅锰合金0.3万吨/年，硫酸锰0.3万吨/年。1991年开采锰矿石2.4万吨，损失量0.8万吨。1991年产品产量：碳酸锰矿4617t，烧结矿8267t，粉矿19045t，电解二氧化锰粉570t，焊剂3436t，硅锰合金2923t。

截至1991年底，氧化矿资源已经枯竭，保有氧化锰矿储量14.8万吨，且分布零星，经多年人工开采，破坏严重，难以正规计划开采，开采的主要对象为碳酸锰矿石。截至1991 年底，保有碳酸锰矿石储量 268.1 万吨，含锰灰岩储量 459.5 万吨。但含锰品位低，平均品位分别为 18.56% 和 12.24%。须进一步加强采、选、烧结技术的研究，以利资源的开发利用。

第二节　里苗锰矿

矿区位于广西宜州市南东方向约 23km，行政区划属于宜州市忻城县管辖。矿区北部有黔桂铁路、汕昆高速、国道 G323 通过，南部有省道 S209 通过，村村公路相连，交通较为方便。矿区面积约 51.80km²。

一、矿床概况

矿区包括里苗矿段、同桥岭矿段、洛东矿段、洛富矿段、马泗塘矿段、清潭矿段等。

矿区出露地层主要有上泥盆统，下-上石炭统巴平组、上石炭统大埔组、黄龙组及马平组，二叠系中统栖霞组和第四系。其中下-上石炭统巴平组为本区锰矿的赋矿层位，如图 4-4 所示。根据含锰岩系的岩性特征，巴平组自下而上可细分为第一段、第二段、第三段，碳酸锰矿层赋存于第三段。各段特征分述如下。

第一段：主要岩性为厚层状燧石条带灰岩，黑色燧石条带宽一般为 0.2~3.0cm。段厚为 32.0~56.0m。

第二段：主要岩性为含燧石结核白云质灰岩、灰岩、燧石结核灰岩，段厚为 34.0~94.0m。

第三段：主要岩性为硅质灰岩、含锰硅质灰岩、扁豆状灰岩夹硅质岩、泥岩、泥质灰岩、炭质灰岩夹 4 层碳酸锰矿层。段厚为 9.38~21.70m。

矿区位于桂中凹陷北北东向构造分布区内，北北东向褶皱、断裂均较发育。主要褶皱构造有里苗鼻状背斜、里苗—塘岭向斜和欧洞背斜等。里苗—塘岭向斜是矿区内主要控矿构造，向斜核部地层为上石炭统黄龙组，两翼出露地层依次为上石炭统大埔组、下-上石炭统巴平组、上泥盆统。向斜轴线总体走向北西—南东向，呈缓倾斜状；两翼产状不对称，北西、南东受 F_1、F_6 等断层的挟持，形态变复杂，地层被错动不连续；该向斜内次级背、向斜较发育。矿区的含锰岩系及锰矿层主要受此向斜及其次级褶皱构造的控制（见图 4-5）。

断裂构造主要有 9 条，依次编号为 F_1~F_9，其中，F_1、F_8 为区域上大断层。

矿区内未见岩浆岩出露。

矿区内锰矿层赋存于下-上石炭统巴平组第三段，工业矿层共四层，由原生沉积碳酸锰矿和次生锰帽型氧化锰矿组成。锰矿层呈层状展布于里苗—塘岭向斜两翼，受向斜及其南北两翼上的次级褶曲控制，已控制锰矿层走向延长共 3.20km，因受断裂构造或沉积环境的影响，局部地段矿层出现错动、缺失及贫化、变薄。矿层与围岩呈整合接触，呈层状产出，产状较稳定，倾角 3°~25°，平均 11°。

矿区含锰层共分 4 层矿和三个夹层，自下而上为 Ⅰ 矿层、夹 1、Ⅱ 矿层、夹 2、Ⅲ 矿层、夹 3、Ⅳ 矿层。以 Ⅱ、Ⅲ 矿层为主，其分布较连续，规模较大；而 Ⅰ、Ⅳ 矿层零星分

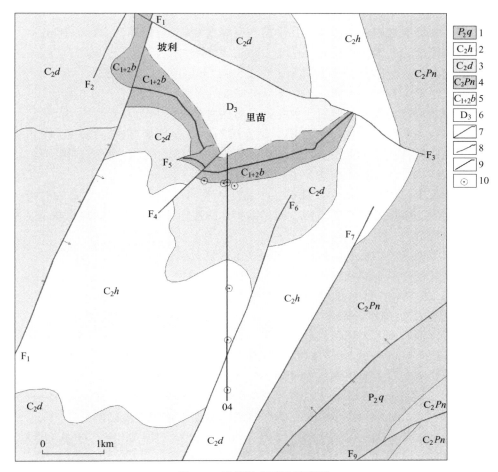

图 4-4　里苗锰矿区地质略图

1—中二叠统栖霞组；2—上石炭统黄龙组；3—上石炭统大埔组；4—上石炭统南丹组；
5—上—下石炭统巴平组；6—上泥盆统；7—断层及编号；8—锰矿层露头线；9—勘探线及编号；10—钻孔

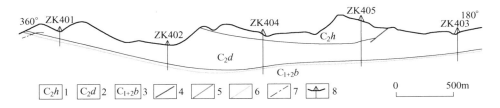

图 4-5　里苗锰矿区 4 线地质剖面图

1—上石炭统黄龙组；2—上石炭统大埔组；3—上—下石炭统巴平组；
4—断层；5—氧化锰矿；6—碳酸锰矿；7—氧化界线；8—钻孔

布，仅有少量工程控制，见图 4-5。其特征分述如下：

Ⅰ矿层：厚度为 0.50~0.86m，平均 0.68m。

夹1层：为含锰硅质灰岩，局部夹硅质岩、泥岩，平均含锰约 2.0%，分层厚0.70~1.42m。

Ⅱ矿层：厚度为 0.51~1.17m，平均 0.88m。

夹 2 层：为硅质灰岩夹泥质灰岩，平均含锰约 3.0%，分层厚 2.50~5.26m。

Ⅲ矿层：厚度为 0.58~1.19m，平均 0.86m。

夹 3 层：为含炭硅质灰岩，平均含锰约 2.5%，分层厚 0.77~4.62m。

Ⅳ矿层：厚度为 0.57~0.88m，平均为 0.78m。

矿石自然类型分为碳酸锰矿石、氧化锰矿石两种类型。

碳酸锰矿石主要矿石矿物以菱锰矿、锰方解石、钙菱锰矿为主，脉石矿物主要为石英、方解石，次为黄铁矿、黏土矿物。结构主要为隐晶-微晶结构、胶状结构；构造以微、薄层状构造、饼状构造、块状构造为主。

氧化锰矿石主要矿石矿物为软锰矿、水锰矿、褐锰矿；脉石矿物主要为石英、方解石、黏土矿物等。结构为隐晶质结构、泥晶结构；构造以块状构造、蜂窝状构造、网脉状构造和网格状构造。

矿床成因类型为海相沉积碳酸锰矿床和风化锰帽型氧化锰矿床。

Ⅰ矿层碳酸锰矿石主要化学成分平均为：Mn 10.92%，TFe 0.96%；P 0.042%，SiO_2 25.22%，CaO 22.73%，MgO 3.96%，Al_2O_3 0.83%，烧失量 25.54%，$Mn/Fe = 15.60$，$P/Mn = 0.004$，$(CaO+MgO)/(SiO_2+Al_2O_3) = 1.3$。属低铁中磷碱性锰矿石。

Ⅱ矿层氧化锰矿石主要化学成分平均为：Mn 24.49%，TFe 0.59%，P 0.059%，SiO_2 20.83%，$Mn/Fe = 41.51$，$P/Mn = 0.002$。属优质氧化锰矿石。

Ⅱ矿层碳酸锰矿石主要化学成分平均为：Mn 10.30%，TFe 1.42%，P 0.048%，SiO_2 17.85%，CaO 27.90%，MgO 4.93%，Al_2O_3 0.76%，烧失量 31.11%，$Mn/Fe = 14.85$，$P/Mn = 0.005$，$(CaO+MgO)/(SiO_2+Al_2O_3) = 1.9$。属低铁中磷碱性锰矿石。

Ⅲ矿层氧化锰矿石主要化学成分平均为：Mn 20.60%，TFe 0.14%，P 0.065%，SiO_2 58.97%，$Mn/Fe = 147.14$，$P/Mn = 0.003$。属优质氧化锰矿石。

Ⅲ矿层碳酸锰矿石主要化学成分平均为：Mn 14.33%，TFe 1.31%，P 0.117%，SiO_2 10.24%，CaO 26.00%，MgO 4.73%，Al_2O_3 0.57%，烧失量 30.28%，$Mn/Fe = 14.33$，$P/Mn = 0.008$，$(CaO+MgO)/(SiO_2+Al_2O_3) = 2.6$。属低铁高磷碱性锰矿石。

Ⅳ矿层氧化锰矿石主要化学成分平均为：Mn 36.26%，TFe 2.52%，P 0.620%，SiO_2 8.58%，$Mn/Fe = 14.39$，$P/Mn = 0.017$。属低铁高磷贫锰矿石。

Ⅳ矿层碳酸锰矿石主要化学成分平均为：Mn 10.48%，TFe 1.20%，P 0.096%，SiO_2 21.46%，CaO 25.55%，MgO 3.67%，Al_2O_3 0.45%，烧失量 28.03%，$Mn/Fe = 9.25$，$P/Mn = 0.009$，$(CaO+MgO)/(SiO_2+Al_2O_3) = 1.6$。属低铁高磷碱性锰矿石。

据《广西壮族自治区矿产资源储量表》，截至 2018 年底，累计探明锰矿石资源储量 2014.07 万吨，其中氧化锰矿 640.05 万吨，碳酸锰矿 1374.02 万吨。

二、矿床发现与勘查史

里苗锰矿区自 1955 年以来，曾先后有广西区石油队、广西区地质局区域地质测量队、广西地质局 438 地质队、广西物探队、中国冶金地质总局广西地质勘查院等单位进行过地质勘查工作。

1965 年 8~12 月，广西地质局 438 地质队，首先在里苗矿区开展锰矿普查工作，于

1966 年 1 月提交了《广西忻城县里苗锰矿区初步普查地质报告》。广西地质局技术委员会以〔1967〕第 385 号评审意见书批准该报告为初查，批准碳酸锰矿石表内 D 级储量 53.3 万吨。

1987 年 3 月~1988 年 12 月，中南冶金地质勘探公司南宁地质调查所为扩大该区地质成果，再次对该区 21 线以南地段进行普查。项目经理为严庆雄，参加的主要技术人员有薛金水、石继荣、胡华清、林健等。1987 年 12 月提交《广西宜山县洛东锰矿区地质普查找矿报告》，提交表内氧化锰矿石 D 级储量 38.08 万吨。

2005 年 1 月，南宁诚实地质矿产科技咨询服务部进入里苗矿区东矿段探矿权范围内开展补充勘查工作。2006 年 2 月 20 日提交《广西忻城县里苗碳酸锰矿区东矿段普查地质报告》，对Ⅱ、Ⅲ矿层进行了资源量估算，提交锰矿石 333 资源量 9.70 万吨，334 资源量 37.32 万吨。2006 年 8 月 6 日，南宁储伟资源咨询有限责任公司以桂储伟审〔2006〕86 号评审通过。

2005 年 10 月~2006 年 10 月，中国冶金地质总局中南局南宁三叠地质资源开发有限责任公司受河池市天顺锰业有限责任公司委托在广西宜州市同德乡同桥岭锰矿区开展普查地质找矿工作。项目经理为邱占春，参加工作的主要技术人员有杨三元、姜邦浩、黄银华、林旭江、夏柳静等。2006 年 12 月提交《广西宜州市同德镇同桥岭矿区锰矿详查报告》，2007 年 1 月 25 日南宁储伟资源咨询有限责任公司以桂储伟审〔2007〕6 号批准该报告，批准的资源储量为堆积型氧化锰矿原矿 332+333 资源量 38.86 万吨，净矿 9.55 万吨；矿床平均 Mn 品位为 20.92%，平均含矿率 24.58%。锰帽型氧化锰矿（松软锰矿）原矿 332+333 资源量为 128.46 万吨，干矿 61.72 万吨，矿床 Mn 平均品位为 18.66%，平均湿度 51.95%。

2010 年 3 月~2011 年 2 月，广西宜州申亚锰业有限责任公司继续对里苗锰矿开展详查地质工作。2011 年 4 月提交了《广西忻城县里苗锰矿区东矿段碳酸锰矿详查报告》，2011 年 5 月 31 日南宁储伟资源咨询有限责任公司评审通过，批准提交保有碳酸锰矿石 332+333 资源量 117.82 万吨，其中碳酸锰矿石 332 资源量 43.53 万吨。

2012 年 10 月~2014 年 10 月，中国冶金地质总局广西地质勘查院实施广西区财政项目"广西宜州市洛富矿区外围碳酸锰矿普查"和"广西忻城县里苗矿区外围锰矿普查"。项目经理为许志涛，参加的主要技术人员有何欣、阳纯龙、李学志、黄荣章、鲍昌勇、刘金财、陈继永、夏柳静、胡华清等。2015 年 11 月提交《广西忻城县里苗矿区外围锰矿普查报告》，2016 年 3 月 9 日广西壮族自治区国土规划院以桂规储评字〔2016〕15 号文批准该报告；2016 年 8 月 3 日广西壮族自治区自然资源厅以桂资储备案〔2016〕49 号文对该普查报告提交的资源量进行备案。批准、备案资源量为：截至 2014 年 7 月 31 日，矿区共探获锰矿石 333+334 资源量 3152.35 万吨。其中，333 资源量为 398.06 万吨，占总资源量的 12.63%；334 资源量为 2754.29 万吨，占总资源量的 87.37%。其中：碳酸锰矿石 333+334 资源量为 3096.54 万吨。

2014 年 10 月~2017 年 7 月，中国冶金地质总局广西地质勘查院实施广西区财政项目"广西宜州市清潭锰矿普查"。项目经理先后为姜天蛟、许志涛，参加的主要技术人员有龙航、蒋新红、何欣、黄荣章、陈继永、夏柳静、王跃文、黄晖明等。2017 年 11 月提交《广西宜州市清潭矿区锰矿普查报告》，2018 年 3 月 12 日广西壮族自治区矿产资源储量评审中心以桂评储字〔2018〕15 号文批准该报告；2019 年 1 月 17 日广西壮族自治区自然资源厅以桂资储备案〔2019〕6 号文对该普查报告提交的资源量进行备案。批准、备案的资源量为：截至 2017 年 8 月 2 日，新增碱性碳酸锰矿石 333 资源量 247.47 万吨，属低铁高磷碱性碳酸锰矿石。

三、矿床开发利用情况

（一）氧化锰矿石的加工技术性能

区内氧化锰矿石加工技术性能较好，对原矿锰品位为 26.08% 的氧化锰矿石，经一粗一精强磁选后，可得到三级锰精矿和中矿两种产品。精矿锰品位为 33.08%，产率为 64.19%，锰回收率为 81.41%，中矿产品锰品位为 18.86%，产率为 12.96%，锰回收率为 9.73%；尾矿锰品位为 10.53%，产率为 22.85%，锰回收率为 9.22%。

（二）碳酸锰矿石的加工技术性能

矿山生产出的碳酸锰矿石品位达 15% 以上的可不进行选矿加工，直接供电解锰厂生产金属锰用；生产出的金属锰含量达到 99.7% 以上。对于品位低于 15% 的碳酸锰矿石，需进行选矿加工。

（三）里苗锰矿床开采利用情况

里苗锰矿区及其周边地区虽然分布有不少的采矿权，但由于里苗锰矿区的锰矿层较薄，产状缓，倾向延深大，矿体分散；矿石品位低，埋深较大；锰矿层的这些特征均影响了投资者对里苗锰矿区及其周边地区锰矿的勘查和开采；因此，里苗锰矿区及其周边地区对于锰矿的工作程度普遍偏低，未进行大规模正式开采。

第三节 八 一 锰 矿

矿区位于广西来宾县城北部与柳江县城南部的凤凰河至思荣河一带，属来宾县凤凰乡、大湾乡及柳江县穿山乡管辖。矿区至来宾县、柳江县城均有公路相通、湘（衡阳）—桂（南宁）铁路线穿过矿区中部，交通方便。

一、矿床概况

矿区包括凤凰及思荣 2 个矿段，面积 72km²。

矿区出露地层自老至新有上石炭统黄龙组、马平组，中二叠统栖霞组、孤峰组，上二叠统合山组，下三叠统马脚岭组，下白垩统新隆组及第四系。其中中二叠统孤峰组为矿区原生含锰岩系，锰矿产于孤峰组上段，含锰低，目前不能利用。第四系残坡积层为区内主要次生含锰地层（见图 4-6）。

孤峰组在该区可分为上、中、下三段：上段为原生含锰岩段，主要为硅质灰岩，夹少量薄层白云岩化凝灰岩；中段主要为硅质岩，夹薄层泥岩；下段为砂岩和灰岩。

第四系由冲积层和残坡积层组成，冲积层分布在低洼地区，为黄色砂质黏土夹岩屑、

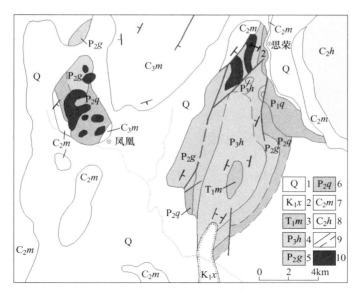

图 4-6　八一锰矿区地质简图

1—第四系；2—下白垩统新隆组；3—下三叠统马脚岭组；4—上二叠统合山组；
5—中二叠统孤峰组；6—中二叠统栖霞组；7—上石炭统马平组；8—上石炭统黄龙组；
9—实测及推测断层；10—堆积锰矿体

砾石，局部地段夹有少量豆状锰粒，厚 0~6m。残坡积层分布在低矮平缓的丘陵上，为棕红色、黄褐色黏土，中部常夹有堆积锰矿层或棕黑色含锰黏土层，厚 0~20m。

　　区内褶皱构造轴向均为北北东向，向南南西倾伏。矿区中部为以上石炭统为核心的背斜构造，东西两侧为凤凰、思荣两个向斜构造。其中思荣向斜为区内主要褶皱构造，由上石炭统至下三叠统组成，南部为下白垩统新隆组红层不整合覆盖，两翼岩层次级褶皱构造发育，岩层倾角平缓。

　　断裂构造主要为北北东走向的断层，次为垂直褶皱的北西向横断层。前者多为逆断层，后者均为平推断层。

　　向斜构造及断裂构造对区内含锰岩层的出露、风化、破碎及堆积保存均起重要的控制作用。

　　矿区地貌类型属岩溶化丘陵，海拔标高为 90~130m，相对标高 30~40m。由中二叠统孤峰组含锰岩系构成的缓坡丘陵均已红土化，这种红土化丘陵的山顶及山坡地带的红土层中常有堆积锰矿层分布。

　　区内有堆积型和淋积型两类风化锰矿床，共探明堆积锰矿体 244 个，淋积锰矿层 11 层。堆积锰矿主要产于区内 90~120m 标高的丘陵顶部及山坡地带的第四系残坡积层中，分布面积达 72km²，工业矿体面积 9.5km²，其中思荣矿段有矿体 162 个，矿体多呈层状产出，也有呈囊状者，层状矿体呈水平至缓倾斜与地形坡度基本一致。矿体的平面形态因受后期地形切割、剥蚀的影响，很不规则，大小悬殊，单个矿体的展布面积为 1200~450000m²，单个矿体的净矿储量从数吨至 176 万吨。淋积锰矿主要产于中二叠统孤峰组上段的氧化带中，主要分布在思荣向斜周边地段，矿层呈层状、似层状、透镜状与含锰层产状一致。单个矿层的展布面积 1650~1539789m²，原矿储量由 3410~1084705t。

堆积锰矿：矿体赋存于第四系更新统黏土-亚黏土层中，由锰矿块屑及鲕豆状锰粒与亚粘土层组成。矿层顶、底部均为棕红色、黄褐色黏土及亚黏土层（见图 4-7）。主矿体为思荣矿段的 111 号矿体，长 3100m，宽 40~1040m，厚 0.55~6.11m，含矿率为35.66%。矿体呈似层状产出，其产状变化与地形坡度变化基本一致，矿层埋藏较浅，仅0~8.1m。矿体厚度一般为 1~4m，最厚为 16m，平均为 2.32m，矿体厚度具北厚南薄及山顶厚山坡较薄的变化特点。

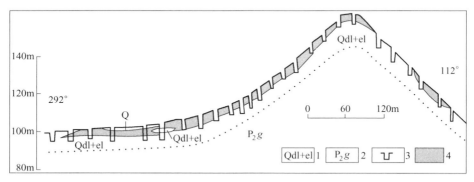

图 4-7　八一锰矿区 2 线剖面图
1—第四系残坡积层；2—中二叠统孤峰组；3—浅井；4—堆积锰矿层

淋积锰矿：主矿体为 III_1 矿层，分布于思荣矿段，产于中二叠统孤峰组上段。矿体顶板为含炭泥质灰岩，底板为硅质灰岩。矿体呈层状，走向北北东，倾向南东东或北西西，展布面积 1.54km²。其储量占该类型矿体探明总量的 91%。矿体的厚度变化较大，一般厚0.5~2.04m，平均 0.93m。

区内矿石的自然类型均为氧化锰矿石，主要锰矿物为硬锰矿和软锰矿，次为少量的水锰矿、黑锰矿和偏锰酸矿。含铁矿物主要为赤铁矿、水赤铁矿、水针铁矿及褐铁矿等。脉石矿物主要为石英、玉髓、水云母及绿高岭石、三水铝石等。

矿石结构主要为胶状、土状及隐晶质结构。矿石构造主要有块状、页片状、葡萄状、肾状、网格状、蜂窝状和角砾状构造，次有豆状、鲕状、结核状、同心环带状及放射状构造等。

矿床的成因类型主要为堆积型风化锰矿床，次为淋积型风化锰矿床，其矿石工业类型主要为铁锰矿石，次为富锰矿石。

据《广西壮族自治区矿产资源储量表》，截至 2018 年底，累计探明氧化锰矿石资源储量 1295.43 万吨，其中基础储量 1093.13 万吨，资源量 202.30 万吨。

堆积锰矿矿石平均品位为：Mn 21.68%，Fe 12.98%，P 0.076%，SiO_2 21.77%，含矿率为 32.41%，Mn/Fe=1.67，P/Mn=0.0035，属中磷高铁高硅贫铁锰矿石。各矿段的贫铁锰矿石中均有一定数量的富锰矿分布，其中凤凰矿段的富锰矿石多可达到 II 级优质富锰矿的质量标准。矿石组分在空间上有由南至北锰含量逐渐增高，铁、磷及二氧化硅的含量逐渐减少的变化规律。

淋积锰矿石原矿平均品位为：Mn 19.79%，Fe 7.30%。净矿的平均品位为：Mn

27.14%，Fe 7.81%，含矿率为45.75%。原矿质量有北富南贫、西富东贫及上富下贫的变化特点。

二、矿床发现与勘查史

1921年，裕甡锰矿股份有限公司开始在区内收购民采矿石。

1928年，两广地质调查所李殿臣曾到矿区调查，并撰写了《广西来宾、武宣、桂平的地质矿产》。

1952年12月，中南地质局4216队和广西省工业厅探矿队组成锰矿快速普查小组到该区普查，并撰写了第四号及第五号《广西锰矿普查快报》。

1953年2~8月，广西锰矿第一勘探队在该区开展普查找矿工作。

1953年9月~1955年4月，广西锰矿第一勘探队（1954年6月改名为415队）在该区进行地质勘探工作，于1955年5月提交了《广西凤凰及思荣锰矿地质勘探报告书》，同年9月经全国储委审批，并以32号决议书批准该报告及储量（见表4-1）。

表 4-1   全国储委批准报告提交储量   （万吨）

矿　段	表内各级净矿储量			表外各级净矿储量		
	A+B+C	D	A+B+C+D	A+B+C	D	A+B+C+D
凤　凰	244.98	0.82	245.80	63.46	0.25	63.71
思　荣	389.20	2.88	392.08	206.61	3.53	210.14
合　计	634.18	3.70	637.88	270.07	3.78	273.85

1955年2~3月，中南地质局415队对思荣锰矿区南部进行补充勘探，于1955年5月提交《广西柳江县思荣锰矿区南部增长储量补充报告》，提交资源储量表内C+D级氧化锰矿石储量10.29万吨，表外C+D级储量16.15万吨。报告仅初审，未正式审批。

1971年12月~1972年5月，广西冶金地质勘探公司270队以寻找铁矿为目的，在思荣矿区工作，认为区内淋积型锰矿值得进一步工作，但找铁矿无希望。

1976~1979年，广西冶金地质勘探公司273队以了解矿区第四系低洼区堆积锰矿的找矿前景，探索中二叠统孤峰组内碳酸锰矿床，并对淋积型锰矿床的工业远景作出评价为目的，在区内开展地质详查工作，于1991年3月提交《广西柳江县思荣锰矿区淋积型锰矿普查报告》，提交资源储量表内C+D级原矿储量118.21万吨，净矿储量54.09万吨，表外C+D级原矿储量149.70万吨，净矿储量54.90万吨，报告已经广西有色地质勘查局审查，储量未上1991年度矿产储量表。

为了验证原地质勘探时所采用勘探网度的合理性，从而为类似矿床的地质勘探和矿山生产地质工作提供借鉴，1979年9月，矿山和长沙黑色冶金设计院选择矿区内矿体形态、厚度、品位、含矿率及覆盖等情况均具代表性的思荣矿段26号矿体，凤凰矿段12号矿体作为探采验证对比及不同勘探工程网度控制储量与生产勘探储量对比地段，并编写了《广西八一锰矿探采对比初步总结》。对比结果显示，生产勘探储量与实际开采各点储量误差很小，其误差率平均为1.13%，因此认为该矿床勘探时所确定的各级储量工程控制间距基本合理，同时还认为该矿床采用浅井工程作为主要勘探手段是合理的。

三、矿床开发利用情况

该矿区是广西壮族自治区内第一个完成勘探并经国家储委批准的锰矿区，由于矿床埋藏浅，易采易选，因而也是自治区最早规划建设的锰矿山。

1921年，柳江、来宾两县境内的锰矿已有民采。

1951年，先后组成民力、集成、天强和建业等公司向广西工业厅租采思荣锰矿区。

1952年~1953年4月，广西劳改大队在凤凰锰矿区飞鹅岭一带开采，后因矿区开展地质勘探工作的需要而停采。

1957~1959年，多家单位均在思荣矿区开采。鉴于凤凰、思荣矿区储量丰富，开采条件好，交通方便，为了充分开发资源，满足国家钢铁工业的需要，1959年7月，自治区冶金局根据广西区党委决定，将凤凰锰铁厂和南宁八一钢厂合并成立凤凰八一锰矿。

1959年8月1日凤凰八一锰矿正式成立。从此凤凰、思荣锰矿的开采权归八一锰矿所有，由八一锰矿统一经营，统一开发利用。

1959年9月10日，广西锰矿公司成立，八一锰矿隶属于广西锰矿公司，1963年1月广西锰矿公司迁往凤凰与八一锰矿合并，原八一锰矿下属的采场改为一矿（思荣矿区）、二矿（凤凰矿区），直属广西锰矿公司领导。1966年1月广西锰矿公司与湖南锰矿公司合并成立冶金部中南锰矿公司，一矿、二矿合并恢复八一锰矿名称，隶属于中南锰矿公司。1968年12月26日冶金部中南锰矿公司撤销，1970年6月根据冶金部〔1970〕冶军字826号文，八一锰矿下放给广西壮族自治区管理。

1986年5月，根据自治区决定，八一锰矿再次下放给柳州地区管理，现为地区直属企业。

1959年6月26日，广西冶金局以冶基字第68号文上报了凤凰锰矿开采方案和凤凰锰矿设计任务书，提出矿山不建烧结工程，采矿规模设计为年产净矿40万吨。分两期建设，第一期工程年产20万吨/年。后根据广西区和冶金部要求，设计任务调整为矿山开采规模为净矿40万吨/年，一次建成；采矿方法为露天机采和水采。

1961年根据冶金部的指示，广西凤凰八一锰矿重新进行设计。长沙黑色金属矿山设计院重新提交了设计任务书和初步设计，确定开采规模为净矿35万吨/年。国家计委和冶金部于1963年7月批准了《广西凤凰八一锰矿初步设计》。1964年，矿山开始进行露天机采建设，至1965年底建成凤凰矿区5号、6号和25号采洗矿点，形成生产能力12万吨/年。其生产流程为：爆破松动—推土机集堆—电扒装矿—轻轨斗车运输—双螺旋洗矿机洗矿—筛分—块矿为成品矿，粉矿堆存。

1966年7月，由长沙矿山研究院和八一锰矿联合进行堆积锰矿床水力开采试验成功，从此开始进行水采建设。1967年底，思荣矿区水采场建成，生产能力23万吨/年，同时也将凤凰矿区机采全部改为水采，使全矿实现水力机械化开采，形成年产净矿35万吨的生产能力。水力开采采用初坑一次开掘法开拓，逆向冲采法开采，其生产流程为：水枪冲采—6寸沙泵扬送—1070×2500双螺旋洗矿机洗矿—筛分—块矿为成品矿，粉矿堆存。水采矿石回采率为90%~95%，洗矿机回收率为95%~98%，水力开采至1983年底全部结束，1984年后采用机采和人工回收部分残矿。

为了提高贫锰矿石的质量，1966年9月~1967年，长沙黑色金属矿山设计院编制了矿区选厂初步设计，设计能力为年处理小于 40mm 贫矿石 23 万吨。其工艺流程为：竖炉还原焙烧—磁选—重选联合流程，1967 年动工建设，1974 年 6 月正式建成。但由于竖炉焙烧效果不好和选矿成本高等原因，选厂一直没有投产。1978~1980 年，八一锰矿与马鞍山矿山研究院共同研制 CS-1 型强磁选矿机，矿山还单独研制了 80-1 型强磁选机，通过试验均取得了较好的效果，并分别于 1982 年和 1980 年由冶金部组织鉴定，基本定型，1982 年利用工业试验场地组织生产，年生产能力为处理量 12 万吨。多年的生产证明，选别效果良好，精矿品位提高 3~5.19 个百分点，锰矿回收率达到 88.2%~96.34%。

为了充分利用粉矿资源，矿山从 1970 年起，分别在凤凰、思荣两个采场组织土法烧结生产。1983 年新建的 24m³ 烧结机投产，土法烧结全部停止，改为机烧。

1966 年 6 月 24 日，中南锰矿公司批准八一锰矿自筹自建两座 1800kW 电炉工程，由矿山自行设计和施工，1968 年 10 月 27 日，101 号电炉冶炼锰铁合金成功，从此八一锰矿开始了铁合金生产。1970 年 4 月 23 日，102 号电炉也建成投产。为了扩大铁合金生产，经多年建设至 1991 年，全矿共建成 100m³ 高炉两座，电炉 14 座，分别冶炼富锰渣、冶炼硅铁、冶炼锰铁、冶炼硅锰合金。形成生产能力为：富锰渣 1.2 万吨/年，高炉锰铁合金 3.63 万吨/年，电炉铁合金 4.64 万吨/年。

含锰 22.56% 的堆积锰净矿石，经焙烧—磁选后，可获 Mn 41.83%、35.67% 和 31.11% 的 I 级、II 级和 III 级富锰精矿产品，锰的总回收率为 76.26%。

含锰 16.10% 的淋积锰矿石原矿，经洗矿后可获含 Mn 23.82% 的锰净矿，锰的回收率为 89.67%。含 Mn 23.82% 的淋积锰净矿经焙烧磁选—重选流程处理后，可得到含 Mn 41.71%、35.14%、30.36% 和 25.11% 的 I 级、II 级、III 级、IV 级锰精矿产品，以及含 Mn 17.39%、Fe 21.45% 的铁锰精矿产品，总产率为 74.46%，锰的总回收率为 85.55%，尾矿产率为 12.64%，烧损 12.90%，尾矿 Mn 品位为 15.81%。

八一锰矿自 1959 年正式成立后，经多年的建设改造，已发展成为广西的大型企业，主要从事锰矿采选矿、烧结和锰系铁合金的冶炼，其产品主要有：冶金锰矿石、烧结矿、富锰渣、锰铁合金、硅铁合金、硅锰合金、水泥和轮胎翻新等 8 个产品。据统计：从 1959~1991 年，全矿共生产冶金锰矿石 915.77 万吨、烧结矿 100.06 万吨、富锰渣 5.46 万吨、锰铁合金 2.38 万吨、硅铁合金 3.98 万吨、硅锰合金 6.59 万吨、水泥 35.19 万吨、轮胎翻新 29297 条。

八一锰矿由于资源已枯竭，今后的发展方向是冶炼铁合金。

第四节　木圭锰矿

矿区位于广西桂平县城北东直距 25km 的木圭镇。属桂平县木圭乡、石嘴乡及木乐乡管辖。矿区至桂平县城 35km，有公路相通。沿浔江木圭码头上行至贵港市 141km，下行至梧州市 160km，四季均可通行，交通方便。

该矿是我国最典型的风化锰矿床之一，也是广西最早建设开采的锰矿山。

一、矿床概况

矿区包括蓬莲冲、莲花山、灯笼山、大桂山、潭莲塘、大排岭、黄帝岭、潭浪和上河洞等地段，面积 110km² （见图 4-8）。

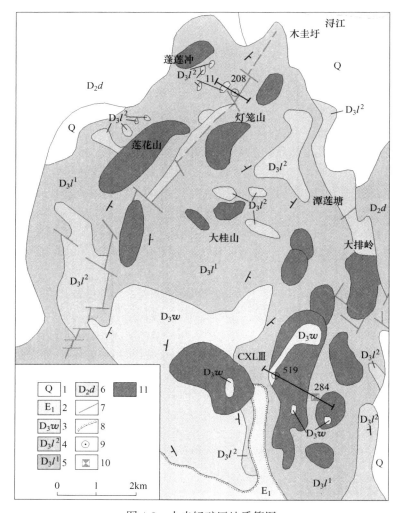

图 4-8 木圭锰矿区地质简图

1—第四系冲积、残坡积成；2—下第三系红色砂砾岩；3—上泥盆统五指山组；
4—上泥盆统榴江组上段；5—上泥盆统榴江组下段；6—中泥盆统东岗岭组；
7—断层；8—地层不整合界线；9—钻孔；10—浅井；11—锰矿体

矿区出露地层有中泥盆统东岗岭组，上泥盆统榴江组、五指山组，下第三系红色岩组
及第四系。以榴江组及第四系残坡积、冲积层分布最广，其中榴江组为区内原生含锰地
层。矿区北部第四系残坡积层的底部常夹有堆积锰矿层。

区内榴江组分为上、下二段。上段上部主要为含锰灰岩、含锰硅质灰岩，为松软锰矿
矿源层；上段下部主要为硅质页岩夹薄层含锰硅质灰岩、含锰燧石，为夹层锰矿的矿源
层。下段主要为硅质页岩，夹烟灰状锰矿层，为烟灰状锰矿的矿源层。

第四系残坡积层：为棕红色、棕黄色黏土，常混杂有细小的锰粒。底部常夹有堆积锰
矿层，厚 0~12m。

矿区主体褶皱构造为一微向南南西倾伏的向斜，轴向北北东，核部由上泥盆统五指山

组及榴江组组成，两翼为中泥盆统东岗岭组。褶皱一般较平缓，但矿区北西部地层褶皱较强烈，断层较多，次级褶皱也较发育，局部有倒转褶皱；矿区中南部褶皱平缓，断层较少。

矿区北西部有一北北东向逆断层，属钦州—灵山区域大断层往北北东方向延伸的组成部分。

矿区地貌类型属被冲积平原围绕的侵蚀残余丘陵区，海拔高程 50~200m，比高一般小于 100m。由上泥盆统榴江组含锰岩系组成的平缓丘陵，是区内风化锰矿床发育的地段，其中堆积锰矿的形成，与含锰岩系的红土化作用有关。堆积锰矿层发育的红土丘陵，海拔高度一般为 80~140m，少数达 200m，相对高度一般为 30~50m，坡度平缓，一般在 20°以下；松软锰矿发育的岩石丘陵地貌，其海拔高程为 60~110m，相对高度一般小于 30m，形成松软锰矿的含锰灰岩产状平缓，倾角仅 5°~15°。

矿区含锰层主要发育于榴江组上段，有上、下两个含锰层，其次发育于榴江组的下段，均由原生含锰灰岩或含锰硅质岩经风化次生富集而形成。此外，在第四系残坡积层中发育有堆积锰矿。上述 4 个含锰层中，以榴江组上段上含锰层及榴江组下段含锰层最为重要。

上段上含锰层：赋存于榴江组上段的氧化带中，由厚层含锰硅质灰岩风化后，富集成锰帽型松软锰矿石，构成该区最主要含锰层，分布在矿区的中南部。

上段下含锰层：赋存于榴江组上段的氧化带中，系由厚层含锰硅质灰岩风化后，锰质沿构造破碎带或层间裂隙淋滤富集而成夹层锰矿。分布在矿区北部及矿区向斜两翼局部地段。

下段含锰层：赋存于榴江组下段潜水面以下地段或东岗岭组顶部灰岩溶蚀面和溶洞裂隙中，系由含锰硅质灰岩风化分解后锰的氧化物，往下渗流，在潜水面附近 Eh 较高，pH 值呈碱性的环境时沉淀形成烟灰状锰矿体。主要分布于向斜西翼北端及向斜东翼边缘地段。

第四系含锰层：主要由棕黄、红色砂质黏土、硅质页岩碎屑夹堆积锰矿组成。主要分布在向斜中部及北部地区。

松软锰矿：矿体产于上含锰岩段顶部上含锰层中，全区共探明矿体 16 个，主矿体为河洞 8 号矿体，矿体底板为条带状含锰硅质页岩，顶板为黄棕色泥质页岩。层位稳定，产状平缓，与围岩产状一致（见图 4-9）。主矿体呈层状，沿走向延长 4950m，沿倾向宽 500~2000m，矿体厚 0.55~5.18m，平均 3.30m。

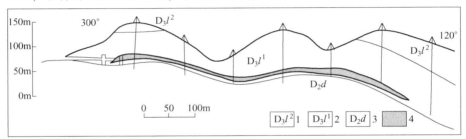

图 4-9　木圭锰矿区蓬莲冲地段 11 线剖面图

1—上泥盆统榴江组上段；2—上泥盆统榴江组下段；3—中泥盆统东岗岭组；4—烟灰状锰矿

　　烟灰状锰矿：矿体产于下段含锰层或东岗岭组灰岩溶蚀面及溶洞裂隙中，由于受构造及溶蚀作用的影响，致使各地段矿体产出部位及形态各不相同。

　　蓬莲冲地段：矿体产于榴江组底部，顶板为极其破碎的灰—灰黑色薄层燧石层，局部为黄白色硅质页岩。底板为褐色含磷黏土层。矿体成群分布，由 21 个矿体组成群体，矿体呈似层状、透镜状产出，层位稳定（见图 4-10），矿体厚度变化较大，自 0.3~12.67m，平均 4.23m。矿体埋深 2.66~112.38m，平均 46.41m。

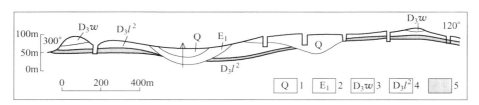

图 4-10　木圭锰矿区 CXLⅢ线剖面图

1—第四系冲积层及残坡积层；2—下第三系红色砂砾岩；3—上泥盆统五指山组；

4—上泥盆统榴江组上段；5—松软锰矿层

　　潭莲塘地段：矿体产于东岗岭组顶部灰岩的溶洞裂隙中，顶板为榴江组薄层燧石层及硅质页岩的风化物，或为东岗岭组灰岩，底板均为东岗岭组灰岩。矿体受岩溶控制，呈囊状、瓜藤状、似层状、透镜状及不规则状，形态复杂。该地段内有矿体 4 个，矿体厚度变化大，最厚 23.93m，最薄 1.40m，平均 6.6m。埋深 56.82~149.53m，平均 92.13m。

　　大排岭地段：矿体产于东岗岭组灰岩的溶蚀面上，部分产于溶洞裂隙中。顶板为第四系坡积、冲积层，部分为榴江组底部燧石层及硅质页岩，底板均为东岗岭组灰岩。矿体受岩溶控制，形态复杂，呈囊状、似层状、透镜状及不规则状。该地段内已探明矿体 2 个，矿体厚度为 0.52~9.58m，平均 2.46m，埋深 37.2~104.32m，平均 69.19m。

　　全区共探明烟灰状锰矿体 27 个，其中以蓬莲冲地段的 12 号矿体规模最大，呈似层状产出，产状较平缓，倾角 0°~30°。矿体长 825m，宽 150m，厚 0.30~12.39m，平均 4.10m，厚度变化系数为 81.7%，属形态产状不稳定的矿体。

　　夹层锰矿：矿体主要产于榴江组上段下含锰层内，与黄白色硅质页岩呈互层产出，层位不稳定，形态变化大，呈似层状、透镜状、扁豆状、网脉状和不规则状等。已知最大矿体长、宽各为 60~70m，厚 10~20m，一般 3~8m。

　　堆积锰矿：矿体产于第四系红土层中，主要是由夹层锰矿破碎后堆积而成，二者常相伴产出。矿体一般分布于山顶及平缓的山坡地带。由于地形切割和剥蚀作用的影响，使矿体呈大小不一，形态各异的矿体群产出。区内已探明大小矿体 61 个，单个矿体一般长 100~200m，宽 50~60m，厚 0.50~1.0m，最厚 4.0m，平均 0.78m，含矿率 30%~40%，埋深 0~7.96m，平均 1.27m。

　　松软锰矿：矿石的自然类型为氧化锰矿石，其矿石矿物主要为偏锰酸矿，次为软锰矿、硬锰矿、黝锰矿及褐铁矿；脉石矿物主要为黏土和燧石。矿石密度小，含水多（44.6%），因此矿石质地疏松，一捏即碎。矿石具土状、粒状结构，薄层状、块状构造。

　　烟灰状锰矿：矿石的自然类型为氧化锰矿石，其矿石矿物主要为硬锰矿和软锰矿，次为黝锰矿，偏锰酸矿及少量褐锰矿；脉石矿物主要为石英、方解石和高岭土等，次为极少量的海绿石及锆英石。矿层中夹石主要为玉髓、石英、泥质和高岭石，次为方解石、绢云母及一些碳酸盐矿物等。矿石呈微粒-细针状、柱粒状和隐晶微粒结构。矿石构造主要为粉末状构造，次为葡萄状、肾状、皮壳状、胶状、环带状及块状构造。

夹层锰矿：矿石的自然类型为氧化锰矿石，其矿石矿物主要为硬锰矿和软锰矿，次为偏锰酸矿和褐铁矿；脉石矿物主要为石英和黏土矿物。矿石具隐晶质微粒结构及胶状结构，块状、肾状、角砾状、网格状和薄层状构造。

堆积锰矿：矿石的自然类型为氧化锰矿石，其矿石矿物主要为硬锰矿和软锰矿，次为少量偏锰酸矿和褐铁矿；脉石矿物主要为石英和黏土矿物。矿石具胶状结构，葡萄状、肾状、蜂窝状、网格状、片状、豆鲕状及不规则状构造。

矿床成因类型主要为锰帽型风化锰矿床，次为淋积型风化锰矿床及堆积型风化锰矿床，工业类型主要为铁锰矿石，次为富锰矿石和贫锰矿石。

据《广西壮族自治区矿产资源储量表》，截至 2018 年底，累计探明氧化锰矿石资源储量 1106.63 万吨，其中：基础储量 658.83 万吨，资源量 441.80 万吨。

松软锰矿矿石的平均品位：Mn 20.90%，Fe 9.43%，P 0.091%，SiO_2 36.73%，Mn/Fe = 2.22，P/Mn = 0.0044，属高硅酸性铁锰矿石。

烟灰状锰矿矿石原矿的平均品位为：Mn 28.10%，Fe 6.55%，P 0.821%，SiO_2 26.07%，Mn/Fe = 4.29，P/Mn = 0.0292，属高硅高磷中铁贫锰矿石。净矿的平均品位为：Mn 31.63%，Fe 7.08%，P 0.813%，SiO_2 20.99%，可作化工锰原料。

夹层锰矿矿石质量变化较大，一般含锰 20%～36%，Fe 5%～15%，P 0.15%～0.30%，SiO_2 15%～30%。在构造比较复杂，风化程度较深，氧化条件较好的地段，常有富锰矿石呈团窝状零星分布。

堆积锰矿矿石的平均品位：Mn 27.85%，Fe 16.74%，P 0.185%，SiO_2 12.02%，Mn/Fe = 1.66，P/Mn = 0.0066，含矿率 40.22%，属高磷高铁低硅贫锰矿石。但在贫锰矿石中有富锰矿石伴存。

全矿区锰帽型及淋积型风化锰矿床的平均品位为：Mn 21.22%，Fe 9.25%，P 0.153%，SiO_2 35.00%，Mn/Fe = 2.29，P/Mn = 0.007，属高硅高铁高磷贫锰矿石。

二、矿床发现与勘查史

1918 年，当地农民发现矿床露头，并成立德兴、大发和利美 3 个公司进行开采。

1938 年，两广地质调查所高振西、王植到该区进行地质调查，并写有《广西桂平木圭马皮一带之锰矿调查报告》，但报告简略，并缺地质图。

1950 年，燕树棠到该矿调查，首先提出区内含锰地层是中泥盆统榴江组，认为锰矿是含锰地层中的微量锰经次生富集所形成。

1952 年 10 月～1953 年 2 月，中南地质局与广西探矿队合作对该区进行普查，提交堆积锰矿 C 级储量 19 万吨。但没有作出储量计算图，采样没有代表性，对矿石质量研究不全面。

1953 年 4 月～1954 年 6 月，广西锰矿勘探队对矿区进行地质普查补课工作，在榴江组中发现上泥盆统标准菊石化石多种，修正了含锰地层榴江组的时代，并进一步划分了榴江组含锰层系。根据黑石冲区和北区资料计算了全区堆积锰矿净矿石 D 级储量 200 万吨，并据南区矿床露头资料推算了松软锰矿石 D 级储量 1000 万吨。

1954 年 6 月，广西锰矿勘探队奉命结束工作。中南地质局另组织 460 普查队继续矿区工作。从地质测量开始，对各类型矿床重点普查，进行远景评价，同时扩大矿区外围普查工作，圈定全区堆积锰矿分布面积 9km²，求得堆积锰矿原矿 D 级储量 1200 万吨，并提出矿区北部 5.46km² 堆积锰矿分布比较富集，该地段作为 1955 年的勘探对象。初步圈定松软锰矿体分布面积 5.78km²，求得 D 级储量 1480 万吨。在对矿区及外围锰矿床新旧资料综合分析的基础上，对各矿层的远景进行了评价，并提出了矿区的初步勘探方案。

1955 年 1~12 月，中南地质局 416 队，根据 460 队的普查成果，选择矿区南、北两处堆积锰矿用井探进行勘探。1958 年 7 月提交《广西木圭锰矿地质勘探报告书》（1955 年度），探明堆积锰矿 B+C 级净矿石表内储量 160 万吨，表外储量 178.8 万吨。对夹层锰矿研究结果认为，构造复杂，矿体变化大，不值得勘探，只适于边探边采。对烟灰状锰矿初步圈定了蓬莲冲地段的矿体，计算 D 级矿石储量 220 万吨，并认为深部远景不大。

1956 年 1 月~1957 年 11 月，广西地质局木圭地质队在过去工作的基础上，对松软锰矿及烟灰状锰矿床进行勘探，于 1958 年 8 月提交了《广西木圭锰矿地质勘探报告书》（1957 年度），提交 B+C+D 级表内锰矿石储量 2611.4 万吨，1960 年 5 月 3 日，广西储委以桂储字第 2 号决议书批准该报告，批准储量为：松软锰矿石（原矿），表内 B+C+D 级储量 2293.2 万吨（B+C 级 1769.0 万吨），表外 B+C+D 级储量 121.4 万吨（B+C 级 4.4 万吨）。烟灰状锰矿石表内 B+C+D 级储量 401.7 万吨（B+C 级 55.0 万吨），表外 B+C+D 级储量 235.8 万吨（B+C 级 185.3 万吨）。1962 年 10 月，广西区储委对该勘探报告进行了重审，并以桂储字〔1962〕9 号决议书批准该报告，批准储量为：表内 A+B+C 级储量 1420.9 万吨，A+B+C+D 级储量 2515.9 万吨，表外锰矿石 D 级储量 304.3 万吨。

1965 年 5 月~1966 年 3 月，广西冶金地质勘探公司 273 队，在区内松软锰矿分布地段开展富氧化锰矿评价工作。于 1966 年 10 月提交《广西木圭锰矿区富氧化锰矿评价报告书》，经广西冶金地质勘探公司审查，于 1973 年 2 月 16 日以区冶勘革字〔1973〕24 号文批复该报告，同意提交电池锰 D 级储量 7248.7t，化工锰 D 级储量 769.8t。均为松软锰矿的重复储量。

1969 年初至 10 月，广西冶金地质勘探公司 273 队对矿区北部的堆积锰矿进行重勘，对矿区南部松软锰矿进行补勘。其主要对矿区北部四方塘至大排岭、黑石冲及鸡心岭等地段，面积约 9km² 的堆积锰矿进行重勘；对南部松软锰矿的 8 号矿体，南北两端及 5 号、6 号、11 号、14 号等矿体进行补勘，较准确地圈定出矿体的边界线。1970 年 4 月，提交《广西木圭锰矿区重勘和补勘储量计算说明书》。1973 年 2 月 16 日，广西区革委会冶金局以革冶生字〔1973〕26 号文批准该报告，同意提交堆积锰矿表内净矿石储量 39.48 万吨，表外净矿石储量 6.36 万吨。

三、矿床开发利用情况

木圭锰矿是广西开发利用最早的矿区之一。1918~1921 年，有德兴、大发和利美 3 个私营公司领照开采，所产矿石转运香港销给日本供制铁炼钢使用。1926~1928 年，有宝蓝、三益、义利、建业、开源和范生等矿业公司领照开采，年产量为 4000t 左右。1929 年后因锰价下跌，各矿业公司均先后停产。1936 年后，锰矿价格回升，各公司又继续开采，至 1937 年秋，因日本侵略中国，中国政府禁止锰矿出口日本，各矿业公司又相继停产。据不完全统计，1949 年前，共采优质锰矿石 30 万吨，主要开采堆积锰矿、夹层锰矿及一部分烟灰状锰矿。矿石为含锰 40% 以上、块度大于 25mm 的富锰矿。

1951 年，中国矿产公司和广西区工业厅委托宝兴公司和五星公司在木圭矿区代收锰矿石。1954 年初，广西区工业厅正式批准成立木圭锰矿，隶属区工业厅。1966 年中南锰矿公司成立，木圭锰矿改名为中南锰矿公司木圭锰矿。1969 年 12 月中南锰矿公司撤销，木圭锰矿划归广西，隶属广西重工业公司，1971 年 9 月木圭锰矿下放给玉林地区管理。1978 年自治区冶金局又将木圭锰矿收回为区直属企业，隶属广西冶金局和广西锰矿公司领导。1986 年，木圭锰矿再次下放给玉林地区管理。

1953～1971 年，矿山主要开采北区堆积锰矿和夹层锰矿，开采方法全为露天手采，矿石回采率仅 50% 左右。1961 年，矿区洗矿工程建成投产，开始回收粉矿。1968 年堆积锰矿粉矿烧结工程建成投产，烧结能力为 1.0 万吨/年，烧结率达 85% 以上，至 1980 年底，因烧结矿滞销而停产。

1972 年开始，矿区堆积锰矿全部改为水采，夹层锰矿改为露天机采。形成生产能力为 6 万吨/年。矿石采矿回收率提高到 90% 以上，洗矿回收率达 95% 以上。至 1981 年底，矿区北部堆积锰矿和夹层锰矿已采尽。

1971～1985 年，矿山先后建成多个坑口，对区内烟灰状锰矿进行地下开采。生产能力为 1 万吨/年，矿石回采率 50%～65%。为适应化工生产需要，1975 年建成锰粉厂，生产能力 1.5 万吨/年，锰矿回收率 90% 以上。至今一直在生产，是广西化工锰原料的主要产地。

1977 年对松软锰矿小规模开采，采矿能力 10 万吨/年，洗矿能力 10 万吨/年，土法烧结能力 2 万吨/年，均于 1978 年试产，试产结果：原矿锰品位 19.17%，洗净矿锰品位 29.2%，净矿产率 46%～48%，锰回收率为 70%～74%、土法烧结矿品位为 Mn 31.32%，烧结率为 70%～78%。试生产结束以后，由于烧结矿滞销，没有投产，现生产能力全部消失。

1977 年对烟灰状锰矿贫锰矿石进行了"常温微粒电解试验"获得成功，1983 年完成扩大中试，1984 年利用中试厂生产电解二氧化锰，生产能力为 50t/a，因成本高及产品滞销等原因于 1985 年停产。

1978 年，矿山配合上海铁合金厂，对试生产的松软锰矿烧结矿进行冶炼硅锰合金工业试验，用 29.87% 的松软锰烧结矿冶炼硅锰合金，结果锰和硅回收率高，但因烧结矿含锰低，用单一的烧结矿炼不出合格的硅锰合金。但配入 2/3 的含锰 38% 的富锰渣后，则可生产出合格的硅锰合金。

1985 年长沙矿冶研究院利用自磨碎解洗矿—筛洗—强磁选工艺，对松软锰矿进行深选成功，1986 年建成松软锰矿试验选厂。1985 年中南工业大学采用破碎筛分，高梯度强磁选和选择性聚凝选矿工艺，对松软锰矿进行选矿也获得成功。

1986 年，矿山建成 2×800kW 电炉，生产富锰渣及冶炼硅锰合金。1986 年富锰渣产量为 1463t，1987 年硅锰合金投产，产量为 0.02 万吨/年。

1989 年矿山建成水泥厂，生产能力为 4.4 万吨/年。

木圭锰矿自 1954 年 1 月正式成立后，经几十年的建设和改造，已发展成为广西中型生产矿山。至1991年底，矿山保有生产能力为：烟灰锰采矿1.0万吨/年，土法烧结1.0万吨/年、锰粉加工1.5万吨/年，富锰渣0.78万吨/年，硅锰合金0.28万吨/年，水泥4.4万吨/年。

据统计，1953~1991年，木圭锰矿及平南县锰矿在矿区内共开采冶金锰矿石246.71万吨，化工锰矿石55.21万吨，加工化工锰粉12.01万吨，生产富锰渣2.59万吨，硅锰合金34万吨，锰铁合金为283t。

第五章　湘桂粤锰矿富集区和赣东北锰矿富集区

　　湘桂粤锰矿富集区西起广西全州，东至湖南资兴，南达广东连山，北抵湖南梅城，面积约 60000km²。该区大地构造位置属扬子板块与华南褶皱系的过渡区，处于华南褶皱系的赣湘桂粤褶皱带中段。位于Ⅲ-83-③南岭西段（湘西南～桂东北隆起）W-Sn-Au-Ag-Pb-Zn-Mn-Cu-RM-REE 成矿亚带、Ⅲ-83-②南岭中段（湘南～粤北拗陷）Pb-Zn-Ag-Sn-W-Mo-Bi-Mn-Cu-RM-REE 成矿亚带和Ⅲ-86-①湘中 Pb-Zn-Sb-Au-Fe-W-Mn 亚带。区内有湘南—粤北—粤西和湘西南—桂中 2 个锰（铁）矿富集带。前者主要含锰层位为中泥盆统棋梓桥组/东岗岭组、桂头组，其次为上泥盆统佘田桥组，含锰岩系为一套厚层白云岩、藻叠层白云质灰岩、生物碎屑灰岩和薄层泥灰岩、灰泥质砂页岩夹铅锌硫化物-铁锰碳酸盐矿层组合，间或含有薄层中酸性火山熔岩、凝灰岩，硫化物相矿层与碳酸盐相矿层在横向和垂向上常呈相变或互层交替关系。这类层控型多金属硫化物-铁锰碳酸盐矿床经次生氧化作用，在湘南郴州、蓝山、道县—粤北连县一带形成许多铁锰帽和喀斯特岩溶堆积或残坡积氧化铁锰矿床。后者主要含锰层位为中二叠统孤峰组/当冲组，含锰岩系主要由硅质岩、硅质砂页岩及薄层透镜状灰岩、泥灰岩组成，夹含锰灰岩或碳酸锰矿层，风化后形成许多中小型氧化锰矿床，广泛分布于湖南邵阳零陵、新田、桂阳，桂东全州等地。区内矿床类型主要有沉积型、沉积改造型和风化型。已发现大型矿床 2 处（水埠头、后江桥），中型矿床 9 处（东湘桥、玛瑙山、六合、清水塘、芦山坳、荔浦、二塘、银山岭、全州小洞），小型矿床、矿点近百处。累计探明资源储量：锰矿石 12836 万吨。根据《湖南省锰矿资源潜力评价成果报告》，该区圈定锰矿预测区 237 个，预测锰矿资源潜力 5.45 亿吨（其中锰矿 1.9 亿吨、锰铁多金属矿 3.6 亿吨）（见图 5-1）。

　　冶金地质部门勘探的主要锰矿床为：芦山坳、东湘桥、清源、洋市-银河、荔浦、平乐（二塘、银山岭）、小带（广东）等 7 个锰矿床。

　　赣东北锰矿富集区位于江西乐平市东南部地区，面积 1300km²（见图 5-2）。大地构造位置为下扬子陆块江南古岛弧萍（乡）—乐（平）拗陷盆地，属Ⅲ-71-①钦杭东段北部成矿带萍乡—乐平 Cu-Pb-Zn-Au-Ag-Co-Fe-Mn-海泡石-萤石-硅灰石成矿亚带花亭 Mn、Pb、Zn、Ag、Au 矿集区。自晋宁运动褶皱造山后，该区长期处于隆起的古陆状态，直到早石炭世才由西南而来的海侵，到晚石炭世早期海盆逐渐发展成半封闭半局限的海湾—泻湖。由陆源而来的锰质逐渐在小海盆中聚集，在弱碱性的环境下锰质和碳酸盐一起沉积，形成菱铁矿和含锰碳酸盐（上石炭统老虎洞组和黄龙组），在随后的成岩过程中，锰矿进一步向底部迁移集中形成锰矿层。燕山时期由于太平洋板块的俯冲作用，沿不整合面及不同岩石分界面产生较大规模的滑脱构造，锰矿进一步"活化"，向滑脱面的平缓处迁聚，形成台阶式展布。同时，晚侏罗世—早白垩世大规模火山喷发和浅成-超浅成侵入活动，带来富含铁锰和富含铅锌热液，充填交代形成沉积改造型锰矿床。冶金地质部门在区内探获花亭大型锰矿床，该区累计查明锰矿石资源量 2350.62 万吨，

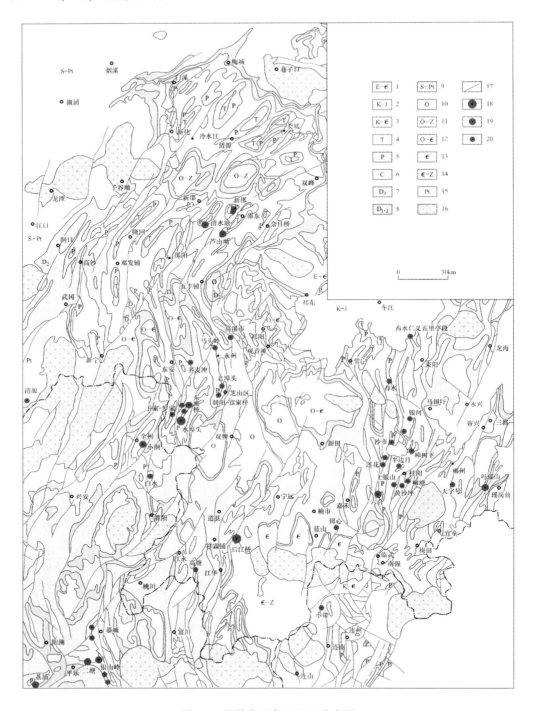

图 5-1 湘桂粤毗邻区锰矿分布图

1—古近系—寒武系；2—白垩系—侏罗系；3—白垩系—寒武系；4—三叠系；
5—二叠系；6—石炭系；7—上泥盆统；8—下—中泥盆统；9—志留系—元古界；10—奥陶系；
11—奥陶系—震旦系；12—奥陶系—寒武系；13—寒武系；14—寒武系—震旦系；15—元古界；
16—侵入岩；17—断层；18—大型锰矿；19—中型锰矿；20—小型锰矿

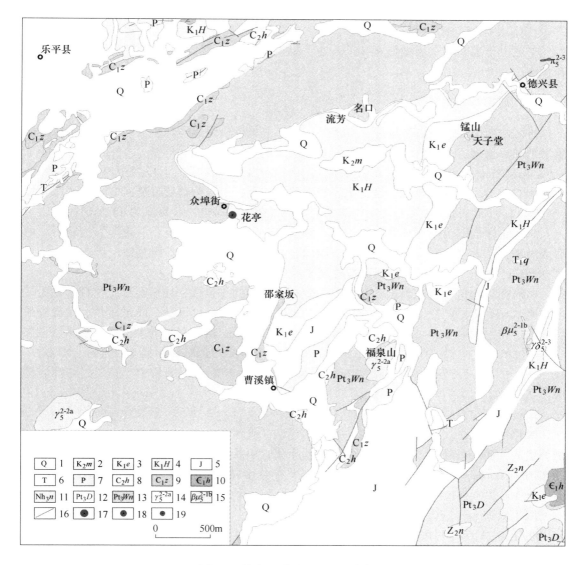

图 5-2　赣东北乐平地区锰矿分布图

1—第四系；2—上白垩统茅店组；3—下白垩统鹅湖岭组；4—上白垩统火把山群；5—侏罗系地层；
6—三叠系地层；7—二叠系地层；8—上石炭统黄龙组；9—下石炭统梓山组；10—下寒武统荷塘组；
11—上南华统南沱组；12—新元古界登山群；13—新元古界万年群；14—燕山早期黑云母花岗岩；
15—燕山早期辉绿岩；16—断层；17—大型锰矿；18—中型锰矿；19—小型锰矿

但花亭锰矿体北部边界未控制，向北仍稳定延伸。根据近年工作进展，认为花亭锰矿所处的黄柏盆地为江西重要的锰矿找矿远景区，区内含锰层位上石炭统黄龙组地层广泛分布。且有多个面积较大、强度较高的 1：20 万区域化探锰异常。同时乐平花亭矿区勘探成果说明矿区深部及外围的曹溪、福泉山、流芳、天子堂一带还有找矿前景，预测锰矿资源潜力可达 1.2 亿吨。

第一节 芦山坳锰矿

矿区位于湖南邵东县城西南 15km 处。距娄（底）—邵（阳）铁路线邵东站 18km，有公路相通。

一、矿床概况

矿区出露地层有上石炭统壶天群灰岩、中二叠统栖霞组、茅口组和孤峰组，上二叠统乐平组和长兴组，下三叠统大冶组第四系，矿区地层呈北东方向展布。

与成矿有关的地层为上二叠统长兴组，该组有 3 个岩性段：下段为中厚层硅质灰岩；中段为炭质页岩、硅质页岩、含锰灰岩和碳酸锰矿层；上段为薄层硅质灰岩。长兴组含锰岩系厚 11.97m，按照岩性变化、构造特征、含锰情况，可进一步细分为 11 个薄层。

矿区主体构造为不对称的向斜构造。轴向 20°~30°，轴部出露下三叠统大冶灰岩，两翼依次出露二叠系和石炭系。东翼地层倾向北西，倾角 10°~40°；西翼地层倾向南东，局部有倒转，倾角 45°~75°。向斜构造控制矿层的展布。

矿区断裂构造有逆掩断层和正断层，破坏了矿层的连续性，使矿层重复出现或缺失。

矿区见有 2 层矿，上层矿质量较好，是主矿层；下层矿厚度薄，质量欠佳，是次要矿层。两层矿间夹有 0.3~1m 的炭质页岩，均产在二叠系上统长兴组的中下部。主矿层呈层状、似层状。在向斜的西翼走向长 3700m，在东翼走向长 3500m，出露宽度 45m，厚 0.6~11.5m，平均厚 5.37m，埋深 12~30m。矿体倾向北西或南东，倾角 10°~75°，与围岩地层产状一致。

矿石自然类型有氧化锰矿石和碳酸锰矿石。

氧化锰矿石是历年的开采对象，它由软锰矿、硬锰矿、锰土、褐铁矿与石英、黏土矿物等组成，矿石具粒状、胶状与交代结构，土状、块状和条带状构造。氧化锰矿石发育深度在 10~30.6m，平均 16.9m。在垂直方向上有分带特点：上部为淋滤带，以硬锰矿为主，含 Mn 20% 左右；中部为次生富集带，以软锰矿为主，含 Mn 30% 左右。

原生碳酸锰矿石，由锰方解石、含锰方解石、白云石与黏土矿物组成，含 Mn 14.48%，Fe 3.04%，P 0.17%，SiO_2 17.13%，CaO 12.87%。

矿床成因类型属锰帽型风化矿床，是由二叠系上统长兴组碳酸锰贫矿层经风化淋滤作用形成。

据《湖南省矿产资源储量表》，截至 2019 年底，全矿区累计探获锰矿石资源储量 632.6 万吨，全部为资源量。

矿区有氧化锰富矿，但普查报告未按工业品级分别圈定富矿与贫矿。

二、矿床发现与勘查史

1958 年，邵东县农民发现芦山坳锰矿。

1959 年~1960 年 5 月，湖南冶金地质勘探公司 234 队 4 分队在矿区开展普查工作。1962 年 9 月，由 234 队肖开湘等编写了《湖南邵东县芦山坳锰矿评价报告》。主管单位未审批。该报告提交氧化锰矿石 $C_1 + C_2$（C+D）级储量 178.58 万吨，其中，C_1 级 76.44 万吨，平均品位 Mn 22.54%；C_2 级 102.14 万吨，平均品位 Mn 22.48%。

三、矿床开发利用情况

1958 年，农民在矿区岳四塘、阮家冲一带采锰矿。

1965 年，成立邵东锰矿（县办），组织农民开采芦山坳锰矿。

1971 年，成立湖南省冶金地方小锰矿服务站。1973 年协助建设邵东芦山坳锰矿。生产规模为年产锰矿石万吨以上。

1976 年，邵东锰矿正式建成，生产能力为年产锰矿石 2 万吨。产品有冶金锰矿，含 Mn 28%，粒度 5~20mm；化工锰砂含 Mn 30% 左右，粒度 5mm 以下。

1991 年，实际开采锰矿石 2.5 万吨。经历年开采，累计采矿石 93.8 万吨。

目前，该矿区推荐近期重新开发利用。

第二节　东湘桥锰矿

矿区位于湖南永州市西南方向 30km 左右的珠山镇，有简易公路与国道 G207 相连，泉南高速从矿区北通过，交通便利。

该矿已开发利用，是冶金锰的重要产地。

一、矿床概况

矿区受向斜盆地控制，呈北北东向展布，长 25km，宽 1~4km，面积 69km^2（见图 5-3）。由北而南分为五里牌、东湘桥、太婆冲与水口山四个矿段。

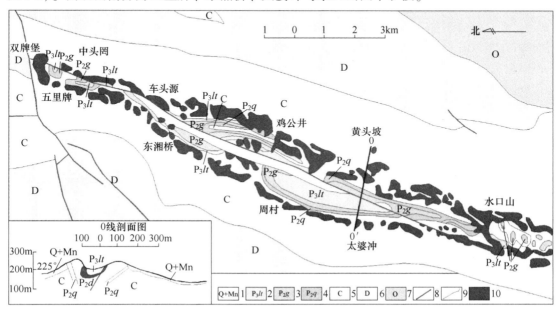

图 5-3　东湘桥锰矿地图

1—第四系及含锰矿层；2—上二叠统龙潭组；3—中二叠统孤峰组；4—中二叠统栖霞组；

5—石炭系；6—泥盆系；7—奥陶系；8—断层；9—地质界线；10—锰矿体

　　矿区出露地层有泥盆系、石炭系测水组、梓门桥组、壶天群，二叠系栖霞组、孤峰组和龙潭组，三叠系，白垩系和第四系。

　　与成矿有关的地层为中二叠统孤峰组与第四系。孤峰组为含锰岩系，可分为 3 个岩性段：上部为含锰页岩段，由薄层含锰灰岩、硅质页岩夹条带状燧石、钙质页岩夹碳酸锰矿层（第 1 层矿）构成；中部为含锰灰岩段，由含锰灰岩夹碳酸锰扁豆体（第 2 层矿）、含锰灰岩夹锰页岩（第 3 层矿）和砖红色铁锰硅质页岩构成；下部为硅质岩段，由含锰硅质岩夹页岩，薄层燧石层夹页岩构成。

　　第四系主要为残积层和坡积层，由亚砂土、亚砂黏土、亚黏土与岩屑碎块构成。其中下部的棕红色含锰结核亚黏土构成含矿层，厚 1~11.6m。

　　矿区为复式向斜构造。轴向北东 17°，南北两端扬起，核部出露地层有孤峰组、龙潭组。两翼依次出露栖霞组、石炭系和泥盆系，产状平缓，倾角 30°~40°，向斜控制东湘桥矿床的分布。

　　矿区断裂构造较发育，有 34 条断层，按走向可分为北北东、北东和北西向 3 组。北东向断层，规模大，纵贯全区，属逆冲断层。另两组规模小，形成晚，为张扭性质，常破坏矿层的连续性。

　　东湘桥锰矿有海相沉积碳酸锰矿床和风化矿床两大类。风化矿床又可分为锰帽型氧化锰矿和次生堆积型氧化锰矿两个亚类。

　　海相沉积碳酸锰矿床赋存在中二叠统孤峰组中上部，分布在太婆冲和东湘桥两矿段。有 3 层矿：第 1 矿层产于孤峰组钙质页岩段中，矿体呈似层状，厚 0.76~2.94m；第 2 矿层产于孤峰组含锰灰岩段上部，矿体呈扁豆体，厚 0.81~2.13m；第 3 矿层产于孤峰组含锰灰岩段下部，厚 0.6m。这 3 层碳酸锰矿层含锰低，它是风化矿床的主要物质来源。

　　锰帽型风化矿床，由碳酸锰矿层经表生风化作用形成。主要分布在太婆冲和东湘桥两矿段。矿体断续分布，长约 20km。矿体呈似层状和扁豆状，产状与围岩产状一致，单个矿体长 10~30m，厚 0.41~1.97m，平均 0.7m，氧化深度 10~60m。按层位也有 3 层：第一层锰帽，呈似层状，较稳定，平均厚 0.9m；第 2 层锰帽，分布广，呈扁豆体，平均厚 0.78m；第 3 层锰帽不发育，仅局部见到。

　　堆积型风化矿床，是该矿区主要的矿床，矿体分布于向斜盆地的两翼丘陵地带，呈北北东向断续展布，全长 25km。分布在区内 4 个矿段，共有 144 个矿体，其中，矿体储量达 5 万吨的有 37 个矿体。堆积型氧化锰矿石储量占总储量的 88%。

　　矿体平均长 338m，最大长度 1950m，平均宽 116m，最宽 700m，厚度 0.9~11.6m，平均 2.92m。矿体呈似层状、扁豆状，分布在向斜两翼及其扬起端。矿体内一般为 1 层矿，有时见 2~3 层矿。

　　矿石自然类型为氧化锰矿石。矿石矿物成分有：隐钾锰矿、锂硬锰矿、恩苏塔矿、软锰矿、复水锰矿、锰土、褐铁矿、赤铁矿、石英、黏土及岩屑等。矿石具有胶状、粒状结构，团块状、假角砾状、环带状、蜂窝状构造。

　　矿床类型以堆积型氧化锰矿床为主，锰帽型氧化锰矿床次之，海相沉积型碳酸锰矿床为贫矿。

　　据《湖南省矿产资源储量表》，截至 2019 年底，全矿区累计探获锰矿石资源储量 994.60 万吨，其中基础储量 507.86 万吨，资源量 486.74 万吨。

矿石含矿率为 313.45kg/m³。矿石平均品位：Mn 25.99%，TFe 14.52%，P 0.192%，SiO₂ 13.72%，Al₂O₃ 11.38%，CaO 0.21%，Mn/Fe = 1.77，Mn + Fe = 40.51%，P/Mn = 0.007，属氧化铁锰矿石。矿石中含 Co 0.038%，Ni 0.166%，可以综合利用。

二、矿床发现与勘查史

1960 年 4 月~1961 年 3 月，湖南冶金地质勘探公司 244 队发现了东湘桥锰矿，并在矿区 35km² 范围内对锰帽进行评价工作，提交了锰帽评价报告，探获氧化锰矿石储量 34 万吨，肯定了锰帽型氧化锰矿的工业价值。

1965 年 5 月~1967 年 12 月，湖南冶金地质勘探公司 236 队在矿区进行碳酸锰矿和堆积型锰矿的评价工作，并提交了评价勘探总结报告，探获碳酸锰矿石储量 256.64 万吨，堆积型氧化锰矿石储量 575.32 万吨。报告结论指出：原生碳酸锰矿石含锰品位低，工业价值不大；锰帽型和淋滤型氧化锰矿石，只适宜地方边探边采；堆积型氧化锰矿石工业价值较大，且有远景。报告经湖南省储委冶金分储委审批，因工作程度不够，降为评价报告，批准太婆冲矿段氧化锰 B+C₁ 级储量 27.9 万吨，C₂ 级储量 429.6 万吨。

1976 年~1977 年 5 月，湖南冶金地质勘探公司 206 队对堆积型氧化锰矿进行普查工作。

1977 年 5 月~1978 年 9 月，206 队在普查工作基础上转入勘探工作，1978 年底提交了勘探报告，提交氧化锰矿石 B+C+D 级储量 801.49 万吨。经冶金部储委审批，因工作程度不够，报告未批准，要求补充勘探。

1980 年，206 队在矿区进行补充勘探，补打冲击钻与浅井。1981 年 5 月，提交了《湖南省零陵县东湘桥矿区第四纪堆积氧化锰矿地质勘探报告》。1982 年 8 月，冶金部储委以〔1982〕冶储字第 148 号文审查批准，批准 B+C+D 级储量 668.2 万吨，其中，B+C 级 416.7 万吨。

三、矿床开发利用情况

矿体位于丘陵山区，海拔标高+150~+200m，相对高差数十米。矿体呈似层状、扁豆状产在第四系坡积层中，产状平缓，埋藏浅，露天开采。

1959 年 9 月，零陵县高溪市建立锰矿山。在矿区野猫岭、石缝岭一带开采氧化锰矿，年产 0.1 万吨左右。

1960 年 10 月，改名零陵县锰矿。主要采锰帽型氧化锰矿石，作电池、化工原料，年产近 0.2 万吨。

1970 年，矿山实现了小型水力机械化采矿，年产洗净矿达 1 万吨。

1972 年 5 月，改名零陵地区东湘桥锰矿。同年 12 月，长沙黑色冶金矿山设计院对锰矿进行了初步设计。

1973 年，国家投资新建东湘桥工区，设计规模年产 6 万吨。1975 年 5 月，东湘桥工区竣工投产后，当年矿区实际生产净矿石 3.86 万吨。

1980 年 9 月，零陵县锰矿公司与东湘桥锰矿合并，改名零陵县东湘桥锰矿。生产能力大幅度提高，1985 年产净矿石 8.35 万吨。1984 年又更名为永州市东湘桥锰矿。

1991 年全矿生产净锰矿石 22.5 万吨。截至 1991 年，已消耗锰矿资源 184.6 万吨，保有储量 526.8 万吨。

采矿方法：1970 年前采用露天手工旱采，1970 年后采用露天水力开采，1970~1985 年，矿山采用螺旋分级机进行洗矿生产，1972~1973 年，矿山对粉矿进行土发烧结，提高品位。

1960 年开始生产放电锰粉，1985 年矿山开始锰矿石深加工，建 13m³ 高炉 1 座冶炼富锰渣，1987 年投产。

东湘桥锰矿是一个拥有多种产品的综合性矿山企业。

第三节 清 源 锰 矿

矿区位于湖南城步县城东南 21.6km 处，隶属于清源乡管辖，距焦（作）—柳（州）铁路线靖县站 190km，有公路相通。

一、矿床概况

矿区包括大坳头、铁道界两矿段，相距 1.1km（见图 5-4）。

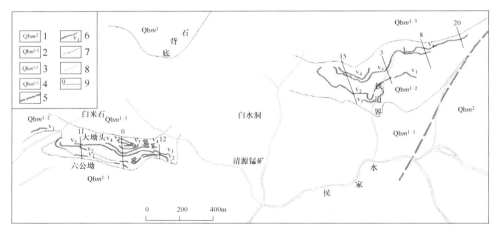

图 5-4 清源锰矿区平面位置示意图
1—青白口系马底驿组上段；2—青白口系马底驿组下段石英云母片岩亚段；
3—青白口系马底驿组下段钙质片岩亚段；4—青白口系马底驿组下段云母片岩亚段；
5—断层；6—矿体及编号；7—地质界线；8—河流；9—勘探线及编号

矿区出露地层有元古界青白口系马底驿组与第四系。

马底驿组有 2 个岩性段：上部为黑色板岩段，厚 120m；下部为钙质片岩段，厚度大于 640m，与成矿有关的地层为马底驿组下部钙质片岩段第二亚段，该亚段为含锰岩系，由黑云母钙质片岩、碳酸锰矿层与含锰钙质板岩组成互层，夹有多层锰矿层，厚 33.4~249.6m。

矿区位于猫儿界背斜南端。地层走向近东西，倾向北，倾角 20°~30°，局部有次一级褶皱，褶皱构造控制锰矿层的展布。

矿区有 2 条断层：F_1 隐伏断层，位于大坳头矿段，属正断层，被石英脉充填，破坏矿层连续性。F_2断层位于铁道界矿段东缘，属逆冲断层，控制矿区东部边界。

矿区外围东侧有苗儿山花岗岩。矿区内未见岩浆岩。

矿床具有多层、多矿体的特点。铁道界矿段有 4 层矿、6 个矿体；大坳头矿段有 7 层矿、11 个矿体。其中，V_2、V_3是主矿层（见图 5-5 和图 5-6）。

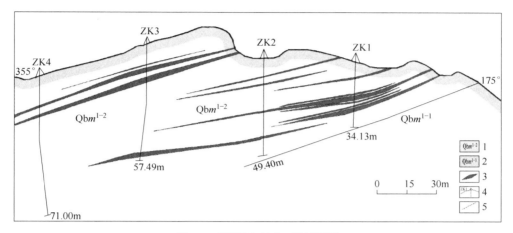

图 5-5 清源锰矿区 0 线剖面图

1—青白口系马底驿组下段钙质片岩亚段；2—青白口系马底驿组下段云母片岩亚段；

3—锰矿体；4—钻孔及编号；5—地质界线

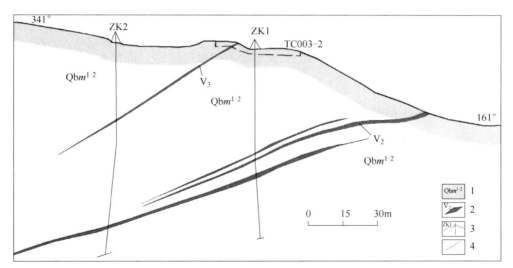

图 5-6 清源锰矿区 3 线剖面图

1—青白口系马底驿组下段钙质片岩亚段；2—锰矿体及编号；

3—钻孔及编号；4—地质界线

V_2主矿层：在铁道界矿段，出露长 950m，厚 0.5～6m，倾向延深 70～270m。矿层由 3～4 小层锰矿层夹钙质板岩扁豆体构成，浅部为氧化锰矿石，深部为碳酸锰-硅酸锰矿石。在大坳头矿段东西两端，共出露长 580m，厚 1.2～6.5m，倾斜延深 40～140m，仅发育氧化锰矿石。

V_3 主矿层：在铁道界矿段出露长 970m，厚 0.5~4.2m，倾斜延深 45~190m。由单层锰矿层构成，有分枝复合现象，浅部为氧化锰矿石，深部为碳酸锰-硅酸锰矿石。矿层倾向北，倾角 17°~36°，含矿系数 0.86。在大坳头矿段出露长 720m，厚 1~8m，倾斜延深 10~138m，仅见氧化锰矿石。

全矿区 17 个矿体中，仅铁道界矿段 Ⅲ、Ⅳ 两矿体为主矿体，其余均属小矿体。

Ⅲ号主矿体：属 V_2 主矿层，分布在铁道界矿段，矿体呈似层状，长 583m，倾斜延深 77.5~180m，平均厚 0.88m。倾向北北西，倾角 16°~25°，为氧化锰矿石，储量 7.44 万吨，占全区总储量的 18.6%。

Ⅳ号主矿体：属 V_3 主矿层，分布在铁道界矿段，矿体呈似层状，长 709m，倾斜延深 26.5~84m，平均厚 1.04m。倾向北北西，倾角 17°~30°，为氧化锰矿石，储量 8.59 万吨，占全区总储量的 21.47%。

矿石自然类型有氧化锰矿石与碳酸锰-硅酸锰矿石。

氧化锰矿石由软锰矿、硬锰矿、锰石榴子石、蔷薇辉石、钙铁榴石、石英、黏土矿物组成。具粒状、胶状与交代结构，矿石构造有葡萄状、条带状、网脉状、角砾状与块状构造。

碳酸锰-硅酸锰矿石由蔷薇辉石、锰石榴子石、锰方解石、石英、方解石、绿帘石、黑云母等矿物构成，具粒状、交代与花岗变晶结构，块状、条带状构造。

矿床成因类型属锰帽型风化矿床。

据《湖南省矿产资源储量表》，截止到 2019 年底，全矿区累计探获锰矿石资源储量 41.57 万吨，其中：基础储量 36.95 万吨，资源量 4.62 万吨。

氧化锰矿石平均品位：Mn 29.9%，TFe 4.43%，P 0.059%，SiO_2 25.17%，Mn/Fe = 6.75，P/Mn = 0.002。

该矿床属优质酸性锰矿石，其中的氧化锰矿石放电性能好，符合 Ⅱ、Ⅲ 级放电锰矿石质量要求。

二、矿床发现与勘查史

1958 年，城步县农民发现清源锰矿。

1960 年，湖南冶金地质勘探公司 234 队在矿区开展概查工作。

1978 年，湖南省地质局 418 队在矿区进行普查工作。计算锰矿石储量 42 万吨，其中，富矿 34.5 万吨。

1984 年，邵阳地区地质队在铁道界矿段再次进行普查工作，编写了详细普查报告，探获锰矿石储量 C+D 级 12.9 万吨。

1987 年 4 月~1988 年 12 月，中南冶金地质勘探公司 607 队在矿区开展详查工作，共探明 C+D 级氧化锰矿石储量 40 万吨。1989 年 5 月，李德武、郑泽兴、韩国炎等人提交了《湖南省城步县清源锰矿区详查地质报告》。经中南冶金地质勘探公司审查，于 1989 年 11 月下达〔1989〕冶勘地字 197 号审查意见，批准详查报告及储量，可作为矿山建设规划的依据。

三、矿床开发利用情况

1975 年，城步县成立清源锰矿，露采氧化锰矿石，年产锰矿石 1 万吨。

1976 年～1988 年 10 月，矿山采、选回收率达 90%，经过手选锰精矿品位 Mn 32%～47%。共采出锰矿石 91554t，销售锰矿石 82420t，获得较好的经济效益。

1991 年，生产锰矿石 2 万吨。

据城步县儒林镇锰粉厂测定矿石放电性资料，锰矿石破碎到 0.178～0.104mm（80～140 目）后，去铁、硅，可制成放电锰粉。2 级锰粉，$MnO_2 \geqslant 69\%$，放电时间 510～540min；3 级锰粉，MnO_2 64%～66%，放电时间 460～490min。

目前，该矿区处于开采状态。

第四节　洋市—银河锰矿

矿区位于湖南桂阳县城北东 30km 处，属银河乡、洋市乡、樟市镇等三乡镇所辖，有乡级、村级公路穿过矿区，交通方便。

一、矿床概况

矿区分为银河矿段和洋市—樟市矿段，面积 32.25km²。

矿区位于耒阳—临武南北向坳陷带中段偏东部的茅铺—张家坪复式向斜内，大部分被第四系覆盖，零星出露有上石炭统壶天组和中二叠统栖霞组、孤峰组地层。孤峰组含锰硅质岩系是氧化锰矿的矿源层，赋矿地层为第四系，锰帽型氧化锰矿因品位低、含磷高无工业意义，有工业意义的是堆积型的氧化锰矿，其矿石类型有结核及碎块状和土状两种，赋存于第四系的残、坡积层中（见图 5-7）。

银河矿段由 2 个氧化锰矿体组成，其中：II-1 号矿体规模较大，呈长条状、似层状，走向西北，长 830m，平均宽 160m；平均含矿率 16.79%，平均厚度 1.85m，锰平均品位 29.90%，矿体属埋藏浅、含矿率较高、厚度变化中等、锰品位变化均匀、剥采比较高的优质氧化锰矿石。

洋市—樟市矿段由 13 个氧化锰矿体组成，其中：II 号矿体规模较大，呈长透镜状、似层状，走向东西，长 400m，宽 200m，平均厚度 1.00m，锰平均品位 20.82%。矿体均属埋藏浅、含矿率较高、剥采比较低的贫氧化锰矿石（见图 5-8）。

结核及碎块状氧化锰矿矿体分布较广，矿体呈透镜状、似层状，矿体分布面积 16.58～1.04km²，平均厚度 3m，含矿率 15.2%～28.4%，净矿含锰 16.35%～46.73%，P/Mn = 0.003～0.010，Mn/Fe = 1.21～12.17。土状氧化锰矿矿体呈透镜状、似层状，厚 1.2～1.38m，矿石含锰 21.24%～28.24%，P/Mn = 0.003～0.007，Mn/Fe = 5～10.31。

结核及碎块状氧化锰矿石主要为红褐色含大量结核状、碎块状锰矿的黏土、亚黏土，也有呈杂色、浅黑色、黄褐色。原矿石为松散土状、结核状、碎块状构造，粒状碎屑结构，锰矿结核以豆粒状、球粒状、肾状、葡萄状为主，锰矿碎块以次棱角状、次圆状为主。洗净矿石为微晶-细晶结构、隐晶质胶状结构、纤维结构，豆状、球粒状、葡萄状、肾状、块状、角砾状等构造。矿物成分：硬锰矿、软锰矿、褐锰矿、隐钾锰矿、含锰褐铁矿，脉石矿物有高岭石、石英等。

土状氧化锰矿石：灰黑色、黑褐色、松散土状，矿石中各种矿物粒度细小。土状构造，微-细粒状结构，少量交代残余结构。主要矿石矿物成分：硬锰矿、软锰矿、少量褐

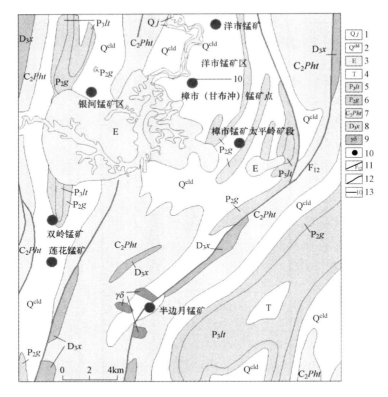

图 5-7 洋市锰矿区地质图

1—第四系橘子洲组；2—第四系残坡积层；3—第三系；4—三叠系；
5—上二叠统龙潭组；6—中二叠统孤峰组；7—上石炭统壶天群；8—上泥盆统锡矿山组；
9—花岗闪长岩；10—氧化锰矿点；11—断层及编号；12—地质界线；13—勘探线及编号

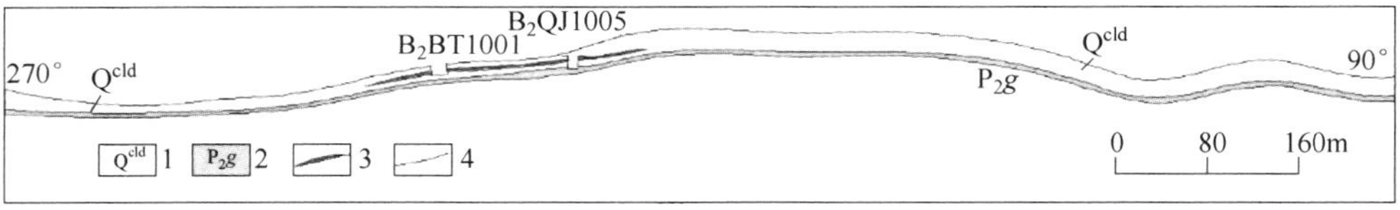

图 5-8 洋市锰矿区 10 线剖面图

1—第四系残坡积层；2—中二叠统孤峰组；3—矿层；4—地质界线

锰矿等，脉石矿物有高岭石、铝土矿、石英等。

矿床成因类型为风化淋滤堆积型锰矿床。

截至 2009 年，矿区共探获氧化锰矿石 333+334 资源量 120.96 万吨，其中，333 资源量 57.19 万吨（未上储量表）。

二、矿床发现与勘查史

该区的氧化锰矿发现于 20 世纪 60 年代，湖南地质局、湖南冶金下属的地质队先后进行过一些初步普查工作，提交了少量 C+D 级氧化锰矿石储量，但总的来说，工作程度较低。

1995~1997 年，以中南冶金地质研究所为主，开展了"湘中、湘南地区大型优质锰矿找矿预测和综合评价"科研工作。

1999~2002 年，中国冶金地质总局中南地质勘查院对该区的氧化锰矿进行了调查、评价，较系统地研究了桂阳成锰盆地的岩相古地理、锰矿成矿地质条件、成矿规律等，初步预测有 500 万吨以上的氧化锰矿资源。

2004~2006 年，中国冶金地质总局中南地质勘查院执行了国家矿产资源补偿费项目，在该区全面开展了普查找矿工作，通过工作，共圈定结核状及碎块状氧化锰矿体 9 个，土状氧化锰矿体 2 个。2008 年 9 月，雷玉龙、张守德、易德法等提交了《湖南省桂阳县洋市—银河矿区优质氧化锰矿普查报告》，通过中国冶金地质总局组织评审，共探获氧化锰矿石 333+334 资源量 120.96 万吨，其中 333 资源量 57.19 万吨。

三、矿床开发利用情况

结核及碎块状原矿石需经水洗后的净矿才能使用。经测试，净矿比原矿锰品位提高 6%左右，铁提高 2.5%左右，磷含量没有明显变化或略有降低。土状矿石可不经选矿直接用焦炭还原等常规方法入炉冶炼，获得铁锰合金。

由于洋市—银河锰矿区一直未设置采矿权，锰矿资源未得到开发利用。

第五节　荔 浦 锰 矿

矿区位于广西荔浦县城北东东直距 8km 的马岭圩至两江圩一带，属马岭乡及两江乡管辖。北距湘（衡阳）—桂（南宁）铁路线桂林站 93km，有主干公路相通，交通方便。矿区面积 37km²。

一、矿床概况

矿区出露地层有下石炭统黄金组、罗城组，上石炭统黄龙组，中二叠统栖霞组、孤峰组及第四系残坡积、冲积层等，其中中二叠统孤峰组为区内原生含锰岩系，含锰层产于孤峰组下部（见图 5-9）。

孤峰组以硅质页岩为主，夹黏土质页岩和含锰硅质灰岩，含锰硅质灰岩常呈透镜状产出，厚度变化大，最厚为 7m，含 Mn 3%~5%，由于含锰较低，不能利用，但经次生氧化富集后可形成次生氧化锰矿体。有工业价值的次生锰矿体均赋存于第四系残坡积层中。

第四系由冲积层和残坡积层组成，冲积层上部为黏土层，下部为砾石层，厚 0~12m；残坡积层上部为黄色、棕色砂质黏土，含少量豆状锰粒，下部为棕黑色、紫褐色、棕黄色含锰黏土及堆积锰矿层，层厚 0~30m。

矿区主体构造为马岭向斜，轴向北东，呈纺锤形，核部地层为中二叠统孤峰组及栖霞组，因小褶曲发育，使含锰地层反复出露，氧化后得以形成面积较大的堆积锰矿体。向斜两翼由石炭系组成，产状较平缓，常有波状小褶曲。

矿区地貌类型属岩溶化丘陵区，海拔高程为 140~200m，相对高程为 50~60m。区内化学风化作用强烈，大多数由中二叠统孤峰组下部含锰岩段组成的低缓丘陵，均已彻底红土化并形成较厚的红土层，在红土层下部常赋存有堆积锰矿层。

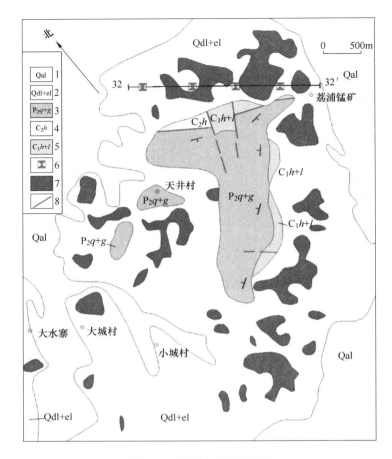

图 5-9 荔浦锰矿区地质图

1—第四系冲积层；2—第四系残坡积层；3—中二叠统栖霞组、孤峰组；
4—上石炭统黄龙组；5—下石炭统黄金组、罗城组；6—浅井；7—堆积锰矿体；8—断层

区内矿体均赋存在平缓丘陵的第四系残坡积红土层中，沿马岭向斜孤峰组下部含锰硅质灰岩附近断续分布。工业矿体主要分布在福子岭、太平屯、黑石岭及天井岭一带，面积约 10km²。全区共探明堆积锰矿体 73 个，单个矿体的展布面积为 1000～154979m²，矿体厚 1～20m，平均 5.5m，含矿率 10%～60%，平均 19.23%，矿体埋深 0～10m，一般 4～9m。

矿区内规模最大的矿体为 3 号矿体，呈似层状产于第四系残坡积红土层中，其产状随地形起伏而变化，倾角较平缓，矿体顶板为红土层，底板为灰黑色残积黏土层或是风化的基岩（见图 5-10）。基岩常为喀斯特化灰岩。

主矿体长 930m，宽 175～550m，展布面积为 154979m²，厚 5.57m，埋深 2～10m，因区内矿体底板多为喀斯特化灰岩，致使矿体厚度变化较大，形态较复杂，主矿体厚度变化系数为 78.13%，属厚度变化稳定-不稳定型。

矿石的自然类型为氧化锰矿石，其主要矿石矿物为硬锰矿、软锰矿，次为偏锰酸矿、水锰矿、赤铁矿和褐铁矿。脉石矿物主要为石英和黏土矿物，次为硅质页岩及硅质灰岩。

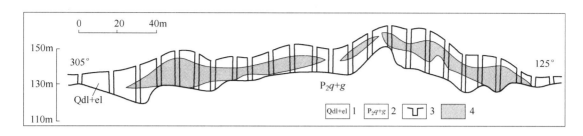

图 5-10　荔浦锰矿区 32 线剖面图

1—第四系残坡积层；2—中二叠统栖霞组、孤峰组；3—浅井；4—堆积锰矿体

矿石主要为胶体环带状及凝胶状结构，次为胶体网格状结构。矿石以球粒状、块状构造为主，前者为矿层上部的主要构造，后者为矿层下部的主要构造，其次为放射状、葡萄状、鲕状、肾状、网格状、蜂窝状及土状构造等。

矿床成因类型为堆积型风化锰矿床，矿石工业类型均为铁锰矿石。

据《广西壮族自治区矿产资源储量表》，截止到 2018 年底，累计探明氧化锰矿石资源储量 370.97 万吨，其中，基础储量 298.64 万吨，资源量 72.33 万吨。

矿石的平均品位：Mn 22.2%，TFe 12.08%，P 0.090%，SiO_2 12.00%，含矿率 19.23%，Mn/Fe=1.84，P/Mn=0.004，属低硅中磷高铁贫锰矿石。

区内矿石中钴、镍含量较高，符合锰矿石综合利用指标要求，其平均含量为：Co 0.058%，Ni 0.199%。

二、矿床发现与勘查史

矿区于 1958 年被当地农民发现并开采。

1959 年 10 月～1964 年 6 月，广西冶金地质勘探公司 270 队在区内开展地质普查、勘探和补充勘探工作，于 1965 年 12 月提交《广西荔浦锰矿区地质勘探总结报告》，获 B+C+D 级锰净矿石储量 355 万吨。经广西冶金局审查，于 1973 年 2 月 16 日以区革冶生字〔1973〕24 号文批准该报告，认为矿床勘探程度、工程质量较高，基本上能满足矿山设计、生产的需要，批准 A+B+C+D 级锰净矿石储量 354.7 万吨，其中 A+B+C 级 232.4 万吨。

三、矿床开发利用情况

1958 年 8 月 1 日，荔浦县成立荔浦锰矿，为地方国营矿山。

从 1958～1973 年，除荔浦锰矿进行小规模开采外，主要由县锰矿组织民采。1973 年后才逐步形成全部由固定职工进行开采。

1984 年 3 月 23 日，经广西区经委、计委及财政局批准，广西锰矿公司与荔浦县联合经营该矿山，并投资进行扩建，至今一直为区县联营矿山。

矿山从 1958～1975 年止，全部为人工不定点采挖，工艺极其简单，即用锄头挖矿，用手摇筛筛分，然后将矿石运至水塘进行人工洗矿即得成品矿外运。1969 年，矿山在竹林背建立洗矿点，实行集中洗矿，回收粉矿，提高了矿石质量。

1973 年，根据冶金部为使地方锰矿山逐步实现半机械化，形成稳定生产能力的要求，矿山开始建设烟灯徒及太平 2 个水采场，1975 年建成投产，开始实行水力开采，生产能力为 3.5 万吨/年。

为了扩大生产，1984 年广西锰矿公司以〔1984〕桂锰基字 5 号文下达扩建设计任务书，由广西冶金设计院设计，新建竹林背采场及全矿生产配套工程，1985 年底建成投产，新增生产能力 3.5 万吨/年。

水力开采全部采用初坑法开拓，其中烟灯徒采场因矿体厚且埋深大，采用初坑多次挖掘法开拓，其他采场均采用初坑一次挖掘法开拓。采矿方法采用水枪逆向冲采法。采矿回收率达到 90%以上，洗矿回收率达 95%以上。

为了提高锰矿石质量，1978 年矿山开始建设磁选车间，1980 年建成投产，形成生产能力为 5 万吨/年。其选别指标为：精矿产率 72.78%，精矿品位较入选净矿品位提高 3~5 个百分点，Mn 回收率为 90%~95%，尾矿锰品位为 5%~9%。

截至 1991 年底，矿山共建成采洗矿生产能力 7 万吨/年，强磁选矿能力 5 万吨/年。

该矿经多年的改、扩建，已初具规模。但产品单一，只生产冶金锰矿石。据统计，从 1958~1991 年底，全矿共采锰矿石 82.96 万吨。

第六节　平乐锰矿

矿区位于广西平乐县城北东东 14km，属二塘乡、张家乡及阳安乡管辖。距湘（衡阳）—桂（南宁）铁路线桂林站 132km，均有主干公路相通，交通方便。

一、矿床概况

矿区包括二塘、银山岭、和风洞、牛角、周塘及岐村 6 个矿段，面积 52km²。

矿区出露地层有中泥盆统东岗岭组，上泥盆统融县组，下石炭统黄金组、罗城组，上石炭统壶天群、中二叠统栖霞组、孤峰组，上二叠统龙潭组，下三叠统马脚岭组，下侏罗统西湾群及第四系残坡积、冲积层等。其中中二叠统孤峰组为区内原生含锰地层，锰矿产于孤峰组下部（见图 5-11）。

孤峰组上部为黑色硅质页岩；中部为硅质页岩夹薄层杂色砂质页岩及透镜状灰岩；下部为页岩夹 1~6 层含锰硅质灰岩。含锰硅质灰岩单层厚 0.03~1.50m，含锰在 10%以下，由于含锰低，不能利用，有工业价值的锰矿体均赋存于第四系残坡积层中。孤峰组厚度 70m，含锰岩段厚 4m，原生含锰层厚度不稳定。

第四系由冲积层和残坡积层组成，冲积层上部为黏土层，下部为砾石层，厚 0~12m；残坡积层上部为黄色、棕色砂质黏土，含少量豆状锰粒，下部为棕黑色、紫褐色、棕黄色含锰黏土及堆积锰矿层，层厚 0~30m。

矿区主体构造为平乐向斜，轴向北北西，核部地层为二叠系和侏罗系，两翼由泥盆系和石炭系组成。由于两翼泥盆系均沿走向逆断层推覆在二叠系和侏罗系之上，形成似地堑式构造（见图 5-11）。在二塘—和风洞一带，含锰地层平缓，小褶曲发育，为堆积锰矿的形成和富集创造了良好的构造前提。

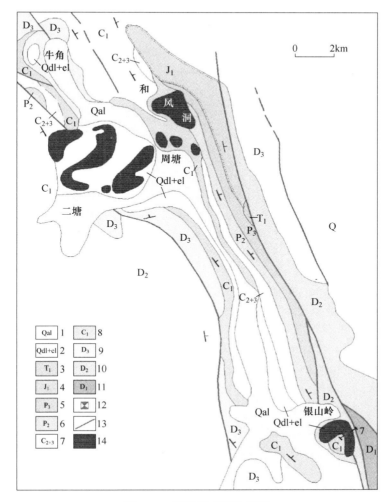

图 5-11　平乐锰矿区地质图

1—第四系冲积层；2—第四系残坡积层；3—下侏罗统；4—中三叠统；5—上二叠统；
6—下二叠统；7—中—上石炭统；8—下石炭统；9—上泥盆统；10—中泥盆统；11—下泥盆统；
12—浅井；13—断层；14—堆积锰矿体

　　向斜内走向逆断层和横向断层都很发育，破坏并控制着孤峰组含锰层的出露和分布，因而也控制堆积锰矿的产出和分布。

　　矿区地貌属岩溶化丘陵—岩溶化平原区，以低矮平缓的岩石丘陵地貌为主，海拔高程为 150~350m，比高一般仅 30~50m。区内流水侵蚀和切割作用较弱，化学风化作用强烈，由中二叠统孤峰组含锰岩系组成的低缓丘陵，大多数均已彻底红土化，并形成较厚的红土层。在红土层的中下部，常形成堆积锰矿层。

　　矿体均赋存于相对高差 30~50m 的低矮缓坡丘陵的第四系残坡积层中，矿层由下部块状锰黏土层及上部豆状锰黏土层组成。矿层顶板为棕黄色砂质黏土，一般不含块状锰矿石，但含稀疏分布的小锰粒。二塘和银山岭矿段有部分矿体直接出露地表。矿层底板为深褐色至棕红色黏土或为风化基岩。基岩主要为栖霞组灰岩及孤峰组硅质岩、硅质页岩，次为上-下石炭统巴平组灰岩，由于风化作用的影响，基岩面常呈不平整的溶蚀面。

矿体呈层状、似层状产出，其产状与地形平缓坡度大致平行（见图 5-12）。

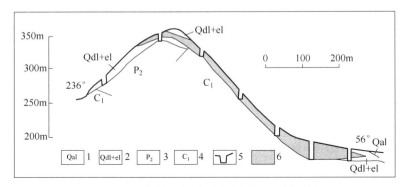

图 5-12　平乐锰矿区银山岭矿段 7 线剖面图

1—第四系冲积层；2—第四系残坡积层；3—中二叠统；4—下石炭统；5—浅井；6—堆积锰矿体

矿体主要分布于二塘、银山岭、和风洞、牛角、周塘和岐村 6 个矿段。分布面积达 52km²，共探明堆积锰矿体 32 个，矿体展布面积共 3.92km²。矿体的平面形态不规则，大小相差悬殊，单个矿体的展布面积为 312 ~ 1172067m²，平均 122579m²。矿体厚 1 ~ 26.95m，平均 6.86m，含矿率 10% ~ 52%，平均 21.23%。

银山岭矿段主矿体为区内规模最大的矿体，矿体连续性较好，长 1840m，宽 760m，展布面积 1172067m²，矿体厚 3.63 ~ 10.53m，平均 8.07m，含矿率 10.09% ~ 49.94%，平均 23.67%，矿体埋深 3 ~ 12m。

矿石自然类型均为氧化锰矿石，其主要矿石矿物为硬锰矿及铁锰凝胶物，次为少量的软锰矿、水锰矿、褐铁矿和赤铁矿等。脉石矿物主要为由水云母与少量绢云母、多水高岭石等组成的黏土和石英碎屑。

矿石结构以胶体环带状及凝胶状为主，矿石构造以块状、结核状、豆粒状、球粒状构造为主，次为放射状、葡萄状、鲕状、肾状、网格状、蜂窝状和土状构造等。

矿床的成因类型为堆积型风化锰矿床，其工业类型为铁锰矿石。

据《广西壮族自治区矿产资源储量表》，截止到 2018 年底，全矿区累计探明氧化锰矿石资源储量 1075.57 万吨，其中，基础储量 1046.04 万吨，资源量 29.53 万吨。

矿石的平均品位为：Mn 23.31%、TFe 11.76%、P 0.101%、SiO₂ 16.00%、Mn/Fe = 1.98、P/Mn = 0.0043。属低硅中磷高铁贫锰矿石。

区内贫锰矿石中夹有部分富锰矿石，勘探时未单独圈出。矿石中含有 Co、Ni 等伴生有益组分可以综合利用，其平均含量为：Co 0.036%，Ni 0.175%。

二、矿床发现与勘查史

1958 年，平乐县地质队在二塘镇北东的洋兰桥村背后的黄土岭一带发现有堆积锰矿，并在二塘一带开展普查找矿工作。于 1959 年 5 月 11 日提交了《平乐县二塘洋兰桥锰矿普查简报》，1963 年 2 月 1 日，广西区地质局技术委员会以〔1963〕地技字 335 号文批复，认为该报告不符合普查报告要求，作矿点踏勘报告处理。

　　1959年3~6月，平乐地质队对区内银山岭一带开展普查找矿工作，于6月27日提交了《平乐张家银山岭锰矿普查简报》，计算锰净矿石储量4.24万吨。1963年6月19日，经广西区地矿局技术委员会审查认为：报告资料收集不全，矿床地质研究程度较差，降为踏勘报告，储量计算参数依据不足，所提交储量应予注销。

　　1959年8月~1960年12月，广西区冶金地质勘探公司270队在区内开展普查勘探工作，于1960年12月提交《平乐二塘锰矿1959年度地质勘探报告书》，获B+C+D级锰净矿石储量833.82万吨，其中B+C级233.82万吨。经广西区储委审查后，认为只能作中间性报告，并提出了补勘意见。

　　1962年8月~1964年1月，270队在区内进行补充勘探工作，于1965年8月提交《广西平乐锰矿地质勘探报告》，经广西区革委会冶金局组织冶金设计院、广西冶金地质勘探公司等有关部门审查，于1973年2月16日下达了区革冶生字〔1973〕25号文批准该报告，批准提交B+C+D级锰净矿石储量1075万吨，其中B+C级871万吨。

三、矿床开发利用情况

　　1958年9月，平乐锰矿开始有零星民采，1958年12月成立地方国营平乐锰矿，隶属于县工业局领导。1962年8月，因工业生产调整，平乐锰矿关闭停办。

　　1966年，平乐锰矿恢复生产，属大集体企业。

　　1973年，根据冶金部要求平乐锰矿正式改为国营矿山，由广西锰矿公司与平乐县联合经营，并逐步采用固定工人进行正规开采。

　　矿山自1959~1974年，全部采用露天人工开采，矿石回收率低，仅达30%~40%。

　　1973年，根据冶金部为使地方锰矿逐步实现半机械化开采的要求，由区冶金局规划设计组设计，建设二塘机采场、银山岭水采场各一个，区冶金局以区革冶锰字〔1973〕9号文批准该设计，设计采洗规模为4.5万吨/年。1975年两个采场建成投产，实际形成生产能力为5万吨/年。矿石回收率也随之上升到94%~95%。

　　为了扩大生产，1984年广西锰矿公司以〔1984〕桂锰基字5号文下达矿山扩建设计任务书，由广西冶金设计院进行设计，改造银山岭和二塘两个采场，扩建和风洞采场，设计规模为新增能力5万吨/年，使全矿采洗矿能力达到10万吨/年，1985年底完成改造工程，1987年全部扩建工程完工投产。

　　平乐锰矿经多年的改、扩建，已初具规模。截至1991年底全矿共建成生产能力，采洗矿10万吨/年，保有生产能力为采洗矿6万吨/年。

　　该矿产品为单一的冶金锰矿石，自1959~1991年，平乐锰矿共采出冶金锰矿石140.62万吨，其中1991年产量为5.24万吨。

　　"八五"期间矿山建设银山岭与和风洞两个采场的强磁选车间对矿石进行粗选，以提高锰矿石的质量。此外，为了充分利用粉矿，增加了烧结，使全矿采洗矿能力稳定在10万吨/年。

第七节　小　带　锰　矿

　　矿区位于广东省连县县城北西28km处，属清水镇小带村。经连县至（北）京—广

（州）铁路线坪石站 172km，有公路相通。

该矿是广东省锰矿生产矿山之一。

一、矿床概况

矿区出露地层有泥盆系中统郁江组、东岗岭组，上统天子岭组、帽子峰组，白垩系上统灯塔组及第四系。赋矿层位为东岗岭组、天子岭组（见图5-13和图5-14）。东岗岭组主要为一套碳酸盐岩夹少量砂岩、粉砂岩、硅质页岩，该组顶部局部地段夹有铁锰白云岩透镜体。天子岭组为富含泥质、硅质的灰岩夹条带状燧石层，局部夹铁锰碳酸盐透镜体。

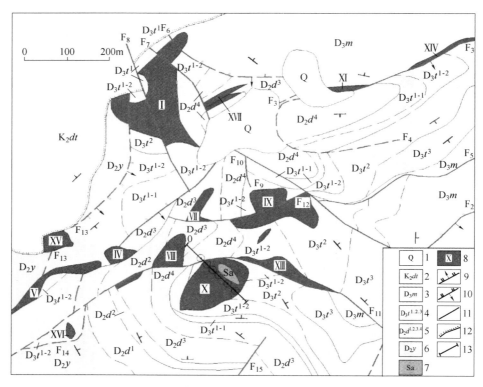

图 5-13　小带锰矿地质图

1—第四系；2—上白垩统灯塔组；3—上泥盆统帽子峰组；4—上泥盆统天子岭组一、二、三层；
5—中泥盆统东岗岭组一、二、三、四层；6—中泥盆统郁江组；7—铁锰矿体中夹石；
8—矿体及编号；9—正断层；10—逆断层；11—性质不明断层；12—不整合界线；13—勘探线

一系列近东西向—北西向的褶皱在矿区中部形成复式向斜构造，并叠加在北东向构造之上，导致矿区构造很复杂。北东向褶皱主要在矿区中北部，轴向北东 45°～50°。由于被一系列的次一级近东西向—北西向褶皱的叠加、断裂错位及白垩系红层的覆盖，致使北东向主体褶皱甚不完整。近东西—北西向褶皱，呈大小不等的、相间分布的背斜、向斜。

区内断裂较发育，可分为北东、北西和北东东 3 组：北东组主要有 F_2、F_3、F_{13}、F_{15}；北西组主要有中部的 F_{10}、F_{11}；北东东组主要有 F_5、F_{12}。断层不仅控制矿体的产出，同时，对矿体有分割和破坏作用。

矿区内未见岩浆岩出露。

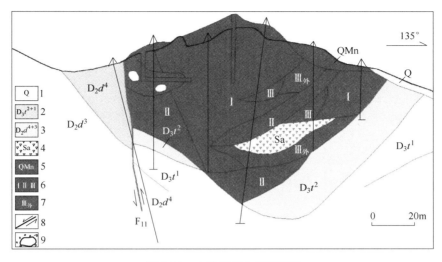

图 5-14　小带锰矿 0 线剖面图

1—第四系；2—上泥盆统天子岭组二层、一层；3—中泥盆统东岗岭组四、三层；
4—铁锰矿体中夹石；5—坡积铁锰矿；6—铁锰矿品级；7—铁锰矿Ⅲ级外；8—断层；9—溶洞堆积物

小带锰矿可分为深部的原生铁锰碳酸盐矿床及地表的次生氧化铁锰矿床。后者是前者风化淋积的产物，且为目前开采对象，由于原生矿的资料未收集到，下面主要叙述次生氧化铁锰矿床。

区内氧化铁锰矿床共有 14 个矿体，集中分布在矿区中部东西向复式向斜的中泥盆统东岗岭组及上泥盆统天子岭组中，在向斜轴部或沿断裂带产出。Ⅸ、Ⅹ号矿体规模较大，占矿石总储量的 68.8%，其余较小。Ⅸ号矿体长 175m，宽 75m，厚 18.4m；Ⅹ号矿体长 170m，宽 100m，厚 28.4m。Ⅸ、Ⅹ号矿体均呈囊状产出，都赋存在上泥盆统天子岭组地层中。

氧化铁锰矿石按块度可分为 3 种。

块状矿石：块度大于 10mm 以上的矿块占 65% 以上，占Ⅸ、Ⅹ号两矿体中总量的 53%。一般分布在矿体的上部。

碎屑状矿石：由大小不一的细小碎矿块和粉状矿构成。占Ⅸ、Ⅹ号两矿体总量的 24.26%。一般出现在矿体的中部。

土状矿石：黏土状，质细，加水后有较强的黏性。占Ⅸ、Ⅹ号两矿体总量的 22.41%。一般分布在矿体下部，局部地段中部也有。

矿石的矿物成分主要为褐铁矿、硬锰矿、软锰矿，少量镜铁矿、黑锌锰矿、赤铁矿、闪锌矿、方铅矿、菱锌矿和铅铁矾等；脉石矿物有石英、绿帘石等。

矿石结构有胶状、放射状、网格状等。构造有块状、葡萄状、皮壳状、肾状、钟乳状、海绵状、环带状、晶洞状、角砾状、碎屑状、多孔状、土状等。

当前开采的锰矿床成因类型为含锰菱铁矿多金属硫化矿的风化型铁锰矿床。

截至 1992 年底，矿区累计探明氧化锰矿石 B+C+D 级储量 200.44 万吨，其中，B 级 39.99 万吨、C 级 62.07 万吨、D 级 36.07 万吨。

矿石平均品位：Mn 22.99%，TFe 25.73%，SiO_2 9.38%，P 0.0551%，Pb 1.15%，Zn

1.83%，Mn+Fe＝48.72%，Mn/Fe＝0.89，P/Mn＝0.0024，属Ⅱ级氧化铁锰矿石。矿石的碱度0.032，属酸性矿石。

二、矿床发现与勘查史

1942年秋，莫柱荪、杜衡玲等人对该矿进行过地质调查。

1957年，南岭地质队对该矿点踏勘，认为地表铁锰矿价值不大，但预测深部有硫化矿床。

1958年，粤湘地质队进行了普查，估算铁锰矿石储量170万吨。

1959年7月～1961年10月，韶关专署102地质队对矿区进行了初勘，提交《广东连州小带锰矿区地质初步勘探总结报告》，1962年3月经广东省储委审查批准C+D级储量铁锰矿石193.80万吨，表外铅锌金属量56935t。

1967年～1970年6月，广东省冶金矿山管理局706队，对铅锌矿进行初勘，提交了《广东省连县小带铅锌矿床地质勘探报告》，经省储委审查，批准C_2级铅金属量16877t，锌金属量44329t；伴生银43t，硫铁矿82.7万吨。该队在勘查铅锌矿过程中，发现铅锌矿体中普遍有铁锰碳酸盐，全区平均含Fe 16.04%、Mn 7.74%，有时可形成单一的菱锰铁矿。由于工作对象侧重铅锌矿，未对菱锰铁矿作出评价。

1984年，广东省冶金矿山公司委托大宝山矿地测科对Ⅸ、Ⅹ号矿体进行基建地质勘探工作，提交《广东省连县小带铁锰矿床基建地质勘探报告》，1985年10月由广东省冶金工业总公司审查，批准铁锰矿石B+C+D级储量131.4万吨（不包括采空区16.22万吨）。该项地质勘查工作对Ⅸ、Ⅹ号矿体的工程控制程度高，储量精确，满足了矿山设计的要求。

1986年5月始，广东省有色勘查局932队在研究前人资料的基础上，开展深部地质普查，认为中泥盆统东岗岭组赋矿层位与构造有利部位具有扩大找矿远景的地质条件。1988年5月进行深部验证，结果在中泥盆统中、下部层位中找到新的黄铁铅锌矿体及新的碳酸盐铁锰矿体，估算锰矿石远景储量约586万吨，铅锌金属量远景储量35万吨。

1991年12月，广东省有色勘查局932队与广东省冶金矿山公司合作进行矿区的深部碳酸盐铁锰矿勘查。

三、矿床开发利用情况

小带锰矿自1979年成立清水锰矿，由县、区、乡联营进行手工开采，到1984年共采出矿石约16万吨，主要对象为Ⅸ、Ⅹ号矿体。由于无规划乱采滥挖，只采不剥，采富弃贫、采块丢粉，造成矿石资源损失率达50%。

小带锰矿石是富铁锰矿石，只需经洗矿筛分、手选和脱泥处理就可得到适合熔炼富锰渣原料的高品位铁锰矿净矿。

1984年3月，长沙黑色冶金矿山设计院对该矿进行技术改造（一期）方案设计，设计年产规模9万吨，其中，半机械化开采8万吨，民采1万吨。破碎洗矿厂规模同采矿规模。1984年10月开始采取省、县联营方式组建小带锰矿，于1985年11月建成投产，1986年初见成效，销售成品矿达7.188万吨。1991年产矿石12.66万吨，成品矿8.14万吨，并开始建设年产富锰渣2万吨，高锰生铁1万吨的冶炼厂。

伴生组分已回收的有铁、铅、银。

第八节 花 亭 锰 矿

矿区位于江西省乐平市南东方向10km，属乐平市众埠街镇管辖。有公路至其北面的乐平，与皖赣铁路相连，距离25km；南至弋阳与浙赣铁路相连接，距离56km；乐安江支流福泉河流经矿区之北，距离1km。

该矿是江西省已知的唯一锰矿床。

一、矿床概况

矿区地层缺失较多，出露的地层（见图5-15）有青白口系板溪群、上石炭统黄龙组、上三叠统安源组和第四系地层。与成矿有关地层为黄龙组：底部为锰矿层，上部为灰岩，由硅质、白云质灰岩及其上的灰岩组成，厚度近600m。

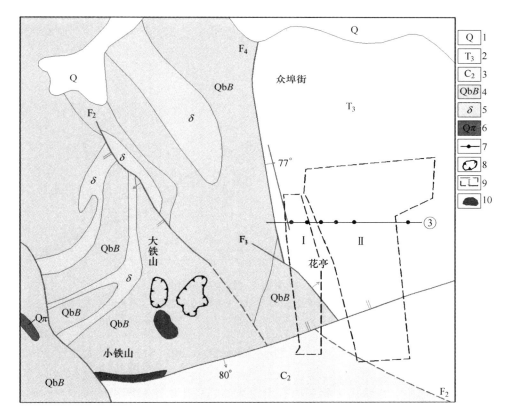

图 5-15 花亭锰矿地质图

1—第四系；2—上三叠统安源组；3—上石炭统黄龙组；4—青白口系板溪群；5—闪长岩；6—石英斑岩；7—勘探线编号及钻孔；8—露天旧采场；9—隐伏矿体地表投影及编号；10—地表锰矿体

矿区位于白土峰背斜南东翼西南端，褶皱发育，对板溪群影响显著，形成众多小褶皱，产状紊乱；在灰岩中相对微弱，锰矿层基本上未受影响。

矿区断裂发育，对锰矿体有一定破坏作用的主要有北北东、北西、北北西三组断层，规模较大。

矿区岩浆岩种类繁多，分布广泛，有雪峰、燕山两期活动。

雪峰期为闪长岩，受北东、北西向断裂控制，呈岩枝侵入于万年群中，普遍变质。

燕山早期为辉绿岩；中期喷出岩为英安斑岩、英安质晶屑凝灰岩，次火山岩为石英斑岩；燕山晚期为黑云母煌斑岩。

锰矿层受海底地形控制，只产于地形平缓处，呈阶梯状，按分布高度分为Ⅰ、Ⅱ两个台阶矿体（见图5-16）。

Ⅰ台阶矿体为大透镜状，矿体长900m，倾斜延深83~347m，最大厚度42m，沿倾向厚度变化规律是中部厚，两端薄，沿走向北段厚，南段薄。矿体受断裂破坏较严重，形态复杂。

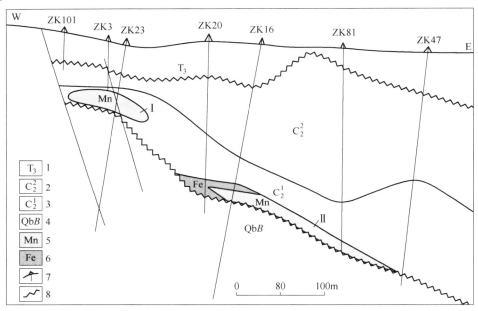

图5-16 花亭锰矿3线地质剖面图

1—上三叠统安源组；2—上石炭统上段灰岩；3—上石炭统下段硅质、白云质灰岩、矿层；
4—青白口系板溪群；5—锰矿体；6—铁矿体；7—钻孔；8—不整合面

Ⅱ台阶矿体，为似层状，矿体长1154m，倾斜延深280~817m，最大厚度35m，形态完整。

矿区南西大铁山、小铁山和狗形山有出露地表的氧化矿体和堆积矿体。

大、小铁山矿体，为似层状、透镜状，矿体长200~400m，倾斜延深几十米至200m，厚8~30m。

狗形山矿体产于万年群变质岩中，呈脉状，长60~80m，宽1~3m，地表向下20m即消失。

堆积矿产于地形适合的第四系堆积物中，多富集于0~10m深度内，呈极零散的小透镜状和似层状。

Ⅰ、Ⅱ台阶矿体的矿物组成具有不同特征：Ⅰ台阶矿体，锰的氢氧化物占95%以上，以硬锰矿为主，次为软锰矿、水锰矿。Ⅱ台阶矿体，锰铁氧化物占90%，有褐锰矿、水锰矿、方铁锰矿和赤铁矿等。

Ⅰ、Ⅱ台阶矿体脉石矿物主要为方解石、白云石和少量石英。

锰矿石中伴生有Ag、Pb、Zn、Au等有用组分。

矿石矿物主要为自形-半自形细粒状结构和交代残余结构；块状构造为主，细脉状构造也普遍发育，Ⅰ台阶及地表氧化矿体中有蜂窝状和砂状构造。

矿床成因类型为：浅海相沉积矿床，形成后受后期变质作用影响。

截至1991年底，Ⅰ台阶矿体探明锰矿储量为：氧化锰矿石Ⅱ级品C+D级367.1万吨，其中，C级266万吨。平均含Mn 24.33%，Fe 15.66%，SiO_2 8.26%，P 0.028%，造渣比0.8，为自熔性矿石。其储量已获江西省冶金局批准。

Ⅱ台阶矿体，地质报告中计算铁锰矿石储量C+D级1484.2万吨，其中，C级314.1万吨，碳酸锰矿石D级73.7万吨，因未做选矿试验和水文地质、工程地质条件复杂，未获批准。

大铁山、小铁山及其他地表小矿体，未做系统地质工作，据江西省冶金局统计资料1950~1990年共采出原矿193万吨。

2011~2017年在乐平市众埠街锰矿深部找矿，新增锰矿石资源量499.32万吨，平均品位21.92%，TFe 25.16%，TFe+Mn 47.08%。

二、矿床发现与勘查史

该区锰矿床发现于何时，无确切资料。据传，明代之前即设厂炼铁，至今多处可见残存炉渣。

1918年，四川人张夔取样送上海化验，始知为锰矿。

较系统的地质勘查工作始于20世纪30年代中叶。先后到矿区开展过调查和研究的地质学家有：谢克远、高平、徐克勤、周道隆、刘辉泗、李超、夏湘蓉、郑功溥、侯德封、叶连俊等。

1955年，乐华锰矿施工钻探21孔，仅5孔见充填岩溶洞穴中的含锰黑土。

其后，苏联专家卡纳瓦洛夫、别洛乌斯、苏斯洛夫等人到矿区，对地质工作提出建议。

1957年8月，江西省上饶专区地质勘探大队104队在矿区外围普查，1958年上半年发现Ⅰ台阶矿体，1959年进行勘探，1960年6月提交报告，由于水文地质条件复杂，工作程度不足，对矿床工业价值难以定论。1962年4月，江西省储委对报告核实，认为工作程度达不到勘探要求，降为详查。

1963年5月~1964年5月，104队进行水文地质补充勘探，并提交报告，因涌水量大，抽水试验降深不够，资料不能满足设计生产要求。

1968年初~1970年初，冶金部组织乐华锰矿、长沙黑色冶金设计院、中南冶金地质研究所、冶金部水文地质总队和江西冶金地质勘探公司11队等进行大规模放水试验，提交了《江西乐华锰矿放水试验报告》。

与此同时，江西冶金地质11队为核实Ⅰ台阶矿体储量，加深了部分钻孔，以评价其下万年群中的铅锌矿床，肯定其工业价值后，于1969年下半年开始勘探，1970年在Ⅰ台阶锰矿体东部发现Ⅱ台阶锰矿体，随即开展评价工作。1974年初，根据冶金部指示，对Ⅱ台阶锰矿及深部铅锌矿床的地质勘探工作暂告一段落，矿区水文地质勘探工作仍继续进行。1975年初，因矿区水文地质条件复杂，难于开发利用，水文地质勘探工作遂停止。1976年5月，提交《江西省乐平县众埠街花亭锰矿铅锌矿床地质勘探中间报告》，1977年12月，江西省冶金工业局以赣冶色字第460号文批准为初步勘探地质报告，批准储量地段可作为矿山设计依据。

该矿床自1954年矿山进行生产探矿至1976年5月，地质勘探工作几经反复，断续历时20余年，因历史条件及工作经验的局限，忽视了矿床的技术经济评价，虽然探明了一定的锰、铅、锌储量，但由于水文地质、工程地质条件复杂，难以开发利用，形成呆矿，这是地质勘探工作的一个教训。

2011~2017年，江西有色地质矿产勘查开发院在乐平市众埠街锰矿深部找矿新增锰矿石资源量499.32万吨，平均品位Mn 21.92%，TFe 25.16%。

三、矿床开发利用情况

该区深部锰矿水文地质条件复杂，涌水量大，1967~1968年间，矿山因浅部矿体采完，为解决接替生产的急需，曾开掘竖井，做开采Ⅰ台阶矿体的准备，因涌水量大，竖井被淹，开发工作被迫停止。

地表大铁山、小铁山等矿体开采较早，早期无确切资料，1925~1930年间，采出成品锰矿石5万~6.5万吨，1928年最高为1.8万吨；其后则仅有断续的短期开采。

新中国成立后，组建乐华锰矿，在原开采范围内，以人工及半机械化方式，对大铁山、小铁山等矿体进行露天及井下开采，原矿经洗选获得成品矿，回收率低。

据省冶金局统计资料，早期矿山年产矿石5万吨左右，成品矿约3万吨，最高为1959年，产原矿19.22万吨，成品矿9.5万吨，其中，富矿2.6万吨。1962年后，产量急剧下降且不稳定，一般年产成品矿数千吨，少数年份可达万吨以上。1980年至今，仅有少数留守职工开采边角矿及堆积矿。

1950~1990年累计生产原矿193万吨，成品矿83万吨，其中，富矿39万吨。产品主要供应省内新余钢铁厂和上海等地的冶炼厂。

第六章　湘中锰矿富集区

湘中锰矿富集区位于湖南省湘中地区湘潭至益阳一带，西起安化高明到桃江泗里河一线，东至湘潭锰矿，北到益阳南坝，南至湘乡楠木冲锰矿，面积约 6000km²。其中，桃江地区是我国奥陶系低磷低铁高钙优质碳酸锰矿的重要产区。该区大地构造位置属扬子准地台东南斜坡边缘的湘中地堑，位于Ⅲ-70 江南隆起东段 Au-Ag-Pb-Zn-W-Mn-V-萤石成矿带。区内含锰地层有中南华统大塘坡组和中奥陶统磨刀溪组。中南华统大塘坡组为一套硅质页岩、含炭质粉砂质页岩、炭质页岩含锰建造，中奥陶统磨刀溪组为一套海相黏土岩-碳酸盐岩含锰建造。矿床类型分别为"湘潭式"和"响涛源式"海相沉积锰矿床。该区已发现锰矿床（点）29 处，其中，中型锰矿床 7 处、小型锰矿床 10 处。累计查明锰矿资源储量 6288 万吨。根据《中国锰业现状及资源安全保障研究成果报告》，该区圈定锰矿预测区 15 个，预测锰矿资源潜力 3.12 亿吨（见图 6-1）。

冶金地质部门勘探的主要锰矿床有：桃江响涛源、万家洞、湘潭、金石、棠甘山、九潭冲、月山铺—祖塔、白衣庵等 8 个锰矿床。

第一节　桃江响涛源锰矿

矿区位于湖南桃江县城南西方向 28km 处。距长沙 119km，有公路相通。

该矿床是湖南省优质锰矿石的重要生产基地。

一、矿床概况

矿区包括木鱼山、南石冲、斗笠山和黑油洞等 4 个矿段，南北长 6km，东西宽 2~4km，面积 18km²。

矿区出露地层有寒武系探溪群，奥陶系桥亭子组、胡乐组、磨刀溪组、五峰组，志留系珠溪江组、两江河组、龙马溪组和第四系（见图 6-2）。

与成矿有关的地层为中奥陶统磨刀溪组，分 2 个岩性段：上部为黏土岩段，上层矿位于其底部，近矿层为黄绿色页岩，可作为标志层，厚 10~40m；下部岩性段由炭质页岩、含锰灰岩夹碳酸锰矿层构成，厚 0.73~9.65m。

矿区以褶皱构造为主，自北而南依次出现六通公向斜、胡家仑背斜、斗笠山向斜、张家湾背斜与梅岭仑向斜。褶皱轴向为北东东或近东西向。六通公向斜轴向近东西，核部出露志留系，两翼出露奥陶系，向斜两翼发育次一级褶皱。该向斜北翼控制木鱼山矿段、南翼控制南石冲矿段的展布。斗笠山向斜控制斗笠山矿段的展布；梅岭仑向斜北翼控制黑油洞矿段的展布。

矿区规模较大的断层有 2 条。F_{13} 断层，位于木鱼山矿段，长 1400m，倾向北北东，倾角 57°~80°，断层破碎带宽 0.2~3m，有角砾岩，并被石英脉充填，垂直断距 9~45m，

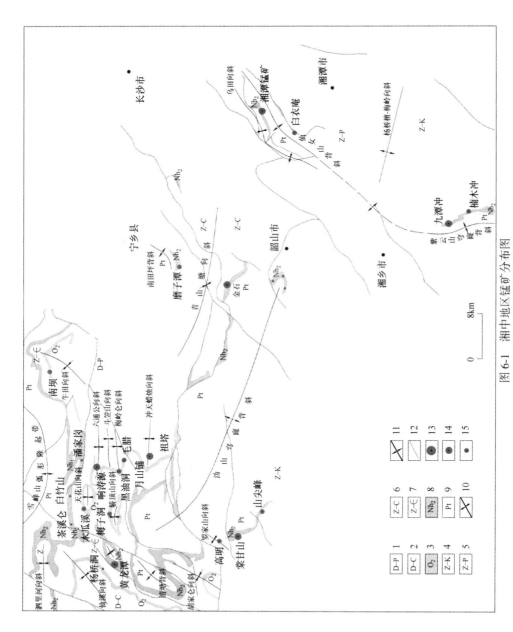

图 6-1 湘中地区锰矿分布图

1—泥盆系—二叠系；2—泥盆系—石炭系；3—中奥陶统；4—震旦系—白垩系；5—震旦系—二叠系；
6—震旦系—石炭系；7—震旦系—寒武系；8—中南华统；9—元古界；10—向斜；11—背斜；12—断层；
13—大型锰矿；14—中型锰矿；15—小型锰矿

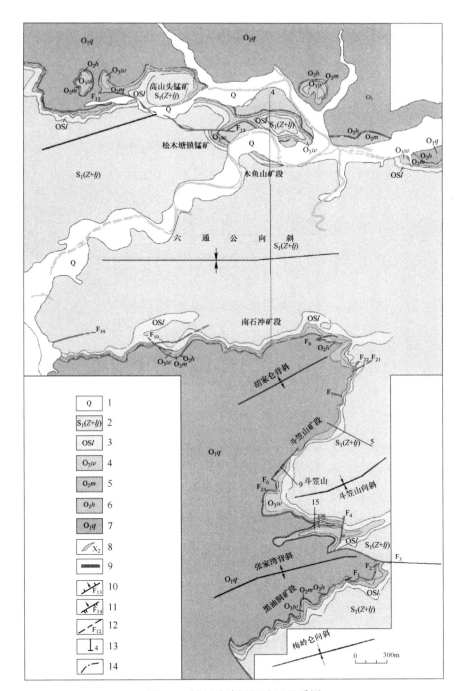

图 6-2　桃江响涛源锰矿区地质图

1—第四系；2—下志留统珠溪江组+两江河组；3—下志留统龙马溪组；4—上奥陶统五峰组；
5—中奥陶统磨刀溪组；6—中奥陶统胡乐组；7—下奥陶统桥亭子组；8—云斜煌斑岩脉及编号；
9—矿层；10—正断层及编号；11—逆断层及编号；12—实测及推测性质不明断层及编号；
13—勘探线及编号；14—实测及推测地质界线

属正断层，破坏矿体的连续性。F₃断层，位于张家湾，走向近东西，是斗笠山矿段与黑油洞矿段的天然分界线，两盘有水平位移，其断距近500m，破坏矿体的连续性。矿区小断层比较发育，对矿层起破坏作用。

矿区外围，北部有桃花山岩体，南部有沩山岩体。矿区内见煌斑岩脉多处，岩脉有分枝复合现象，均充填在张性断裂中，围岩无明显蚀变，切断矿层，但上、下盘无明显位移。

矿体呈层状、似层状，与围岩整合产出，产状一致（见图6-3）。

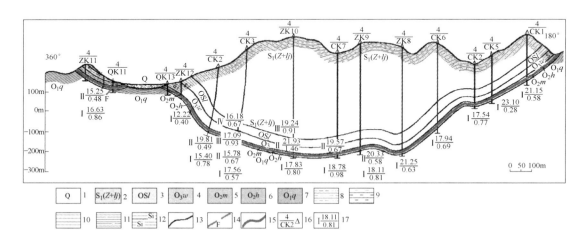

图6-3　桃江县响涛源锰矿区4线勘探线剖面图

1—第四系；2—下志留统珠溪江组+两江河组；3—下志留统龙马溪组；4—上奥陶统五峰组；

5—中奥陶统磨刀溪组；6—中奥陶统胡乐组；7—下奥陶统桥亭子组；8—泥质粉砂岩；

9—黏土岩；10—页岩；11—粉砂质页岩；12—硅质页岩；13—地层界线；14—性质不明断层；

15—锰矿层；16—钻孔位置及标号；17—锰矿层编号（品位（%）/厚度）

矿区内见有上、下两层矿，矿层之间夹有1.3～5.3m的黏土岩。

下层矿是主矿层，在全区均有分布，露头总长达11000m，控制倾斜延伸900～1850m，矿层厚度0.75～0.92m，其在北北西方向上稳定，在东西走向上有相变，由碳酸锰矿石相变成含锰灰岩。矿层顶、底板均为含锰灰岩。下层矿时有夹石，多为炭质页岩，也见含锰灰岩，夹石厚0.01～0.5m。

上层矿仅在南石冲、木鱼山两矿段局部地段见到，走向长388m，倾斜延深756m，厚0.45～0.67m。上层矿不稳定，可相变成黏土岩。

矿石自然类型有氧化锰矿石和碳酸锰矿石。

氧化锰矿石由碳酸锰矿层与含锰灰岩风化富集形成，呈锰帽状，分布在矿体近地表的头部。氧化锰矿石的矿物成分以钠水锰矿为主（30%～50%），偶见复水锰矿与恩苏塔矿，具有隐晶胶状结构、交代结构，以土状构造为主。

碳酸锰矿石是主要矿石类型，由钙菱锰矿、菱锰矿、锰方解石、锰白云石、含锰方解石、含锰白云石、方解石、白云石、石英、绢云母、重晶石、有机炭与黄铁矿构成。矿石具有微粒、鲕状和生物碎屑结构，块状、条带状与砾状构造。

矿床成因类型属海相沉积碳酸锰矿床。其工业类型属"桃江式"优质锰矿的典型矿床。

据《湖南省矿产资源储量表》，截止到 2019 年底，全矿区累计探获锰矿石资源储量 1315.05 万吨，其中，基础储量 521.20 万吨、资源量 793.85 万吨。

另外，2020 年，斗笠山段矿区外围文家湾深部新增锰矿石 333+334 资源量 387.67 万吨。

矿石属低磷低铁高钙的优质碳酸锰矿石。其平均品位：Mn 18.81%，CaO 15.27%，MgO 3.28%，SiO_2 15.92%，Al_2O_3 2.45%，TFe 2.1%，S 0.031%，P 0.053%，Mn/Fe = 8.96，P/Mn=0.0028。

二、矿床发现与勘查史

1956 年，桃江县松木塘镇农民发现响涛源锰矿。

1959~1960 年，湖南省地质局常德专区地质局资水地质队在矿区进行普查工作，提交了《湖南桃江响涛源锰矿普查报告》。

1962~1964 年，湖南冶金地质勘探公司 236 队在矿区开展普查评价工作，并提交了《湖南桃江响涛源锰矿评价报告》。为桃江锰矿初期建设与生产提供了地质资源依据。发现并评价了低磷低铁、半自熔和自熔性优质碳酸锰矿石。

1964~1971 年，236 队在响涛源矿区以斗笠山矿段为重点进行勘探工作。1972 年 8 月提交了《湖南桃江响涛源锰矿地质勘探总结报告》。1973 年 10 月，湖南省冶金工业局对该报告进行审查，下达湘冶勘字〔1973〕16 号文，批准碳酸锰矿石储量 B 级 54.42 万吨，C_1 级 138.8 万吨，C_2 级 106.99 万吨。为该矿第二期扩建提供了地质依据。

1975~1979 年，236 队为满足桃江锰矿三期扩建需要，在斗笠山矿段进行了补勘工作。1979 年 5 月提交了《湖南省桃江县响涛源锰矿区斗笠山段勘探报告》。经湖南省储委冶金分储委审查，下达湘冶储字〔1979〕1 号文，批准碳酸锰矿石储量 B 级 20.1 万吨，C 级 228.7 万吨，D 级 51.4 万吨。

1980 年，236 队与桃江锰矿共同进行了探采验证和总结。探采对比范围为斗笠山矿段 4~5 线之间+200m 标高以上地段。矿石储量对比，误差率仅为 1.56%，完全达到 B 级储量的精度要求；矿体形态对比，面积重合率为 64.55%，低于 B 级储量要求；地质构造对比，勘查的主要褶皱类型及分布方向与实际情况基本相符。

1979~1983 年，236 队在南石冲矿段进行勘探工作。1983 年 9 月提交了《湖南省桃江县响涛源锰矿区南石冲段地质勘探报告》。同年，获冶金地质找矿成果三等奖。1986 年，经湖南省储委审查，下达湘储决字〔1986〕10 号决议书，批准南石冲矿段 0~10 线范围 B+C+D 级储量 68.29 万吨作为矿山设计生产的依据；10~42 线提交的 C 级储量降为 D 级储量，原 D 级储量不变，合计批准 D 级储量 127.62 万吨。

1986 年，湖南锰矿公司向冶金部申请对南石冲矿段进行补充勘探工作。经冶金部地质司批准，中南冶金地质勘探公司 607 队进入响涛源矿区，对南石冲矿段 10~42 线进行补充工作与深部找矿。1987 年 12 月，提交了《湖南省桃江县响涛源锰矿区南石冲段储量升级及深部找矿地质报告》。1988 年 12 月，经湖南省储委审查，下达储决字〔1988〕7 号决议书，批准 D 级升 C 级储量 50.83 万吨，D 级储量 94.76 万吨，实际新增

17.97 万吨，16~10 线深部勘查新增 D 级储量 133.11 万吨，此次合计新增 D 级储量 151.08 万吨。

通过此次补充勘探工作，不仅在南石冲 10~42 线升级了储量，在 16~10 线深部找矿中发现存在两层，首次发现上层碳酸锰矿，钻孔控制锰矿从向斜南翼到核部并往向斜北翼延展，结合北翼地表氧化锰矿的露头分布，发现了木鱼山矿段，后期对木鱼山矿段的钻探，圈定两层优质碳酸锰矿，资源储量大幅度增加。

1987 年 12 月，中南冶金地质研究所曾孟君、苏长国等人提交了《湖南桃江中奥陶统优质锰矿成矿条件及找矿方向研究》报告，重点研究了桃江式锰矿的岩相古地理、富集规律与找矿标志，提出了 8 个预测区，指出已做普查工作的木鱼山（A 级详细勘探预测区）有远景储量 180 万吨。

1988 年，中南冶金地质勘探公司下达冶勘地字〔1988〕6 号文，指令 607 队在木鱼山矿段开展详查工作。孙家富、张殿春、赵银海等人按层（磨刀溪组）、相（北北西向菱锰矿相带）、位（六通公向斜控矿）的成矿规律，全面布署了详查工作。

1990 年 12 月，由赵银海、杜景彦、付树桐等人提交了《湖南省桃江县响涛源锰矿区木鱼山段详查地质报告》。1991 年 10 月，中南地质勘查局与湖南省冶金工业总公司联合审查，下达局地发〔1991〕243 号文，批准 C 级储量 57.33 万吨，D 级储量 418.59 万吨，新增 C+D 级储量 460.27 万吨，为桃江锰矿发展提供后续基地。地质报告被评为优秀报告。

1990 年 10 月~1991 年 12 月，冶金部中南地质勘查局长沙地质调查所对南石冲—木鱼山西段做了补充地质工作，于 1991 年 12 月提交了《湖南省桃江县响涛源锰矿区南石冲—木鱼山西段补充工作地质报告》。1996 年 3 月经冶金部中南地质勘查局以局地发〔1996〕37 号文审查，批准碳酸锰矿石 D 级储量 70.10 万吨，表外碳酸锰矿石 D 级储量 12.80 万吨。

1998~1999 年，冶金部中南地勘局长沙地质调查所对黑油洞矿段进行了普查工作，2000 年 9 月提交了《湖南省桃江宁乡黑油洞—祖塔优质锰矿阶段普查报告》，探获表内碳酸锰矿：D 级 30.48 万吨，E 级 171.39 万吨，氧化锰矿 5.32 万吨，累计 D+E 级 207.19 万吨，表外 E 级碳酸锰矿 13.32 万吨，2000 年 9 月 28 日冶金部地质勘查总局以冶地矿函字 2000 第 244 号文审查批准。

2008 年 2 月，中国冶金地质总局中南地质勘查院承担了桃江锰矿储量核实工作，提交了《湖南省桃江县响涛源锰矿区资源储量核实报告》，湖南省国土资源厅以湘国土资备〔2008〕49 号文备案了矿区资源储量：碳酸锰矿石 111b+122b+333+333$_{低}$+334 资源储量 1257.4 万吨。保有资源储量 689.8 万吨，其中 111b 基础储量 9.5 万吨，122b 基础储量 191.9 万吨，333 资源量 474.3 万吨，333$_{低}$资源量 14.1 万吨，另有 334 预测资源量 244.8 万吨。

2014~2017 年，中国冶金地质总局湖南地质勘查院承担中国地质调查局二级项目"湘西—滇东地区矿产地质调查"的子项目"湖南安化—桃江地区锰矿资源调查评价"，在斗笠山矿段东侧深部圈出文家湾找矿靶区并开展靶区验证，获得 333+334 资源量 387.67 万吨，其中，333 资源量 130.97 万吨。报告经中国地质调查局中南项目办组织审查批准。

三、矿床开发利用情况

1958 年，由桃江县锰矿开采地表氧化锰矿石，到 1961 年停采，共采出氧化锰矿石 1.7 万吨。

1963 年 6 月，经冶金部和湖南省人民政府批准，将响涛源锰矿划归湘潭锰矿开采。

1963 年 9 月，成立湘潭锰矿桃江工区。

1964 年 1 月，首先选择南石冲矿段浅部氧化锰矿石进行露天开采。

1964 年 7 月，桃江工区改制为桃江锰矿，隶属湖南省锰矿公司。除南石冲 10 个采场外，在月香岭和木鱼山开辟了新采场。1964～1967 年，共采出氧化锰矿石 2.1 万吨，其中，作放电锰粉 1.36 万吨。

1966 年，桃江锰矿进行第一期工程设计与基建。在边勘探、边基建、边生产的情况下，选择斗笠山到南石冲矿段 4～39 勘探线之间，+200m 标高以上矿体作首采地段。坑采碳酸锰矿，设计规模年产矿石 10 万吨。1967 年投产，1976 年采完闭坑。

1973 年，矿山进行第二期工程扩建。选择 4～39 勘探线之间，+200m 标高以下矿体作为扩建对象，分为南、北两个井区开采。到 1988 年底，南井区已采完，北井区保留工业储量 17.2 万吨。

1980 年，矿山进行第三期工程扩建。扩建地段位于斗笠山矿段 39～19 线间、0m 标高以上矿体。设计生产能力年产矿石 10 万吨，1986 年投产，实际生产能力年产 6 万吨。1990 年，矿山采矿实际生产能力为年产 9 万吨，到 2005 年 3 月停产，累计开采锰矿石 242.9 万吨。

1989 年，矿山委托湖南省冶金规划设计院对南石冲矿段四期扩建工程进行可行性研究。设计开采能力为年产 7 万吨，服务年限 13.38 年。

为了焙烧碳酸锰矿石，1968 年建成 1～3 号圆窑，1970～1972 年又增建 14 座圆窑，生产焙烧矿的能力年产 7.4 万吨。

为了满足用户对块度的要求，1967 年矿山开始采用"平地吹"土法烧结碳酸锰粉矿并造块。

1971 年，开展锰矿深加工，建成 1 号电炉，生产优质锰铁；1972 年 2 号电炉建成投产。1981 年生产硅锰合金。1983 年，电炉生产的 3 号、4 号、5 号锰铁获湖南省优质产品称号。

1981 年，建成 1 座 $\phi 2.0m \times 30m$ 回转窑。进行了 3 次工业试验，用回转窑 1 道工序完成焙烧、脱硫、烧结等 3 个物理化学变化过程。较之圆窑，技术上有所突破，经济效益上有所提高。经技术鉴定，冶金部颁发了科技成果三等奖，并同意转入试生产。

桃江锰矿经多年建设，至 20 世纪 90 年代初，已建成具有采、选、冶生产能力的锰矿综合企业。具有年产原矿 9 万吨，加工成品矿 7 万吨，生产锰铁合金 1 万吨，碳酸锰粉 1 万吨的综合生产能力，是中国十大锰矿基地之一。

由于企业整合、改制，锰矿石价格低迷及开采成本等原因，自 1999 年后矿山一直处于半生产至停产状态，自 2005 年以来矿山完全停产。尽管如此，桃江锰矿资源方面有充分保证，现保有储量 1057 万吨，此外矿区斗笠山及黑油洞深部具有找矿潜力，可新增储量。

第二节 万家洞锰矿

矿区位于湖南省桃江县松木塘区境内,西北面就是著名的响涛源锰矿。矿区有简易公路与主干公路相通,交通便利。矿区面积 6.5km²。

一、矿床概况

矿区位于扬子地台江南台背斜东南缘,雪峰山弧形构造的中间转折部位。矿区出露地层由老到新依次为中、上寒武统,奥陶系、下志留统、中泥盆统。沟谷零星出露第四系(图 6-4)。

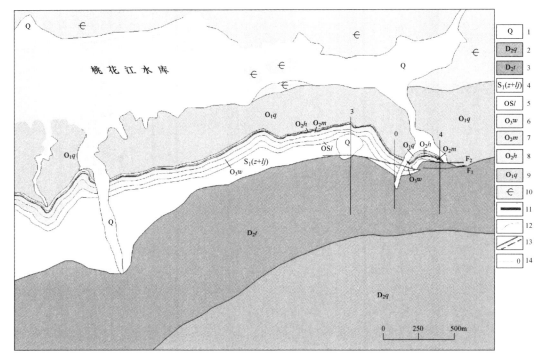

图 6-4 万家洞锰矿区地质图

1—第四系;2—中泥盆统棋梓桥组;3—中泥盆统跳马涧组;4—下志留统珠溪江组+两江河组;
5—下志留统龙马溪组;6—上奥陶统五峰组;7—中奥陶统磨刀溪组;8—中奥陶统胡乐组;9—下奥陶统桥亭子组;
10—寒武系;11—矿层;12—实测及推测地质界线;13—实测及推测断层;14—勘探线及编号

与成矿有关的地层为中奥陶统磨刀溪组。含矿岩系上部为黏土岩段,下部为黑色页岩夹含锰灰岩、碳酸锰矿层,厚度一般为 25~40m。矿层的直接顶底板一般为含锰灰岩或黑色页岩,沿走向及倾向矿层有相变。

矿区地层呈近东西走向的单斜构造,倾向南,倾角 55°~75°。矿区内主要发育近东西向的走向逆冲断层(F₁),南倾,倾角 75°,在深部对矿体造成影响。

矿区主要为原生沉积的碳酸锰矿层,矿层沿近东西走向延伸长度 750m,沿倾向最大延深 400m,展布面积 0.24km²。矿层厚一般为 0.4~1.2m,平均 0.79m(见图 6-5)。

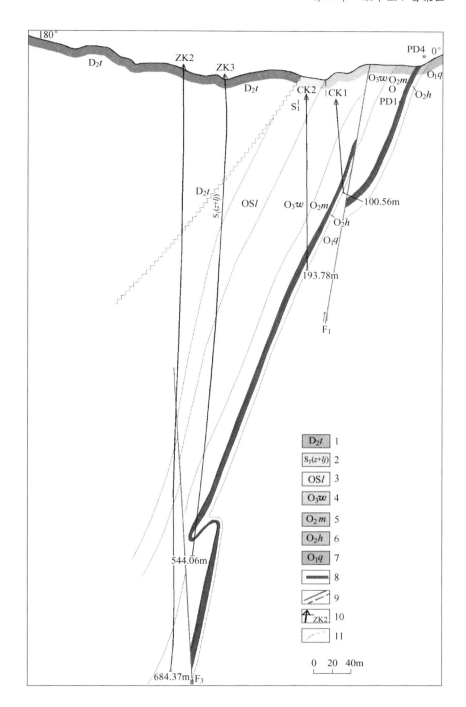

图 6-5　万家洞锰矿区 0 线剖面图

1—中泥盆统跳马涧组；2—下志留统珠溪江组+两江河组；3—下志留统龙马溪组；
4—下奥陶统五峰组；5—中奥陶统磨刀溪组；6—中奥陶统胡乐组；7—下奥陶统桥亭子组；
8—矿层；9—实测及推测断层；10—钻孔位置及编号；11—实测及推测地质界线

由于风化淋滤作用，原生锰碳酸矿层在靠近地表变成氧化锰，形成锰帽。该区矿层的氧化深度一般为 20～40m。

矿石的自然类型分为：原生碳酸锰矿石和次生氧化锰矿石。

碳酸锰矿石主要矿物由菱锰矿、钙菱锰矿、锰方解石、锰白云石等组成，脉石矿物有石英、伊利石、黄铁矿、有机质等。具他形晶粒结构、隐晶胶状结构、生物碎屑结构；块状、条带状、斑点状构造，另有少量砾状及角砾状构造。

次生氧化锰矿石矿物成分为软锰矿、锰土、铁质及泥质物，具隐晶胶状、纤维状结构，多孔蜂窝状、肾状、皮壳状构造。

原生碳酸锰矿石含锰一般在 16%～22%，平均 20.20%。$P/Mn \leq 0.002$，$Mn/Fe = 5.71$，碱度为 0.65。矿石工业类型可定为低磷、低铁、弱酸偏碱性自熔半自熔优质碳酸锰矿石。

氧化锰矿石含锰 22.85%，$P/Mn = 0.006$，$Mn/Fe = 3.32$，矿石工业类型：低-中磷、低铁、酸性、中-贫氧化锰矿石。

矿床成因类型为海相沉积型锰矿。

据《湖南省矿产资源储量表》，截止到 2019 年底，全矿区累计探获锰矿石资源储量 53.0 万吨，其中，基础储量 22.5 万吨、资源量 30.5 万吨。

二、矿床发现与勘查史

1966 年，湖南省冶金地质勘探公司 236 队曾在万家洞锰矿区施工深部钻孔 6 个及部分探槽及少量浅坑道，未取得明确结果。

80 年代中后期，桃江锰矿又在该区开展过找矿工作，结果也不理想。90 年代，由于民采，有坑道对矿体进行了揭露，对矿床有了新的认识。

1991 年 3 月～1993 年 12 月，冶金部中南地质勘查局长沙地质调查所在前人工作基础上对矿区进行普查找矿工作，1993 年 12 月提交了《湖南省桃江县万家洞锰矿区普查地质报告》，中南地质勘查局组织评审通过（局地发〔1994〕114 号）。报告主编严启平、周友华、周礼详，参编人员赵志祥、陈军宝。

三、矿床开发利用情况

万家洞锰矿虽然是优质锰矿，但矿体规模小，厚度小，向东、向西难有延伸，又因矿体产状陡，使矿体埋深大，不利于开采。地表氧化锰矿已采空，碳酸锰矿当地企业桃江县万家洞矿区苗圃锰矿有过小规模短期开采，现已停采。

第三节　湘潭锰矿

矿区位于湖南湘潭市雨湖区鹤岭镇，南距湘潭市 14km，有公路相通，交通较方便。该矿床是我国重要的锰矿石生产基地。

一、矿床概况

矿区自东向西包括鹤岭、青山、黄峰寺和石冲等矿段，面积 15km²（见图 6-6 和图 6-7）。

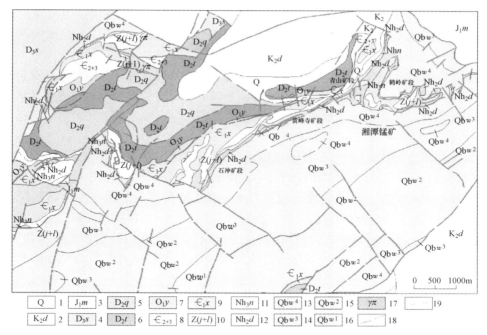

图 6-6　湘潭锰矿区地质图

1—第四系；2—上白垩统戴家坪组；3—下侏罗统门山组；4—上泥盆统佘田桥组；

5—中泥盆统棋梓桥组；6—中泥盆统跳马涧组；7—下奥陶统印渚埠组；8—中-上寒武统娄山关群；

9—下寒武统小烟溪组；10—震旦系（金家洞组和留茶坡组）；11—上南华统南沱组；12—中南华统大塘坡组；

13—青白口系五强溪组第四段；14—青白口系五强溪组第三段；15—青白口系五强溪组第二段；

16—青白口系五强溪组第一段；17—花岗斑岩；18—实测及推测地质界线；19—实测及推测断层

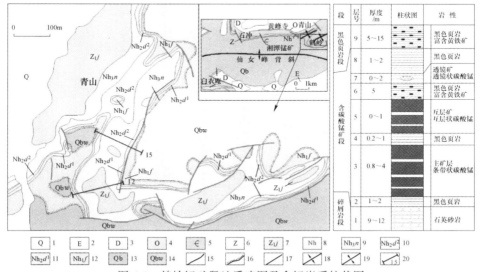

图 6-7　鹤岭锰矿段地质略图及含锰岩系柱状图

1—第四系；2—古近系；3—泥盆系；4—奥陶系；5—寒武系；6—震旦系；7—下震旦统金家洞组；

8—南华系；9—上南华统南沱组；10—中南华统大塘坡组上段；11—中南华统大塘坡组下段；

12—下南华统富禄组；13—青白口系；14—青白口系五强溪组；15—地质界线；16—不整合界线；

17—断层；18—背斜轴迹；19—向斜轴迹；20—勘探线剖面及编号

　　矿区出露地层有青白口系板溪群五强溪组、下南华统富禄组、中南华统大塘坡组、上南华统南沱组，下震旦统金家洞组、上震旦统留茶坡组、寒武系、奥陶系、泥盆系、石炭系、二叠系、第三系和第四系。

　　与成矿有关的地层为中南华统大塘坡组。大塘坡组分为石英砂岩段与黑色页岩段。碳酸锰矿层产在黑色页岩段的下部。含矿岩系自下而上呈现出砂岩→页岩→碳酸锰矿层→页岩的沉积变化特征，反映了海浸的沉积层序，而黑色页岩含锰岩系，是半封闭的指状海湾浊流沉积的产物。

　　矿区主体构造为仙女山背斜，背斜轴向近东西，轴部出露板溪群。其北翼地层出露完整，控制青山、黄峰寺与石冲等矿段的展布；南翼由于第四系与第三系覆盖，地层出露不完整，仅见白衣庵矿段。背斜北翼东段发育次一级的鹤岭背斜，颜家冲向斜和扶乩冲向斜，控制着鹤岭矿段矿层的展布。背斜北翼中西段也有次一级背斜、向斜，在剖面上构成两个以上的阶梯。这些阶梯状的背斜与向斜，控制矿层的产状，特别影响矿层倾角变化，由缓倾角 $10°$ 变成陡倾角 $80°$。矿区内隐伏的更次一级小褶皱极为发育，平均每 $20m$ 左右就有一个小褶皱，致使矿体形态与产状复杂化。

　　矿区断裂构造非常发育，按断层走向可分为东西向、北西向与北北东向 3 组。各矿段断层发育情况有差别，鹤岭矿段以走向断层和斜交断层为主；青山矿段以横断层为主。断层走向延长一般在 $200m$ 以上，垂直断距 $10\sim30m$，个别断层的断距大于 $30m$。矿区还发育多条规模较大的逆掩断层，控制矿区的边界（见图6-8）。

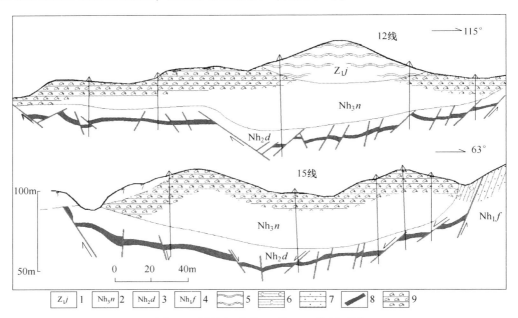

图 6-8　鹤岭锰矿段 12 线、15 线剖面图

1—下震旦统金家洞组；2—上南华统南沱组；3—中南华统大塘坡组；4—下南华统富禄组；

5—板岩；6—炭质页岩；7—砂岩；8—矿层；9—冰碛层

　　矿床共有三层碳酸锰矿层，自下而上依次为：第一层为主矿层，呈条带状，以菱锰矿、钙菱锰矿矿石为主；第二层为互层状矿层，位于主矿层之上，两者之间有厚 $0.2\sim1m$

的黑色页岩夹层。该矿层内部由 10~20 个单层构成,碳酸锰单层厚 0.5~15mm,黑色页岩单层厚 0.5~1mm,两者交替出现,构成互层状的锰矿层;第三层为透镜状矿层,位于互层状锰矿层之上,两者之间有 1~2m 的黑色页岩夹层,该矿层以锰方解石为主,构成高钙低锰的透镜状矿体。

主矿体产在大塘坡组页岩段的下部,层位稳定,产状与围岩一致,呈层状、似层状,走向长 8800m,倾向宽 105~580m,19 线最宽达 2000m,矿体厚 0.3~5.33m,平均厚 1.85m。其中,鹤岭矿段走向长 2700m,倾向宽 160~470m,厚 0.4~3.2m,平均厚 2.10m;青山矿段走向长 2100m,倾向宽 500m,厚 0.8~3.2m,平均厚 1.93m;黄峰寺矿段走向长 2100m,倾向宽 105~580m,厚 0.3~5.33m,平均 1.73m;石冲矿段走向长 1900m,倾向宽 310m,均厚 1.54m。

矿石自然类型有氧化锰矿石和碳酸锰矿石。

氧化锰矿石由硬锰矿、软锰矿、偏锰酸矿、石英和黏土矿物组成,具有块状、蜂窝状、葡萄状、肾状等构造。氧化锰矿石由碳酸锰矿石经次生氧化作用形成,分布在矿体的头部、浅部,呈锰帽。其氧化深度 25~35m,最深达 50m。矿石已基本采完。

碳酸锰矿石由菱锰矿、钙菱锰矿、锰方解石、含锰方解石、石英、玉髓、高岭土、方解石、白云石和重晶石组成。主矿体以菱锰矿-钙菱锰矿矿石为主,其含量占锰碳酸盐矿物总量的 70.7%~94.2%。矿石具有粒状、鲕状结构;鲕状、互层状、条带状、块状构造。碳酸锰矿石分布在全区各矿段,是开采利用的主要矿石。

矿床成因类型为产在黑色页岩中的海相沉积锰矿床。

全区矿石平均品位:Mn 22.99%,TFe 2.32%,P 0.142%,SiO_2 16.62%,CaO 8.61%,Mn/Fe=9.9,P/Mn=0.006,碱度 0.37,属高磷低铁酸性贫矿石。

据《湖南省矿产资源储量表》,截止到 2019 年底,全矿区累计探获锰矿石资源储量 1232.70 万吨,其中,基础储量 512.0 万吨、资源量 720.7 万吨。

二、矿床发现与勘查史

1912 年,湘潭上五都螃蟹冲农民谢恕冲向萍乡煤矿报矿,经检查,在上五都发现氧化锰矿。

1950~1952 年,中南地质调查所钻探总队在矿区进行钻探工作。该所长沙分所王北海、谭显著、徐瑞麟等人在矿区进行地质测量,编写了《湖南湘潭上五都锰矿地质报告》。

1953 年 11 月,中国科学院长春地质研究所所长侯德封与叶连俊带领北京地质学院学生 6 人到湘潭锰矿考察,认为氧化锰矿下部还蕴藏着较丰富的原生碳酸锰矿,且质量较好,为湘潭锰矿开发生产指明了方向。

1954 年,苏专家卡纳瓦洛夫、米德维耶夫与波波夫等人相继到矿区考察,再次肯定了深部碳酸锰矿的开采利用价值,并对地质勘探提出了意见。

1954 年 8 月,重工业部华中地质勘探公司奉令组建湘潭锰矿勘探队(后称冶金部地质局湖南分局 901 队),到矿区勘探碳酸锰矿。1957 年 9 月 901 队提交了《湘潭锰矿地质勘探总结报告》。经全国储委审查,下达〔1958〕187 号决议书,批准报告作为矿山设计的依据。探明碳酸锰储量 852.7 万吨,为湘潭锰矿发展提供了资源保证。因局部块段控制不够，1963 年 3 月全国储委下达复审决议书，批准 A+B+C$_1$ 级储量 212.8 万吨、C$_2$ 级 5.13 万吨。

1960~1965 年，湖南冶金地质勘探公司 236 队在矿区进行补勘工作，补做水文地质工作，增加了储量，扩大了矿区远景。1964 年，236 队提交了《湘潭锰矿鹤岭矿区水文地质勘探总结报告》，同年，湖南省储委下达工字 79 号决议书批准。1965 年 5 月，236 队提交了《湘潭锰矿鹤岭矿区地质勘探补充总结报告》。湖南省冶金工业局审查，下达〔1970〕湘冶勘字 6 号文，批准勘探储量 B+C$_1$ 级 769 万吨，C$_2$ 级 147 万吨，报告作为矿山扩建的依据。

1972~1974 年，湘潭锰矿地测科勘探队，为满足矿山三期扩建高级储量要求，进行了生产勘探工作。1974 年 11 月，提交了《湘潭锰矿三期区地质勘探补充总结报告书》。湖南省冶金工业局审查，下达〔1975〕湘冶储字 1 号文，批准报告可作为生产建设的依据，批准升级储量 A+B+C 级 210 万吨，D 级 37.8 万吨。可作为生产建设依据。

1978 年，湘潭锰矿、236 队、长沙黑色矿山设计院组成联合调查组，对锰矿勘查、生产勘探与矿床开采进行了初步总结，编写了《湘潭锰矿地质勘探程度初步总结报告》。

1989 年，湖南冶金地质勘探公司 236 队提交了《湖南省湘潭市湘潭锰矿鹤岭矿区青山矿段深部普查地质报告》，未评审。同年提交《湖南省湘潭市湘潭锰矿鹤岭矿区黄峰寺矿段详查地质报告》，中色湘地字〔1990〕4 号。

2008~2011 年，湘潭锰矿委托中国冶金地质总局中南局长沙地质勘查院对黄峰寺矿段的深、边部进行了危机矿山接替资源勘查工作，2011 年 3 月，由施磊、黄飞等人提交了《湖南省湘潭锰矿接替资源勘查（黄峰寺矿段）普查地质报告》，湖南省国土资源厅评审，认定采矿权区内新增锰矿石 333 资源量 323 万吨，采矿权区外围探获锰矿石 333 资源量 89.8 万吨，共计 422.8 万吨。湘评审〔2011〕106 号，湖南省国土资源厅备案：湘国土资储备字〔2011〕59 号。

2012 年 2 月~2013 年 6 月，中国冶金地质总局中南地质勘查院刘燕群等人在前期接替资源勘查工作的基础上对湘潭锰矿采矿权区 24~55 线（黄峰寺段、青山段）深部-260m 标高以下矿体进行了详查，提交《湖南省湘潭锰矿 24~55 线采矿权区-260m 标高以下锰矿详查报告》，获得碳酸锰矿石 332+333 资源量 119.1 万吨，其中 332 资源量 47.0 万吨，占 39.5%。湘评审〔2013〕203 号，湖南省国土资源厅备案：湘国土资储备字〔2013〕1649 号。

2012 年 5 月~2014 年 6 月，中国冶金地质总局湖南地质勘查院刘燕群等人对湘潭锰矿边部开展了锰矿详查，提交《湖南省湘潭锰矿边部锰矿详查报告》，获得碳酸锰矿石 332+333 资源量 184.3 万吨，其中 332 资源量 65.7 万吨，占 35.65%。湘评审〔2017〕35 号，湖南省国土资源厅备案：湘国土资储备字〔2017〕135 号。

三、矿床开发利用情况

矿床位于丘陵山区，矿体呈层状，出露标高 +117~-330m，矿体倾角上陡下缓。主要采取底板斜井开拓，地下开采，房柱采矿法，采矿回收率 79%~90%。局部地段氧化锰矿适宜露天开采。湘潭锰矿开发迄今已有 100 多年历史。

1914 年在颜家冲一带露采地表氧化锰矿石，截至 1949 年底的 30 多年里共采氧化锰矿石约 32 万吨。

1950 年 4 月，湘潭锰矿矿务局成立，在露采地表氧化锰矿的同时，开展矿山建设。

1953 年氧化锰矿石资源枯竭，1955 年开始在冷水冲牛鼻子山、石塘坳等地露采碳酸锰矿石。

1957 年 6 月，矿山在冷水冲矿段开始第一期建设，分别在曾家塘井区、颜家冲井区和石塘坳井区开采，至 1964 年全部闭坑，三个井区共采出锰矿石 204. 26 万吨（勘查储量 246. 8 万吨）。第一期扩建，设计能力为年采原矿 42 万吨，实际最高年产量只达到 28 万吨。

1958 年，矿山在青山矿段进行第二期扩建。1972 年才陆续建成投产，到 1991 年，共采出锰矿石 290. 52 万吨。

1978 年，在黄峰寺矿段进行第三期扩建工程，1982 年投产，到 1991 年，共采出锰矿石 50. 64 万吨。

1987 年，在石冲矿段进行第四期扩建可行性研究，设计年产 15 万吨，由于资金原因扩建工程未进行。

1952 年建成重力选矿厂，氧化锰矿石经重力选矿后，MnO_2 含量可提高 10% ~ 15%，回收率 75% 以上。

1958 年，建成碳酸锰矿重力选矿厂，碳酸锰原矿含 Mn 20% ~ 22%，经重选，精矿品位 Mn 24% ~ 25%，品位提高 3% ~ 4%。

1976 年，开始强磁选试验，1986 年建成强磁选车间，入选原矿品位 Mn 17. 31%，粗选后，精矿品位 Mn 23. 09%，回收率 86. 62%，尾矿 Mn 3. 67%。

1956 ~ 1962 年，建成窑炉焙烧碳酸锰块矿，提高品位，改善矿石的还原性能。1975 年建成竖窑代替土圆窑。1959 年，采用平地土法烧结粉矿，1971 年建成烧结机，实现粉矿烧结作业机械化生产。碳酸锰富矿石，经焙烧后，可作为炼制铁锰合金的原料。其贫矿石采用重介质—强磁选方法，入选原矿品位 18. 25%，锰精矿 22. 69%，回收率 86. 10%。锰精矿经焙烧后，Mn 30. 33%，P 0. 144%，P/Mn = 0. 0047。

1958 年，建成 100m^3 高炉生产锰铁，1967 年高炉生产富锰渣。

20 世纪 80 年代后期，湘潭锰矿用碳酸锰原矿开发生产电解金属锰、电解二氧化锰等产品。其中的 "潭州" 牌电解二氧化锰是名牌电池材料。

湘潭锰矿历史上经过 3 次扩建和多次技术改造，建成为采矿、选矿、烧结、冶炼、制粉和电解锰等多工种、多产品系列的综合性大型矿业企业。

2021 年 6 月 30 日，湘潭市人民政府制定湘潭市产业新城整体开发规划，永久关停湘潭锰矿。

第四节　金 石 锰 矿

矿区位于湖南湘乡市北西 44km 处，南距湘（衡阳）—黔（贵阳）铁路线韶山站 15km，有公路相通，交通较便利。

一、矿床概况

矿区包括万群、大湖与靳源 3 个矿段。呈北西方向展布，长 7.8km，宽 1.5km，面积 11.8km^2。其中，万群段面积 4.4km^2（见图 6-9）。

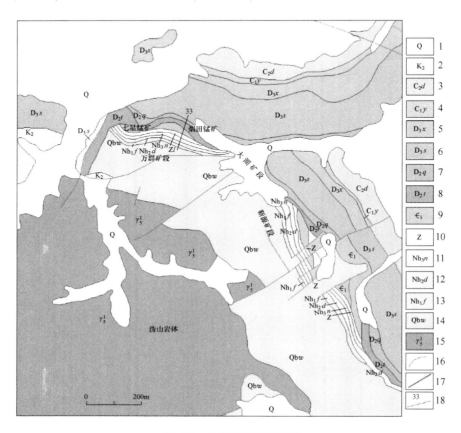

图 6-9 金石锰矿区地质图

1—第四系；2—上白垩统；3—上石炭统大塘组；4—下石炭统岩关组；5—上泥盆统锡矿山组；
6—上泥盆统佘田桥组；7—中泥盆统棋梓桥组；8—中泥盆统跳马涧组；9—下寒武统；
10—震旦系；11—上南华统南沱组冰碛砾岩段；12—中南华统大塘坡组黑色页岩系；
13—下南华统富禄砂岩段；14—青白口系五强溪组；15—印支期花岗岩；
16—地质界线；17—断层；18—勘探线及编号

矿区出露地层主要有青白口系五强溪组；南华系富禄组、大塘坡组、洪山组；震旦系金家洞组、留茶坡组；寒武系小烟溪组，奥陶系印渚埠组，泥盆系跳马涧组、易家湾组、棋梓桥组及第四系。

与成矿有关的地层是南华系大塘坡组。该组下段为含砾杂砂岩，上段为黑色炭质页岩夹碳酸锰矿层。含锰岩系自下而上，有由砂岩—页岩—碳酸锰矿层—页岩的变化特征，具明显的沉积旋回。属半封闭的指状海湾浊流沉积。

矿区位于沩山穹窿背斜东北部，整体为一单斜构造，地层走向北西，倾向北东，倾角 30°~50°。

矿区以断裂构造为主，万群段有 25 条断层，其中，走向北西的 18 条，走向延伸 100~1700m，倾向北东，多属正断层；走向北东的 5 条，走向延长数百米至 1600m。由于断层影响，矿体产状常有变化。

矿区出露有玻基橄辉岩。分布在狮子山、彭南冲等地。呈似层状产在冰碛层与金家洞组之间，厚数米至 60 余米。

矿区内仅万群矿段进行过详勘工作，因此，矿床地质重点反映万群段的情况。

区内仅一层矿，产在南华系大塘坡组黑色炭质页岩系中，层位稳定。呈层状或似层状，可见分枝复合现象，产状与地层产状一致，走向 120°，倾向北东。根据矿体在万群段空间分布特点，以 39 线为界，分为东部矿体与西部矿体（见图 6-10）。

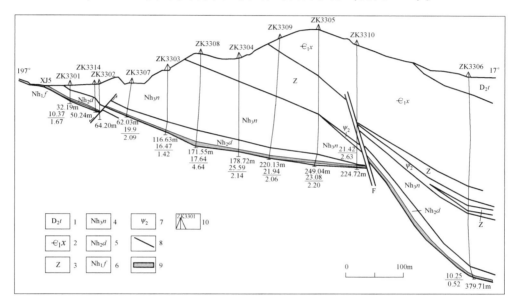

图 6-10　金石锰矿区 33 线剖面图
1—泥盆系跳马涧组；2—寒武系小烟溪组；3—震旦系；4—南华系南沱组；
5—南华系大塘坡组；6—南华系富禄组；7—岩脉；8—断层；9—碳酸锰矿层；10—钻孔位置及编号

东部矿体是主矿体，走向长 700m，倾斜延深 450m，最大达 850m，矿体厚 0.62~4.64m，平均 1.99m。

西部矿体走向长 600m，倾斜延深 100m，最大厚度 4.58m。

矿层有相变特点。以万群段 33 线为中心，由钙菱锰矿相向东南方向变成含锰硅质岩相，向北西方向变成锰硅质灰岩相。

矿石自然类型主要是碳酸锰矿石，浅部少量氧化锰矿石。

矿石矿物成分有钙菱锰矿（45.12%）、锰方解石（26.41%）、含锰方解石（4.96%）、石英（17.59%）、黄铁矿、绢云母、绿泥石、高岭土、针铁矿、白云石与重晶石等。矿石具粒状结构，块状、条带状、网脉状构造。

矿床成因类型属海相沉积锰矿床，工业类型为"湘潭式"锰矿。

据《湖南省矿产资源储量表》，截至 2019 年底，全矿区累计探明锰矿石资源储量 152.73 万吨，其中基础储量 44.27 万吨，资源量 108.46 万吨。

矿石平均品位：Mn 17.68%，TFe 3.58%，SiO_2 24.33%，CaO 10.90%，P 0.114%。属酸性中磷贫矿石。

二、矿床发现与勘查史

1960年，湖南冶金地质勘探公司236队在评价韶山谭家冲锰矿时，发现金石锰矿。

1970年3月~1971年3月，湖南省冶金地质局湘潭锰矿勘探队对金石锰矿开展踏勘工作，获得氧化锰矿石储量4.1万吨，质量基本符合放电锰的要求。

1975~1980年，湘潭锰矿勘探队在万群矿段开展勘探工作，1981年10月提交了《湖南省湘乡县金石矿区万群段碳酸锰矿详细勘探地质报告》。经湖南省储委审查，下达湘储决字〔1982〕2号文，批准为详勘，批准万群段B+C+D级储量144.35万吨，靳源段D级储量68.5万吨，作为矿山设计的依据。

三、矿床开发利用情况

1970年8月，金石镇开始民采氧化锰矿。1984年成立金石靳源锰矿，建成年产焙烧成品矿1万吨，碳酸锰粉5000t的小型矿山。1990年采锰矿石0.7万吨，损失0.5万吨，损失率41.7%，1991年采矿石1.2万吨（含损失）。因矿产品价格下降较大，矿山已停产。其中，金石锰矿开采标高为-100m，烟田锰矿开采标高为-115m，七星锰矿未正式开采，仅零星采集部分碳酸锰矿石。

金石矿区仍有较好的找矿前景。靳源矿段仅施工5条线14个孔，远景尚未控制，根据成矿条件分析，在30~36线之间的深部具有找矿潜力。大湖矿段位于靳源与万群矿段之间，长3.3km，少量钻孔证实深部有含锰岩系，并有锰矿体存在，具有找矿前景。

第五节 棠甘山锰矿

矿区位于湖南宁乡市西南68km处，隶属龙田镇管辖。距湘黔铁路七星街站22km，有公路相通，交通方便。

该矿床为中型规模，现已开发利用。

一、矿床概况

矿区出露地层有南华系下统富禄组、中统大塘坡组及上统洪江组，震旦系金家洞组、留茶坡组、寒武系（见图6-11）。地层走向北北西，倾向南西西，倾角35°~40°，局部陡立。

与成矿有关的地层是中南华统大塘坡组。该组地层主要为黑色炭质板岩夹二层锰矿层，厚8.12~178.2m。含锰岩系厚度与锰矿层的厚度成正比，当含锰岩系厚度大于4m时，矿层厚度、品位均稳定。

矿区位于沩山背斜的西翼，总体为一单斜构造，走向南南东，向南西倾斜，受沩山岩体的影响，表层褶皱、断裂发育。

矿区断裂构造有近东西向、北东向及北北西向3组。近东西的断层规模较大，走向长400~1600m，多属平移正断层，北盘相对平移，断距20~500m。破坏地层、矿层的连续

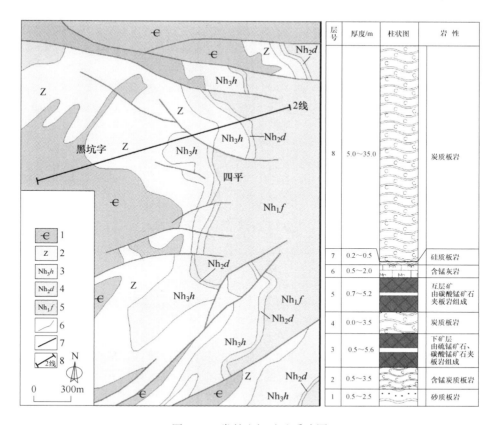

层号	厚度/m	柱状图	岩性
8	5.0~35.0		炭质板岩
7	0.2~0.5		硅质板岩
6	0.5~2.0		含锰灰岩
5	0.7~5.2		互层矿由碳酸锰矿石夹板岩组成
4	0.0~3.5		炭质板岩
3	0.5~5.6		下矿层由硫锰矿石、碳酸锰矿石夹板岩组成
2	0.5~3.5		含锰炭质板岩
1	0.5~2.5		砂质板岩

图 6-11　棠甘山锰矿地质略图

1—寒武系；2—震旦系；3—上南华统洪江组；4—中南华统大塘坡组；

5—下南华统富禄组；6—地质界线；7—断层；8—勘探线剖面位置及编号

性。走向北东的断层多为逆冲断层，倾向北西，倾角陡，走向长 1000~1600m，造成地层、矿层重复出现。北北西向断裂规模小。

矿区东部约 1km 为沩山黑云母二长花岗岩岩体，岩体与围岩产生了显著的接触变质作用，并使得矿区矿石类型在平面分布图上产生明显的分带现象，接触带附近形成了硫锰矿带，并且部分提高了锰矿石的品位，而远离接触带的部位仍保持沉积的碳酸锰矿带。

矿区有上、下二层锰矿，下层是主矿层（见图 6-12）。

下层矿（Ⅰ矿层）：呈层状、似层状赋存在含锰岩系下部，层位稳定，走向长 1990m，倾斜控制最大延深 1520m，厚度 0.5~5.56m，平均 1.09m，平均品位 Mn 20.61%，约占矿区储量的 71.68%。该层矿内部结构较复杂，由一系列大小不一的小扁豆体组成，重叠出现。

上层矿（Ⅱ矿层）：为互层矿，由薄层碳酸锰与黑色板岩互层构成，碳酸锰单层厚 0.5~3cm，板岩单层厚 0.5~1cm，总层数 30~60 层，总厚 0.07~6.9m。其中锰矿单层有 20 层左右，在矿层内从上至下厚度变薄。其中有一层黑色板岩夹石，厚 0~2.9m，将上矿层分为上、下两部分：上部厚平均 1.38m，平均品位 Mn 15.57%，占矿区储量的 24.62%；下部厚 0~2.34m，多为小扁豆体，品位 Mn 15.44%~25.08%。仅占矿区储量的 3.7%。

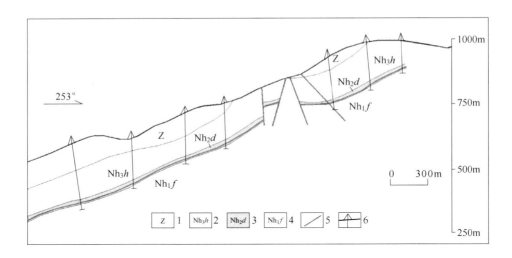

图 6-12　棠甘山锰矿 2 线剖面图
1—震旦系；2—上南华统洪江组；3—中南华统大塘坡组，底部为锰矿层；
4—下南华统富禄组；5—断层；6—钻孔

上矿层顶板为硅质条带状板岩，可相变为含锰白云岩透镜体，底板为炭质板岩，当缺失时，下矿层即为底板。即互矿层与主矿层合并为一体。矿区矿层平均厚度为 1.18m，品位为 Mn 19.04%。

矿石自然类型主要有碳酸锰矿石（低硫）、硫锰矿-碳酸锰矿石（高硫），前者赋存于矿区西部（即深部）碳酸锰矿相带内，后者赋存于东部硫锰矿-碳酸锰矿相带内。另外，地表局部地段有次生氧化锰矿石。

碳酸锰矿石矿物成分主要为藻菱锰矿、钙菱锰矿、铁锰白云石、白云石，次为黄铁矿、石英和黏土矿物，含少量硫锰矿、褐硫锰矿、锰石榴子石和锰闪石变质矿物等。矿石具显微粒状结构、藻球结构、鲕状结构，条带状、水平微层状构造。

硫锰矿-碳酸锰矿石矿物成分与碳酸锰矿石相似，但硫锰矿、褐硫锰矿、锰石榴子石和锰闪石等变质矿物含量显著增加，并成为主要矿物。脉石矿物有石英、白云石、黏土矿物及微量透辉石、符山石等。矿石具他形粒状结构，交代蚕蚀、交代残余结构，块状、浸染状、条带状及脉状构造。

次生氧化锰矿石的矿物成分以恩苏塔矿和钾硬锰矿为主，次为偏锰酸矿、黝锰矿、针铁矿、石英和黏土矿物等。具有胶状结构，网格状、葡萄状、肾状、角砾状、块状等构造。

矿床成因类型属沉积受变质的硫锰矿-碳酸锰矿床。

据《湖南省矿产资源储量表》，截至 2019 年底，全矿区累计探明锰矿石资源储量840.22 万吨，其中，基础储量 535.82 万吨、资源量 304.4 万吨。

矿石平均品位：Mn 18.83%，P 0.137%，TFe 3.79%，S 3.62%，SiO_2 19.71%，Mn/Fe＝5.02，P/Mn＝0.007，属低铁高磷高硫贫锰矿石。下层矿石碱度 0.75，为半自熔矿石；上层矿石碱度 0.38，为酸性矿石。

二、矿床发现与勘查史

1935 年 4 月，邵阳农民唐为君在宁乡洪水坑采草药时发现棠甘山氧化锰矿露头。

1954 年 3 月，湖南省工业厅蒋志诚对矿区进行调查。同年 6 月，组建宁涟锰矿试验工区开始探矿，探获氧化锰矿石 5933t，提交《湖南省工业厅宁涟锰矿试采工区工程总结报告》。

1957 年 3 月，冶金部地质局湖南分局 901 队齐一名等 3 人对矿区进行调查，编写《湖南宁乡涟源两县交界一带唐家山锰矿详细报告》，报告认为矿区无工业价值。

1959 年 11 月~1960 年 3 月，湘潭专署地质局一队在矿区进行普查工作，探获锰矿石 101 万吨，提交《湖南省宁乡唐家山锰矿区普查评价报告》，经湘潭专署地质局批准，可供地方开采和勘探设计依据。

1960 年 3~5 月，湖南省冶金地质勘探公司 236 队在矿区进行普查评价工作。

1962 年 2 月，湖南省地质局 403 队锰矿普查组在矿区调查放电锰资源。

1965 年 5~7 月，236 队张九龄等人在矿区工作，提交《宁乡唐家山—洪家山锰矿检查报告》，认为矿区内洪水坑、水竹坑矿体较好，推断工业矿体远景储量约 50 万吨。

1970 年 7 月，桃江锰矿组织了以卫自强为首的矿点检查组，在矿区进行普查，探获工业储量 57 万吨，远景储量百余万吨，估算瓦子寨矿段远景储量 200 万吨。

1972~1976 年，湖南冶金 246 队在矿区开展地质勘查工作，初步查明该区为一中型锰矿，1976 年 12 月提交《湖南省宁乡县棠甘山锰矿第一期储量报告书》。1977 年湖南省革命委员会冶金工业局以湘冶字〔1977〕4 号文批准该报告，批准储量 B+C_1+C_2 级 324.1 万吨。之后该队继续按详勘工作程度开展地质工作，至 1979 年野外工作结束，并于 1980 年 7 月提交《湖南省宁乡县棠甘山锰矿详细地质勘探报告》，同年 9 月 25 日湖南省矿产储量委员会以湘储决字〔1980〕4 号文批准该报告，批准储量 B+C 级 372 万吨，D 级 180 万吨，合计 552 万吨。

2014~2016 年，中国冶金地质总局湖南地质勘查院承担了中国地质调查局矿产调查项目"湖南安化—桃江地区锰矿资源调查评价"，项目负责人刘虎等人 2016 年对棠甘山锰矿北西沙坪子一带开展矿点检查，证实矿体向西北方向有延伸，并估算新增碳酸锰矿 333+334 资源量 216.7 万吨。

三、矿床开发利用情况

1970 年，经冶金部批准，桃江锰矿在矿区成立工区，开采富矿，作为桃江锰矿的配料。

1970 年 5 月，冶金部批准棠甘山建设发展计划，开始矿山建设，1971 年 8 月竣工，并试生产。

1970 年以前矿区由地方乡镇企业小规模开采。

1970 年 8 月成立棠甘山工区，开始规模开采，1973 年形成万吨采矿、加工生产能力。

1973 年 11 月，转入坑采，生产能力年产矿石 1.5 万吨。

1978 年开始了工业回转窑的设计和施工，设计规模：年处理原矿 5 万吨，成品矿 3.4

万吨，1981 年 10 月投产。

1980 年组建桃江锰矿棠甘山分矿，形成年采矿石量 3 万吨、生产碳酸锰粉 0.5 万吨的生产能力。

1972～1985 年，累计采出碳酸锰矿石 18 万吨。

1990 年开始组建硫酸锰车间，1993 年改扩建为生产电解锰，由于多种原因于 1995 年电解锰车间停产，1998 年通过技改恢复生产至 2005 年。

至 2005 年，桃江锰矿棠甘山分矿拥有固定资产 3050 万元，职工 360 人，具年产原矿石 3.0 万吨，加工处理原矿石 3.0 万吨，生产电解锰 800t 的生产能力。主要产品为烧结锰，品位 27%～30%，产品销往吉林、辽宁、山西、北京、山东、上海、河南、广西及湖南省的铁合金厂，但经济效益较差。2006 年 11 月进入破产改制阶段。

目前，该矿山处于正常开采状态。

第六节　九潭冲锰矿

矿区位于湖南湘潭市南西约 38km 的乌石镇，有简易公路与乌石镇贯通，乌石镇有县道与 320、107 国道相连，交通较为方便。矿区面积 3km²。

一、矿床概况

矿区出露地层有第四系、泥盆系、下寒武统、震旦系、南华系与青白口系等（见图 6-13）。

与成矿有关的地层为南华系中统大塘坡组，含锰岩系为一套黑色页岩，中间夹有薄层条带状碳酸锰矿层和块状碳酸锰矿层，地表出露长约 2000m，厚 2.20～38.17m。

矿区整体为一单斜构造，前泥盆系地层走向近南—北向，倾角一般为 40°～50°，局部叠加褶皱组合。中、上泥盆统地层走向为北西—南东，倾向北东，倾角 32°～50°。

矿区断裂构造发育，主要断层有 7 条，大致可归纳为两组：北西—南东、北东—南西，多为平移—正断层，尚有平移—逆断层（F_2）、平移断层（F_5）及正断层（F_7）。断层长度一般为 160～1000m，最长的 F_3 达 1600m 以上，倾向北东，倾角 70°。

矿区岩浆岩不发育，仅局部见有花岗斑岩脉出露。

锰矿层赋存在大塘坡组黑色页岩系的中下部，呈似层状或扁豆状产出，分上、下两层，层位稳定，产状与围岩一致。倾角多在 38°～55°之间。地表走向延长约 1000m。主矿体沿倾向钻孔控制最大斜深达 1900m（见表 6-1 和图 6-14），钻孔控制深部矿体走向长达 600m。

地表浅部为风化作用形成的氧化锰矿石，深部原生矿石可分为块状与似条带状碳酸锰矿石。块状矿石（下矿层）含锰矿物主要是含锰方解石，次为钙菱锰矿，少量为菱锰矿，脉石矿物主要是石英，次为黏土矿物、有机炭、黄铁矿等。似条带状矿石（上层矿）含锰矿物主要是钙菱锰矿，次为锰方解石，少量菱锰矿；脉石矿物以黏土矿物与石英为主，次为有机炭与黄铁矿等。

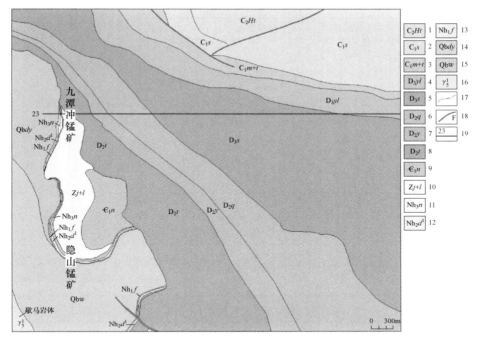

图 6-13 九潭冲—楠木冲锰矿区地质图

1—上石炭统壶天群；2—下石炭统石磴子组；3—下石炭统孟公坳组与天鹅坪组；
4—上泥盆统岳麓山组；5—上泥盆统佘田桥组；6—中泥盆统棋梓桥组；7—中泥盆统易家湾组；
8—中泥盆统跳马涧组；9—下寒武统牛蹄塘组；10—震旦系留茶坡组和金家洞组；11—上南华统南沱组；
12—中南华统大塘坡组；13—下南华统富禄组；14—青白口系多益塘组；15—青白口系五强溪组；
16—歇马岩体；17—地质界线；18—断层；19—剖面位置及编号

表 6-1 九潭冲矿区含锰岩系综合柱状图及岩性描述

地层	柱状图	厚度/m	岩性描述
南沱组		9.8~110	冰碛砾岩
大塘坡组		0.58~10.36	黑色页岩
		0~3.71	含锰黑色页岩
		0.44~4.91	薄层似条带状碳酸锰
		0.27~1.50	块状碳酸锰 含星点状黄铁矿较多

地层	柱 状 图	厚度/m	岩 性 描 述
大塘坡组		0~1.09	含锰黑色页岩
		0.6~2.93	含粉砂质黑色页岩 含星点状与条带状黄铁矿较多
		0.23~3.83	灰色粉砂岩
		0.78~3.67	含砾粉砂岩 局部见到斜层理
富禄组		8.0~12.0	中厚层状含砾不等粒石英砂岩、岩屑石 英杂砂岩夹石英粉砂岩、砂质粉砂岩

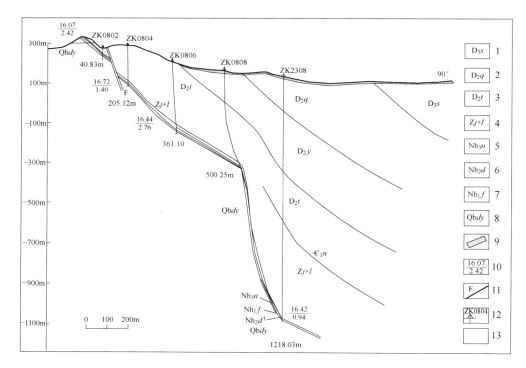

图 6-14   九潭冲—楠木冲锰矿区 23 号勘探线剖面图

1—上泥盆统佘田桥组；2—中泥盆统棋梓桥组；3—中泥盆统跳马涧组；4—震旦系金家洞和留茶坡组；
5—上南华统南沱组；6—中南华统大塘坡组；7—下南华统富禄组；8—青白口系多益塘组；9—碳酸锰矿层；
10—锰品位/锰矿层厚度；11—断层；12—钻孔位置及编号；13—地层不整合线

按矿石的结构构造，上矿层由条带状矿石构成，平均厚度为 2.35m，含 Mn 15.02%～

17.85%；平均品位：Mn 16.42%，TFe 2.85%，SiO_2 28.71%，CaO 6.09%，MgO 3.30%，Al_2O_3 5.92%，P 0.174%；下矿层由块状矿石构成，平均厚度为0.84m，含Mn 15.02% ~ 19.83%，平均品位：Mn 16.72%，TFe 2.60%，SiO_2 24.441%，CaO 9.87%，MgO 3.87%，Al_2O_3 4.39%，P 0.095%。

矿床成因类型为浅海沉积碳酸锰矿床。

据《湖南省矿产资源储量表》，截至2019年底，全矿区累计探明锰矿石资源储量412.78万吨，其中，基础储量124.38万吨、资源量288.4万吨。锰矿石平均品位16.72%。

2020年中国冶金地质总局承担中国地质调查局矿产资源所项目，对九潭冲靶区深部进行验证，新增预测资源量261.3万吨。

二、矿床发现与勘查史

1977年8月~1978年11月，湖南冶金236勘探队二分队对九潭冲矿区中赋存的锰矿进行了地表评价及初步普查，提交了《湖南省湘潭县九潭冲锰矿评价报告》，估算矿区D级储量101万吨（块状矿石）、地质储量283万吨（似条带状矿）。1979年12月20日，湖南省革命委员会冶金工业局地质勘探公司以〔1979〕湘冶勘地字60号（附件）审查通过了《湖南省湘潭县九潭冲锰矿评价报告》，批准该区D级碳酸锰矿石储量100.8万吨。地质储量283万吨不予批准，只作进一步工作时的参考。

2013~2016年，中国冶金地质总局湖南地质勘查院黄飞等人提交了《湖南湘潭—九潭冲地区矿产地质调查报告》，总结了成矿规律和找矿标志，提出了九潭冲—旗山是锰矿成矿远景区。

2020年，中国冶金地质总局中南地质调查院陈旭为项目负责人承担了中国地质科学院矿产资源研究所"上扬子东南缘锰矿调查评价"项目，黄飞、许鑫、叶锋等人对九潭冲锰矿区深部进行钻探验证，在8线深部施工钻孔，见碳酸锰矿0.94m，新增预测资源量261.3万吨。

三、矿床开发利用情况

九潭冲锰矿发现于1923年，新中国成立前后曾断续开采氧化锰约两万多吨。1958年全国大炼钢铁时，当时的人民公社组织过较大规模的开采，至1977年当地生产队社员继续进行土法开采，每年采氧化锰约200多吨。

1980~2002年，当地居民沿露头线进行了零星残采，沿矿层露头线的氧化锰矿已采完，目前矿区只有原生碳酸锰矿。

2003年3月，矿区内设立云峰锰矿1个采矿权。矿山设计采矿规模为2万吨/年。根据2003年的《湘潭县乌石镇云峰锰矿地质简测报告》，矿山占用九潭冲矿区锰矿石基础储量（122b）101万吨，地质储量283万吨。

根据湖南省湘潭县乌石镇云峰锰矿《2005年储量检测报告》，2003~2005年底矿山共开采锰矿石2.62万吨。

2006年云峰锰矿重新换证，由于资金与市场等种种原因，至2009年12月，矿山未开采，未核销资源储量，处于停产状态。

第七节　月山铺—祖塔锰矿

矿区位于湖南宁乡市西南直距约 50km 处，隶属宁乡市黄材镇和沩山乡管辖，矿区有简易道路与主干公里相通，交通便利。

一、矿床概况

矿区包括北部的月山铺矿段和南部的祖塔矿段，面积约 15km² （见图 6-15）。

矿区出露地层为寒武系、奥陶系、志留系、泥盆系及第四系。

奥陶系中统磨刀溪组为锰矿层的赋存层位。分为上下两段，上段为深灰色厚层状黏土岩，下段为一套含锰黑色页岩系，由条带状页岩、黏土质泥岩、黏土岩，夹生物碎屑灰岩、泥灰岩、含锰灰岩和 1~2 层碳酸锰矿层组成，厚 10~30m。剖面上反映出从页岩—含锰灰岩—页岩—碳酸锰矿层（上或下）—含锰灰岩—黏土岩双层旋回韵律特征（见图 6-16 和图 6-17）。

矿区构造以近东西向褶皱为主。同时伴有东西向、北东向、北西—北北西向断裂构造。褶皱构造主要为冲天蜡烛向斜（近 EW 向）。轴向长数十千米。褶皱轴向东倾伏，向西扬起，倾伏角为 5°~10°，褶皱两翼地层倾角 20°~60°，北翼稍缓、南翼稍陡。地表及浅部地层倾角较陡 40°~60°，往深部逐渐变缓为 15°~40°。

月山铺—祖塔矿区含锰岩系地表露头基本连续，延绵长约 12km，主要分为月山铺矿段和祖塔矿段，分布于冲天蜡烛向斜构造中。

祖塔矿段：位于冲天蜡烛向斜南翼，共有两层锰矿，赋存于含锰岩系的中下部，以下层矿为主。矿层主要由中-薄层碳酸锰矿夹薄层黑色页岩组成，产状与围岩一致，直接顶底板一般为含锰灰岩。下矿层走向延伸 1400 余米，倾向东，倾角 30°，最大控制斜深 600m，厚度 0.48~1.00m，平均为 0.73m，厚度比较稳定，向南、向北尖灭于含锰灰岩之中。品位 Mn 20.03%~22.99%，平均为 21.35%。P/Mn 平均为 0.003，Mn/Fe 平均为 9.71。上矿层仅呈南北向展布，长 750m，宽 660m，厚度 0.42~1.48m，平均为 0.84m，矿层连续，但厚度变化较下矿层大，向南、向北尖灭于黏土岩中。品位 Mn 18.71%~23.22%，平均 21.35%。P/Mn = 0.002，Mn/Fe = 10.26。浅部均为相应原生矿层风化淋滤形成的氧化锰矿，品位 Mn 31.08%~32.30%，平均为 31.68%，P/Mn = 0.004。

月山铺矿段：位于冲天蜡烛向斜北翼。含锰岩系厚度在 10~40m 之间。锰矿赋存于含矿岩系的中下部，顶板为黏土岩，底板为含锰灰岩或黑色页岩，锰矿体呈层状、似层状延伸。共有 2 个矿段，自北向南分别为毛腊矿段和月山铺矿段，均只有 1 层矿，其中，毛腊矿段有 3 个矿体，主矿体长度 110m，厚度 0.48~1.61m，平均为 1.07m。品位 Mn 12.41%~19.56%，平均为 15.53%。Mn/Fe = 3.29~7.44，平均为 4.89，P/Mn = 0.001~0.007，平均为 0.004。月山铺矿段 2 个矿体，主矿体最大延伸 1060m，厚度 0.35~1.28m，平均为 0.82m。品位 Mn 16.16%~20.82%，平均为 17.61%。

矿石自然类型为原生碳酸锰矿石和次生氧化锰矿石。

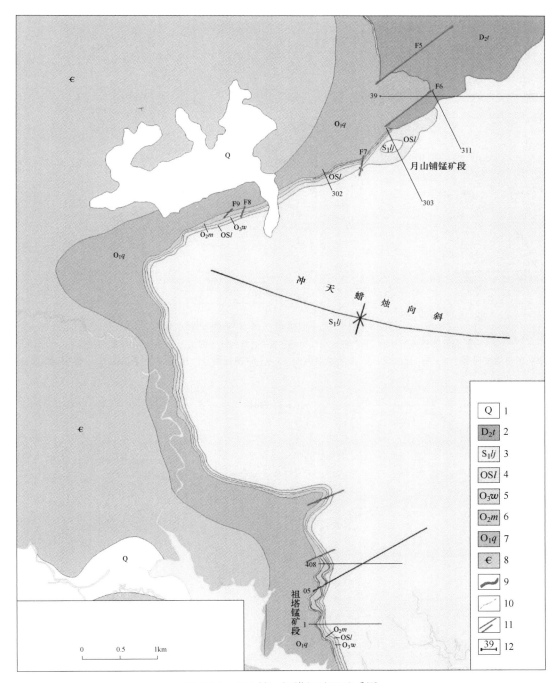

图 6-15 月山铺—祖塔锰矿区地质图

1—第四系；2—中泥盆统跳马涧组；3—下志留统两江河组；4—下志留统龙马溪组；

5—上奥陶统五峰组；6—中奥陶统磨刀溪组；7—下奥陶统桥亭子组；8—寒武系；

9—矿层地表露头线推测矿体位置；10—实测及推测地质界线；11—实测及推测断层；12—剖面位置及编号

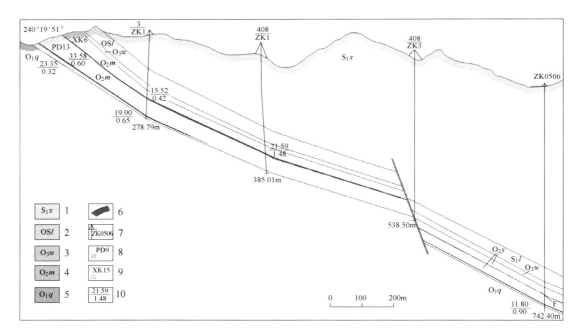

图 6-16　月山铺—祖塔锰矿区 5 号勘探线剖面图

1—下志留统新滩组；2—下志留统龙马溪组；3—上奥陶统五峰组；4—中奥陶统磨刀溪组；

5—下奥陶统桥亭子组；6—锰矿层；7—钻孔位置及编号；8—平硐及编号；9—采矿斜坑及编号；10—品位/厚度

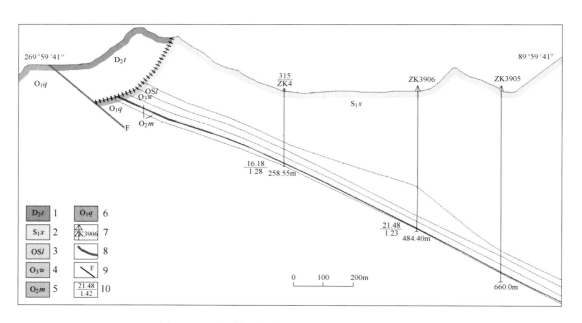

图 6-17　月山铺—祖塔锰矿区 39 号勘探线剖面图

1—中泥盆统跳马涧组；2—下志留统新滩组；3—下志留统龙马溪组；4—上奥陶统五峰组；

5—中奥陶统磨刀溪组；6—下奥陶统桥亭子组；7—钻孔位置及编号；8—矿层；9—断层；10—品位/厚度

碳酸锰矿石主要由锰方解石、菱锰矿、锰白云石等组成。具晶粒结构、碎屑结构、块状构造、条带状构造、斑点状构造，另有少量砾状及角砾状矿石。原生碳酸锰矿石多为碱性、低磷、低铁的优质碳酸锰矿石，P/Mn 在 0.003 以下。

次生氧化锰矿石主要沿地表含锰层位分布，是由原生碳酸锰矿石或含锰灰岩风化淋滤富集形成。矿石矿物成分为软锰矿、锰土、铁质及泥质物，具微晶细粒状结构，网脉状、蜂窝状及条带状构造。

矿床成因类型为海相沉积型锰矿。

据《湖南省矿产资源储量表》，截止到 2019 年底，全矿区累计探获锰矿石资源储量 189.5 万吨，其中基础储量 50.2 万吨，资源量 139.3 万吨。祖塔矿段累计探获资源储量 61.6 万吨，锰矿石平均品位 21.35%，月山铺矿段累计探获资源储量 127.9 万吨，锰矿石平均品位 17.37%。

另外，2019~2020 年，对祖塔矿段和月山铺矿段深部的钻探工程验证，预测潜在矿产资源 508.64 万吨。

二、矿床发现与勘查史

1979 年 1 月，湖南冶金 236 队对毛腊—月山铺矿段进行了地表检查，提交了普查评价报告。

1993 年 3 月~1995 年 12 月，中南地质勘查局长沙地质调查所对祖塔矿段开展普查工作，项目负责人为赵银海，主要参加人员为曹景良、翟中尧、严启平、杨伟等，提交了《湖南省宁乡县黄材祖塔锰矿普查报告》。湖南省矿产资源委员会 1998 年 10 月 12 日审批通过。批准碳酸锰矿石 D 级 57.07 万吨，氧化锰矿石 D 级 8.02 万吨，合计 65.09 万吨。审批文号：湘矿资审〔1998〕6 号。

1997~2000 年，中南地质勘查局长沙地质调查所在桃江—宁乡地区进行新一轮国土资源大调查，对湘中"桃江式"优质锰矿进行资源评价，调查范围包含桃江响涛源—宁乡祖塔矿带。项目负责人为吴永胜，主要参加人员为：曹景良、谭昌福、严启平、尹建平、施磊、雷玉龙、关军等。在响涛源—祖塔、木瓜溪—梅子洞及泗里河—高明三个矿带内圈定了 11 个碳酸锰工业矿体，估算 333+334 资源量 1337.07 万吨，333 资源量 262.96 万吨。其中，优质锰矿石资源量 897.96 万吨。在优质锰矿中，333 资源量为 176.18 万吨，占 19.62%。其中，在毛腊矿段获得 333+334 资源量 193.42 万吨，月山铺矿段获得 334 资源量 125.84 万吨，祖塔矿段 333+334 资源量 257.51 万吨，合计 576.77 万吨。

2012 年 2 月，中国冶金地质总局中南地质勘查院综合以往工作资料提交了月山铺—祖塔地区锰矿普查报告。提交锰矿石 333 资源储量 127.9 万吨（湘评审字〔2012〕18 号）。

2019~2020 年，中国冶金地质总局中南地质调查院对月山铺—祖塔锰矿预测区开展锰矿调查工作，分别对祖塔矿段及月山铺矿段深部进行了少量钻探验证。对矿区内的锰矿资源进行了初步的估算，月山铺矿段新增 334 资源量 391.17 万吨，平均品位 Mn 17.41%，祖塔矿段新增 334 资源量 117.47 万吨，平均品位 Mn 15.15%。两个矿段共计新增 334 资源量 508.64 万吨。

三、矿床开发利用情况

本矿床 20 世纪 90 年代在祖塔矿段和月山铺矿段民采地表浅部氧化锰矿，至 2000 年氧化锰矿已采完。1996 年在祖塔锰矿段南北分别建有湖南省长林矿业有限公司黄材林场锰矿及祖塔乡联合锰矿两家矿业企业小规模开采原生碳酸锰矿，通过火法焙烧后作为冶炼锰铁合金的原料。月山铺锰矿 2000 年之前有过民采碳酸锰原矿，目前矿区都已停采。其中，祖塔矿段黄材林场锰矿及祖塔乡联合锰矿两家矿山因处于宁乡市清洋湖（黄材水库）水源保护区，矿业权已退出关停。

第八节　白衣庵锰矿

矿区位于湖南湘潭县北西西方向 13km 处，隶属于姜畲镇管辖，面积 11.39km²。矿区南约 6km 有湘黔铁路和 G320 国道通过，并有简易公路通达矿区，交通方便。

一、矿床概况

矿区出露地层较多，主要有青白口系板溪群五强溪组、下南华统富禄组、中南华统大塘坡组、上南华统南沱组、上震旦统留茶坡组、下寒武统小烟溪组、中泥盆统跳马涧组、棋梓桥组、上泥盆统佘田桥组及第四系。

与成矿有关的地层为中南华统大塘坡组，锰矿层赋存在该组下部黑色条带状炭质粉砂质板岩中。

矿区位于仙女山背斜南翼西南端，呈单斜构造，总体倾向南东，除局部地层有小的扭曲外，褶曲构造一般不发育。

矿区断裂较发育，区域性坪山塘—金田湾走向逆断层从矿区南缘通过，断层倾向310°，倾角 70°~80°。该断层不仅错失了地层，而且还使含矿岩系往下陷，破碎带宽 3m，带内裂隙及节理发育（见图 6-18）。

含锰岩系地表出露长 1.4km，厚度 28m 左右。上部为灰黑色、黑色厚层状、页片状炭质板岩，下部为黑色条带状炭质粉砂质板岩，夹条带状碳酸锰矿层。

矿区见一层矿，厚度 0.54~1.93m，一般为 0.8~1.1m，平均厚度为 1.03m。并且具自东向西稍变厚，自浅到深逐渐变厚的趋势。矿体形态较简单，呈层状、似层状产出，产状基本同围岩一致。

另外，矿区地表浅部次生氧化锰带较发育，沿矿层露头线分布在地表浅部数米至十余米的地段，呈层状、似层状或透镜体分布（见图 6-19）。

矿石自然类型主要为碳酸锰矿石，矿物成分主要有菱锰矿、软锰矿、菱铁矿、方解石、石英、黄铁矿等，具泥晶结构、碎粒状结构、镶嵌结构及交代结构，块状构造及条带状构造。另外，矿区有少量的氧化锰矿石，由软锰矿、方解石、褐铁矿及锰泥等组成。

矿石工业类型为高磷高铁贫锰碳酸锰矿石。

矿床成因类型属浅海相沉积型碳酸锰矿床。

矿床品位：Mn 9%~17%，平均 13.72%，其他元素组分 SiO₂ 18.38%，CaO 18.04%，P 0.259%，S 0.88%。

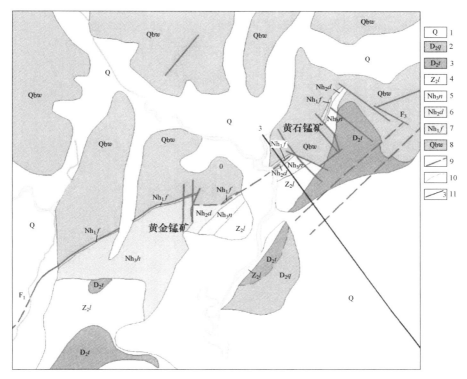

图 6-18　白衣庵锰矿区地质图

1—第四系；2—中泥盆统棋梓桥组；3—中泥盆统跳马涧组；4—上震旦统留茶坡组；
5—上南华统南沱组冰碛岩；6—中南华统大塘坡组黑色页岩；7—下南华统富禄组砂岩；
8—青白口系五强溪组板岩；9—实测及推测断层；10—实测及推测地质界线；11—勘探线及编号

据《湖南省矿产资源储量表》，截止到 2019 年底，全矿区累计探获锰矿石资源储量 48.75 万吨，其中，基础储量 23.3 万吨、资源量 25.45 万吨。

二、矿床发现与勘查史

1960 年，湖南冶金地质勘探公司 236 队在白衣庵矿区开展普查工作，1960 年 9 月，提交了《湖南湘潭锰矿白衣庵矿区储量报告》，湘冶勘地字第 45 号，探获 C_1+C_2 级锰矿资源量 48.72 万吨。

2013 年，湖南省有色地质勘查局二总队利用 2012 年度湖南省级探矿权采矿权价款地质勘查项目开展了"湖南省湘潭市白衣庵矿区深部锰矿预查"项目，提交了《湖南省湘潭市白衣庵矿区边部锰矿预查报告》，施工钻孔 3 个，因断层影响均没有见矿。

2014~2016 年，中国冶金地质总局湖南地质勘查院黄飞等承担中国地质调查局"湖南湘潭—九潭冲地区矿产地质调查"项目，对矿区进行了矿点检查。

三、矿床开发利用情况

2006 年开始，白衣庵锰矿区设置有黄金锰矿、黄石锰矿二采矿企业井下开采碳酸锰矿。目前，矿区已停采。

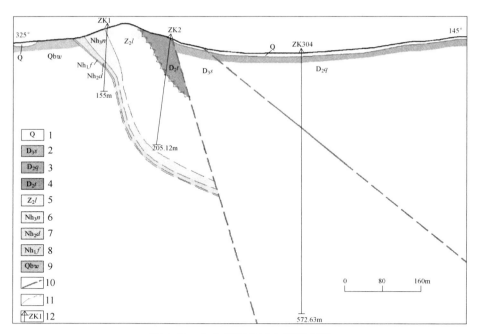

图 6-19　白衣庵锰矿区 3 线剖面图

1—第四系；2—上泥盆统佘田桥组；3—中泥盆统棋梓桥组；4—中泥盆统跳马涧组；

5—上震旦统留茶坡组；6—上南华统南沱组冰碛岩；7—中南华统大塘坡组黑色页岩及锰矿层；

8—下南华统富禄组砂岩；9—青白口系五强溪组；10—实测及推测断层；

11—实测及推测地质界线；12—钻孔位置及编号

第七章　湘鄂渝黔锰矿富集区

湘鄂渝黔锰矿富集区位于贵州松桃、湖南花垣、重庆秀山、湖北长阳一带，面积约 40000km²，是我国目前探获锰矿资源量最多的地区。该区大地构造位置属扬子板块与华南褶皱带的过渡带，位于Ⅲ-77-②湘鄂西—黔中南 Hg-Sb-Au-Fe-Mn-(Sn-W)-磷-铝土矿-硫铁矿-石墨成矿亚带。区内含锰层位为中南华统大塘坡组，含锰岩系为黑色页岩系，岩性为炭质页岩、含炭粉砂质页岩、粉砂岩、白云岩、硅质岩、菱锰矿。目前南华系是我国探获锰矿资源量最多的层位。该区已发现锰矿床（点）44 处，主要有超大型矿床 4 处（道坨、高地、普觉、桃子坪）、大型矿床 5 处（李家湾、杨家湾、大路、小茶园、民乐）、中型矿床 17 处（笔架山、大茶园、高楼坡、平溪、平查、老田庄、鱼泉；黑水溪、莫家溪、烂泥田、盆架山、杨立掌、大屋、西溪堡、长行坡、大塘坡、古城）、小型矿床 12 处。累计探获锰矿石资源储量 84009.66 万吨（其中富锰矿 7167 万吨）。根据《中国锰业现状及资源安全保障研究成果报告》，该区圈定锰矿预测区 6 个，预测锰矿资源潜力 4.64 亿吨（见图 7-1）。

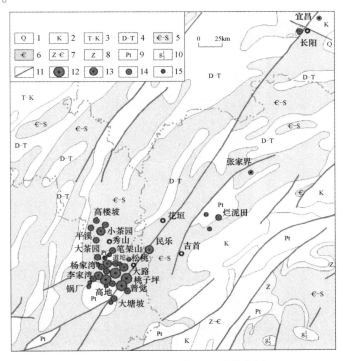

图 7-1　湘鄂渝黔毗邻区锰矿分布图

1—第四系；2—白垩系；3—三叠系—白垩系；4—泥盆系—三叠系；5—寒武系—志留系；
6—寒武系；7—震旦系—寒武系；8—震旦系；9—元古界；10—酸性-中酸性岩；11—断层；
12—超大型锰矿；13—大型锰矿；14—中型锰矿；15—小型锰矿

冶金地质部门勘探的主要锰矿床有：笔架山、古城、岜扒三个锰矿床。

第一节　笔架山锰矿

矿区位于重庆市秀山县城西南，直距 16km，有公路相通。

一、矿床概况

矿区包括笔架山和革里坳两个矿段，面积 12km^2（见图 7-2）。

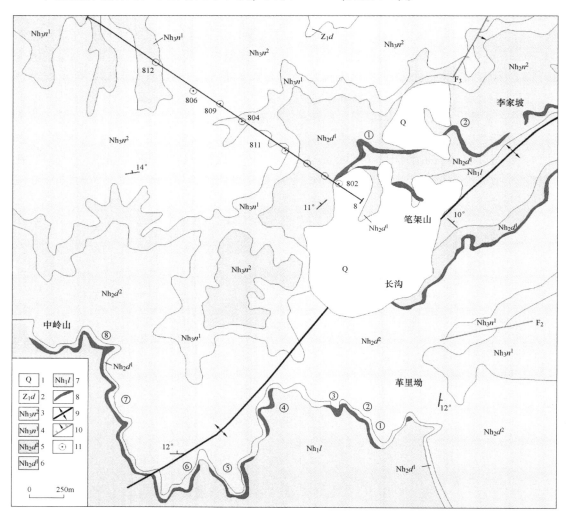

图 7-2　笔架山锰矿区地质平面图

1—第四系；2—下震旦统陡山沱组；3—上南华统南沱组第 2 段；4—上南华统南沱组第 1 段；
5—中南华统大塘坡组第 2 段；6—中南华统大塘坡组第 1 段；7—下南华统莲沱组；8—锰矿（化）体；
9—背斜轴；10—断层；11—钻孔位置

矿区出露地层为下南华统莲沱组、中南华统大塘坡组、上南华统南沱组，下震旦统陡山沱组和第四系。与成矿有关的地层为中南华统大塘坡组。含锰岩系为黑色炭质页岩夹含锰灰岩、铁锰质条带和菱锰矿层。

矿区位于钟灵—梵净山复式背斜的次级褶皱贵贤溪背斜的西北翼。背斜轴呈北东向，穿过矿区笔架山、长沟一带。该背斜与区域复式背斜展布方向一致，且均向北东倾伏。轴部出露最老地层为莲沱组，两翼为南沱组地层。地层倾角平缓（10°~20°），产状在不同地段有一定变化。

矿区断裂构造不发育，仅在矿区东侧发现 3 条断层，规模和断距均不大，对主矿体无影响。

根据含锰岩系的出露情况，矿区可分为革里坳和笔架山两个矿段。革里坳矿段地表出露 14 个矿体，单个矿体最长 244m，最短 44m，延深不大，锰品位低，无工业价值。笔架山矿段地表出露 8 个矿体，以位于罗家湾的 I 号矿体最长，是详查的重点对象。其余矿体呈透镜状，规模小，质劣，无工业价值。

1 号矿体根据矿石构造的不同，由上至下可细分为：砂屑状菱锰矿、块状菱锰矿和层纹状菱锰矿。

1 号矿体露头长 350m。经钻探查明，锰矿体绝大部分隐伏在深部，全长 2000m，宽 1200m；呈层状，产状与围岩一致（见图 7-3）；倾斜缓，倾角 8°~20°，矿体厚 0.5~5.73m，平均厚 1.87m。厚度变化系数为 58%，矿体顶板为炭质页岩，底板为含炭（锰）含砾岩屑砂岩或黑色页岩。矿体中有时有锰质岩石或炭质页岩之小透镜体状夹层。总体看，矿体比较连续，但也有矿厚质优，矿薄质贫的地段。

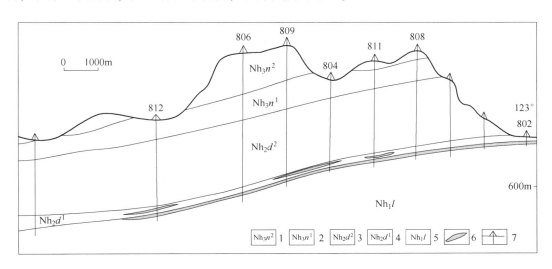

图 7-3　笔架山锰矿 8 号勘探线剖面图

1—上南华统南沱组第 2 段；2—上南华统南沱组第 1 段；3—中南华统大塘坡组第 2 段；
4—中南华统大塘坡组第 1 段；5—下南华统莲沱组；6—锰矿体；7—钻孔

矿区矿石的自然类型有氧化锰矿石和碳酸锰矿石。

氧化锰矿石：由软锰矿、硬锰矿、锰土、黏土矿物、黄铁矿和石英等组成。具有土状、网格状、蜂巢状和胶状等构造。该类矿石是矿体裸露地表氧化而成。氧化深度小于

10m。据物相分析，次生氧化锰矿物占有率均小于 20%。确切地说，这种氧化锰矿石主要为混合矿石，实际工作中无法确定矿石分带。

碳酸锰矿石：菱锰矿占 99%，含极少量的锰方解石、锰白云石，偶见微量锰硅酸盐矿物。脉石矿物有：有机炭质、石英、方解石、白云石、水云母、长石、黄铁矿、绿泥石、细砂岩岩屑和凝灰岩碎屑等。矿石具显微粒状、隐晶、砂屑、藻凝块石等结构。具块状、层纹状、叶片状和条带状构造。

矿床成因类型为海相生物化学沉积菱锰矿床。工业类型为高磷低铁贫锰酸性碳酸锰矿床。

据《重庆市矿产资源储量表》，截至 2021 年底，该矿累计探明锰矿石控制资源量+探明资源量+可信储量 268.26 万吨，其中：探明资源量 200.6 万吨，控制资源量 42.2 万吨，可信储量 25.46 万吨。

锰矿石平均品位：Mn 17.13%，P 0.328%，TFe 2.49%，SiO_2 26.77%，P/Mn = 0.009，Mn/Fe = 7.26，碱度 0.58，属高磷低铁贫锰酸性碳酸锰矿石。

矿石锰品位基本稳定，但与矿石类型有一定关系。层纹状菱锰矿矿石含 Mn 18.58% ~ 21.23%；块状菱锰矿矿石含 Mn 16.49% ~ 20.99%；砂屑状菱锰矿矿石含 Mn 10.57% ~ 12.42%。

二、矿床发现与勘查史

1966 年，四川省地质局 107 队开展秀山背斜普查找矿工作时，在笔架山—革里坳地区发现南华系南沱组含锰层。

1981 年，四川省地质局川东南地质大队 107 队对笔架山锰矿进行普查，对罗家湾矿体（即 1 号矿体）估算了远景储量 36 万吨。于 1982 年提交了《四川省秀山县革里坳—笔架山锰矿点初步普查地质报告》。

1984 年，冶金部西南地质勘探公司 607 队对前人资料进行了分析对比，进行成矿预测和实地调查工作。在此基础上，编制了《四川省秀山县锰矿地质普查设计》，选择成矿地质条件较好的笔架山锰矿进行详查。

1985 年，冶金部西南地质勘探公司 607 队对笔架山锰矿开展详查工作。历经 4 年，于 1988 年底提交了《四川省秀山县笔架山锰矿区详查地质报告》，提交锰矿石储量 829.31 万吨。

1989 年 3 月，四川省矿产储量委员会以川储发〔1989〕15 号文批准该报告可作为小型矿山建设的依据。批准锰矿石 A+B+C 级储量 308.2 万吨，D 级储量 521.1 万吨。

三、矿床开发利用情况

笔架山锰矿属于"湘潭式"高磷锰矿，局部地段有含磷中、低的锰矿石。小规模开采时，可以用手选使锰矿石质量达到工业要求。

1988 年，秀山县地方乡镇企业对该矿用平硐进行开采，年产锰矿石约 1 万吨。矿石经手选后，当地主要用于生产电解锰，含锰量达 99.8397%，符合部颁标准。原矿石锰品位大于 18%，回收率 72.5%。年产电解金属锰约 1500t，经济效益明显。

第二节　古 城 锰 矿

矿区位于湖北长阳县城西北 16km，距宜昌市 30km，区内有公路与 318 国道相通，交通方便。

一、矿床概况

古城锰矿属早南华世海相沉积菱锰矿床，是湖北省最大的锰矿（见图 7-4）。

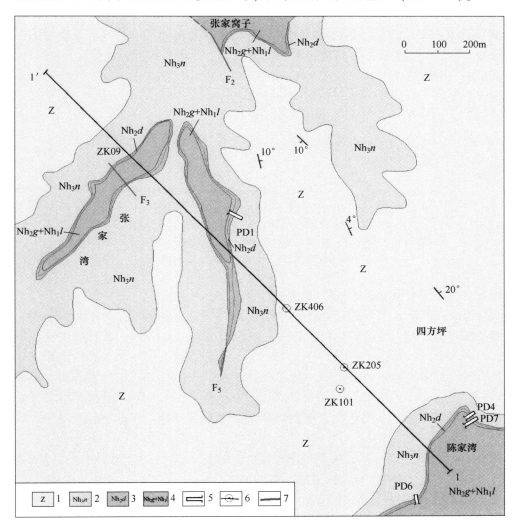

图 7-4　古城锰矿地质略图

1—震旦系；2—上南华统南沱组；3—中南华统大塘坡组含锰页岩段；
4—中南华统古城组+下南华统莲沱组；5—坑道；6—钻孔及勘探线；7—锰矿体

矿区呈东西向展布，长 4km，宽 2km，面积为 8km²。

矿区出露地层有南华系莲沱组（未分出古城组）、大塘坡组、南沱组，震旦系陡山沱组、灯影组和第四系地层。与成矿有关的地层为南华系大塘坡组，其岩性为含锰页岩，厚 0~18.7m，由西向东有增厚的趋势。与上覆地层南沱组冰碛岩呈假整合接触。

矿区位于长阳复式背斜中段，地层产状平缓，倾向北，倾角 7°~15°，局部达 45°。断裂构造有 3 组，分别为走向北西、走向北东的平移正断层，以及走向东西的逆断层。前两组破坏断层的连续性。

矿区内主要有Ⅰ、Ⅱ两个工业矿层：Ⅰ矿层（也称为"富矿层"）赋存在含锰岩系的中下部，呈扁豆状，分布面积约 0.59km²，平均厚 1.71m，平均锰品位 20.53%；Ⅱ矿层（也称"贫矿层"）赋存在Ⅰ矿层上下盘，分布面积约 1.47km²，是主矿体。矿体呈似层状，中间厚，东西两端薄，走向长 2100m，倾斜延深 428m，平均厚 1.48m。矿体产状与围岩产状一致，倾向北，倾角 7°~15°。平均锰品位 16.67%。在Ⅰ、Ⅱ矿层的上、下部还分布有两层贫锰矿层。上部贫锰矿层层位稳定，分布面积广，含锰 8.6%~15%；下部贫锰矿层，分东西两段，含锰 9.46%~15.03%（见图 7-5）。

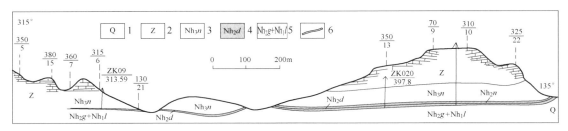

图 7-5 古城锰矿 1 线剖面图

1—第四系；2—震旦系；3—上南华统南沱组；4—中南华统大塘坡组含锰页岩段；
5—中南华统古城组+下南华统莲沱组；6—锰矿体

矿石自然类型有碳酸锰矿石和氧化锰矿石。

碳酸锰矿石是矿区主要矿石类型。矿物成分有菱锰矿、方解石、水云母、石英、黄铁矿、胶磷矿与岩屑等。菱锰矿呈粒状结构，粒径 0.002~0.007mm。矿石具块状、条带状构造。

氧化锰矿石由褐锰矿、软锰矿、硬锰矿、胶磷矿、石英、黏土矿物等组成。褐锰矿呈粒状结构，粒径 0.24~0.46mm。矿石具块状、角砾状、土状构造。氧化深度 4m 左右。

矿床成因类型属产在黑色页岩中的海相沉积碳酸锰矿床；工业类型属于"湘潭式"锰矿。

截至 1991 年底，矿区累计探明与保有锰矿石 D 级储量 1167.4 万吨，矿石平均品位：Mn 17.72%，TFe 3.20%，SiO_2 27.33%，P 0.67%，Mn/Fe=5.54，P/Mn=0.038。

根据《湖北省矿产资源储量表》，截至 2020 年 12 月底，矿区累计查明资源量 1262.88 万吨，其中控制资源量 964.15 万吨，推断资源量 298.73 万吨，另查明低品位推断资源量 193.76 万吨。矿区累计消耗控制资源量 553.21 万吨，推断资源量 0.89 万吨。

二、矿床发现与勘查史

1960 年，冶金部鄂西矿务局 601 队在矿区开展普查工作，发现了古城锰矿。同年由普查转初勘。1960 年 11 月，陈福欣、马林苑等人编写了《长阳锰矿古城锰矿区初步勘探总结报告》，1962 年，湖北省储委审查该报告，下达鄂储审字〔1962〕88 号文，指出："古城锰矿属高磷贫矿，选矿试验未达到降磷目的，且工程质量差，水文地质工作不够，矿石类型未查明，报告不予批准。"核实储量 310 万吨，列为表外矿储量。

1970~1972 年，湖北省第七地质队在矿区进一步开展勘探工作。1972 年 2 月由莫润林、苏文等人编写提交了《长阳锰矿田古城锰矿区初步勘探地质报告》，经湖北省地质局审查，下达鄂地审字〔1973〕113 号审查意见书，批准为初勘报告。批准锰矿石 C_2 级储量 1167.4 万吨，表外锰矿石储量 2266 万吨。指出富矿段控制程度不够，降磷问题仍未解决，将 C_1 级储量降为 C_2 级储量。

1979~1980 年，第七地质队根据地质局审查报告意见，再次进入矿区进行补充勘探工作，重点对富矿段加密控制，同时补做水文地质工作，并于 1992 年 10 月提交了《湖北省长阳县古城锰矿矿区补充勘探地质报告》，湖北省地矿局进行了评审（鄂地审〔1992〕53 号文）。批准的储量为：锰矿石表内 C+D 级储量 1125.7 万吨，其中，碳酸锰矿石 C 级储量 336.2 万吨、碳酸锰贫矿石 C 级储量 504.7 万吨、D 级储量 284.8 万吨、表外矿（低品位矿）C+D 级 2631.9 万吨。

三、矿床开发利用情况

古城锰矿是湖北省最大的锰矿。2003 年长阳古城锰业有限责任公司取得该矿区采矿权，矿山开采对象主要为Ⅰ矿体，采用平硐+盲斜井开拓方式，选用走向壁式崩落法采矿和整体悬移液压支架放顶矿采矿工艺，年生产能力 60 万吨，矿山基本形成比较完整的开拓运输通风排水系统，正按回采顺序规模回采。截止到 2020 年 12 月底，长阳古城锰矿区共开采矿石 449.27 万吨，共消耗资源储量 529.25 万吨，矿区资源利用率为 85%，矿山回采率为 95%，矿石贫化率 11%。

古城锰矿的发现与勘查，是湖北省重要勘查成果之一。其勘查工作手段与程序，地质研究程序均是适宜的。由于当时技术条件限制，未能解决高磷锰矿利用问题。随着电解锰技术发展，目前古城高磷锰矿得到经济合理利用。

第三节　岜扒锰矿

矿区位于贵州省从江县城北东 20km，属黔东苗族侗族自治州从江县高增乡所辖。矿区至县城有公路相通。

一、矿床概况

矿区出露地层为上南华统洪江组、中南华统大塘坡组、下南华统富禄组及少量的第四系。与成矿有关的地层为大塘坡组（见图 7-6），主要为一套含炭质粉砂质板岩，中部夹含锰硅质岩、灰岩和锰矿层。

矿区主体构造为岜扒向斜，轴向近南北，南北长 4000m，东西宽 45~1100m。向斜西翼—轴部间发育较多次级背、向斜褶曲和断裂构造，断层走向和褶曲轴向与主向斜大致平行，控制矿区锰矿层的延伸和展布。次级向斜完整，背斜构造多被近轴部断裂破坏，含矿层遭受断层切割，破坏其连续性。

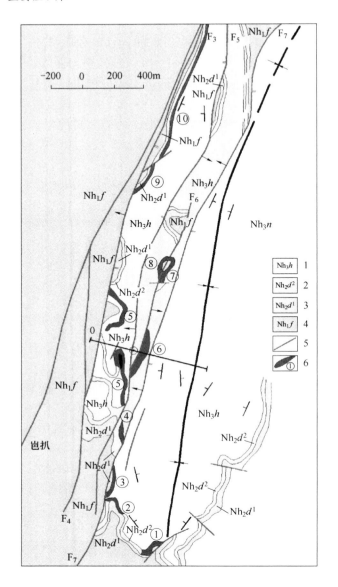

图 7-6　苴扒锰矿地质图
1—上南华统洪江组；2—中南华统大塘坡组第 2 段；3—中南华统大塘坡组第 1 段；
4—下南华统富禄组；5—断层；6—锰矿体及编号

　　矿区断裂构造按展布方向分为南北向、北东向和东西向，以北东向组断裂最为发育，其次为南北向组，东西向组规模最小，生成期最晚。矿区内规模较大的断层有 7 条，走向长 1500~4000m，其中，破坏矿床较大的断层为 F_3、F_4、F_5、F_6 和 F_7。

　　锰矿床分布在苴扒向斜西翼，由 11 个矿体组成，其中 5 号、10 号矿体规模较大，占全矿区控制储量的 58.74%。向斜东翼仅见零星矿化，未见有工业矿床。

　　锰矿体赋存在大塘坡组含矿岩系底部粉砂质板岩层中。矿体层位稳定，产状与围岩一致（见图 7-7）。

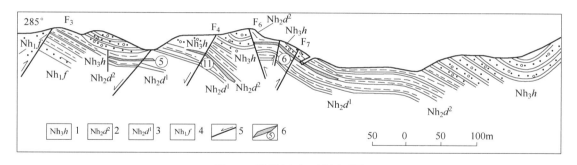

图 7-7　岜扒锰矿 0 线剖面图

1—上南华统洪江组；2—中南华统大塘坡组第 2 段；3—中南华统大塘坡组第 1 段；
4—下南华统富禄组；5—断层；6—锰矿体及编号

矿体呈似层状、透镜状，走向长 82~710m，平均倾向宽 26~108m，最宽达 170m，矿体厚 0.38~0.80m，平均厚 0.67m。矿体产状总体倾向东—南东东，部分受次级褶曲控制倾向北东或北西，倾角 20°~40°。矿体厚度较稳定，夹石少，延伸不稳定，常相变为粉砂质板岩、含锰硅质岩、含锰灰岩，形成多个透镜状矿体。局部地段有石英脉或石英网脉侵位，矿体受一定程度的破坏和改造。

矿石自然类型有原生氧化锰矿、碳酸锰矿、次生氧化锰矿 3 种类型。

次生氧化锰矿石，由硬锰矿、软锰矿、石英、黏土矿物等组成。具粒状、胶状结构，块状、皮壳状、多孔状、土状和粉末状构造。次生氧化锰矿分布于地表和矿体浅部，由碳酸锰矿和褐锰矿氧化富集形成，氧化深度数米至 20m，最大深度 50m。

原生氧化锰矿石，主要由褐锰矿，局部有少量菱锰矿，偶见蜡硅锰矿及石英、方解石、长石、白云母、氧化铁等组成。具半自形粒状、网状结构，条带状、层纹状、块状构造。

碳酸锰矿石，由菱锰矿、锰方解石及少量黄铁矿、赤铁矿、炭质、石英、白云母等组成。具显微晶质、他形微粒和不规则鲕状结构，层纹状和条纹状构造。

褐锰矿和碳酸锰矿是主要矿石类型。矿石含 Mn 10.29%~43.91%，平均 26.84%。锰品位变化幅度小，其变化系数 30.13%。

褐锰矿和碳酸锰矿在空间分布上呈现一定规律，褐锰矿主要分布在矿床西南边部，呈北西—北北西向狭长带状展布，向东、向北和深部则渐变为碳酸锰矿。碳酸锰矿有相变，可由以菱锰矿为主的矿石相变成以锰方解石为主的矿石。矿层顶板岩性是不同类型锰矿空间分布的指示性标志。

矿床成因类型属海相沉积锰矿床。工业类型属低磷低铁氧化锰-碳酸锰矿床。

锰矿石分为富锰矿石和贫锰矿石两个工业品级。在探明储量中，富锰矿占锰矿石总储量的 54.21%（其中富碳酸锰矿占 34.27%，富氧化锰矿石占 19.94%）。

全矿区矿石平均品位：Mn 26.84%、Fe 3.78%、P 0.123%、Mn/Fe = 7.10，P/Mn = 0.0045，碱度 0.46。工业类型属低磷低铁酸性锰矿石。

截至 2007 年，全区累计探明锰矿石 332+333 资源量 25.89 万吨，其中锰矿石 332 资源量 12.51 万吨，锰矿石 333 资源量 13.38 万吨。

二、矿床发现与勘查史

20 世纪 60 年代初，贵州省区调队开展榕江幅 1：20 万区调和矿点检查，圈出岜扒锰矿体 2 个，分别长 120m 和 600m，厚 0.52~1.00m，认为该锰矿呈透镜状、规模小，SiO_2 含量高，不能利用。

1966 年 8 月，贵州省地矿局 104 队在岜扒—广界一带开展锰矿普查，圈定氧化锰矿体 4 个，于 1971 年 9 月提交《贵州省从江岜扒、广界锰矿普查报告》。省地矿局于 1974 年 7 月批准该报告，提交岜扒矿区锰矿石 D 级储量 10.5 万吨。

1981~1984 年，贵州省地矿局科研所开展锰矿调研，认为岜扒锰矿为松桃南华系锰矿属同期异相沉积的硅质含锰建造类型，沉积环境属氧化环境，成矿物质除陆源外，尚有海底火山源。

1985 年 3~10 月，贵州省有色 6 总队在岜扒矿区开展锰矿勘查咨询，结合以往勘查成果，共圈定氧化锰矿体 10 个，计算 C+D 级锰矿石储量 10.93 万吨。认为岜扒锰矿属风化残余型锰矿，矿体向下延伸 10~20m 变贫，渐变为硅质岩，深部不必继续工作，矿区报告和储量未报上级审批。

1990 年 6 月~1992 年 7 月，冶金部西南地勘局 607 大队，根据上级指示在该区开展优质、富锰矿普查找矿，经过踏勘选择岜扒锰矿区向斜南段进行重点评价。于 1993 年 6 月提交《贵州省从江县岜扒锰矿普查地质报告》，经冶金部西南地质勘查局审查，于 1994 年 3 月以局发〔1994〕地字 31 号文批准该普查地质报告，批准累计探明 D+E 级储量 38.57 万吨，扣除已开采的 5 万吨氧化富锰矿，保有表内锰矿石 D+E 级储量 33.57 万吨（D 级 16.03 万吨、E 级 17.54 万吨）。其中富锰矿石 15.91 万吨（D 级富碳酸锰矿石 13.39 万吨、E 级富氧化锰矿石 2.52 万吨）。

2003 年 10 月~2004 年 8 月，贵州省地矿局 106 地质大队在矿区开展普查，在南华系大塘坡组底部的含锰岩系中发现碳酸锰矿，提交锰矿石 333+334 资源量 24.41 万吨。

2007 年 5~11 月，贵州有色金属与核工业地质勘查局 101 队在矿区开展详查，估算锰矿石 332+333 资源量 25.89 万吨。

三、矿床开发利用情况

1958 年，进行过零星开采。

1975 年，根据普查资料有小规模民采，主要是露采氧化锰矿石。至 1984 年共采富锰矿石 7000 余吨，销往遵义、柳州、广州等地铁合金厂和株洲、梧州、柳州、武汉、贵阳等地电池厂。

1987 年 9 月，从江县贷款建成年产 5000t 锰粉厂，由于资源不清，实际年产仅 4000t，1990 年产 1000t 锰粉。

1992 年，民产规模除保持 1000t 氧化矿指标外，开始采出原生褐锰矿、碳酸锰矿石 1500t，经焙烧达富锰指标，销售遵义铁合金厂。矿山生产未走上正轨，未达到原设计能力。

岜扒锰矿为贵州省小型富锰矿产地，以往多次勘查认为地表氧化富锰矿是含锰硅质岩等引起，推测延深仅 10~20m，储量仅 10 多万吨。经西南地勘局 607 队再次普查证实，该矿属碳酸锰和褐锰矿的次生氧化富锰矿。近年大量的民采矿石，除氧化锰矿外主要是褐锰矿和菱锰矿，钻探已发现深部有含锰岩系和碳酸锰矿石。鉴于该矿区含锰岩系长达 3000 余米，表明矿区还潜在一定的找矿前景。但是，该矿区岩相变化较大，构造复杂，适宜边采边探。

第八章　川渝陕锰矿富集区

　　川渝陕锰矿富集区位于陕西、四川、重庆、甘肃毗邻地区。西北起自甘肃徽县，经陕西镇巴，向东南经四川万源到重庆城口，面积约 60000km²。该区大地构造位置属扬子准地台北部台缘拗陷的秦巴成锰盆地，处于Ⅲ-73 龙门山—大巴山（陆源拗陷）Fe-Cu-Pb-Zn-Mn-V-P-S-重晶石-铝土矿成矿带。区内西北部文县—略阳—勉县和东南部西乡—城口一带产出锰矿为浅海相沉积碳酸锰矿床，含锰层位为下震旦统陡山沱组，含锰岩系在镇巴地区为杂色泥质岩系，城口地区为黑色泥质-碳酸盐岩系，锰矿层在下震旦统陡山沱组地层中广泛分布，层位稳定。其西南部青川—宁强—汉中一带产出锰（磷）矿为海相沉积变质型锰（磷）矿床，含锰层位为下寒武统邱家河组/宽川铺组/塔南坡组，含锰岩系为一套含锰（磷）碎屑岩-碳酸盐岩系，锰矿严格受下寒武统地层控制，地表表生氧化（风化）作用，使地表锰矿石氧化富集、锰品位比原生矿高，局部锰矿甚至可达优质富锰矿。区内已探明大型矿床 2 处（大渡溪、修齐）、中型矿床 6 处，探获锰矿资源储量 10617 万吨。根据区内已知矿床的工作程度、含锰岩系的分布、控矿褶皱构造和化探异常发育情况等综合信息，圈出了甘肃文县沟岭子、陕西略阳县—勉县、西乡—镇巴—紫阳和重庆城口等一系列找矿预测区，预测资源量为 2.48 亿吨（见图 8-1）。

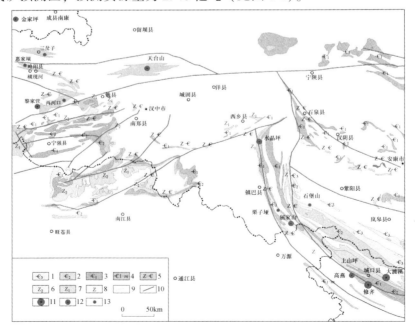

图 8-1　川渝陕毗邻区锰矿分布图

1—上寒武统；2—中寒武统；3—下寒武统；4—寒武系娄山关组、毛田组并层；

5—震旦系、寒武系合并；6—上震旦统；7—下震旦统；8—震旦系未分；9—地质界线；

10—断层；11—大型锰矿；12—中型锰矿；13—小型锰矿

冶金地质部门勘探的主要锰矿床有屈家山、黎家营、水晶坪三个锰矿床。

第一节　屈家山锰矿

矿区位于陕西省紫阳县紫黄乡境内，距襄渝铁路（襄樊—安康—重庆）麻柳坝站约10km，有简易公路相通，且与主干公路连接。

该矿是陕西省第二锰矿生产基地。

一、矿床概况

矿区位于扬子地台东缘大巴山浅海盆地中，受大陆边缘的影响，形成近南北向展布的锰矿成矿带。

矿区出露地层有震旦系、寒武系、奥陶系、志留系和三叠系。与成矿有关者为下震旦统陡山沱组，分上、中、下三个岩性段，其中，上岩性段含锰岩系为一套灰绿色、紫红色钙质页岩，厚6~50m，中部由菱锰矿层、含锰钙质页岩和紫红色页岩互层组成条带，厚0.5~6.2m。

矿床处于松树坝—紫黄复式倒转背斜的东北翼。由于西南翼被断层切割，故矿区总体为一走向北北西，倾向南西的单斜层（见图8-2）。经强烈挤压，次级褶皱极为发育（见图8-3）。褶皱控制锰矿体的形态与分布。

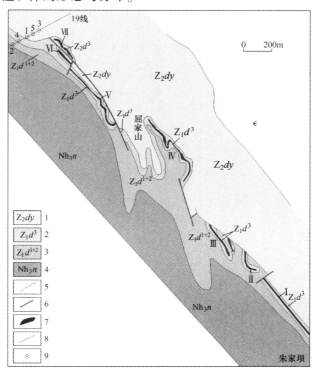

图 8-2　屈家山锰矿地质图

1—上震旦统灯影组；2—下震旦统陡山沱组上岩段含锰岩系；3—下震旦统陡山沱组中、下岩段；

4—上南华统南沱组；5—地质界线；6—断层；7—矿体；8—勘探剖面线；9—钻孔

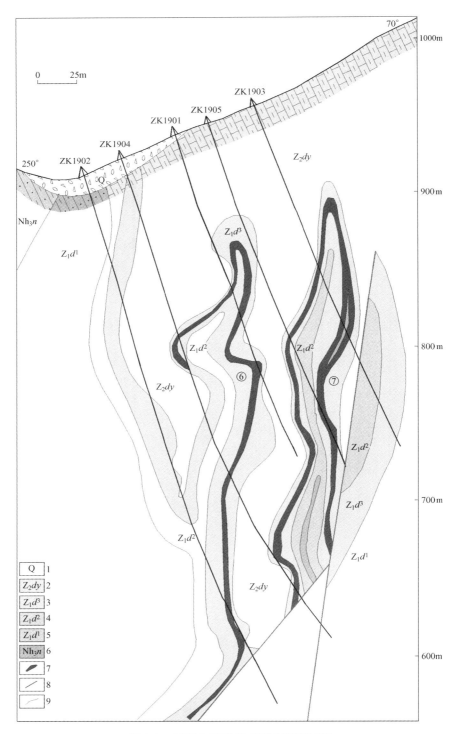

图 8-3 屈家山锰矿 19 号勘探线剖面图

1—第四系；2—上震旦统灯影组泥质灰岩；3—下震旦统陡山沱组上岩段含锰岩系、钙质页岩夹锰矿层；

4—下震旦统陡山沱组中岩段页岩夹海绿石石英细砂岩；5—下震旦统陡山沱组下岩段条带状页岩夹少量硅质岩；

6—上南华统南沱组凝灰质砂岩与页岩互层；7—锰矿体；8—断层；9—地质界线

断层可分为走向断层、斜切断层和横断层 3 类。走向断层多分布于背斜、向斜轴部，规模较大，造成地层缺失或重复。斜交断层和横断层规模相对较小，往往造成矿层错位。断层破坏了矿层的连续性，使屈家山矿床被肢解为 7 个矿体（见图 8-2）。

锰矿层严格受沉积层位控制。锰矿体由肉红色、蔷薇红色的条带状、透镜状或薄层状菱锰矿与含锰钙质页岩、紫红色页岩呈疏密不等的条带所组成。菱锰矿条带一般厚 0.5~1cm，部分厚 1~5cm，最厚达十几厘米而呈层状。锰矿条带密集构成矿体。经勘探共圈出 7 个矿体。矿体长 345~555m，厚 0.5~6.23m，一般厚 1~3m，延深 87~350m。

矿体产状与围岩一致，常随褶皱而变化，形成较紧密的褶曲，且成雁行状斜列。断裂造成矿体局部缺失或重复，使矿体形态更趋复杂。但矿体在各勘探剖面中对应良好，有一定的规律性。

矿石自然类型为碳酸锰矿石，主要由菱锰矿和泥质物（水云母、高岭石等）组成。次有锰方解石、锰白云石、褐锰矿、软锰矿、硬锰矿等。脉石矿物有方解石、石英、长石及少量绿泥石、白云母、蛇纹石等。

矿石结构主要有微粒泥质、微晶和含碎屑的微晶结构，也见有胶体和龟裂纹结构。矿石构造主要为条带状构造，次有不规则条带状-透镜状、块状、脉状-网脉状构造。

矿床成因类型属浅海沉积型碳酸锰矿床。矿床工业类型为低磷、低铁、高硅碳酸锰贫矿床。

全区 Mn 平均含量为 21.45%，其中品位大于 25% 的约占储量的 30%，可手选。TFe 平均含量 2.58%，SiO_2 平均含量 29.74%，P、S 等有害杂质含量低，Fe 含量低而稳定。Mn/Fe>8.4，酸性造渣组分 SiO_2 含量高，$(SiO_2+Al_2O_3)/(CaO+MgO)=3$。矿石伴生有益组分均很低，无综合利用价值。

据《陕西省矿产资源储量简表》，截止到 2019 年底，全矿区累计探明锰矿石资源储量 345.87 万吨，其中，基础储量 267.52 万吨、资源量 78.35 万吨。

二、矿床发现与勘查史

1958 年 7 月，安康冶金地质队检查群众报矿点时发现此矿。

1959 年，安康冶金地质队对该矿进行普查，获锰矿石远景储量 32.8 万吨。

1959 年 11 月~1960 年 10 月，安康冶金地质队对该矿进行初勘。求得锰矿石储量 81.7 万吨，其中 B+C 级 25.6 万吨。陕西省储委认为，勘探程度不够，初勘报告不能作为工业设计的依据，如需开采利用时，需进一步勘探再提交一个合乎要求的最终报告。

1979 年 4 月~1981 年 11 月，西北冶金地质勘探公司 716 队对该矿进行详勘。

三、矿床开发利用情况

屈家山锰矿赋存于镇巴和紫阳两县交界处，目前已探明的锰矿石储量中，71% 分布于镇巴县境内，其余分布于紫阳县。

1979 年以来，该矿陆续有少量民采。安康铁合金厂利用该锰矿石电炉冶炼碳素锰铁，平均每吨产品消耗锰矿石 3.5t，耗电 4000~4500kW·h。1982 年 8 月，生产硅锰合金，每吨产品耗锰矿石 3.2t，耗电 5000kW·h，居国内同行业上游水平。

1988 年，全国锰矿技术委员会受冶金部委托，对屈家山锰矿进行可行性论证；认为矿山设计规模宜年产矿石 5 万吨，适于地下开采，平窿开拓。块度大于 25mm 的矿石可用手选，小于 25mm 的矿石经破碎后进行强磁选，其精矿烧结后可外销。

1989 年，陕西省冶金矿山公司与镇巴县联办陕西省镇巴屈家山锰矿，按设计扩建采选规模 5 万吨/年。

矿山目前正在开采。

第二节　黎家营锰矿

矿区位于陕西省宁强县东皇沟乡，南距阳（平关）—安（康）铁路代家坝站 11km，有简易公路相通。从代家坝东行 5km 到烈金坝与陕川公路相接。

该矿床是目前陕西省最主要的优质锰矿生产基地。

一、矿床概况

矿区出露地层主要为前震旦系碧口群及震旦系。锰矿主要赋存于下震旦统陡山沱组，该组厚 439m，主要为陆源沉积成分，也含有较多火山物质。顶部为硅质白云岩，中、下部为板岩、夹含锰硅质灰岩，锰矿层分布于该组中部碎屑岩向碳酸盐岩过渡的部位。

矿区位于区域汉王山复向斜的西北翼，在矿区范围内为一向西倾的倒转单斜，地层倾向 240°~280°，倾角 30°~65°。

断裂按其与岩层产状的关系分为两组：一为走向断层组，多为逆断层和正断层，生成较早，对矿体的完整性影响不大；另一组为斜交断层组，多横切矿体（见图 8-4），对矿体有一定的破坏作用。

矿区见有超基性岩、辉绿岩和钠长斑岩三种，呈岩墙或岩脉状产出。岩浆岩侵入均晚于成矿时代，与成矿关系不大，仅对矿体有少量破坏作用。

锰矿体产于含锰硅质灰岩中。主矿体呈层状、似层状，顺岩层分布稳定，其上下见有透镜状矿体和规模很小的矿条。

矿区内共圈出大小矿体 10 个，以Ⅰ号矿体规模最大，占全矿床储量 90%，Ⅵ号、Ⅸ号矿体居次，其余矿体均较小。

Ⅰ号主矿体：呈层状，走向 160°~190°，倾向西，倾角 30°~65°。地表长 887m，深部控制长 1405m，延深大于 553m，平均厚 2.81m。矿体向两端均有侧伏，侧伏角 9°~12°，属中等稳定类型矿体。

Ⅵ号矿体：呈薄而稳定的似层状，地表长 28m，深部控制长 470.5m，延深 470m，平均厚 0.79m。平行赋存于Ⅰ号主矿体下盘之含锰硅质灰岩中。

Ⅸ号矿体：为一稳定的似层状盲矿体，深部控制长 191m，延深大于 267m，平均厚 3.04m，位于矿床南段，赋存部位与Ⅵ号矿体类似。

矿体产状属于中等倾斜的单斜层，深部呈舒缓波状（见图 8-5）。矿体由褐锰矿和 1~3 层含锰硅质灰岩小夹层相间构成。矿体与围岩呈渐变关系。

矿石矿物主要为褐锰矿，其次是菱锰矿，也见有硬锰矿、软锰矿及水锰矿，还有少量菱铁矿及赤铁矿。脉石矿物有方解石、石英、锰方解石、蔷薇辉石、锰闪石、闪石类等。矿石结构主要为半自形-他形粒状变晶结构；矿石构造主要为条带状、块状。

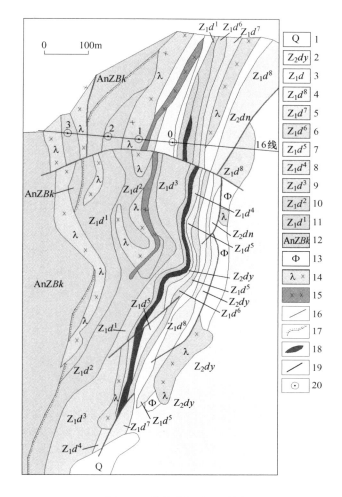

图 8-4　黎家营锰矿地质图

1—第四系；2—上震旦统灯影组；3—下震旦统陡山沱组；4—下震旦统陡山沱组第 8 段；

5—下震旦统陡山沱组第 7 段；6—下震旦统陡山沱组第 6 段；7—下震旦统陡山沱组第 5 段；

8—下震旦统陡山沱组第 4 段，含锰层；9—下震旦统陡山沱组第 3 段；10—下震旦统陡山沱组第 2 段；

11—下震旦统陡山沱组第 1 段；12—前震旦系碧口群含砾绿片岩；13—砾状蛇纹岩；14—辉绿岩；

15—钠长斑岩；16—断层；17—假整合；18—锰矿体；19—勘探线剖面；20—钻孔

按矿石矿物成分可分三种矿石类型：褐锰矿矿石、硬锰矿-软锰矿矿石、氧化锰-碳酸锰矿石。

矿床成因类型为受变质浅海相火山沉积锰矿床。

矿床平均品位为：Mn 22.15%，TFe 1.85%，SiO_2 23.92%，P 0.0533%，S 0.046%。Mn/Fe = 8~12，P/Mn = 0.0024，属低磷低硫氧化锰矿石。锰矿石品位稳定，品位变化系数为 14.3%。

据《陕西省矿产资源储量简表》，截至 2021 年底，该矿区累计探明锰矿石资源储量792.68 万吨，其中，基础储量 632.86 万吨、资源量 159.82 万吨。

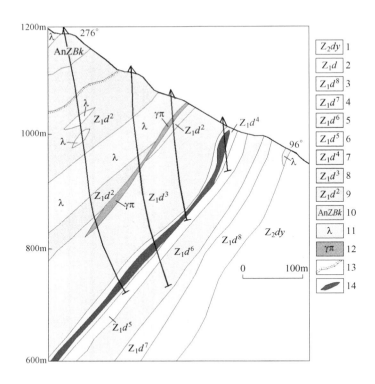

图 8-5 黎家营锰矿 16 线剖面图

1—上震旦统灯影组；2—下震旦统陡山沱组；3—下震旦统陡山沱组第 8 段；4—下震旦统陡山沱组第 7 段；
5—下震旦统陡山沱组第 6 段；6—下震旦统陡山沱组第 5 段；7—下震旦统陡山沱组第 4 段，含锰层；
8—下震旦统陡山沱组第 3 段；9—下震旦统陡山沱组第 2 段；10—前震旦系碧口群；11—辉绿岩；
12—钠长斑岩；13—假整合；14—锰矿体

二、矿床发现与勘查史

1961~1963 年，陕西省地质局第二地质队发现此矿，并进行了普查评价，提交《宁强县黎家营、略阳县何家岩、勉县茶店一带锰矿普查报告》，认为该矿床属贫矿，规模小。

1967 年，西北冶金地质勘探公司 711 队对该矿进行踏勘，认为有一定远景，可作为找矿评价对象。

1969~1972 年，冶金 711 队对该矿进行评价，于 1973 年提交《陕西省宁强县黎家营锰矿床评价勘探报告》。共获锰矿石储量 B+C+D 级 140.5 万吨。

1978~1979 年，冶金 711 队在原基础上进行详勘，对标高 800m 以上的矿体进行储量升级，累计获 B 级储量 50 万吨（其中新增矿石储量 34.05 万吨）；提交了《陕西省宁强县黎家营锰矿床地质勘探工作中间总结报告书》。

1982 年，冶金 711 队根据矿床远景有进一步扩大的可能，又进行了详细勘探，共探明锰矿石储量 442.6 万吨（其中，A+B+C 级储量 363.6 万吨）。另外，还有矿产储量表外矿 C+D 级 82.54 万吨。

三、矿床开发利用情况

黎家营锰矿 1982~1988 年相继由县办、乡镇办和村办各级企业小规模开采，以采露头矿和浅部矿为主，年产矿石量约 4 万吨，累计开采矿石量 24 万吨。

1988 年，陕西省锰矿公司委托长沙黑色冶金矿山设计院对该矿进行年产 10 万吨采选规模的可行性研究与设计。同年 10 月，陕西省锰矿公司和宁强县联办"陕西宁强锰矿"，按年产 10 万吨锰矿石规模配套，矿山服务年限 27 年，已投产，经济效益很好。

该矿目前正在开采，2019 年度开采出锰矿 5.7 万吨。

第三节　水晶坪锰矿

矿区位于陕西省汉中市西乡县东南，直距 20km，有矿山公路与 210 国道相通。

一、矿床概况

矿区内出露地层有南华系南沱组、震旦系灯影组、陡山沱组和第四系。陡山沱组为矿区出露主要地层，也是锰矿赋矿地层，该地层可划分六个岩性段，自上而下为：（1）上部为灰绿色页岩、钙质页岩，局部见锰矿条，锰品位最高在 8%~10% 之间，下部为中粗粒含砾长石石英砂岩。厚 50~100m。（2）主要为紫色钙质页岩，局部夹锰矿条或矿层，其余为灰岩、炭质页岩、细砂岩、钙质页岩等构成互层。厚 50~60m。（3）上部为泥灰岩、灰绿色钙质页岩，下部紫红色钙质页岩，Ⅲ号矿体断续分布于该层中部。厚 15~20m。（4）上部为灰绿色页岩或砂岩，下部为紫红色钙质页岩夹锰矿层。Ⅱ号矿体赋存于该层中部。厚 50~60m。（5）上部为灰绿色钙质页岩、泥灰岩，下部紫红色钙质页岩夹锰矿层，Ⅰ号矿体赋存其中。厚 40~50m。（6）主要岩性为条带状页岩夹砂岩，局部地段夹 1~2 层泥灰岩。厚 150m。

矿区位于司上倒转背斜东翼，区内总体为一单斜构造，倾向北东，倾角 20°~60°。区内断层主要有 7 条，对矿体破坏较大。南北向走向断层（F₁、F₃、F₄）造成了地层、矿体部分重复，北西向（F₂、F₅）和北东向横切断层（F₆、F₇）造成地层、矿体走向上的错断（见图 8-6）。

锰矿层主要赋存在下震旦统陡山沱组第二岩性段下部紫红色页岩和第三岩性段、第四岩性段下部的紫红色钙质页岩中。共有 6 条矿体，矿体严格受含矿层位控制，呈层状、似层状或扁豆状，其产状同地层基本一致。矿体受走向断层、北西和北东横切断层的影响而不连续，断距一般几米到数十米不等。主要矿体出露长 740~1250m，平均厚度 0.68~0.9m，平均品位 15.73%~18.54%（见图 8-7）。

矿石自然类型为氧化锰矿石和碳酸锰矿石。

氧化锰矿石：矿石矿物主要为硬锰矿、氢氧化锰矿、软锰矿、褐锰矿等，脉石矿物为石英、方解石、褐铁矿等。矿石结构主要有网状或脉状、环带状、胶状、粉砂泥质、他形粒状结构等。矿石构造主要为块状、条带状、浸染状构造等。

图 8-6 水晶坪锰矿区地质简图

1—第四纪坡积物；2—上震旦统灯影组；3—下震旦统陡山沱组第 6 段；4—下震旦统陡山沱组第 5 段；

5—下震旦统陡山沱组第 4 段第二亚段；6—下震旦统陡山沱组第 4 段第一亚段，含锰页岩夹锰矿体；

7—下震旦统陡山沱组第 3 段第二亚段；8—下震旦统陡山沱组第 3 段第一亚段，含锰页岩夹锰矿体；

9—下震旦统陡山沱组第 2 段第二亚段；10—下震旦统陡山沱组第 2 段第一亚段；11—下震旦统陡山沱组第 1 段；

12—上南华统南沱组；13—上南华统南沱组上段；14—上南华统南沱组下段；15—锰矿（化）体及推测锰矿体；

16—实测及推测地质界线；17—实测及推测逆断层位置及编号；18—实测及推测横断层位置及编号；

19—性质不明断层；20—剖面线及编号；21—探槽位置；22—钻孔位置

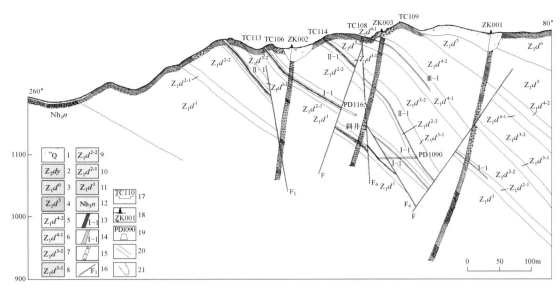

图 8-7　水晶坪锰矿区 0 线地质剖面图

1—第四纪坡积物；2—上震旦统灯影组；3—下震旦统陡山沱组第 6 段；4—下震旦统陡山沱组第 5 段；
5—下震旦统陡山沱组第 4 段第二亚段；6—下震旦统陡山沱组第 4 段第一亚段，含锰页岩夹锰矿体；
7—下震旦统陡山沱组第 3 段第二亚段；8—下震旦统陡山沱组第 3 段第一亚段，含锰页岩夹锰矿体；
9—下震旦统陡山沱组第 2 段第二亚段；10—下震旦统陡山沱组第 2 段第一亚段；11—下震旦统陡山沱组第 1 段；
12—上南华统南沱组；13—锰矿体及编号；14—低品位锰矿体及编号；15—破碎带；16—断层及编号；
17—探槽位置及编号；18—钻孔位置及编号；19—平硐位置及编号；20—斜井；21—采空区

碳酸锰矿石：矿石矿物主要为菱锰矿，其次为锰方解石，锰白云石、硬锰矿、软锰矿等，硅酸锰矿少量，脉石矿物主要为石英、玉髓、绢云母、绿泥石、长石及少量黑云母、电气石、胶磷矿等。矿石结构主要为他形粒状结构、自形细晶结构、细晶-隐晶结构等，矿石构造主要为条带状、蠕虫状、层状构造等。

矿床成因类型属浅海沉积型碳酸锰矿床。

据《陕西省矿产资源储量简表》，截至 2019 年底，该矿区累计探明锰矿石资源储量 152.19 万吨，其中，基础储量 80.37 万吨、资源量 71.82 万吨。平均品位 Mn 19.08%。另探明低品位锰矿石资源量 46.9 万吨，平均品位 Mn 13.26%。工业类型为低磷低铁酸性碳酸锰贫锰矿石。

二、矿床发现与勘查史

1966~1967 年，西北冶金地质勘探公司 715 队对西乡—镇巴长约 80km 的含矿层进行了普查，发现了郭家坪、黄牛池、弯对坡、水晶坪、罗家湾、小坪等 6 处锰矿点，并对其中的罗家湾、小坪进行了地表评价，对希望最大的水晶坪矿区进行了重点检查。

1980 年，西北冶金地质勘探公司 716 队在分析研究了 715 队资料后，重新对该矿床进行了地表评价。

1982 年底，西北冶金地质勘探公司 716 队对重点矿体进行了探槽揭露及地表追索。认为矿层稳定，具中型以上规模。

1983~1986 年，西北冶金地质勘探公司 716 队一分队丁振恒等人开展了对该矿床的全面评价，将含锰岩系合并为 6 个岩性段，并确定了 3 个韵律层。通过选矿试验研究，证实本矿床选矿性能较好，肯定了其工业利用价值。经过工作圈定了 3 个含锰矿层位和 Ⅰ、Ⅱ、Ⅲ号锰矿体，基本查清了矿区的地层层序、构造、矿体特征、矿石类型、矿石质量及可选性等，总结了锰矿找矿标志和成矿规律。丁振恒等人编制提交了《陕西省西乡县水晶坪锰矿床地质评价报告》，1989 年 3 月冶金部第一冶金地质勘探公司审查通过该报告，备案文号为"〔1989〕一冶地总字 89 号"，批准锰矿石储量 210.4 万吨，其中表内储量 C+D 级 163.5 万吨，Mn 平均品位 19.08%，表外储量 D 级 46.9 万吨，Mn 平均品位 13.26%。

2009 年，中国冶金地质总局西北地质勘查院李会民、徐卫东等人对水晶坪锰矿进行资源储量核实，查明了资源储量变化及主要原因。谢新国、常昊、高帅等人同年 11 月提交了《陕西省西乡县水晶坪锰矿资源储量核实报告》，该报告核实矿区累计查明工业矿资源储量：锰矿石 109.59 万吨，与 1986 年相比减少了 54.36 万吨，主要原因是矿体中存在无矿地段、原地质评价报告矿体外推太大。矿区保有锰矿石 122b+333 资源储量 32.84 万吨；Mn 平均 17.16%。其中 122b 矿石量 1.55 万吨，Mn 平均 19.24%，333 矿石量 31.29 万吨，Mn 平均 17.06%。保有的低品位锰矿：333 矿石量 42.00 万吨，Mn 平均品位 14.54%。

三、矿床开发利用情况

水晶坪锰矿为陕西省西乡水晶坪锰业有限公司的矿山，该矿山始建于 1985 年，于 1986 年底建成投产。该矿由西北冶金设计院设计，矿山开采方式为地下开采，平硐溜井联合开拓，采矿方法为削壁充填法采矿。设计年产锰矿石 1 万吨，主要在 Ⅰ、Ⅱ号矿体的 8~31 线之间采矿。矿石采出后经手选达到商品矿后出售。截至 2009 年 6 月，累计采出矿石 65.71 万吨，累计消耗锰矿石 76.75 万吨。采矿损失率 14.1%，贫化率 10%，回采率 85.6%。入选品位 17%，手选后精矿品位达到 26%，手选精矿产率 0.399；手选尾矿采用强磁选，入选品位 10%，选后精矿品位达到 22%，选矿综合回收率为 80%。

该矿区目前已经停采。

第九章　闽西南—粤东北锰矿富集区

闽西南—粤东北锰矿富集区位于福建省西南部至广东省东北部，涉及福建永安、连城、上杭，广东蕉岭、梅县一带，面积约 29000km² （见图 9-1）。该区大地构造位置属扬

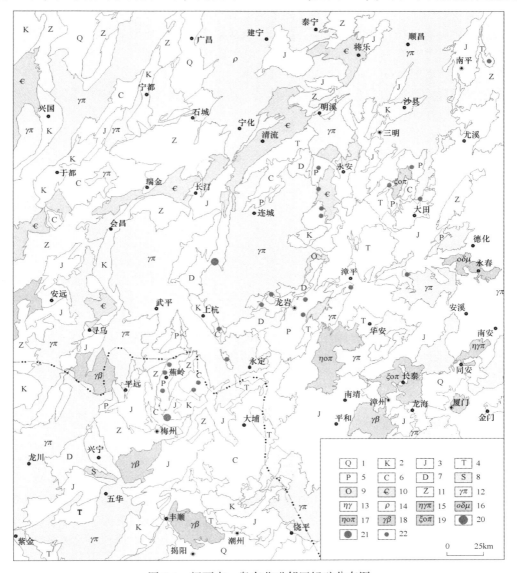

图 9-1　闽西南—粤东北毗邻区锰矿分布图

1—第四系；2—白垩系；3—侏罗系；4—三叠系；5—二叠系；6—石炭系；7—泥盆系；8—志留系；9—奥陶系；
10—寒武系；11—震旦系；12—花岗斑岩；13—二长花岗岩；14—伟晶岩；15—二长花岗斑岩；16—石英闪长玢岩；
17—石英二长斑岩；18—黑云母花岗岩；19—石英正长斑岩；20—大型锰矿；21—中型锰矿；22—小型锰矿

子地台东南邻区，华南褶皱系东部，处于Ⅲ-82 永安—梅州—惠阳（拗陷）Fe-Pb-Zn-Cu-Au-Ag-Sb 成矿带。该区位于闽西南—粤东北拗陷带（又称永梅拗陷带）南西段中部，该拗陷带是叠加在加里东褶皱基础上发展起来的拗陷带，主要由晚古生代（含锰沉积建造）-中三叠世地层组成，褶皱及断裂构造发育，在大型复式褶皱基础上发展成大型推覆断裂构造，并有华力西—印支期和燕山期花岗岩侵入（使含锰地层受热液叠加改造、促进富集），形成良好的区域成锰地质背景。区内与锰矿有关的地层为下三叠统溪口组、下石炭统林地组、上石炭统黄龙组和下二叠统船山组、中二叠统栖霞组和文笔山组。下石炭统林地组岩性为碎屑岩夹铁质砂岩、含锰结核泥岩，顶部见铁锰矿透镜体；上石炭统黄龙组和下二叠统船山组白云质灰岩中的溶洞常发育有氧化锰矿；中二叠统栖霞组和文笔山组第一段泥岩中夹有锰结核和锰透镜体。区内主要成矿类型为风化型氧化锰矿床，伴有锰多金属矿。区内已发现矿床（点）30 处，其中中型矿床 2 处（连城、汾水—白沙坪），累计查明锰矿石资源量 959 万吨。区内锰矿规模小，进一步找矿难度大。

冶金地质部门勘探的主要锰矿床有：建爱、小陶（湖溪岬）、竹子板、连城、汾水—白沙坪等 5 个锰矿床。

第一节　建爱锰矿

矿区位于福建大田县西北 36km，隶属建设乡。矿区通公路，北至三明市 65km，南至大田县城 55km。建爱村至矿区约 3km，仅有用于运输矿石的简易公路。

一、矿床概况

矿区出露的地层（见图 9-2）从老到新有：下石炭统林地组砂岩、砂砾岩，下二叠统船山组—中二叠统栖霞组灰岩、硅质岩及炭质泥岩，中二叠统文笔山组、加福组粉砂岩、泥岩。林地组、栖霞组含锰较富，为矿源层。

矿区处于北东向的广平—槐南倒转复向斜的西北翼。沿该翼发育以广平—龙凤场为主干的一系列叠瓦状推覆构造，使林地组和更老的地层推覆在船山组—栖霞组及文笔山组地层之上。

控制建爱锰矿的 F_1 断层总体走向北东 60°，倾向北西，倾角 10°~30°，上盘为林地组，下盘为船山组—栖霞组，局部为文笔山组。出露长度大于 2000m，延深大于 500m。破碎带厚度变化大，地表厚达 60m 以上，沿倾向变狭至 10 余米。

矿区内岩脉较多，以花岗斑岩为主，多沿 F_1 断裂带侵入，形态不甚规则。此外，还有石英斑岩、闪长玢岩、辉绿玢岩等脉岩，规模都很小。

矿体的形态、产状主要受推覆构造破碎带控制，其中又可分为两类：一类为赋存在破碎带底部、碳酸盐岩底板之上的似层状矿体，矿石品位较高，规模最大，且常有受岩溶控制的矿囊；另一类为赋存在破碎带中、上部的矿体，呈似层状或不规则状，矿石品位变化大（见图 9-3）。

矿区共有 7 个矿体，主矿体呈似层状，其余矿体多为囊状和不规则状。矿体内常有夹层及包体，成分与围岩（破碎带）相似。矿带整体走向北东，倾向北西，倾角 20°~40°。矿体一般长 100~240m，延深一般大于延长，多数百米，最大可达 440m，厚 0.88~

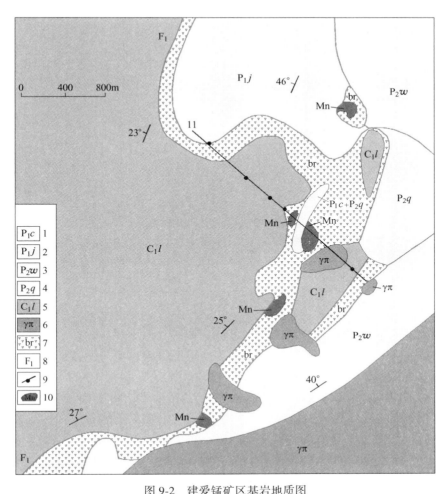

图 9-2　建爱锰矿区基岩地质图

1—下二叠统船山组；2—下二叠统加福组；3—中二叠统文笔山组；4—中二叠统栖霞组；
5—下石炭统林地组；6—花岗斑岩；7—断层破碎带；8—推覆断层及编号；
9—钻探剖面线及其编号；10—锰矿露头

16.15m。主要矿体为 3 号、6 号矿体，占矿区总储量的 90.4%。

矿石自然类型为氧化锰矿石。矿石矿物以钡镁锰矿、锂硬锰矿为主，次为水锰矿、软锰矿、隐钾锰矿、恩苏塔矿，另有微量的黑锌锰矿、斜方锰矿等。伴生金属矿物以针铁矿、褐铁矿、孔雀石为主。脉石矿物主要有硅质岩碎屑和黏土矿物。

矿石主要具隐晶质、显微晶质、细粒、针状等结构；土状、角砾状等构造为主，胶状、蜂窝状、葡萄状等构造也常见。

矿床成因类型为淋积型氧化锰矿，成矿锰质主要来自推覆构造两盘的地层。

据《福建省矿产资源储量表》，截止到 2017 年底，该矿区累计探明锰矿石资源储量 55.43 万吨，其中，基础储量 4.69 万吨、资源量 50.74 万吨。

矿区详查报告中还圈定出 Mn 大于 30% 的富矿体，因分布无规律，用统计法计算全区富矿储量共 21.08 万吨，平均含 Mn 33.49%，TFe 5.99%，P 0.058%。

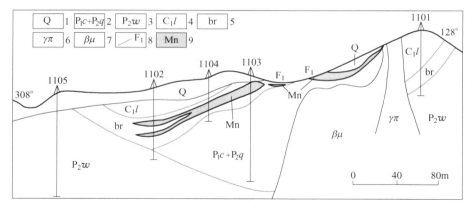

图 9-3 建爱锰矿 11 线剖面图

1—第四系；2—下二叠统船山组+中二叠统栖霞组；3—中二叠统文笔山组；
4—下石炭统林地组；5—断层破碎带；6—花岗斑岩；7—辉绿玢岩；8—断层及其编号；9—锰矿体

二、矿床发现与勘查史

1949 年以前，高振西等人曾在该区做过地质调查，但未涉及锰矿。区内矿产品种较多，有铅锌矿、硫铁矿、铁矿等，矿点密集。1949 年以后在此工作过的地质勘查单位很多，但也多未涉及锰矿。

1972 年，福建省 714 物探队 3 中队在建爱电灌站至龙伞崎一带做物化探普查，发现 Cu、Pb、Zn 异常。

同年 8 月，省地质局 208 分队对该异常进行普查和钻探验证，共施工 17 个钻孔，着重评价矿区东部文笔山组地层分布地段的多金属矿。有 4 个钻孔见到氧化锰矿，求得 D 级锰矿石 26.33 万吨（平均 Mn 品位 21.34%），作为电灌站多金属矿的伴生矿列入福建省储量表。1976 年 8 月提交了《福建省大田县电灌站多金属矿地质初查报告》。

1984 年 12 月，福建省冶金地质勘探公司 1 队进入矿区，1985 年进行普查，1986 年起进行详查。矿区主要工作人员为黄童太、张慷慨等，大队技术负责人为黄振作。1987 年 6 月提交《福建省大田县铭溪矿区建爱矿段评价地质报告》，共探明 C+D 级氧化锰矿石储量 80.35 万吨（平均 Mn 品位 23.70%），其中，C 级 17.96 万吨，扣除前人提交的 26.33 万吨，实际新增 54.02 万吨。报告以福建冶金地质勘探公司为主，会同福建冶金矿山公司、大田锰矿公司、长沙黑色冶金矿山设计研究院等部门审查批准。

随后，福建冶金地质勘探公司 1 队张慷慨等人在矿区外围 4km 探明一小型锰矿。1988 年 7 月提交《福建省大田县建爱—铭溪矿区仙牛踏石、天井坑矿段详查普查地质报告》，探明 C+D 级氧化锰矿石储量 21.03 万吨（平均 Mn 品位 29.03%），其中，仙牛踏石矿段氧化锰矿 18.61 万吨，品位较富，平均含 Mn 29.51%（富矿 9.16 万吨，约占 50%，平均 Mn 品位 35.39%）。已由省矿山公司和大田锰矿公司联合设计开采。

三、矿床开发利用情况

建爱锰矿自 20 世纪 80 年代以来均为民采。由于开采无规划，采富弃贫，现地表出露的矿体千疮百孔，富矿开采殆尽，且造成水土流失。1991 年采出矿石 1000 余吨，至 1993 年已不足 1000t。矿石部分由县矿产公司收购，矿石销向不明。

铭溪仙牛踏石矿段矿石较富，1988 年由省矿山公司与大田县矿山公司联合开发，并委托长沙矿山设计研究院进行可行性研究，由省矿山公司自行编制施工图，采剥比为 10，用边坡露天加堑沟进行开采，计划年产 2 万吨，1992 年开始征地、基建，1993 年正式投产。

该矿目前正在开采。

第二节　小陶（湖溪岬）锰矿

矿区位于福建永安市小陶镇南 9.5km，距永安火车站约 60km，有公路相通。

一、矿床概况

矿区出露地层较简单，仅有上泥盆统桃子坑组和第四系。前者分布在矿体四周（见图 9-4），岩性以粉砂质页岩、粉砂岩为主，夹砾岩和含砾石英砂岩；在粉砂岩、页岩中常见含铁锰质结核。地层层位尚有争议，有人将其划归下石炭统林地组。第四系自下而上可分为块石层、坡积碎屑层、坡积黄土层和表土层。坡积碎屑层与黄土层间常为锰矿层赋存层位。

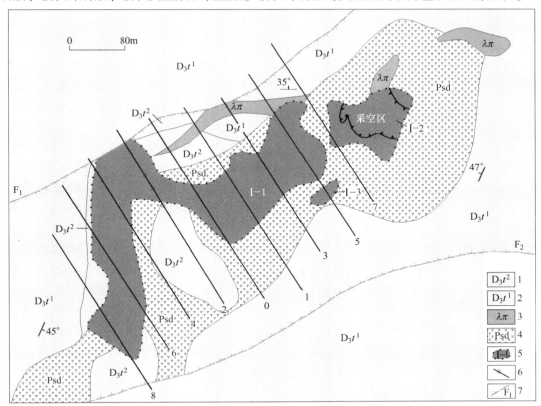

图 9-4　小陶锰矿地质图

1—上泥盆统桃子坑组上段；2—上泥盆统桃子坑组下段；3—石英斑岩；

4—破碎带；5—淋积型矿体投影范围及编号；6—勘探线及钻孔位置；7—断层及其编号

矿区为单斜构造，地层总体向南东倾斜，倾角 20°～40°。

断裂不发育，仅有两条（F_1 和 F_2）北东向的推测正断层。F_1 倾向南东，F_2 倾向北北西。受 F_1 和 F_2 断层的影响，在两断层间的地层中发育着层间破碎带，其走向为北东，倾向南东，长约 800m，宽 100～250m，严格控制矿体的空间分布及产状（见图 9-5）。

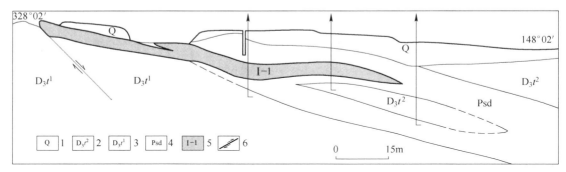

图 9-5　小陶锰矿 2 线剖面图
1—第四系；2—上泥盆统桃子坑组上段；3—上泥盆统桃子坑组下段；
4—破碎带；5—矿体及编号；6—断层

矿区内见有石英斑岩和花岗斑岩等岩脉，沿断层附近或破碎带侵入，均属燕山晚期产物。

矿区内有两种矿床类型，即淋积锰矿和坡积锰矿。

淋积锰矿：矿体产出部位受破碎带及破碎带内原来泥质、粉砂质岩层所控制。矿体呈似层状，比较稳定、连续，实际只有 1 个矿体，即 I 号矿体，因在 5～7 线间及 5 线南东端矿化弱，使得 I 号矿体分割为 I_1、I_2、I_3 等 3 个矿体，其中以 I_1 号矿体规模最大，占 I 号矿体总储量的 93%。

I_1 矿体，长约 500m，宽 50～80m，厚 0.4～14.28m，一般 3～6.5m，呈似层状产出，倾向 110°～162°，倾角 10°～23°，矿体赋存标高为 635～700m。

坡积锰矿：主要赋存于淋积矿体的顶部，地形由陡变缓部位。顶板为坡积黏土或红土层，底板绝大多数为坡积碎屑层，少数直接覆盖在淋积矿体或基岩面上。坡积锰矿占总储量的 7%。

区内共有 11 个坡积矿体，以 V 号和 VI 号矿体规模较大。V 号矿体长约 220m，宽 40m，厚 0.3～2.35m，含矿量 0.72t/m³；VI 号矿体长 250m，宽 35m，厚 0.3～0.9m，含矿量 0.50t/m³。产状多与地形一致，倾向南东，呈似层状或透镜状。矿体赋存标高 619～671m，埋深 0～8.5m。

矿石自然类型均属于氧化锰矿石，由软锰矿、水锰矿、硬锰矿、针铁矿、褐铁矿、水铝氧石和石英等组成。结构为针状、细针状、胶状等，构造为土状、粉状、块状、柱状、葡萄状、皮壳状、多孔状、网脉状和微层理状等。

矿床成因类型为风化淋积型和堆积型锰矿床。

据《福建省矿产资源储量表》，截止到 2017 年底，该矿区累计探明锰矿石资源储量 40.76 万吨，其中，基础储量 16.2 万吨，资源量 24.56 万吨。

全区矿石平均品位：Mn 31.06%，TFe 14.41%，SiO_2 7.49%，P 0.027%，Pb 1.58%，

Zn 0.06%，Mn/Fe=2.16，P/Mn=0.0009，碱度 0.00016，属低磷酸性冶金用富锰矿石。

二、矿床发现与勘查史

1960~1961 年，曾由当时的宁洋县麟厚公社开采，产量约 2000t。

1963 年 8 月，福建省地质局区测队进行普查，计算矿石储量 11.8 万吨。评价认为规模小，但地方正在开采，值得进一步工作。

1979 年 4 月，福建省冶金地质勘探公司 3 队 4 次派人踏勘，认为矿区成矿地质条件较好，具有一定远景，值得进一步工作。同年 5 月普查组进驻矿区，1980 年 12 月底由林遂其、周德文、高振武等负责提交《福建省永安县小陶矿区湖溪岬矿段地质勘探报告》，探明锰矿石储量 C+D 级 21.33 万吨。

三、矿床开发利用情况

20 世纪 60 年代开始由公社少量开采。从 1977 年 4 月至 1980 年 9 月止，镇办矿山共采出 20350t 矿石，平均年产 5814t，主要供上海铁合金厂使用。

1980 年 10 月，福建省冶金矿山公司与镇办矿山联营，成立小陶锰矿，进行开采。设计规模为年产 1.5 万吨。实际年产量 0.7 万~2.3 万吨，1991 年降为 1.3 万吨，以后逐年下降。目前，该矿区的青竹坑矿段、团结—五星矿段已闭坑，湖溪岬矿段计划近期开发利用。

第三节　竹子板锰矿

矿区位于福建省龙岩市南东 28km 处，属龙岩市曹溪乡中甲村。有道路与龙（岩）—漳（平）公路相接，由龙岩市经龙（岩）—漳（平）铁路与鹰厦线相接。

一、矿床概况

矿区出露地层简单，仅有下石炭统林地组和第四系残坡积层（见图 9-6）。

下石炭统林地组，分上、下两段。下段主要为粗—细碎屑岩，厚度大于 24.4m；上段主要为粗与细碎屑岩互层，夹有泥质透镜体；在上段的中、上部粉砂岩或砂质泥岩中夹有薄层灰岩、泥灰岩及硅质岩透镜体，该段厚度大于 199.0m。多数铁、锰矿体赋存于上段的中、上部层位。

矿区总体上为一单斜构造，地层走向北西，倾向北东，倾角较缓。断层附近产状变化较大。区内可见小的平缓褶曲。

矿区断裂构造十分发育，方向错综复杂，但以北东向为主。根据断裂相互切割关系，大致可分为早、中、晚 3 期。

早期断裂一般规模较小，属正断层和性质不明断层，走向以北西为主。

中期断裂为正断层或逆断层，走向以北东为主，规模较大，多数见有较宽的破碎带，最宽达 8m，一般长度大于 1000m，常有岩脉充填。

早、中期断裂为矿区控矿构造，矿体群分布总体与区内的主要断裂构造方向一致。有些矿体直接赋存于断裂中，且有时矿体边界为断层面所制约，还有一些矿体分布在断层旁

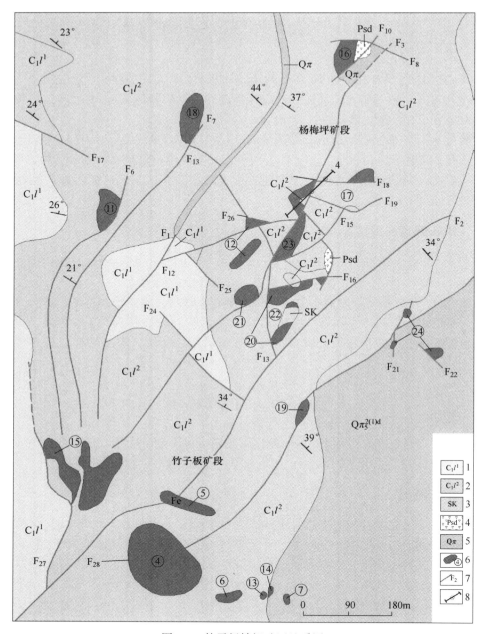

图 9-6　竹子板铁锰矿区地质图

1—下石炭统林地组下段；2—下石炭统林地组上段；3—矽卡岩；4—破碎带；
5—石英斑岩；6—铁锰矿体及编号；7—断层及其编号；8—地层剖面及钻孔位置

侧的破碎带中。

晚期断裂为正断层和性质不明断层，走向北西、北北东。

矿区岩浆活动较为强烈，以燕山晚期的石英斑岩为主，呈脉状产出，走向北北东，其中一条长度大于 2000m，宽 50～450m，钻孔中还见有石英闪长岩及辉绿岩脉，为印支期岩浆活动产物。

矿体产于林地组上段的中、上部，少数产于石英斑岩的断裂带中，受层位或层位与断裂联合控制，矿体群总体展布呈北东向。

全区共有 26 个矿体，规模大小不一，一般长 70~200m，厚 3.93~20.77m，形态以层状、似层状为主（见图 9-7），也有不规则状。矿体是由以褐铁矿为主或以氧化锰矿为主，不同矿石类型组合而成的共生矿体，在矿体中各类矿石各自呈囊包状、小透镜状、串珠状、团块状和不规则状等互相掺杂。

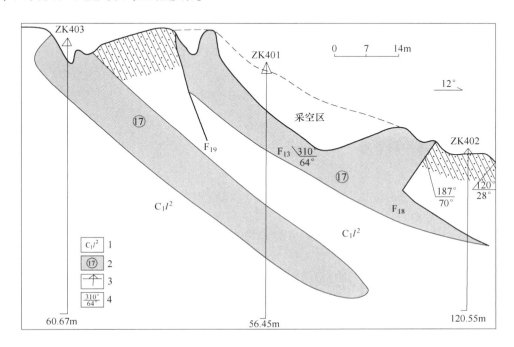

图 9-7　竹子板铁锰矿区 4 线剖面图

1—下石炭统林地组上段；2—铁锰矿体及其编号；3—钻孔；4—地层及断层产状

锰矿物以硬锰矿、软锰矿、隐钾锰矿、铅硬锰矿为主，恩苏塔矿、黑锌锰矿、锰土次之，另有少量拉锰矿、褐锰矿、钠水锰矿及赤铁矿、褐铁矿等。

褐铁矿石中以褐铁矿为主，局部可见赤铁矿。

氧化锰矿石的脉石矿物，主要有石英、黏土矿物、石榴子石，其次为蔷薇辉石、透灰石、萤石、少量绿泥石和方解石。铁矿石的脉石矿物主要为石英、石榴子石，其次为黏土矿物。

矿石工业类型有：富锰矿石、贫锰矿石、铁锰矿石、富褐铁矿石、贫褐铁矿石和贫磁铁矿石等 6 种。

锰矿石结构多为细粒状，微细粒次之，少部分为球粒状、放射状、柱粒状等；构造以块状、土状为主，次为条带状、花斑状、葡萄状、肾状，还见有网脉状、环带状等。

褐铁矿石以细粒—微细粒和胶状结构为主，构造以块状为主，条带状、蜂窝状、葡萄状、肾状次之，还可见钟乳状、网格状等。

区内的矿石结构构造主要反映了表生风化的结构构造特点。

矿床的形成经历了沉积—热液叠加—风化淋滤富集 3 个阶段，为淋积型氧化铁、锰矿床。

截至 1991 年底，矿区累计探明锰矿石储量 60.1 万吨，其中，C 级 8.7 万吨、D 级 51.4 万吨。探明储量中，富锰矿石 3.7 万吨，贫锰矿石 24.05 万吨，铁锰矿石 32.35 万吨。探明的共生铁矿石，C 级储量 5.6 万吨，D 级 115.1 万吨，C+D 级 120.7 万吨。

综合竹子板、杨梅坪两个矿段资料，矿石品位如下：富锰矿：Mn 32.93%，TFe 13.05%；贫锰矿：Mn 22.55%，TFe 18.51%；铁锰矿：Mn 15.92%，TFe 29.05%；富褐铁矿：Mn 1.4%，TFe 47.16%；贫褐铁矿：Mn 4.73%，TFe 35.84%；贫磁铁矿：Mn 10.39%，TFe 27.13%。

据杨梅坪矿段资料，矿石中共生的铅、锌品位：Pb 3.479%，Zn 0.821%。铅、锌金属量共 2.04 万吨，但未做选冶试验，其回收利用的可能性不清楚。矿区的矿石为低磷、低硫、高铅锌酸性铁、锰矿石。

二、矿床发现与勘查史

1959 年 11 月，福建省冶金厅地质二分队对矿区进行详查工作，矿区技术负责人为姚金，主要工作人员有刘义、喻吉生等，提交了《福建省龙岩县竹子板铁锰矿详查总结报告》，1962 年 1 月由省冶金厅审查通过。探明铁锰矿石 C+D 级储量 29.2 万吨，其中，C 级 5.9 万吨，品位 Mn 25.2%，TFe 26.6%（当时未把氧化锰矿石按品级详细划分），探明共生铁矿石 C+D 级 99.7 万吨。

1983 年，福建冶金地质二队，在该区及外围作 1∶1 万的化探次生晕扫面工作，圈定了 Mn 异常 5 个。经地质查证，3 处为矿致异常，2 处为非矿异常。主要工作人员有关永森、林荣超等，技术负责人叶忠敢。

1985 年 6 月，福建冶金地质三队对矿区杨梅坪矿段进行详查工作，参加工作的主要技术人员有周德文、许传芳、谢青等。由王炼、陈克雷等人于 1988 年初提交《福建省龙岩市竹子板锰矿区杨梅坪矿段详查地质报告》，经冶金部第二地勘局审查，探明氧化锰矿 C+D 级储量 30.86 万吨，其中，富锰矿 D 级 3.69 万吨、贫锰矿 C+D 级 20.36 万吨、铁锰矿 D 级 6.81 万吨、褐铁矿 C+D 级 21.07 万吨、贫磁铁矿 D 级 0.18 万吨。

1990 年 8~10 月，冶金部第二地勘局三队应龙岩地区矿产公司的要求，在前两次地质勘查工作成果基础上，补充部分野外调研，编制了《福建省龙岩市竹子板锰（铁）矿区普查地质报告》，概算全区氧化锰矿储量 C+D 级 64.16 万吨，铁矿 C+D 级储量 106.98 万吨（未上储量统计表）。与前述探明储量大部分重复。

三、矿床开发利用情况

1978 年，冶金部投资修筑了 7km 简易公路和基建生活区，并购置了采运设备等。该项工作由龙岩地区矿产公司承担设计和施工，设计规模为年产 1 万吨，1979 年投产。

1992 年，矿山实际生产冶金用锰矿石 1.2 万吨，经过手选，Mn 品位可达 28%~30%；铁矿石 1.3 万吨，Fe 品位 53%，矿山经济效益良好。

1979~1989 年，累计生产锰矿石 10.3 万吨；1985~1989 年累计生产铁矿石 16.3 万吨。

此外，自 1985 年起，地方民采每年产量为 0.5 万～0.6 万吨，规模逐年扩大，截至 1993 年，估算累计开采锰矿石（含 Mn 大于 29%）约 10 万吨，铁矿石约 20 万吨。

产品中锰矿石销往湖南湘潭锰矿、杭州钢铁厂、山东鲁南铁合金厂；铁矿石销往江西新余及东乡、湖南冷水江等钢铁厂。

矿石未能进行综合利用，也无洗选厂，只采富锰矿石和富铁矿石销售，对贫矿则废弃，对伴生的铅锌矿也未回收利用，部分用户仅在冶炼富锰渣中顺便回收。

第四节　连 城 锰 矿

矿区位于福建省连城县南西 54km 处。包括庙前和兰桥两个锰矿区，两者相距 12km，均属庙前镇范围。矿区至龙岩火车站 72km，至永安火车站 160km，均有公路相通。

该矿是福建省冶金用富锰矿石和放电锰矿石的主要生产基地。

一、矿床概况

矿区出露地层为上泥盆统桃子坑组、下石炭统林地组、上石炭统黄龙组、下二叠统船山组、中二叠统栖霞组、文笔山组、上侏罗统南园组。其中，船山组中部含锰矿层。

矿区位于赖坊—连城向斜南段。受后期断裂破坏，产状紊乱，褶皱形态已难辨识，从地层分布规律看，庙前矿区为一地层走向北东、倾向北西的单斜，倾角 30°～40°。兰桥矿区则为一轴向北北西的向斜，西翼受多条断层切割，东翼大部为燕山期侵入岩体吞噬，形态极不完整。

断裂极发育，庙前发现长 100m 以上断层 22 条，分北东东—南西西、北西—南东、南北、东西、北西西—南东东、北东—南西等 6 组，总的特点是倾斜陡，倾角大部分在 45°～86°；断距大，绝大部分大于 100m。

风化型矿床主要受北东东—南西西组断裂控制。F_1 断层斜贯庙前全区，控制 1 号主矿段及 2、6 号矿段（见图 9-8）。矿体常分布于其近下盘、严重破碎、强烈风化的松散层中。

沉积—改造型矿床，产于受多组断层围限的小断块中。

兰桥矿区，有 7 条断层，以北西向的高角度正断层为主，长大于 100～2000m，倾角均大于 60°。F_2 最为主要，该断层位于矿区西部，纵贯全区，总长大于 2000m，两端延至区外，属正断层。由于其上盘有栖霞组—船山组灰岩分布，沿断裂带常形成 5～80m 宽的岩溶破碎带，风化型矿体多产于其中。

其次为 F_3，位于矿区中部，为正断层，走向北北西，倾向南西西，倾角 67°～78°，发育着宽 9～64m 的破碎带。该断层沿走向与 F_2 交汇处为北采场 1 号主矿体的赋存部位；沿倾向与 F_2 交汇处为中区隐伏矿体主要赋存部位。

该区岩浆活动强烈，矿区四周为海西期、燕山期古田、马家坪、庙金山、丘坊等岩体所包围，岩性主要为花岗岩和花岗斑岩。矿区内常见花岗岩、花岗斑岩、石英斑岩和辉绿岩等岩株和岩脉。岩浆岩与沉积—改造型矿床关系密切（见图 9-9）。

该区有沉积—改造型和风化型两类矿床。

沉积—改造型：仅见于庙前矿区 4 号矿段，有 3 个矿体，每个矿体又由 1～3 个小矿

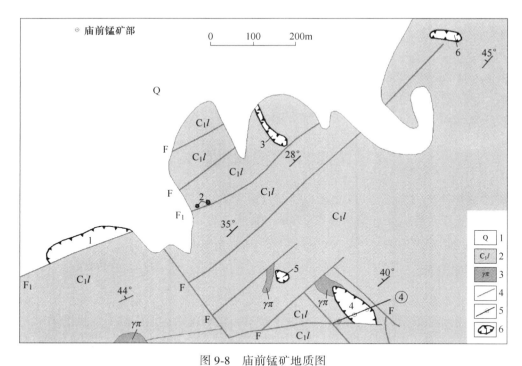

图 9-8　庙前锰矿地质图

1—第四系；2—下石炭统林地组；3—花岗斑岩；4—断层；5—勘探线及钻孔；

6—露天采场、矿体地表投影及矿段编号

体组成，长数十米至 150m，厚 1～38.66m。呈似层状、透镜状和层状。产状与地层一致，走向北北东，倾向北西或南东，倾角 20°～40°，个别地段可达 70°以上。Ⅰ号主矿体产于船山组含锰岩段下部，呈层状，长 150m，厚 5.2～38.66m，平均厚 24.18m。储量占矿段总储量的 76.5%。

Ⅱ、Ⅲ号矿体分别产于 Ⅰ 号矿体的上、下部，长 60m，平均厚度分别为 3.8m 和 19.4m。似层状、透镜状。产状与 Ⅰ 号矿体相似，但倾角较缓，仅 15°～35°。矿层内有 3～15m 的夹层（见图 9-10）。

风化型矿床：主要产于胶结极差的断层破碎带或第四系堆积层中，矿体多而规模小，呈透镜状、囊状和不规则状等。长一般数十米，最长的可达 200m，厚数米至数十米，变化急剧，埋深一般小于 100m。

庙前矿区共有 4 个矿段，除 4 号矿段外，其余 3 个矿段均为风化型锰矿。1 号主矿段走向北东 6°，倾向北西，倾角 20°～40°。由 9 个叠置的透镜状、似层状长 22～130m 的小矿体组成。总长 190m，宽 130m，厚 0.7～18.77m。

兰桥矿区共有 31 个矿体。其中 1 号、6 号和 35 号为主要矿体（见图 9-11）。

1 号矿体位于矿区北部，产于 F_2 断层破碎带中，似层状，走向北东，倾向南东，倾角 65°～80°，长 295m，厚 1～10m。

6 号矿体位于矿区东南部，产于破碎带中，呈似层状、透镜状。走向北西，倾向南西，倾角 28°，长 235m，厚 7～16m。

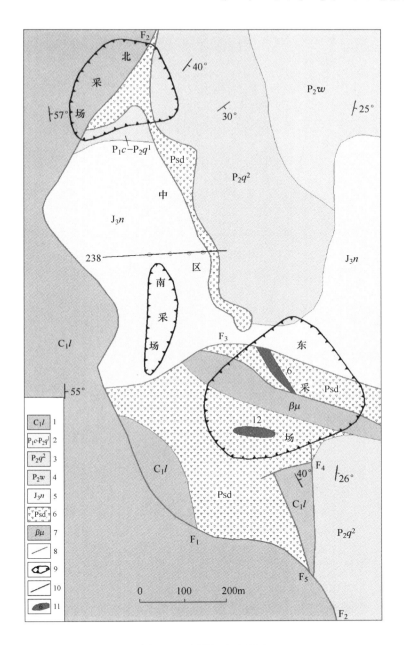

图 9-9　兰桥锰矿地质图

1—下石炭统林地组；2—下二叠统船山组—中二叠统栖霞组下段；3—中二叠统栖霞组上段；
4—中二叠统文笔山组；5—上侏罗统南园组；6—破碎带；7—辉绿岩；8—断层及其编号；9—露天采场；
10—剖面线位置；11—地表矿体露头及编号

35 号矿体位于矿区中部的 1 号、6 号矿体之间，产于 F_2 和 F_3 交切部位的岩溶—断裂带中。走向北北东，以北东东倾为主，倾角 29°～38°，长 230m，宽 54～104m，厚 1～42.39m，平均厚 14.52m。

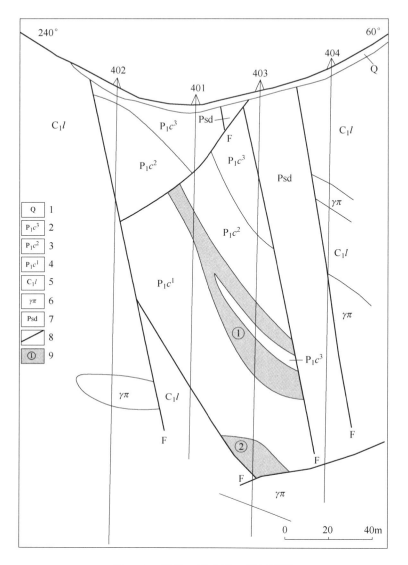

图 9-10 庙前 4 号矿段 4 线剖面图

1—第四系；2—下二叠统船山组上段；3—下二叠统船山组中段；4—下二叠统船山组下段；

5—下石炭统林地组；6—花岗斑岩；7—断层破碎带；8—断层；9—锰矿体及编号

原生锰矿石主要由锰的碳酸盐、硫化物和硅酸盐组成。

锰碳酸盐仅见菱锰矿一种，有原生沉积和热液交代两类，前者为泥晶、隐晶结构；后者为自形、半自形粒状结构，交代硫锰矿。含锰 46.88%。

锰的硫化物以硫锰矿为主，呈粒状结构、聚晶结构。含锰 61.78%。

锰硅酸盐以蔷薇辉石为主，呈板柱状结构。含锰 37.16%。

脉石矿物以石英、方解石、绿泥石为主，少量透辉石和蛇纹石等。

矿石构造主要有块状、角砾状。部分菱锰矿具鲕状构造。

矿石的化学组成：以 Mn 为主，含 Mn 22.31% ~ 40.74%、Fe 0.50% ~ 1.87%、S

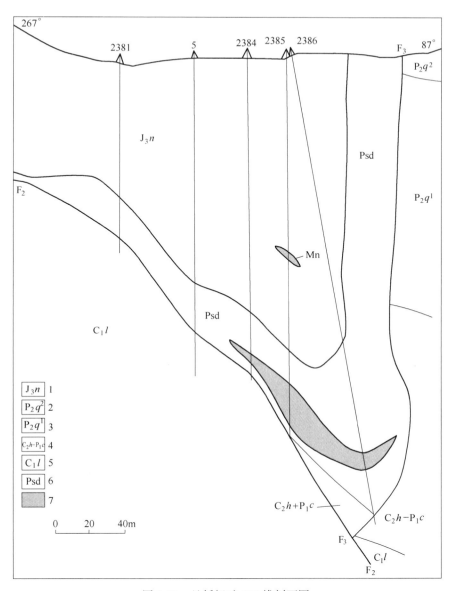

图 9-11　兰桥锰矿 238 线剖面图

1—上侏罗统南园组；2—中二叠统栖霞组上段；3—中二叠统栖霞组下段；4—上石炭统黄龙组+下二叠统船山组；
5—下石炭统林地组；6—破碎带；7—锰矿体

3.82%～12.22%、P 0.023%～0.025%、SiO_2 21.71%～25.38%、Pb 0.14%～0.45%、Zn 0.18%～0.78%、Ag 57～94.48g/t。

氧化锰矿石以软锰矿、硬锰矿、隐钾锰矿、恩苏塔矿为主，另有少量钡镁锰矿、方锰矿和褐铁矿。

脉石矿物主要为石英及黏土矿物，杂以石英岩、硅质岩碎屑。

矿石的化学组成：Mn 10%～35%，局部可达 50% 以上，Fe 2%～5%，SiO_2 15%～30%，个别矿体可高达 40%～50%，P 0.03%～0.05%，S 0.003%～0.005%。

氧化锰矿石放电性能较好，在 4Ω、0.75V 条件下试验，连续放电时间为340~660min。

矿石结构以非晶、微晶、细粒状为主，针状、放射状等常见；构造以块状、角砾状、土状为主，环带状、肾状、葡萄状和皮壳状等各种表生构造均常见。

矿床成因类型为沉积—改造型和风化型矿床。

冶金部第二地质勘查局三队，于 1993 年 4 月提交的兰桥锰矿中区的中间地质报告，计算氧化锰矿石 C+D 级 71.80 万吨（Mn 23.45%），C 级 10.16 万吨，其中，富锰矿（Mn 32.72%）10.92 万吨。储量虽经主管部门批准，但因水文、工程地质工作程度不足，报告仅为中间报告，储量未上资源储量表。

区内氧化锰矿以低磷、低硫、低铁为特征，P/Mn 均小于 0.003；高硅但易选；Pb、Zn、Ag 含量较高，但历年均未回收。特别是具有优良的放电性能，为国内优质电池用锰的主要生产矿山之一，近年资源已渐趋枯竭。原生锰矿普遍含 S、Pb、Zn、Ag，也可综合回收利用。

据《福建省矿产资源储量表》，截止到 2017 年底，该矿区累计探明锰矿石资源储量 300.07 万吨，其中基础储量 263.09 万吨，资源量 36.98 万吨。

全区矿石质量列于表 9-1。

表 9-1　全区矿石质量表

矿石类型	品级	Mn 品位 /%	其他组分/%						
			SiO_2	P	S	Fe	Pb	Zn	$Ag/g \cdot t^{-1}$
氧化锰矿石	富矿	30.00~54.60	13.22~18.22	0.043	—	2.07~3.43	0.10~4.66	0.58~2.54	—
	贫矿	20.50~27.79	30.80~>40.00	0.017~0.051	—	2.10~5.35	0.07~2.42	0.26~1.57	—
原生锰矿石	富矿	31.80	27.71	0.025	8.64	0.97	0.28	0.41	76.48
	贫矿	24.84	25.38	0.023	6.34	1.11	0.16	0.21	67.12

二、矿床发现与勘查史

该区锰矿床在旧有地质资料中均无记载。20 世纪 50 年代早期，当地群众少量开采，供厦门电池厂作电池锰粉原料。

专业地质队伍对矿床的勘查工作，始于 20 世纪 60 年代初。

1960 年 4 月，福建省冶金地质二分队进行普查，做过少量地表工作，发现坡积矿，计算 C+D 级氧化锰矿石储量 14 万吨，主要工作人员为周华添、曾燕来、耿保凯等，技术负责人为苏彰年。

1963 年 2 月，福建省重工业厅地质勘探公司三队进行普查，主要工作人员为周华添、王炼等，队技术负责人苏彰年。1966 年 12 月提交《福建连城庙前锰矿区储量报告书》，探明氧化锰矿石储量 C_1+C_2 级 77.4 万吨。报告于 1966 年 12 月由福建省重工业厅地质勘探公司批准。

同期，进行了试验性的 1∶5000 长脉冲激电普查 1.8km²，共圈定 25 个异常，经验证 8 个见贫矿或矿化。该试验为深部找矿提供了重要信息，工作人员主要有叶忠敢、林相华、齐培庆等。

庙前锰矿是福建省首次发现并探明的具较大工业意义的锰矿床。这一发现促进了省内锰业的发展。用激电法找锰在国内也属首创。

1969 年 1 月~1970 年 12 月，福建省重工业厅地质勘探公司地质三队据群众报矿发现兰桥锰矿，经地表揭露，见矿较好。主要工作人员为周华添、李玉祥、许传芳等，队技术负责人为翟式祥。1970 年 12 月提交《福建省连城兰桥锰矿区最终地质报告》，探明氧化锰矿石储量 C_1+C_2 级 85.6 万吨。报告由福建省冶金工业局于 1971 年 5 月批准。

在兰桥矿区详查的同时，由叶忠敢、林相华、曾习运等人做了 1∶5000 激电普查 1.8km²，圈定出 4 个异常，由于干扰因素少，经验证均见矿，效果良好。从此，激电遂成为省内找锰的主要手段之一。

1972 年 1~2 月，省地质一团三中队对庙前 1 号矿段作生产性勘探，结果不同级别间的储量互有增减，但总的变化不大。

1980 年，福建冶金地质二队在兰桥矿区进行物探普查，作 1∶5000 激电 2.3km²，圈定出 3 个异常区，共 16 个异常。

1980~1982 年，福建冶金地质三队在兰桥矿区外围普查，用地表及钻探工程验证上述的部分异常，但效果不佳，仅计算 D 级氧化锰矿石储量 3.2 万吨。

1981 年，福建冶金地质二队在庙前矿区进行物探普查，作 1∶5000 激电 2.44km²，圈定出 2 个异常区，共 13 个异常。

1982 年初，福建冶金地质三队李玉祥、邓运佳等在检查上述异常时，于 4 号矿段的露头上采得标本，野外定为含锰矿石。经福建省冶金地质研究所卢寿麟、郑祖强等鉴定为沉积成因的菱锰矿。这是省内首次发现的原生矿石，随工作的深入，又相继发现了其中含硫锰矿、蔷薇辉石等，从而揭开了在福建寻找原生锰矿的序幕。

1982 年 11 月，福建省连城锰矿根据省冶金厅的决定，开展庙前 4 号矿段的勘探工作，主要技术人员有陈发才、郑文标等，技术负责人卫自强。1986 年 9 月提交《福建省连城县庙前锰矿区 4 号矿段地质勘探报告》，探明原生及氧化锰矿石 B+C+D 级 75.7 万吨。报告于 1987 年 6 月由福建省矿产储量委员会批准。

1984~1986 年间，福建冶金地质勘探公司地质二队和三队先后在庙前—兰桥矿区及外围进行地质、物探及科研工作，利用矿山及民采采场总结找矿及成矿规律。

连城锰矿于 1975 年建立矿山地质队，历年均对采场及其邻近地区进行钻探，提高储量级别、寻找新矿体。特别是 1984~1988 年，罗永灶等在兰桥中区南园组火山岩覆盖之下经勘探发现有隐伏氧化锰矿体，初步计算储量达 83.4 万吨，平均含 Mn 22.92%，但探矿工程较稀且质量也差。

1991 年 5 月~1993 年 4 月，冶金部第二地质勘查局三队王炼、邓金辉等在矿山地质队工作的基础上，对兰桥中区进行详查及外围找矿，提交了《福建省连城县庙前镇兰桥锰矿区中区详查中间报告》。探明 C+D 级氧化锰矿 71.80 万吨，另估算外围 D+E 级氧化锰矿 35.03 万吨。1993 年 5 月由冶金工业部第二地质勘查局批准其储量，但矿区的水文、工程地质工作程度不足。

1984~1990 年间，冶金部天津地质研究院黄金水、汪壁忠、杨景元等，北京科技大学地质系何知礼、胡杰等，冶金部第二地质勘查局陈文森、卢寿麟、周成奋、黄永磋、郑仁贤、李玉祥等研究人员，运用地质、遥感、岩矿测试、物化探等手段，对矿床的成因、找矿方向、找矿方法等进行专题研究，并有论著。这些研究对福建省乃至我国南方寻找优质锰矿均有一定指导意义。

三、矿床开发利用情况

该区锰矿的开发利用始于 20 世纪 50 年代初期，由当地群众少量开采，供厦门电池厂作电池锰粉。

1958 年连城县成立庙前锰矿，人工露天开采，年产矿石 5000~8000t。1966 年地质勘查结束，矿山改由省营，当年 10 月，福建省重工业厅设计院完成露天开采设计，开采庙前 3 号矿段，规模 3 万吨/年。

1969 年，矿山自筹资金、自行设计施工，露天开采兰桥 1 号、2 号矿体，规模 5000吨/年。

为充分利用资源，在庙前建洗矿—手选—逃汰的小型选矿厂，随即又增建规模为 1 万吨/年左右的磨粉车间，生产电池用锰粉。

1975 年 7 月~1976 年 10 月，福建省冶金设计研究院完成庙前 1 号矿段原设计的修改和兰桥北采场、南采场的露采设计，规模均为 3 万吨/年。

1980 年，福建省冶金设计院进行兰桥东采场的露采及选厂设计，规模为 3 万吨/年。选矿厂用洗选—跳汰—磨矿—强磁选工艺流程。

1987 年 8 月，长沙黑色冶金设计研究院进行 4 号矿段 400m 水平以上矿体的露采设计，可采矿量 41 万吨，采矿规模 3 万吨/年。

1993 年 8 月，南昌有色冶金设计研究院，完成了 4 号矿段 400m 水平以下矿体的坑采及选矿厂初步设计，采矿规模 2 万吨/年，选矿厂采用先浮—后磁工艺流程。

连城锰矿建矿至今，其主要产品为冶金用富锰矿石，含 Mn 35%~40%，P、S、Fe 均低。电池锰粉的 86% 达二级品以上，供应国内百余家电池厂，甚至少量销往东南亚诸国。矿石最高年产量 5.5 万吨，锰粉 2 万吨，矿山经营效益好。

矿山在历年生产中，采取多种措施提高资源利用率，降低损耗，提高效益。如采矿中适应矿体多变、矿岩混杂的特点，采用机械剥离、人工分采、分堆、分运等措施，提高了回采率，降低了贫化率；选矿厂经试验，在洗矿后增加手选工序和对设备的改进，使矿石入选品位降至 17% 仍能获得品位 38.12% 的精矿。所以该矿 1978~1980 年连续 3 年获全国重点锰矿社会主义劳动竞赛先进企业称号；1989 年被授予福建省先进企业称号；与江苏冶金研究所合作完成的"兰桥锰矿选矿流程试验研究"成果获冶金部 1987 年科技成果二等奖。

但由于接替资源不足，富矿减少，目前产量、效益均有所下降。

1992 年产冶金用锰矿石 2.4 万吨，Mn 品位 38.06%，锰粉 1.6 万吨，合格率 100%，其中二级品以上放电锰粉占 86%；选矿厂入选矿石品位 Mn 17.68%，精矿品位 44.74%，回收率 73.24%。

目前，该矿的兰桥矿区正在开采，庙前矿区已停采。

第五节　汾水—白沙坪锰矿

矿区位于广东梅县北东方向约 15km，有简易公路相通，自矿区东的丙村镇沿韩江下行至汕头市 215km，可通小船。

该矿是广东省主要的锰矿床之一。

一、矿床概况

矿区包括汾水、白沙坪、铅山里和叶屋等 4 个矿段，面积约 20km²。

矿区出露地层有寒武系水口群，泥盆系双头群，石炭系忠信组，壶天群，二叠系栖霞组、文笔山组和龙潭组及第四系等。

与成矿有关的地层有下石炭统忠信组，其岩性为碎屑岩夹铁质砂岩、含锰结核泥岩，在其顶部的局部地段见有铁锰矿透镜体；上石炭统壶天群是碳酸锰矿的赋存层位，该层的白云质灰岩含 Mn 1.27%，其中的岩溶和上部的第四系常赋存有氧化锰矿，中二叠统栖霞组顶部的硅质灰岩含 Mn 1.36%；中二叠统文笔山组第一段泥岩中夹有锰结核和锰透镜体，第四系残坡积层也是重要的赋矿部位。

矿区主体为一单斜构造，从南到北，地层由老至新依次分布双头群、忠信组、壶天群、栖霞组、文笔山组、龙潭组。地层总体走向北西西一南东东，倾向北北东。二叠纪地层中发育有舒缓波状的小褶曲。第四系分布在近东西向狭长的岩溶盆地内。

矿区内断裂发育，均形成于成矿前，按其切割关系可分为四期：第一期为北东东走向的断层，如 F_1、F_4、F_{12}，F_1 为高角度逆冲断层，是主要的控矿构造。第二期仅见 F_2，属正断层，汾水矿段的碳酸锰矿主要限制在 F_2 和 F_4 之间的壶天群灰岩中。第三期为一组北东向断层，有 $F_6 \sim F_{11}$ 等 6 条。第四期为一组北西向断层，有 F_3、F_5，属正断层（见图 9-12）。

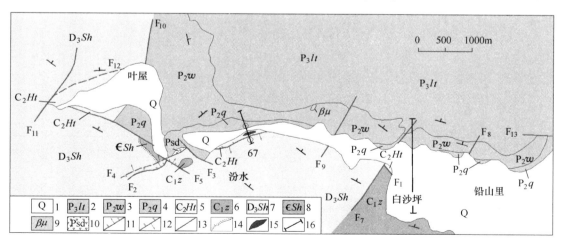

图 9-12　汾水—白沙坪矿区地质图

1—第四系；2—上二叠统龙潭组；3—中二叠统文笔山组；4—中二叠统栖霞组；

5—上石炭统壶天群；6—下石炭统忠信组；7—上泥盆统双头群；8—寒武系水口群；9—辉绿岩；

10—断层破碎带；11—逆断层；12—正断层；13—性质不明断层；14—不整合界线；15—矿体；16—勘探线

矿区主要有辉绿岩、辉绿玢岩、闪长岩、闪长玢岩、花岗斑岩等，多呈岩脉、岩墙、岩枝产出，主要沿断裂侵入，地表出露少。

矿床按成因可分为风化型氧化锰矿和热液改造型碳酸锰矿2类。风化型氧化锰矿按其产出部位，又可分为3种，即赋存于断层破碎带中的锰矿；第四系中的堆积—淋积锰矿；岩溶堆积层中的堆积—淋积锰矿。风化型氧化锰矿分布较广，各矿段均有产出，而热液改造型碳酸锰矿仅见于局部地段（见图9-13）。

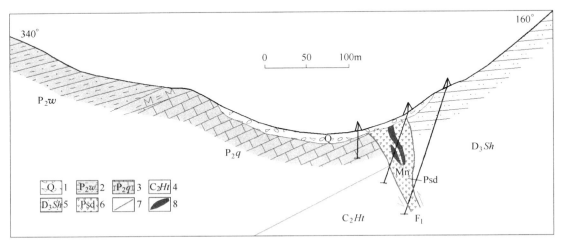

图9-13　汾水—白沙坪锰矿67线剖面图

1—第四系；2—中二叠统文笔山组；3—中二叠统栖霞组；4—上石炭统壶天群；
5—上泥盆统双头群；6—断层破碎带；7—断层；8—矿体

该区主矿段（汾水矿段）中的主矿体，受高角度冲断层控制，形态尚规整，延伸较稳定，断裂在平面上及剖面上的转折部位，矿体明显增厚。其他矿段的矿体形态均不规则，厚度变化急剧，产状多近于水平。

矿石矿物有黑锌锰矿（占20.73%）、钡镁锰矿（占6.15%）、软锰矿（占11.14%）、硬锰矿（占9.2%）、铅硬锰矿（占3.23%）及少量的钠水锰矿、锂硬锰矿、钾硬锰矿和恩苏塔矿等。脉石矿物有石英、黏土类矿物及玉髓。

风化型氧化锰矿：各矿段主矿体的规模、形态及产状见表9-2。

表9-2　各矿段主矿体的规模、形态及产状

矿段	矿体产出部位	规　模			产　状		形　态
		长度/m	宽度或延深/m	厚度/m	倾向	倾角	
汾水	断层破碎带	252~400	150~210	9.55~12.80	南东	30°~70°	两个连接的透镜体
	第四系堆积层	50~112	50~144	2.22~10.76	近水平		扁豆状
	岩溶堆积层	100~135		2~13.96	北西~北	3°~47°	不规则透镜体、扁豆体
白沙坪	岩溶堆积层	315	50	2.69	近水平		不规则似层状
铅山里	岩溶堆积层	280~430	150	7~45	近水平		似层状、透镜状
叶屋	岩溶堆积层	125	50	5.55	近水平		透镜状

矿石结构以隐晶质、胶状居多，少量为自形、半自形晶粒状。构造以粉状、土状为主，次为块状、皮壳状、钟乳状、多孔网状、肾状、葡萄状。

碳酸锰矿：分布于汾水矿段的 79 线、81 线、101 线，赋存于上石炭统壶天群白云质灰岩及中二叠统栖霞组灰岩裂隙中，呈脉状产出，产状与围岩近似或切穿围岩。共有 4 个矿体，长度 50~100m，延深 30~120m，厚度 1.49~3.17m。

矿石矿物主要为铁菱锰矿、含铁、锰白云石等碳酸盐矿物，含量 87.37%；铅、锌硫化物占 5.24%，少量黄铁矿；脉石矿物以石英为主，其次为绢云母、伊利石、玉髓及滑石等，约占 7.05%。

矿石结构为隐晶质、自形-半自形粒状结构，构造主要为致密块状构造。

矿床成因类型为风化型氧化锰矿和热液改造型碳酸锰矿两类。

矿区累计探明锰矿石储量 295.77 万吨（其中氧化锰矿 293.19 万吨，碳酸锰矿 2.58 万吨），其中，A+B+C 级 147.29 万吨、D 级 148.48 万吨。另外，探获共生银矿 71.58t，品位 Ag 144.02g/t；伴生银矿 45.76t，品位 Ag 38.21g/t；伴生铅 1.1 万吨，品位 0.78%；伴生锌 4.07 万吨，品位 2.87%，伴生金 0.42t，品位 0.31g/t。

氧化锰矿石全区平均品位：Mn 22.60%，TFe 14.66%，SiO_2 20.27%，P 0.079%，Mn/Fe=1.54，P/Mn=0.0034，碱度 0.03~0.13，属中磷酸性贫锰矿石。

碳酸锰矿仅在汾水主矿段有分布，平均品位：Mn 18.39%，TFe 13.16%，SiO_2 0.37%，P 0.017%，P/Mn=0.0009，Mn/Fe=1.39，碱度 2.19，属低磷碱性碳酸锰贫矿。

二、矿床发现与勘查史

区内地质工作始于 20 世纪 50 年代中期。

1955~1960 年，广东省地质局 701 队在该区进行铅锌矿普查—详查，1960 年 12 月提交《广东省梅县铅山里矿区铅锌矿床详查地质总结报告》，探获 C_2 级氧化铅锌矿金属量 2.73 万吨。

1980~1983 年，广东省地质局 723 队在铅山里矿段进行锰矿普查，提交《广东省梅县铅山里锰矿区初步普查地质报告》。1986 年 8 月经 723 队审查，批准锰矿储量 C+D 级 116.8 万吨，表外锰矿石 221.8 万吨。

1985 年 8 月，福建冶金地质勘探公司陈文森、苏彰年等对粤东北锰矿进行全面踏勘，历时月余，经研究对比，认定汾水—白沙坪一带成矿条件良好，有可能取得找矿突破，旋即组织地质力量。1986 年 1 月福建冶金地质三队邓运佳等人进驻矿区，为粤东北新一轮找锰正式拉开序幕。

1986 年~1988 年 9 月，冶金部福建地质勘探公司二队先后在白沙坪、汾水、叶屋等矿段进行 1：5000 物化探工作，分别提交《广东省梅县市白沙坪测区物化探工作报告》和《广东省梅县市汾水测区物化探工作报告》，主要是寻找锰矿，圈出的异常基本与已知矿体吻合，对找矿有指示意义，还有一些有望异常未经验证。

1986 年 2 月~1987 年 12 月，冶金部第二地质勘查局三队在白沙坪、叶屋矿段进行锰矿普查—详查，提交《广东省梅县市白沙坪—汾水锰矿区白沙坪、叶屋矿段详查地质报告》，1988 年 1 月冶金部第二地质勘查局审查，批准白沙坪矿段锰矿石储量 C+D 级 14.11 万吨，叶屋矿段 D 级 2.84 万吨。

1988 年 1 月，汾水矿段转入详查工作，矿区主要技术人员有周德文、蔡春荣、李秋平等。1991 年 9 月提交《广东省梅县市丙村镇白沙坪—汾水矿区汾水矿段锰银矿详查地质报告》，1991 年 12 月经冶金部第二地质勘查局会同广东省冶金矿山公司审查，批准锰矿石储量 C+D 级 162.02 万吨。共生银矿 71.58t，品位 Ag 144.02g/t；伴生银矿 45.76t，品位 Ag 38.21g/t；伴生金 0.42t，品位 Au 0.31g/t。

三、矿床开发利用情况

汾水矿段相传 200 年前有人开采（可能采银）。至今留有老窿、炼渣等遗迹。矿段中的宝山岗地段，从 1957 年以来当地民众用土法开采地表及浅部较富的氧化锰矿，累计开采量约 24 万吨。汾水矿段的硫化铅锌矿（即银屎铅锌矿）开采权归属梅县有色公司丙村铅锌矿，其上部有的坑道已穿过锰矿体，但由于开采技术条件复杂，锰矿的详细可选性试验未做，能否综合利用矿石中的共生、伴生 Ag、Au、Pb、Zn 元素等一系列问题未解决，加之锰矿的开发归属问题尚未明确，因此，锰矿的开发利用未列入基建规划。导致民采极盛，沿矿带井架林立。由于无规划滥采，采富弃贫，造成资源的极大浪费，给今后合理开采带来困难。

白沙坪矿段曾有零星民采，但因矿石品位低而停采。

铅山里矿段也曾有零星民采，1985 年以来梅州市锰矿公司在该矿进行开采，1991 年产量 4490t，近年已停采。

叶屋矿段 1986 年 7 月发现，虽然规模小，但矿石属优质富锰矿，也曾开采过，后因采场塌方而中断。

总之，该区探明的锰矿总储量已达中型规模，且共、伴生的贱金属、贵金属也有一定的数量，如何做好全面规划，综合开发利用，变资源优势为经济优势，是值得进一步考虑的。

第十章　晋冀蒙辽锰矿富集区

晋冀蒙辽锰矿富集区西起山西灵丘，东达辽宁朝阳，呈北东东向展布于山西、河北、北京、天津、蒙南和辽西一带，面积约 117000km² （见图 10-1）。该区大地构造位置属华北地台北缘中元古代裂谷带，位于Ⅲ-57 华北陆块北缘东段 Fe-Cu-Mo-Pb-Zn-Ag-Mn-U-磷-煤-膨润土成矿区。区内含锰层位有蓟县系雾迷山组、铁岭组及长城系高于庄组。燕山期火山—次火山岩对锰（及锰银）的二次富集起到重要作用。矿床类型有：海相沉积锰矿（瓦房子）、受变质锰矿（灵寿龙田沟）、沉积—热液叠加锰银矿（灵丘硐沟）。区内已发现大型矿床 2 处（辽宁瓦房子、河北秦家峪）、中型矿床 7 处（山西硐沟、小青沟，辽宁太平沟、小杨树沟、局子沟，内蒙古乔二沟，天津前干涧），小型矿床、矿点数十处，累计探获锰矿资源储量约 9000 万吨。该区 2012 年全国矿产资源潜力评价圈出山西太白维山、河北兴隆—迁西和辽宁凌源县—瓦房子三个重点找矿远景区，预测锰矿资源潜力 4.7 亿吨。

冶金地质部门勘探的主要锰矿床有：瓦房子、胥家窑、硐沟、老官台等 4 个锰矿床。

第一节　瓦房子锰矿

矿区位于辽宁朝阳、建昌两县交界处。矿区北距朝阳市 90km，南距建昌县城 50km，距杨家杖子火车站 60km，与朝阳、锦州、锦西、建昌通有公路。

该矿是东北地区最大的锰矿生产基地。

一、矿床概况

矿区分南东和北西两部分。南东部有团山子、屈家沟、鸡冠山、雹神庙、松树底下和小杖子、双庙和大杖子等区段。矿区面积 39.4km²（见图 10-2）。

矿区出露地层主要为中元古宙蓟县系雾迷山组、洪水庄组、铁岭组，次为寒武系、侏罗系和第四系。与成矿有关的地层为铁岭组，在矿区内出露长度为 8~10km，厚度 61.67~102.75m。铁岭组分为三个岩性段，其中第二岩性段褐红色粉砂岩、粉砂质页岩为含锰岩系，厚 0~42m，赋存有上、中、下三个锰矿层。

矿区位于瓦房子复背斜东南翼，断裂构造发育，主要构造线为北东—南西向；双庙—三家子断裂将矿区分割为南东和北西两部分。南东部为一开阔向斜盆地，与区域构造线方向一致。北西部为一单斜构造，走向北东，倾向南东。

矿区岩浆岩不发育，见有少量角闪玢岩、安山斑岩和辉绿岩脉。岩浆活动导致矿层产生热力变质作用，使矿石致密坚硬，烧失量降低，矿石品位相对提高。同时它还使矿区完整性受到破坏，个别地段含锰矿层全部缺失。

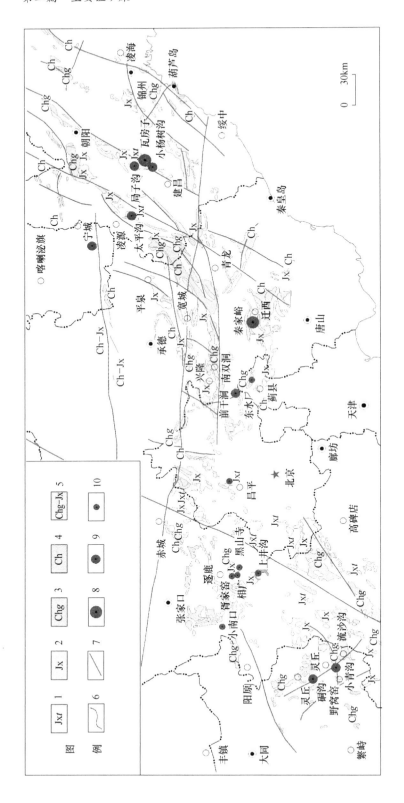

图10-1   晋冀蒙辽毗邻区锰矿分布图

1—蓟县系铁岭组；2—蓟县系未分；3—长城系高于庄组；4—长城系未分；5—蓟县系—长城系未分；

6—地质界线；7—断层；8—大型锰矿；9—中型锰矿；10—小型锰矿

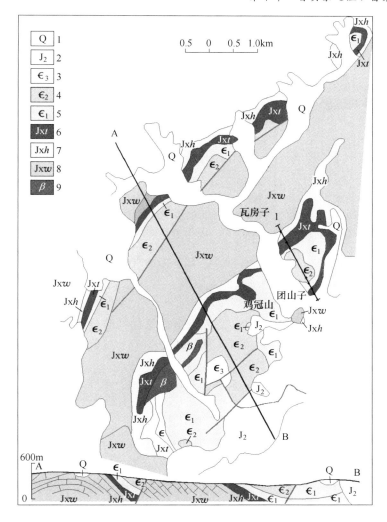

图 10-2　瓦房子锰矿地质图

1—第四系；2—中侏罗统；3—上寒武统；4—中寒武统；5—下寒武统；
6—铁岭组（含矿层）；7—洪水庄组；8—雾迷山组；9—基性火山岩

锰矿体赋存在蓟县系铁岭组中（见图 10-3），有上、中、下 3 个含矿层，系由断续连接的矿饼群组成。中、下两个含矿层具有工业意义。含矿层一般厚 2m，个别可达 4m；矿层间隔变化较稳定，中、下两矿层间距为 4~5m。矿体与围岩（夹石）界线清晰，矿体形态为透镜状矿饼群。下部含矿层矿饼较大，矿饼群连续，厚度比较稳定，呈似层状产出。中部含矿层由多个小矿饼群组成，矿饼群的厚度大于下部含矿层，矿饼上平下凸。该矿床矿体平均厚度 0.4m，最大厚度 1.1m。矿体走向平均北东 40°，倾向南东，倾角 10°~30°。

矿石自然类型有氧化锰矿石和碳酸锰矿石，其中氧化锰矿石有原生、次生两种成因。氧化锰矿石由水锰矿、硬锰矿、软锰矿、褐锰矿、黑锰矿、蛋白石、玉髓、石英和方解石组成，具有结晶质或致密状、蜿状结构，呈致密块状、胶状、同心圆状和条带状构造。碳酸锰矿石主要由含锰方解石、含铁菱锰矿和黏土组成。具有隐晶质致密状结构，呈块状、竹叶状、角砾状和鲕状构造。

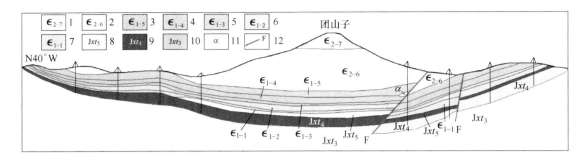

图 10-3　1 号勘探线剖面图

1—中寒武统灰岩；2—中寒武统页岩；3—下寒武统灰岩互层；4—下寒武统页岩；

5—下寒武统灰岩夹层；6—下寒武统页岩；7—下寒武统底砾岩；8—铁岭组灰岩；

9—铁岭组含锰岩系（含 3 层锰矿扁豆体）；10—铁岭组条带状灰岩；11—中性侵入岩；12—断层

氧化锰矿石品位以 Mn 20%~30%居多；碳酸锰矿石 Mn 品位为 15%~20%。矿石含 Fe 10%~15%，最高达 20%，P≥0.1%，SiO$_2$ 20%，含 S 很低。在勘探中，将该矿锰矿石划分为优质矿、普通矿和贫矿 3 种类型。

矿床成因类型为海相沉积锰矿床；工业类型为氧化锰矿与碳酸锰矿过渡型矿床。

截至 1991 年底，矿区累计探明矿石储量 A+B+C+D 级 3765.8 万吨，其中，A+B+C 级为 1773.2 万吨、D 级 1992.6 万吨。

全矿区矿石平均品位为：Mn 21.58%，TFe 13.02%，P 0.074%，SiO$_2$ 22.41%。Mn/Fe＝1.657，P/Mn＝0.003。

二、矿床发现与勘查史

1937 年，锦西杨家杖子钼矿工人杨永年在屈家沟南部冲沟中发现锰矿转石。1938 年根据报矿，日本人松井常三郎和本溪湖炼铁公司派人来矿区调查，并定名为瓦房子锰矿。

1939 年，满洲矿业开发株式会社进行地质调查，1942~1944 年，村岗诚、朝日升和林乃信等先后来矿区作过调查，村岗诚计算储量 215.5 万吨，含锰 17%~32%，平均品位 Mn 22.78%。

1952 年，中国地质计划指导委员会秦鼐、王万纯来矿区普查。

1953 年~1959 年 4 月，东北地质局 101 队对该矿区进行普查、勘探和详细勘探。1956 年 4 月提交了《辽宁瓦房子锰矿地质勘探报告》。1960 年 5 月经辽宁省储委审查，批准 A+B+C 级储量 2173.0 万吨，D 级 2012.4 万吨，合计 4185.4 万吨。

1959 年 7 月~1961 年 2 月，鞍钢地质勘探公司 407 队在该矿区局子沟一霭神庙一带进行深部找矿勘探，获得 D 级优质锰矿 11.6 万吨，普通锰矿 195.1 万吨，贫锰矿 58.8 万吨。提交了《辽宁省朝阳县瓦房子锰矿床局子沟区地质勘探总结报告》。

1972 年 4 月~1975 年 1 月，辽宁省冶金地质勘探公司 105 队和鞍钢地质勘探公司 405 队在小杨树沟矿区进行二次勘探。新增加锰矿储量 341.2 万吨。1975 年 5 月，鞍钢地质勘探公司 405 队提交了《辽宁省朝阳县瓦房子锰矿小杨树沟矿区地质勘探总结报告》。

三、矿床开发利用情况

1937~1945 年，日本人曾进行掠夺性开采，累计采锰矿 30 万吨。

1951 年，该矿划归省工业厅，曾进行小型露采，年产锰矿石 10826t。

1955 年，该矿移交鞍钢生产，规模扩大，1956 年逐步转入地下坑采。

1975 年，该矿开始进行二期扩建工程。建成后该锰矿可成为采选烧冶中型联合企业，但由于资金限制，到 1979 年仅完成全部设计总投资的 70.4%，扩建后的生产能力为：年采掘总量 35.5 万吨、年产锰精矿 6 万吨、富锰渣 5 万吨。

1977 年，该矿修建 55m³ 高炉，1978 年 6 月竣工投产，利用锰矿石冶炼富矿渣。

1979~1985 年底，共完成采掘总量 220.6 万吨，锰精矿 40.3 万吨。

1992 年，设计生产规模 17 万吨，实际生产矿量 3.99 万吨。经手选后入选品位为 21%，精矿品位 28%，选矿回收率 98%。

生产的锰矿石、富锰渣除鞍钢自用外，还供给本钢和辽阳、吉林铁合金厂等用户。

第二节　胥家窑锰矿

矿区位于河北省涿鹿县城南 12.5km，矿区至（北）京—包（头）铁路线下花园车站可通公路。

一、矿床概况

矿区出露地层主要为长城系大红峪组、高于庄组、蓟县系雾迷山组和第四系（见图 10-4）。与成矿有关的地层主要为高于庄组，为一套灰白色厚层、中厚层白云质灰岩，燧石灰岩，硅质页岩，中部夹赭色、深灰色薄层含锰灰岩。

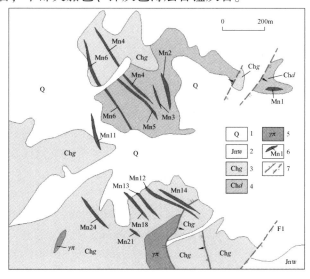

图 10-4　胥家窑锰矿区地质图

1—第四系；2—雾迷山组厚层燧石灰岩；3—高于庄组厚层灰岩、白云质灰岩；4—大红峪组薄层灰岩、厚层燧石条带灰岩；5—花岗正长岩；6—锰矿体及编号；7—正断层、逆断层

矿区为单斜构造，断裂构造较发育，主要的断层有 F_1 正断层、F_2 逆断层、北西向断裂组，其中，北西向断裂组与锰矿体关系密切，为控矿断裂。

区内仅见黑云母花岗正长岩侵入体，沿 F_2 断裂侵入，呈岩床状产出，接触带未见蚀变。

区内锰矿体主要产于高于庄组白云质灰岩及燧石灰岩的北西向断裂破碎带中，共有 25 条矿脉。矿脉长 40~489m，厚 0.32~1.26m。

矿石类型主要为铁锰矿石。矿石矿物主要为硬锰矿，次为软锰矿。矿石呈块状构造和结核状构造等。

矿床成因类型属淋滤型矿床，也有人认为属热液改造型矿床。

矿石平均含 Mn 20.25%，Fe 8.25%，P 0.024%，S 0.028%，SiO_2 22.39%。矿石的碱度 $(CaO+MgO)/(SiO_2+Al_2O_3)=7$，属碱性矿石，矿石含铁较高，Mn+Fe>30%，可划为铁锰矿石类型，矿石有害杂质低，符合冶金用锰矿工业指标要求。

截至 1991 年底，累计探明锰矿石储量 17.5 万吨，其中，A+B+C 级 5.7 万吨、D 级 11.8 万吨。

二、矿床发现与勘查史

1954 年，河北地质局 221 队、225 队分别进行过检查工作，均因矿体规模小，未做详细地质工作。

1959 年 6 月~1960 年 2 月，河北省冶金局 516 队在胥家窑、相广、黑山寺一带进行检查评价工作，提交了《河北省怀来县胥家窑、相广、黑山寺一带锰矿详查报告》，探获锰矿石 C 级储量 6.1 万吨、D 级 8.6. 万吨，合计 14.7 万吨。结论认为：均为脉状小矿体，只能适合小型开采和边采边探。

1960 年 3 月，河北省地质局张家口综合地质大队在前人工作的基础上对该区开展普查评价工作，同年底提交了《怀来县胥家窑锰矿区 1960 年普查评价报告》，经河北省地质局审查批准锰矿石 A+B+C 级储量 5.7 万吨、D 级 11.8 万吨、表外储量 2.9 万吨。

三、矿床开发利用情况

胥家窑锰矿早在 1951 年已由地方民采。1958 年以后，由怀来县工业局所属矿山开采，年产量 5000~10000t 矿石。1971 年由涿鹿县栾庄乡开采，年采矿石约 2000t。据 1992 年河北省冶金公司对保有储量审核，截至 1991 年底，保有储量仅 4 万吨。

第三节　硐沟锰（银）矿

矿区位于山西省灵丘县高家村乡，北距灵丘县城 25km，有 18km 公路和 7km 简易公路可通至矿区。灵丘距（北）京—太（原）铁路 3km。

一、矿床概况

矿区出露地层主要为长城系高于庄组、蓟县系雾迷山组，侏罗系白旗组及第四系。与锰矿成矿有关的地层为高于庄组、雾迷山组（见图 10-5）。高于庄组主要岩性为中厚层白云岩、燧石条带白云岩、薄层含锰白云岩及少量泥灰岩和页岩，局部夹碳酸锰矿层。据山西省地矿局区调队资料，高于庄组区域平均含锰 $1527×10^{-6}$，高于锰元素地壳丰度（$1300×10^{-6}$），其中该组中灰褐色白云岩的平均锰含量为 $8386×10^{-6}$，是地壳丰度值的 6 倍多，成为该区锰矿的主要成矿物质来源。雾迷山组主要岩性为燧石条带白云岩、含锰白云岩。

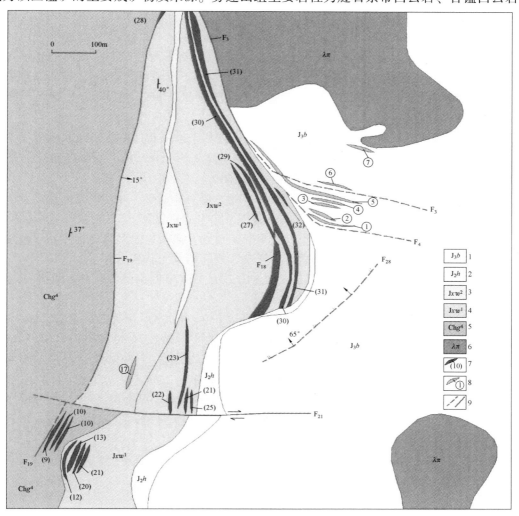

图 10-5　硐沟银锰矿区地质图

1—侏罗纪白旗组；2—侏罗纪后城沟组；3—雾迷山组二段；4—雾迷山组一段；5—高于庄组四段；
6—石英斑岩；7—锰矿体及编号；8—银矿体及编号；9—推测及实测断层

　　矿区为一破火山构造及外接触带单斜构造。岩层总体产状走向 20°，倾向南东，倾角 35°。矿区断裂构造发育，控制着该区锰矿体的分布。与锰、银矿有关的主要断裂有：F_{19}、F_3、F_4、F_{18}、F_{17}等。

　　矿区有 2 个次火山岩体，分布在矿区北部和东南部，呈岩株产出，面积不足 $1km^2$。沿火山通道或构造裂隙侵入，侵入时间在侏罗纪火山活动之后。岩石为灰白色石英斑岩。此外，矿区还见有侵入时间较晚的石英斑岩和花岗斑岩岩枝，有时破坏矿体。

矿区分布了两种元素组合的矿床，一种是以 Ag-Zn-Pb 组合的银矿床，另一种是以 Mn-Ag-Pb 组合的锰矿床。通过工程揭露，全区共圈出 4 条锰矿体、8 条锰银矿体、15 条银矿体及 2 条低品位银矿体。该区锰矿体、锰银矿体及部分银矿体产于高于庄组和迷雾山组白云岩中及其与石英斑岩的接触带部位。锰、银矿体呈似层状、透镜状或脉状产出，产状严格受断层控制，倾向多为 95°左右，倾角一般 40°~60° （见图 10-5），其中 MnAg 矿体和 MnAg 矿体为主要矿体。

①号 MnAg 矿体：产于雾迷山组白云岩中，受 F_{18} 断裂破碎带控制。矿体向北延入小青沟矿区，沿走向总长大于 1300m，区内控制延长 540m，控制延深 350m。矿体形态呈层状，厚度 1.20~9.0m，平均厚 5.54m。矿体 332+333 资源量 162.74 万吨，占全区总资源量 57.44%，共伴生银 107.49t。

②号 MnAg 矿体：产于雾迷山组白云岩中，矿体形态呈层状似层状，向北延入小青沟矿区，走向长大于 1000m，控制延深 290m。矿体厚度 1.50~18.00m，平均 6.03m，矿体 332+333 资源量 61.42 万吨，占全区总资源量 21.68%，共伴生银 28.86t。

锰矿石自然类型主要为氧化锰矿石，矿石矿物主要有软锰矿、硬锰矿、水锰矿，少量菱锰矿、针铁矿。经 X 射线衍射分析和差热分析，仍有隐钾锰矿、钡钾锰矿、恩苏塔矿。脉石矿物主要有白云石、方解石、石英及少量黏土矿物。矿石矿物多呈他形粒状、胶状结构。矿石构造有块状、条带状、网脉状、角砾状、蜂窝状及土状构造。

矿床成因类型：银矿床为与火山岩—次火山岩有关的中低温热液矿床；锰矿床为沉积—热液改造型矿床。

含银锰矿体的锰最高品位 38.40%，平均品位 25.08%；SiO_2 含量 11%左右；Mn/Fe = 2.44~6.24，平均品位 4；P/Mn = 0.0003~0.0014，平均品位 0.0007；Ag 平均含量为 34.10g/t。锰银矿体的 Mn 品位为 5.34%~35.52%，平均品位 27.96%；Ag 品位为 5.34~1760.0g/t，平均品位 172.64g/t，品位变化系数为 96.89%。

原生碳酸锰矿（菱锰矿）体 Mn 平均品位为 21.88%，其中厚度最大的一层，Mn 平均品位为 25.80%，Mn/Fe = 2.26，P/Mn = 0.00049，烧失量为 34.06%，碱度为 2.54，其银、铅、锌尚未测定。

全区锰矿平均品位 25.06%，P/Mn = 0.00055，硫品位为 0.14%，碱度为 1.84，矿石为低磷低硫碱性矿石。

二、矿床发现与勘查史

1955 年，华北 505 队在太白维山开展地质普查找矿工作，在洞沟矿区施工了几个浅井，资料不详。

1970 年以来，山西省地矿局区调队在该区一带先后完成了 1：20 万和 1：5 万区域地质调查及矿产普查工作。同时，山西地质勘探公司在该区一带进行了 1：5 万分散流测量工作。

1984 年，山西地质勘探公司 7 队，在该区开展金、银等矿种普查找矿工作，初步认为太白维山地区是一个银、铅、锌成矿有望区。

1989 年 4 月~1990 年，冶金部第三地质勘查局（原山西地质勘探公司）316 队，在洞沟矿区检查 Ag、Pb、Zn 次生晕异常，发现并圈定了 2 条银矿化带、8 条银矿体。洞沟锰矿床是该队 1990 年进行大比例尺地质填图发现的。当时由于临近收队，对锰矿带未进行地质工作。

1991~1992 年，316 队对硐沟发现的锰矿带开展普查找矿工作，圈定银矿体 11 条、锰矿体 19 条、锰银矿体 3 条，初步计算银矿远景储量 202.81t（含伴生银 66.14t），锰矿石远景储量 224.3 万吨。

1989~1997 年，冶金部第三地质勘查局 316 队在硐沟矿区进行银矿和锰矿普查工作，1997 年 8 月，由李兵院、惠志强、张孝丽、原玉华等提交了《山西省灵丘县硐沟锰矿普查地质报告》，探明 D+E 级锰矿储量 790.77 万吨，其中，富锰矿 296.57 万吨、优质富锰矿 68.48 万吨。

据 2004 年详查报告，矿区累计探明 332+333 锰矿石资源量 206.62 万吨，Mn 平均品位 24.32%。333+334 银矿石资源量 271.12 万吨，银金属资源量 405.99t，Ag 平均品位 164.86g/t。锰银矿体共伴生银金属量 109.50t，平均品位 63.20g/t，共伴生铅锌 3.43 万吨。

三、矿床开发利用情况

该区自 1996 年开始从探矿沿脉坑道中（PD1850）年回收量 1500t，1999 年至今先后有灵丘联营锰矿、金地矿业公司等四家企业在该区开采锰矿石，年开采规模均在 3 万吨以下，开采区段主要在 114~130 线间，标高 1730~1927m。据不完全统计，累计开采锰矿石 17.45 万吨。按开采回收率 80% 计算，共消耗资源量 21.81 万吨。由于属个体开采或未按正规设计开采，加之 1850m 以上坑道均已坍塌，且无坑道采掘平面图等资料，因此对已开采矿量的分布范围无法进行圈定。

第四节 老官台锰矿

矿区位于辽宁铁岭市南 15km，距长（春）—大（连）铁路线得胜车站 8km。有公路通过矿区中部，交通方便。

一、矿床概况

矿区包括辽海屯、西山、老官台和小房身 4 个矿段（见图 10-6）。

区内出露地层有前震旦纪花岗片麻岩、震旦纪白云质大理岩和第四纪冲积层。与成矿有关的地层为震旦系，该层位不整合覆盖在前震旦纪花岗片麻岩之上。自下至上可分为 7 层，其中第 2 层为含锰白云石大理岩，棕褐色，由白云石、方解石组成，含少量石英、斜长石和硬锰矿颗粒（含锰 0.5%~4%），硬锰矿呈半自形晶，分散于大理岩中。该层总厚度为 12~40m，其内含锰矿 1~2 层。

矿区位于铁岭—靖宇隆起中，为单斜构造，西部岩层呈北西西向延伸，东部岩层呈近东西向延伸，倾向南或南西，倾角 65°~80°，局部直立或倒转。整个岩系被一系列北北东或北北西向正断层切割，岩层破碎并产生局部动力变质。

区内主要有闪长岩脉和花岗岩小岩株侵入于震旦纪白云石大理岩中。石英脉广泛出露，厚度数厘米至 2m，沿岩层裂隙充填，脉内有镜铁矿、黄铜矿、黄铁矿和方铅矿等。

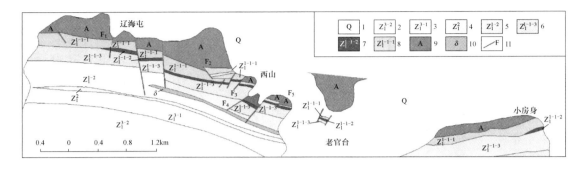

图 10-6 老官台锰矿地质图

1—第四系；2—石英岩；3—泥质板岩；4—致密块状白云岩；5—石英岩；6—结晶白云质大理岩；
7—含锰白云质大理岩（含矿层）；8—白云质大理岩；9—花岗片麻岩；10—蚀变闪长岩；11—断层

锰矿床规模小，形态不规则，产状不一，矿石品位和厚度变化大。该矿共分辽海屯、西山、老官台和小房身 4 个矿段。

辽海屯矿段：有上、下两层锰矿体，呈似层状产于含锰白云石大理岩中。矿体走向 280°～290°，倾向南西，倾角 50°～70°。下层矿体长 280m，厚度变化较大，地表厚 4～5m，斜沿 60m 处为 2.1m，由上而下有变薄或尖灭趋势。上层矿体长 50m，厚度 1.5～0.55m。

西山矿段：矿体长 330m，厚 0.5～3.1m，沿走向、倾向变化大，呈扁豆状尖灭。矿体走向北东，倾向南东，倾角 65°～75°。

老官台矿段：矿体呈扁豆状，长 75m，地表厚 3m，向下 60m 处厚 2m，在 120m 处尖灭。

小房身矿段：有两层含锰白云石大理岩，其中一层含矿，矿体厚 0.5～1.5m，呈不规则似层状，矿体走向 60°，倾向北西或南东，倾角 70°～90°。

矿石自然类型主要为氧化锰矿石，由硬锰矿、软锰矿及水锰矿、黑锰矿、褐锰矿、白云石和石英等组成，具致密状、条带状、针状结构和块状、条带状、蜂窝状构造。

矿床成因类型为沉积受变质锰矿床。

截至 1992 年底，区内累计探明锰矿储量 32.2 万吨，其中，C 级 0.8 万吨、D 级 31.4 万吨。

矿石平均品位为：Mn 20.50%，Fe 5.70%，P 0.002%，SiO_2 22.77%。辽海屯矿段上层矿品位为 Mn 10%～27%，下层矿品位为 Mn12%；西山矿段矿石 Mn 品位最高 28%；老官台矿段矿石 Mn 品位 15%；小房身矿段矿石 Mn 品位 8%～14%。

二、矿床发现与勘查史

1945 年前，日本有人曾在矿区做过调查。

1958 年，铁岭砂石矿施工浅井和坑道，边探边采。

1958 年 12 月，沈阳市地质大队铁岭分队普查组作过普查找矿，调查矿石品位和矿体分布。

1959 年，省地质局关门山地质大队开展普查，获得 C＋D 级储量 20.46 万吨，其中，

C 级 6.02 万吨、D 级 14.44 万吨。1960 年进行矿区勘探，1961 年 1 月提交了《铁岭县老官台锰矿地质勘探报告》。1962 年 8 月，省地质局审查上述报告，以第 12 号复审意见降为初步普查报告，C 级储量降为 D 级。复审后的储量为 D 级 41.3 万吨。

1968 年，鞍钢地质勘探公司物探队，在老官台至西山矿段之间开展了电法探矿，提交了《辽宁省铁岭老官台物探总结报告》。

1984 年，鞍钢地质勘探公司 401 队在该区开展了地质和物探初查，提交了《辽宁省铁岭市老官台锰矿床普查总结报告》。

1985 年 6~9 月，鞍钢地质勘探公司 403 队，根据 401 队设计进行钻探验证。提交了《辽宁省铁岭市老官台锰矿区普查报告》。报告认为该矿为小型贫锰矿床，品位和厚度变化较大、规模小，无开采价值。

三、矿床开发利用情况

1956 年，铁岭砂石矿在西山、老官台两矿段进行小型露采。

1958 年，铁岭砂石矿扩大开采规模并施工浅井和坑道，边采边探。

1959 年，铁岭县锰矿在辽海屯、西山、老官台等矿段采矿，开采锰矿量 2000t；1960 年又以西山矿段为主，开采量达 4000t。

第十一章 塔里木西南缘锰矿富集区和 西（南）天山锰矿富集区

　　塔里木西南缘锰矿富集区位于塔里木盆地西缘帕米尔高原克孜勒苏柯尔克孜自治州乌恰—阿克陶一带，东起阿克陶县城—乌恰县城，西至中塔边境，北抵中吉边境，南达英吉沙，面积约 10000km² （见图 11-1）。大地构造位置属塔里木地块、西南天山东西向构造带与西昆仑构造带交汇部位，隶属西昆仑构造带的北昆仑次级地体或昆北构造带。该区地处Ⅲ-27A 西昆仑（地块及裂谷带）Fe-Cu-Mo-Pb-Zn-Au-Ag-Cr-Ni-W-硫铁矿-煤-石棉成矿带北段。区内构造变形强烈，含锰地层沿西昆仑构造带北部的昆盖山—库尔浪晚古生代裂谷盆地分布，含锰层位为上石炭统喀拉阿特河组，含锰岩系为含炭泥质灰岩夹薄层细晶微晶灰岩。矿石自然类型为碳酸锰矿石，矿石矿物以菱锰矿为主，次为褐锰矿；脉石矿物以石英、方解石为主。矿石结构以微晶结构为主，次为细粒结构、球粒状结构、鲕状结构。矿石构造以致密块状构造为主，其次为浸染状构造、细脉状构造和土状构造。矿床成因类型为海相沉积热液改造型锰矿床。区内已发现中型锰矿床 3 处（奥尔托喀讷什、玛尔坎土和穆呼），矿点多处，累计探获富锰矿石资源量近 2209 万吨，已经成为西部地区最大的富锰矿生产基地。该区存在一条规模巨大的富锰矿带，东西长达 100km，中国境内长约 65km，向西延伸进入塔吉克斯坦，含锰层位稳定。同时近年在二叠系、志留系地层也发现多处锰矿点。但该区总体上基础地质和锰矿地质工作程度均较低，值得进一步工作。根据《塔里木盆地西南缘锰多金属矿产地质调查成果报告》，预测该区潜在锰矿资源可达 2.01 亿吨。该区冶金地质部门主要参加了奥尔托喀讷什富锰矿的勘查工作。

　　西（南）天山锰矿富集区位于新疆乌恰—昭苏—和静一带，东起巴伦台，西至中吉边境，长达 900km，南北宽约 100km，面积约 90000km² （见图 11-1）。该区大地构造位置属天山褶皱带西段，地处Ⅲ-10 伊犁（中央地块及裂谷带）Fe-Mn-Cu-Mo-Pb-Zn-Au-W-U-RM-煤-油气-硫铁矿-白云岩-石英岩-石膏成矿带、Ⅲ-11 那拉提—巴伦台—卡瓦布拉克（微陆块群）Fe-Pb-Zn-Ag-Cu-Ni-Pt 族-Cr-V-Ti-REE-MR-U-W-硅灰石-水晶-滑石-萤石-盐类-白云母-磷灰石-宝玉石-煤成矿带和Ⅲ-12 塔里木板块北缘（复合沟弧带）Fe-Ti-Mn-Cu-Ni-Mo-Pb-Zn-Sn-Pt 族-Au-Sb-U-RM-RE-白云母-菱镁矿-铝土矿-石墨-硅灰石-红柱石-白云母-磷灰石-石油-天然气-煤-硫铁矿-盐类-宝玉石-滑石-石棉-蛇纹岩-萤石-重晶石-泥炭成矿带。区内含锰层位主要为下石炭统及中泥盆统，含锰岩系为火山—沉积砂—泥质岩系，矿石自然类型有菱锰矿、硅酸锰矿及氧化锰矿。区内已发现锰矿（点）20 余处，其中中型矿床 2 处（莫托沙拉铁锰矿床和昭苏加曼台锰矿床）、小型锰矿床 5 处（阿克苏、卡朗沟、乌斯腾达坂、松湖达坂北、开孜维克）。累计探获锰矿资源储量 1127 万吨。近年来，在西南天山吉根一带发现了博索果嫩套、克尔克昆果依山、库孜滚山、铁克列克、阔克莫依、别勒克勒克达等多个锰矿点或铁锰点，展现出西南天山良好找矿远景。区内已发现多个锰矿

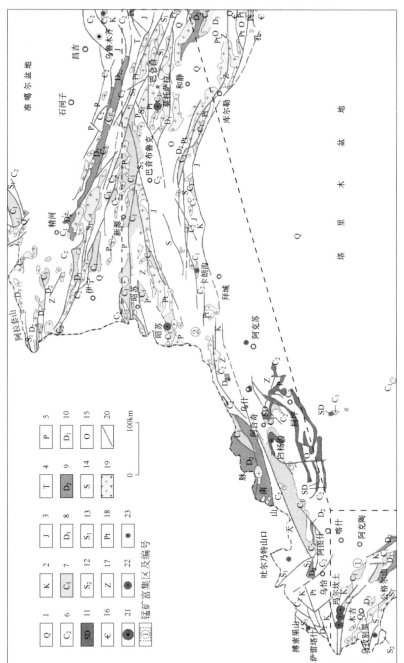

图 11-1　塔里木北缘及西南缘锰矿分布图

①为塔里木西南缘锰矿富集区②为西南天山锰矿富集区

1—第四系；2—白垩系；3—侏罗系；4—三叠系；5—二叠系；6—上石炭统；7—下石炭统；8—上泥盆统；9—中泥盆统；
10—下泥盆统；11—泥盆系—志留系并层；12—中志留统；13—下志留统；14—志留系；15—奥陶系；16—寒武系；
17—震旦系；18—元古界；19—侵入岩；20—断层；21—大型锰矿；22—中型锰矿；23—小型锰矿

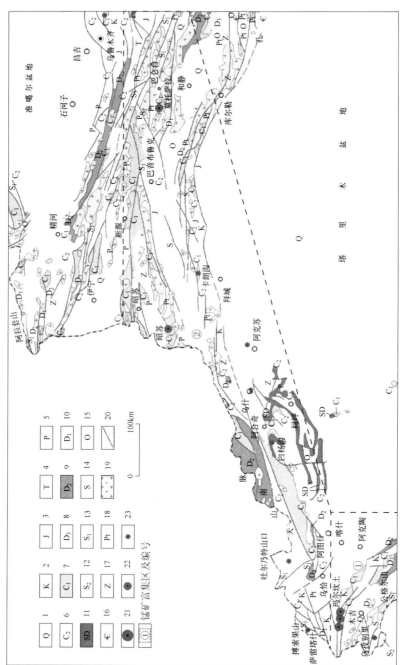

图 11-1　塔里木北缘及西南缘锰矿'分布图

①—塔里木西南缘锰矿富集区；②—西（南）天山锰矿富集区

1—第四系；2—白垩系；3—侏罗系；4—三叠系；5—二叠系；6—上石炭统；7—下石炭统；8—上泥盆统；9—中泥盆统；
10—下泥盆统；11—泥盆系；12—中志留统；13—下志留统；14—志留系；15—奥陶系；16—寒武系；
17—震旦系；18—元古界；19—侵入岩；20—断层；21—大型锰矿；22—中型锰矿；23—小型锰矿

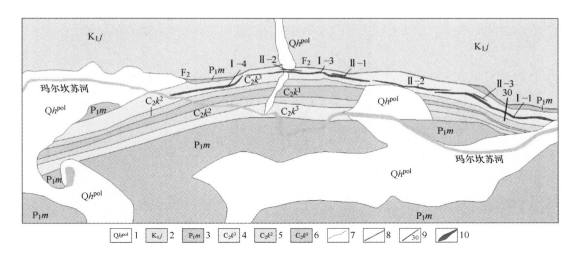

图 11-2　奥尔托喀讷什锰矿地质简图

1—全新统冲洪积物；2—下白垩统江额结尔组；3—下二叠统玛尔坎雀库塞山组；
4—上石炭统喀拉阿特河组第三岩性段；5—上石炭统喀拉阿特河组第二岩性段；
6—上石炭统喀拉阿特河组第一岩性段；7—地质界线；8—断层；9—勘探线位置及编号；10—锰矿体

截至 2021 年 12 月，矿区累计查明锰矿石资源量 1254.66 万吨。其中动用探明资源量
327.60 万吨。

二、矿床发现与勘查史

2007 年新疆佰源丰矿业有限公司工作人员发现了地表氧化锰矿石，经浅部挖掘发现
了原生菱锰矿石。

2008 年 5 月~2009 年 4 月，新疆天山地质工程公司在矿区开展了普查、详查工作，
初步圈定Ⅰ、Ⅱ、Ⅲ、Ⅳ号共四条锰矿体，2009 年 4 月提交了《新疆阿克陶县奥尔托喀
讷什三区锰矿详查报告》，共求得锰矿石资源量 187.49 万吨（新国土资储备字〔2009〕
129 号）。

2009 年 6~10 月，新疆天博勘查技术有限工程公司在矿区内针对Ⅰ、Ⅱ号矿体开展了
详查工作，并于 2010 年 1 月提交了《新疆阿克陶县奥尔托喀讷什锰矿 7~19 线详查报
告》，共求得锰矿石资源量 9.69 万吨（新国土资储备字〔2010〕55 号）。

2013 年 6 月~2016 年 10 月，中国冶金地质总局西北地质勘查院黄河、王军、舒旭、
刘耀光等在矿区开展了普查、详查、勘探工作，2016 年 12 月提交了《新疆阿克陶县奥尔
托喀讷什锰矿资源储量核实报告》（新国土资储备字〔2016〕112 号）、《新疆阿克陶县奥
尔托喀讷什三区锰矿资源储量核实报告》（新国土资储备字〔2016〕113 号）、《新疆阿克
陶县托吾恰克东区锰矿勘探报告》（新国土资储备字〔2017〕38 号）、《新疆阿克陶县奥
尔托喀讷什二区锰矿详查报告》（新国土资储备字〔2017〕39 号）。矿区累计提交锰矿石
资源储量 1203.69 万吨，Mn 平均品位 36.37%。其中开采动用量 23.99 万吨，矿山保有资
源储量 1179.70 万吨。

2016 年 11 月~2017 年 4 月，中国冶金地质总局西北地质勘查院基于新疆佰源丰矿业

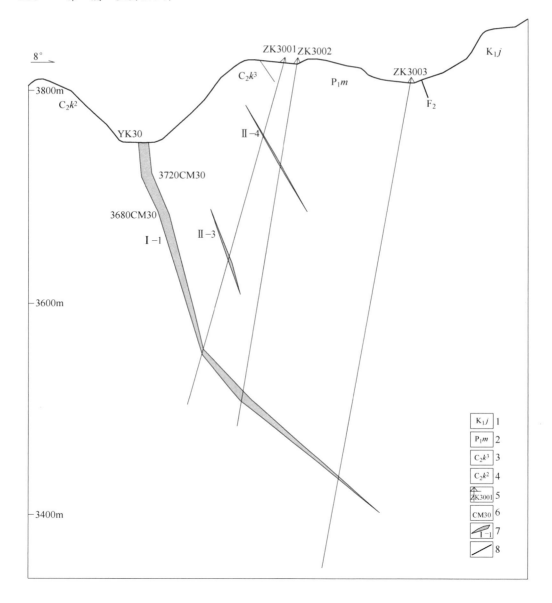

图 11-3 30 号勘探线剖面图

1—下白垩统江额结尔组；2—下二叠统玛尔坎雀库塞山组；3—上石炭统喀拉阿特河组第三岩性段；
4—上石炭统喀拉阿特河组第二岩性段；5—钻孔及编号；6—穿脉工程及编号；7—锰矿体及编号；8—断层

有限公司上市要求在矿区开展了储量核实，2017 年 4 月提交了《新疆阿克陶县奥尔托喀
讷什锰矿资源储量核实报告》（国土资储备字〔2017〕223 号）、《新疆阿克陶县奥尔托喀
讷什三区锰矿资源储量核实报告》（国土资储备字〔2017〕225 号）、《新疆阿克陶县奥尔
托喀讷什二区锰矿详查报告》（国土资矿评咨〔2017〕2 号）、《新疆阿克陶县托吾恰克东
区锰矿勘探报告》（国土资矿评咨〔2017〕3 号）。经核实，矿区累计查明锰矿石资源储
量 1199.16 万吨，其中开采动用量 111.7 万吨，矿山保有资源储量 1087.46 万吨。

2017 年 4 月～2021 年 12 月，中国冶金地质总局西北勘查院吴纪宁、刘耀光、郭海鹏等在矿床深部及外围继续进行勘查，确立了玛尔坎土山复背斜的存在，并在矿床西段和背斜南翼覆盖区发现了含锰层位及锰矿化层。矿区新增查明锰矿石资源量 55.5 万吨。截至 2021 年 12 月底，矿区累计查明锰矿石资源量 1254.66 万吨，平均品位 Mn 36.65%。其中动用探明资源量 327.60 万吨，平均品位 Mn 36.75%，保有资源量 927.06 万吨，平均品位 Mn 36.60%。

三、矿床开发利用情况

2011 年 11 月，在新疆克州阿克陶县奥依塔克镇筹建了阿克陶科邦锰合金制造有限公司，并开始了电解锰生产线建设。

2013 年 2 月，该锰矿正式建矿，为科邦锰业下属矿山企业，之后进行了露天矿建设及露天开采，2013～2017 年累计开采矿石 110.60 万吨，矿石经手选后品位提高 5%～10%，可供电解锰用，采矿回采率 85%，贫化率 15%，电解锰回收率 96%。

2017～2018 年，矿山转入井下开采，扩大了生产规模，共开采矿石 77.67 万吨。

2019 年，科邦锰业与新疆有色集团战略重组，科邦锰业建设成为年生产电解锰 30 万吨、硅锰合金 50 万吨、锰新材料 10 万吨的全国重要锰资源战略基地。至 2021 年矿区累计开采矿石 137.69 万吨，年生产锰矿石约 40 万吨，采矿回收率约 90%，贫化率 8.5%。

第二节　卡朗沟锰矿

矿区位于新疆维吾尔自治区库车县县城正北 74km 处，横跨库车和拜城两县，距乌（鲁木齐）—喀（什）公路库车站 74km，有公路相通。

一、矿床概况

矿区出露地层自下而上为志留系、下石炭统、二叠系、侏罗系、白垩系、第三系和第四系。含锰岩系为下石炭统（见图 11-4），自下而上可分为五层，中下部为碳酸盐岩、碎屑岩建造，上部为火山喷发岩系，含锰层位于顶部的硅质岩系中，层间夹薄层大理岩，泥质岩及火山碎屑岩等，厚 150～250m。

矿区地层为走向近东西、向南陡倾斜的单斜构造。断裂以走向断裂为主，呈东西向；横向断层主要有北西向和北东向两组，生成时代较晚，对矿层的连续性有一定的破坏作用。

区内岩浆岩不发育，仅沿断层有叶片状蛇纹岩、辉绿岩和花岗闪长岩，呈岩枝、岩脉状产出。

在东西长 13km，南北宽约 4km 的矿区范围内，共发现含矿地段 13 处，大小矿体 60 余条。一般单个矿体长 20～190m，厚 0.6～4.18m。由于深部工程少，矿体延深不清。

矿体多呈似层状、透镜状，其产状与地层一致，走向近东西，倾向南，倾角一般为 60°～80°。部分矿体产状因受构造影响，发生倒转。

矿石自然类型有氧化矿石和硅酸盐矿石两种。氧化矿石是矿区的主要矿石类型。矿石

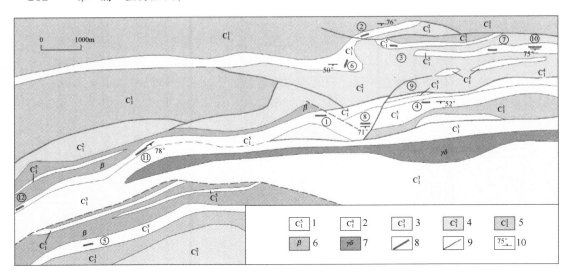

图 11-4　卡朗沟锰矿区地质平面图

1—硅质岩；2—火山喷发岩；3—泥质灰岩、板岩；4—泥砂质板岩；5—泥灰岩；
6—辉绿岩；7—花岗闪长岩；8—锰矿；9—断层；10—岩层产状

矿物有硬锰矿、蔷薇辉石、软锰矿和微量菱锰矿等。脉石矿物有重晶石、石膏、石英、方解石和微量钠长石等。

矿石结构有粒状、胶状结构；矿石构造有块状、浸染状、角砾状和条带状构造。

按矿石主成分可分为富矿石和贫矿石。

硅酸盐矿石的矿物成分以蔷薇辉石为主，其次有微量的菱锰矿、石英、硬锰矿和黄铁矿等。

矿床的成因类型为海相火山—沉积锰矿床。

截止到 1991 年底，矿区累计探明（保有）锰矿石储量 C+D 级 54.4 万吨；其中，富矿石 C+D 级 41.4 万吨，Mn 39%，Fe 1.4%，P 0.046%；贫矿石 C+D 级 13 万吨，Mn 21.5%，Fe 1.85%，P 0.04%。

从库车县现正开采的第 3 矿段看，由地表向下 90m 仍为氧化矿石，Mn 品位达 40%以上，向下仍有变富的趋势。

二、矿床发现与勘查史

1958 年，新疆地质局阿克苏地质大队发现卡朗沟锰矿的第 1、4 号矿段，并进行了地表检查评价。认为矿床规模小，Mn 含量低，SO_2 含量高，对矿床做了否定的结论。

1959 年，新疆有色局地质勘探公司 705 队在第 1 号矿段地表进行工作，认为矿体小而分散。

从 1960 年起，705 队 3 分队先后两次对该矿区进行普查工作，相继发现了第 2、3 号矿段及其他共 13 个矿段，确定该区有工业价值。同年 8 月，张良宸编写了《卡朗古尔锰矿地表储量计算说明书》，对第 1、2、3 号矿段进行了地表储量计算。

1960 年下半年，对矿区外围进行了 90km² 的 1∶2.5 万地质测量。1961 年 4 月，牛广标编写了《卡勒古尔锰矿评价中间报告》。

1960~1961 年，选择了第 1、3 号矿段进行初步勘探，1962 年 2 月结束。1964 年末，由刘芸霞、吴文海等编写提交了《库车卡勒古尔锰矿床初勘地质工作报告》。

1972 年，新疆地质局第 8 地质队对该区进行补充地质工作，编写了《卡拉果勒锰矿 1972 年地质工作小结》。

三、矿床开发利用情况

卡朗沟锰矿是新疆已探明的有一定储量的富锰矿床。虽早在 20 世纪 50 年代末即已发现，但工作程度很低，矿产资源情况不清，地方曾先后 3 次开采过。

1960 年 8 月，新疆东风钢铁厂曾对第 1、2、4 号矿段进行露天开采，1964 年停产。

1971 年，新疆有色设计所对第 2、3 号矿段进行设计，新疆钢铁厂重新对该矿进行基建、生产，1974 年停产。

1989 年，由拜城县和库车县群采至今。

该锰矿受下石炭统硅质岩控制，此岩系在区内分布广泛，层位稳定，有扩大矿床远景的可能。

第十二章 其他锰矿区

冶金地质部门勘探的其他锰矿区主要有：栖霞山、新榕、德石沟、大瓦山、鹤庆、银山、团山沟等 7 个锰矿床。

第一节 栖霞山锰多金属矿

矿区位于江苏南京市北东 24km，属栖霞镇。沪（上海）—宁（南京）铁路紧邻矿区北侧，长江流经其北，距离约 2km；公路四通八达，且路况极佳。

该矿是江苏省仅有的锰矿床。

一、矿床概况

矿区出露地层为：志留系坟头组，泥盆系五通组，石炭系金陵组、高丽山组、和州组、黄龙组，二叠系船山组、栖霞组、孤峰组、龙潭组，侏罗系象山群、龙王山组和第四系下蜀组（见图 12-1）。

成矿物质主要来源于五通组、黄龙组、船山组石灰岩中。

矿区位于宁镇弧形构造西端，主要发育由古生界和中生界组成的复式褶皱，小型轴向北东的背、向斜发育。

矿区断裂发育，有北东东向的逆冲断层和北西向的横断层：前者倾向北西，倾角上部平缓，深部变陡，属早期形成；后者倾角陡，基本直立，形成较晚。断裂规模均较大，长数百米至 2000 余米，断距数十米至百余米。

矿区内未见岩浆岩出露，仅在矿区北部边缘，见到少量安山质火山碎屑岩。

矿体形态、产状、规模受其产出部位制约，具如下规律：产于逆冲断层带中的矿体，呈似层状、不规则脉状、锯齿状，与横断层交切处为三角柱状，连续性差。

矿化带延长约 2400m，带中共有 4 个矿体，单个矿体长数十米至 900m，厚 2～10m，延深 100m，深部变薄且有分枝。产于横断层中的矿体，呈较规则的脉状、透镜状。产于层间裂隙中的矿体为不规则脉状。

矿石类型主要为氧化矿。矿石矿物以硬锰矿、软锰矿、褐铁矿为主，次为偏锰酸矿、水锰矿、赤铁矿及铅、锌次生氧化物白铅矿、菱锌矿等。脉石矿物主要为石英、重晶石和高岭石。

原生矿石主要矿物有黄铁矿、闪锌矿、方铅矿、菱锰矿、锰菱铁矿、含锰方解石等常见。

矿石结构以半自形及他形粒状、纤维状为主，隐晶质常见；构造主要有块状、蜂窝状、肾状和葡萄状等。

矿床类型有两种：一为产于氧化带中的风化残积、淋滤矿床（锰帽）；二为层控型

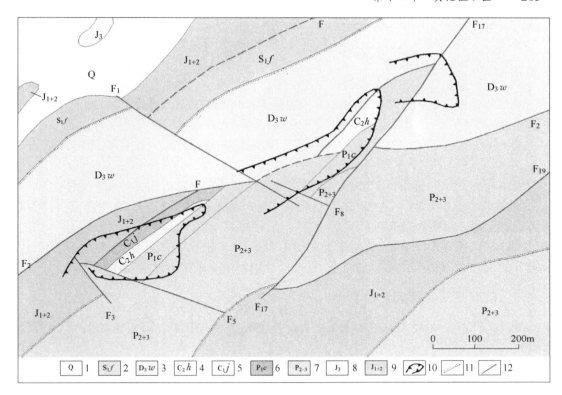

图 12-1　栖霞山锰矿地质图

1—第四系；2—下志留统坟头组；3—上泥盆统五通组；4—上石炭统黄龙组；5—下石炭统金陵组；6—下二叠统船山组；
7—中—上二叠统；8—上侏罗统；9—中、下侏罗统象山组；10—旧露天采场；11—地层不整合界线；12—断层

铅、锌、银、锰、硫多金属矿床。矿质来源于泥盆系五通组和以石炭系黄龙组与下二叠统船山组地层为主的矿源层，经沉积、热液叠加、次生氧化等多阶段形成矿床。

截至 1991 年底，累计探明氧化锰矿石储量 A+B+C 级 107.4 万吨，其中，A+B 级 94.7 万吨。

全区平均含 Mn 25%，Fe 14%，SiO_2 20%，P 0.05%，Pb、Zn 含量较高（Pb 0.071% ~ 1.86%，深部 3.28%，Zn 0.03% ~ 2.048%，深部 3.084%）。

据栖霞山锰矿资料：累计探明氧化锰矿石储量 99.67 万吨，其中，富矿 30 万吨（含 Mn 34.49%），贫矿 69.67 万吨（含 Mn 21.32%），合计 99.67 万吨（含 Mn 25.24%）。

到 1977 年，共采出矿石 76.5 万吨，损失矿石 23.17 万吨，采尽闭坑。而深部尚有铅锌矿，如虎爪山和甘家巷矿段。虎爪山矿段经过详勘，获原生矿的铅（金属量，下同）A+B+C+D 级储量 40.7 万吨，锌 A+B+C+D 级储量 70.5 万吨，氧化矿只获 D 级储量铅 1.6 万吨和锌 16.6 万吨。甘家巷矿段获 C+D 级铅储量 22.1 万吨，锌 37.1 万吨。以上两矿段还计算出了伴生金、银、铜、镓、镉、硒、硫等储量。

二、矿床发现与勘查史

该区地质勘查工作始于 20 世纪 30 年代。

1932 年，李四光、朱森等曾在宁镇地区从事地质调查，并著有文章，附调查区 1：5

万地质图和栖霞山区 1：5000 地质图。

1942 年，日本侵占南京后，在矿区进行过坑探并开采锰矿，编有栖霞山区地质简报，绘制矿区局部地段地质图。

1948 年，谢家荣在该区发现铅矿，有文字简报，载《矿测近讯》114 期。

1950 年，华东地测处王植、申庆荣、龚铮等，进行地表工程揭露，首次圈出氧化铅矿体地表分布范围，并写有报告。

同年，在王植等工作基础上，马祖望、严济南等进行钻探，计算铅锌矿石量 16.8 万吨。

1956 年，南京栖霞山锰矿创建，曾开采地表锰矿体，并进行相应的探矿工作。

1958 年，江苏省地质局 328 地质队进行了系统地质勘探工作，1960 年提交《南京栖霞山铅锌、锰矿地质普查报告》。

1963 年，冶金部华东地质勘探公司 810 队对该区锰矿进行了系统地质勘探工作，1966 年提交《南京栖霞山锰矿地质总结报告》，同年由华东冶金地质勘探公司审批。

三、矿床开发利用情况

该区锰矿床于 1942~1945 年日本侵占南京期间即进行开采，以人工露采为主，采出富锰块矿约 3.5 万吨。

1949 年 4 月后，由马鞍山铁厂接管，至 1956 年初采出富锰块矿约 2 万吨。

1956 年 4 月，南京采石厂第三分厂接管矿山，继续开采地表锰矿石。

1957 年 3 月，成立南京铅锌锰矿，仍以露天方式开采锰矿。1958 年，开始为地下开采作准备，由矿山自行设计，露天、井下并举，规模为 5 万吨/年。主要产品为冶金用块锰矿，供应上海铁合金厂、石景山、新余、马鞍山等钢铁厂。

1977 年 7 月，因锰矿资源枯竭停产。生产期内，累计生产成品矿石 58.44 万吨，年产量最高达 6.6 万吨（1966 年），最低 1.2 万吨（1976 年）。

目前，南京铅锌银矿正开采深部铅锌银矿石。

第二节 新榕锰矿

矿区位于广东省罗定县城南西 22km 处，公路里程 33km。从县城至南江口 66km，由南江口沿西江下行可达广州。

该矿床是广东省目前锰矿石生产基地之一。

一、矿床概况

矿区出露地层有奥陶系 C 组一段、二段，中泥盆统桂头组一至三段，中泥盆统棋梓桥组及第四系（见图 12-2）。

与成矿关系较密切的地层有中泥盆统桂头组三段，中泥盆统棋梓桥组和第四系、坡积层。

中泥盆统桂头组三段：为浅变质的千枚岩、变质粉砂岩，近顶部见薄层状碳酸盐岩与含铁锰绢云母千枚岩互层。

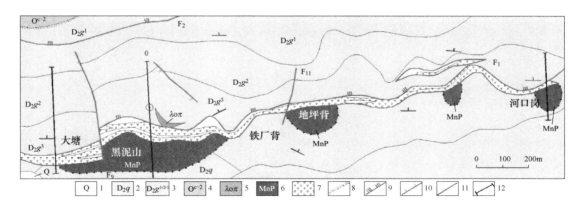

图 12-2　新榕锰矿地质图

1—第四系；2—中泥盆统棋梓桥组；3—中泥盆统桂头组一、二、三段；4—奥陶系 C 组二段；
5—石英斑岩；6—地表堆积矿投影范围；7—含矿构造破碎带；8—不整合界线；
9—压性断裂及倾角；10—张性断裂及倾角；11—性质不明断裂；12—勘探线

中泥盆统棋梓桥组：为白云质灰岩，条带状微晶灰岩，含铁质大理岩夹 3 层生物碎屑灰岩、泥质灰岩。底部灰岩含铁锰略高。

第四系洪、坡积层：分布在山坡及阶地，为堆积型铁锰矿的赋矿层位。主要为砂质黏土或黏土夹砂砾。

矿区位于新榕复式倒转向斜北翼，呈东西向展布，矿区本身为倒转单斜构造，地层走向近东西，倾向北，倾角 20°~45°，局部见小褶曲。

断裂构造发育，以东西向的 F_1、F_2 为主干；后期的横断层及 F_9、F_{10}、F_{11} 规模不大。F_1 断裂于矿区中部横贯全区，长度近 2000m，一般宽度 40~50m，最宽近 100m，向东逐渐变窄，倾向北，倾角一般 22°~35°，被北西向的 F_9 和北东向的 F_{11} 切断错位。F_1 断裂破碎带为Ⅰ号主矿体赋存部位，控制矿体规模、形态、产状及空间分布，性质为一缓倾角逆冲断层，并具有多期活动的特征。

矿区内岩浆岩不甚发育，仅出露石英斑岩及石英闪长玢岩。石英斑岩呈脉状或分支状，主要充填于 F_1 控矿断裂破碎带中，产状基本与 F_1 相同。石英闪长玢岩呈脉状、透镜状充填于 F_1 断裂或其下盘围岩中。

矿体有 2 种赋存部位，一种是产于断裂破碎带内；另一种产在 F_1 断裂南缘的第四系中（见图 12-3）。

产于第四系中的堆积铁锰矿：总体呈东西向展布，平面形状因受后期地形切割影响，呈不规则状，矿带总长约 3km，由西向东依次划分为 5 个矿段，即双里顶、大岭顶、大塘—黑泥山、地坪背、河口岗。

大塘—黑泥山矿段为该类型铁锰矿的主矿段，平面上呈长透镜状，东西向展布，倾向南，与现代地形一致，倾角 10°~15°，矿体长约 720m，宽 150~300m，平均厚 9.55m。矿体厚度变化系数 76.13%，含矿率变化系数 36.03%。底板稍有起伏，最高出露点与最低点标高相差约 100m。矿体内部常有多层不规则的夹层，且延伸不远即尖灭。

产于 F_1 逆冲断裂破碎带中的淋积铁锰矿体：主矿体Ⅰ号分布于 13~52 线，呈似层状，长近 2000m，出露宽 7.8~76.21m，平均 28.46m，厚度 10~24m，平均厚 17.20m，厚

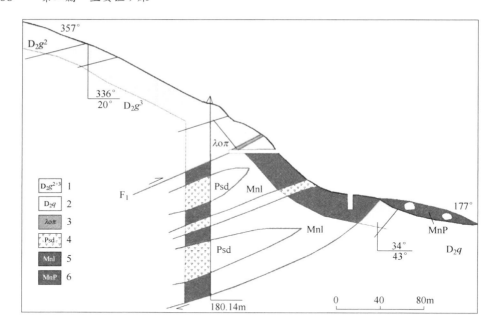

图 12-3　新榕锰矿 0 线剖面图

1—中泥盆统桂头组二、三段；2—中泥盆统棋梓桥组；3—石英斑岩；4—断层破碎带；5—淋积锰矿；6—堆积锰矿

度变化系数 61.9%。走向近东西，倾向北，倾角 25°～35°，矿体严格受 F_1 控制。根据夹石的分隔及断层的切割将 I 号矿体划分为四个矿体。

II 号矿体分布于 24～36 线间，赋存于 F_1 断裂破碎带内，与 I 号矿体相平行，呈似层状，走向东西，倾向北，倾角约 45°。长度 203.84m，出露宽 3.05m，厚度 2.35m。

III 号矿体分布于大岭顶 101～102 线间，赋存于 F_2 断裂的分支断裂破碎带内，呈透镜状，矿体走向南东东，倾向北北东，倾角 20°～40°，长度 188.75m，厚度 13.95～16.0m。

矿石实际上是由断层泥、含锰黏土胶结氧化铁锰矿石碎屑及岩石碎屑组成，其中矿石碎屑约占 40%（即含矿率），呈粉状、角砾状、结核状等形态；岩石碎屑有脉石英、变质砂岩、千枚岩等。

产于断裂破碎带的氧化铁锰矿碎屑呈黑褐色、褐黄色，以块状为主，粉状次之。矿石矿物主要为隐钾锰矿（约 60%）、软锰矿（5%～10%）、黑锌锰矿（5%～3%）、恩苏塔矿（小于 5%）和褐铁矿（20%）；脉石矿物为石英、绢云母（或白云母）、高岭土等。产于第四系中的堆积铁锰矿体的矿石矿物主要为软锰矿，次为钡镁锰矿、碱硬锰矿、少量针铁矿，偶见自然铜及自然银。脉石矿物有白云母、石英、萤石。

产在断裂带中的铁锰矿体，净矿石平均品位：Mn 20.15%，TFe 27.01%，SiO_2 16.14%，P 0.069%。锰的品位变化系数 15.0%；铁的品位变化系数 16.79%，Mn/Fe = 0.74，P/Mn = 0.0034。据多元素分析：CaO 0.17%，MgO 0.47%，Al_2O_3 3.38%，S 0.016%，Pb 0.48%、烧失量 12.30%。组合分析：Cu 0.018%，Zn 0.5%，Co 0.008%，Ni 0.018%，Au 0.01g/t，Ag 109.67g/t。

产在第四系松散堆积层中的铁锰矿体，净矿石平均品位：Mn 23.36%，TFe 28.94%，SiO_2 10.13%，P 0.075%，Mn/Fe = 0.82，P/Mn = 0.0032，锰的品位变化系数 13.56%。

矿石以胶状结构为主，其他有放射状、针柱状、纤维状、显微晶质、隐晶质、同生显微角砾、胶体的氧化分解结构等；矿石构造主要为球形和半球形皮壳状，其次有块状、多孔状、条带状、细脉、网脉状、页片状、烟灰状、土状等。

矿床类型：产在断裂破碎带中的铁锰矿床属淋积型矿床；产在第四系中的铁锰矿床为堆积型矿床。

堆积铁锰矿矿石，大塘—黑泥山矿段 Fe+Mn 含量普遍大于 50%，低磷，造渣组分 CaO 0.15%、MgO 0.062%、SiO_2 6.52%、Al_2O_3 1.82%、（CaO+MgO）/（Al_2O_3+SiO_2）= 0.025。属 I 级品酸性铁锰矿石。

淋积型铁锰矿石，全区平均品位：Mn 20.15%，TFe 27.01%，Mn+Fe = 47.16%，亦为低磷。造渣组分：CaO 0.17%，MgO 0.47%，Al_2O_3 3.38%，SiO_2 16.14%，（CaO+MgO）/（Al_2O_3+SiO_2）= 0.043，为 II 级品酸性铁锰矿石。

截至 1991 年底，矿区探明储量 136.7 万吨，加上后期探获的 102.2 万吨，共探明储量 238.91 万吨。

由于各类矿石 Fe+Mn 含量高，低磷，且伴生铅、银，因此是冶炼富锰渣的理想原料，产品供不应求。

二、矿床发现与勘查史

1958 年 3 月，广东省冶金局勘探公司 908 队第一概查组来连州、新榕普查，估算铁锰矿地质储量 33 万吨。

1958 年 6 月，广东省地质局防城队来矿区调查，提交普查地质报告一份，储量 C_1+C_2 级 147.37 万吨（未上储量表）。

1959 年 8 月，广东省罗定地质队在矿区开展复查工作，探求 C_2 级储量 231 万吨（未上储量表）。

1960 年 1~7 月，广东省江门专署地质局 503 队提交《广东省罗定新榕锰矿地质工作总结报告》，广东省地质局 1962 年 4 月批准为详查，批准铁锰矿石储量 D 级 136.7 万吨，表外 D 级 178.2 万吨（已上储量表）。

1984 年 5~9 月，罗定县矿产公司地质队做补勘工作，提交《广东省罗定新榕锰矿大塘—黑泥山矿段补探报告》，探明铁锰矿石储量 C 级 82.66 万吨；D 级 66.75 万吨，C+D 级 149.41 万吨。该报告经广东省冶金工业公司审查批准（未上储量表）。

上述各地勘单位的锰矿普查—详查工作，皆限于产在第四系中的堆积铁锰矿体。

1990 年 9~10 月，冶金部第二地质勘查局地质矿产研究所黄忠民、袁宁等对本区进行概查，认为新榕锰矿除产于第四系中的坡积铁锰矿外，还有受断裂控制的矿体，且预测有较大远景，并由李玉祥等负责提出报告。

1991 年，冶金部第二地质勘查局陈文森、万维铿等先后到矿区进行研究，确认上述认识正确，认为受向北缓倾斜断裂控制的淋积矿可能比已探明的坡积矿更大，遂决定进行勘查。

1992 年 4 月~1993 年 1 月，冶金部第二地质勘查局地质矿产研究所蔡平生、黄忠民等在广东省冶金矿山公司和新榕锰矿的配合下进行普查，证实新榕矿区在断裂破碎带中所预测的矿体，可达到中型规模，这一新的突破，不仅延长了矿山寿命，而且具有一定的理论和实际意义。1993 年 3 月由蔡平生、王少怀等提交《广东省罗定县新榕锰矿区勘查地质报告》，计算矿区铁锰矿石储量 C+D+E 级 318.46 万吨，其中，C+D 级 102.21 万吨，报告经冶金部第二地质勘查局批准。

三、矿床开发利用情况

矿区的采锰历史较久，1925 年就有业主进行小规模开采，1949 年产量约 10000t，1949～1957 年年产量约 1000t。1958 年初建立地方国营新榕锰矿场，进行较大规模的开采，1959 年锰矿产量达 3.96 万吨，1960 年下半年国民经济调整时下马，但仍有零星的民采。

1985 年 7 月，广东省冶金矿山公司与罗定县人民政府，签订关于联营改造新榕锰矿协议书，并成立联营董事会。自此以后，矿山逐步摆脱了手工开采的落后面貌，开始进行正规小规模机械化生产。

开采设计由广东省冶金设计院承担，设计规模年产 15 万吨，成品矿 7.5 万吨，1988 年开始投产，1991 年实际生产原矿为 30.82 万吨，成品矿 8.56 万吨。

选矿方法主要为洗选，矿石可选性良好，简单的水洗就可以分离出精矿，选矿成本低。虽然矿石整体品位低，但仍具经济价值，并且伴生有益组分铁、铅、银等，可在炼富锰渣时顺便回收利用。

截至 1992 年，矿山仍在开采大塘—黑泥山矿段的堆积锰矿，产品供应宝钢等钢铁厂，供不应求。淋积矿原拟进一步勘查，以扩大矿山生产规模，但尚未实施。

第三节　德石沟锰矿

矿区位于四川省黑水县城西南 3.5km 的芦花乡境内，有林区公路相通。

一、矿床概况

矿区包括三支沟、聂引、下口和三基龙等矿段。矿区面积 6km^2（见图 12-4）。

矿区出露地层自下而上有：上泥盆统危关组、上石炭统西沟组、下二叠统三道桥组、中三叠统扎尕山群、上三叠统杂谷脑组和侏倭组等（见图 12-5）。各地层间均有较明显的沉积间断，呈假整合接触。含矿地层为扎尕山群，岩性主要为浅海陆棚沉积的钙质粉砂岩-钙泥质岩类，经区域变质成低绿片岩相的千枚岩、变粉砂岩和结晶灰岩等。扎尕山群根据岩性特征可分为 3 层，其中，锰矿层赋存于第 2 层下部。

矿床受控于紧密的复式褶皱。在矿区已查明由北向南平行排列的褶皱有神仙洞背斜、三支沟向斜、老熊沟背斜，聂引向斜和下口背斜等。褶皱轴线近东西向，一般为 270°～290°，轴面南倾，倾角 65°～85°。

断裂构造也较发育，以挤压性断层为主，按规模大小可分为 3 级。

Ⅰ 级断层：延伸规模大，与北西向主构造线方向低角度斜交，以逆断层、冲断层为主，对矿层起错移破坏作用。

Ⅱ 级断层：为一组与褶皱主轴走向近于一致或斜交的逆冲断层或剪滑断层，破坏矿层的连续性。

Ⅲ 级断层：为张裂和剪裂构造，规模最小，对矿体的破坏不明显。

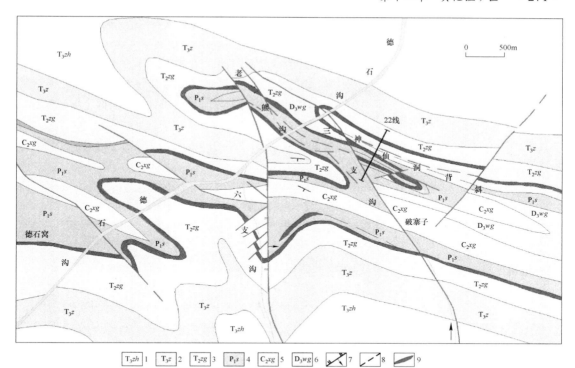

图 12-4 德石沟锰矿地质图

1—上三叠统侏倭组；2—上三叠统杂谷脑组；3—中三叠统扎尕山群；4—下二叠统三道桥组；
5—上石炭统西沟组；6—上泥盆统危关组；7—实测逆断层；8—性质不明断层；9—矿体

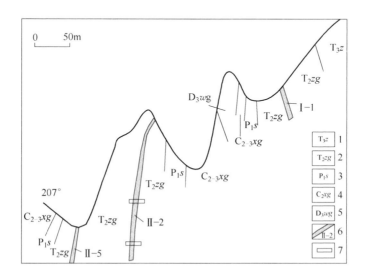

图 12-5 三支沟矿段 22 号勘探线剖面图

1—上三叠统杂谷脑组；2—中三叠统扎尕山群；3—下二叠统三道桥组；4—上石炭统西沟组；
5—上泥盆统危关组；6—锰矿体及编号；7—平硐-穿脉

矿区内锰矿赋存于扎尕山群第二层底部，有工业矿层（体）一层，蜿蜒于"指状"背向斜褶曲的两翼，与褶皱同步延伸。三支沟矿段和下口矿段分别位于德石沟东西两侧，按矿层所在部位和延展情况，各矿段各划分为 4 个矿体和 8 个矿块。三支沟矿段矿体由北而南分布于神仙洞背斜北翼（Ⅰ号矿体）、三支沟向斜北翼（Ⅱ号矿体）和南翼（Ⅲ号矿体）、老熊沟背斜北翼（Ⅳ号矿体）；下口矿段矿体分布于下口背斜北翼（Ⅲ、Ⅳ号矿体）和南翼（Ⅴ、Ⅵ号矿体）。

矿体走向控制长度为 500~1318m（单个矿段长 204~698m），最大倾向宽 270m，平均厚度为 1.21~1.29m。

矿体由块状一条带状碳酸锰、硅酸锰矿夹薄层至极薄层含锰粉砂岩、千枚岩组成。矿体呈层状产出，延伸稳定，产状与围岩产状一致。

矿体产状各段有所差异。矿体总体走向北西西—南东东，倾向南西，倾角 60°~75°。三支沟矿段的Ⅰ号矿体倾向北东；Ⅱ号矿体和Ⅲ矿体倾向南西，局部倾向北东者倾角缓；下口矿段矿体倾向南东或南西，倾角变化大。矿体出露标高 2370~3878m。

矿体厚度较稳定，向深部有变厚的趋势。矿体内夹石为含锰粉砂岩及千枚岩，厚度一般小于 0.2m，最大 0.52m；夹石规模小，连续性差。矿体厚度与含锰岩系厚度成正比。

矿石自然类型以原生硅酸锰-碳酸锰矿石为主，氧化-未氧化混合矿石量少而且分布零星，仅在地表浅部（氧化深度 5~10m）和断裂发育处局部出现。

锰矿石由菱锰矿-钙菱锰矿-锰方解石等碳酸锰矿物（占 55%），锰铝榴石、蔷薇辉石等硅酸锰矿物（占 21.5%）及少量褐锰矿、硬锰矿等氧化锰矿物（占 0.5%）和脉石矿物绢云母、石英、绿泥石、磁铁矿等组成。矿石具显微他形-自形粒状变晶结构、交代残余、交代嵌晶结构；块状、层纹状和条带状构造。

矿床成因类型属海相沉积后经区域变质改造的沉积变质矿床。工业类型属硅酸锰-碳酸锰矿类型。

据四川省锰矿资源潜力评价报告，截至 2012 年，在三支沟矿段、下口矿段，累计探明锰矿石资源量 678.82 万吨。

矿石平均品位：Mn 19.58%、TFe 4.93%、P 0.055%、SiO_2 31.91%、CaO 4.77%、P/Mn＝0.0029、Mn/Fe＝4.02，碱度 0.15~0.29，属低磷、低铁、高硅酸性锰矿石。

二、矿床发现与勘查史

1960 年，四川省地质局阿坝州地质分局对黑水县四美沟、瓦钵梁子铁矿及铁锰矿点进行了矿点检查，并提交了矿点检查报告。

1984 年，四川省地质矿产局区域地质调查队提交了涉及该区的龙日坝幅区域地质测量报告，厘定黑水地区含锰地层为中三叠统扎尕山群；引用现在沉积学原理，在德石沟建立了标准地层剖面。

1985 年冶金部西南地质勘探公司水文工程队对黑水地区瓦钵梁子—四美沟中三叠统扎尕山群含锰地层开展锰矿概查工作，共发现铁、锰矿点 16 处。同年，冶金部西南地质勘探公司科研所开展了"黑水地区低磷锰矿含锰岩系岩相古地理特征及成矿预测"的科研工作，于 1986 年提交了科研报告，查明了黑水地区及其外围的岩相古地理特征，提出"在距古陆或古岛较远的浅海陆棚的滞留盆地中，在一定的沉积微相内，是低磷锰矿形成的有利地带，并与锰质来源的多源性密切相关"。据此预测，黑水三基龙地段为"五级成矿田"，其中一级预测区——德石窝至 3646 高地，即现在的三支沟矿段，已得到证实。

1986~1988 年，冶金部西南地质勘查局水文工程队对德石沟锰矿床的聂引矿段和三支沟矿段进行普查，查明含锰层位稳定，矿体连续，厚度、品位均达到工业要求。经选冶试验研究，矿石矿物粒度微细，嵌布紧密，属难选矿石；经手选可获得含锰 25%左右的直接入炉富矿或生产硅锰合金的矿石。

1989~1993 年，西南地勘局水文工程队先后完成了德石沟锰矿下口矿段普查和三支沟矿段详查，分别探获了 D+E 级和 C+D 级储量，并委托阿坝州华西电冶厂对矿石进行了半工业试验，效果良好。

1993 年 11 月，西南地勘局水文工程队提交了《四川省黑水县德石沟锰矿三支沟矿段详查地质报告》和《四川省黑水县德石沟锰矿下口矿段详查地质报告》，经四川省储委、冶金部西南地质勘查局审查，分别下达储决字〔1993〕25 号决议书，批准四川省黑水德石沟锰矿三支沟矿段为详查地质报告，批准 C+D 级锰矿石储量 184.24 万吨，其中，C 级23.39 万吨、D 级 160.85 万吨，可作为地方矿山开采的依据；西南地勘局下达发〔1993〕地字 187 号审批意见，批准黑水县德石沟锰矿下口矿段为普查地质报告，批准 C+D+E 级锰矿石储量 300.19 万吨，其中 C 级 6.41 万吨，D 级 58.89 万吨，E 级 234.89 万吨；可作为矿山远景规划的依据。

2008 年，四川省冶金地勘局水文队提交《四川省黑水县下口锰矿普查报告》，获锰矿石 333+334 资源量 2347.23 万吨，其中，333 资源量 494.58 万吨，334 资源量 1852.65万吨。

三、矿床开发利用情况

1991 年，黑水县德石沟水电站和阿坝州华西电冶厂合资建立矿山，对该矿进行试生产。截止到 1992 年底，共生产出 300 余吨合乎 GB 4008—1983 的 Mn60、Si14 和 Mn60、Si17 牌号的硅锰合金，经济效益较好。

第四节　大瓦山锰矿

矿区位于四川省乐山市金口河区西北，距乐山至西昌主干公路约 20km；距成（都）昆（明）铁路金口河站约 45km，均有公路相通。

一、矿床概况

矿区位于康滇地轴北段东侧，瓦山断块南部之七百步背斜的东南翼，面积 1.5km^2（见图 12-6）。

矿区出露地层有下奥陶统巧家组、中奥陶统十字铺组和宝塔组、上奥陶统临湘组和五峰组，下志留统龙马溪组，中二叠统梁山组、栖霞组和茅口组、上二叠统峨眉山玄武岩组。

与成矿有关的地层为五峰组，为一套灰黑色薄层状含炭质、硅质白云岩，灰岩夹薄层硅质岩、页岩及含黄铁矿的石英砂岩透镜体，锰矿层位于该组下部。

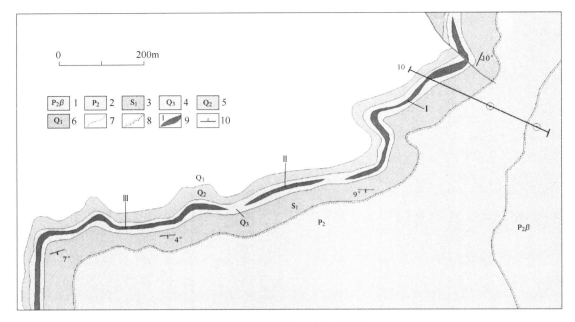

图 12-6　大瓦山锰矿地质简图

1—上二叠统峨眉山玄武岩；2—中二叠统；3—下志留统；4—上奥陶统；5—中奥陶统；

6—下奥陶统；7—地层界线；8—地层假整合界线；9—锰矿体及编号；10—地层产状

矿区构造简单，为一走向北东、倾向南东的单斜层构造，倾角平缓，一般为 4°～6°。在矿区北部发现一条小断层，将矿层错动 4m，对矿体影响不大。

矿区见一套基性喷出岩-峨眉山玄武岩，厚达 510m，构成大瓦山主峰。

含锰矿层出露长 1480m。共圈定矿体 3 个。矿体呈似层状、层状，层位稳定，产状与围岩一致（见图 12-7）。矿体长 200～498m，宽 24～144m，厚 1.12～1.84m，三个矿体相互间隔 50m 左右。矿体内夹多层厚 1～2cm 的页岩，局部夹厚 0.2～0.4m 的含锰泥质白云岩等夹石。

矿体形态单一，层位稳定，矿体连续性好，具波状起伏、尖灭再现的特征。

矿石矿物成分以菱锰矿为主，次为钙菱锰矿、锰白云石、方锰矿、黑锰矿和少量镁锰方解石、钡钙锰矿、羟锰矿、水锰矿、褐锰矿、赤铁矿、针铁矿、磁铁矿；脉石矿物主要有白云石、方解石，次为绿泥石、黏土矿物及少量硅质、重晶石和沥青等。

矿石具藻鲕、藻凝块、藻团块、豆状、放射状和隐微晶、粉晶结构；不规则条带斑块、层纹状、迭层状、皮壳状和角砾状构造。

矿石自然类型为氧化-碳酸锰矿石；按工业品级分为贫矿石（含 Mn 15%～25%）和富矿石（含 Mn≥25%）。按矿物组合可分为以下类型：黑锰-方锰-菱锰矿石、锰方解石-钙菱锰矿石、锰白云石矿石、铁锰矿石。

矿床形成于台地相与台盆相过渡带上，为浅海—半深海环境下沉积锰矿床；也有人认为后经热液叠加改造，而成为沉积—改造型锰矿床。

据《四川省矿产资源储量表》，截至 2009 年底，累计探明锰矿石资源量 47.5 万吨。

矿区平均品位 Mn 27.42%，铁含量不高，伴生 Ni 0.039%、Co 0.011% 等，均不具综合利用价值，其他有害杂质含量均较低。锰矿石属于低磷优质的自熔性-碱性矿石。

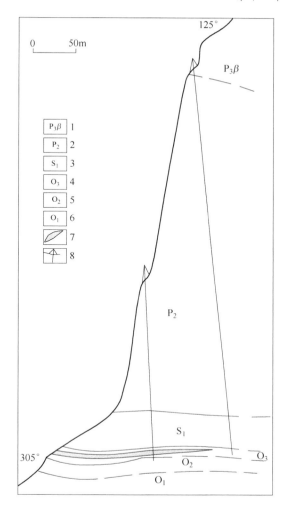

图 12-7　大瓦山锰矿 10 线剖面图

1—上二叠统峨眉山玄武岩组；2—中二叠统；3—下志留统；4—上奥陶统；
5—中奥陶统；6—下奥陶统；7—锰矿体；8—钻孔

二、矿床发现与勘查史

区内以往地质工作程度很低，仅有 1:20 万区域地质测量资料。四川省地质局 108 队曾对区内奥陶系五峰组含锰岩系作过踏勘性工作，在通行条件较好的地段稀疏采样，了解其含矿性。

1985 年，冶金部西南地质勘探公司 609 队以陈富全为首的地质普查小组，在开展汉源—洪雅—泸定地区的 1:1 万地质找矿过程中，发现了大瓦山锰矿。

1986 年，609 队在该区成立分队，对矿区开展详查地质工作。1990 年初，提交了《四川省金口河区大瓦山锰矿详查地质报告》和《四川省金口河区大瓦山锰矿微相专题研究报告》，提交 C+D 级储量 47.5 万吨，其中"优质富矿"39.34 万吨。通过详查和研究工作，证实大瓦山锰矿床矿体形态简单，矿化连续性好，属于"小而富"的"优质"锰矿床。1990 年 5 月 8 日，四川省储委以川储决字〔1990〕10 号决议书审查批准该详查地质报告和储量。该矿可供地方小规模开采利用。

三、矿床开发利用情况

该矿床已由乐山市金口河锰矿开采。在已知矿体的东北方向，仍是成矿的有利地段，有特定的地球化学异常显示。钻孔证实，含 Mn 19.60%，由于大瓦山主峰陡壁所限，找矿难度很大，建议在矿山开采时考虑边采边探，以扩大矿区规模。

第五节 鹤 庆 锰 矿

矿区位于云南省鹤庆县城南西 6km，距邓（川）—鹤（庆）公路 3km，南至大理市 160km，与滇缅公路相接。矿区北经丽江向东至格里坪有铁路与成昆铁路相通。

该锰矿是我国主要的优质富锰矿石生产基地。

一、矿床概况

矿区包括小天井、猴子坡—武君山矿段，东西长 7km，南北宽 2km，面积 14km^2（见图 12-8）。矿区出露主要地层为中、上三叠统，次为下三叠统。除"飞来峰"残留在原地构造层之上的中三叠统北衙组地质体外，其余三叠系地层均呈近东西走向，平行展布。在矿区东洗马池附近，老第三纪红层露头不整合于三叠纪地层之上。

与成矿有关地层为上三叠统松桂组，为一套海相—海陆交互相碎屑岩、泥质岩夹基性火山岩、火山碎屑岩及含锰硅质岩，总厚度 699～1255m。含锰岩系为松桂组第三段第二亚段，主要岩性为硅质岩、硅质灰岩、白云质灰岩薄层夹粉砂质泥岩，锰矿层由上而下可分为：层纹状-角砾状菱锰矿-蜡硅锰矿矿层；薄层状含锰灰岩与蜡硅锰矿层；不规则条带状-块状菱锰矿-黑锰矿矿层。

矿区位于扬子板块西部被动大陆边缘的盐源—丽江陆架褶皱带内。

该区为近东西向构造，对含锰盆地的形成、演化及消失起着重要的控制作用。其次有南北向、北西向和北东向构造。

小天井向斜严格控制小天井矿床的产出。向斜轴面近直立，轴向 295°，向斜轴长 1150m，宽 150～420m，核部为 T_3sg^{3+2} 顶部含钙粉砂质泥岩，两翼为含锰碳酸盐岩-硅质岩等。小天井矿主要分布于向斜南翼。

区内断裂构造以一组近东西走向、倾向北的逆掩断裂为主，并控制矿床的边界和矿体的展布。主要有汝南哨断裂带、猴子坡—武君山断裂和大陆坡—锰矿厂断裂。其他南北向、北东、北西向断裂构造为小规模次级控矿构造，破坏矿体。

该区锰矿由小天井、猴子坡、猴子箐、花椒箐、武君山和无名地等矿体组成。其中以东端的小天井矿体规模最大，品位最高，矿层保存最完整。位于西段猴子坡Ⅰ号矿体规模仅次于小天井Ⅰ号矿体。根据沉积构造，物质组分及含生物化石等特征，可将锰矿层细分为 6 层。

小天井Ⅰ号矿体是小天井矿段的主矿体，产于 T_3sg^{3+2} 下部薄层硅钙质岩与中厚层状灰岩，含砾泥岩及灰质角砾岩中。矿体绝大部分隐伏地下，矿体受后期北东向和北西向构

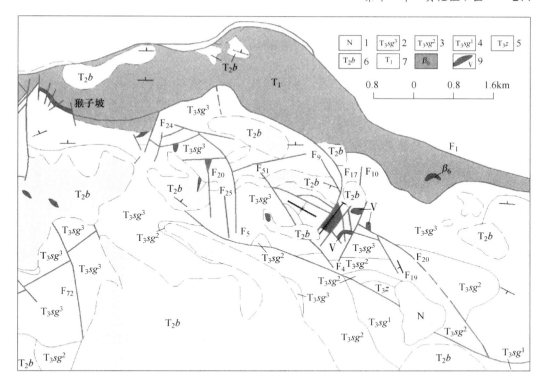

图 12-8 鹤庆锰矿区地质图

1—第三系；2—上三叠统松桂组 3 段；3—上三叠统松桂组 2 段；4—上三叠统松桂组 1 段；
5—上三叠统中窝组；6—中三叠统白衙组；7—下三叠统；8—喜山期块状玄武岩；9—矿体

造切割（见图 12-9）为 5 段。矿体控制长度为 830m，宽 95～267m，展布方向为 295°，呈
鱼盘状。12 线以东矿体厚度较为稳定，具有中心厚大（5.39～17.20m）向南北变薄（1.07～
2.67m）的趋势，12 线以西矿体厚度变化剧烈。

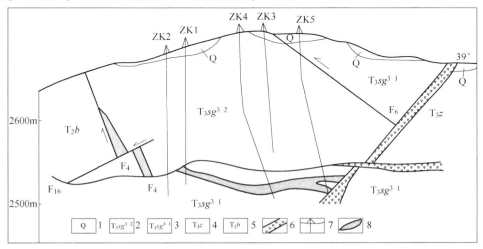

图 12-9 小天井矿段 6 线剖面图

1—第四系；2—三叠统松桂组 3 段二层；3—上三叠统松桂组 3 段一层；4—上三叠统中窝组；
5—中三叠统白衙组；6—破碎带；7—钻孔；8—矿体

矿石自然类型可划分为以下几种。

原生碳酸锰矿石：矿石致密，以原生菱锰矿为主体，次为钙菱锰矿，少量蜡硅锰矿、黑锰矿、菱铁矿及方解石、白云石。具条纹、条带状、层纹状、块状构造。

氧化锰矿石：由硬锰矿、软锰矿、恩苏塔矿、褐锰矿、黑锰矿、水锰矿、赤铁矿、磁铁矿、方解石、蛇纹石、石英等组成。结构疏松多孔，密度小，具块状、胶状、角砾状、蜂巢状、土状、葡萄状等构造。

矿床成因类型为硅质-碳酸盐岩建造中的海相沉积矿床，也有人认为属海底火山喷气（液）—热水沉积—改造型富锰矿床。

据鹤庆锰矿小天井矿段和猴子坡矿段 2021 年资源储量核实报告，截至 2020 年底，全矿区累计探明锰矿石 111b+122b+333 资源储量 339.36 万吨，其中，111b 基础储量 218.6 万吨，122b 基础储量 101.91 万吨，333 资源量 18.85 万吨。各级锰矿石品位见表 12-1。

表 12-1 各级锰矿平均品位

矿石品级	成分/%				Mn+Fe	Mn/Fe	P/Mn
	Mn	TFe	P	SiO$_2$			
氧化锰富矿	43.89	1.78	0.038	9.09		24.66	0.0009
氧化锰贫矿	22.37	4.01	0.037	20.11		5.58	0.0017
普通氧化锰	25.80	16.73	0.099	8.83		1.54	0.0038
氧化铁锰矿	19.53	27.52	0.127	8.46	47.05	0.71	0.0014
碳酸锰富矿	31.16	0.99	0.044	11.58		31.47	0.0014
碳酸锰贫矿	16.31	1.40	0.025	19.89		11.65	0.0015

矿石工业类型主要为低磷、低铁、低硅自熔性富锰矿和低磷、中铁、低硅自熔性贫锰矿石。

二、矿床发现与勘查史

1961 年，云南省地质局第一区测队发现鹤庆小天井、黄峰山和猴子坡 3 处锰矿，认为属热液型锰矿。

1972 年，云南省地矿局 801 队（物探队）对小天井矿点进行了初步地表评价，概算储量 3 万吨。

自 1979 年起，云南省冶金地质勘探公司 310 队在该区开展锰矿普查找矿，1982 年转入对小天井矿段的深部评价。1989 年底提交《云南鹤庆县小天井锰矿详查地质报告》，探获 C+D 级锰矿储量 217.7 万吨，其中优质富锰矿 204 万吨。1990 年 5 月，省储委审查验收，以云储决字〔1989〕第 9 号文批准 A+B+C 级储量 98.4 万吨，D 级 119.3 万吨。

1985 年，冶金部西南地质勘查局昆明地质调查所对猴子坡—武君山矿段和西部地区开展了普查，1986~1988 年又对猴子坡 I 号矿体为主进行详查，于 1988 年底提交《云南省鹤庆县猴子坡—武君山锰矿 I 号矿体详查地质报告》，探获 C+D 级储量 76.47 万吨，其中，优质富锰矿 65.94 万吨，当年省储委审查验收。1989 年 9 月，省储委审查认可西南冶金地质勘探公司以西南冶地〔1989〕地字 189 号文批准的 A+B+C 级 14.9 万吨，D 级 59.5 万吨。

1989~1992年，冶金部西南地质勘查局昆明地质调查所，对小天井Ⅰ号矿体开展详查，于1993年提交《云南鹤庆县鹤庆锰矿详查地质报告》，经冶金部西南地质勘查局批准，以局发〔1993〕地字第185号文批准C级储量6.80万吨，D级储量47.04万吨。

2006~2008年，中国冶金地质总局昆明地质勘查院对矿山进行接替资源勘查，项目负责人万大福，主要完成人员有侯兴林、苑芝成、傅林、李昭华、彭晓清、张金海、彭征山，于2008年提交成果报告，云南省国土资源厅矿产资源储量评审中心对成果进行了评审备案，备案新增锰矿122b+333资源储量22.43万吨。

三、矿床开发利用情况

1975年，小天井矿段地表氧化锰矿粉进行小规模露采。1987年开始对小天井矿段东区坑下开采部分进行基本建设，1990年建成，实际生产能力为5万吨/年。截至1990年底，已采出锰矿石10.4万吨。锰粉加工，生产放电锰矿石3.94万吨，现有锰铁冶炼电炉3座，生产电炉碳素锰铁0.96万吨。

1979年开始在猴子坡Ⅰ号矿体地表进行土法开采，1986年转入坑采，年采矿石1.7万吨。

20世纪90年代初，该矿山进行年产原矿13万吨规模的扩建，产品方案为冶金锰块矿4万吨（Mn 38.5%）、冶金锰烧结矿1.8万吨（Mn 45%）、放电锰粉1万吨（$MnO_2 \geqslant$ 65%~70%）。

第六节　银山锰多金属矿

矿区位于湖北阳新县获田乡，南距县城7km，距阳新火车站9km，有公路相通，交通便利。

银山矿床属层控锰铅锌银共生矿床，已成为湖北省重要的生产矿山之一。

一、矿床概况

矿区呈北西向展布，长1.8km，宽1km，面积1.8km²（见图12-10）。

矿区出露地层主要为芙蓉统至下奥陶统，下志留统，上石炭统，上—中二叠统，中—下三叠统，与成矿有关的地层为下志留统坟头组、上石炭统黄龙组和中二叠统栖霞组。

下志留统坟头组，分布在矿区北部，由薄层、中厚层石英砂岩、粉砂岩构成，局部夹砂质页岩，为主矿体底板岩层。上石炭统黄龙组分布在矿区北部，上段为厚层灰岩，含少量燧石团块；下段为白云质灰岩、白云岩，为含矿岩系，控制主矿体的展布。中二叠统栖霞组分布在矿区南部，上段为含少量燧石结核的厚层灰岩；中段为中厚层灰岩，含燧石结核多；下段为中厚层炭质灰岩夹泥灰岩，含生物碎屑；底部麻土坡段为石英砂岩夹粉砂岩，为主矿体顶板岩层，在断裂破碎带中赋存小矿体。

矿区处于肖家湾—银山次级向斜之北翼。向斜轴部出露三叠系，北翼依次出露二叠系、石炭系、志留系和寒武系等地层。向斜轴向近东西，北翼地层倾向南南西。受断层破坏，地层展布不连续。

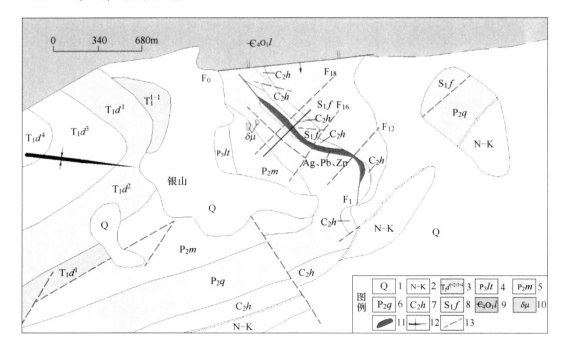

图 12-10　银山锰矿地质略图

1—第四系；2—新近系—白垩系；3—下三叠统 1、2、3、4 段；4—上二叠统龙潭组；5—中二叠统茅口组；
6—中二叠统栖霞组；7—上石炭统黄龙组；8—下志留统坟头组；9—芙蓉统至下奥陶统娄山关组；
10—闪长玢岩；11—矿体；12—向斜；13—断裂

矿区有 16 条断层，按走向可分为东西（含北西西）向和北东向两组。矿体主要受北西向断裂控制，北东向断裂是成矿期后的构造，对矿体有一定的破坏作用。

矿区外围有小岩体多处，矿区内有岩脉 10 条，多为闪长玢岩脉，也有煌斑岩脉。脉岩及其上下盘有铅锌矿化。

矿区自东而西依次有 I、II、III、IV、V 号矿体和其他小矿体共 19 个，其中 I 号矿体规模最大，占矿床总资源量 95%。I 号矿体产在上石炭统黄龙组碳酸盐岩石中，其底板为志留系砂页岩，顶板为中二叠统栖霞组砂岩、页岩，矿体与围岩界线不清楚。矿体呈似层状，在走向或倾向上有膨缩、分枝与复合的特点。矿体长 1300m，东部出露地表约 950m，西部隐伏于地下，倾向延深 200~425m，7 线达 750m。矿体厚 2.2~40.89m，厚度不稳定。矿体分布标高在 +180~−385m。矿体走向 300°~310°，倾向 210°~220°，倾角 8°~60°。

矿石自然类型有含铅锌的锰菱铁矿石、黄铁矿铅锌硫化物矿石与氧化矿石等三类，以氧化矿石为主。

氧化矿石主要含锰矿物为硬锰矿、软锰矿、黑锰矿、黑锌锰矿、铅硬锰矿，矿石具有隐晶结构、变晶结构、交代残余结构，块状、土状、角砾状、多孔状、同心环带状与网脉状构造。在矿区西段主矿体矿石具有垂直分带性，分为氧化矿石带、氧化铅锌矿石带、原生矿石带。

矿床成因类型属沉积—改造型铁锰多金属矿床。经历三个成矿阶段，即沉积成矿阶段、热液叠加改造阶段、表生风化阶段。

　　氧化矿石根据工业指标可划分4种工业类型：（1）氧化铁锰铅锌矿石，占矿区总储量12%，矿石品位TFe 19.90%、Mn 13.34%、Pb 2.60%、Zn 4.25%；（2）氧化铅锌矿石，占矿区总储量60%，矿石品位Pb 1.62%、Zn 5.15%；（3）氧化铅矿石，占矿区总储量20%，Pb 1.59%；（4）氧化锌矿石，占矿区总储量7%，Zn 7.62%。还有少量氧化铁锰矿石，其储量3万吨。

　　截至1991年底，探明与保有氧化铁锰矿石和氧化铁锰铅锌矿石C+D级储量均为123.3万吨，其中，C级储量38万吨、占30.81%。

　　矿区平均品位：TFe 21.51%，Mn 13.62%，Pb 1.72%，Zn 4.21%，Au 0.4g/t，Ag 86.53g/t，Cd 0.02%。

　　共生金属储量：铅C+D级储量14.47万吨，其中，C级储量2.35万吨，含Pb 1.59%～2.6%；锌C+D级储量35.94万吨，其中，C级储量7.73万吨，含Zn 4.21%～7.62%。

　　共生、伴生金属储量：金3.86t，镉2159t，银830t（见图12-11）。

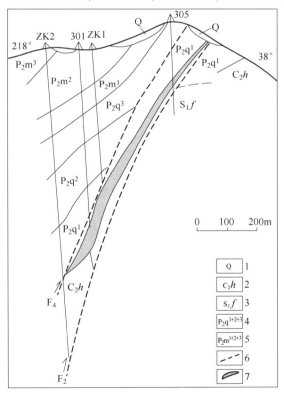

图12-11　银山锰矿3线剖面图

1—第四系；2—上石炭统黄龙组；3—下志留统坟头组；4—中二叠统栖霞组1、2、3段；

5—中二叠统茅口组1、2、3段；6—断层；7—1号矿体及白云岩夹层

　　中南冶勘603队根据鄂土资函〔2002〕1号文下达的银山矿床工业指标，对银山铅锌矿床资源储量进行了重算，截至2010年12月底累计查明122b+332+333资源储量：氧化铅锌矿石量（包括低品位矿）468.6万吨，铅金属量9.47万吨，锌金属量26.21万吨，银金属量502t，金金属量1991kg，镉金属量1219t；保有矿石量322.3万吨，铅

金属量 5.81 万吨，锌金属量 19.99 万吨，银金属量 309t，金金属量 1467kg，镉金属量 860t。

根据《湖北省矿产资源储量表》，截至 2020 年 12 月底，阳新县银山铅锌矿区累计查明控制和推断资源量：锌矿石量 521.4 万吨，金属量 28.16 万吨；铅矿石量 50.34 万吨，金属量 9.82 万吨；伴生镉 1314t、金 3481kg、银金属量 544t。

二、矿床发现与勘查史

据阳新县志记载，银山矿区在宋代已发现并开采，历经元、明、清等朝代均有采银记录。但勘查工作在 1949 年以后才系统进行。

1955 年，地质部 902 队在大冶、阳新地区开展 1∶5 万地质测量，曾对银山矿区进行调查。

1957 年，冶金部地质局华东地质分局在矿区开展普查工作，用槽、井、浅坑等手段追索揭露地表矿体，为进一步工作提供了依据。

1958 年，华东冶金地质勘探公司 813 队程伟超等人在矿区开展普查工作。提交了普查报告，探获储量：铅 2.5 万吨、锌 5 万吨。对下董附近的古矿渣进行了取样、圈定，求得储量铅 7180t、锌 7302t，氧化铁锰铅锌矿石量 24.34 万吨。

1964 年 4 月~1965 年 10 月，中南冶金地质勘探公司 603 队潘复礼等在矿区进行详查评价工作。1965 年 3 月提交了《湖北省阳新县银山铅锌矿区评价报告》，探获储量铅 4.8 万吨、锌 9.3 万吨。

1978 年，603 队综合组李建成等开展大冶—阳新地区铁帽综合研究，对全区有一定远景规模的 14 个铁帽、铁锰帽进行了系统调研，同年 9 月提交了《湖北省大冶—阳新地区褐铁矿铁帽形成特征地质调查报告》，提出白云山、银山、费海桥、宝山等矿点是寻找沉积改造型菱铁矿（赤铁矿）-多金属硫化物铁、铜、铅、锌矿的有望区段。随后由李建成、陈力军提出银山铅锌矿 1979 年设计，并得到中南冶金地质勘探公司的批准。

1979 年，603 队综合组李建成、黄育著、陈力军、黎荫福等 15 人开展"湖北省大冶—阳新地区 1∶25000 铜铁矿床成矿特征及成矿预测"研究，对大冶—阳新地区做了系统岩相古地理研究和地层微量元素分析，提出银山铅锌矿产于石炭系白云岩-灰岩相滨海泻湖半封闭还原沉积环境。黄龙灰岩铅锌含量高（矿源层），经岩浆热液改造富集，形成沉积改造型矿床。同时冶金部中南地质研究所曾孟君等人开展"鄂东地区上古生界菱铁矿成矿条件及找矿方向"研究，也发现了原生的含铅锌锰菱铁矿草莓状构造的原生沉积黄铁矿，认为地表铁锰帽属于含铅、锌、锰的菱铁矿经氧化淋滤作用形成，从而加深了对银山铅锌矿成矿规律的认识，为选准找矿靶区、扩大矿床的远景、制定合理的工作方法提供了地质依据。

1979 年 8 月~1982 年 12 月，603 队重上银山矿区，开展详查。1982 年 12 月，603 队提交了《湖北省阳新县银山铅锌矿床评价地质报告》。1983 年，中南冶金地质勘探公司审查该报告，下达〔1984〕冶勘地字 74 号审查意见书，批准该评价报告，并批准详查储量：氧化铁锰铅锌矿石量 C+D 级 123.32 万吨，其中，C 级储量 38.03 万吨；氧化矿石铅金属 C+D 级储量 14.46 万吨，其中，C 级储量 2.34 万吨；氧化矿石锌金属 C+D 级储量 35.94 万吨，其中，C 级储量 7.72 万吨；共生、伴生金属储量有：金 3.865t，银 830t，镉

2159t。炉渣 D 级储量为：氧化铁锰铅锌矿石量 24.34 万吨，铅金量储 7180t，锌金属储量 7302t。

三、矿床开发利用情况

银山是一个古老矿山，开矿历史悠久。宋代中叶开始采银，元代也采银。明代官办兴国银厂，连续采银达 60 年之久，清代继续采银也有 60 年。由于历代均采银，因此矿区有"银山"之称。开采规模，以古炉渣存量 24.34 万吨可以设想。采用土法炼银，仅回收银，矿渣仍可作矿石，其品位：TFe 32%，Mn 12%，Pb 3.3%，Zn 2.78%，Ag 25g/t。

1890 年，成立兴国州银山锰矿，是中国第一个首先采锰矿山。采氧化铁锰矿石，为汉冶萍公司汉阳铁厂提供熔剂原料，因质低量少，不久停办。

1911 年，冶萃公司成立锰矿局，继续开采氧化铁锰矿石作熔剂原料。土法开采，采富弃贫，1929 年停采。

日本侵华期间，也曾掠夺开采银山资源。

1958~1981 年，阳新县获田乡农民在矿区继续采氧化铁锰矿石。矿石卖给上海市有关合金厂。

根据 603 队对旧采坑调查资料，采空区储量（氧化铁锰铅锌矿石）约 10.47 万吨，折合铅 7658t，锌 14244t。该储量可大致反映 1890~1981 年间的采矿量。

1981 年，阳新县兴国镇创办银山锰矿。委托长沙钢铁设计院设计 5m³ 高炉。1982 年 12 月试产。设计年处理氧化铁锰矿石 1.1 万吨，铅回收 65%，银回收 55.75%，锌回收 44.6%，年产富锰渣 4500t，含锰生铁 2700t，含银粗铅 50t（银 5337kg）。矿山虽成立，但采矿方法仍很落后，矿山采矿未经正规设计，乱挖乱采，生产原矿质量不稳定。1982~1991 年期间，平均年产矿石约 4000t。高炉生产也不正常，富锰渣品位波动较大，含 Mn 27%~35%，低品位富锰渣销售困难，影响经济效益，矿山亏损。

目前该区开采矿种转为铅锌矿为主，采矿权人为湖北帝洲矿物科技股份有限公司，开采方式为平硐+斜井的联合开拓，生产规模 3 万吨/年，采矿方法为自然崩落法，采矿回收率 83.7%。对银山低氧化铅锌矿石采用不脱泥浮选法→选用丁胺黑药优先浮选铅、银→用黄药浮选锌，得到铅精矿品位为 35.27%，含锌 3.20%；锌精矿品位 45.78%，含铅 0.84%。整个选矿过程中铅的回收率为 78%，锌的回收率为 80%。

第七节　团山沟锰矿

矿区位于武汉市黄陂县城北西 40km 处，距（北）京—广（州）铁路线花园站 20km，有公路相通。

该矿床属锰、磷共生矿床，尚未开发利用。

一、矿床概况

矿床属大别山磷、锰矿带。该矿带西部由何家湾、四方山、肖家湾、白果树湾、田家山和团山沟等矿床（矿点）组成，长 34km。

矿区呈北西方向展布，长 2km，宽 1km，面积 2km²（见图 12-12）。

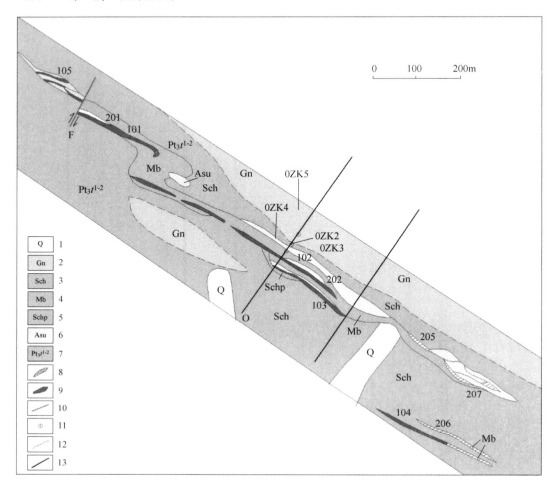

图 12-12   团山沟锰矿地质图

1—第四系；2—片麻岩；3—片岩；4—大理岩；5—含磷片岩；6—石英岩；7—天台山组下段第 2 亚段；
8—磷矿体；9—锰矿体；10—断层；11—钻孔；12—地质界线；13—勘探线

矿区出露地层有新元古界红安群天台山组和第四系。天台山组厚度巨大，岩性主要为钠长片麻岩、石英片岩、白云质大理岩、角闪片岩等。据岩性特征可分 3 个岩性段，与成矿有关的地层为天台山组下段，其岩性又可划分 2 个亚段：第 1 亚段分布在矿区中部和南部，为薄层至中厚层白云大理岩夹石英岩透镜体，厚 120~265m；第 2 亚段分布在矿区中部，主要为二云母片岩，厚 300~450m，其上部为磷锰矿层与白云大理岩互层，厚 105.2~215.45m。

含锰磷岩系主要岩性为二云母片岩、石英岩、白云石大理岩，又可细分为 9 层，在其下部间夹有 2 层磷矿层和 2 层磷锰矿层互层。

矿区位于双峰尖背斜东北翼、笔架山向斜西南翼，地层倾向北东，倾角 55°~85°。

断裂构造不发育。矿区西部有一条平移断层，走向北北东，长 200m，切割矿层，平移断距 13m。

矿区南侧有双峰尖花岗岩体，岩体呈岩墙状侵入到红安群天台山组中，围岩有大理岩化。形成时代为燕山期。

矿床产在红安群天台山组下段大理岩中，有两层矿：下层矿赋存在白云大理岩或二云母片岩中，矿层厚 0.5m，工业价值不大；上层矿赋存在白云大理岩中，为主矿层，由磷矿层、磷锰矿层与白云大理岩构成互层。矿层走向北西，倾向北东，倾角 65°～70°，与围岩整合产出。3 线西以锰矿层为主，其上盘伴生磷矿层；3 线东以磷矿层为主。

矿区有 14 个矿体，其中锰矿体 5 个，磷矿体 9 个。锰矿体以 101、102 两矿体规模最大（见图 12-13）。

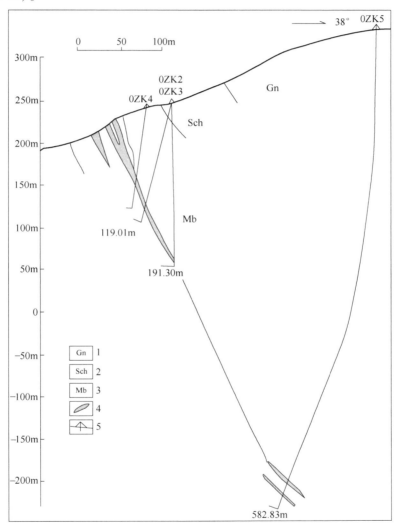

图 12-13　团山沟锰矿 0 线剖面图

1—片麻岩；2—片岩；3—大理岩；4—锰矿体；5—钻孔

101 号矿体长 345m，倾斜延深 136m，平均厚 3.47m，倾向 31°，倾角 67°。

102 号矿体为主矿体，占全区总储量的 55%。矿体呈层状，走向长 257m，倾斜延深 233m，平均厚 3.93m，倾向 33°，倾角 70°。

磷矿体以 202 号矿体最大，矿体呈层状，走向长 195m，倾斜延深 230m，平均厚 2.68m，倾向 33°，倾角 57°。

锰矿石的矿物成分主要是：软锰矿、硬锰矿、褐锰矿、钡镁锰矿、磁铁矿、锰方解石、锰白云石、菱锰矿、蔷薇辉石、锰铝榴石、锰铁榴石、磷灰石、赤铁矿、褐铁矿、方解石、透闪石、云母等。

矿石自然类型有碳酸锰矿石和氧化锰矿石。前者属锰方解石-锰白云石-菱锰矿型，具粒状结构和交代结构；层纹状、眼球状、网脉状和马尾松状等构造。后者具胶状结构、叶片状结构和交代残余结构；多孔状、土状、块状、角砾状等构造。氧化深度 31~80m。

磷矿石主要由磷灰石、菱锰矿、锰方解石、石英、白云母、软锰矿和硬锰矿等构成。

矿床成因类型属沉积受变质锰矿床。

根据《湖北省矿产资源储量表》，截至 2020 年底，矿区累计查明锰矿石资源量 87.81 万吨，其中，控制资源量 29.14 万吨，推断资源量 58.67 万吨。

矿石平均品位：Mn 19.45%、P 2.48%、TFe 4.72%，P/Mn = 0.13，Mn/Fe = 4.12，碱度 1.67，烧失量 14.26%~21.86%，属高磷、高钙、贫锰矿石。

矿区还探获共生磷矿资源量 53.99 万吨，其中，控制资源量 21.15 万吨，矿石品位：P_2O_5 17.68%、Mn 3.53%。

二、矿床发现与勘查史

1957 年，湖北省地质局孝感地质队对团山沟磷矿进行了初勘工作，探获 C+D 级磷矿石 92 万吨，锰矿石 51 万吨，提交了团山沟磷矿勘探报告。报告未审批。

1970~1972 年，中南冶金地质勘探公司 604 队在矿区开展评价工作。提交《团山沟矿区磷矿评价报告》，探获磷矿石储量 48.49 万吨，锰矿石储量 90 万吨，对锰作了否定评价，认为"高磷锰矿石无工业利用价值"。

1985~1986 年，中南冶金地质勘探公司 604 队再上团山沟详查锰矿，探索高磷锰矿利用的可行性。1988 年 2 月，由陈力军、刘如章等 9 人提交《黄陂县团山沟磷锰矿详查报告》，经中南冶金地质勘探公司审批，下达冶勘地字〔1988〕225 号审查意见，同意批准该详查报告与储量。

三、矿床开发利用情况

团山沟磷矿，由黄陂县蔡店区张家乡办企业露采，生产磷矿石。锰矿尚未开发利用。

矿区外围还有肖家湾、四方山、何家湾等矿点，预计远景储量可达 300 万~500 万吨，还有找矿前景。

第八节 民 田 锰 矿

矿区位于贺州市西郊民田村一带，距离贺州市 5km，行政区划属贺州市沙田镇管辖。贺州市与矿区有 G207、G323 国道相通，交通较为方便。

一、矿床概况

矿区可分为北部矿段（西木园—天堂岭地段）、中部矿段及南部矿段（百岁婆地段），总面积45km²。

矿区出露地层主要为下石炭统临武组和下侏罗统天堂组、大岭组、石梯组以及第四系等（见图12-14）。

矿源层为下侏罗统天堂组，分为三段，总厚度为0~35m，其中第二段为含锰质层；含锰质层中的含锰泥岩、含锰砾岩经风化、胶结、就近堆积形成第四系风化堆积型氧化锰矿床。

矿区含矿地层为第四系，由上而下分为表土层、残坡积层、风化堆积层；锰矿层产于底部的风化堆积层中，主要由锰矿角砾及硅质岩角砾等组成；锰矿角砾大小一般为0.5~10cm，小部分可达20~30cm，含量一般为15.31%~24.22%，呈棱角-次圆状，少量呈圆状，分选性差。含锰砾高的地段可圈成工业矿体，含锰岩系厚1~5m，最高为15m。

矿区构造比较简单，地层为一单斜构造，岩层走向多为北北东方向，倾向北西，倾角为25°~35°，局部地区倾角可达60°~70°；矿区断裂不发育，仅在矿区北部的天堂岭以西发现一条F_1正断层，断层走向30°左右，倾向南西，倾角50°~70°。

矿区未出露岩浆岩。

矿区共圈出3个锰矿体。Ⅰ号矿体展布面积为2.66km²，矿体厚度为0.70~8.70m，平均厚度为1.74m，含矿率为15.31%~27.64%，平均为17.24%，净矿石Mn品位为10.53%~40.95%，平均为22.97%；估算锰净矿石资源量为171万吨。

Ⅱ号矿体展布面积为0.31km²，矿体厚度为0.7~3.0m，平均为1.92m，含矿率为15.58%~27.07%，平均为21.51%，净矿石Mn品位为15.87%~41.48%，平均为24.13%；估算锰净矿石资源量为23万吨。

Ⅲ号矿体展布面积为1.43km²，矿体厚度为0.95~3.25m，平均厚度为1.54m，含矿率为16.32%~24.22%，平均为18.36%，净矿石Mn品位为18.52%~28.98%，平均为20.80%。估算锰净矿石资源量为83万吨。

矿体分布于低缓的山坡上，矿层产状与山坡倾向一致，随山坡的起伏而变化（见图12-15），矿体埋深一般为0~3m；全矿区统计剥采比为0~6.3，平均为2.08。

锰矿石的自然类型为氧化锰矿石。矿石矿物主要有硬锰矿、软锰矿等，脉石矿物主要为黏土类矿物、水云母，以及少量褐铁矿等。

矿石具隐晶-微晶结构、胶状结构；角砾状、次角砾状、豆状、结核状、蜂窝状、多孔状构造。

矿床成因类型为：风化淋滤残积型氧化锰矿床。矿床工业类型为低磷中铁冶金用锰贫氧化锰矿石。

据《广西壮族自治区矿产资源储量表》，截至2018年底，累计探明氧化锰矿原矿石资源量1551.56万吨，净矿石资源量为277.08万吨；矿床平均Mn品位22.42%，平均厚度1.69m，平均含矿率17.86%，平均体重为1.97t/m³。

矿区氧化锰矿石中伴生钴含量为0.032%~0.10%，平均为0.062%；镍含量为0.065%~0.213%，平均为0.138%。这两种元素含量均达到综合利用指标要求，可以综合回收利用。

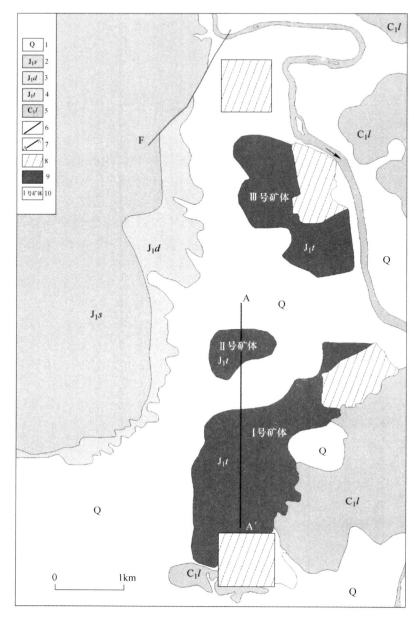

图 12-14 民田锰矿区地质图

1—第四系；2—下侏罗统石梯组；3—下侏罗统大岭组；4—下侏罗统天堂组；5—下石炭统临武组；
6—断层；7—纵剖面线及编号；8—采空区；9—锰矿层；10—矿体编号

矿区中 3 个矿体均有少量工程的单样锰品位大于 30%，达到富锰矿石标准，但因为是单工程控制，未单独圈定富锰矿体并进行资源量估算。

二、矿床发现与勘查史

1958~1960 年，广西地质局区域地质调查大队开展 1∶20 万贺县幅区域地质测量工作，在本区发现有风化堆积型氧化锰矿，但因锰矿层地表露头面积小，含矿率、原矿锰品

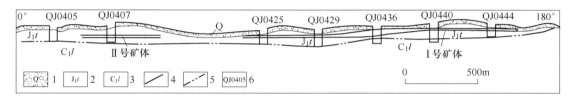

图 12-15 民田锰矿区 4 线剖面图

1—第四系；2—下侏罗统天堂组；3—下石炭统临武组；4—锰矿层；5—资源量估算范围界线；6—浅井编号

位偏低，对锰矿未开展进一步工作。

2004 年 8~11 月，广西贺州市宁贺矿业投资有限责任公司在取得广西贺州市民田锰矿区的探矿权后委托中国冶金地质勘查工程总局中南局南宁冶金地质调查所开展详查工作。项目经理为黄晖明，于 2004 年 12 月提交《广西贺州市民田矿区锰矿地质详查报告》，2005 年 4 月 5 日南宁储伟资源咨询有限责任公司以桂储伟审〔2005〕17 号文批准该报告为详查报告。批准的氧化锰矿原矿石 332＋333 资源量 1551.56 万吨，净矿石资源量 277.08 万吨。

三、矿床开发利用情况

广西贺州市民田锰矿区一直以来只有少量民采，对Ⅰ号矿体百岁婆地段和Ⅲ号矿体西木园—天堂岭一带进行小规模开采。因矿区内有大量农田、耕地及较多居民点，无法建矿山组织规模开采。

第三篇

锰矿调查评价成果

本篇集成了冶金地质部门地勘单位历年来所完成的锰矿预查、普查及调查评价类项目。集成这部分内容的主要目的：一是对冶金地质部门历史上在全国主要锰矿化带、锰矿集中区所开展的锰矿预查、普查及调查评价类地质工作及所取得的成果进行归集，便于将来在同一地区工作时，可以追溯、查阅相关资料；二是为了纪念和铭记中国冶金地质总局系统中为锰矿勘查作出贡献的广大地质技术人员。

　　需要说明的是，由于冶金地质部门多次机构调整，以及资料收集方面的原因，本篇仅收集了目前仍隶属于中国冶金地质总局系统地勘单位自 20 世纪 80 年代以来所实施的锰矿勘查项目，而且主要是中国冶金地质总局中南局所完成的项目。

第十三章　桂西南地区

第一节　广西田东县龙怀锰矿区及其外围普查

一、项目基本情况

"广西田东县龙怀锰矿区及其外围普查"系国家计委下达的Ⅰ类勘查项目,冶金地质总局中南地质勘查局南宁地质调查所依据中南地质勘查局以局地发〔1992〕17号文、局地发〔1993〕40号文和局地发〔1994〕8号文的要求在龙怀锰矿区开展地质普查找矿工作。项目批复资金为501万元。工作起止时间:1992年3月~1999年11月。

普查工作区包括田东县印茶乡、江城乡、作登乡,天等县进结乡、驮勘乡,德保县荣华乡等。1992年在江城矿段普查,1993年在龙怀矿段普查,1994年在那社矿段普查,1995年对龙怀锰矿区外围"东平式"锰矿开展概查,1996年在六双矿段普查,1997年在那板矿段和六双矿段北段开展普查,1998年在岩造矿段和驮勘矿段开展普查。

目的任务:前三年以槽、井、坑探为主要勘查手段,按200~400m间距探求龙怀矿段、江城矿段、那社矿段氧化锰矿D+E级储量;1996年要求在以往工作的基础上,用3年时间,继续在六双、那板、岩造等矿段开展氧化锰矿普查,提交D+E级氧化锰矿净矿储量400万吨;要求于1999年12月提交《广西田东县龙怀锰矿区及外围普查总结报告》。

完成的主要实物工作量为:1:1万航空地质简测144km²,1:1万地质修测72km²,1:1000实测地质剖面6.70km,探槽20196.67m³,坑道1904.55m,浅井1222.30m,1:1万水文地质简测72km²,坑道水文调查1625m。

项目由冶金地质总局中南地质勘查局南宁地质调查所负责实施,项目经理为李升福,参加的主要技术人员有林健、简耀光、夏柳静、王跃文、李向纬、施伟业、马斌、曹桂芳、蒙永励、盛志华、陆彪等。

二、主要成果

提交D+E级氧化锰净矿石储量796.76万吨。其中D级储量177.95万吨,占总储量的22.33%,D+E级优质富矿184.18万吨,占总储量的23.12%。

三、评审验收情况

1996年6月17日,冶金地质总局中南地质勘查局以局地发〔1996〕87号文《审查批准〈广西田东县龙怀锰矿区及其外围普查地质报告〉决议书》批准该普查报告。

第二节　广西田东—天等一带氧化富锰矿普查

一、项目基本情况

"广西田东—天等一带氧化富锰矿普查"是冶金地质总局中南地质勘查局南宁地质调查所根据国家计委计国地〔1997〕1870号文及中南地质勘查局局地发〔1998〕58号文、局地发〔1999〕39号文精神承担的矿产资源补偿费项目。项目批复资金为150万元。工作起止时间：1998年5月~1999年10月。

1998年，普查工作主要在九十九岭背斜南翼129线以东地段，1999年则在287~129线，对其外围石炭系下统地层、若兰锰矿点进行踏勘。

目的任务：对广西田东—天等一带上-下石炭统巴平组氧化锰矿含矿层作全面的评价，研究其矿石富集规律；选择成矿条件好的九十九岭背斜用工程进行系统控制；提交D+E级氧化锰矿石储量400万吨，其中D级储量80万吨。

完成的主要实物工作量为：1∶1000实测地质剖面5.20km，1∶1万地质简测57km²，探槽7895.5m³，浅井571m，坑道1011m。

项目承担单位为冶金地质总局中南地质勘查局南宁地质调查所，项目经理为施伟业，参加的主要技术人员有林健、刘健等。

二、主要成果

对该区溶洞堆积型锰矿、堆积型锰矿有了初步了解，认为该区特别是287~207线一带溶洞堆积型锰矿成矿地质条件很好，是今后工作的方向。

提交了氧化锰矿石333+334资源量258.54万吨，334资源量伴生有益元素金属量：钴3382.85t、镍7352.81t、银17.95t。

三、评审验收情况

2000年9月26~29日，冶金地质总局在湖南长沙市对报告进行评审，并以冶地矿函字〔2000〕244号文（《关于对〈广西田东—天等一带氧化富锰矿普查报告〉等4个资源补偿费项目的审查验收决定》）对该项目进行验收、评审，批准该报告。

第三节　广西桂西南优质锰矿评价

一、项目基本情况

"广西桂西南优质锰矿评价"是中国地质调查局1999年新开国土资源大调查项目，2001年列为中国地质调查局下达的"优质锰矿资源勘查"项目中的子项目。项目编号：k1.3（1999）、19971020157003（2000）、199710200107（2001）、199710200107（2002），任务书编号：0400210107（1999）、0400210107（2000）、70401210159（2001）、资〔2002〕045-01（2002）。项目起止时间：1999~2002年，共4年。项目总经费为550万元。

此次评价的重点区域：大新县的下雷—靖西县的湖润、靖西县的岳圩—地州及龙邦—壬庄、天等县的凌念—宁干、德保县的足荣—天等县的东平、百色市的龙川—巴马县的燕垌等地区。工作区涉及1∶20万田林县、靖西县、田东县、百色市等图幅。

目的任务：通过对桂西南地区已有锰矿地质、矿（床）点及矿化点资料的收集、整理、总结，掌握桂西南地区锰矿床的成矿地质特征，开展1∶5万地质调查，配合探矿工程验证控制，对重要的锰矿富集区、矿床（点）的锰矿资源潜力进行评价；利用激电法、磁法等物探方法对淋漓型、堆积型及洞积型矿床控矿构造、矿床赋存状态进行了解；提交可供普查矿产地2~4处，提交优质锰矿333+334资源量5000万吨。

完成的主要实物工作量：1∶5万地质修测155km²，激电测深50点，1∶1万磁法剖面5km，槽探10240.3m³，坑探1189.4m，浅井420.6m，钻探3281.84m。

项目由中国冶金地质勘查工程总局负责，中南局中南地质勘查院实施，中南地质勘查院广西分院具体执行，项目负责人有李升福，主要完成人员：苏绍明、夏柳静、王泽华、简耀光、吕光裕、黄桂强、林健、钱应敏等。

二、主要成果

项目主要成果如下：

（1）对6个锰矿富集区进行地表工程揭露及深部工程控制，共估算锰矿石333+334资源量3490.65万吨。

其中，下雷—湖润评价区估算锰矿石333+334资源量459.6万吨；龙邦—壬庄评价区估算333+334资源量903.27万吨；凌念—宁干评价区估算334资源量442.52万吨；岳圩—地州评价区估算334资源量289.42万吨；足荣—东平评价区估算334资源量1288.2万吨；龙川—燕垌评价区估算334资源量107.64万吨。

（2）在评价区西北部泥盆系、石炭系、三叠系含锰层中发现广南—那坡、弄瓦—者仙一带两个矿产地，圈出氧化锰矿层走向延长100km以上，预测优质氧化锰矿资源量在1800万吨以上。

（3）证实在桂西南地区普遍有优质锰矿存在，且能连续分布，形成优质锰矿体，单个矿体连续延长最大达4km。预测整个桂西南地区优质锰矿资源总量在1.2亿吨左右。

（4）总结出桂西南地区锰矿分布在纵向和横向上展布的规律。纵向上泥盆系、石炭系、三叠系均有锰矿分布；横向上从南往北依次为泥盆系成矿带、石炭系成矿带、三叠系成矿带。

三、评审验收情况

项目于2004年6月通过中国冶金地质勘查工程总局项目办专家组野外验收，2005年4月12日中国冶金地质勘查工程总局组织专家对报告进行了评审，并以中地调（冶）审字〔2005〕1号文批准该报告。

四、重要奖项或重大事件

《广西桂西南优质锰矿评价成果报告》被专家组评为优秀报告，2005年12月荣获中国冶金地质勘查工程总局找矿成果奖一等奖，证书号：YK2005-ZK1-04。2006年8月荣获中国钢铁工业协会、中国金属学会冶金科学技术奖二等奖（获奖号 2006-024-1）。2006 年 11 月荣获国土资源科学技术奖二等奖，证书号：KJ2006-2-29-D1。2007 年 10 月荣获国土资源部全国地质勘查行业优秀地质找矿项目称号，证书编号：国土资勘项 2007-181。

第四节　广西天等县若兰锰矿区普查

一、项目基本情况

"广西天等县若兰锰矿区普查"是中国冶金地质勘查工程总局中南局南宁三叠地质资源开发有限责任公司自 1997 年在天等那利锰矿区下石炭统地层中发现优质富锰矿，相继又在该地区上石炭统黄龙组灰岩和硅质岩之间的构造破碎带中发现淋滤型氧化锰富矿后，为了在桂西南地区进一步寻找该类型氧化锰富矿所设立的普查找矿项目。项目投入资金为 35 万元。工作起止时间：2000 年 9 月~2001 年 12 月。

普查区位于桂西南成矿带的东北部，地理坐标为东经 $106°50'45''~106°53'00''$，北纬 $23°08'00''~23°10'00''$，面积为 8.09km²。

目的任务：通过地质填图、施工浅井工程、编录旧采坑，对该矿区上—下石炭统巴平组硅质岩系含矿层的氧化锰矿作全面的评价，研究其矿石富集规律；选择成矿条件较好的地段用有效的探矿工程进行较系统地控制；要求于 2001 年底提交阶段性的地质成果报告。

完成的主要实物工作量为 1∶1 万地质修测 8km²，浅井 87.60m，采坑编录 120.5m。

项目承担单位为南宁三叠地质资源开发有限责任公司，项目经理为黄晖明，参加的主要技术人员有周泽昌、简耀光等。

二、主要成果

新增氧化锰优质富矿石 333 资源量 16.48 万吨，矿床平均品位：Mn 36.77%，Mn/Fe=9.45，P/Mn=0.005。

三、评审验收情况

2003 年 5 月 18 日南宁储伟资源咨询有限责任公司以桂储伟审〔2003〕48 号文（《〈广西天等县若兰锰矿区普查报告〉评审意见书》）批准该报告。

第五节　广西天等县把荷锰矿区补充普查

一、项目基本情况

"广西天等县把荷锰矿区补充普查"是中国冶金地质勘查工程总局中南局南宁三叠地质资源开发有限责任公司在对桂西南地区泥盆系上统五指山组、榴江组，上-下石炭统巴平组和下三叠统北泗组地层中的锰矿找矿取得较好找矿成果基础上，自主选区确定的项目。项目投入资金 35 万元。工作起止时间：2001 年 1 月~2004 年 9 月。

普查区位于天等县宁干乡、上映乡九十九岭背斜展布区。地理坐标为东经 $106°49'00''~$

106°51′00″，北纬 23°07′15″~23°09′15″。面积为 7.84km²。

目的任务：对把荷矿区上-下石炭统巴平组硅质岩含矿层的氧化锰矿作全面地评价，大致查明该地层中的锰矿的分布、数量、厚度、规模、产状和矿石质量；大致了解锰矿层的氧化带特征；大致查明淋滤堆积型氧化锰矿的赋矿层位、分布、数量、厚度、规模和矿石质量；提交锰矿石 332+333 资源量 50 万吨，编制地质普查报告。

完成的主要实物工作量为：1∶1 万地质修测 8km²，探槽 98.2m³，浅井 87.6m，坑道 149m，钻探 301.91m。

项目承担单位为中国冶金地质勘查工程总局中南局南宁三叠地质资源开发有限责任公司。项目经理为黄晖明，参加的主要技术人员有周泽昌、邱占春、林健、陆彪等。

二、主要成果

圈定 2 个锰矿体，编号为 Ⅰ、①。Ⅰ 号矿体为锰帽型氧化锰矿，实际控制锰矿体走向延长 400m，倾向延深 160m，矿体厚为 0.88~8.85m，平均厚 2.79m，矿石锰品位为 18.11%~48.72%，平均锰品位 28.02%；① 号矿体为构造破碎带淋滤堆积型锰矿体，实际控制锰矿体走向延长 400m，宽 30~50m，厚为 2.60m，矿石品位 Mn 12.43%~53.11%，平均品位 Mn 30.38%。

提交锰矿石 334 资源量 11.26 万吨。

三、评审验收情况

2005 年 4 月 8 日，南宁储伟资源咨询有限责任公司以桂储伟审〔2005〕22 号文（《〈广西天等县把荷锰矿区补充地质普查报告〉评审意见书》）批准该报告，2005 年 4 月 20 日，广西壮族自治区国土资源厅以桂资储备案〔2005〕17 号文对评审的报告进行了备案。

第六节 广西靖西县岜爱山矿区优质锰矿普查

一、项目基本情况

"广西靖西县岜爱山矿区优质锰矿普查"是中国冶金地质勘查工程总局中南局中南地质勘查院在取得该区探矿权证后，于 2002 年申报的国家资源补偿费项目。中国冶金地质勘查工程总局先后以中冶勘地〔2002〕1 号、中冶勘资〔2003〕202 号、中冶勘地〔2004〕145 号、中冶勘地〔2005〕5 号、中冶勘地〔2006〕39 号等文件先后对项目的立项、设计进行批复。项目勘查经费为 440 万元，其中 2002 年度 60 万元，2003 年度 170 万元，2004 年度 110 万元，2005~2006 年度 100 万元。工作起止时间：2002 年 2 月~2007 年 12 月。

勘查区北起安宁，南至中越边界线，东起龙邦，西至古庞，地理坐标为东经 106°15′00″~106°19′15″，北纬 22°52′15″~22°58′45″，面积为 45.47km²。

目的任务：通过对矿区开展 1∶5000 地质简测，大致查明工作区内地层、构造、岩浆岩及锰矿体分布情况和地质特征；通过施工槽、井探矿工程，大致查明锰矿层地表出露情况，施工坑道工程、钻探工程大致查明氧化锰矿的倾向延伸、氧化界线及深部碳酸锰矿层赋存情况；大致查明锰矿体的分布、数量、形态、规模产状、厚度，矿石品位、物质成分、结构构造、矿石类型等；预期提交锰矿石 333+334 资源量 1000 万~2000 万吨；圈出可供详查区 1~2 处。

完成的主要实物工作量为：1：5000 地质简测 30km²，1：1000 实测地质剖面 14.96km，槽探 6247.99m³，浅井 988.9m，坑道 1245.0m，钻探 2611.37m。

项目承担单位为中国冶金地质勘查工程总局中南局中南地质勘查院，由中南地质勘查院南宁分院具体执行。项目经理先后为夏柳静、黄桂强，参加的主要技术人员有简耀光、卢斌、周泽昌、胡华清、邱占春、林志宏、杨远峰、姜邦浩、莫亚敏、阳纯龙、黄荣章、练炜荣等。

二、主要成果

普查工作共圈定了 10 个矿体，控制 Ⅰ 矿层地表走向延长 47.13km，矿层厚 0.30~0.93m，平均为 0.41m；矿石品位 Mn 15.63%~53.48%。

共估算锰矿石 333+334 资源量为 1220.38 万吨，其中，优质（富）锰矿资源量 1193.74 万吨，优质富碳酸锰矿石资源量 39.18 万吨，贫碳酸锰矿石资源量为 26.64 万吨。

三、评审验收情况

2008 年 7 月 24~31 日，中国冶金地质勘查工程总局组织专家对《广西壮族自治区靖西县岜爱山优质锰矿普查报告》进行评审，2008 年 7 月 28 日中国冶金地质勘查工程总局以冶金地质资评〔2008〕20 号文批准该报告，并于 2008 年 12 月 31 日以冶金地质地〔2008〕363 号文对该报告评审进行批复。

第七节 广西桂西南百色龙川—燕垌优质锰矿富集区预查

一、项目基本情况

"广西桂西南百色龙川—燕垌优质锰矿富集区预查"是中国地质调查局地质调查计划项目"优质锰矿资源勘查"的子项目，项目编号为：200310200065，任务书编号为资〔2003〕035-2 号、资〔2004〕044-02 号。工作起止时间为：2003~2004 年，项目总经费 190 万元。

2003 年主要开展龙川优质锰矿富集区预查地质工作，2004 年主要开展义圩优质锰矿富集区、巴马优质锰矿富集区预查地质工作。工作区涉及 1：20 万百色市等图幅。

目的任务：开展广西桂西南百色龙川—燕垌优质锰矿富集区的预查工作，初步查明预查区内地层、构造、岩浆岩及含锰岩系的分布及特征，进一步优选找矿靶区；对龙川、义圩、巴马背斜上-下石炭统巴平组含锰岩系开展 1：1 万地质简测、槽探揭露、坑探控制，圈定优质锰矿富集区矿体形态，了解矿石质量及氧化界线，估算氧化锰矿石资源量；预期提交优质锰矿石 333+334 资源量 1000 万吨。

完成的主要实物工作量为：1：1 万地质简测 68km²，槽探 6473.2m³，坑探 862.6m，浅井 44m，清理老窿 686.6m。

项目由中国冶金地质勘查工程总局实施，中国冶金地质勘查工程总局中南局中南地质勘查院承担，中南地质勘查院广西分院具体实施。项目负责人先后为施伟业、林健，主要完成人员：盛志华、夏柳静、邱占春、周泽昌、林志宏、胡华清、蒋元义等。

二、主要成果

对 3 个锰矿富集区进行了地表工程揭露及深部工程控制，估算锰矿石资源量。其中，龙川优质锰矿富集区估算 333+334 资源量：优质富氧化锰矿石量 97.64 万吨，富氧化锰矿石量 24.25 万吨，贫氧化锰矿石量 90.62 万吨；义圩优质锰矿富集区估算 333+334 资源量：优质富氧化锰矿石量 32.63 万吨，优质氧化锰矿石量 14.43 万吨，富氧化锰矿石量 18.54 万吨，贫氧化锰矿石量 181.71 万吨；巴马优质锰矿富集区估算 333+334 资源量：优质富氧化锰矿石量 30.37 万吨，富氧化锰矿石量 2.61 万吨，贫氧化锰矿石量 48.75 万吨。

3 个锰矿富集区共估算锰矿石 333+334 资源量 541.56 万吨，其中，锰矿石 333 资源量 16.35 万吨，锰矿石 334 资源量 525.21 万吨，其中优质富锰矿石 333+334 资源量 175.07 万吨。

三、评审验收情况

项目于 2005 年 6 月通过中国冶金地质勘查工程总局项目办专家组野外验收，2006 年 11 月 15 日，中国地质调查局、中国冶金地质勘查工程总局组织专家组对报告进行评审，并以中地调（冶）审字〔2006〕4 号文批准该报告。

第八节　广西靖西县龙昌矿区优质锰矿普查

一、项目基本情况

"广西靖西县龙昌矿区优质锰矿普查"是中国冶金地质勘查工程总局中南局中南地质勘查院在该区取得探矿权证后，于 2003 年申报的国家矿产资源补偿费项目。中国冶金地质勘查工程总局以中冶勘资〔2003〕202 号、国土资源部以国土资发〔2006〕293 号文对项目立项、设计进行批复；项目原计划分 3 年完成，后调整为 2 年完成，分别为 2003 年度及 2006 年度。项目投入经费为 330 万元，其中，2003 年为 130 万元，2006 年为 200 万元。工作起止时间：2004 年 5 月~2008 年 5 月。

普查工作主要在探矿权登记范围内进行，其地理坐标为东经 106°21′15″~106°28′15″，北纬 22°54′45″~23°00′00″，面积为 56.13km²。

目的任务：通过对矿区开展 1∶1 万地质简测、施工槽、井、坑道、钻探工程，大致查明工作区内地层、构造、岩浆岩及锰矿体分布情况和地质特征、氧化锰矿的倾向延伸、氧化界线及深部碳酸锰矿层赋存情况；大致查明锰矿体的数量、赋存部位、形态、规模产状、厚度、矿石品位、物质成分、结构构造、矿石类型等，对锰矿石的加工选冶性能进行类比研究。预期提交锰矿石 333+334 资源量 1000 万~1200 万吨。

完成的主要实物工作量为：1∶1 万地质简测 57km²，探槽 5888.67m³，浅井

236.10m，坑道 117.10m，民采坑 67.40m，钻探 3740.85m。

项目承担单位为中国冶金地质勘查工程总局中南局中南地质勘查院南宁分院，项目负责人为简耀光，主要参加技术人员有夏柳静、黄荣章、李中启、高谢君、刘晓珠、邱占春、杨远峰、姜邦浩、莫亚敏、庞清缓、炼伟荣等。

二、主要成果

普查工作共圈定 16 个锰矿体，其中在上泥盆统五指山组地层 I 矿层中圈定矿体 8 个、II+III 矿层中圈定矿体 7 个、在上-下石炭统巴平组地层中圈定矿体 1 个，控制矿体走向延长 27857m。

共探获锰矿石 333+334 资源量 596.05 万吨，其中，优质氧化锰富矿石资源量 268.28 万吨，矿体平均厚 0.52m，平均品位 Mn 39.07%；优质氧化锰矿石资源量 4.67 万吨，矿体平均厚 0.37m，平均品位 Mn 29.61%；氧化锰富矿石资源量 55.25 万吨，矿体平均厚 0.62m，平均品位 Mn 35.69%；氧化锰贫矿石资源量 240.58 万吨，矿体平均厚 0.66m，平均品位 Mn 26.42%。优质碳酸锰富矿石资源量 27.27 万吨，矿体平均厚 0.75m，平均品位 Mn 32.24%。

三、评审验收情况

2009 年 3 月 24 日，中国冶金地质勘查工程总局组织专家对《广西靖西县龙昌矿区优质锰矿普查报告》进行了评审，2009 年 3 月 25 日中国冶金地质勘查工程总局以冶金地质资评〔2009〕15 号文批准该报告，2009 年 9 月 10 日中国冶金地质勘查工程总局以冶金地质地〔2009〕244 号文对该报告评审进行批复。

第九节   广西田东县六林锰矿区六幕矿段普查

一、项目基本情况

"广西田东县六林锰矿区六幕矿段普查"是中国冶金地质勘查工程总局中南局南宁三叠地质资源开发有限责任公司受探矿权人委托对广西田东县六林锰矿区探矿证范围内开展的地质普查项目。项目投入资金为 30 万元。工作起止时间：2004 年 5~9 月。

普查工作区东起六拜，西到向阳关，北起百龙，南到那便，地理坐标为东经 107°09′00″~107°15′00″，北纬 23°20′00″~23°24′30″，面积为 24.04km²。

目的任务：通过 1:1 万地质修测和施工槽、井、坑探矿工程，大致查明区内地层、构造及岩浆岩、地层的含矿性及锰矿层的分布情况；大致查明锰矿层形态、产状、厚度及品位变化特征；对矿石的选冶技术性能，对矿床的水文地质、工程地质、环境地质进行类比研究，提出进一步勘查或开发意见；要求 2004 年底提交普查地质报告。

完成的主要实物工作量为：1:1 万地质修测 12.5km²，1:1000 实测地质剖面 1097m，槽探 1086.5m³，坑道 30m，浅井 27.4m。

项目承担单位为中国冶金地质勘查工程总局中南局南宁三叠地质资源开发有限责任公司，项目经理为施伟业，参加的主要技术人员有邱占春、林健等。

二、主要成果

通过工作，在矿区内实际控制锰矿层走向延长 3km。其中Ⅰ号矿层走向延长 1.90km，平均厚 0.57m，净矿石平均品位 Mn 18.63%，净矿平均含矿率为 46.39%；Ⅱ号矿层走向延长 1.1km，厚 0.5~1.3m，平均厚 1.07m，净矿石平均品位 Mn 22.64%，净矿石含矿率平均为 44.3%。

估算氧化锰原矿石 333 资源量 47.39 万吨，净矿石量 21.11 万吨，矿床平均含矿率为 44.91%，净矿石平均品位 Mn 21.64%。

三、评审验收情况

2005 年 9 月 16 日，南宁储伟资源咨询有限责任公司以桂储伟审〔2005〕76 号文（《〈广西田东县六林锰矿区六慕矿段普查地质报告〉评审意见书》）批准该报告。

第十节　广西德保县扶晚矿区老坡—孟棉矿段锰矿普查

一、项目基本情况

"广西德保县扶晚矿区老坡—孟棉矿段锰矿普查"是中国冶金地质勘查工程总局中南局南宁三叠地质资源开发有限责任公司受探矿权人委托在广西德保县足荣镇扶晚锰矿普查探矿权内开展的普查找矿项目，工作起止时间：2005 年 8 月~2006 年 3 月。

扶晚普查区位于桂西南成矿带的中部，地理坐标为东经 106°43′45″~106°50′00″，北纬 23°20′00″~23°24′00″，面积 66.51km²。

目的任务：通过 1∶1 万地质填图，大致查明矿区地层、构造、岩浆岩及矿体分布情况；选择成矿有利地段、矿化带内的矿体，采用槽、井、坑探揭露矿体埋深及矿体厚度，大致查明该地层中锰矿层的分布、数量、形态、规模、产状和矿石质量；大致了解锰矿层的氧化带特征；采用一般工业指标估算锰矿石资源量。

完成的主要实物工作量为：1∶1 万地质简测 40km²，槽探 1534.07m³，浅井 71.30m，坑道 155m。

项目承担单位为中国冶金地质勘查工程总局中南局南宁三叠地质资源开发有限责任公司，项目经理邱占春，参加的主要技术人员有姜邦浩、杨三元、黄银华、林旭江等。

二、主要成果

普查工作共圈定了 9 个氧化锰矿体。矿体走向延长 100~3800m，矿体厚 0.6~2.44m，平均厚度为 1.33m。

估算氧化锰原矿矿石 332+333 资源量 174.69 万吨，平均含矿率 52.69%，净矿石量 90.67 万吨，矿床平均厚度 1.33m，净矿石平均品位 Mn 26.09%。

三、评审验收情况

2006 年 8 月 2 日，南宁储伟资源咨询有限责任公司以桂储伟审〔2006〕78 号文

(《〈广西德保县扶晚矿区老坡—孟棉矿段锰矿普查报告〉评审意见书》) 批准该报告。

第十一节 广西德保县通怀矿区南矿段锰矿普查

一、项目基本情况

"广西德保县通怀矿区南矿段锰矿普查"是德保广源矿业有限公司为了查明该区的锰矿资源前景，办理采矿许可证，尽快开发该区锰矿资源，委托中国冶金地质勘查工程总局中南局南宁三叠地质资源开发有限责任公司开展的锰矿普查找矿项目，投入勘查费用约35万元。工作起止时间：2005年4~6月。

普查区位于桂西南成矿带的西部，地理坐标为东经106°46′00″~106°50′00″，北纬23°15′00″~23°18′00″，面积约29.78km²。

目的任务：对工作区进行1：1万地质简测，大致查明矿区地层、构造、岩浆岩及锰矿体的地质特征；大致查明矿区含锰地层内锰矿体的数量、规模、形态、产状、厚度及矿石的质量特征等；施工槽探、浅井等地表工程，揭露浅部锰矿层地质特征，用少量坑道工程控制锰矿层深部地质特征及氧化界线特征，圈定具有工业价值的矿体范围，编制普查地质报告。

完成的主要实物工作量为：1：1万地质简测15km²，槽探650m³，浅井38m，坑道48m。

项目承担单位为中国冶金地质勘查工程总局中南局南宁三叠地质资源开发有限责任公司，项目经理蒋元义，参加的主要技术人员有陆君、炼伟荣等。

二、主要成果

探获氧化锰矿石333资源量26.77万吨，矿床平均厚度1.33m，平均品位Mn 22.50%，Mn/Fe=3.73%，P/Mn=0.009%。

三、评审验收情况

2006年4月11日，南宁储伟资源咨询有限责任公司以桂储伟审〔2006〕28号文(《〈广西德保县通怀矿区南矿段锰矿普查报告〉评审意见书》) 批准该报告。

第十二节 广西田东县江城那赖锰矿普查

一、项目基本情况

"广西田东县江城那赖锰矿普查"是中国冶金地质勘查工程总局中南局南宁三叠地质资源开发有限责任公司受探矿权人南宁恒雷商贸有限公司委托，对其广西田东县江城那赖锰矿区探矿权开展的普查找矿项目，项目投入资金为50万元。工作起止时间：2005年2~9月。

普查区位于六正—坡那—那鲁—驮安一带，其地理坐标为东经107°01′00″~107°04′00″，北纬 23°17′45″~23°20′00″，面积 13km²。

目的任务：对矿区内含锰地层下三叠统北泗组的含矿性作出全面评价；施工探槽和坑道工程，对矿体进行揭露控制，大致查明氧化锰矿的地质特征及矿石质量特征和变化规律；要求 2005 年 9 月提交地质普查报告。

完成的主要实物工作量为：1∶5000 地质填图 13.36km²，探槽+剥土 825.70m³，沿脉坑道 96.30m。

项目承担单位为中国冶金地质勘查工程总局中南局南宁三叠地质资源开发有限责任公司，项目经理为黄晖明，参加的主要技术人员有晏玖德、吴万冰、姜天蛟、刘榕、杨峰、高玉勤等。

二、主要成果

经过普查工作，圈定 3 个氧化锰矿体。①号矿体走向延长 900m，矿体厚度为 0.51~1.09m，平均厚度为 0.81m，含矿率为 50.50%~91.67%，平均 67.20%；②号矿体走向延长 300m，矿体厚度为 0.76~0.82m，平均厚度为 0.79m，含矿率为 64.56%~100%，平均含矿率为 82.95%；③号矿体走向延长 700m，矿体厚度为 0.90~1.20m，平均厚度为 1.05m，含矿率为 54.61%~79.79%，平均含矿率为 64.31%。

共提交氧化锰矿原矿 332+333 资源量 33.69 万吨（干矿），净矿 23.35 万吨（干矿）。矿床平均品位 Mn 22.11%，平均厚度 1.22m，平均含矿率 68.51%。

三、评审验收情况

2005 年 11 月 12 日，南宁储伟资源咨询有限责任公司以桂储伟审〔2005〕90 号文（《〈广西田东县江城那赖矿区锰矿普查地质报告〉评审意见书》）批准该报告。

第十三节　广西大新—云南广南一带锰矿资源评价

一、项目基本情况

"广西大新—云南广南一带锰矿资源评价"是中国地质调查局"西部铁锰多金属矿资源调查评价"项目中的子项目。项目编号为 1212010534201，任务书编号：〔2005〕042-01、〔2006〕027-07、〔2007〕027-05。项目起止时间为：2005~2007 年，共 3 年，项目经费 430 万元。

2005 年在广西下雷北部优质锰矿评价区外围的湖润矿区开展工作，2006 年在云南富宁县花甲—归朝优质锰矿评价区开展工作，2007 年在云南广南扣来评价区、广南杨柳井评价区开展工作。工作区涉及 1∶20 万靖西幅、大新幅、百色幅、德隆幅、田东幅、富宁幅等图幅。

目的任务：开展广西大新—云南广南一带优质锰矿预查工作，在各评价区开展 1∶1万地质草测，初步了解预查区内地层、构造、岩浆岩及含锰岩系的展布特征、锰矿层分布情况，圈定成矿有利地段；对成矿有利地段（已知矿点）施工槽探、钻探等采样工程，揭露和控制锰矿层地表出露及其深部延伸情况，圈定矿体界线，对全区锰矿资源潜力进行评价，估算优质锰矿石资源量。提交优质锰矿石 333+334 资源量 1200 万吨。

完成的主要实物工作量：1:1 万地质草测 65km²，槽探 9428.08m³，浅井 86.00m，清理老窿 360m，钻探 2658.49m。

项目由中国冶金地质勘查工程总局实施，中南局中南地质勘查院南宁分院具体承担。项目负责人为简耀光，主要完成人员有夏柳静、黄荣章、李中启、高谢君、刘晓珠、卢斌、韦运良、李朗田、赵广春、黄立新、盛志华、庞清媛、姜玲、冯松青、刘雪芬、陈鄂、陈秉兰等。

二、主要成果

通过矿点检查，在下泥盆统、中泥盆统、上泥盆统、下石炭统及下三叠统等地层中分别圈出广西西林新街矿点，云南广南底圩矿点、那凹矿点、龙榔矿点、岜岭矿点、老龙矿点、平邑矿点、董堡矿点，麻栗坡八步矿点，云南富宁至周矿点、大宝山矿点、毛风胜山矿点、平沙矿点、木都矿点、安索矿点、睦伦多矿点及广西那坡果腊矿点、百都矿点。

新发现下泥盆统芭蕉菁组含锰岩系，为以后在云南省找锰矿提供新的找矿靶区和找矿方向。

通过综合研究，将桂西南泥盆系上统台沟相界线由云南与广西两省界向西扩展至富宁断层，使桂西—滇东南成锰盆地形成统一的成锰盆地，大大扩展了桂西、滇东南地区找锰区域。

此次调查工作共估算锰矿石 333+334 资源量 1421.45 万吨，其中 333 资源量优质氧化锰富矿 19.77 万吨、氧化锰贫矿 24.01 万吨、碳酸锰贫矿 34.68 万吨；334 资源量优质氧化锰富矿 389.98 万吨、优质氧化锰矿 20.31 万吨、氧化锰富矿 23.45 万吨、氧化锰贫矿 603.48 万吨、碳酸锰贫矿 305.77 万吨。

三、评审验收情况

项目于 2009 年 3 月通过中国冶金地质勘查工程总局项目办专家组的野外验收；2009 年 10 月 11~16 日中国地质调查局组织专家组对报告进行评审，并以中地调（冶）审字〔2009〕03 号文批准该报告。

第十四节 广西那坡县—云南麻栗坡县锰多金属矿调查

一、项目基本情况

"广西那坡县—云南麻栗坡县锰多金属矿调查"是中国地质调查局"南岭成矿带地质矿产调查"项目中的子项目。项目编号为 1212010781076，任务书编号为资〔2007〕增 01-13-04、资〔2009〕增 19-09、资〔2010〕矿评 01-14-18。工作起止时间为 2008~2010 年，共 3 年，项目总经费为 600 万元。

2008 年主要在广西那坡锰多金属矿评价区、云南麻栗坡锰多金属矿评价区开展调查工作，2009 年在云南富宁、黑支果锰多金属矿评价区开展调查工作，2010 年在云南西畴锰多金属矿评价区开展调查工作。

目的任务：开展1∶1万地质草测等预查工作，初步查明评价区内含锰岩系的展布特征及锰多金属矿分布情况，并圈定成矿有利地段，施工槽探、钻探等少量采样工程，揭露和控制锰矿层地表出露及其深部延伸情况，初步查明锰多金属矿层的厚度和矿石质量，圈定矿体界线，对全区锰多金属矿资源潜力进行评价，估算锰多金属矿资源量；预期提交锰矿石333+334资源量1000万吨，铜铅锌矿金属量15万吨，铁矿石量500万吨；提供可进一步普查的锰多金属矿产地2处。

完成的主要实物工作量：1∶5万专项地质测量647.8km²，1∶1万地质草测70km²，1∶5万水系沉积物测量1435km²，1∶5000磁法剖面测量158km，土壤测量剖面（点距20m）31km，槽探5927.1m³，浅井148m，钻探2985.35m。

项目由中国冶金地质勘查工程总局实施，中南局中南地质勘查院南宁分院承担。项目负责人为段庆林，主要完成人员有赵广春、高谢君、黄荣章、杨远峰、刘晓珠、黄立新、刘雪芬、陈秉兰、陈鄂、姜玲等。

二、主要成果

通过对云南麻栗坡荒田、八布锰矿区开展调查工作，发现中三叠统法郎组这一新的含锰层位，为今后的锰矿勘查提供新的方向和地区。

以地表槽探和少量钻探工程对云南麻栗坡荒田、八布及富宁坡油、三岔河锰矿进行初步评价，估算锰矿石333+334资源量508.04万吨。

在云南富宁南侧的基性-超基性岩体接触带附近发现磁铁矿层，通过开展坤洪、腊兰两区的初步评价，估算磁铁矿石333+334资源量770.07万吨。

对云南麻栗坡漫马铅锌矿进行初步评价，发现较好的铅锌矿体，估算333+334资源量铅金属量12.14万吨、锌金属量0.93万吨。

在云南麻栗坡杨万地区发现铜矿，估算铜金属334资源量1.69万吨。

三、评审验收情况

项目于2010年12月通过中国冶金地质勘查工程总局项目办专家组野外验收，2012年6月2~4日中国地质调查局武汉地质调查中心组织有关专家对成果报告进行了评审，并以中地调（武）审字〔2012〕29号文批准该报告。

第十五节　广西靖西龙邦锰矿远景调查

一、项目基本情况

"广西靖西龙邦锰矿远景调查"是中国冶金地质勘查工程总局中南局中南地质勘查院于2010年申请，中国地质调查局批准立项的项目。项目归口管理部室：中国地质调查局资源评价部。所属二级项目为"南岭成矿带地质矿产调查"。项目编号1212011085374，任务书编号：资〔2010〕矿评01-01-14-26、资〔2011〕02-14-22、资〔2012〕02-012-021。项目批复的总费用为880万元，其中2010年费用400万元，2011年费用300万元，

2012 年费用 180 万元。工作起止时间：2010 年 5 月~2013 年 11 月。

2010 年在龙邦—岳圩锰矿成矿区，2011 年在足荣—东平锰矿成矿带，开展 1∶5 万矿产地质修测；2012 年对圈定的找矿远景区开展 1∶1 万地质简测，并配合探槽、浅井等山地工程，探求锰矿资源量。

目的任务：全面收集调查区内地质、物化探、勘查、科研等资料，以上泥盆统五指山组、上-下石炭统巴平组、下三叠统北泗组等各含锰岩系中深部碳酸锰矿为主攻对象，兼顾上-下石炭统巴平组、下三叠统北泗组地层中的氧化锰矿；在龙邦—岳圩锰矿成矿区开展 1∶5 万矿产远景调查，初步查明调查区地层、含锰岩系、构造、岩浆岩及锰矿分布情况；对矿化有利地段开展 1∶1 万地质简测、施工槽、井工程，圈定和揭露锰矿层；选择锰矿层厚、品位优的地段施工钻探工程，进行深部验证，初步了解各含锰岩系地层中深部碳酸锰矿层延伸及质量特征。

完成的主要实物工作量为 1∶5 万地质修测 1807km^2，1∶1 万地质简测 185km^2，槽探 8523.81m^3，浅井 188.4m，旧坑清理 96.1m，钻探 3486.61m。

项目由中国地质调查局武汉地质调查中心实施，中国冶金地质勘查工程总局中南局中南地质勘查院南宁分院负责承担，项目负责人先后为廖青海、黄桂强，主要完成技术人员先后有朱炳光、李中启、周翔、赵品忠、黄均城、李克、贺强、叶胜、江浩、高翔、文运强、张昌珍、严新添、李言复、宋兰华、张小周、王亚飞、卢斌、龙航、黄荣章、颜京、黄承泽、杨远峰、林健、丘剑威等。

二、主要成果

新发现矿产地 4 处。分别是德保县六钦锰矿区、田东县六乙锰矿区、天等县把荷锰矿区、德保县大旺锰矿区。

共探获锰矿石 333+334 资源量 3945.41 万吨，其中，333 资源量氧化锰矿石 73.59 万吨，低品位氧化锰矿石量 14.07 万吨，碳酸锰矿石量 507.78 万吨；氧化锰矿石 334 资源量 1266.19 万吨，低品位氧化锰矿石量 990.64 万吨，优质富氧化锰矿石量 177.23 吨，碳酸锰矿石量 915.91 万吨。

引领社会资金对下三叠统北泗组含锰岩系地层中的锰矿开展地质勘查工作，如六钦锰矿区、六乙锰矿区的详查工作等。

三、评审验收情况

2013 年 11 月 16~17 日，中国地质调查局中南地区地质调查项目管理办公室组织专家对项目野外工作进行验收，2014 年 11 月 3~5 日中国地质调查局武汉地质调查中心组织专家在广西南宁市对报告进行了评审，并以中地调（中南）评字〔2014〕36 号文出具《〈广西靖西龙邦锰矿远景区调查报告〉地质调查项目成果报告评审意见书》批准该报告。

第十六节　广西天等龙原—德保那温地区锰矿整装勘查

一、项目基本情况

"广西天等龙原—德保那温地区锰矿整装勘查区"是国土资源部 2012 年第 22 号《国

土资源部关于设立第二批找矿突破战略行动整装勘查区的公告》明文确定的国家第二批整装勘查区。中国冶金地质总局广西地质勘查院根据国土资源部国土资发〔2011〕55号文《国土资源部关于进一步完善矿业权管理促进整装勘查的通知》和国土资发〔2012〕140号《国土资源部关于加快推进整装勘查实现找矿重大突破的通知》的精神，编制整装勘查区实施方案，并执行项目。项目投入总经费12078万元。工作起止时间：2012年10月～2017年11月。

工作区位于广西百色市、崇左市境内，整装勘查区北自田东作登，南止德保大旺，东起天等龙原，西至德保那温，其地理坐标为东经106°36′47″～107°17′57″，北纬23°12′46″～23°26′43″，面积约1077.0km²。

目的任务：以广西桂西南地区摩天岭复向斜两翼及转折端的下三叠统北泗组地层中的锰矿为主要勘查对象，主攻已知矿床（点）深边部的贫碳酸锰矿，兼顾成矿有利空白区的氧化锰矿及其深部的碳酸锰矿，整体查明勘查区内锰矿的分布规律和资源潜力。在此基础上，进一步规范整装勘查区内矿业权管理，通过科学设置探矿权和采矿权，使整装勘查区内矿产资源勘查开发布局合理、秩序井然。预期新增锰矿石111b+122b+333资源储量8000万吨。

整装勘查区内勘查工作历时五年多时间，累计完成钻探53316.99m，坑探640.8m（含旧坑清理），浅井101.6m，槽探24758.66m³，各类地质剖面测量47.205km，各类大比例尺地质填图347.70km²。

整装勘查项目承担单位为中国冶金地质总局广西地质勘查院，项目负责人为夏柳静，主要完成技术人员有文运强、黄均城、石伟、黄霞春、李中启、杨育振、邹颖贵、陈继勇、彭泽喻、赵品忠、杨晔等。

二、主要成果

完成各类地质勘查项目16个（共24批次），其中中央财政资金项目4个，地方财政资金项目5个，企业资金投入项目7个。

通过野外调查和室内综合分析研究工作，首次厘定桂西南锰矿成矿带早三叠世北泗期锰矿形成的岩相、亚相、微相；首次认定早三叠世北泗期东平锰矿区是一个热液喷出口，或是火山喷流口，将带出的深源锰质就近沉积，形成较富、规模巨大的锰矿床。锰矿床总体规模超过下雷锰矿床。

整装勘查区的锰矿勘查工作主要在东平锰矿区、龙怀锰矿区、扶晚锰矿区、六乙锰矿区进行。对这几个锰矿区深部的碳酸锰矿进行了全面控制，提交2个特大型锰矿床、4个大型锰矿床、4个中型锰矿床、1个小型锰矿床。

整个整装勘查区共探获新增锰矿石333+334资源量35879.98万吨，其中333资源量及以上为27912.65万吨。

三、评审验收情况

未提交整体成果报告。每年均提交半年和年度工作报告。

四、重要奖项或重大事件

2019年荣获中国冶金地质总局改革开放突出贡献集体奖。

第十七节　广西天等县东平锰矿区外围锰矿普查

一、项目基本情况

"广西天等县东平锰矿区外围锰矿普查"是中国冶金地质总局广西地质勘查院依据广西壮族自治区国土资源厅桂国土资函〔2012〕1515号、桂国土资函〔2014〕541号文精神，实施的2012年第一批、2014年第一批广西地质找矿突破战略行动地质勘查项目。项目批复资金为980万元。工作起止时间：2012年6月～2013年6月。

工作区包括东平锰矿区十二个矿段中洞蒙、渌利、驮仁东、驮仁西等矿段的深部，地理坐标为东经107°07′53″～107°11′22″，北纬23°17′17″～23°18′56″，面积为9.86km²。

目的任务：以原生碳酸锰矿为勘查重点，兼顾评价地表浅部氧化锰矿；以钻探为主要工作手段，辅以实测剖面、地质填图、槽探等手段，大致查明工作区成矿远景，估算资源量并对矿区作出初步评价；提交碳酸锰矿333+334资源量5000万吨。

完成的主要实物工作量为：1∶1万地质修测11.4km²，1∶1000实测地质剖面10.09km，探槽1098.25m³，钻探8406.34m。

项目由中国冶金地质总局广西地质勘查院负责承担，项目负责人为简耀光，主要完成技术人员有黄桂强、龙涛、叶胜、宋兰华、黎丹、李有炜、赵汉中、赵品忠、彭磊、吴刚、刘晓珠、雷金泉、张绍屏、丘剑威、戴秋兰、董敏鸣、黄倍勤、徐文颖、李姿睿、李迪、盛娅薇等。

二、主要成果

在三叠系下统北泗组含锰层中共圈定IV_1、IV_2、IV_3、IV_4、IV_5、IV_6、IV_7等7个碳酸锰工业矿体，IVd_1、IVd_2、$IIId_1$、$IIId_2$、$IIId_3$、$IIId_4$、$IIId_5$、$IIId_6$、$IIId_7$、IId_1、IId_2、Id_1、Id_2、IX_1d_1、IX_1d_2、IX_2d_1、IX_2d_2等17个低品位碳酸锰矿体。

共探获碳酸锰矿石333资源量130.17万吨，探获低品位碳酸锰矿石333资源量9641.73万吨。

三、评审验收情况

2014年3月20日，广西国土资源厅组织专家对项目野外地质工作进行验收。2017年11月15日，广西壮族自治区矿产资源储量评审中心对《广西天等县东平锰矿区外围锰矿普查报告》进行了评审，并以桂储评字〔2017〕5号文批准该报告，2017年12月25日，广西壮族自治区国土资源厅以桂资储备案〔2017〕73号文对评审的报告进行了备案。

第十八节　广西田东—德保地区矿产地质调查

一、项目基本情况

"广西田东—德保地区矿产地质调查"是中国地质调查局"南岭成矿带地质矿产调

查"项目中的子项目。项目编号为 12120113064100，任务书编号：资〔2013〕01-015-031、资〔2014〕01-017-020、〔2015〕02-05-02-005。项目起止时间为 2013～2015 年，共3 年，项目总经费为 640 万元。

2013 年在整装勘查区广西德保县六翁一带开展锰矿调查工作，2014 年在整装勘查区德保县幅（F48E005019）、马隘幅（F48E004019）开展调查工作，2015 年在印茶—东平隆起西侧工作区选择含锰岩系规模大、保存完整的区段开展调查工作。

目的任务：以展布于摩天岭复向斜两翼及转折端的下三叠统北泗组含锰岩系中深部碳酸锰矿为主攻对象，兼顾工作程度较低地区的氧化锰矿；初步查明整装勘查区内地层、构造、岩浆岩及锰矿层展布情况，圈定和揭露锰矿层；选择锰矿层厚度大、品位优的地段施工钻探工程，进行深部验证，初步了解含锰岩系地层中锰矿层延伸及矿石质量特征，估算资源量，预期提交锰矿石 333+334 资源量 5000 万吨。

完成的主要实物工作量：1：5 万地质简测 200km²，1：5 万地质修测 1320km²，1：2.5 万地质简测 100km²，1：1 万地质简测 50km²，1：1 万地质草测 20km²，AMT 测深131 点，槽探 7166.09m³，浅井 19.14m，钻探 2536.18m。

项目由中国地质调查局武汉地质调查中心负责实施，中国冶金地质总局广西地质勘查院承担。项目负责人为文运强，主要完成人员有侯宁、封余勇、李荣志、石伟、黄霞春、李中启、夏柳静、黄均城、冯曦轩、邹颖贵、赵品忠、任立军、张柏森、彭磊、韦义师、徐加袁、李建良、吕敏君、盘斌、杨晔、院文林、廖青海、朱炳光、周翔、刘晓珠等。

二、主要成果

项目检查了 8 个具有较大找矿潜力的矿床（点），新发现平尧、驮琶、那造 3 个碳酸锰矿矿产地，新发现乐育锰矿、峒干锰矿 2 个找矿靶区，龙怀、六柳 2 个碳酸锰矿找矿地段。

估算锰矿石 334 资源量 2376.93 万吨，其中，氧化锰矿净矿石量 58.75 万吨，碳酸锰矿石量 2318.18 万吨。

划分找矿远景区 3 个，最小预测区 5 个，预测锰矿石资源量 67627 万吨。优选 A 类找矿靶区 3 个，B 类找矿靶区 2 个，对调查区有利的成矿部位作出了预测，为整装勘查工作后续部署提供了有力支撑。

三、评审验收情况

项目于 2016 年 5 月 30 日～6 月 1 日通过中国地质调查局中南地区地质调查项目管理办公室专家组野外验收。2016 年 9 月 22～24 日中国地质调查局中南地区地质调查项目管理办公室组织专家在南宁市对报告进行了评审，并以中地调（中南）评字〔2016〕119号文批准该报告。

第十九节　广西田东县龙怀锰矿区那社矿段碳酸锰矿普查

一、项目基本情况

"广西田东县龙怀锰矿区那社矿段碳酸锰矿普查"是中国冶金地质总局广西地质勘查

院依据广西壮族自治区国土资源厅桂国土资函〔2013〕861号文，申报并实施的自治区大规模地质矿产勘查项目，项目批复资金为400万元。工作起止时间：2013年4月~2015年3月。

普查区位于广西天等龙原—德保那温地区锰矿整装勘查区的东南部，东起禄招，西到绿柳，北起广西田东锰矿，南止迪诺，其地理坐标为东经107°06′57″~107°10′44″，北纬23°17′52″~23°19′35″，面积8.15km²。

目的任务：圈定含锰层位，大致查明氧化锰矿体特征、矿石品位；探索深部碳酸锰矿厚度、品位、矿体规模等。预期找到可供进一步勘查的中型碳酸锰矿产地1处，提交普查报告。

完成的主要实物工作量为：1:1000实测地质剖面3km，1:1万地质填图7.5km²，探槽2327.72m³，钻探2306.39m。

项目承担单位为中国冶金地质总局广西地质勘查院，项目经理为简耀光，参加的主要技术人员有龙涛、夏柳静、黄桂强、刘晓珠、叶胜、宋兰华、黎丹、雷金泉、李有炜、赵汉中、彭磊、赵品忠等。

二、主要成果

普查工作在Ⅳ、Ⅸ矿层中圈定Ⅳ₁、Ⅸ₂-1、Ⅸ₂-2、Ⅸ₂-3、Ⅸ₁-1等5个低品位碳酸锰矿体。共估算碳酸锰矿石333+334资源量381.40万吨，其中333资源量232.05万吨。

三、评审验收情况

2015年3月27日，广西国土资源厅组织专家对项目野外地质工作进行了验收，2018年3月6日，广西壮族自治区国土资源厅以《广西地质勘查项目成果报告评审意见书》批准《广西田东县龙怀矿区那社矿段碳酸锰矿普查报告》。

第二十节 广西天等县东平锰矿区冬裕—含柳矿段碳酸锰矿普查

一、项目基本情况

"广西天等县东平锰矿区冬裕—含柳矿段碳酸锰矿普查"是中国冶金地质总局广西地质勘查院依据广西壮族自治区国土资源厅桂国土资函〔2014〕1757号文、桂国土资函〔2015〕876号文精神，实施的2014年第二批广西找矿突破战略行动地质矿产勘查项目，项目批复资金为480万元。工作起止时间：2014年12月~2016年3月。

普查工作主要在冬裕—含柳矿段的深部开展，其地理坐标为东经107°10′53″~107°13′10″，北纬23°17′17″~23°18′26″，工作区面积4.28km²。

目的任务：以原生碳酸锰矿为勘查重点，兼顾评价地表浅部氧化锰矿，以钻探为主要工作手段，辅以地质填图、实测剖面等手段，大致查明工作区成矿远景，并估算资源量。预期提交新增锰矿石333+334资源量4000万吨。

完成的主要实物工作量为：1:1万地质修测5.5km²，1:1000实测地质剖面2.22km，探槽1008.99m³，钻探3337.82m。

项目由中国冶金地质总局广西地质勘查院承担，项目负责人为赵品忠，主要完成技术人员有彭磊、陆世才、张柏森、黄荣章、石伟、黄桂强、刘晓珠、简耀光等。

二、主要成果

在下三叠统北泗组含矿层中共圈定 IV_1、II_1、I_1 等 3 个矿体，IV_1 矿体走向长 1201m，倾向延深 896m，矿体平均厚 2.43m；II_1 矿体走向长 868m，倾向延深为 893m，矿体平均厚为 1.42m；I_1 矿体走向长 368m，倾向延深 884m，矿体平均厚为 0.78m。

探获新增低品位碳酸锰矿石 333+334 资源量 503.98 万吨。

三、评审验收情况

2016 年 7 月 27~28 日，广西国土资源厅组织专家对项目野外地质工作进行了验收，2017 年 11 月 15 日，广西国土资源厅矿产勘查办公室对《广西天等县东平锰矿区冬裕—含柳矿段碳酸锰矿普查报告》进行了评审、认定。

第二十一节 广西天等龙原—德保那温地区锰矿整装勘查区专项填图与技术应用示范

一、项目基本情况

"广西天等龙原—德保那温地区锰矿整装勘查区专项填图与技术应用示范"是中国冶金地质总局广西地质勘查院和中国地质调查局武汉地质调查中心共同申报、隶属于"广西天等龙原—德保那温地区锰矿整装勘查区"配套项目。项目编号为 12120114052601，任务书编号为：科〔2014〕04-025-042、〔2015〕02-09-01-042。项目两年总投入中央财政资金为 280 万元，每年投入各 140 万元。其中中国冶金地质总局广西地质勘查院执行经费 125 万元，中国地质调查局武汉地质调查中心执行经费 155 万元。工作起止时间：2014 年 1 月~2015 年 12 月。

工作区范围与"广西天等龙原—德保那温地区锰矿整装勘查区"范围一致，其地理坐标为东经 $106°36'47''~107°17'57''$，北纬 $23°12'46''~23°26'43''$，面积约 $1077.0km^2$。

目的任务：以海相沉积锰矿床为重点，在天等龙原—德保那温地区整装勘查区摩天岭复向斜中东平、扶晚等重点工作区，主要通过成矿地质体、成矿构造和成矿结构面、成矿作用特征标志等研究，结合必要的大比例尺专项地质填图及物探工作，构建找矿预测模型，开展找矿预测研究，强化成果应用，及时为勘查工程布置提供合理化建议。动态跟踪"天等龙原—德保那温地区整装勘查区"工作进展，编制工作报告。编制重点工作区大比例尺专题图件，开展选区研究。

中国冶金地质总局广西地质勘查院的目的任务是：实时跟踪掌握"天等龙原—德保那温地区整装勘查区"内矿业权区块勘查资金投入、主要实物工作量完成情况、主要进展与成果等；编制整装勘查区年度工作方案，提交整装勘查区半年和年度工作报告。编制摩天岭复向斜中东平、扶晚等重点工作区 1∶5 万岩相古地理、地质矿产、物化探等系列图件，开展部署研究，优选找矿靶区。选择摩天岭复向斜中东平、扶晚等重点工作区，参与找矿预测,并承担大比例尺岩相、构造等专题填图和物探工作。

中国地质调查局武汉地质调查中心的目的任务是:开展摩天岭复向斜等地区含矿岩系沉积环境及成矿物质来源研究,厘定成矿地质体、成矿构造和成矿结构面,总结成矿作用特征标志,开展相应的物化探工作,构建找矿预测模型,预测矿体空间位置,提出勘查工程布置建议。组织召开 1 次现场交流研讨会。

完成的主要实物工作量为:AMT 测深 62 点,CSAMT 测深 95 点,物探剖面 5.49km,1:500~1:2000 实测剖面 30km,路线观察 302 点,探槽 800m³,1:1 万建造构造填图 12km²,岩矿光薄片鉴定 104 块,主、微量元素分析样 208 件,电子探针分析 44 件 120 点,稀土元素分析 80 件,常量元素分析 90 件,同位素分析 15 件,包裹体分析 10 件,系列编图 41 幅。

项目承担单位为中国冶金地质总局广西地质勘查院和中国地质调查局武汉地质调查中心,项目负责人为夏柳静、汤朝阳,主要完成人员有文运强、李荣志、高翔、李堃、刘飞、朱炳光等。

二、主要成果

编制了"广西天等龙原—德保那温地区锰矿整装勘查区早三叠世北泗期岩相古地理图";总结出勘查区内锰矿床成矿具"内源外生"的规律,原生碳酸锰最有利的成矿环境为台丘下斜坡亚相泥灰岩-泥岩微相,成矿物质来源主体为深部热液;氧化锰矿产于氧化界面之上,是原生碳酸锰矿氧化富集的产物。

AMT 和 CSAMT 对于该区三叠系下统北泗组和中统百逢组地层形成的向斜构造有一定的反映,锰矿层都位于 CSAMT 反演的高阻体下部的低阻过渡带或低阻带上。

初步建立了广西天等东平—德保那温锰矿整装勘查区锰矿找矿预测地质模型,填补了桂西南地区的空白。在对 A 级远景区(东平—那社和扶晚远景区)典型锰矿床进行研究的基础上,圈出了 B 级远景区(平尧—加乐找矿靶区和那板—坡塘找矿靶区)和 C 级远景区(大旺找矿靶区和进远—进结找矿靶区)。

编制并提交整装勘查区系列图件和数据库。

三、评审验收情况

2016 年 5 月 20 日,广西壮族自治区国土资源厅受中国地质调查局委托组织专家对项目野外工作进行了验收。2017 年 8 月 14 日,中国地质调查局组织专家对中国冶金地质总局广西地质勘查院和中国地质调查局武汉地质调查中心提交的《广西天等龙原—德保那温地区锰矿整装勘查区专项填图与技术应用示范报告》进行了评审,并以中地调(总)审字〔2017〕664 号《地质调查项目成果报告审查意见书》批准该报告。

第二十二节 广西大新县土湖锰矿区外围锰矿普查

一、项目基本情况

"广西大新县土湖锰矿区外围锰矿普查"是中国冶金地质总局广西地质勘查院根据广

西国土资源厅桂国土资办〔2014〕198号文件精神申报并实施的2014年第二批自治区找矿突破战略行动地质勘查项目，项目总经费380万元。工作起止时间：2015年5月~2017年6月。

普查工作在土湖锰矿区采矿权范围外空白区内开展，其地理坐标为东经106°47′00″~106°51′15″，北纬23°01′00″~23°05′45″，面积约33.62km²。

目的任务：全面收集分析以往地质矿产勘查开发资料，研究锰矿的成矿地质条件和控矿地质因素，总结成矿规律，指导找矿；以上泥盆统榴江组中的原生碳酸锰矿为勘查重点，兼顾西北浅表的氧化锰矿，以钻探、槽探为主要工作手段，辅以实测剖面、地质填图等手段，大致查明普查区成矿远景，并估算333+334资源量。

完成的主要实物工作量为：1：1万地质草测33.62km²，槽探500.0m³，钻探3214.16m。

项目承担单位为中国冶金地质总局广西地质勘查院，项目负责人为廖青海，主要完成人员有朱炳光、赵子令、农泽伟、段圣彩、严新泺、丁大庆、覃海新、莫佳、蒋新红、张绍屏、徐加袁、张柏森、李国强、李克、丘剑威等。

二、主要成果

圈定了5个锰矿体，其中，上泥盆统榴江组第二段含锰层圈定4个矿体，分别是①~④号矿体；在上泥盆统五指山组第二段含锰层新发现矿体1个，为⑤号矿体。控制矿体走向长度为800m，厚度0.51~2.16m，平均厚度为1.33m，碳酸锰矿石品位为Mn 15.79%。

探获贫锰矿石333资源量16.52万吨，低品位碳酸锰矿石资源量109.39万吨。其中，氧化锰矿石资源量5.88万吨，矿体平均厚度为0.98m，平均品位Mn 20.32%；碳酸锰矿石资源量10.64万吨，矿体平均厚度为1.33m，平均品位Mn 15.79%；低品位碳酸锰矿石资源量109.39万吨，矿体平均厚度为1.79m，平均品位Mn 12.25%。

三、评审验收情况

2017年8月1~2日，广西壮族自治区国土资源厅组织专家对项目野外地质工作进行验收。2018年4月28日，广西壮族自治区矿产资源储量评审中心对《广西大新县土湖锰矿区外围锰矿普查报告》进行了评审，并以桂储评字〔2018〕27号文批准该报告，2019年1月17日广西壮族自治区国土资源厅以桂资储备案〔2019〕1号文对评审的报告进行了备案。

第二十三节　广西天等县东平锰矿区平尧矿段碳酸锰矿普查

一、项目基本情况

"广西天等县东平锰矿区平尧矿段碳酸锰矿普查"是中国冶金地质总局广西地质勘查院依据广西壮族自治区国土资源厅桂国土资函〔2015〕477号、桂国土资函〔2016〕365号文，实施的2015年第一批、2016年第一批广西找矿突破战略行动地质矿产勘查项目，项目批复资金为830万元。工作起止时间：2015年3月~2017年1月。

普查工作主要在东平锰矿区 12 个矿段中的平尧矿段深部开展，其地理坐标为东经 107°00′31″~107°02′31″、北纬 23°17′30″~23°18′15″，勘查面积约 3.0km²。

目的任务：以平尧矿段下三叠统北泗组地层中的原生碳酸锰矿为勘查重点，以钻探、槽探为主要工作手段，辅以地质填图、实测地质剖面等手段，大致查明工作区矿床地质特征，并估算资源量。预期提交新增碳酸锰矿石 333+334 资源量 2500 万吨，其中推断的 333 资源量 2100 万吨。

完成的主要实物工作量为：1：2000 地质简测 3km²，1：1000 实测地质剖面 3km，探槽 1352.1m³，钻探 6859.67m。

项目由中国冶金地质总局广西地质勘查院承担，项目负责人为卢斌，主要完成技术人员有杨泽金、邹颖贵、严乐佳、杨文海、袁魏、李首聪、刘晓珠、丘剑威等。

二、主要成果

在下三叠统北泗组含锰层中圈定碳酸锰矿层走向延长 4.0km，倾向延伸最大达 800m，控制到 Ⅰ、Ⅱ、Ⅳ、Ⅵ、Ⅸ 等 5 层碳酸锰矿层，以 Ⅱ、Ⅳ 矿层最为稳定，连续性好。锰矿层单层厚度为 0.55~5.49m，多层矿累计厚度达 11.65m。

估算碳酸锰贫锰矿石 333 资源量 272.23 万吨，碳酸锰低品位矿石量 1885.93 万吨。

三、评审验收情况

2017 年 5 月 9~10 日，广西壮族自治区国土资源厅地质勘查处对项目野外工作进行了验收。2018 年 3 月 19 日，广西壮族自治区矿产资源储量评审中心对《广西天等县东平锰矿区平尧矿段碳酸锰矿普查报告》进行了评审，并以桂储评字〔2018〕14 号文批准该报告，2019 年 1 月 17 日，广西壮族自治区国土资源厅以桂资储备案〔2019〕4 号文对评审的报告进行了备案。

第二十四节 广西天等龙原—德保那温地区锰矿整装勘查区矿产调查与找矿预测

一、项目基本情况

"广西天等龙原—德保那温地区锰矿整装勘查区矿产调查与找矿预测（印茶幅）"是中国冶金地质总局广西地质勘查院与中国冶金地质总局中南地质勘查院组成投标联合体，联合投标而中标的项目。中标合同编号为：中地调研合同〔2016〕260 号，项目编号为 DD20160050-049。项目投入总经费 130 万元。工作起止时间：2016 年 5 月~2017 年 3 月。勘查工作位于印茶幅（F48E004021），其地理坐标为东经 107°00′00″~107°15′00″，北纬 23°20′00″~23°30′00″，面积 477km²。

目的任务：系统收集和综合分析已有地、物、化、遥、矿产等资料，采用数字填图技术，开展印茶幅（F48E004021）1：5 万水系沉积物测量、综合检查，开展找矿预测，圈定找矿靶区，评价资源潜力，提出下一步找矿工作部署建议，建立原始及成果资料数据库；开展整装勘查区进展跟踪、成果综合，实时跟踪掌握广西天等龙原—德保那温锰矿整装勘查区内矿业权区块勘查资金投入、完成的主要实物工作量、主要进展与成果等。

完成的主要实物工作量为：1：5万矿产地质调查 477km²，1：1万地质简测 4km²，1：5万水系沉积物测量 477km²，土壤剖面测量 4km，激电中梯（长导线）剖面测量 3km，槽探 503.04m³，水系沉积物样 2127 个，土壤样 236 个。

项目实施单位为中国地质调查局发展研究中心（自然资源部矿产勘查技术指导中心），项目负责人为吕志成、于晓飞、颜廷杰；子项目承担单位为中国冶金地质总局广西地质勘查院与中国冶金地质总局中南地质勘查院，子项目负责人为夏柳静，主要完成技术人员有文运强、黄均城、余宏超、石伟、黄霞春、李中启、杨育振、邹颖贵、陈继勇、彭泽喻、赵品忠、杨晔、黄承泽等。

二、主要成果

通过实测剖面和区域对比，对工作区六乙一带石炮组第二段进一步划分出东平层为该区重要含锰层。初步查明印茶幅成矿地质条件及矿产资源特征、矿产分布情况及成矿特征。新发现锑矿（化）点 1 处，褐铁矿点 2 处。对调查区内的矿床（点）进行了踏勘检查。初步建立 1：5万矿产地质调查原始资料数据库和成果资料数据库。

通过 1：5万水系沉积物测量，圈定 18 种单元素异常 529 个；初步圈定化探综合异常 15 处。根据异常分类原则，共划分甲 1 类异常 2 个，乙 1 类异常 13 个。在此基础上，圈定综合异常区，编制地球化学成矿预测图等。

通过异常查证，在百龙一带圈定了与锑矿成矿有关的破碎带，施工探槽控制到锑矿体，提交百龙锑矿找矿靶区 1 处。初步估算预测的锑金属 334 资源量 2521t，矿体平均厚度 1.46m，Sb 平均品位 4.48%。

三、评审验收情况

2017 年 7 月 18~19 日，中国地质调查局发展研究中心组织专家对项目进行了野外验收。2019 年 3 月 21 日，中国地质调查局发展研究中心组织专家对《广西天等龙原—德保那温地区锰矿整装勘查区矿产调查与找矿预测子项目成果报告印茶幅（F48E004021）》进行了评审，并以中地调发（评）〔2019〕049-1 号《中国地质调查局地质调查项目成果评审意见书》批准该报告。

第二十五节　广西天等县东平锰矿区那造矿段碳酸锰矿普查

一、项目基本情况

"广西天等县东平锰矿区那造矿段碳酸锰矿普查"是中国冶金地质总局广西地质勘查院依据广西壮族自治区国土资源厅桂国土资函〔2016〕404 号文，承担的 2016 年第一批广西找矿突破战略行动地质矿产勘查项目，项目批复资金为 430 万元。工作起止时间：2016 年 3 月~2017 年 2 月。

普查工作主要在东平锰矿区 12 个矿段中的那造矿段的深部开展，其地理坐标为东经 107°09′30″~107°11′48″，北纬 23°17′49″~23°19′31″，工作区面积 4.96km²。

目的任务：以沉积型的碳酸锰为勘查重点，兼顾地表浅部氧化锰矿；以钻探为主，辅以地质剖面测量、探槽揭露等工作，大致查明工作区锰矿成矿远景，并探求资源量，为进一步勘查提供依据。预期提交 333+334 贫碳酸锰矿石资源量 250 万吨，低品位碳酸锰矿石资源量 1900 万吨。

完成的主要实物工作量为：1∶1 万地质测量（简测）3km²，1∶1000 实测地质剖面4.35km，探槽 1014.82m³，钻探 3288.57m。

项目由中国冶金地质总局广西地质勘查院负责承担，项目负责人为邹颖贵，主要完成技术人员有彭磊、黄承泽、韦义师、徐加袁、冯曦轩、张柏森、丘剑威、黎丹、农泽伟等。

二、主要成果

在下三叠统北泗组含矿层中共圈定Ⅸ-1、Ⅳ-1、Ⅳ-2、Ⅱ-1、Ⅱ-2、Ⅰ-1、Ⅰ-2、Ⅰ-3共 8 个矿体。

探获新增 333 资源量低品位碳酸锰矿石量 154.86 万吨。

三、评审验收情况

2017 年 5 月 9~10 日，广西国土资源厅组织专家对项目野外地质工作进行验收。2017年 11 月 17 日，广西国土资源厅矿产勘查办公室对《广西天等县东平锰矿区那造矿段碳酸锰矿普查报告》进行了评审，2018 年 5 月 8 日以桂国土资办〔2018〕220 号文对报告评审意见进行印发。

第二十六节　广西那坡地区矿产地质调查

一、项目基本情况

"广西那坡地区矿产地质调查"为中国地质调查局下达的二级项目"湘西—滇东地区矿产地质调查"的子项目。子项目任务书编号为中冶地〔2016〕206 号、中冶地〔2017〕204 号、中冶地〔2018〕204 号。工作起止时间：2016~2018 年，项目经费 1100 万元。

工作区位于广西桂西南那坡县—德保县一带。工作区图幅为那坡县幅（F48E004016）、魁圩幅（F48E004017）、多敬幅（F48E004018）、德隆街幅（F48E005016）、安德幅（F48E005017）、南坡街幅（F48E006017）6 幅。

目的任务：以沉积型锰矿为主攻矿种，兼顾金矿等矿产，通过开展 1∶5 万矿产地质调查，初步查明区内锰矿成矿地质背景、含锰层位及其分布，了解区内元素分布特征，圈定异常；开展大比例尺地质测量，并对圈定的异常及成矿有利地段开展综合检查；对成矿有利地段，开展槽探等工程揭露，了解矿体（层）特征。按照"三位一体"的工作思路与工作方法，初步查明桂西南重点找矿区锰、金成矿地质背景、成矿规律，圈定找矿靶区 3~6 处，建立成矿模式和找矿模型，开展重要找矿远景区矿产资源潜力动态评价。

项目完成的主要实物工作量：1∶5 万矿产地质专项填图 2866km²，1∶5 万水系沉积物测量 2860km²，槽探 7000m³，钻探 642m。

项目由中国冶金地质总局广西地质勘查院承担。项目负责人为江沙；副负责人为刘云、蒋新红、周星；主要完成人员有严新泺、赵汉中、李有炜、袁巍、冯曦轩、严乐佳等。

二、主要成果

编制了那坡县幅（F48E004016）、魁圩幅（F48E004017）、多敬幅（F48E004018）、德隆街幅（F48E005016）、安德幅（F48E005017）、南坡街幅（F48E006017）等6幅1：5万矿产地质图及说明书。

圈定了1：5万水系沉积物测量单元素异常919个，综合异常51个，其中甲类异常2个，乙类异常14个，丙类异常35个。

圈定了成矿预测区8个（其中2个A级、3个B级、3个C级）；建立了典型金矿、锰矿矿产预测模型，对测区内的金矿、锰矿进行了矿产资源潜力评价。

总结了泥盆系榴江组锰矿的成矿要素和控矿因素，探讨了含锰建造与其成矿关系，建立了锰矿成锰模式；完成了"广西那坡地区泥盆系榴江组锰矿成矿地质条件及控矿特征"专题研究。

新发现金矿点4个、金矿化点1个，锰矿化点2个。

三、评审验收情况

2018年12月，中国冶金地质总局下达了野外验收审核意见书；2019年3月，中国冶金地质总局下达《地质调查项目成果报告评审意见书》（中冶地〔2019〕评0204号）。

四、重要奖项或重大事件

该项目所属二级项目获得2019年度中国地质学会"十大地质科技进展"。

第二十七节　广西大新县下雷—土湖锰矿矿集区矿产地质调查

一、项目基本情况

"广西大新县下雷—土湖锰矿矿集区矿产地质调查"是中国冶金地质总局广西地质勘查院从五矿国际招标有限责任公司中标的"中国地质调查局发展研究中心重要锡、锰等矿集区矿产地质调查"（项目编号：WKZB1911BJM300371）的子项目。所属二级项目为"重要锡、锰等矿集区矿产地质调查"。项目编号为DD20190166-16。工作起止时间：2019年5月~2021年9月，项目经费为287万元。

工作区涉及1：5万标准图幅有足表圩幅（F48E007019）、岳圩幅（F48E007019仅包括中国境内范围）、上映幅（F48E006020）、下雷幅（F48E006020）。

目的任务：全面收集以往地质矿产调查、矿产勘查和矿山开发的成果资料，研究总结矿集区成矿规律及控矿条件，构建找矿预测地质模型；采用大比例尺地、物、化等手段开展矿产检查及找矿预测，圈定找矿靶位；选择有利地段开展钻探验证，初步查明矿体的形态、规模、产状、厚度、品位等特征；开展矿产资源地质潜力—技术经济可行性—环境影响综合评价；建立原始及成果资料数据库；提交"广西大新县下雷—土湖锰矿矿集区矿产地质调查"成果报告、相关图件及数据库；提交锰矿石 333+334 资源量 1000 万~1500 万吨。

完成的主要实物工作量为：1∶1 万专项地质测量（正测）16km²，AMT 测量 4.2km，槽探 1003.25m³，钻探 1654.52m。

项目实施单位为中国地质调查局发展研究中心（自然资源部矿产勘查技术指导中心），项目承担单位为中国冶金地质总局广西地质勘查院。项目负责人先后为赵品忠、黄宗添，主要完成人员有刘云、严乐佳、龙鹏、黄华、杨晔、吴佳昌、胡先平等。

二、主要成果

重新梳理了包括此次重点工作区土湖锰矿区外围在内的整个矿集区的地层，将二叠系分为乐平统、阳新统、船山统，四大寨组划为阳新统地层。

圈定碳酸锰矿最小预测区 8 个，其中"土湖式"锰矿预测区 3 个，"下雷式"锰矿预测区 5 个，预测锰矿石潜在矿产资源共 42608.62 万吨；优选出 4 个勘查程度较高、成矿地质条件优越、资源潜力大的靶区，并划分靶区类别。其中"下雷式"锰矿靶区 A 类 1 个、B 类 2 个、C 类 1 个；针对所提交的找矿靶区，开展了"矿产资源地质潜力—技术经济可行性—环境影响"综合评价专题研究，分析了勘查开发的有利条件和不利因素，提出下一步工作部署建议。

完成"广西大新县下雷—土湖锰矿矿集区矿产地质调查课题"原始资料及成果资料数据库。

探获碳酸锰矿石资源量 8.31 万吨，其中推断资源量 1.30 万吨，潜在矿产资源 7.01 万吨。

三、评审验收情况

2021 年 10 月，中国地质调查局发展研究中心组织专家组对项目进行了野外验收。2021 年 10 月 14~15 日，中国地质调查局发展研究中心组织专家组在南宁市对报告进行评审，并以中地调研发（评）〔2021〕50 号文批准该报告。

第二十八节 广西天等龙原—德保那温地区锰矿矿集区矿产地质调查

一、项目基本情况

"广西天等龙原—德保那温地区锰矿矿集区矿产地质调查"是中国冶金地质总局广西地质勘查院从五矿国际招标有限责任公司中标的"中国地质调查局发展研究中心重要锡、锰等矿集区矿产地质调查"项目（项目编号：WKZB1911BJM300371）的子项目。所属二级项目为"重要锡、锰等矿集区矿产地质调查"项目。项目编号为 DD20190166-15。工作起止时间：2019 年 6 月~2020 年 11 月，项目经费为 290 万元。

项目对矿集区内东平锰矿、扶晚锰矿、六乙锰矿等矿床开展研究工作，最后确定平尧锰矿区为此次的重点工作区。

目的任务：全面收集以往地质矿产调查、矿产勘查和矿山开发的成果资料，研究总结矿集区成矿规律及控矿条件，构建找矿预测地质模型；采用大比例尺地、物、化等手段开展矿产检查及找矿预测，圈定找矿靶位；选择有利地段开展钻探验证，初步查明矿体的形态、规模、产状、厚度、品位等特征，提交锰矿石 333+334 资源量；开展矿产资源地质潜力—技术经济可行性—环境影响综合评价专题研究和矿集区进展跟踪与成果综合；建立原始及成果资料数据库，提交课题成果报告。

完成的主要实物工作量：1∶1 万地质正测 5km^2，AMT 测量 4.2km，槽探 1002.5m^3，钻探 2021.8m。

项目实施单位为中国地质调查局发展研究中心，项目承担单位为中国冶金地质总局广西地质勘查院。项目负责人为李荣志，主要完成人员有蒋新红、叶胜、莫佳、文运强、邹颖贵、杨晔、江沙、刘晓珠、傅晓琴、黎丹、胡先平等。

二、主要成果

重新梳理了包括此次重点工作区平尧锰矿区在内的整个矿集区的地层，将此前下三叠统赋矿地层台地相序列马脚岭组+北泗组修正为斜坡—盆地相序列石炮组。

类比东平锰矿床的成矿模式及找矿模型，对矿石构造、锰品位、矿层厚度及含锰岩系厚度进行分析对比总结，恢复中心相、过渡相和边缘相大致分布区域，识别出成锰盆地大致沿北西向延伸，认为平尧锰矿区中段 290～306 线及外围北西向为矿区的锰质沉积中心。

圈定 IVg 碳酸锰矿体，探获碳酸锰矿资源量 198.40 万吨，其中，推断的资源量 44.7 万吨，潜在矿产资源 153.70 万吨；圈定 IVd、IId、Id 共 3 个碳酸锰低品位矿体，探获低品位矿资源量 1319.49 万吨，其中，推断资源量 264.67 万吨，潜在矿产资源 1054.82 万吨，提交中型锰矿床产地一处。

圈定碳酸锰矿最小预测区 9 个，其中"东平式"锰矿预测区 3 个，"扶晚式"锰矿预测区 6 个，预测锰矿潜在资源 54530.08 万吨；优选出 6 个勘查程度较高，成矿地质条件优越，资源潜力大的靶区，并划分靶区类别，其中"东平式"锰矿靶区 A 类 1 个，B 类 2 个；"扶晚式"锰矿靶区 A 类 1 个，B 类 1 个，C 类 1 个。针对所提交的找矿靶区，开展了矿产资源地质潜力—技术经济可行性—环境影响综合评价，分析了勘查开发的有利条件和不利因素，提出下一步工作部署建议。

建立了"广西天等龙原—德保那温地区锰矿矿集区矿产地质调查"项目原始资料及成果资料数据库，开展了整装勘查区进展跟踪与成果综合，提交了整装勘查区年度进展报告。依托该项目工作，培养技术骨干、优秀地质人员 2 名，发表论文 2 篇。

三、评审验收情况

2020 年 11 月 21～22 日，中国地质调查局发展研究中心组织专家组对项目进行了野外验收。2020 年 12 月 11 日，中国地质调查局发展研究中心组织专家组在北京对该报告进行评审，并以中地调发（评）〔2020〕49 号文批准该报告。

第二十九节 广西田林县洞弄氧化锰矿普查

一、项目基本情况

"广西田林县洞弄氧化锰矿普查"为矿产资源补偿费矿产勘查项目。工作起止时间：2003 年 5~12 月，项目经费为 110 万元。

普查工作区西起弄瓦，东至者仙，地理坐标范围为东经 106°00′44″~106°10′07″，北纬 24°00′10″~24°07′44″，面积为 60.0km²。

目的任务：对全区的含锰地层进行调查，对氧化锰矿露头带及有利成矿地段进行工程揭露；对优质氧化锰矿地段加密工程，并进行深部控制，圈定优质氧化锰矿矿体；对优质氧化锰矿进行开发论证；研究成矿机理，总结成矿规律；要求 2004 年提交普查报告，估算氧化锰矿石 333+334 资源量。

完成的主要实物工作量为：1∶1 万地质修测 25.0km²，1∶1000 实测地质剖面 2500m，探槽 3482.63m³，浅井 49.70m，坑道 237.90m。

项目承担单位为中国冶金地质勘查工程总局中南地质勘查院，项目经理为简耀光，参加的主要技术人员有李辉、莫洪智等。

二、主要成果

经过普查工作，圈定锰帽型氧化锰矿体 2 个。Ⅰ-1 号矿体控制走向延长 130m，倾向沿深 150m，矿体平均厚度为 0.81m，平均品位 Mn 41.13%；Ⅱ-1 号矿体控制走向延长 800m，倾向沿深 150m，矿体平均厚度为 0.72m，平均品位 Mn 32.41%。

估算氧化锰矿石 334 资源量 20.30 万吨，矿床平均品位 Mn 32.12%，Mn/Fe＝5.71，P/Mn＝0.006，为Ⅲ级氧化锰富矿。

三、评审验收情况

2004 年 2 月 22 日，中国冶金地质勘查工程总局中南局以《〈广西田林县洞弄氧化锰矿普查报告〉初审意见书》批准该报告。

第十四章 桂中地区

第一节 广西桂中一带锰矿普查

一、项目基本情况

"广西桂中一带锰矿普查"是中南冶金地质勘探公司南宁冶金地质调查所根据中南冶金地质勘探公司〔1986〕冶勘地字 17 号文精神及中南冶勘公司批复的普查找矿设计，开展的桂中一带富锰矿普查找矿项目。工作起止时间：1986 年 3~11 月。

工作区涉及来宾地区和马山地区。来宾地区南起朝西寺山，北止象洲县大蒙，东起高安古辣、翁窖，西止良塘、七洞，南北长 50km，东西宽 10~20km，其地理坐标为东经 109°24′~109°33′，北纬 23°30′~24°00′，面积约 600km²；马山地区南起坡造，北止乔利石塘，东起林圩，西止周鹿，南北长 40~50km，东西宽 20~30km，其地理坐标为东经 107°51′~108°18′，北纬 23°22′~23°40′，面积约 1000km²。

目的任务：开展桂中来宾地区朝西—大蒙一带 600km² 及桂中西部马山地区乔利—坡造一带 1000km² 的 1∶2.5 万路线地质调查工作；开展来宾县寺山锰矿点、宜山县洛东锰矿点的矿点检查工作；加强对桂中一带的资料收集和综合研究，对宜山石炭系碳酸锰矿进行研究；提交可供详查基地 2~3 处，提交桂中一带锰矿普查找矿报告。

完成的主要实物工作量为：1∶2.5 万路线地质调查 1600km，槽探 1491.18m³，民隆编录 65m。

项目承担单位为中南冶金地质勘探公司南宁冶金地质调查所，区段地质师为卢明章，副区段地质师为严庆雄，参加的主要技术人员有薛金水、周尚国、盛志华、周平安、吴国平、余宏超、胡华清、林健、石继荣等。

二、主要成果

通过 1∶2.5 万路线地质调查，初步了解了工作区内的地层、构造基本轮廓及含矿层位的地质特征。

对来宾寺山锰矿点、宜山洛东锰矿点的矿点检查，初步认为这两个锰矿点及其外围有进一步开展工作的前景。

对来宾地区、马山地区 47 个锰矿点开展矿点踏勘，筛选出能进一步开展工作和暂时由于交通等条件不宜开展工作的锰矿床（点）。

三、评审验收情况

内部验收、评审。

第二节　广西柳江县铜鼓岩锰矿区普查

一、项目基本情况

"广西柳江县铜鼓岩锰矿区普查"是中南冶金地质勘探公司南宁冶金地质调查所受冶金部矿山司和广西锰矿公司委托，根据中南冶金地质勘探公司〔1986〕冶勘地字265号文精神，对具有找富锰、优质锰条件的桂中柳江县铜鼓岩锰矿区开展的地质找矿普查项目。项目经费为25.45万元。工作起止时间：1987年2～12月。

普查区位于铜鼓岩矿段，其地理坐标为东经109°22′55″～109°24′36″，北纬24°06′39″～24°09′32″。

目的任务：以风化型氧化锰矿（堆积型、锰帽型）为主攻目标，对矿区内锰矿质量好、品位高的Ⅰ、Ⅱ矿段堆积型锰矿采用100m×50m网度进行评价，同时注意寻找下层堆积锰矿及锰帽型锰矿，扩大找矿前景；重点加强矿区南北外围中二叠统孤峰组风化层的堆积锰矿和锰帽型氧化锰矿的找矿工作。采用地质填图、激电扫面及在十字剖面上施工冲击钻和浅井，揭露和寻找工业矿体，扩大矿区找矿前景；1987年提交Ⅰ、Ⅱ矿段评价报告和外围找矿报告，提交C级堆积锰矿石储量50万吨。

完成的主要实物工作量为：1：5000地形测量16km²，1：1万地质简测21.14km²，1：5000地质简测16.04km²，1：5000水文地质简测16.04km²，槽探115.34m³，浅井618.65m，浅钻1862.84m。

项目承担单位为中南冶金地质勘探公司南宁冶金地质调查所，区段地质师为刘隆生，参加的主要技术人员有廖富喜、蒙永励、李向炜、吴国平、盛志华、倪培兵、余宏超、秦晓娟、林旭江、刘健、陆彪、吴爱武等。

二、主要成果

通过普查找矿工作，大致查明了铜鼓岩地区堆积型锰矿分布范围、矿体特征和矿石质量。

探获D级表内净矿石量10.5464万吨，其中，铁锰矿石为7.9640万吨，贫锰矿石为2.5824万吨，表外矿石量2.0799万吨，合计12.6263万吨。

三、评审验收情况

中南冶金地质勘探公司对普查报告进行了评审。

第三节　广西宜山县龙头锰矿区深部及外围普查

一、项目基本情况

"广西宜山县龙头锰矿区深部及外围普查"是中南冶金地质勘探公司南宁冶金地质调查所根据中南冶金地质勘探公司〔1988〕冶勘地字194号文批复的"广西宜山县龙头锰矿区深部及外围普查找矿设计"开展的普查地质找矿项目。项目经费为35.71万元，工作起止时间：1988年3～12月。普查区主要位于龙头锰矿区深部、陈村矿段地表。

目的任务：对陈村矿段开展 1:1 万地质简测，了解矿段内地质构造、地层产状、岩性及矿体连续性，用槽、井探进行揭露，对其含矿性较好的背斜南翼以 200m 间距进行控制，对含矿性较差的北翼以 400~800m 间距进行控制，以了解矿体规模、品位变化情况；对龙头矿区原报告所圈的矿体深部进行稀疏控制，网度为 800m×200m，以便探边摸底，扩大矿石储量，提交 D+E 级锰矿石储量 50 万吨。

完成的主要实物工作量为：1:1 万地质简测 20km²，1:1 万水文地质简测 23km²，槽探 2604.79m³，井探 38.70m，清理旧坑道 219.0m，钻探 1583.26m。

项目承担单位为中南冶金地质勘探公司南宁冶金地质调查所，区段地质师为王跃文，参加的主要技术人员为薛金水、蒙永励、李升福、黄立新、余宏超、胡华清、林旭江、秦晓娟、吴爱武、董珍国、李国强等。

二、主要成果

通过普查工作，提交 D 级锰矿石储量 84 万吨。

三、评审验收情况

中南冶金地质勘探公司对普查报告进行了评审。

第四节　广西河池市九圩锰矿区普查

一、项目基本情况

"广西河池市九圩锰矿区普查"是中南冶金地质勘探公司南宁冶金地质调查所于 1988 年根据中南冶金地质勘探公司〔1988〕冶勘地字 194 号文件的精神及中南冶金地质勘探公司 "八五" 找矿计划安排，于 1988 年、1989 年和 1991 年在河池市九圩锰矿区开展的普查地质找矿项目。工作起止时间：1988 年 4 月~1991 年 12 月。

普查工作区位于河池市九圩乡和保平乡之间，北西起自九圩的龙板，南东至保平的成子坳，北西—南东长 10km，宽约 2.50km，地理坐标为东经 107°44′15″~107°49′42″，北纬 24°25′40″~24°31′37″，面积 25km²。

目的任务：对九圩锰矿区古丹背斜石炭系地层中的含锰岩系开展普查找矿工作，查清区内含锰岩系的出露特征及含锰层和锰矿层的分布特征；查清锰矿层可构成工业矿体的矿体规模、产状及矿石质量的变化情况；查清区内的构造特征；寻找优质氧化锰富矿及优质碳酸锰富矿，为在该区继续找矿勘探，提供详查基地。

完成的主要实物工作量为：1:1 万地质简测 18.5km²，1:1 万地质修测 20.0km²，1:1 万水文地质测绘 25.0km²，浅井 1064.3m，坑道 151.10m，钻探 962.0m，探槽（剥土）5555.17m³，清理民隆 582.45m。

项目承担单位为中南冶金地质勘探公司南宁地质调查所，区段地质师为严庆雄、盛志华，参加的主要技术人员有冯松青、廖富喜、林健、黄桂强、陆彪、刘健等。

二、主要成果

基本查清了九圩锰矿区地层、构造的地质特征；基本查清了矿体地表的形态、产状及分布规律；基本查清了锰矿区的矿石质量和矿石品级。

探获 D+E 级锰矿石储量 43.68 万吨，其中，优质氧化锰矿石储量 8.14 万吨，优质富锰矿石储量 5.59 万吨，氧化锰富矿石储量 0.34 万吨，碳酸锰富矿石储量 23.42 万吨，氧化锰贫矿石储量 6.17 万吨。

三、评审验收情况

中南冶金地质勘探公司对普查报告进行了评审。

第五节　广西宜州市龙头锰矿区凤凰山矿段氧化锰矿普查

一、项目基本情况

"广西宜州市龙头锰矿区凤凰山矿段氧化锰矿普查"是冶金部中南地质勘查局南宁地质调查所根据冶金部中南地勘局局发〔1995〕4 号文批复的"龙头锰矿区及其外围普查设计"开展的地质普查找矿项目。项目经费为 100 万元。工作起止时间：1995 年 5 月~1996年 12 月。

普查区凤凰山矿段位于龙头锰矿区中部，东起板所，西至银山，长 5.50km，地理坐标为东经 108°07′02″~108°09′42″，北纬 24°26′31″~24°28′35″，面积 6km²。

目的任务：在广西宜州市龙头锰矿区及其外围寻找富矿、优质富锰矿，提交 50 万吨富氧化锰矿和优质富氧化锰矿，并对凤凰山矿段的堆积锰矿进行普查，以求取优质富矿储量。

完成的主要实物工作量为：1∶5000 地质简测 3km²，槽探 12.50m³，剥土 59.78m³，井探 288.0m，清理坑道 906.10m。

项目承担单位为中南冶金地质勘探公司南宁地质调查所，项目负责人为王跃文，参加工作的主要技术人员有蒙永励、陆彪等。

二、主要成果

大致查明锰帽型锰矿分布于 20~28 线，对其地表沿用以往控制程度，深部工程网度为（200~600）m×（60~150）m，共圈定 2 个矿体，估算优质富矿储量 6.8992 万吨，富矿 27.5172 万吨，贫矿 13.0300 万吨。

大致查明堆积型锰矿分布于 26~36 线，使用浅井工程控制，先按 200m×100m 工程网度施工，然后在较好地段加密至 100m×100m 工程网度，共圈定 3 个矿体，估算优质富锰矿储量 19.2178 万吨，贫锰矿储量 27.7057 万吨。

查明优质富矿+富矿 53.6342 万吨，贫矿 40.7357 万吨。

三、评审验收情况

中南冶金地质勘探公司对普查报告进行了评审。

第六节 广西宜州市清潭矿区锰矿普查

一、项目基本情况

"广西宜州市清潭矿区锰矿普查"是中国冶金地质总局广西地质勘查院根据广西国土资源厅桂国土资办〔2014〕198 号文件精神申报并承担的 2014 年第二批广西地质找矿突破战略行动地质勘查项目。批复的勘查费用为 450 万元。工作起止时间：2005 年 10 月~2006 年 10 月。

普查区位于省级"广西宜州市洛西—忻城县马泗碳酸锰矿整装勘查区"内，里苗锰矿区的西部，普查区地理坐标为东经 108°39′27″~108°43′21″，北纬 24°16′26″~24°23′05″，面积 62.078km²。

目的任务：通过普查工作，大致查明工作区内地层、构造、岩浆岩的基本特征；大致查明区内各锰矿层的赋矿部位、分布规模、形态产状及矿石的质量特征；大致了解本区上-下石炭统巴平组碳酸锰矿资源潜力；通过普查工作，提交碳酸锰矿石 333+334 资源量 3000 万吨。

完成的主要实物工作量为：1:1 万地质简测 15km²，槽探 500.6m³，钻探 3121.55m。

项目承担单位为中国冶金地质总局广西地质勘查院，项目经理先后为姜天蛟、许志涛，参加的主要技术人员有龙航、蒋新红、何欣、黄荣章、丘剑威、刘金财、陈继永、刘晓珠等。

二、主要成果

普查工作控制锰矿层走向延长 930m，倾向延伸为 2900m，控制碳酸锰矿层共 4 层，即 I、II、III、IV锰矿层，圈定碳酸锰矿体 1 个，即III-①号碳酸锰矿体，矿体厚度 0.53~0.96m，平均厚为 0.68m。锰矿石品位为 13.46%~15.68%，平均 14.78%。探获新增碳酸锰矿石 333 资源量 247.47 万吨，平均品位 Mn 14.78%，$(CaO+MgO)/(SiO_2+Al_2O_3)=$ 2.44，属低铁高磷碱性碳酸锰矿石。

三、评审验收情况

2018 年 3 月 12 日广西壮族自治区矿产资源储量评审中心以桂评储字〔2018〕15 号文(《〈广西宜州市清潭矿区锰矿普查报告〉矿产资源储量评审意见书》)批准该报告，2019 年 1 月 17 日广西壮族自治区自然资源厅以桂资储备案〔2019〕6 号文对评审的普查报告进行备案。

第七节 广西忻城县里苗矿区外围锰矿普查

一、项目基本情况

"广西忻城县里苗矿区外围锰矿普查"是中国冶金地质总局广西地质勘查院申报的广西财政专项地质勘查项目，根据广西壮族自治区国土资源厅以桂国土资函〔2012〕1500

号文、桂国土资函〔2013〕1646号文批复的普查设计实施。项目批复勘查费用为530万元。工作起止时间：2012年10月~2014年10月。

普查区位于省级"广西宜州市洛西—忻城县马泗碳酸锰矿整装勘查区"内，地理坐标为东经108°42′33″~108°46′42″；北纬24°15′57″~24°20′07″，面积约41.97km²。

目的任务：通过普查工作，大致查明工作区内地层、构造、岩浆岩的基本特征；大致查明区内各锰矿层的赋存部位、分布规模、形态产状及矿石的质量特征；大致查明区内主要构造的分布、产状、性质及其对锰矿层的破坏作用；大致了解该区上-下石炭统巴平组碳酸锰矿资源潜力，为下一步忻城县马泗—洛西碳酸锰矿整装勘查工作提供依据；通过普查工作，提交碳酸锰矿石333+334资源量2000万吨。

完成的主要实物工作量为：1∶1万地质简测9.8km²，1∶5000地质简测7.5km²，槽探632m³，钻探4636.22m。

项目承担单位为中国冶金地质总局广西地质勘查院，项目经理许志涛，参加的主要技术人员有何欣、阳纯龙、李学志、黄荣章、鲍昌勇、刘金财、陈继永、夏柳静、胡华清等。

二、主要成果

此次普查工作控制锰矿层走向延长约4.40km，倾向延伸为193~2216m，控制锰矿层2~4层，圈定锰矿体10个，矿体厚0.51~1.19m，平均厚为0.78m；锰矿石品位为8.12%~36.26%。

估算新增锰矿石333+334资源量3152.35t，其中，碳酸锰矿石资源量为3096.54万吨，平均品位Mn 12.10%，（CaO+MgO）/（SiO₂+Al₂O₃）平均为2.17，为低铁高磷碱性碳酸锰矿石。

新增推断的资源量333氧化锰矿石量为55.80万吨。

三、评审验收情况

2016年3月9日，广西壮族自治区国土规划院以桂规储评字〔2016〕15号文（《〈广西忻城县里苗锰矿区外围锰矿普查报告〉矿产资源储量评审意见书》）批准该报告，2016年8月3日，广西壮族自治区自然资源厅以桂资储备案〔2016〕49号文对评审的普查报告进行备案。

第八节 广西宜州市龙头锰矿区外围碳酸锰矿普查

一、项目基本情况

"广西宜州市龙头锰矿区外围碳酸锰矿普查"是中国冶金地质总局广西地质勘查院2013年申报，并依据广西壮族自治区国土资源厅以桂国土资函〔2013〕858号文件批复设计开展的广西财政专项资金普查地质找矿项目。工作起止时间：2013年6月~2014年5月。

矿区包括龙头—三只羊一带，地理坐标为东经108°04′~108°10′，北纬24°25′~24°30′，面积 43.38km²。

目的任务：对普查区上-下石炭统巴平组深部碳酸锰矿开展地质找矿工作。全面收集勘查区内及周边的地质、物化探、科研及已开采矿山、民采矿点资料，进行综合研究，通过地质调查和物探方法，确定龙头—三只羊地区控矿向斜的形态和含矿层位的分布，通过钻探的稀疏控制，提交中-大型碳酸锰矿勘查基地。预期提交预测的氧化锰及碳酸锰矿石 334 资源量 4000 万吨。

完成的主要实物工作量为：1∶1 万地质简测 9.80km²，钻探 1354.90m。

项目承担单位为中国冶金地质总局广西地质勘查院，项目负责人为许志涛，主要完成技术人员有何欣、黄荣章、陈继勇、刘金财、蒋新红、龙航等。

二、主要成果

通过 1∶1 万地质简测和 1∶1000 地质剖面测量，大致查明了矿区内地层的岩性、产状和含锰层的分布情况；大致查明了矿区内较大的褶皱、断裂和破碎带的分布情况，以及龙头—三只羊向斜的展布特征。

三、评审验收情况

2015 年 3 月 29 日，广西壮族自治区国土资源厅组织专家对项目进行了野外验收。2016 年 10 月 9 日，广西壮族自治区国土资源厅大规模找矿办公室组织专家对《广西宜州市龙头锰矿区外围碳酸锰矿普查工作总结》进行了评审，2016 年 11 月 21 日广西壮族自治区国土资源厅以桂国土资办〔2016〕511 号认可了大规模找矿办公室出具的评审意见。

第九节　广西南丹—宜州地区锰矿资源调查评价

一、项目基本情况

"广西南丹—宜州地区锰矿资源调查评价" 2014 年属于中国地质调查局 "全国锰矿资源调查评价项目" 中的子项目，任务书编号：资〔2014〕3-6-2。2015 年调整为中国地质调查局 "大宗急缺矿产和战略性新兴产业矿产调查工程" 下属 "铁锰矿资源调查评价项目" 中的子项目，任务书编号：资〔2015〕2-10-3-2。2016 年调整为中国地质调查局 "扬子陆块及周缘地质矿产调查工程" 下属二级项目 "湘西—滇东地区矿产地质调查" 的子项目，任务书编号：中冶地〔2016〕202。工作起止时间：2014～2016 年，项目经费 910 万元。

工作区位于桂中地区，南丹—宜州地区成锰盆地的东南端。工作区图幅为石别幅（G49E023003）、宜山幅（G49E022003）、北牙街幅（G49E022002）、拉烈幅（G49E023002）、三岔幅（G49E022004）、欧洞幅（G49E023004）6 幅。

目的任务：以沉积型锰矿床为主攻矿床类型，结合以往锰矿勘查和科研成果，对南丹—宜州地区开展锰矿资源调查评价。大致查明区内含锰岩系的空间分布及与锰矿的关系，大致了解锰矿的规模、分布、产状及矿石质量特点。研究区域锰矿成矿地质条件，总结成矿规律，开展大比例尺地质测量、槽探、浅井、钻探等工作，评价锰矿资源潜力，预期提交 333+334 锰矿石资源量 2000 万吨。针对调查区内石炭系巴平组锰矿，开展区域成矿地质背景、区域成矿规律和典型矿床成矿特征研究，总结锰矿成矿规律及找矿标志，建立区域成矿模式和找矿模型，进行成矿预测和靶区优选。

完成的主要实物工作量：1∶5 万矿产地质专项填图 1528km²，槽探 12003m³，钻探 3104.96m，浅井 408.35m。

项目由中国冶金地质总局广西地质勘查院承担。项目负责人为江沙，副负责人为周星、严新添，主要完成人员有陈继永、黄华、蒋新红、李首聪、吴佳昌等。

二、主要成果

编制了石别幅（G49E023003）、宜山幅（G49E022003）、北牙街幅（G49E022002）、拉烈幅（G49E023002）、三岔幅（G49E022004）、欧洞幅（G49E023004）等六幅 1∶5 万矿产地质图及说明书。

划分一级锰矿找矿远景区 1 个（Ⅰ₁），二级锰矿找矿远景区 2 个（Ⅱ₁、Ⅱ₂），三级煤矿找矿远景区 2 个（Ⅲ₁、Ⅲ₂）。最小锰矿预测区 9 个，预测锰矿石资源量 2747.46 万吨；最小硅藻土矿预测区 1 个，预测硅藻土矿石资源量 157.26 万吨。

提交了弄竹（A 类）、塘岭（A 类）、板高（B 类）3 个找矿靶区。其中弄竹、塘岭 2 个 A 类找矿靶区经广西壮族自治区地勘资金投入约 1680 万元，估算锰矿 333+334 矿石量 8000 多万吨，成为国内石炭系最大的锰矿。

探获新增 334 锰矿石资源量 2230.01 万吨，其中，板高地区堆积型氧化锰矿石量 109.37 万吨，矿床平均品位 Mn 17.47%；里苗—塘岭地区锰帽型氧化锰矿石量 231.05 万吨，平均品位 Mn 17.20%，碳酸锰矿石量 1889.59 万吨，平均品位 Mn 16.42%。

对里苗—塘岭大型锰矿床进行了综合研究，从区域成矿地质背景、矿床地质特征、岩相古地理、构造环境、锰质来源、矿化富集规律等方面分析了其控矿因素。建立了里苗—塘岭大型锰矿床成矿模式，提出该矿床是受北东向同沉积断裂控制的海底热水沉积矿床，是走滑拉张断陷—含锰热水—台沟相沉积环境耦合作用的产物。区内锰矿成矿有利的沉积环境为台沟相，最有利的微相为硅质（含硅）灰岩—灰岩微相和硅质岩—灰岩微相。

三、评审验收情况

2017 年 9 月，中国冶金地质总局下达了《野外验收审核意见书》，质量等级为优秀；2018 年 5 月，中国冶金地质总局下达《地质调查项目成果报告评审意见书》，质量等级为优秀。

四、重要奖项或重大事件

桂中—湘中地区锰矿找矿取得重大进展（国土资源部中国地质调查局地质调查专报第 4 期，2017 年 2 月 4 日）。

该项目所在的二级项目获得 2019 年度中国地质学会"十大地质科技进展"。

第十节 广西宜州市龙头矿区深部及外围碳酸锰矿普查

一、项目基本情况

"广西宜州市龙头矿区深部及外围碳酸锰矿普查"是中国冶金地质总局广西地质勘查院2016年申报，并依据广西壮族自治区国土资源厅以桂国土资函〔2016〕403号文件批复设计开展的普查地质找矿项目。项目批复资金为350万元。工作起止时间：2016年3月~2017年6月。

矿区位于广西宜州地区锰矿整装勘查区（省级整装勘查区）内，主要在龙头锰矿区外围及深部开展工作。工作区地理坐标为东经$108°04'42''$~$108°08'27''$，北纬为$24°27'14''$~$24°30'23''$，面积为$16km^2$。

目的任务：全面收集勘查区内及周边的地质、物化探及科研等数据，进行综合研究，以上-下石炭统巴平组含锰岩系原生碳酸锰矿为勘查重点，以钻探为主要工作手段，辅以地质填图、实测剖面、槽探等手段，大致查明工作区内地层、构造等特征，并通过地表取样和深部钻探工程对含锰层和矿体的延伸加以揭露控制，最后估算锰矿石资源量。

完成的主要实物工作量为：$1:1$万地质简测$18.0km^2$，槽探$260.1m^3$，钻探$1266.74m$。

项目承担单位为中国冶金地质总局广西地质勘查院，项目负责人为严新添，主要完成技术人员有龙涛、姜天蛟、江沙、袁巍、李有炜、陈继永、周星等。

二、主要成果

通过$1:1$万地质简测，大致查明了矿区外围的地层、构造、含锰岩系分布、规模及产状、岩矿石特征等。综合研究认为，锰矿层往龙头背斜北东翼深部延伸，产状变陡，并且受F_4逆断层错断，矿体埋深变大，钻孔见矿效果差。

三、评审验收情况

2017年8月，广西国土资源厅大规模找矿办组织专家对项目进行野外验收。2017年11月17日，广西壮族自治区国土资源厅大规模找矿办公室组织专家对《广西宜州市龙头锰矿区外围及深部碳酸锰矿普查工作总结》进行了评审，2018年5月8日，广西壮族自治区国土资源厅以桂国土资办〔2018〕220号文认可了大规模找矿办公室出具的评审意见。

第十一节 广西宜州市大友矿区碳酸锰矿普查

一、项目基本情况

"广西宜州市大友矿区碳酸锰矿普查"是中国冶金地质总局广西地质勘查院申报并承担的2017年度第一批广西找矿突破战略行动地质矿产勘查项目。项目批复资金为219.48万元。工作起止时间：2017年3月~2018年1月。

矿区位于广西宜州地区锰矿整装勘查区（省级整装勘查区）西南部，里苗锰矿区的西部，地理坐标为东经 108°38′09″~108°41′34″，北纬 24°12′29″~24°16′30″，面积为 40.34km²。

目的任务：以里苗—塘岭复式向斜南西冀 F_1 和 F_2 断层之间的空白区为重点勘查靶区，通过实测地质剖面、地质简测和槽探、钻探工程的揭露控制，重点了解含锰层位地质特征，大致查明工作区成矿远景并探求资源量，提交碳酸锰矿石 333+334 资源量 1000 万吨，其中 333 资源量占 30%以上。提交《广西宜州市大友矿区碳酸锰矿普查报告》及相关图件、附表。

完成的主要实物工作量为：1∶1 万地质简测 25km²，1∶1000 实测地质剖面 5.81km，1∶1000 勘探线剖面测量 6.8km，槽探 292m³，钻探 830.01m。

项目承担单位为中国冶金地质总局广西地质勘查院，项目负责人为卢斌，主要完成技术人员有杨泽金、吴佳昌、李首聪、周星、黎丹、戴秋兰、黄倍勤、徐文颖等。

二、主要成果

通过 1∶1000 实测地质剖面及 1∶1 万地质填图，施工钻探工程及取样分析测试，大致查明普查区内上石炭统南丹组、大埔组与上—下石炭统巴平组、上泥盆统融县组地层界线及岩性特征；大致确定上—下石炭统巴平组第三段为含锰层位；大致了解了上—下石炭统巴平组第三段岩性主要由一套灰白色、深灰色薄层扁豆状灰岩、角砾状灰岩及含锰灰岩组成，含锰灰岩含锰 1.26%~3.79%，未达到锰矿一般工业指标要求的边界品位。

三、评审验收情况

2018 年 5 月 23 日，广西壮族自治区国土资源厅地质勘查处组织专家对项目进行野外工作验收；2018 年 10 月 24 日，广西壮族自治区国土资源厅大规模找矿办公室组织专家对《广西宜州市大友矿区碳酸锰矿普查工作总结》进行了评审，广西壮族自治区国土资源厅以《广西地质勘查项目成果报告评审意见书》认可了大规模找矿办公室出具的评审意见。

第十二节　广西河池市保平上洛矿区外围锰矿普查

一、项目基本情况

"广西河池市保平上洛矿区外围锰矿普查"是中国冶金地质总局广西地质勘查院申报并承担的 2017 年度第一批广西找矿突破战略行动地质矿产勘查项目。项目批复资金为 285.44 万元。工作起止时间：2017 年 3 月~2018 年 4 月。

矿区位于河池市保平乡境内，地理坐标为东经 107°47′00″~107°48′30″，北纬 24°26′45″~24°29′00″，面积约 12.32km²。

目的任务：以上洛背斜两翼的上-下石炭统巴平组中的锰矿层为勘查重点，对空白区地表氧化锰矿、深部碳酸锰矿，以及保平上洛锰矿区深部碳酸锰矿进行揭露控制。以钻探、槽探为主要工作手段，辅以地质测量、实测地质剖面等，大致查明工作区成矿远景并探求资源量，为进一步勘查提供依据。

完成的主要实物工作量为：1:1万地质简测12km²，槽探2100m³，钻探1050.28m。

项目承担单位为中国冶金地质总局广西地质勘查院，项目负责人为任立军，主要完成技术人员有陈文通、李鹏海、高翔、侯宁、黄桂强、伍兴跃、阳纯龙、刘晓珠、丘剑威等。

二、主要成果

通过1:1万地质简测、探槽、钻探工程控制，大致查明了工作区的地层、褶皱构造、锰矿层的分布情况。确定上-下石炭统巴平组第三段为含锰层位，大致查明了含锰层位的赋存部位、厚度、含矿性等特征。

三、评审验收情况

2018年6月23~24日，广西壮族自治区自然资源厅大规模找矿办公室组织专家对项目进行了野外验收；2019年4月24日，广西壮族自治区自然资源厅地质勘查管理处组织专家对《广西河池市保平上洛矿区外围锰矿普查工作总结》进行了评审，广西壮族自治区国土资源厅以《广西地质勘查项目成果报告评审意见书》认可了地质勘查管理处出具的评审意见。

第十三节　广西贺州市信都矿区锰矿预查

一、项目基本情况

"广西贺州市信都矿区锰矿预查"是中国冶金地质总局广西地质勘查院申报并承担的2018年度第一批广西找矿突破战略行动地质矿产勘查项目，项目批复资金为97.71万元。工作起止时间：2018年1~12月。

矿区位于贺州市南部的信都镇，地理坐标为东经111°40′58″~111°42′58″，北纬23°58′30″~24°00′15″，面积为10.96km²。

目的任务：以信都向斜上泥盆统榴江组含锰岩系为重点工作目标层，以原生碳酸锰矿为重点勘查对象，兼顾评价地表浅部氧化锰矿。通过1:1万专项地质测量及施工槽探和少量钻探工程，对已知矿体进行追索、控制，初步了解区内地层、构造、岩浆岩、锰矿体分布特征；初步了解碳酸锰矿石质量和可选性。按一般工业指标圈定矿体，估算334资源量，并对该区的找矿潜力进行概略评价，为下一步普查工作提供依据。预期提交锰矿石334资源量300万吨。

完成的主要实物工作量为：1:1万地质简测10.96km²，1:1000实测地质剖面2.5km，1:1000勘探线剖面测量2.1km，探槽1113.4m³，钻探479.37m。

项目承担单位为中国冶金地质总局广西地质勘查院，项目负责人为卢斌，主要完成技术人员有刘晓珠、杨泽金、姜天蛟、黎丹、戴秋兰等。

二、主要成果

通过1:1000实测地质剖面及1:1万地质简测，施工槽探、钻探工程及取样分析测试，初步查明上泥盆统榴江组中段为该区锰矿体的赋矿层位；初步了解了矿区内的地层、构造、锰矿层的分布特征；初步了解了锰矿层的深部延伸情况；初步了解了锰矿体的分布、数量、赋存部位、形态、规模、产状、厚度，以及矿石的品位、物质成分、结构、构造、矿石类型等地质特征。

初步圈定 1 个氧化锰矿体，控制信都向斜锰矿层走向延伸 5.0km，倾向最大延深120m，锰矿层平均厚度为 1.02m，锰矿石平均品位 Mn 21.62%。

探获氧化锰贫锰矿石 333+334 资源量 37.21 万吨，锰矿体厚度为 0.97～1.07m，矿石品位 Mn 20.29%～22.09%，平均含水率为 58.88%。

三、评审验收情况

2019 年 4 月 18～19 日，广西壮族自治区自然资源厅地质勘查管理处组织地质专家对该项目进行野外工作验收。2019 年 12 月 11 日，广西壮族自治区国土资源厅大规模找矿办公室组织专家对《广西贺州市信都矿区锰矿预查工作总结》进行了评审，广西壮族自治区国土资源厅以《广西地质勘查项目成果报告评审意见书》认可了找矿办公室出具的评审意见。

第十五章　湘桂粤毗邻地区

第一节　湖南省永州市大屋村—水埠头锰矿普查

一、项目基本情况

"湖南省永州市大屋村—水埠头锰矿普查"为冶金部地质局计划矿产勘查项目，工作起止时间：1985 年 7 月~1986 年 12 月。

工作区位于永州市南东直距 40km，地处永州市珠山区石岩头乡、火湘桥乡交界处，隶属永州市珠山区管辖。地理坐标为东经 $111°16'12''$~$111°18'45''$，北纬 $26°01'24''$~$26°05'44''$，面积 25km²。普查区位于南岭成矿带中段北侧永州盆地锰矿成矿区。

目的任务：在分析普查区现有地质资料基础上，大致查明矿区成矿地质条件；大致查明矿床地表分布范围、规模、矿体连续性及品位变化情况，初步评价其工业意义，为该区锰矿资源开发利用作出初步评价。

完成的主要实物工作量：1∶1 万地质草测 25km²，1∶1000 地质剖面测量 11.18km，槽探 7025.62m³。

项目管理单位：冶金部中南冶金地质勘探公司，项目承担单位为冶金部中南冶金地质勘探公司 607 队。项目负责人为黄传湘，主要完成人员有黄传湘、曾长金、彭安顺、关伟、顾奎林等人。

二、主要成果

大致查明了工作区二叠系孤峰组第三段锰帽型氧化锰矿床矿体赋存层位、形态、规模及围岩特征。利用槽探揭露圈出了东矿带长 5500m，走向 SSW-NNE，倾向 289°，倾角 59°；西矿带长 4800m，走向近 SN，倾向 92°，倾角 46°。大致查明了矿石成分、结构构造及矿石类型。

采用锰矿一般工业指标初步估算浅部氧化锰矿石 D 级储量 299.01 万吨。其中，东矿带 262.17 万吨，矿体平均品位 Mn 21.71%；西矿带 36.84 万吨，矿体平均品位 Mn 23.40%。预估矿区氧化锰矿储量可达 400 万吨以上。

三、评审验收情况

中南冶金地质勘探公司 607 队于 1987 年 1 月 4 日进行了野外验收，报告内部评审，形成了评审意见。

第二节　湖南省永州市火湘桥锰矿区东矿带普查

一、项目基本情况

"湖南省永州市火湘桥锰矿区东矿带普查"为原冶金部地质局计划矿产勘查项目。工作起止时间：1988 年 1~12 月。

工作区位于永州市南东直距 40km，地处永州市珠山区石岩头乡、火湘桥乡、俞家乡三乡交界处，隶属永州市珠山区管辖。地理坐标为东经 111°16′12″~111°18′45″，北纬 26°01′24″~26°05′44″，面积 25km^2，其中东矿带位于火湘桥境内，面积 2.8km^2。普查区位于南岭成矿带中段北侧永州盆地锰矿成矿区。

目的任务：在 1985~1986 年普查工作的基础上，重点选择普查区东矿带继续开展普查工作，以槽探、坑探、浅钻及 1:2000 地形地质测量为主要手段，进一步查明矿床（体）的分布、规模及氧化深度，预获资源储量 100 万吨。

完成的主要实物工作量：1:1 万地质修测 25km^2，1:2000 地形地质测量 2.8km^2，槽探 5468m^3，坑探 22.30m，钻探 405m。

项目管理单位为冶金部中南冶金地质勘探公司，项目承担单位为冶金部中南冶金地质勘探公司 607 队。项目负责人为黄传湘，主要完成人员有曾长金、祝志安、尹建平、李建成、张贵玉、张旭等。

二、主要成果

大致查明了工作区二叠系孤峰组第三段锰帽型氧化锰矿床矿体赋存层位、形态、规模及围岩特征。利用槽探揭露和浅部钻探控制在东矿带圈出 3 个工业矿体。矿体走向 SSW-NNE，带长 2957.5m，大致查明了矿石成分、结构构造及矿石类型。

对矿石进行了物质成分及赋存状态的研究，并对矿石进行了可选性试验，取得了较好的选矿效果。

采用锰矿一般工业指标，初步估算浅部氧化锰矿石 D+E 级储量 37.14 万吨，其中 D 级 8.12 万吨。

三、评审验收情况

中南冶金地质勘探公司 607 队于 1990 年 4 月进行了野外验收和报告内部评审，形成了评审意见。

第三节　湖南省桂阳县洋市—银河矿区优质氧化锰矿普查

一、项目基本情况

"湖南省桂阳县洋市—银河矿区优质氧化锰矿普查"为 2004 年原国土资源部新开的矿产资源补偿费矿产勘查项目。项目工作起止时间：2004 年 11 月~2006 年 11 月，项目经费 130 万元。

工作区位于湖南省桂阳县城北东，属银河乡、洋市乡、樟市镇管辖，包含银河矿段和洋市—樟市矿段。其中，银河矿段位于银河乡北部花园村，地理坐标为东经112°40′00″~112°41′30″，北纬25°53′00″~25°54′30″；洋市—樟市矿段位于洋市乡、樟市镇接壤地带，地理坐标为东经112°44′00″~112°46′30″，北纬25°52′15″~25°57′15″，总面积32.25km²。普查区位于南岭成矿带中段北侧。

目的任务：在工作区内高坡头—银河矿带和洋市—樟市矿带，通过普查，大致查明区内地层、构造和矿床地质特征，大致圈定矿体分布范围、厚度、规模及赋存状态，大致查明矿石成分、品位、结构、构造，大致了解矿床开采技术条件，探求优质氧化锰矿石333+334资源量500万吨，并对伴生Ni、Co、Pb、Zn等进行综合评价。

完成的主要实物工作量：1∶1000地质填图26km²，1∶2000剖面测量41.90km，槽探922.21m³，浅井906.21m，钻探253.9m。

项目主管单位为中国冶金地质勘查工程总局，项目承担单位为中国冶金地质勘查工程总局中南地质勘查院。项目负责人为雷玉龙，技术人员有张守德、易德法、刘燕群等。

二、主要成果

通过勘查，获得结核状、碎块状及土状氧化锰矿333+334资源量120.96万吨。其中，333资源量57.19万吨，达到小型矿床规模，锰矿石部分为优质氧化锰矿和氧化富锰矿，取得了一定找矿成果。

对矿床开采技术条件进行了分析，对矿床开发的经济意义开展了概略性研究。

三、评审验收情况

2007年6月，项目承担单位中国冶金地质勘查工程总局中南地质勘查院进行了野外验收；2008年7月，中国冶金地质勘查工程总局组织专家组对成果报告进行了评审、验收。报告评审文号：冶金地质资评〔2008〕23号，报告验收文号：冶金地质地〔2008〕362号。

第四节　湘南郴州—粤西北骑山地区优质锰矿评价

一、项目基本情况

"湘南郴州—粤西北骑山地区优质锰矿评价"为国土资源大调查项目，项目编码：资〔2003〕035-03、资〔2004〕044-03。工作起止时间：2003年4月~2005年6月，项目经费：160万元。

工作区位于湖南省宜章县及广东省乐昌市，大地构造位置：位于扬子陆块与南华活动带交接部位，南岭东西向构造—岩浆—成矿带中段北缘。地理坐标为东经112°45′00″~112°53′30″，北纬25°08′20″~25°20′30″，面积约200km²。

目的任务：开展湘南郴州—粤西北骑山地区优质锰矿评价工作，大致查明优质锰矿的成矿类型及其分布、富集特征，优选找矿有利区段开展进一步评价工作，探求氧化锰矿资源量。

完成的主要实物工作量：1：1万地质草测 40.5km²，电法剖面 20.36km，钻探 799.61m，槽探 9451m³，浅井 648m。

项目承担单位为中国冶金地质勘查工程总局第二地质勘查院。项目负责人为秦志平，主要完成人员有蔡春荣、武金阳、林孝洪、韩逢杰。

二、主要成果

在东溪、靛山两个矿区圈定氧化锰矿体 48 个，其中东溪矿区 42 个、靛山矿区 6 个。估算氧化锰矿 333+334 资源量 296.43 万吨（东溪矿区 273.53 万吨，靛山矿区 22.90 万吨），其中，333 资源量 37.04 万吨、334 资源量 259.39 万吨。优质氧化锰矿 42.97 万吨，氧化富锰矿 2.23 万吨，氧化贫锰矿 251.23 万吨，伴生钴 494.1t。

对湘南地区成锰条件、控矿因素、成矿特征及优质锰矿成矿规律进行了研究总结，建立了区域锰矿成矿模式，提出了锰矿找矿远景区。预测锰矿潜在资源量 553 万吨，其中，优质锰矿潜在资源量 156 万吨。

三、评审验收情况

2006 年 9 月 26 日，中国地质调查局、中国冶金地质勘查工程总局对项目成果报告进行了评审。

第五节　湖南湘南氧化铁锰矿评价

一、项目基本情况

"湖南湘南氧化铁锰矿评价" 是 1999 年新开中国地质调查局国土资源大调查项目，项目编码：199910200222，任务书编号：0400210040、70401210078、资〔2002〕045-03号。工作起止时间：1999~2002 年。项目经费：210 万元。

目的任务：以湘南地区受邵阳、永州、桂阳、蓝山、城步盆地控制的泥盆系、二叠系层位中的氧化铁锰矿为主要目标，通过地质填图、遥感地质等工作，进一步划分成矿盆地，并对氧化铁锰矿赋存的新构造进行分类；用地、物、化等有效方法圈定矿化集中区，调查地表氧化铁锰矿出露情况，确定氧化铁锰矿的分布范围；施工浅部及深部工程，确定氧化铁锰矿的富集部位，探求资源量；对全区的氧化铁锰矿进行总体评价。预期成果：提交氧化铁锰矿 333+334 资源量 1 亿吨，提交可供普查的铁锰矿矿产地 2 处。

工作区属郴州、永州、邵阳三地市所辖，位于郴州—邵阳一线以南，止于湖南省与广东、广西的省界。大地构造位置：矿区位于上扬子古陆块湘桂裂谷盆地湘桂粤碳酸盐岩湘南陆表海亚相区南部，隶属南岭西段（湘西南—桂东北隆起）W-Sn-Au-Ag-Pb-Zn-Mn-Cu-RM-REE 成矿亚带都庞岭—九嶷山铁锰钨锡铅锌多金属稀土成矿带。地理坐标为东经 110°30′00″~113°30′00″，北纬 24°40′00″~27°20′00″，面积约 50000km²。

完成的主要实物工作量：1：5 万遥感地质解译 28800km²，1：5000 实测剖面 30km，槽探 2763m³，浅井 637m，钻探 850m，工业利用扩大试验 1 项。

项目承担单位为中国冶金地质勘查工程总局中南地质勘查院，项目负责人为傅群和，主要完成人有赵志祥、张殿春、赵银海、匡清国、严启平、张守德、颜家辉、陈军宝、张贵玉等。

二、主要成果

在综合分析研究以往工作成果基础上，总结了湘南地区成锰沉积盆地对矿源层的控制作用，划分了城步、蓝山、永州、桂阳、邵阳等五个成锰沉积盆地，并对各成锰沉积盆地的形成和氧化铁锰矿的成矿控制作用进行了论述。

大致查明了区内第四系含矿地层特征和矿体规模、产状、厚度及其变化规律，总结了结核状铁锰矿、土状铁锰矿分布规律，对矿床成矿地质背景、控矿因素、矿床特征、成矿机理进行了归纳和总结。

对蓝山盆地的毛俊、锡镂、楠市、皱山、驷马桥—洪塘营，永州盆地的高峰—石岩头等矿区进行了比较详细的调查评价工作。在毛俊矿区下矿层圈定土状铁锰矿工业矿体五个，估算铁锰矿333+334资源量10400.13万吨，其中，333资源量1439.72万吨。提交了毛俊矿区和高峰—石岩头矿区2处可供普查的氧化铁锰矿矿产地，取得了较好找矿成果。

大致了解了矿床开采技术条件，属简单类型。对蓝山盆地毛俊矿区土状氧化铁锰矿石进行工业利用扩大试验并取得初步成功，获得的"珠铁"产品可作为炼钢原料，具有很强的竞争力。经对毛俊矿区土状氧化铁锰矿开发利用进行概略经济研究，开发利用该矿产资源，可获得较好的经济效益和社会效益。

三、评审验收情况

2005年4月，中国地质调查局、中国冶金地质勘查工程总局组织专家，对《湖南湘南氧化铁锰矿评价大调查项目地质报告》进行了评审，并下达了地质调查项目成果评审意见书（中地调（冶）评字〔2005〕2号）。

第六节　广西三江县河村锰矿普查

一、项目基本情况

"广西三江县河村锰矿普查"是中国冶金地质总局广西地质勘查申报并承担的2019年第一批广西找矿突破战略行动地质矿产勘查项目，项目批复资金为295.38万元。工作起止时间：2019年6月~2020年12月。

矿区位于三江侗族自治县斗江镇内，地理坐标为东经109°40′12″~109°42′06″，北纬25°42′01″~25°44′24″，面积为10.52km²。

目的任务：以原生碳酸锰矿为勘查重点，兼顾评价浅部地表氧化锰矿；重点调查三江河村西侧震旦系陡山沱组含锰岩系，兼顾调查南华系大塘坡组含锰岩系，确定该地层是否赋存"大塘坡式"锰矿层；大致查明工作区内锰矿层的赋矿层位、分布规模、形态产状及矿石的质量特征，探求锰矿石333+334资源量300万吨。

完成的主要实物工作量为：1∶1万地质简测10.52km²，1∶1000实测地质剖面测量

5km，槽探 1580.7m³，老窿编录 207.2m，钻探 744.67m。

项目承担单位为中国冶金地质总局广西地质勘查院，项目负责人先后为卢斌、严新泺，主要完成技术人员有姜天蛟、周星、江沙、黎丹、徐文颖、黄倍勤等。

二、主要成果

通过 1∶1000 实测地质剖面及 1∶1 万地质简测，施工槽探、钻探工程及取样分析测试，初步查明了勘查区浅部氧化锰矿层分布于 0～14 线，控制工作区内锰矿体走向延长 1300m，矿体平均厚度 0.92m，矿体平均锰品位 21.11%。由于见矿工程较少，圈定的矿体规模较小，根据野外验收专家的意见未估算锰矿石资源量。

对钻孔未见矿原因进行了分析总结，对氧化锰矿形成的影响因素做了初步总结及探讨，对氧化锰矿找矿标志进行了总结。

三、评审验收情况

2021 年 1 月，广西自然资源厅找矿办组织专家对项目进行了野外验收。2021 年 5 月 18 日，广西壮族自治区自然资源厅大规模找矿办公室组织专家对《广西三江县河村锰矿普查工作总结》进行了评审，广西壮族自治区自然资源厅以《广西地质勘查项目成果报告评审意见书》认可了大规模找矿办公室出具的评审意见。

第十六章 湘中地区

第一节 湖南省安化县枚子洞锰矿区普查

一、项目基本情况

"湖南省安化县枚子洞锰矿区普查"为原冶金部中南地质勘查局计划矿产勘查项目，任务书编号为：局地发〔1991〕18号。工作起止时间：1988年3月~1991年12月。

普查区位于湖南省安化县大幅镇、木孔乡、桃江县关山口乡交界处。地理坐标为东经111°55′27″~111°58′005″，北纬28°15′00″~28°16′52″，面积约5.0km²。普查区位于南岭成矿带中段北侧湘中锰矿成矿区。

目的任务：在分析研究矿区内已有地质资料基础上，对普查区内北、南、东三个矿带开展地表填图，槽探揭露及少量深部钻探验证，大致查明矿区地层、构造及岩浆岩特征；大致控制含锰岩系分布、锰矿体形态、产状及规模；大致查明矿石品位、矿物成分、结构构造、有用组分、有害组分及有益共伴生元素；大致了解矿床开采技术条件，对矿石加工选冶性能进行类比，对矿床进行概略研究；估算普查区内锰矿石储量，为进一步详查提供依据。

完成的主要实物工作量：1∶5000地质草测5.0km²，1∶1000地质勘探线剖面测量3.05km，槽探5218.07m³，钻探1657.64m，坑道清理编录90.50m，施工坑道149.50m。

项目承担单位为冶金部中南地质勘查局长沙地质调查所。项目负责人为易德法、关军，主要完成人员有翟中尧、尹建平、曹景良、谭昌福、彭安顺、关伟、张旭、陈毅华、左桂四、付深宇等。

二、主要成果

在以往工作的基础上对矿区地层、构造、岩浆岩、含锰岩系特征已初步查明，研究程度已达到普查程度。

对矿区北矿段、南矿段及东矿段地表含锰岩系进行了追索，对锰矿体进行槽探揭露和取样控制，对北矿段按300m×200m工程间距进行了深部钻探验证，大致查明了区内锰矿体形态、产状、分布规律等。

根据地质勘查规范，采用一般工业指标初步估算锰矿石D级储量39.01万吨，其中，碳酸锰矿石量34.19万吨，矿体平均品位Mn 16.25%，氧化锰矿石量4.81万吨，矿体平均品位Mn 23.36%。

三、评审验收情况

冶金部中南地质勘查局长沙地质调查所组织对项目进行了野外验收，1996年3月12日，冶金部中南地质勘查局组织专家对成果报告进行了评审，出具了《〈湖南省安化县梅子洞锰矿区普查地质报告〉评审意见》，意见书文号为：局地发〔1996〕36 号。

第二节　湖南省安化县高明锰矿普查

一、项目基本情况

"湖南省安化县高明锰矿区普查"为原冶金部中南地质勘查局计划矿产勘查项目。工作起止时间：1988 年 4 月~1990 年 6 月，投入勘查经费 38.65 万元。

普查区位于湖南省安化县高明乡高明村、龙莲村及双河村境内，隶属安化县高明乡管辖。地理坐标为东经 111°51′38″~111°52′205″，北纬 28°03′04″~28°04′18″。勘查区面积约 4.2km²。普查区位于南岭成矿带中段北侧湘中锰矿成矿区。

目的任务：在前期概查工作的基础上，对区内锰矿开展普查工作，通过地质填图，槽探揭露及坑探控制，大致查明矿区地层、构造及岩浆岩特征；大致控制含锰岩系分布、锰矿体形态、产状及规模；大致查明矿石品位、矿物成分、结构构造、有用组分、有害组分及有益共伴生元素；大致了解矿床开采技术条件，对矿石加工选冶性能进行类比，对矿床进行概略研究；估算普查区内锰矿石储量，为进一步详查提供依据。

完成的主要实物工作量：1：5000 地形地质测量 4.2km²，1：1000 地质勘探线剖面测量 1.937km，槽探 4139m³，坑道清理编录 1157m，施工坑道 557.8m。

项目承担单位为冶金部中南地质勘查局长沙地质调查所。项目负责人为崔春禄，主要完成人员有周建清、孙德山、陈毅华等。

二、主要成果

在以往工作的基础上对矿区地层、构造、岩浆岩、含锰岩系特征已初步基本查明，研究程度已达到普查程度。

对矿区地表含锰岩系进行了追索，对锰矿体进行槽探揭露和坑道控制，大致查明了区内锰矿体形态、产状、分布规律、矿石的成分及质量等；对矿区水文地质及工程地质条件也做了相应的调查。

根据地质勘查规范，采用碳酸锰矿一般工业指标初步估算硅酸-碳酸锰矿石 D+E 级储量 59.015 万吨，其中，D 级锰矿石储量 10.96 万吨，矿体平均品位 Mn 21.86%，E 级锰矿石储量 48.055 万吨，矿体平均品位 Mn 20.53%。

三、评审验收情况

冶金部中南地质勘查局长沙地质调查所组织对项目进行了野外验收，1996 年 3 月 12 日，冶金部中南地质勘查局组织专家对成果报告进行了评审，出具了《〈湖南省安化县高明乡锰矿区普查地质报告〉评审意见》，意见书文号：局地发〔1996〕38 号。

第三节　湖南省宁乡县毛腊矿区锰矿普查

一、项目基本情况

"湖南省宁乡县毛腊锰矿普查"为原冶金部中南地质勘查局为完成"八五"期间国家

优质锰矿找矿任务而自主设置的勘查项目。工作起止时间：1993 年 5 月～1994 年 12 月。

工作区位于湖南省宁乡县城西南约 75km 处，北部与桃江县黑油洞矿区接壤，南部与宁乡月山铺锰矿区交界，隶属黄材镇崔坪乡管辖。地理坐标为东经 112°03′05″，北纬 28°15′00″，面积 5.00km²。工作区处于雪峰山弧形隆起带北部转折端，属于南岭成矿带。

目的任务：以沉积型优质锰矿为主攻矿床类型，在前期野外调查的基础上，结合区内发现的锰矿露头，分析研究锰矿成矿地质背景、成矿条件，了解区内含锰层位特征，开展大比例尺地质测量，槽探揭露，通过普查工作，探求 D+E 级优质（富）锰矿储量。

完成的主要实物工作量：1：5000 地质简测 5.00km²，实测 1：1000 勘探线剖面 5442m，槽探 1227.5m³，坑探 319.50m，清理坑道及编录 297.00m。

项目承担单位为冶金部中南地质勘查局长沙地质调查所。项目负责人为尹建平，主要完成人员有尹建平、匡清国、张贵玉、周宪辉等。

二、主要成果

大致查明了普查区内地质、构造情况，对矿层的形态、产状和分布情况大致控制；对矿石品位、物质组分、结构构造、自然类型等也大致查明，对矿石加工技术性能、矿区水文地质、工程地质和矿石开采利用技术条件已大致了解。

圈定一层锰矿体，探获 D+E 级锰矿石储量 30.135 万吨，其中，D 级 7.26 万吨。

三、评审验收情况

1995 年 1 月，中南地质勘查局长沙地质调查所对项目进行了验收。

第四节 湖南省宁乡县祖塔锰矿普查

一、项目基本情况

"湖南省宁乡县祖塔锰矿普查"为原冶金部中南地质勘查局自主投资的储量承包勘查项目。冶金部中南地质勘查局长沙地质调查所根据中南地勘局地发〔1993〕145 号文要求参与投标并中标的地勘项目，1994 年 3 月，与中南地质勘查局签订《优质锰矿储量承包合同书》（局地合字〔1994〕1 号）。项目任务书：局地发〔1994〕9 号、〔1995〕8 号。工作起止时间：1994 年 3 月～1995 年 12 月。

工作区位于湖南省宁乡县黄材水库之北的祖塔村、龚坪村及国有黄材林场交接部位。地理坐标为东经 112°03′18.1″～112°04′4.7″，北纬 28°09′11.4″～28°10′20.7″，面积 5.00km²。工作区处于扬子地台江南台背斜东南缘，雪峰山弧形隆起带北部转折端，属于南岭成矿带。

目的任务：以沉积型优质锰矿为主攻矿床类型，在前期野外调查的基础上，结合区内发现的锰矿露头，分析研究锰矿成矿地质背景、成矿条件，了解区内含锰层位特征，开展大比例尺地质测量，槽探揭露，钻探验证，开展概查、普查工作，探求 D+E 级优质（富）锰矿储量 200 万～250 万吨。

完成的主要实物工作量：1：5000 地质简测 5km²，实测 1：1000 勘探线剖面 5442m，槽探 955.3m³，坑探 633.9m，钻探 2654.62m/9 孔。

项目承担单位为冶金部中南地质勘查局长沙地质调查所。项目负责人为赵银海，主要完成人员有翟中尧、严启平、曹景良、陈毅华、陈军宝、陈孟军、杨伟、何云法、关萍、李日新、施磊、莫国防等。

二、主要成果

发现并初步探明了一个中型沉积锰矿床，该矿不仅锰矿石质量优良，全部为碱性、低铁、低磷的优质锰矿，其碳酸锰矿全区平均四元碱比为 1.35，Mn/Fe 9.68，P/Mn 0.0026；而且含 Mn 较高：氧化锰矿品位超过 30%，为富锰矿，碳酸锰矿全区平均品位达 21.35%，其中有 79 万吨为含 Mn 大于 22%的富矿，这在"桃江式"锰矿中属于首例，对湘中中奥陶统锰矿研究及进一步找矿具有较大的意义。

圈定两层锰矿，探获 D+E 级锰矿石储量 249.6 万吨，其中富锰矿 88.90 万吨。

大致查明了普查区内地质、构造情况，对矿层的形态、产状和分布情况大致控制；对矿石品位、物质组分、结构构造、自然类型等也大致查明，对矿床特征做了相应研究工作，对矿区水文地质、工程地质和其他开采技术条件已大致了解。

三、评审验收情况

1996 年 3 月 7 日，冶金部中南地质勘查局对普查报告进行了评审验收，批准报告及提交的 D+E 级锰矿储量 249.56 万吨，评审意见书文号：局地发〔1996〕24 号。1998 年 10 月 20 日，湖南省矿产资源委员会组织对该普查报告进行了评审，批准普查报告，可以作为小型矿山开采的地质依据，批准 D 级碳酸锰矿 57.0695 万吨，氧化锰（表外）8.0186 万吨，合计 65.0881 万吨。评审意见书文号：湘矿资审〔1998〕6 号。

第五节　湖南省安化县杨桥洞锰矿普查

一、项目基本情况

"湖南省安化县杨桥洞锰矿区普查"为冶金部中南地质勘查局计划矿产勘查项目，任务书为局地发〔1995〕8 号。工作起止时间：1995 年 3~12 月。

普查区位于湖南省安化县城南东东直距约 80km，隶属安化县大荣乡香草园村管辖。地理坐标为东经 111°48′18″~111°50′08″，北纬 28°16′56″~28°18′17″，面积约 7.0km²。普查区位于南岭成矿带中段北侧湘中锰矿成矿区。

目的任务：在前期概查工作的基础上，对普查区内开展地质填图，槽探揭露，大致查明矿区地层、构造及岩浆岩特征；大致查清含锰岩系分布、锰矿体形态、产状及规模；大致查明矿石品位、矿物成分、结构构造及有益共伴生元素；大致了解矿床开采技术条件，对矿石加工选冶性能进行类比，对矿床进行概略研究；估算普查区内锰矿石资源量储量，为进一步工作提供依据。

完成的主要实物工作量：1：5000 地质简测 6.25km²，1：1000 地质勘探线剖面测量 600m，槽探 39.6m³，坑道清理编录 132.0m，施工坑道 77.0m。

项目承担单位为冶金部中南地质勘查局长沙地质调查所。项目负责人为曹景良，主要完成人员有卢元良、颜家辉、周宪辉、关萍、易德法等。

二、主要成果

对矿区含锰岩系进行了追索，对矿层产出层位沿走向及倾向变化情况进行了了解，大致查明了区内锰矿体规模、形态、产状、矿石质量、结构构造等。

对泗里河—杨桥洞—高明一带的成矿规律有进一步认识。

利用坑道控制，采用锰矿一般工业指标初步估算锰矿 D+E 级储量 46.94 万吨，其中，碳酸锰矿石量 45.72 万吨，矿体平均品位 Mn 20.31%，氧化锰矿石量 1.22 万吨，矿体平均品位 Mn 25.87%。

三、评审验收情况

冶金部中南地质勘查局长沙地质调查所对项目进行了野外验收，1996 年 3 月，冶金部中南地质勘查局组织专家对成果报告进行了评审，出具了《〈湖南省安化县杨桥洞锰矿区普查地质报告〉评审验收意见》，意见书文号：局地发〔1996〕25 号。

第六节　湖南桃江—宁乡优质锰矿调查评价

一、项目基本情况

"湖南桃（江）宁（乡）黑油洞—祖塔优质锰矿普查"是 1997~1998 年矿产资源补偿费矿产勘查项目，项目编号 K1.3；1999~2000 年转入国土资源大调查项目，项目名称调整为"湖南桃江—宁乡优质锰矿调查评价"，任务书编号：0499210109 和 0400210109。工作起止时间：1997~2000 年。总经费 395 万元，其中，1997~1998 年资源补偿费 145 万元，1999~2000 年大调查经费 250 万元。

评价区位于桃江、宁乡、安化三县接壤地区，分为三个矿带。（1）桃江响涛源至宁乡祖塔矿带：地理坐标为东经 112°01′28″~112°04′47″，北纬 28°18′18″~28°29′11.40″，面积约 100km²；（2）安化县大幅镇木瓜溪至梅子洞矿带：地理坐标为东经 111°51′33″~112°00′53″，北纬 28°14′10″~28°21′02″，面积 96km²；（3）桃江县泗里河至安化县高明矿带：地理坐标为东经 111°42′05″~111°53′15″，北纬 28°02′32″~28°21′45″，面积约 140km²。

目的任务：对已知矿床（点）和 1∶10 万岩相古地理成果进行系统研究，分析含矿层序，了解沉积锰矿的侧伏规律；在响涛源南至祖塔 25km 长的范围内，重点开展斗笠山向斜、梅岭仑向斜和冲天蜡烛向斜等一系列向斜构造的地质填图和研究，了解含矿岩系的分布规律；全面调查地表氧化锰矿出露情况，初步确定锰矿分布范围；进行工程验证，基本查清地表氧化锰矿和深部碳酸锰矿分布范围，对全区资源潜力进行总体评价。

完成的主要实物工作量：1∶1 万地质填图 325km²，1∶5000 地质填图 3km²，槽探 6639.5m³，坑探 833.4m，钻探 3240.07m（12 孔）。

项目承担单位为中国冶金地质勘查工程总局中南地质勘查院。项目负责人为吴永胜，主要完成人员有曹景良、谭昌福、严启平、尹建平、施磊、关军等。

二、主要成果

在综合分析研究以往工作成果的基础上，总结了该区奥陶纪成锰沉积盆地及盆地内同沉积断裂对含锰岩系的控制作用。

确定了区内含锰地层层序特征，总结了锰矿分布规律及控矿因素，划分了响涛源—祖塔、木瓜溪—梅子洞及泗里河—高明三个矿带，大致查明了工作区各锰矿带内锰矿体的分布、数量、赋存部位，圈定了 11 个碳酸锰工业矿体；大致查明了矿体的规模、产状、厚度及其变化规律。估算碳酸锰矿石 333+334 资源量 1337.07 万吨，333 资源量 262.96 万吨。其中，优质锰矿石资源量 897.96 万吨，在优质锰矿中，333 资源量为 176.18 万吨，占 19.62%。

新发现矿产地两处：宁乡县月山铺—祖塔锰矿、安化县梅子洞锰矿。

三、评审验收情况

中国冶金地质勘查工程总局于 2001 年 11 月 27 日~12 月 1 日组织野外验收，评为优秀级；2003 年 7 月 26~27 日，组织成果报告评审，评定为优秀级。

四、重要奖项或重大事件

该项目评为中国冶金地质勘查工程总局"九五""十五"找矿成果二等奖。

第七节 湘中响涛源—祖塔矿带优质锰矿普查

一、项目基本情况

"湘中响涛源—祖塔矿带优质锰矿普查"是原国土资源部下达的矿产资源补偿费矿产勘查项目。2002 年新开，2003 年、2004 年、2007 年续作，工作起止时间：2002 年 4 月~2009 年 7 月，项目总经费 640 万元。

工作区北起湖南省桃江县响涛源锰矿区以南的斗笠山，南至宁乡县黄材水库北，南北长 18km，东西宽 4km，面积 72km²，属桃江县、宁乡县管辖。地理坐标为东经 112°01′30″~112°05′00″，北纬 28°10′00″~28°15′30″。普查区位于南岭成矿带中段北侧湘中锰成矿区。

目的任务：在分析研究已有的各种资料基础上，通过地质填图，地表探矿工程及少量深部钻探验证工程，在响涛源—祖塔一带，大致查明区内优质锰矿的矿石质量、选冶加工性能及资源量情况，预期提交优质锰矿石 333+334 资源量 1000 万吨。

完成的主要实物工作量：1:5000 地质简测 26km²，1:1000 剖面测量 14.2km，槽探 4961.25m³，坑探 450.80m，钻探 5349.49m。

项目承担单位为中国冶金地质勘查工程总局中南地质勘查院。项目负责人为吴永胜，技术人员有尹建平、刘燕纯、刘东升、张殿春、石教海、骆新光等。

二、主要成果

在对湘中响涛源—祖塔锰矿带总体评价的基础上，重点选择其中的祖塔、月山铺、毛腊和黑油洞四个矿段开展了普查工作，大致查明了各矿段的成矿地质条件；对锰矿层的分布、形态、产状等进行了大致控制；大致查明了锰矿石品位、矿物组分、结构构造和自然类型；对矿石的加工技术性能进行了对比研究；对矿床水文地质、工程地质等开采技术条件做了大致了解，并对矿床技术经济作了概略评价。

探获锰矿 333 资源量 425.69 万吨，平均品位 Mn 18.93%，其中优质锰矿 329.02 万吨，平均品位 Mn 19.34%；334 资源量 380.05 万吨，平均品位 Mn 18.46%，其中，优质锰矿 242.92 万吨，平均品位 Mn 18.67%。333+334 资源量合计 805.74 万吨，平均品位 Mn 18.70%，其中优质锰矿 571.94 万吨，平均品位 Mn 19.06%。

三、评审验收情况

中国冶金地质勘查工程总局中南局 2009 年 10 月 10～13 日组织专家进行了野外检查验收，评为优秀级。2010 年 5 月，中国冶金地质勘查工程总局组织专家组对成果报告进行了评审、验收，评为优秀级。报告评审意见书文号：冶金地质资评〔2010〕2 号，报告验收文号：冶金地质地〔2010〕361 号。

第八节　湖南省桃江县梅溪—石洞矿区锰矿普查

一、项目基本情况

"湖南省桃江县梅溪—石洞矿区锰矿普查"为 2005 年度新开的湖南省级探矿权、采矿权价款地质勘查项目。任务来源：湖南省国土资源厅，项目任务书编号：200503021。工作起止时间：2005～2006 年，项目经费 42 万元。

工作区位于桃江县牛田镇及松木塘镇交界处，隶属桃江县牛田镇管辖。普查区东西长约 7500m，南北宽约 1500m，面积 8.12km²。地理坐标为东经 112°08′00″～112°12′45″，北纬 28°19′45″～28°20′45″。普查区位于南岭成矿带中段北侧湘中锰矿成矿区。

目的任务：在分析研究矿区现有地勘资料基础上，开展普查工作，大致查明矿区地层、构造情况；大致控制矿体形态、产状及规模；大致查明矿石品位、矿物成分、结构构造、有用组分、有害组分及有益共伴生元素；大致了解矿床开采技术条件，对矿石加工选冶性能进行类比，对矿床进行概略研究；预期提交 333+334 锰矿石资源量 50 万吨，为各级国土资源部门依法组织实施探矿权采矿权公开招标、拍卖、挂牌出让等提供矿产地。

完成的主要实物工作量：1∶1 万地质简测 9km²，1∶2000 剖面测量 2.03km，槽探 1040m³，钻探 569.66m。

项目主管单位为湖南省国土资源厅，项目承担单位为中国冶金地质勘查工程总局中南局长沙地质调查所。项目负责人为赵志祥，参加主要人员有颜家辉、骆新光、徐易德、刘东升、文再图等。

二、主要成果

大致查明了区内地层岩性、构造特征、矿体形态、产状、分布规律等。

初步估算碳酸锰矿石 334 资源量 93.15 万吨，矿体平均品位：Mn 22.27%，TFe 6.78%，P 0.107%。

三、评审验收情况

2007 年 9 月 5 日，湖南省益阳市国土资源局组织专家对项目进行了野外检查验收，并出具了野外验收意见书。2008 年 8 月 13～14 日，项目主管单位湖南省国土资源厅组织专家组对成果报告进行了评审、验收，报告评审文号：湘国土资办发〔2008〕216 号。

第九节　湖南省安化县白花坳锰矿普查

一、项目基本情况

"湖南省安化县百花坳矿区锰矿普查"为商业性矿产勘查项目，探矿权人（投资人）为湖南金石勘查有限公司。工作起止时间：2009 年 7 月～2010 年 7 月，项目经费 68 万元。

探矿权区位于安化县城南东直距 64km，地处宁乡县、涟源市、安化县三县（市）交汇处，隶属安化县高明乡管辖。地理坐标为东经 111°51′57.681″～111°54′12.685″，北纬 28°1′59.956″～28°04′00.0″，勘查区面积 7.21km²。普查区位于南岭成矿带中段北侧湘中锰矿成矿区。

目的任务：在分析研究矿区现有地勘资料的基础上，大致查明矿区地层、构造及岩浆岩特征；大致控制矿体形态、产状及规模；大致查明矿石品位、矿物成分、结构构造、有用组分、有害组分及有益共伴生元素；大致了解矿床开采技术条件，对矿石加工选冶性能进行类比，对矿床进行概略研究；估算探矿权区内锰矿石资源储量，为该区锰矿资源开发利用作出初步评价。

完成的主要实物工作量：1∶1 万地质草测 5.6km²，1∶1000 剖面测量 4km，槽探 310m³，钻探 460.57m，坑道清理编录 2388.56m。

项目管理单位为湖南金石勘查有限公司，项目承担单位为中国冶金地质勘查工程总局中南局长沙地质调查所。项目负责人为刘东升，主要完成人员有刘东升、施磊、蒋金华、黄飞等人。

二、主要成果

在以往工作的基础上对矿区地层、构造、岩浆岩、含锰岩系特征已基本查明，研究程度已达到普查程度。

对矿区北部大量的巷道调查，结合少量钻孔，大致查明了区内锰矿体形态、产状、分布规律等。

根据地质勘查规范，采用锰矿一般工业指标初步估算硅酸-碳酸锰矿石 333+334 资源量 50.75 万吨，其中，333 资源量 31.81 万吨，矿体平均品位 Mn 18.18%，334 资源量 18.94 万吨，矿体平均品位 Mn 18.24%。

三、评审验收情况

2010 年 9 月 2 日，湖南省益阳市国土资源局组织专家对项目进行了野外检查验收，并出具了《野外验收意见书》（益勘野验字〔2010〕1号）。2011年6月24日，湖南省矿产资源储量评审中心组织专家组对成果报告进行了会审，报告评审意见书文号：湘评审〔2011〕122号。

第十节 湖南湘潭—九潭冲地区矿产地质调查

一、项目基本情况

"湖南湘潭—九潭冲地区矿产地质调查"为中国地质调查局"南岭成矿带地质矿产调查"计划项目下设的锰矿调查评价子项目，项目编码：12120113064700，任务书号：资〔2013〕01-015-037，2014年起调整为矿产地质调查项目，任务书号：资〔2014〕01-017-025、资〔2015〕02-05-02-010。工作起止时间：2013~2015年，项目总经费790万元。

工作区位于湘中湘潭县、宁乡县、韶山市接壤地区。地理坐标为东经112°15′00″~113°30′00″，北纬27°30′00″~28°10′00″，面积约2500km²。调查区处于南岭成矿带中段北侧。

目的任务：系统收集湘潭县九潭冲—湘乡金石地区地质、矿产及化探等成果资料，开展区内矿产地质调查，重点调查区内中南华世大塘坡期锰矿，分析研究其成矿地质环境、赋存规律、控矿条件及时空分布特征，总结找矿标志，建立找矿模式。对区内南华系大塘坡组锰矿资源潜力进行总体评价，预期提交找矿靶区1~2处，锰矿资源量2000万吨。

完成的主要工作量：1:5万矿产地质填图2700km²，1:1万地质草测40km²、1:1000地质剖面测量9.82km，1:5000地质剖面测量60.13km，槽探4351m³，钻探2521.01m，1:5万电法100m²（CSAMT剖面46.3km，测点599个）。

项目承担单位为中国冶金地质总局湖南地质勘查院。项目负责人为黄飞，主要完成人员为叶锋、张维、刘承恩、翟中尧、颜家辉。

二、主要成果

在收集资料的基础上，大致了解了工作区地层层序、岩性、厚度、接触关系；初步查明了南华系大塘坡组含锰岩系岩性组合及岩石特征；大致了解了与锰矿空间分布关系密切的乌田、横栏棚、旗山、青山塘等主要向斜的构造形态。

开展矿产概略检查16处、重点检查4处，新发现锰矿化点10多处，圈定找矿靶区1处（湖南省湘潭县横栏棚—银珠坳锰矿点）。

对全区黑色金属、有色金属、非金属矿产资料进行了收集，并在典型矿床研究、总结区域成矿规律、建立成矿模式的基础上，划分锰矿找矿远景区3处（鹤岭—炭家仑、金石—磨子潭、九潭冲—旗山）。

三、评审验收情况

中国地质调查局中南项目办2017年2月5~7日组织专家对该项目野外工作进行了验收，2017年7月19~21日，对项目成果报告进行了评审。

第十一节　湖南安化—桃江地区锰矿资源调查评价

一、项目基本情况

"湖南安化—桃江地区锰矿资源调查评价"2014年属于中国地质调查局"全国锰矿资源调查评价项目"中的子项目，任务书编号：资〔2014〕03-006-001；2015年调整为中国地质调查局"大宗急缺矿产和战略性新兴产业矿产调查工程"下属"铁锰矿资源调查评价项目"中的子项目，任务书编号：资〔2015〕02-10-03-001；2016年调整为中国地质调查局"扬子陆块及周缘地质矿产调查工程"下属二级项目"湘西—滇东地区矿产地质调查"的子项目，任务书编号：中冶地〔2016〕0201。工作起止时间：2014～2016年，项目经费980万元。

工作区主要位于湖南省益阳市境内，隶属桃江县、安化县、宁乡县管辖。工作区图幅为大福坪幅（H49E023016）、马迹塘幅（H49E022016）、灰山港幅（H49E023017）、石牛江幅（H49E022017）、敷溪幅（H49E022015）、巷子口幅（H49E024016）六幅。

目的任务：以现代沉积学、岩相古地理学说为指导，系统收集安化—桃江地区与锰矿有关的地质、矿产及物化探等成果资料，重点分析研究区内南华系大塘坡组和奥陶系磨刀溪组锰矿成矿环境、赋存规律、控矿条件及时空分布特征，总结找矿标志，建立找矿模式，开展大比例尺地质测量、物探、槽探、浅井、钻探等工作，对区内南华系大塘坡组和奥陶系磨刀溪组锰矿资源潜力进行总体评价。同时针对区内南华系大塘坡组和奥陶系磨刀溪组锰矿，开展区域成矿地质背景、区域成矿规律和典型矿床成矿特征研究，总结锰矿成矿规律及找矿标志，建立区域锰矿成矿模式和找矿模型，进行成矿预测和靶区优选。

完成的主要实物工作量：1：5万矿产地质填图2550km^2，物探（CSAMT）21.6km，槽探3671.3m^3，钻探4845.18m。

项目由中国冶金地质总局湖南地质勘查院承担。项目负责人为刘虎，主要完成人员有施磊、王哲、尹建平、雷玉龙、刘东升、叶锋、黄飞、龚光林、唐星星、刘林飞、许鑫、舒敏、王娟、何肖，张新元等。

二、主要成果

编制了大福坪幅（H49E023016）、马迹塘幅（H49E022016）、灰山港幅（H49E023017）、石牛江幅（H49E022017）、敷溪幅（H49E022015）、巷子口幅（H49E024016）六幅1：5万矿产地质图。

圈定了3个I级锰矿找矿远景区，2个II级锰矿找矿远景区，即响涛源—祖塔锰矿找矿远景区（I-1）、黄龙潭—棠甘山锰矿找矿远景区（I-2）、仙溪—松木塘锰矿找矿远景区（I-3）、木瓜溪—枚子洞锰矿找矿远景区（II-1）、泗里河—高明锰矿找矿远景区（II-2）。

圈定了4个A类锰矿找矿靶区，即冲天蜡烛锰矿找矿靶区、文家湾锰矿找矿靶区、黄龙潭锰矿北侧—肖家里锰矿找矿靶区、沙坪子锰矿找矿靶区，明确了工作区找矿方向及具体地段。

探获碳酸锰矿333+334资源量2013.2万吨。其中，文家湾和冲天蜡烛向斜靶区锰矿赋存于奥陶系磨刀溪组，分别估算锰矿资源量 387.6 万吨和 1014.1 万吨，属低铁低磷优质锰矿。黄龙潭北侧—肖家里和沙坪子靶区锰矿赋存于南华系大塘坡组，分别估算锰矿资源量 394.8 万吨和 216.7 万吨。

系统分析了区域锰矿成矿地质条件，总结了大塘坡组和磨刀溪组锰矿的控矿因素与成矿规律，建立了区域成矿模式与找矿模型。

三、评审验收情况

2017 年 8 月，中国冶金地质总局下达了野外验收意见书；2018 年 5 月，中国冶金地质总局下达地质调查项目成果报告评审意见书。

四、重要奖项或重大事件

桂中—湘中地区锰矿找矿取得重大进展（国土资源部中国地质调查局地质调查专报第 4 期，2017 年 2 月 4 日）。

该项目所在二级项目获得 2019 年度中国地质学会"十大地质科技进展"。

第十二节　上扬子东南缘锰矿调查评价

一、项目基本情况

"上扬子东南缘锰矿调查评价"项目隶属于"重要金属非金属矿产地质调查"计划中的"大宗急缺矿产调查工程"，项目编号 DD20190814。项目工作起止时间：2019~2021 年。项目经费 2164 万元。

项目工作区位于湘西、湘中、湘西南地区等主要锰矿富集区，地理坐标为东经 108°30′~113°00′，北纬 25°50′~28°45′，总面积约 13 万平方千米。主要涉及兴隆场幅（H49E024008）、敷溪幅（H49E022015）、七星街幅（G49E001016）、壶天幅（G49E001017）、临口幅（G49E011008）等图幅。

目的任务：开展上扬子东南缘锰矿资源基地深部找矿预测与资源潜力评价，提交找矿靶区 3 处，提交新发现的大中型矿产地 1 处；开展锰矿资源潜力、技术经济、环境影响综合评价，建立大型锰矿资源基地综合评价指标体系，优化资源基地锰矿勘查开发布局，提交黔东—湘西、湘中、湘西南地区锰矿绿色开发布局规划建议；建设上扬子东南缘锰矿大型资源基地综合地质调查数据库，实现共享与服务；发表核心以上学术论文 2~3 篇，发表科普文章 1~2 篇。

完成的主要实物工作量：1∶5 万矿产地质调 2252km²，1∶1 万地质测量 83km²，音频大地电磁测深 798 点，广域大地电磁法测深 60 点，物性测量样品采集 747 件，电阻率测井 5953m，钻探 9160.4m，槽探 9579.59m³ 等。

项目由中国冶金地质总局中南地质调查院承担。项目负责人为陈旭，项目主要完成人员有陈旭、丛源、肖德长、黄飞、刘虎、陈广义、严乐佳、杨龙彬、杨育振、叶锋、许鑫、华二、舒敏、余志远、曹景良、雷玉龙、罗恒、吴继兵、刘丽等 69 人。

二、主要成果

厘定区内 1 : 5 万矿产地质专项填图的填图单元，对区内南华系、奥陶系等主要含锰岩系进行了划分和对比，并对大塘坡组、磨刀溪组等沉积建造的形成条件进行研究，在湘西南地区新发现震旦系金家洞组内锰矿化层。

进一步总结湘中地区南华系、奥陶系锰矿成矿规律与成矿模式，共划分出 5 个 IV 级成矿带、11 个 V 及成矿区，圈定了 5 个最小预测区。

新发现锰、钒、金、硫铁矿等矿（化）点 30 处，其中锰矿 14 处、钒矿 14 处、金矿 1 处、硫铁矿 1 处；提交新发现九潭冲—楠木冲、月山铺—祖塔两个中型锰矿产地，均有望提升为大型锰矿产地；圈定找矿靶区 3 处，开展了"三位一体"综合评价。

圈定湘中地区锰矿最小预测区 5 处，探获推断资源量：锰矿石 654.39 万吨；预测潜在资源锰矿 8550 万吨，五氧化二钒 116 万吨，完成主要远景区锰矿资源潜力动态评价工作。

通过对已知矿区开展的 1 : 5 万环境地质遥感解译和自然环境地质剖面工作，建立资源环境评价模型，对新发现矿产地、找矿靶区开展了"三位一体"综合评价，提出勘查开发布局建议。

总结了聚锰槽地控制锰矿带、赋锰洼地控制锰矿体的成矿规律。

利用 AMT 测深较好地勾勒出九潭冲—楠木冲一带断裂及褶皱构造基本轮廓，同时了解了含锰黑色岩系的空间展布特征，为钻孔工程布设提供了依据。

三、评审验收情况

2021 年 6 月，中国地质调查局完成了该项目野外验收，并以中地调野验字〔2021〕46 号文下发了野外验收意见书，该项目评定为优秀；2021 年 9 月，"上扬子东南缘锰矿资源基地综合地质调查项目数据库（集）"通过了中国地质调查局网信办组织的验收；2021 年 11 月，中国地质调查局下达地质调查项目成果评审意见书（中地调（中南）评字〔2021〕58 号）；2021 年 12 月，中国地质调查局下达了地质调查项目成果审核意见书（中地调（中南）审字〔2021〕55 号）。

四、重要奖项或重大事件

《湘中地区成锰盆地内部聚锰槽地结构初探》（陈旭等）获湖北省 2021 年度优秀地学学术论文一等奖。

第十七章　湘鄂渝黔毗邻地区

第一节　湘黔渝花垣—松桃—秀山地区锰矿资源调查评价

一、项目基本情况

"湘黔渝花垣—松桃—秀山地区锰矿资源调查评价"为中国地质调查局"西部铁锰多金属资源调查评价"计划项目下设的锰矿调查评价子项目。项目编码：1212010632706，任务书编号：资〔2006〕027-5号、资〔2007〕027-3号。工作起止时间：2006~2007年，项目总经费160万元。

工作区位于湖南、贵州、重庆三省市的接壤区域，地理坐标：东经108°21′58″~110°12′44″，北纬27°37′41″~28°40′13″，面积21000km²。

目的任务：以湘黔渝接壤区域的松桃—花垣—秀山地区南华系锰矿资源评价和成矿条件研究为总体目标，对中南华世大塘坡期的锰矿成矿环境、赋存规律、控矿条件、时空分布特征及锰磷分异特征和矿床成因类型进行分析研究，总结找矿标志，建立找矿模式。利用探矿工程揭露和控制锰矿层，估算资源量，对区内南华系锰矿资源潜力进行总体评价。

完成的主要实物工作量：1∶1万地质草测48km²，槽探2703m³，钻探597.3m，矿点检查10处。

项目承担单位为中国冶金地质勘查工程总局中南地质勘查院。项目负责人为尹建平，主要参加人员为刘燕群、张殿春、张贵玉等；其他参加人员为刘东升、骆新光、石教海、樊珂奇。

二、主要成果

对调查区内南华系锰矿的成矿地质条件、控矿因素、成矿特征及成矿规律进行了总结，建立了锰矿成矿模式，提出了区内找矿远景区；对区内资源潜力进行了评价，预测湘黔渝地区有11个锰矿资源潜力区，锰矿远景资源总量在4700万吨以上。

在调查区所选择的4个重点评价区内，圈定5个锰矿体，估算锰矿333+334资源量共480.95万吨。其中：333资源量196.88万吨，334资源量294.07万吨。

新发现矿产地2处：松桃县大雅堡锰矿区、印江县铁厂沟锰矿区。提交可供进一步普查的矿产地1处：贵州省印江县铁厂沟锰矿区。

三、评审验收情况

中国冶金地质勘查工程总局2009年6月5~7日组织专家对该项目野外工作进行了验收，2009年10月16日，对项目成果报告进行了评审。

第二节　湖南省保靖—沅陵地区矿产地质调查

一、项目基本情况

"湖南省保靖—沅陵地区矿产地质调查"为中国地质调查局下达的二级项目"湘西—滇东地区矿产地质调查"的子项目。子项目任务书编号：中冶地〔2016〕203 号、中冶地〔2017〕201 号、中冶地〔2017〕201-1 号、中冶地〔2018〕201 号。工作起止时间：2016~2018 年，项目经费 1856 万元。

工作区位于湘西土家族苗族自治州吉首市、古丈县、保靖县及怀化市沅陵县一带，工作图幅为古丈县幅（H49E021008）、清水坪幅（H49E021009）、溪马镇幅（H49E022008）及河蓬幅（H49E022009）四幅。

目的任务：以沉积型锰矿为主攻矿种，兼顾铅锌等矿产，开展古丈县幅、清水坪幅、溪马镇幅及河蓬幅 1∶5 万矿产地质调查工作，大致查明调查区成矿地质条件、主要含矿建造及矿产基本特征，在资源潜力评价的基础上，优选成矿有利地段，圈定找矿靶区 3~6 处；以松桃成锰盆地、湘潭成锰盆地和黔阳成锰盆地为重点，开展南华系锰矿成矿地质条件、成矿作用、成矿规律及矿床成因研究，运用综合地质信息预测技术进行成矿预测与选区，为扬子陆块东南缘南华系锰矿找矿突破及下一步工作部署提供依据。

完成的主要实物工作量：1∶5 万水系沉积物测量 1774km^2，1∶5 万矿产地质测量 1774km^2，1∶1 万地质简测 65km^2，1∶5000 地质剖面测量 76.25km，1∶1000 地质剖面测量 32.00km，可控源音频大地电磁测深 128 个点，探槽 10006m^3，钻探 6240.13m。

项目由中国冶金地质总局湖南地质勘查院承担。项目负责人为刘东升，主要完成人员为刘东升、许鑫、舒敏、刘林飞、雷玉龙、黄飞、李祥强、龚光林、叶锋、尹建平、曹景良、李朗田、陈旭、吴继兵、肖明尧、王娟、颜家辉、谢毓、刘虎、骆新光等。

二、主要成果

编制了古丈县幅（H49E021008）、清水坪幅（H49E021009）、溪马镇幅（H49E022008）及河蓬幅（H49E022009）等四幅 1∶5 万矿产地质图及说明书。

圈定了 1∶5 万水系沉积物测量单元素异常 468 个，圈定综合异常 17 个，其中甲 1 类 1 个、甲 2 类 4 个、乙 1 类 2 个、乙 2 类 4 个、乙 3 类 5 个、丙 2 类 1 个，查证综合异常 14 个，为找矿提供了地球化学依据。

圈定了 2 个 I 级锰、磷、钒找矿远景区（罗依溪—万岩锰、磷、钒、重晶石矿找矿远景区和高峰—河蓬锰、磷、钒矿找矿远景区）和 5 个 A 类找矿靶区（大龙—西岐锰磷钒矿找矿靶区、排花—夯娄磷钒矿找矿靶区、凤鸣溪—丫角山锰磷钒矿找矿靶区、岩头寨锰磷钒矿找矿靶区、天桥山—黄金寨钒矿找矿靶区）。

建立了典型锰矿、钒矿、磷矿矿产预测模型，采用沉积型矿产预测方法，圈定预测区，并进行了估算资源量。新增碳酸锰矿 334 资源量 278 万吨，新增磷块岩矿 334 资源量 9249 万吨，新增五氧化二钒 334 资源量 110.53 万吨。

通过"扬子陆块东南缘南华系锰矿成矿预测与选区"专题研究，系统总结了不同锰矿类型的成矿模式与成矿要素及成矿规律特征，共划分了 4 个 Ⅳ 级成矿带、12 个 Ⅴ 级成矿区，圈定 43 个最小预测区，并对 9 个优选区进行了验证。采用体积估算法对"大塘坡式""湘潭式""江口式"等 3 个锰矿预测类型按 500m 以浅、1000m 以浅、2000m 以浅分别进行了资源量预测，提高了南华系锰矿的研究程度。

三、评审验收情况

2018 年 10 月，中国冶金地质总局下达了野外验收审核意见书；2019 年 3 月，中国冶金地质总局下达地质调查项目成果报告评审意见书（中冶地〔2019〕评 201 号）。

第三节 湖南省新厂—横江桥地区矿产地质调查

一、项目基本情况

"湖南省新厂—横江桥地区矿产地质调查"为中国地质调查局下达的二级项目"湘西—滇东地区矿产地质调查"的子项目。子项目任务书编号：中冶地〔2016〕204 号、中冶地〔2017〕202 号、中冶地〔2018〕202 号。工作起止时间：2016 ~ 2018 年，项目经费 645 万元。

工作区位于云贵高原东部，湖南—贵州两省交界部位湖南一侧。工作区图幅为东山侗族乡幅（G49E009008）、横江桥乡幅（G49E010007）、溪口镇幅（G49E010008）三幅。

目的任务：以沉积型锰矿为主攻矿种，兼顾金矿等矿产，在东山侗族乡幅、横江桥乡幅、溪口镇幅开展 1∶5 万矿产地质调查，并针对调查区南华系大塘坡组锰矿，开展典型矿床研究，总结成矿规律，建立成矿模式和找矿模型，优选并提交靶区 3~6 处。

完成的主要实物工作量：1∶5 万矿产地质专项填图 1382.92km²，1∶1 万地质测量 87.91km²，槽探 9111.06m³，钻探 1778.62m。

项目由中国冶金地质总局矿产资源研究院承担。项目负责人为刘阳，副负责人为郑杰，主要完成人员为徐福忠、马晓辉、赵亮亮、李怀彬、彭欣、李艳翔、任良良、张岩、赵珍梅、祁民、李祥强、闫东川、闫清华、卿芸、张志炳、阎浩等。

二、主要成果

编制了东山侗族乡幅（G49E009008）、横江桥乡幅（G49E010007）、溪口镇幅（G49E010008）三幅 1∶5 万矿产地质图及说明书。

开展了音频大地电磁测深工作，经钻探验证，深部（1000m 以浅）含矿层位与构造解释成果实际吻合较好，探索了锰矿深部找矿方法。

在磨石、易家冲、长界、瓦窑、谢庄等 5 个区开展了矿点重点检查，发现并圈定了地表锰矿体，初步估算了锰矿石预测资源量。

初步建立了锰矿成矿模式、找矿模型，开展了成矿预测，圈定成矿预测区 6 个（其中 A 类 1 个、B 类 2 个、C 类 3 个），找矿靶区 5 个（其中 A 类 1 个、B 类 1 个、C 类 3 个）。

三、评审验收情况

2018 年 12 月，中国冶金地质总局下达了野外验收审核意见书；2019 年 3 月，中国冶金地质总局下达地质调查项目成果报告评审意见书（中冶地〔2019〕评 202 号）。

四、重要奖项或重大事件

该项目所在二级项目获得 2019 年度中国地质学会"十大科技进展奖"。

第四节　贵州省从江—黎平地区矿产地质调查

一、项目基本情况

"贵州省从江—黎平地区矿产地质调查"为中国地质调查局下达的二级项目"湘西—滇东地区矿产地质调查"的子项目。子项目任务书编号：中冶地〔2016〕205 号、中冶地〔2017〕203 号、中冶地〔2018〕203 号。工作起止时间：2016～2018 年，项目经费 1068 万元。

工作区位于贵州省东南部，地处云贵高原向湘桂丘陵—盆地过渡地带。工作区图幅为从江县幅（G49E014004）、双江幅（G49E013004）、下皮林幅（G49E013005）、中潮幅（G49E012005）、黎平县幅（G49E011005）五幅。

目的任务：以沉积型锰矿为主攻矿种，兼顾金矿等矿产，开展贵州省从江—黎平地区从江县幅、双江幅、下皮林幅、中潮幅、黎平县幅 1：5 万矿产地质调查，大致查明调查区成矿地质条件、主要含矿建造及矿产基本特征。同时针对调查区内南华系大塘坡组锰矿等主要矿种，开展典型矿床研究，总结成矿规律，建立成矿模式，优选找矿靶区 3～6 处。

完成的主要实物工作量：1：5 万矿产地质专项填图 2298km²，1：5 万水系沉积物测量 2298km²，1：1 万地质简测 76km²，1：1 万土壤测量 31km²，槽探 4038m³，钻探 1366.79m。

项目由中国冶金地质总局中南地质勘查院承担。项目负责人为肖德长，主要完成人员为李志伟、农良春、李丽芬、赵珍梅、徐映辉、肖明尧、杨育振、费新强、华二、王斌、卢艺波、陈腊春、匡应平、魏甲凸、闫东川、雷华、李祥强等。

二、主要成果

编制了从江县幅（G49E014004）、双江幅（G49E013004）、下皮林幅（G49E013005）、中潮幅（G49E012005）、黎平县幅（G49E011005）等五幅 1：5 万矿产地质图及说明书。

圈定了 1：5 万水系沉积物测量综合异常 48 处，其中甲 2 类异常 6 处、乙 1 类异常 1 处、乙 2 类异常 6 处、乙 3 类异常 7 处、丙 2 类异常 11 处、丙 3 类异常 17 处。

圈定了芭扒—小黄锰矿、平乐钒钼矿、清龙—大坡脚金矿共 3 处找矿靶区。在高增锰矿南东部外围、朝里南东共探获锰矿石 334 资源量 60.92 万吨。

开展了典型矿床研究，总结了控矿因素、找矿标志、区域成矿要素和成矿规律，建立了找矿模型。通过确定预测要素、建立预测模型，对区内主要矿产资源量进行了预测。

划分了 4 处找矿远景区，对其成矿地质条件及找矿远景进行了初步评价。

三、评审验收情况

2018 年 11 月，中国冶金地质总局下达了野外验收意见书；2019 年 6 月，中国冶金地质总局下达地质调查项目成果报告评审意见书（中冶地〔2019〕评 205 号）。

四、重要奖项或重大事件

该项目所在二级项目获得 2019 年度中国地质学会"十大科技进展奖"。

第五节 湖南省洞口—靖州一带锰矿矿集区矿产地质调查

一、项目基本情况

"湖南省洞口—靖州一带锰矿矿集区矿产地质调查"为中国地质调查局"重要锡、锰等矿集区矿产地质调查"二级项目的子项目，课题编码 DD20190166-13，任务合同编号：中地调研合同〔2019〕184 号。工作起止时间：2019 年 5 月～2020 年 11 月，项目经费 380 万元。

工作区位于湖南省中方县、洞口县及靖州市一带，地理坐标：洞口县江口靶区：东经 110°19′27″～110°25′29″，北纬 27°07′41″～27°11′38″，面积约 39.5km²；中方县新路河靶区：东经 110°11′28″～110°15′57″，北纬 27°24′58″～27°29′42″，面积 20.7km²；靖州市照洞靶区：东经 109°23′49″～109°26′12″，北纬 26°18′07″～26°18′54″，面积 3.3km²；总面积 63.5km²，位于南岭成矿带。

目的任务：研究总结矿集区成矿规律及控矿条件，构建找矿预测地质模型；采用大比例尺地、物、化等手段开展矿产检查及找矿预测，圈定找矿靶区；选择有利地段开展钻探验证，初步查明矿体的形态、规模、产状、厚度、品位等特征，提交锰矿石资源量；开展"矿产资源地质潜力—技术经济可行性—环境影响"综合评价；建立原始及成果资料数据库。

完成的主要实物工作量：1∶1 万专项地质测量（简测）5.0km²，1∶2000 地质剖面测量 3.4km，音频大地电磁测深 163 点，槽探 1504.42m³，钻探 2741.98m。

项目实施单位为中国地质调查局发展研究中心，承担单位为中国冶金地质总局湖南地质勘查院。项目负责人为刘东升，主要完成人员为刘林飞、王哲、谢履耕、吴定金。

二、主要成果

系统收集了以往成果资料，初步查明了区内南华系锰矿成矿地质背景，初步研究了区内锰矿成矿地质规律，优选出江口锰矿找矿靶区（A 类）、新路河锰矿找矿靶区（A 类）、照洞锰矿找矿靶区（A 类）。

钻探验证，在新路河矿区深部发现了较厚的锰矿层（平均厚度 6.01m，平均品位

Mn 10.00%)，新增碳酸锰矿 333 资源量 97.0 万吨，334 资源量 294.3 万吨。为该区今后的找矿指明了方向。

对区域内锰矿资源地质潜力、技术经济可行性、环境影响进行了初步评价。

同步建立了子项目的原始及成果资料数据库。

三、评审验收情况

中国地质调查局发展研究中心 2020 年 11 月 27~29 日组织专家进行了野外验收，2020 年 12 月 11 日，对成果报告进行了评审。

第十八章　川渝陕毗邻区

第一节　陕西省镇安县龙胜锰矿普查

一、项目基本情况

工作区位于镇安县青铜区龙胜乡，地处秦岭构造体系的南秦岭印支冒地槽褶皱带的东南端，郧西—金鸡岭复式向斜的西部。地理坐标：东经 109°00′~109°10′，北纬 33°10′~33°15′，面积 35km²。工作起止时间：1984~1985 年。

目的任务：在收集整理前人工作资料的基础上，重点对龙胜锰矿床进行地表地质工作，以搞清龙胜锰矿床地表矿体的规模、形态、产状、品位变化规律并提出深部找矿意见。

完成的主要实物工作量：1：5 万地质简测 35km²，1：2000 地质简测 2.6km²，1：2000 地质草测 3.0km²，槽探 6278.18m³。

项目由西北冶金地质勘探公司第六勘探队二分队承担。项目负责人为宫本乐，主要完成人员为王万福等。

二、主要成果

确定了龙胜锰矿床的锰矿体赋存于下志留统第二岩性段的绢云母石英片岩、石英片岩和炭质千枚岩中，在地表共发现锰矿体 15 条，可分为锰矿石和铁锰矿石，且均为贫锰氧化矿石。锰矿石：Mn 18.23%~24.87%，TFe 3.34%~5.54%。铁锰矿石：Mn 18.14%~20.71%，TFe 8.57%~18.40%。

龙胜锰矿区可分为东部马家沟矿床，中部龙胜锰矿床，西部大寨沟矿点三部分。其中大寨沟矿点受到的剥蚀程度较强，矿体和容矿石英岩被剥蚀掉。龙胜锰矿床和马家沟锰矿床剥蚀程度较浅，可作为今后工作的重点。

三、评审验收情况

1988 年 5 月，西北冶金地质勘探公司第六勘探队对项目成果报告进行了评审。

第二节　陕西省略阳县史家院锰矿普查

一、项目基本情况

工作区位于略阳县史家院乡，地处松潘—甘孜褶皱系摩天岭褶皱带，秧田坝复式向斜北东翼。地理坐标：东经 106°00′00″~106°03′00″，北纬 33°16′00″~33°16′30″，面积 10~

$12km^2$。工作起止时间：1989 年~1992 年 12 月，勘查总经费 40 万元。

目的任务：对该区锰矿找矿前景进行评价，对石人湾—二房湾矿体进行浅部揭露，采用激电中梯与次生晕方法对龚家湾—凡科湾激电异常做进一步评价，在异常中部可选用坑道进行验证；选用激电和次生晕相结合的方法对寨子沟和边家沟两个分散流异常进行检查评价；加强综合研究，提高对该区的地质认识，提高找矿工作效果。

完成的主要实物工作量：1：5 万路线地质草测 $27km^2$，1：2000 地质草测 $0.9km^2$，1：5000 激电扫面 $2.07km^2$，1：2000 精测剖面 2510m，异常加密剖面 1200m，槽探 $3854m^3$。

项目由冶金部西北地质勘查局承担。项目负责人为白龙安，主要完成人员为张立勋、吕翔、王和民、王化广、阎保康、田洪洲、梁远印、余琳、张井泉、周文奎、李军、邝自力、何英、吕晖等。

二、主要成果

含锰层及锰矿体赋存在海底喷发基性熔岩经火山碎屑岩向碳酸盐岩沉积过渡带中，即存在于碧口群中亚群第四段第二岩性段绿泥绢云石英片岩夹凝灰质变砂岩顶部及碧口群中亚群第四段第三岩性段大理岩底部，推断成矿物质来源之一是基性火山喷发物质中的锰。

锰矿（化）体都沿断层分布，受断裂构造控制明显。锰矿（化）体地表富，深部贫，延深浅，规模小。

该区锰矿成因有两种：一种是次生淋滤锰矿，另一种是沉积含锰背景值较高地层经后期热液蚀变富集而成锰矿。

三、评审验收情况

1992 年 10 月，冶金部西北地质勘查局六队对锰矿普查项目进行了评审。

第三节　陕西省略阳县三岔子锰矿普查

一、项目基本情况

工作区位于略阳县的三岔子乡，地处南秦岭褶皱带，摩天岭褶皱带和扬子准地台三大构造单元的结合部位。地理坐标：东经 $105°53'00''$~$105°56'19''$，北纬 $33°21'8''$~$33°21'30''$，面积 $12.5km^2$。工作起止时间：1993 年~1995 年 12 月，项目经费 13.5 万元。

目的任务：采用边采、边探的方法，完成 D+E 级富锰矿 100 万吨储量目标；对三岔子外围、辽洞沟至毛坝一带进行锰矿普查。

完成的主要实物工作量：1：5000 地质填图 $12.5km^2$，1：1 万地质草测 $13km^2$，坑探 180.2m，槽探 $3429.5m^3$。

项目由西北地质勘查局地质勘查开发院六分院承担。项目负责人为孙贤良，主要完成人员为李会民、魏东、吴小虎、刘文波等。

二、主要成果

基本查明了矿区地质、构造、矿体的规模与产状、矿石质量及变化规律，共圈出 9 条矿体，获得 C+D+E 级锰矿储量 127.45 万吨，其中 C 级 3.32 万吨，D 级 59.87 万吨，E 级 64.26 万吨，为民采及投建小型矿山提供了依据。

在三岔子外围辽洞沟—毛坝一带，初步圈定一条低磷锰矿体，P/Mn = 0.007，Mn 平均品位 27.92%，矿体平均厚度 1.05m。

三、评审验收情况

1996 年 12 月，冶金部西北地质勘查局六队对项目成果报告进行了评审。

第四节　陕西紫阳—略阳优质锰矿资源调查评价

一、项目基本情况

"陕西紫阳—略阳优质锰矿资源调查评价"是中国地质调查局"优质锰矿资源调查"项目（编码为 1212010330812）的子项目。该子项目编码为：200210200042，任务书编号为资〔2002〕45-10 号和资〔2003〕35-1 号。工作起止时间：2002~2004 年，项目经费：130 万元。

工作区位于陕西省南部汉中—安康一带的紫阳县、镇巴县、西乡县、汉中市、勉县、宁强县、略阳县等县境内。地理坐标：东经 105°45′~108°16′，北纬 32°12′~33°25′，面积约 25000km^2。

目的任务：充分收集、综合分析已有资料，通过路线地质调查及矿床地质测量，大致查明地质、构造特征，含锰岩系的分布范围，圈出含锰层位和有利成矿地段，总结找矿规律。初步查明锰矿资源潜力，估算资源量。

完成的主要实物工作量：1：5 万路线地质调查 50km^2，1：1 万地质草测 38km^2，实测地质剖面（1：1000~1：1 万）67.9km，槽探 3798m^3，坑探 1014.2m，钻探工作量 538m。

项目由中国冶金地质勘查工程总局西北地勘院承担。项目负责人为王仕进，主要完成人员为张江、苗存社、刘小宁、周永生、吴小虎等。

二、主要成果

对巴山锰矿带和略阳—汉中锰矿带的含锰岩系分布特征及锰矿分布规律有了新的认识。在高磷锰矿带中找到了低磷锰矿和优质锰矿，确定了 3 个新的找矿远景区，对调查区的优质锰矿资源潜力做了概略评价。

估算锰矿石 333+334 资源量 1019.38 万吨（其中优质锰矿 269.58 万吨，贫锰矿 749.80 万吨）。同时对具有资源潜力的石堡山、金家河、三岔子以西 3 个成矿远景区进行了预测，共预测锰矿资源量 670 万吨。

三、评审验收情况

2005 年 4 月 11 日，中国冶金地质勘查工程总局对项目成果报告进行了评审。

第十九章 滇东南地区

第一节 云南省石屏县养鱼塘锰矿区普查

一、项目基本情况

普查区位于云南省红河州，属石屏县大桥乡管辖，地理坐标：东经 102°21′30″~102°24′00″，北纬：23°49′15″~23°51′30″，面积 14.14km²。矿区大地构造位置属扬子准地台—川滇台背斜—武定—石屏隆断束之峨山台穹。工作起止时间：2001 年 5 月~2003 年 4 月。

目的任务：大致查明矿区地层、构造、主要含矿层位和矿体分布特征；对主要矿（化）体实施地表及浅部山地工程揭露，查明矿体形态、规模、产状、矿石数量和质量等；开展综合研究工作，对矿床远景作出评价。

完成的主要实物工作量：1∶1 万地质测量 14km²，1∶2000 地质测量 1.0km²，1∶5000 地质剖面测量 5.20km，1∶1000 勘探线剖面测量 12.80km，槽探 2850m³。

项目由中国冶金地质勘查工程总局昆明地质勘查院承担。项目负责人为高占鸿，主要完成人员为段云龙、葛富望、苑海川、吴太松。

二、主要成果

基本查明区内地层、构造、岩浆岩及矿体的形态、规模、产状、数量、矿石质量、成矿地质条件，控矿因素。

探获锰矿石 332+333 资源量 34.18 万吨，均为氧化贫锰矿石，其中 332 资源量 7.29 万吨、333 资源量 26.89 万吨，为一小型锰矿床。

三、评审验收情况

2003 年 8 月 4 日，云南省国土资源厅矿产资源储量评审中心对项目成果报告进行了评审并备案：云国土资储备字〔2003〕13 号。

第二节 云南省砚山县花鱼塘锰矿普查

一、项目基本情况

普查区位于砚山县，属砚山县平远镇管辖，位于我国南方重要的锰矿成矿区—滇东南锰矿成矿区内，大地构造单元为华南褶皱系滇东南褶皱带，三级构造单元为文山—富宁断褶束。地理坐标：东经 103°51′00″~103°52′15″，北纬 23°49′15″~23°50′15″，面积

3.93km²。工作起止时间：2004年3月~2005年3月。

目的任务：开展1：5000地质草测，主要矿化地段开展1：2000地质草测，大致查明矿区地层、构造、主要含矿层位和矿体分布特征；对主要矿（化）体实施地表及浅部山地工程揭露，查明矿体形态、规模、产状、矿石质量等；同时，开展综合研究工作，对矿床远景及技术经济条件作出评价。

完成的主要实物工作量：1：5000地质测量3.93km²，1：2000地质测量1.16km²，槽探1680m³，坑探675.5m。

项目由中国冶金地质勘查工程总局昆明地质勘查院承担。项目负责人为高占鸿，主要完成人员为王筑源、刘建敏、吴太松、刘俐伶、张朝辉、范礼刚等。

二、主要成果

大致查明了矿区地层层序、含矿层位、构造格局。

初步圈定锰矿体1个，锰矿化体2个，大致查明Ⅰ-1号矿体形态、产状、规模及矿石质量，探获锰矿石332+333资源量30.89万吨，为低磷中低铁酸性锰矿石。其中氧化锰矿332资源量2.05万吨（贫矿），333资源量1.91万吨，332+333资源量3.96万吨。碳酸锰矿332资源量4.92万吨（贫矿），333资源量22.01万吨（贫矿），332+333资源量为26.93万吨。另探获低品位氧化锰矿2S22资源量12.18万吨。

三、评审验收情况

2005年5月17日，云南省国土资源厅矿产资源储量评审中心对项目成果报告进行了评审并备案：云国土资储备字〔2005〕56号。

第三节　云南省砚山县土基冲优质锰矿普查

一、项目基本情况

"云南省砚山县土基冲优质锰矿普查"为大调查项目，工作起止时间2004~2006年，项目经费90万元。

工作区属文山州砚山县平远镇和稼依镇管辖，地处滇东喀斯特高原南部滇东南岩溶亚区。地理坐标：东经103°52′15″~103°56′15″，北纬23°49′00″~23°50′15″，面积14.53km²。

目的任务：开展地质草测，大致查明矿区地层、构造特征；大致查明矿体形态、规模、产状和矿石质量等；开展综合研究工作，对矿区锰矿资源进行概略评价，圈定有进一步勘查价值的区域。

完成的主要实物工作量：1：1万地质草测14.10km²，1：2000地质测量4.41km²，槽探1450.11m³，钻探1025.23m，坑探737.83m。

项目由中国冶金地质勘查工程总局昆明地质勘查院承担。项目负责人为高占鸿，主要完成人员为李勤美、黄锦旭等。

二、主要成果

大致查明了矿区地层层序、含矿层位、构造格局。

大致查明了矿区内含矿地层法郎组及下伏个旧组上段的岩性，两组地层的接触关系为假整合。并将法郎组划分 3 个岩性段，中段是主要含矿层位，下段岩层沉积不完整，局部缺失。

大致查明了矿体的形态、规模和产状，矿石自然类型及矿石质量，矿区内圈定的矿体主要富集于地表，延深不深，厚度不大。

初步圈定锰含矿层Ⅰ号、Ⅱ号、Ⅲ号及Ⅳ号共 4 个，从中圈定工业矿体 10 个，矿区共探获锰矿石 333+334 资源量 71.13 万吨，主要为中低磷中低铁酸性氧化锰矿石。其中 333 资源量 11.01 万吨，占矿区总资源量的 15.48%。全矿区氧化贫锰矿 53.74 万吨，碳酸锰矿 11.99 万吨。

三、评审验收情况

2009 年 3 月 25 日，中国冶金地质总局对项目成果报告进行了评审，出具了成果报告评审意见书：冶金地质资评〔2009〕20 号。

第四节　云南丘北—弥勒一带优质锰矿评价

一、项目基本情况

"云南丘北—弥勒一带优质锰矿评价"为中国地质调查局资源评价项目，所属计划项目为西部铁锰多金属资源调查，项目编号：1212010632709。工作起止时间 2006～2007 年，项目经费 109 万元。

调查区位于南盘江中下游地区，大地构造属华南褶皱系滇东南褶皱带的西南端，涉及 G48E024008（腻脚幅）、F48E001008（大铁幅）等多个图幅。地理坐标：东经 $103°20'30''$～$104°32'00''$，北纬 $23°45'00''$～$24°20'00''$，面积 7849.45km²。重点调查范围包括：大平寨、腻革龙、皇粮田、土基冲等，面积约 100km²。

目的任务：以中三叠统法朗组锰矿层为主攻对象，大致查明评价区内锰矿含锰岩性的展布特征及锰矿层的分布情况，并圈定成矿有利地段，用少量取样工程揭露和控制锰矿地表出露及其深部延伸情况，圈定矿体界线，估算优质锰矿资源量，对全区锰矿资源潜力进行评价。

完成的主要实物工作量：1∶1 万地质测量 50.48km²，1∶2000 地质测量 4.75km²，1∶5000 地质剖面测量 7.155km，1∶1000 地质剖面测量 1.5896km，钻探 768.35m。

项目由中国冶金地质勘查工程总局昆明地质勘查院承担。项目负责人为叶金福，主要完成人员为扈雪峰、周锃杭、覃志友等。

二、主要成果

对云南邱北—弥勒一带锰矿的分布、产状等特征有了进一步的认识，由于岩相古地理的不同，各矿区锰矿体的赋存层位有一定的变化规律，但总体赋存于中三叠统法郎组第二段中下部。

对大平寨、土基冲、朵甲新寨—马鞍山及青龙山 4 个矿区评价，全矿区累计探获锰矿石 333+334 资源量 834.29 万吨，其中工业品位锰矿石 333+334 资源量 385.66 万吨，其中，333 资源量 2.53 万吨，334 资源量 383.13 万吨，平均品位 Mn 25.71%；低品位锰矿 333+334 资源量 448.63 万吨，其中 333 资源量 0.24 万吨，334 资源量 448.39 万吨，平均品位 Mn 13.25%。扣除原探明的资源量，此次新增资源量 747.49 万吨，其中氧化+碳酸锰贫锰矿石 333+334 资源量 298.86 万吨，其中 333 资源量 1.60 万吨，334 资源量 297.26 万吨；低品位（氧化+碳酸锰）锰矿石 333+334 资源量 448.63 万吨，其中 333 资源量 0.24 万吨，334 资源量 448.39 万吨。

三、评审验收情况

2009 年 10 月 16 日，中国地质调查局及中国冶金地质勘查工程总局对项目成果报告进行了评审，出具了评审意见书：中地调（冶）评字〔2009〕12 号。

第五节　云南省开远地区矿产地质调查

一、项目基本情况

"云南省开远地区矿产地质调查"为中国地质调查局下达的二级项目"湘西—滇东地区矿产地质调查"的子项目。子项目任务书编号：中冶地〔2016〕207 号、中冶地〔2017〕205 号、中冶地〔2018〕205 号。工作起止时间：2016～2018 年，项目经费累计 1137 万元。

工作区位于滇东南地区红河哈尼族彝族自治州开远市一带。工作区图幅为开远县幅（F48E002005）、三台寺幅（F48E002006）、中和营幅（F48E002007）、鸡街幅（F48E003005）、大庄幅（F48E003006）五幅。

目的任务：以沉积型锰矿为主攻矿种，兼顾铜、铅锌、锡等矿产，对开远县幅、三台寺幅、中和营幅、鸡街幅、大庄幅开展 1∶5 万矿产地质调查工作，同时开展成矿地质背景、成矿规律和典型矿床成矿特征研究，总结成矿规律及找矿标志，建立成矿模式和找矿预测模型，并进行成矿预测和找矿靶区优选，提交找矿靶区 3～6 处。

完成的主要实物工作量：1∶5 万矿产地质专项填图 2377km²，1∶5 万水系沉积物测量 2377km²，1∶1 万地质草测 46.5km²，1∶1 万土壤剖面 102km，钻探 642.2m，槽探 7745m³。

项目由中国冶金地质总局中南地质调查院承担。项目负责人为华二，副负责人为岑志辉，主要完成人员为陈广义、余志远、曾凯、李旭成、魏甲抗、李丽芬、赵珍梅、徐映辉、肖明尧、杨育振、费新强、杨朋、王佳、陈国建等。

二、主要成果

编制了开远县幅（F48E002005）、三台寺幅（F48E002006）、中和营幅（F48E002007）、鸡街幅（F48E003005）、大庄幅（F48E003006）等五幅 1∶5 万矿产地质图及说明书。

圈定了 1∶5 万水系沉积物测量单元素异常 933 处，综合异常 58 处，其中甲 2 类 3

个，乙 1 类 2 个、乙 2 类 4 个、乙 3 类 6 个，丙类 43 个。

新发现矿（化）点 10 处，其中锰矿（化）点 8 处、铅锌矿点 1 处、矿化点 1 处。

圈定了 3 个找矿靶区，分别为通灵村—摩依伯锰矿找矿靶区、普雄—戈白铅锌多金属矿找矿靶区、老寨铅锌矿找矿靶区。通过对通灵村—摩依伯锰矿找矿靶区进一步勘查，圈定了 2 个氧化锰矿体，初步估算锰矿石 334 资源量 454.12 万吨。

通过区域成矿条件分析、典型锰矿床研究，初步总结了锰矿成矿规律和控矿要素，建立了开远地区的锰矿成矿模式及找矿模型。

三、评审验收情况

2018 年 11 月，中国冶金地质总局下达了野外验收意见书；2019 年 3 月，中国冶金地质总局下达地质调查项目成果报告评审意见书（中冶地〔2019〕评 205 号）。

四、重要奖项或重大事件

该项目所在二级项目获得 2019 年度中国地质学会"十大地质科技进展"。

第六节　云南省大平—鸣就地区矿产地质调查

一、项目基本情况

"云南省大平—鸣就地区矿产地质调查"为中国地质调查局下达的二级项目"湘西—滇东地区矿产地质调查"的子项目。子项目任务书编号：中冶地〔2017〕208 号、中冶地〔2018〕208 号。工作起止时间：2017~2018 年，项目经费 555 万元。

工作区位于云南省滇东南地区红河哈尼族彝族自治州境内，工作区图幅为鸣就幅（F48E004007）、卡房幅（F48E005005）、堡姑幅（F48E005007）三幅。

目的任务：以中三叠统法郎组海相沉积型锰矿床为主攻矿床类型，兼顾锡多金属矿产，在综合研究前人勘查成果的基础上，开展鸣就幅、卡房幅、堡姑幅 1:5 万矿产地质调查，大致查明调查区与成矿和赋矿有关的建造和构造地质条件及矿产基本特征。并针对三叠系法郎组锰矿等主要矿产，开展典型矿床特征研究，总结成矿规律及控矿要素，建立成矿模式和找矿模型。在此基础上，进行成矿预测和靶区优选，提交找矿靶区 2~4 处。

项目完成的主要实物工作量：1:5 万矿产地质专项填图 1433km²，1:5 万水系沉积物测量 1433km²，槽探 4007m³，钻探 321m 等。

项目由中国冶金地质总局广西地质勘查院承担。项目负责人为赵品忠，副负责人为黄宗添、吴佳昌、黄均城，主要完成人员为叶胜、农泽伟、李首聪、高翔等。

二、主要成果

编制了鸣就幅（F48E004007）、卡房幅（F48E005005）、堡姑幅（F48E005007）等三幅 1:5 万矿产地质图及说明书。

圈定了 1:5 万水系沉积物测量单元素异常 745 处，综合异常 49 处，其中甲 2 类 4 个、乙 2 类 2 个、乙 3 类 4 个、丙 1 类 17 个、丙 2 类 6 个、丙 3 类 16 个。

新发现矿（化）点 7 处，在概略检查的基础上，择优对南斗冲—菲租克锰、铅锌等 4 处多金属矿进行了重点评价，圈定了 3 个 I 级锰、铅锌、锡多金属矿找矿远景区和 2 个找矿靶区，初步估算了锰矿和铅锌矿资源量。

首次在滇东南地区的石炭系顺甸河组发现了工业锰矿。

完成了《云南省大平—鸣就地区锰矿成矿地质条件及控矿特征》专题研究。

三、评审验收情况

2018 年 12 月，中国冶金地质总局下达了野外验收意见书；2019 年 3 月，中国冶金地质总局下达地质调查项目成果报告评审意见书（中冶地〔2019〕评 208 号）。

四、重要奖项或重大事件

该项目所在二级项目获得 2019 年度中国地质学会"十大地质科技进展"。

第七节 云南省广南地区矿产地质调查

一、项目基本情况

"云南省广南地区矿产地质调查"为中国地质调查局下达的二级项目"湘西—滇东地区矿产地质调查"的子项目。子项目任务书编号：中冶地〔2017〕212 号、中冶地〔2018〕212 号。工作起止时间：2017~2018 年，项目经费 510 万元。

工作区位于云南、广西相邻地区。工作区图幅为广南县幅（G48E024013）、那洒街幅（F48E002012）、马街幅（F48E002013）三幅。

目的任务：以金、锑为主攻矿种，兼顾锰、铅、锌等矿产，开展马街幅、那洒街幅、广南县幅 1:5 万矿产地质调查，大致查明调查区成矿地质条件、主要含矿建造及矿产特征，同时开展典型矿床研究，总结成矿规律，建立成矿模式和找矿预测模型，并对调查区资源潜力进行评价，在此基础上优选找矿靶区，提交找矿靶区 2~4 处。

完成的主要实物工作量：1:5 万矿产地质专项填图 1422km²，1:5 万水系沉积物测量 1422km²，槽探 4857m³，浅井 100m。

项目由中国冶金地质总局广西地质勘查院承担。项目负责人为龙鹏，副负责人为韦运良、杨晔、黄承泽，主要完成人员为莫佳、贺强、黄华、严乐佳、陈继永、张柏森、龙航、胡华清、黄桂强等。

二、主要成果

编制了广南县幅（G48E024013）、那洒街幅（F48E002012）、马街幅（F48E002013）三幅 1:5 万矿产地质图及说明书。

圈定 1:5 万水系沉积物综合异常 38 个，异常查证 15 个。圈定了地球化学找矿远景区 14 个。

总结了金、锑、锰、铅锌的成矿规律，编制成矿规律图、成矿预测图，圈定了 12 个找矿靶区（预测区）。其中 A 类 1 个（袁家坪—麦地凹金锑矿靶区），B 类 7 个（达莲塘—

坡松金矿靶区、那凹—木底锰矿靶区、九克—摩柯得金锑矿靶区、脚得—田尾道班铅锌矿靶区、小吉果—塔口铅锌矿靶区、小裸尼—田房锑铅锌矿靶区、峨里—大桥坝铅锌金锑矿靶区）。

新发现矿产地 1 处，即云南省广南县那凹锰矿，通过探槽揭露，发现 3 层锰矿，初步估算预测的氧化锰矿石量 241.80 万吨。

三、评审验收情况

2018 年 11 月，中国冶金地质总局下达了野外验收意见书；2019 年 3 月，中国冶金地质总局下达地质调查项目成果报告评审意见书（中冶地〔2019〕评 212 号）。

四、重要奖项或重大事件

该项目所属二级项目获得 2019 年度中国地质学会"十大地质科技进展"。

第八节　云南省平远—德厚地区矿产地质调查

一、项目基本情况

"云南省平远—德厚地区矿产地质调查"为中国地质调查局下达的二级项目"湘西—滇东地区矿产地质调查"的子项目。子项目任务书编号：中冶地〔2017〕209 号、中冶地〔2018〕209 号。工作起止时间：2017~2018 年，项目经费 697 万元。

工作区位于滇东南地区文山壮族、苗族自治州西部砚山县至文山市一带。工作区图幅为平远街幅（F48E002008）、阿舍大寨幅（F48E003007）、德厚街幅（F48E003008）三幅。

目的任务：以沉积型锰矿为主攻矿种，兼顾铅锌等矿产，开展平远街幅、阿舍大寨幅、德厚街幅 1∶5 万矿产地质调查工作，大致查明调查区成矿地质背景、主要含矿建造及矿产基本特征，同时开展调查区资源潜力评价，优选找矿靶区，提交找矿靶区 2~4 处。

完成的主要实物工作量：1∶5 万矿产地质专项填图 1413km²，槽探 3033m³，钻探 860.66m。

项目由中国冶金地质总局中南地质勘查院承担。项目负责人为杨朋，主要参与完成人员为田明、王佳、陈国建、邓显殿、杨育振、徐映辉、肖明尧、费新强、龚强、周逵、高云亮、匡应平、魏甲抗、赵贵祥、彭泽渝、戴军、余挺等。

二、主要成果

编制了平远街幅（F48E002008）、阿舍大寨幅（F48E003007）、德厚街幅（F48E003008）三幅 1∶5 万矿产地质图及说明书。

圈定了 1∶5 万水系沉积物测量综合异常 23 个，其中，甲 2 类 4 个、乙 2 类 2 个、乙 3 类 15 个、丙 2 和丙 3 类各 1 个。查证综合异常 10 个。

通过典型矿床解剖及综合研究，确定调查区矿产预测类型主要为沉积型锰矿和低温热液型锑矿，总结了调查区锰矿、锑矿等成矿地质条件，结合区内地质、物化探成果，圈定了 5 处成矿预测区：其中 A 类预测区 1 处，B 类预测区 3 处，C 类预测区 1 处。

优选找矿靶区 2 处，即土基冲锰矿找矿靶区（B 类）、上米者锑矿找矿靶区（B 类），初步预测了锰矿石资源量和锑金属资源量。

新发现矿（化）点 7 处，包括锰矿化点 1 处，重晶石矿点 1 处，钼、锑矿点 1 处，稀土矿点 1 处，钛铁矿点 3 处。

三、评审验收情况

2018 年 11 月，中国冶金地质总局下达了野外验收意见书；2019 年 3 月，中国冶金地质总局下达地质调查项目成果报告评审意见书（中冶地〔2019〕评 209 号）。

四、重要奖项或重大事件

该项目所属二级项目获得 2019 年度中国地质学会"十大地质科技进展"。

第二十章　闽西南—粤东北地区

第一节　福建省连城县庙前锰矿区普查

一、项目基本情况

"福建省连城县庙前锰矿区普查"为原冶金部下达的项目。工作起止时间：1982 年 12 月~1985 年 12 月，项目经费：87.39 万元。

工作区位于连城县城以南，属连城县庙前镇所辖，矿区位于庙前复式向斜。地理坐标：东经 116°37′20″~116°42′38″，北纬 25°16′13″~25°21′04″，面积 50.36km^2。

目的任务：查明沉积菱锰矿的确切层位，并在此基础上，对深部进行探索和控制，以期达到发现菱锰矿层，对矿区作出评价。

完成的主要实物工作量：1：1 万地质测量 42km^2，1：2000 地质测量 3.44km^2，探槽 9438.15m^3，小圆井 910.05m，钻探 4868.54m。

项目由冶金部第二地质勘探公司三队承担。项目负责人为周明芳，主要完成人员为周明芳、王明生、林春钟、林金梅、冯殿刚。

二、主要成果

利用槽探、浅井、钻探工程，对丰图、坪头李坑、桐坑、猫眼石等 4 个表生氧化锰矿点进行了检查，仅在丰图锰矿点第四系堆积层中见有几个透镜状表外氧化锰矿，其视厚度 0.2~1.72m，其他各点均未发现锰矿体。进一步了解了该区锰矿找矿潜力。

在 ZK205、ZK60101 两个孔中发现硫化铅锌矿体。ZK205 孔铅锌矿视厚度 14.45m，平均品位（样长加权平均）Pb 2.46%，Zn 3.73%，含 Mn 0.35%；ZK60101 孔铅锌矿视厚度 8.75m，Pb 3.31%，Zn 8.86%，含 Mn 1.76%（最高 2.38%）。为寻找铅锌矿提供了线索。

三、评审验收情况

1990 年 6 月 23 日，冶金部第二地质勘查局对该项目成果报告进行了评审。

第二节　广东省梅县市白沙坪—汾水锰矿区白沙坪、叶屋矿段评价

一、项目基本情况

"广东省梅县市白沙坪—汾水锰矿区白沙坪、叶屋矿段评价"为原冶金部下达的项目，项目（任务书）编号：地技字〔1985〕188 号。工作起止时间：1986 年 2 月~1988 年 2 月，项目经费：182.51 万元。

工作区位于广东省梅县市北东方向，属丙村区银场乡及城东区汾水乡管辖，处于永梅凹陷带的西南部，兴梅地区山字形构造的东翼。白沙坪矿段地理坐标：东经 116°30′30″、北纬 24°22′15″，勘查面积 1.24km²；叶屋矿段地理坐标：东经 116°07′、北纬 24°23′45″，勘查面积 0.6km²。

目的任务：查明梅县白沙坪至汾水一带锰矿资源情况，同时对锰矿中共生或伴生的银矿及其他有益组分进行综合评价，提高矿床经济效益，满足国民经济建设对锰矿的需求。

完成的主要实物工作量：1∶1 万草测 20km²，1∶2000 简测 1.82km²，钻探 3163.63m（其中白沙坪矿段 2552.67m，叶屋矿段 610.96m）。

项目由冶金部福建地质勘探公司三队承担。项目负责人为周德文，主要完成人员为何彬彬、邓运佳、彭实俭、林春钟、王连山、周德文、徐春泉、雷宏、高扬用。

二、主要成果

基本上查明了该区赋存于第四纪残积层中淋积型氧化锰矿体的形态、厚度、产状、规模及其品位变化。

在白沙坪和叶屋矿段探获 C+D 级氧化锰矿石 16.95 万吨，C+D 级表外贫氧化锰矿石 38.45 万吨。

在白沙坪矿段采取 3 个样品进行矿石可选性探索试验，试验结果表明该区锰矿石具备可选性，由原矿的 17.9% 可以提高到精矿的 27.91%，回收率可达 90% 以上。

三、评审验收情况

1988 年 2 月 8 日，冶金部福建地质勘探公司对该项目成果报告进行了评审。

第三节　闽西南—粤东北优质氧化锰矿评价

一、项目基本情况

"闽西南—粤东北优质氧化锰矿评价"为国土资源大调查项目，项目编码：70401210110、0400210266。工作区位于闽西南—粤东北地区北起福建永安，南到广东省梅县，相当于永梅拗陷带分布范围，面积约 2 万平方千米。大地构造位置：评价区处于福建省一级构造单元：闽西南拗陷带（即永梅拗陷带）内，范围与拗陷带一致。拗陷带主体位于福建省西南部，北以宁化至南平一线与闽西北隆起带相接，东以政和—大埔断裂带为界与闽东火山断拗带相邻，往西南延入广东省梅县。地理坐标见表 23-1，面积约 44km²。工作起止时间：2000 年 4 月~2002 年 2 月，项目经费：80 万元。

目的任务：全面收集评价区已有的地、物、化、遥等资料，在总结找矿地质背景和成矿条件的基础上，通过中、大比例尺的地质、物化探工作优选找矿靶区；对靶区进行验证，发现和评价新的矿（化）体；对全区资源潜力进行总体评价，提交资源量和新发现矿产地。

表 23-1   矿区面积及地理坐标

矿区名称	地理位置	地理坐标	面积/km²
兰桥西—庙前（含海坑）、丰图	福建省连城县南 45km	东经 116°38′15″~116°43′00″ 北纬 25°16′30″~25°23′00″	34.0
小康		东经 116°46′00″~116°47′00″ 北纬 25°19′18″~25°20′13″	1.0
安乡	福建省上杭县南东 10km	东经 116°28′06″~116°31′00″ 北纬 24°58′15″~25°00′00″	8.0
叶田—大布	广东省蕉岭县北 23km	东经 116°12′40″~116°13′20″ 北纬 24°50′45″~24°51′45″	1.0

完成的主要实物工作量：1：5 万综合编图 2400km²，1：2.5 万地物化综合测量 70.7km²，1：2000 地质填图 4.30km²，1：2000 物探电法剖面测量 8.4km，钻探 306.38m，槽探 31095m，小园井 101m。

项目承担单位为中国冶金地质勘查工程总局第二地质勘查院。项目负责人为秦志平，主要完成人员为秦志平、武金阳、林孝洪、陈自康。

二、主要成果

获氧化锰矿 333+334 资源量 200.24 万吨，其中，优质氧化富锰矿 149.94 万吨，占 75%；氧化锰矿 37.61 万吨，占 19%，氧化贫锰矿 12.69 万吨，占 6%。此外，还获共伴生银资源量 241.5t（其中共生 209.1t，伴生 32.4t），共生铅 9715t，伴生锌 4038t，伴生铜 1039t，伴生金 37kg。提交了上杭县小康及连城县兰桥西 2 处可供进一步勘查的优质富锰矿基地。

三、评审验收情况

2002 年 6 月 18 日，通过中国冶金地质勘查工程总局组织的野外验收；2003 年 7 月 26~27 日，通过中国冶金地质勘查工程总局组织的专家评审。

第二十一章　晋冀蒙辽毗邻区

第一节　内蒙古自治区四子王旗卫境尔登优质锰矿普查

一、项目基本情况

"内蒙古自治区四子王旗卫境尔登优质锰矿普查"为国家资源补偿费地质勘查项目，工作起止时间：2005年1月~2006年12月，项目经费100万元。

工作区位于内蒙古四子王旗北，工作区大地构造位置处于内蒙古弧形褶皱带，属于二连—东乌旗晚古生代、中生代、新生代铜铁铬铅锌银成矿带的苏木查干敖包—二连锰-萤石成矿亚带。地理坐标：东经$110°51'15''$~$110°55'00''$，北纬$43°01'00''$~$43°03'45''$，面积$11.77km^2$。

目的任务：在全面收集区域地质、物探、矿产信息及成果资料的基础上，通过1：5万地质测量，大致查明矿体的形态、产状、规模和分布范围；运用稀疏的槽探和钻探工程等手段对矿体进行追索和控制，对工作区的含矿性做出初步评价，估算锰矿333+334资源量。

完成的主要实物工作量：1：5000地质简测$11.77km^2$，钻探357.09m，坑探144.75m，槽探$1487.2m^3$。

项目由中国冶金地质勘查工程总局第三地质勘查院承担。项目负责人为李煜，主要完成人员为付宝国、王于、任国梁。

二、主要成果

大致查明了普查区内含矿层位、岩性、构造、岩浆活动、锰矿体的分布规律及出露规模、产状等。大致查明了矿体的形态、规模、厚度变化、品位变化及有害组分的含量情况。

共圈出锰矿体6条，均为小型矿体，提交锰矿333+334资源量48.40万吨，其中333资源量3.63万吨；优质锰矿资源量46.61万吨，贫锰矿资源量1.79万吨。

三、评审验收情况

中国冶金地质勘查工程总局组织专家于2009年3月20~25日对《内蒙古自治区四子王旗卫境尔登优质锰矿普查报告》进行了评审。

第二节 晋东北冀西北优质富锰矿资源评价

一、项目基本概况

"晋东北冀西北优质富锰矿资源评价"为中国地调局大调查项目。调查区西起山西省灵丘县，东至河北省延庆县，南到河北省涿鹿县，北达河北省赤城县。东西长约500km，南北宽约100km，面积约1.9万平方千米。地理坐标为：东经112°30′~116°30′，北纬39°00′~40°30′。大地构造位置：处于华北陆块北缘东段太古宙、元古宙、中生代金铜银铅锌镍钴硫成矿带的张承凹陷Au-Cu-Mo-Pb-Zn-Fe-煤成矿亚带。工作起止时间：2004年6月~2007年8月，项目经费262.8万元。

目的任务：通过遥感、物探、化探、地质测量、矿点检查等综合研究工作，对调查区内优质富锰矿资源成矿地质条件、矿床类型及分布特征进行评价；以矿点检查和锰矿异常查证为中心，以槽探、浅井、钻探为手段，对矿体进行揭露评价；提交优质（富）锰矿产地及其资源量。

完成的主要实物工作量：钻探1284.80m，槽探2960m³，1∶20万遥感地质解译19000km²，1∶5000地质草测31.06km²，1∶5万水系沉积物测量600km²，1∶2000地质、物探（激电中梯、高精度磁测）、化探（岩石）剖面测量16.43km。

项目由中国冶金地质勘查工程总局第三地质勘查院承担，项目负责人为冯学刚，参与的主要人员为何青、闫友才、刘探宝、魏广庆。

二、主要成果

大致了解了各矿区（点、异常）地质、矿床特征、矿石质量、成矿条件和控制因素，对各矿区（点、异常）的找矿远景作出了初步评价，并提出了下一步工作建议。

进一步提升了对调查区锰、银成矿规律和控制因素的认识，划分两条成矿带（阳原—阜新成矿带和丰宁—灵丘成矿带）、7个远景区（河北省宣化样田庄、北京市昌平区西湖、河北省涿鹿县胥家夭—黑山寺、下花园—新保安以北、河北省涿鹿县矾山镇南、山西省灵丘县南部、河北省紫荆关一带），确定了两处矿产地（河北省宣化样田庄锰矿区、河北省涿鹿县相广锰矿区），预测3个有找矿潜力的远景区。

经估算求得锰矿334资源量60.09万吨，铁锰矿334资源量756.56万吨。

三、评审验收情况

2007年12月25日，中国冶金地质勘查工程总局三局组织专家对《晋东北—冀西北优质富锰矿资源调查报告》进行了评审。

第二十二章　天山地区

第一节　新疆西天山昭苏—和静锰矿带优质锰矿资源调查评价

一、项目基本情况

"新疆西天山昭苏—和静锰矿带优质锰矿资源调查评价"前期为矿产资源补偿费项目，1999 年年底转入国土资源大调查，中国地质调查局下达的任务书，任务书编号：0400210027。工作起止时间：1997 年 10 月~2000 年 12 月，项目经费 170 万元。

工作区西自昭苏县天山乡，东至和静县巴仑台，东西长 500km，南北宽 60km，地理坐标：东经 80°16′05″~86°26′00″，北纬 42°07′00″~42°50′00″，面积约 30000km²。

目的任务：查明锰矿带成矿地质背景，主要控矿条件，含锰岩系的分布范围，确定含锰层位和有利成矿地段，优选找矿靶区，并择优开展评价工作，初步查明资源潜力，提交资源量。

完成的主要实物工作量：1∶20 万遥感解译 31000km²，1∶5 万雷达遥感解译 1200km²，1∶5 万地质简测 50.8km²，1∶1 万地质测量 70.4km²，钻探 816.75m，坑探 476.8m，井探 49.8m，槽探 4351.78m³，矿点检查 25 个。

项目由中国冶金地质勘查工程总局西北地质勘查院承担。项目负责人为李庭栋，主要完成人员为李廷栋、袁涛、杨前进、苗存社、刘文波、魏东、何英、谢克英、张玉恒、王恩贤、吴小虎等。

二、主要成果

全区获得锰矿石 333 资源量 81.87 万吨，锰矿石 334 资源量 281.95 万吨。合计 333+334 资源量 363.82 万吨。其中，优质富锰矿 124.6 万吨，优质锰矿 25.22 万吨，一般锰矿 214 万吨。

新发现锰矿点一处：和硕县榆树沟锰矿点。

提供可进一步普查的矿产地 3 处：卡朗沟外围大涝坝锰矿带、"0977"锰矿点、和静县莫托沙拉锰铁矿床东部低磁异常区。

进一步了解了西天山锰矿分布规律，认为锰矿主要赋存于古陆边缘的拉张断陷盆地和山间盆地中的洼地，同沉积断裂是控矿构造。锰矿严格受上志留—下泥盆统、中泥盆统、下石炭统地层控制，硅质板岩、泥钙质粉砂岩与锰矿关系密切。综合研究认为，锰矿集中分布的"0977"—大涝坝一带与和硕县榆树沟一带是优质富锰矿重点找矿靶区，昭苏矿田及其东部和北部是寻找大型优质锰矿的靶区。

三、评审验收情况

2001 年 6 月 28 日，中国冶金地质勘查工程总局对项目成果报告进行了评审。

第二节 新疆库车—拜城县卡朗沟富锰矿普查

一、项目基本情况

"新疆库车—拜城县卡朗沟富锰矿普查"为国土资源大调查项目，项目编号：K1.1.6。工作起止时间：1998~1999 年，项目经费 50 万元。

工作区位于新疆库车县北部与拜城县交界一带，其面积三分之一属库车县管辖，绝大部分地区在拜城县境内，位于塔里木板块—南天山弧盆带—哈尔克山—萨阿尔明山古生代弧前盆地中。地理坐标：东经 82°53′00″~83°，北纬 42°18′30″~42°22′00″，面积为 61.97km²。

目的任务：对普查区进行系统地质工作，对重点矿体进行地表及深部工程控制，提高其研究程度，初步查明该区地层、岩性、岩相、构造及矿（石）体赋存状态和分布规律等地质特征，建立初步的成矿模式，指导全区的普查找矿工作，扩大普查储量。开展面上以锰、金、铜为主的综合找矿工作，为进一步普查找矿提供依据。了解该区锰矿可利用的经济价值情况，力争获得一定的地质找矿经济效益。

完成的主要实物工作量：1∶1 万地形地质测量 62.4km²，1∶2000 实测地质剖面 6738m，1∶1000 地形地质修测 1km²，矿点踏勘 11 处，槽探 1821.52m³，井探 49.8m，坑探 476.8m。

项目由中国冶金地质勘查工程总局西北地质勘查局地质勘查开发院承担。项目负责人为谢克英。

二、主要成果

对区内含锰地层进行了详细划分并确定了该区找矿标志层为含锰硅质岩。大致查明各矿段矿体的分布、形态、规模、产状、品位及厚度变化，比较详细地圈定了含锰硅质岩体并发现具备较好找矿前景的矿段。

通过对该矿一些基本特征的分析研究，认为该区锰矿形成于正常浅海环境，锰质主要来源于深部。规模性火山爆发、喷溢作用间隙，小规模、间歇性的喷气（流）作用，带出了二氧化硅和锰质，沉积海盆为锰质的分异、聚集和沉淀提供了介质和场所，属海相火山—沉积矿床。

累计获锰矿普查储量 D+E 级 106.09 万吨，其中富锰矿 79.10 万吨。

三、评审验收情况

1999 年 12 月中国冶金地质勘查工程总局西北地质勘查局地质勘查开发院对项目成果报告进行了评审。

第三节　新疆库车县库尔干优质富锰矿普查

一、项目基本情况

"新疆库车县库尔干优质富锰矿普查"为资补费矿产勘查项目。工作起止时间：2006年1~12月，项目经费70万元。

工作区位于新疆库车县库尔干村，地处塔里木板块北缘，西天山加里东岛弧带的弧后汇聚盆地。地理坐标：东经83°14′00″~83°16′00″，北纬42°25′45″~42°26′45″，面积约5.07km²。

目的任务：开展地表地质普查工作，在富锰矿厚大部位进行坑探深部验证，大致查明矿体深部厚度、品位及产状变化特征。大致查明普查区内锰矿的基本地质特征，控制含锰岩系分布范围，了解岩相古地理特征，研究和总结锰矿成矿规律，圈定优质锰矿体，估算锰矿石资源量。通过地质填图，用槽、井、坑探等手段，大致查明普查区内锰矿（化）体的规模、产状、空间赋存状态及控矿因素；大致查明区内地层、构造、侵入岩分布及与矿体间的关系；对矿石质量、加工技术性能、开采条件作概略研究。

完成的主要实物工作量：1∶1万地质填图8.03km²，1∶2000地质填图1.82km²，1∶1000地质剖面1.554km，坑探332.1m，槽探1700m。

项目由中国冶金地质勘查工程总局西北地质勘查院承担。项目负责人为袁涛，主要完成人员为王恩贤、齐家乐、龙佰刚、刘春平等。

二、主要成果

基本查明了普查区地层、构造、成矿条件、控矿因素及变质作用、围岩蚀变等。

确认了泥盆系萨尔明组上亚组紫红色含锰岩系为区内最主要的含矿层位。基本查明了锰矿的空间分布、形态、产状、规模及品位变化。

通过平硐深部验证，地表槽探揭露控制，证实锰矿体厚度变化大，延深不稳定，规模小，属产于含锰层中的风化淋滤型锰矿床。

三、评审验收情况

2008年7月，中国冶金地质勘查工程总局西北局对项目成果报告进行了评审。

第四节　新疆红十井—矛头山一带富锰铁矿资源调查

一、项目基本情况

"新疆红十井—矛头山一带富锰铁矿资源调查评价"为中国地质调查局下达的国土资源大调查项目，项目编码：1212010732706。工作起止时间：2007~2008年，项目经费70万元。

工作区位于罗布泊以东，东天山南缘、北山构造带的西半部分。地理坐标：东经91°40′~92°05′，北纬40°30′~40°40′，面积2万平方千米。工作区北部属星星峡成矿带，南部属穹塔格成矿带及北山成矿带的西半部分。

目的任务：以富锰、铁矿为主要对象，大致查明该区富锰矿、铁矿的成矿地质背景和成矿地质条件；发现并评价矿化体；估算资源量，对全区锰、铁矿的资源潜力进行评价。

完成的主要实物工作量：1：1 万地质测量（草测）52km²，1：2000 地质测量（草测）2.6km²，1：1000 地质剖面测量 4.8km，槽探 2529m³。

项目由中国冶金地质勘查工程总局新疆地质勘查院承担。项目负责人为武兵，主要完成人员为王长青、苏大勇、陈孝聪、董志辉、袁清自、王海鸿、王弘毅、王德智、季魁。

二、主要成果

大致查明了调查区地层、构造、岩浆岩的分布特征，大致查明了锰矿体主要赋矿层位为长城系杨吉布拉克群和石炭系胜利泉组。

在岭南东等 5 个锰矿区，大致查明了锰矿体的数量、分布范围、赋存部位和规模、形态、产状等地质特征，初步了解了矿石类型、物质组分、品位变化等矿石特征。

对岭南东等 5 个矿区的锰矿资源量进行了估算，共获得锰矿石 334 资源量 111.80 万吨，其中高品位（>20%）锰矿石资源量 82.05 万吨，平均品位 Mn 23.36%，锰矿体平均水平厚度 1.11m；低品位锰矿石资源量 29.75 万吨，平均品位 Mn 16.34%，锰矿体平均水平厚度 1.40m。

三、评审验收情况

该项目 2008 年 10 月通过中国冶金地质勘查工程总局野外验收，并下达了野外验收意见书（中地调（中冶）野验字〔2008〕3 号）；2009 年 10 月 16 日中国地质调查局下达了地质调查项目成果报告审查意见书（中地调（冶）评字〔2009〕10 号）。

第五节　新疆乌恰县—阿克陶县玛尔坎苏一带锰矿资源远景调查评价

一、项目基本情况

"新疆乌恰县—阿克陶县玛尔坎苏一带锰矿资源远景调查评价" 2015 年新立时为中国地质调查局 "大宗急缺矿产和战略性新兴产业矿产调查" 工程所属 "铁锰矿资源调查评价" 项目下的子项目，工程牵头单位为中国地质科学院矿产资源研究所，所属计划名称为重要矿产资源调查计划。子项目编码：12120115038201，子项目任务书编号：资〔2015〕-02-10-03-003。由于计划项目的调整，2016~2017 年该工作项目调整为中国地质调查局二级项目 "塔里木盆地西南缘锰多金属矿产地质调查" 项目（项目编号：DD20160003）的子项目。子项目编码：DD20160003-002。任务书编号：中冶地〔2016〕102 号、中冶地〔2017〕102 号。工作起止时间：2015~2017 年，项目经费 1140 万元。

工作区位于新疆维吾尔自治区克孜勒苏柯尔克孜自治州阿克陶县西部边界玛尔坎苏河一带，行政上隶属阿克陶县、乌恰县管辖。地理坐标：东经 73°30′00″~74°30′00″，北纬 39°10′00″~39°30′00″，面积约 2853km²，属于西南天山成矿带。

目的任务：以沉积型锰矿为主攻矿床类型，以现代成锰盆地成矿理论为指导，调查该区域成矿地质条件和矿产资源特征，揭示区域成矿规律，评价区内资源潜力和经济技术条件，提高矿产地质调查程度和研究水平。在已有的地质资料的基础上，对成矿有利地段开展矿产地质调查，研究区内锰矿成矿地质背景、成矿条件及成矿岩相古地理环境，了解含锰层位特征，圈出成矿有利地段和找矿靶区。选择重点找矿靶区开展大比例尺地质测量，槽探揭露，钻探验证，探求资源量；开展新疆阿克陶县玛尔坎苏一带石炭系锰矿建造—构造研究与资源潜力评价，对区域上奥尔托喀讷什锰矿床开展调查研究，查明区内含锰地层的分布范围、成矿时代、沉积环境、沉积建造组合等特征，编制区带成矿预测图件，综合评价区域锰矿等矿产的成矿规律和资源潜力，圈定找矿靶区，建立区域锰矿成矿模式和找矿模型。

完成的主要实物工作量：1：5 万专项地质测量 1709km^2，1：5 万水系沉积物测量 1110km^2，1：1 万地质草测 62km^2，槽探 6920m^3，钻探 1651.2m。

项目承担单位为中国冶金地质总局中南地质勘查院。项目负责人为刘燕群，主要完成人员为王鹏飞、杨育振、杨航、曹景良、罗恒、费新强、谢履耕、张新元、谷骏、李西良、贾金龙、冼道学、李旭成等。

二、主要成果

初步查明了区内岩石地层分布及特征，初步建立了含矿岩系沉积序列；大致了解了区内构造特征及其对含矿岩系分布的影响。

通过开展 1：5 万水系沉积物测量，圈定综合异常 15 处。

圈定了苏萨尔布拉克、博托彦、托库孜布拉克等 3 个锰矿找矿靶区。

初步总结了玛尔坎苏一带锰矿的富集规律及找矿标志，开展了锰矿资源潜力评价。

三、评审验收情况

2018 年 8 月 13~17 日，中国冶金地质总局组织专家对项目进行了野外验收。2019 年 2 月 27 日~3 月 1 日，中国冶金地质总局组织专家对成果报告进行了评审，评审意见书文号：中冶地〔2019〕102 号。

第六节　新疆乌恰县吉根一带锰矿资源远景调查评价

一、项目基本情况

"新疆乌恰县吉根一带锰矿资源远景调查评价" 2015 年新立时为中国地质调查局 "大宗急缺矿产和战略性新兴产业矿产调查" 工程所属 "铁锰矿资源调查评价" 项目下的子项目，工程牵头单位为中国地质科学院矿产资源研究所，所属计划名称为重要矿产资源调查计划。子项目编码：12120115038201，子项目任务书编号：〔2015〕02-10-03-006。由于计划项目的调整，2016~2017 年该工作项目调整为中国地质调查局二级项目 "塔里木盆地西南缘锰多金属矿产地质调查" 项目（项目编号：DD20160003）的子项目。子项目编码：DD20160003-001。任务书编号：中冶地〔2016〕101 号、中冶地〔2017〕101 号。工作起止时间：2015~2017 年，项目总经费合计 1040 万元。

工作区位于新疆维吾尔自治区最西部，行政区划属克孜勒苏柯尔克孜自治州乌恰县，地理坐标：东经 73°48′00″~74°15′00″，北纬 39°32′00″~40°00′00″，工作区面积 1258km^2。属西南天山成矿带。

目的任务：以沉积型锰矿为主攻矿床类型，兼顾其他矿产，在对以往工作资料和成果进行分析的基础上，开展 1∶5 万矿产地质调查，大致查明成矿地质条件，追索含矿岩系，对成矿有利地段，开展槽探揭露和钻探验证，力争实现吉根一带锰矿找矿突破或新发现，支撑找矿突破战略行动和南疆工程重点矿种勘查目标的实现。查明新疆乌恰县吉根一带下泥盆统萨瓦亚尔顿组锰矿成矿地质条件和控矿特征，查明区内锰矿形成的层、相、位，圈出成矿有利地段；评价各类技术方法在区内找矿的有效性，总结区内锰矿找矿技术方法组合。综合评价区域锰矿等矿产的成矿规律和资源潜力，圈定找矿靶区 3 处，引导和拉动商业性矿产勘查，实现找矿新突破，助力南疆工程大型能源资源基地建设。

完成的主要实物工作量：1∶5 万遥感地质解译 1342km^2，1∶5 万水系沉积物测量 1020km^2，1∶5 万专项地质测量 908km^2，1∶1 万化探剖面测量 30km，1∶1 万地质草测 55km^2，1∶1 万地质剖面测量 31.5km，1∶2000 地质剖面测量 52.7km，槽探 6967.5m^3，钻探 2617.6m。

项目承担单位为中国冶金地质总局中南地质勘查院。项目负责人为许明，主要完成人员为陈亚飞、鲁波、卢锐锋、时雄涛、王小龙、潘少龙、柴靖、颜翰文等。

二、主要成果

通过 1∶5 万水系沉积物测量，圈定单元素异常 561 处，综合异常 43 处，其中，甲类异常 3 处、乙类异常 7 处、丙类异常 32 处、丁类异常 1 处。查证综合异常 13 处。

初步查明了调查区锰矿成矿地质背景，圈定了下泥盆统萨瓦亚尔顿组含锰岩系分布范围，新发现锰矿点 4 处、铜矿点 3 处、铜锌矿点 1 处。

初步总结了调查区成矿规律，提交找矿靶区 3 处，分别为博索果山、铁列克锰矿找矿靶区和萨热塔什铜多金属矿找矿靶区。

三、评审验收情况

2018 年 8 月 13~17 日，中国冶金地质总局组织专家对项目进行了野外验收。2019 年 2 月 27 日~3 月 1 日，中国冶金地质总局组织专家对成果报告进行了评审，评审意见书文号：中冶地〔2019〕101 号。

第七节　新疆阿克陶县苏萨尔布拉克—琼喀讷什一带锰矿调查评价

一、项目基本情况

"新疆阿克陶县苏萨尔布拉克—琼喀讷什一带锰矿调查评价" 为新疆地质勘查基金项目，项目编号 K16-2-LQ18。工作起止时间：2016~2017 年，经费预算 350 万元。

工作区位于新疆克孜勒苏柯尔克孜自治州阿克陶县，属阿克陶县管辖。地理坐标：东经 73°42′35″~73°45′50″，北纬 39°20′02″~39°21′28″，面积 9.57km^2。属于西南天山成矿带。

目的任务：以沉积型锰矿为主攻矿床类型，在已有地质资料的基础上，研究锰矿成矿地质背景、成矿条件及成矿岩相古地理环境，了解含锰层位特征，圈出锰矿（化）层和含锰岩系。开展大比例尺地质测量，槽探揭露，钻探验证，探求资源量，并对区内锰矿资源潜力作出总体评价。

完成的主要实物工作量：1：1 万地质草测 9.57km²，1：2000 地质草 2.00km²，音频大地电磁测深（AMT）54 点，槽探 3574m³，钻探 1002.26m。

项目由中国冶金地质总局湖南地质勘查院承担，项目负责人为刘燕群，项目主要完成人员为谷骏、王鹏飞、贾金龙、谢履耕、刘承恩、李西良、肖明顺、周逑等。

二、主要成果

了解了工作区锰矿成矿岩相。上石炭统喀拉阿特河组为主要含矿地层。

圈定含锰矿化带 2 条。Ⅰ号锰矿化带长 1.8km，宽 1.15～4.51m，平均厚度 3.28m，Mn 品位 1.25%～4.07%；Ⅱ号锰矿化带长 2.1km，宽 1.81～1.13m，平均厚度 5.49m，Mn 品位 2.68%～4.29%。

经探矿工程揭露，未发现锰品位增高地段，深部未见锰矿层，经与典型矿床对比分析，工作区内古地理环境对矿化富集不利，苏萨尔布拉克—琼喀讷什一带锰矿找矿前景不佳。

三、评审验收情况

2018 年 2 月 28 日，新疆维吾尔自治区自然资源厅对项目进行了野外验收，评审意见书文号：新国土资办函〔2018〕48 号。2018 年 3 月 29～30 日，新疆维吾尔自治区自然资源厅组织专家对成果报告进行了评审，评审意见书文号：新国土资办函〔2018〕63 号。

第八节　新疆乌恰县博索果山一带锰矿预查

一、项目基本情况

"新疆乌恰县博索果山一带锰矿预查"为新疆地质勘查基金项目，项目编号 T17-3-XJ045。工作起止时间：2017～2018 年，经费预算 455 万元。

工作区位于新疆维吾尔自治区最西部，行政区划属克孜勒苏柯尔克孜自治州乌恰县。地理坐标：东经 73°54′56″～73°58′24″，北纬 39°47′00″～39°50′08″，面积 19.39km²。属于西南天山成矿带。

目的任务：在以往工作基础上，以沉积型锰矿为主攻类型，以下泥盆统萨瓦亚尔顿组含锰岩系为找矿目标，以已发现的锰矿体为主要评价对象，开展锰矿预查工作，初步了解工作区成矿地质特征，初步查明锰矿体的形态、规模、产状、品位及矿石质量特征，为进一步普查提供依据。

完成的主要实物工作量：1：1000 地质剖面测量 3.60km，1：500 地质剖面测量 0.50km，1：1 万地质草测 20.00km²，1：2000 地质草测 2.0km²，槽探 3003.20m³，钻

探 2053.36m。

项目由中国冶金地质总局湖南地质勘查院承担，项目负责人为陈亚飞，项目主要完成人员为谢毓、贾金龙、张洋、刘承恩等。

二、主要成果

初步了解了工作区地层、构造、岩浆岩、矿化蚀变等成矿地质特征。

圈定锰矿体 7 个，矿体长 50~500m，厚 0.50~1.79m，Mn 平均品位 15.89%~38.33%；其中 Mn10 锰矿体长 300m，厚 0.51~1.16m，ZKJ3502 钻孔控制矿体斜深 170m，厚 0.99m，Mn 品位 22.56%。

估算锰矿石 334 资源量 18.55 万吨，Mn 平均品位 28.51%。

通过综合研究，确定区内锰矿属受控于下泥盆统萨瓦亚尔顿组的沉积改造型锰矿，并对其成矿规律和找矿标志进行了初步总结。

三、评审验收情况

2018 年 11 月 7~8 日，新疆维吾尔自治区自然资源厅组织专家对项目进行了野外验收（新验收意见文号：自然资函〔2019〕27 号）；并于 2019 年 3 月 7~9 日对成果报告进行了评审，评审意见书文号：新自然资函〔2019〕205 号。

第九节　新疆乌恰县吉根一带锰多金属矿预查

一、项目基本情况

"新疆乌恰县吉根一带锰多金属矿预查" 为新疆地质勘查基金项目，项目编号 T17-3-XJ023。工作起止时间：2017~2018 年，经费预算 450 万元。

工作区位于新疆维吾尔自治区最西部，行政区划属克孜勒苏柯尔克孜自治州乌恰县，地理坐标：东经 73°54′56″~73°58′24″；北纬 39°47′00″~39°50′08″，面积 19.39km²。属于西南天山成矿带。

目的任务：充分收集、研究预查区内以往地质资料及近年矿产勘查成果，以沉积型锰矿为主攻矿床类型，采用大比例尺地质草测，物（化）探剖面测量、槽探、钻探等工作手段对区内锰多金属矿开展预查评价，初步查明地质条件、控矿因素和找矿标志，初步了解矿（化）体规模、形态、产状、品位、矿化类型，对该区锰多金属矿找矿潜力做出评价。

完成的主要实物工作量：1∶1 万地质草测 40km²，1∶2000 地质草测 3.0km²，1∶1 万地化剖面 50km，1∶1 万激电中梯剖面 10km，槽探 3072.11m³，钻探 1507.92m。

项目由中国冶金地质总局湖南地质勘查院承担，项目负责人为谷骏，项目主要完成人员为王哲、颜家辉、颜翰文、陈亚飞、杨航、许明、刘燕群、柴进、杨三元等。

二、主要成果

大致了解了工作区地层、构造、岩浆岩等成矿地质条件和矿化蚀变特征。

铁列克锰矿区圈定锰矿体 3 个，矿体长 50~300m，厚 0.46~6.51m，锰平均品位 14.79%~33.58%。其中 Mn1 锰矿体长 300m，厚 0.8~6.0m，Mn 平均品位 20.07%；Mn3 锰矿体长 80m，厚 0.46m，Mn 品位 33.58%。

吉根北铜矿区圈定铜矿体 4 个，矿体长 30~150m，厚 2.07~9.50m，铜平均品位 0.39%~3.29%。其中 Cu1 铜矿体长 150m，厚 2.08~8.71m，Cu 平均品位 1.27%。

吉根北铜矿区圈定激电异常 1 处，与 Cu1 矿体套合较好。初步总结了该区铜矿的激电中梯异常找矿标志。

铁列克锰矿区估算锰矿石 334 资源量 20.34 万吨，Mn 平均品位 21.30%。

通过综合研究，确定区内锰矿属沉积改造型锰矿，铜矿属受构造蚀变带控制的变质热液型铜矿。对锰矿、铜矿成矿规律和找矿标志进行了初步总结。

三、评审验收情况

2018 年 11 月 7~8 日，新疆维吾尔自治区自然资源厅对项目进行了野外验收，评审意见书文号：新自然资函〔2019〕27 号。2019 年 3 月 7~9 日，新疆维吾尔自治区自然资源厅组织对成果报告进行了评审，评审意见书文号：新自然资函〔2019〕205 号。

第十节 新疆玛尔坎苏—吉根一带锰矿成矿规律研究及靶区验证

一、项目基本情况

"新疆玛尔坎苏—吉根一带锰矿成矿规律研究及靶区验证"为中国地质调查局"塔里木盆地西南缘锰多金属矿产地质调查"项目（项目编号：DD20160003）的子项目。子项目编号：DD20160003-008，任务书编号：中冶地〔2018〕101 号。工作起止时间 2018 年 1~12 月，项目经费 310 万元。

工作区位于新疆克孜勒苏柯尔克孜自治州，有玛尔坎苏、吉根两个工作区，分属于阿克陶县、乌恰县管辖。地理坐标：东经 73°30′00″~74°15′00″，北纬 39°20′00″~40°00′00″，面积 1762km²。属西南天山成矿带。

目的任务：以沉积型锰矿为主攻目标，在以往工作成果的基础上，对玛尔坎苏—吉根一带开展综合研究工作，进一步查明含锰地层的沉积环境、地层层序、时代和构造形态，继续开展锰矿勘查技术方法研究，优选成矿有利部位进行钻探验证，根据验证结果进行对比研究，提交找矿靶区，完善已有找矿靶区要素信息，总结区域成矿规律，建立区域锰矿成矿模式和找矿模型，开展资源潜力评价，力争实现区带锰矿找矿新突破。

完成的主要实物工作量：1:1 万专项地质测量 12.92km²，1:2000 地质剖面测量 8.2km，1:1000 地质剖面测量 2.6km，1:500 地质剖面测量 1.45km，1:5000 激电中梯剖面 36km，激电测深测量 42 点，槽探 1064.41m³，钻探 605.40m。

项目承担单位为中国冶金地质总局湖南地质勘查院。项目负责人为刘燕群，主要完成人员为王鹏飞、黄屹、曹景良、杨航、许明、陈亚飞、谷骏、张新元、谢履耕、李西良等。

二、主要成果

进一步查明了玛尔坎苏—吉根一带含锰岩系的分布、岩石组合、含矿性等。玛尔坎苏锰矿产于上石炭统喀拉阿特河组含炭灰岩段；吉根锰矿产于下泥盆统萨瓦亚尔顿组下部硅质岩和含炭质页岩中。

开展了激电测深和物性测量工作，初步认为与锰矿密切相关的含炭质岩系呈低阻高极化异常特征，对后续的找矿工作具有一定的指导意义。

通过钻探工程验证，进一步对含锰岩系的构造形态进行了研究，认为吉根、玛尔坎苏锰矿体形态总体受褶皱构造控制。

通过资料的综合整理和研究，初步总结了调查区成矿规律，完善了玛尔坎苏、吉根一带5处锰矿找矿靶区的要素信息。

三、评审验收情况

2018年11月17~18日，中国冶金地质总局组织专家对项目进行了野外验收。2019年2月27日~3月1日，中国冶金地质总局组织专家对项目成果报告进行了评审，评审意见书文号：中冶地〔2019〕103号。

第十一节 塔里木盆地西南缘锰多金属矿产地质调查

一、项目基本情况

"塔里木盆地西南缘锰多金属矿产地质调查"为中国地质调查局"基础性公益性地质矿产调查项目"下设的二级项目，项目所属工程为"南疆地区大型资源基地调查工程"，项目编号DD20160003。项目工作起止时间2016~2018年，项目经费6775.75万元。

项目工作区位于塔里木盆地西南缘，北东至塔里木盆地边缘，南西至康西瓦断裂，北西以玛尔坎苏河为界与西南天山相邻，南东至苦牙克断裂。总面积约8.6万平方千米。

目的任务：以锰、铅锌、铜、铁等为主攻矿种，初步查明玛尔坎苏远景区锰矿和塔木—布琼重点找矿区铜（铅锌）矿成矿地质背景、成矿规律，圈定找矿靶区，建立成矿模式和找矿模型，评价资源潜力。圈定找矿靶区10处，助推形成1~2处大型能源资源基地。

完成的主要实物工作量：1:5万区域地质调查3144km²，1:5万矿产地质专项填图9778km²，1:5万专项环境地质简测1422km²，1:5万资源基地综合技术经济评价要素调查1422km²，1:5万水系沉积物测量5913km²，1:25万遥感地质解译10000km²，1:5万遥感地质解译13031km²，槽探25675.38m³，钻探6684m，地球化学样品6万余件，光薄片2712片，基本分析样品3343件等。

项目由中国冶金地质总局承担，中国冶金地质总局西北地质勘查院、中南地质勘查院、湖南地质勘查院、青海地质勘查院等单位实施。项目负责人为陈贺起、张振福。项目成果报告完成人员主要有：陈贺起、张振福、王利伟、魏博、陈帅、刘燕群、许明、姜安定、张建鹏、辛麒、张子鸣、李军兴、李进、龙文平等。

二、主要成果

初步查明了区内成矿地质条件和成矿地质背景，圈定1：5万遥感异常30处，1：5万水系沉积物综合异常156处，新发现矿（化）点47处，圈定了14处找矿靶区，丰富了南疆大型资源基地矿产信息。

初步查明了玛尔坎苏、盖孜、下巴扎等重点找矿区的成矿地质背景，总结了成矿规律，对玛尔坎苏一带沉积型锰矿、盖孜地区砂岩型铜矿开展了资源潜力评价工作，建立了成矿模式和找矿模型，估算玛尔坎苏地区2000m以浅锰矿预测资源总量2.01亿吨。

充分利用已有的地、物、化和遥感资料进行金及多金属潜力评价，共划分了29个预测单元，其中，A类4个、B类9个、C类16个。定量预测了调查区主要矿产不同埋深不同级别的资源潜力，2000m以浅预测资源：金438t、铜1639万吨。

查明了区内各地层单位时空分布、岩石组合、建造特征及沉积特征，对全区地层进行了全面系统地划分和论述，建立了测区的岩石地层系统。

大致查明了盖孜—下巴扎一带泥盆系—石炭系岩石组合、基本层序、沉积环境、空间分布等特征，结合区域地质背景，将该沉积盆地划分为考库亚陆缘盆地、也提木苏古陆、巧去里—恰尔隆陆缘裂谷盆地及库山河陆缘盆地等几个盆地类型，为总结区域砂岩型铜矿成矿地质条件提供了背景资料。

通过对各种构造形迹的空间展布、构造变形及变质特征详细调查与分析，大致查明了下巴扎一带山前逆冲推覆构造样式，将区内山前逆冲推覆构造带由西至东可划分为根带、中带、锋带、前缘带断裂带，推覆构造带波及古近纪及以前所有时代的地层。

新疆和田地区喀拉喀什河上游乌鲁瓦提水库库区一带新发现数条钠质煌斑岩脉，证明该地区煌斑岩分布的集群性和类型的多样性，表明该地区可能存在更具规模、更具金刚石找矿潜力的煌斑岩或者是钾镁煌斑岩。

总结了遥感在西昆仑高寒山区区域地质填图和沉积型锰矿调查方面的应用；玛尔坎苏一带锰矿找矿方法取得新进展。

三、评审验收情况

2018年12月，中国地质调查局西北项目办完成了该项目野外验收，并下达了野外验收审核意见书（中地调（西北）野验核字〔2019〕24号）；2019年8月"塔里木盆地西南缘锰多金属矿产地质调查项目数据库（集）"通过了中国地质调查局网信办组织的验收；2019年11月，中国地质调查局西北项目办下达了地质调查项目成果评审意见书（中地调评字〔2019〕302号）；2020年1月，中国地质调查局西北项目办下达了地质调查项目成果审核意见书（中地调审字〔2020〕74号）。

四、重要奖项或重大事件

该项目成果是支撑"南疆地区大型资源基地调查工程"找矿突破的关键项目，获中国地质调查局、中国地质科学院2018年度"十大地质科技进展奖"；获中国地质学会2018年度"十大地质科技进展"；其中奥尔托喀讷什锰矿勘查成果获新疆"358"地质找矿项目优秀成果一等奖，获评中国地质学会 2016 年度"十大地质找矿成果"。

依据项目成果拉动地方和商业地勘投资总额超过 6000 万元，成功申请新疆基金项目 3 个，引导科邦锰业、广汇锰业等疆内矿业企业持续加大区内锰矿勘查，勘查成果显著。通过项目实施，项目组获评"中国地质学会青年地质科技奖——银锤奖"1 人、"中国地质学会野外青年地质贡献奖——金罗盘奖"1 人，培养工程硕士 4 人，获评高级工程师 2 人（青年技术人员），累计编写学术论文 14 篇，出版了《塔里木盆地西南缘锰多金属矿产地质调查二级项目论文专辑》。

第十二节　新疆阿克陶县主乌鲁克锰铁矿预查

一、项目基本情况

"新疆阿克陶县主乌鲁克锰铁矿预查"为新疆维吾尔自治区地质勘查基金项目管理中心公开招标项目，项目编号 K20-3-XJ003。工作起止时间：2020～2021 年，项目经费：260.28 万元。

项目工作区地处昆仑山脉西段，帕米尔高原的北部，地理坐标：东经 $75°45'00''$～$75°49'35''$；北纬 $38°25'20''$～$38°27'22''$，面积 19.18km^2。工作区位于西昆仑北部 Fe-Cu-Pb-Zn-Mo-硫铁矿-水晶-白云母-玉石-石棉-成矿带。

目的任务：在充分研究区内地质、物化探、遥感等资料基础上，以海相沉积型锰矿为主攻矿床类型，采用大比例尺地质填图、磁法测量、槽探、钻探等方法手段，对主乌鲁克锰铁矿区进行预查评价，估算资源量。

完成的主要实物工作量：1：500 地质剖面测量 1.3km，1：2000 地质测量（草测）2.3km^2，1：1 万磁法剖面测量 30km，钻探 801m，槽探 1523m^3。

项目由中国冶金地质总局新疆地质勘查院承担。项目负责人为赵德怀，技术负责人为毛红伟，主要完成人员为梁东、张志新、马膺、阿生斌、彭辉波、李小飞、崔新龙、任强伟、吴浩、刘翠、徐敏等。

二、主要成果

认为主乌鲁克锰铁矿类型为深海-半深海陆缘裂谷环境中形成的与黑色炭质页岩有关的沉积型锰矿床，含锰层位严格受地层控制，锰矿石以原生菱锰矿为主，地表有少量氧化锰矿石。

矿区含锰岩系为下石炭统他龙群第二岩性段黑色泥质炭质粉砂岩夹铁锰质微晶灰岩，圈定锰矿化体 17 条，长 80～1000m，厚 0.35～10.26m，锰品位 5.01%～11.13%，初步估算锰矿资源 4.18 万吨。

目前南疆对下石炭统他龙群地层岩性组合尚未统一认识，此次预查工作根据矿区地层岩性、岩相特征，进一步厘定了下石炭统他龙群地层层序的工作，为区域地层对比提供了地质依据。

综合分析研究主乌鲁克锰铁矿控矿因素、矿床成因、找矿标志基础上，经与区域典型锰矿对比分析，初步建立了矿床模型，并对预查区锰矿资源远景进行了评价。

三、评审验收情况

该项目 2020 年 11 月通过新疆自然资源厅野外验收，并下达了野外验收（监理）意见书（新自然资函〔2020〕258 号）；2021 年 5 月新疆自然资源厅下达了项目成果报告评审意见书（新自然资函〔2021〕96 号）。

第二十三章 滇西南地区

第一节 云南澜沧江中下游地区优质锰矿调查评价

一、项目基本情况

"云南澜沧江中下游地区优质锰矿调查评价"为中国地质调查局大调查项目，项目编号70401210036。工作起止时间：2001~2002年，项目经费140.00万元。

工作区位于横断山脉南部，大地构造位于冈底斯念青唐古拉褶皱系昌宁—孟连褶皱带和唐古拉—昌都—兰坪—思茅褶皱系兰坪—思茅拗陷带，涉及G47E021016（凤庆县幅）、G47E021016（雪华幅）等多个图幅。地理坐标：东经99°20′~101°00′，北纬21°26′~24°40′，面积约37800km²。

目的任务：全面收集评价区已有地、物、化、遥资料，利用深穿透雷达遥感技术，查明优质锰矿的赋存层位及空间分布规律。通过轻型山地工程，结合物探手段，对评价区优质锰矿资源潜力进行评价，初步查明优质氧化锰的资源远景，提供优质锰矿勘查基地。

完成的主要实物工作量：1∶1万地质草测70km²，1∶5000地质剖面测量19.202km，1∶1万激电剖面（短导线）15km，1∶1万激电剖面（长导线）24km，浅井303.80m，槽探7311.25m³，钻探353.55m。

项目由中国冶金地质勘查工程总局昆明地质勘查院承担。项目负责人为黄高生，主要完成人员为白崇裕、李振华、吴远坤、胡中勇、刘建敏、李春刚。

二、主要成果

区内主要含矿地层为上元古界澜沧群惠民组和中下二叠统拉巴组，初步查明其分布规律及含锰岩系特征，大致查明锰矿的产出层位，锰矿的分布范围及分布规律。全区共提交优质氧化锰矿333+334资源量769.50万吨（其中优质富锰矿219.73万吨）、普通锰矿663.11万吨、铁锰矿44.59万吨，合计为1477.20万吨。

铁、锰质沉积来源于火山活动，优质锰矿的形成与特定时期的海底基性火山活动及喷流沉积作用关系密切。

孟连—澜沧残留洋盆地和澜沧—勐海弧后盆地，是区内主要的成锰沉积盆地。

氧化锰矿是在原生碳酸锰、硅酸锰矿胚层上经表生风化淋滤叠加而成的，在有利的气候、地貌、构造等条件下，形成规模较大的具有工业价值的优质氧化（富）锰矿体。

三、评审验收情况

2005年4月12日，中国地质调查局对项目成果报告进行了评审，出具了评审意见书：中地调（冶）评字〔2005〕3号。

第二节 云南省勐海县巴夜老寨锰矿地质普查

一、项目基本情况

普查区位于勐海县，属勐海县勐遮乡管辖。地理坐标：东经 $100°12'30''\sim100°15'00''$。北纬 $21°49'30''\sim21°50'30''$，面积 $4.98km^2$。矿区大地构造位置属冈底斯—念青唐古拉褶皱系，昌宁—孟连褶皱带东南缘。工作起止时间：2003 年 8 月~2004 年 10 月。

目的任务：通过矿区 1：2000 及外围 1：1 万地质草测，大致查明矿区地层、构造、主要含矿层位及矿体分布特征；对初步圈定的主要矿体采用槽探、浅井、坑道、钻探等工程揭露，大致查明矿体形态、规模、产状、矿石质量，为小规模的开发利用和进一步勘查提供依据。

完成的主要实物工作量：1：1 万地质测量 $4.98km^2$，1：2000 地质测量 $1.80km^2$，槽探 $746.55m^3$，浅井 $42.60m$，坑道 $212m$，钻探 $62.08m$。

项目由中国冶金地质勘查工程总局昆明地质勘查院承担。项目负责人为钟灼荣，主要完成人员为潘中立、黄锦旭等。

二、主要成果

大致查明了矿区的地层层序、含矿层位、构造格局及矿床地质特征。

矿区内圈定有工业矿体 10 个，估算锰矿、铁锰矿 332+333+334 资源量共计 22.87 万吨，为进一步勘查和开发利用提供了依据。

三、评审验收情况

2005 年 6 月 8 日，云南省国土资源厅矿产资源储量评审中心对项目成果报告进行了评审并备案：云国土资储备字〔2005〕55 号。

第三节 云南省勐海县西定—曼山地区优质氧化锰矿普查

一、项目基本情况

"云南省勐海县西定—曼山地区优质氧化锰矿普查" 为国土资源大调查项目，项目编码：200310200068。工作起止时间：2003~2006 年，项目经费：200 万元。

工作区位于云南省的西南地区，属思茅市、西双版纳州管辖，大地构造位置属冈底斯—念青唐古拉褶皱系，昌宁—孟连褶皱带东南缘。地理坐标：东经 $99°37'02''\sim100°26'04''$，北纬 $21°28'05''\sim22°30'57''$，面积约 $3240km^2$。

目的任务：初步查明工作区内含锰矿胚层—澜沧群惠民组的展布特征和氧化锰矿化带的分布规律，研究区内优质锰矿成矿地质条件、控矿因素及找矿标志，圈定找矿靶区并择优进行解剖评价，提交新增资源量，并对全区优质锰矿资源潜力做出总体评价。

完成的主要实物工作量：1：1 万地质草测 $81.5km^2$，1：5000 地质剖面 $20.724km$，

1：1000 勘探线剖面 9.458km，1：1 万物探激电剖面 40km，探槽 5037.12m³，浅井 102.52m。

项目由中国冶金地质勘查工程总局昆明地质勘查院承担。项目负责人为杨剑波，主要完成人员为王筑源、彭征山、李春刚、叶金福、魏平堂、刘俐伶、张朝辉、范礼刚、熊桂仙等。

二、主要成果

确定了工作区内锰矿赋存地层，圈定锰矿体 14 个，其中西定矿区圈定矿体 8 个，帕良—曼陆矿区圈定矿体 1 个，帮沙—老营盘矿区圈定矿体 5 个。估算锰矿 333+334 资源量 176.49 万吨。其中Ⅲ级富锰矿 334 资源量 59.72 万吨、贫锰矿 334 资源量 82.23 万吨、Ⅲ级铁锰矿 334 资源量 6.37 万吨，菱锰矿 333+334 资源量 28.17 万吨。

初步查明了工作区内各矿区锰矿含矿层位及分布情况，初步了解了各锰矿体的规模、形态及矿石品质情况。

西定矿区含矿地层为澜沧群惠民组凝灰质石英片岩、硅质岩（石英岩），圈定矿体 8 个，矿体总长大于 3500m。单工程平均品位一般为 Mn 15.65%～34.03%；Fe 4.45%～28.65%；SiO_2 11.74%～39.28%；P 0.039%～0.709%；P 在矿区总体含量较高，与锰呈反消长关系，与铁呈正消长关系。

帕良—曼陆矿区内锰矿体赋存于澜沧群惠民组地层的中段上部，矿体长 400m，单工程平均品位为 Mn 22.53%；Fe 15.41%。

帮沙—老营盘矿区内锰矿体赋存地层为中下二叠统拉巴组灰、灰黑色硅质岩、含炭硅质页岩及变砂岩，共圈定矿体 5 个，矿体总长大于 2000m。单工程平均品位一般为 Mn 18.38%～25.04%。

三、评审验收情况

2006 年 9 月，中国地质调查局及中国冶金地质勘查工程总局对成果报告进行了评审（中地调（冶）评字〔2006〕8 号）。

第四节 云南省勐海县巴夜锰多金属矿普查

一、项目基本情况

普查区位于勐海县，属勐海县勐遮乡管辖。地理坐标：东经 100°11′15″～100°15′00″，北纬 21°49′30″～21°55′00″，面积 34.46km²。矿区大地构造位置属冈底斯—念青唐古拉褶皱系，昌宁—孟连褶皱带东南缘。工作起止时间：2005 年 4～11 月。

目的任务：通过矿区 1：1 万地质修测，大致查明矿区地层、构造、主要含矿层位及矿体分布特征；对初步圈定的主要锰、铁矿体利用槽探、坑道、钻探等工程揭露，大致查明矿体形态、规模、产状、矿石质量，为小规模的开发利用和进一步勘查提供依据。

完成的主要实物工作量：1：1 万地质测量 34.46km²，槽探 5034.65m³，坑探 404.40m，钻探 45.40m。

项目由中国冶金地质勘查工程总局昆明地质勘查院承担。项目负责人为秦玉龙，主要完成人员为吴远坤、夏国体、黄锦旭等。

二、主要成果

大致查明了矿区的地层层序、含矿层位、构造格局及矿床地质特征。

矿区内圈定铁矿、锰矿、高铁锰矿工业矿体 23 个，估算 332 资源量：优质富锰矿 1.45 万吨，平均品位 Mn 31.74%，高铁锰矿 36.88 万吨，平均品位 Mn 21.48%、TFe 18.66%，高磷富铁矿 16.62 万吨，平均品位 TFe 54.22%，高磷贫铁矿 19.06 万吨，平均品位 TFe 42.15%；333 资源量：优质富锰矿 7.34 万吨，平均品位 Mn 31.32%，高铁锰矿 67.70 万吨，平均品位 Mn 22.57%、TFe 18.60%，高磷富铁矿 64.85 万吨，平均品位 TFe 54.27%，高磷贫铁矿 112.36 万吨，平均品位 TFe 39.62%；334 资源量：优质贫锰矿 0.79 万吨，平均品位 Mn 29.14%，高铁锰矿 12.44 万吨，平均品位 Mn 20.61%、TFe 12.99%，高磷贫铁矿 16.58 万吨，平均品位 TFe 44.80%。为进一步勘查和开发利用提供了依据。

三、评审验收情况

2006 年 2 月 22 日，云南省国土资源厅矿产资源储量评审中心对项目成果报告进行了评审并备案：云国土资储备字〔2006〕38 号。

第二十四章 其他地区

第一节 甘肃省安西县、新疆哈密市花坪—黄山锰矿普查

一、项目基本情况

工作区东起甘肃省安西县玉石山，西止新疆维吾尔自治区哈密市盐地，位于天山—内蒙古褶皱系，北山褶皱带西缘。地理坐标：东经 94°～94°50′33″，北纬 41°22′00″～41°33′00″，面积 900km²。工作起止时间：1984～1986 年。

目的任务：为冶金工业和地方工业寻找锰矿资源，为开发大西北做好先行工作，为此，对花坪锰矿、黄山锰矿两矿床开展地表普查和深部找矿；开展区域矿点调查，扩大找矿远景。

完成的主要实物工作量：1∶5 万区域地质修图 600km²，1∶5000 地质简测 7km²（花坪锰矿区），1∶5000 地质草测 6.2km²（黄山锰矿区），1∶2000 地质草测矿点检查 6 个，1∶1000 实测地质剖面 6.7km。

该项目由西北冶金地质勘探公司第五勘探队实施。项目负责人为陈建民，主要完成人员来自甘肃省有色地质勘探公司四队和其他兄弟单位。

二、主要成果

综合研究认为：盐池—玉石山锰矿带中锰矿其成因为风化淋滤型。主要控矿因素为断层构造。控制矿体延深条件之一为氧化深度，一般在 30～50m，矿体赋存在断层浅部近地表处；矿石均为氧化矿，规模较小。

氧化淋滤锰矿层矿石质量普遍较好，埋藏浅、易开采，区域上氧化锰矿伴生有益组分钴、钒达到综合利用要求，并且与锰矿在分布上存在一定规律。

总结了此类型小而富氧化锰矿的找矿标志。

三、评审验收情况

1987 年 3 月西北冶金地质勘探公司第五勘探队对项目成果报告进行了评审。

第二节 甘肃省肃北县交瑞锰矿普查

一、项目基本情况

工作区位于安西县柳园镇北东，隶属肃北县明水乡，属天山—内蒙古褶皱系北山褶皱带。地理坐标：东经 96°07′03″，北纬 41°24′10″。工作起止时间：1991 年 5～9 月，项目经费 59.8 万元。

目的任务：开展雅满苏—马鬃山锰矿成矿带 1：3 万彩红外航空摄影及 1：2.5 万地质调绘，查清区域成矿条件，寻找锰矿成矿有利地段，扩大远景；选择锰矿带中部交瑞锰矿点，进行全面地表评价工作；配合全区地质找矿，开展全区性的综合研究工作，筛选供优先评价的地段和矿点。

完成的主要实物工作量：1：5000 地质简图 5km^2，1：2000 地质草测 1.82km^2，1：1000 地质剖面 4.188km，1：2000 地质剖面 2.06km，1：5000 地质剖面 23.4km，槽探 2051.2m^3，井探 29.6m，老隆清理 455.5m，矿点检查 4 处。

项目由西北地质勘查局五队六分队承担。项目负责人为梁忠义，主要完成人员为李自忠、裴耀真等。

二、主要成果

依据矿体的产出状态，矿石类型、矿物组合特征，初步认为，交瑞锰矿成因：原始的锰质沉积成矿，后经风化淋滤充填并伴随有热液改造富集，为沉积改造型矿床。

该矿床主要的含锰岩系为震旦系红山口群的含锰泥质板岩和含锰泥质粉砂质页岩，它们是淋滤型矿石形成的主要矿质来源。

该矿区围岩蚀变主要为褐铁矿化和褪色现象，主要发育于矿体上下盘和近矿围岩之中，含锰岩系和近旁的褐铁矿化是有利的找矿标志。

三、评审验收情况

1992 年 1 月，西北地质勘查局五队对项目成果报告进行了评审。

第三节 新疆阿尔金山北麓优质锰矿资源调查

一、项目基本情况

"新疆阿尔金山北麓优质锰矿资源调查"为中国地质调查局大调查项目，项目编号：200110200062，任务书编号：70401210212。工作起止时间：2001~2002 年，项目经费 140 万元。

工作区位于新疆、青海与甘肃省交界附近，分属新疆维吾尔自治区若羌县、青海省冷湖行委和甘肃省阿克赛县、肃北县管辖。可分为 3 个区块：阿尔金山北麓锰矿调查区，地理坐标：东经 92°40′~93°45′；北纬 39°13′~39°23′，面积约 1750km^2。北祁连黑峡口一带锰矿调查区，地理坐标：东经 96°08′~96°19′，北纬 39°49′~39°53′，面积约 113km^2。冷湖小赛什腾铜矿，地理坐标：东经 93°32′36″，北纬 38°47′32″。

目的任务：查明锰矿带成矿地质背景、主要控矿条件、含锰岩系分布范围，确定含锰层位和有利成矿地段，优选找矿靶区，并择优开展评价工作，初步查明其资源潜力。

完成的主要实物工作量：1：5 万图像地质解译 1750km^2，1：5 万地质修测 179.7km^2，钻探 545.42m，浅井 17.4m，槽探 4548m^3，采坑调查 1279m，矿点检查 9 处。

项目由中国冶金地质勘查工程总局西北地质勘查院承担。项目负责人为王平户，主要完成人员为彭世孝、张国成、丁兆举、刘文波、张洪发、解新国等。

二、主要成果

对区域上的主要含锰层位进行了系统调查，对其成锰环境进行了分析，对含锰岩系分布范围、锰矿成矿地质背景、主要控矿条件和找矿标志等进行了研究，初步了解了区域锰矿的资源潜力，划分出两个找矿远景区，预测其区带锰矿资源潜力 200 万吨。

通过对阿尔金山北麓一带主要含锰层位的调查，初步证实蓟县系存在一个含锰层位。

分别对苦水泉和黑峡口锰矿进行了重点解剖，探求 334 资源量：苦水泉锰矿 28.23 万吨，Mn 平均品位 19.97%；黑峡口锰矿 29.87 万吨，Mn 平均品位 25.10%。其中富锰矿 9.22 万吨（Mn 平均品位 33.33%），优质锰矿 20.65 万吨。

综合研究认为小赛什腾铜矿具斑岩型特点，矿化范围大，有一定找矿前景。

三、评审验收情况

2005 年 4 月 11 日，中国冶金地质勘查工程总局对项目成果报告进行了评审。

第四节　云南省鹤庆县鹤庆锰矿区外围优质富锰矿普查

一、项目基本情况

"云南省鹤庆县鹤庆锰矿区外围优质富锰矿普查"为矿产资源补偿费项目。工作起止时间 2003~2004 年，项目经费 70 万元。

工作区为鹤庆锰矿外围黄蜂山矿段、无名地—大陆坡矿段，位于华南—印尼板块与青藏—蒙古板块的连接部位，东邻鹤庆南北向断陷盆地，地理坐标：东经 $100°04'30''$ ~ $100°07'00''$，北纬 $26°31'00''$ ~ $26°33'30''$，面积 7.70km^2。

目的任务：通过此次普（详）查工作，查明锰矿的分布特征，对优质富锰矿进行控制，评价其工业价值。

完成的主要实物工作量：1：2000 地形地质测量 1.00km^2，1：1000 勘探线剖面测量 6km，槽探 1208.55m^3，坑探 183.1m，钻探 620.13m。

项目由中国冶金地质勘查工程总局昆明地质勘查院承担。项目负责人为吴太松，主要完成人员为王朝勇、杨剑波、魏平堂、刘俐伶、张朝辉、范礼刚。

二、主要成果

黄峰山矿段主要为产于灰岩裂隙及溶洞中的次生淋积型氧化锰矿。含锰一般在 12%~35%、含铁 10%~20%，锰质来源于其围岩，经风化淋滤充填于溶蚀裂隙局部富集而成矿。因矿体形态变化极大，工程对矿体难以进行有效控制。

武君山矿段的原生沉积型菱锰矿产于上三叠统松桂组第三段薄层硅质灰岩、灰岩中；次生氧化锰矿产于近地表的构造裂隙中。菱锰矿含锰一般在 19%~35%，氧化矿品位较富，普遍在 30% 以上。由于含矿地层岩相变化大、构造极为复杂，深部找矿难度较大。

新发现了三沟箐矿（化）点和大陡坡矿（化）点。

三、评审验收情况

2004 年 9 月 5 日，中国冶金地质勘查工程总局昆明地质勘查院对该项目进行野外验收，并形成地质勘查项目野外验收报告。

第五节　甘肃北山营毛沱—大豁落井一带铁锰矿资源调查评价

一、项目基本情况

"甘肃北山营毛沱—大豁落井一带铁锰矿资源调查评价"为中国地质调查局"西部铁锰多金属资源调查评价"的子项目，项目编码：1212010732708。任务书编号：资〔2007〕27-8 号。工作起止时间：2007 年 1~12 月，经费预算 71 万元。

工作区隶属肃北蒙古族自治县马鬃山镇。地理坐标：东经 96°00′00″~97°00′00″，北纬 41°25′00″~41°48′00″，面积约 2200km²。

目的任务：重点对同昌口—巴格棱太铁铜成矿带、草呼勒哈德铁锰成矿带开展成矿地质条件研究，总结成矿规律及找矿标志；利用取样工程控制矿体，估算资源量；对全区铁锰矿资源潜力进行总体评价；通过项目实施预期提交铁矿石 333+334 资源量 1000 万吨，锰矿石 333+334 资源量 200 万吨。

完成的主要实物工作量：1∶1 万磁法扫面 21.8km²，1∶1 万地质测量 21.8km²，1∶1000 磁法精测剖面 6.57km，1∶5000 地质剖面 7.35km，1∶2000 地质测量 4km²，槽探 1859m³。

项目由中国冶金地质总局西北地质勘查院承担。项目负责人为王吉秀。主要完成人员为张洪发、王军、殷建民、吴江等。

二、主要成果

大致查明了调查区地层、构造、侵入岩、变质作用特征及与成矿的关系，初步总结了成矿规律和找矿标志。

在巴格棱台铁矿区共圈出铁矿体 4 条；平头山北铁、锰矿区共圈出铁矿体 3 条，锰矿体 2 条；草乎勒哈德铁、锰矿区共圈出铁矿体 4 条，锰矿体 2 条；大致查明了矿体的形态、产状、规模、赋存层位、分布范围及矿石质量特征。

对调查区内铁锰矿资源量进行了估算，获得铁矿石 334 资源量 27.24 万吨，获得锰矿石 334 资源量 6193t。

三、评审验收情况

2009 年 10 月 16 日，中国地质调查局对项目成果报告进行了评审。

第六节　中国南方锰矿成矿地质特征及潜力评价

一、项目基本情况

"中国南方锰矿成矿地质特征及潜力评价"为中国地质调查局地质调查项目，项目编号：12120114010601。工作起止时间：2014~2015年，项目经费100万元。

目的任务：系统收集全国锰矿地、物、化、遥、科研成果资料，开展锰矿成矿地质条件研究；跟踪锰矿勘查开发进展情况，开展锰矿成果集成工作；编制全国锰矿资源调查评价2015年工作部署方案；通过典型矿床的研究，选择1~2个重要锰矿带开展锰矿成矿规律及找矿预测研究，圈定锰矿找矿靶区；开展全国锰矿资源调查评价计划项目业务推进等工作；组织开展成果交流及重要典型矿床野外实地调研、技术指导、专家研讨等。

项目收集资料110份，建立锰矿床卡片101个；路线地质调查106km，采集样品60件。

项目由中国冶金地质总局中南地质勘查院承担，项目负责人为赵广春，主要完成人员为赵广春、李连支等。

二、主要成果

开展了锰矿资料收集，典型矿床调查与研究，最新锰矿勘查及科研成果的跟踪研究、锰矿富集区成矿地质特征找矿预测及潜力评价等工作。

重新梳理和划定了中国南方锰矿成矿带：在南盘江—右江成矿带内划分出滇东南锰矿富集区、桂西南锰矿富集区及桂中锰矿富集区。

根据典型矿床成矿地质特征、主要控矿因素、成矿模式等综合信息，对锰矿富集区进行了成矿预测，圈定了6个锰矿找矿靶区；结合《全国锰矿勘查工作部署方案》，提出了2015年锰矿工作部署建议。

三、评审验收情况

2015年12月中国地质调查局下达地质调查项目成果评审意见书（中地调（中南）评字〔2015〕78号）。

第七节　湘西—滇东地区矿产地质调查

一、项目基本情况

"湘西—滇东地区矿产地质调查"为中国地质调查局下达的"基础性公益性地质矿产调查项目"下设的二级项目，隶属"扬子陆块及周缘地质矿产调查工程"，项目编号DD20160032。工作起止时间：2016~2018年，项目经费11032万元。

项目工作区分布于滇东北—黔西、滇东南—桂西、桂中、湘西—黔东南4个地区，面积2.5万平方千米。

目的任务：以锰矿为主攻矿种，开展桂中、湘中、湘西南、滇东南、滇东北等7个锰矿找矿远景区1∶5万矿产地质调查，新增锰矿石资源量4000万吨，提交找矿靶区20处，提交大中型矿产地2~3处，并开展锰矿资源潜力动态评价、扬子陆块东南缘南华系锰矿成矿预测与选区研究。

项目共部署14个子项目和2个科研专题，完成的主要实物工作量：1∶5万矿产地质调查21052km²，1∶5万水系沉积物测量18666.5km²，1∶1万地质测量1017km²，钻探21101m，浅井413m，槽探71740m³，地球化学样品14.8万件，光薄片3426片，基本分析样品11711件等。

项目由中国冶金地质总局承担，子项目分别由中南地质调查院、广西地质勘查院、湖南地质勘查院、山东正元地质勘查院、第二地质勘查院、昆明地质勘查院、矿产资源研究院等单位实施。项目负责人为李朗田，项目副负责人为吴继兵、陈旭，主要完成人员为李连支、江沙、赵品忠、龙鹏、雷玉龙、刘虎、刘东升、黄飞、肖德长、陈广义、华二、杨朋、刘延年、刘殿蕊、侯海峰、赵磊、闫海忠、刘阳、郑杰、高宝龙、肖明顺、肖明尧、杨育振、许鑫、夏斌、于炳飞、孙芳、胡雅菲、刘丽、高云亮、范勇、陈群、徐映辉、张之武、万大福、曹景良、夏柳静、赵祖应、秦志平等238人。

二、主要成果

新发现矿产地12处，其中大中型矿产地8处。探获333+334资源量：锰矿石5620万吨，稀土氧化物64.23万吨、三氧化二铈5.47万吨、五氧化二铌5.05万吨，磷矿石9249万吨，五氧化二钒125.6万吨，铁矿石18806万吨。

圈定地球化学综合异常179个，其中，甲类50个、乙类129个。

圈定找矿靶区25处，并开展了"三位一体"综合评价。

编制了43幅1∶5万矿产地质图，厘定了各图幅地层填图单位及建造单元，重点对区内南华系、奥陶系、石炭系、二叠系、三叠系等主要含锰岩系进行了划分与对比，并在滇东南地区发现上石炭统顺甸河组、下三叠统石炮组2个含锰新层位。

建立或完善了区内南华纪大塘坡期、奥陶纪磨刀溪期、石炭纪巴平期等主要成锰期锰矿区域成矿模式及找矿预测模型，完成了区内锰矿资源潜力动态评价，圈定锰矿找矿远景区54处，最小预测区99处，预测锰矿资源量26亿吨，并提出了下一步锰矿勘查的重点层位、重点地区、重点项目的部署建议。

开展了扬子陆块东南缘总体构造格架及武陵—雪峰期岩石圈断裂、基底平移断裂的形成、演化对南华系锰矿形成的控制作用研究，总结了基底平移断裂和同沉积断裂"行""列"交汇控制聚锰槽盆的特征，提出了"凹中凹"或"盆中盆"控制锰矿沉积的认识。

三、评审验收情况

2019年2月，中国地质调查局中南项目办完成项目野外验收审核，并下达了野外验收审核意见书（中地调野验核字〔2019〕156号）；2019年6月"湘西—滇东地区矿产地质调查空间数据库（集）"通过了中国地质调查局网信办组织的验收；2019年7月，中国地质调查局下达地质调查项目成果评审意见书（中地调（中南）评字〔2019〕18号）；2020年6月，中国地质调查局下达了地质调查项目成果审核意见书（中地调（中南）审字〔2020〕77号）。

四、重要奖项或重大事件

该项目的成果是支撑"扬子陆块及周缘地质矿产调查工程"找矿突破的关键项目，被中国地质学会评为 2019 年度"十大地质科技进展"。

第四篇

锰矿科研成果

20 世纪 80 年代初，冶金部成立"全国锰矿技术委员会"后，冶金地质部门才开始有计划地部署锰矿科研工作。冶金部地质总局（中国冶金地质总局）以承担锰矿地质勘查的地质队（地勘院）为依托，组织冶金部天津地质研究院、中南冶金地质研究所、西南冶金地质科学研究所、冶金部地球物理勘查院、冶金部遥感技术应用中心、中国冶金地质总局矿产资源研究院，以及北京科技大学资源工程学院、成都理工大学、中南大学等院校，申报并承担国家计委科技找矿项目、国家科技支撑项目、冶金部科技攻关计划项目、中国地质调查局地质调查综合研究项目等，同时总局及各局院根据锰业科技发展规划，结合锰矿勘查开发的实际需要，开展锰矿成矿理论、基础地质、勘查技术、工业利用和勘查规划等方面的研究，取得了一系列成果。

本篇收录了 45 个锰矿科研项目，包括各部委部署的项目和总局、局（院）安排的绝大部分项目。由于勘查单位"属地化"等原因，"陕南优质锰矿的赋矿规律及找矿方向""扬子地台周边低磷优质锰矿成矿条件与成矿预测"和"扬子地台周边含锰岩系地质特征及成矿区划"等科研项目未收集到资料。同时，为了避免内容重复，2000 年之后的国家科技支撑项目仅介绍了子项目设置情况，未单独阐述每个子项目的科研成果。

本篇按照锰矿综合研究、成矿预测、工业利用、勘查技术和勘查部署五类研究项目分别成章，并对每个科研项目逐一阐述了项目的研究范围（内容）、目的任务、项目性质、经费及来源、起止时间、主要承担单位、项目负责人、主要完成人员，以及取得的主要成果、获得的重要奖项和成果应用转化情况。资料来源于项目成果报告、审查意见、成果鉴定报告书等。

第二十五章　锰矿综合研究

本章共收录了9个国家及各部委部署的锰矿科研项目，包括冶金部地质司部署的锰矿地质研究项目，以及冶金地质总局承担的冶金部"八五"科技攻关、国家计委1995～1997年科技找矿、国家"十一五"和"十二五"科技支撑等重大科研项目，重点反映冶金地质部门在锰矿地质、勘查技术、成矿预测、开发利用等方面的综合性研究成果。

第一节　《中国锰矿志》

一、项目基本情况

为了全面总结锰矿地质勘查和锰矿开发生产的历史经验，冶金部地质勘查总局和冶金部矿山司联合下文成立编委会，并组建了主编办公室，编写《中国锰矿志》。1993年5月26日在济南市召开编写工作会议，部署编写各项工作，至1995年11月长达80万字的《中国锰矿志》正式出版。

项目主编：姚培慧。副主编：林镇泰、杜春林、王可南、宋雄。编辑：侯庆有、张旭明、于纯烈、范若芬、张启芳、金京慧、张惠荣、雷桂芝。责任编辑：姚参林。撰稿人（以姓氏笔画为序）：丁万利、于守南、王可南、刘芳文、刘锡越、孙中庆、孙家富、伍光谦、任永云、汪国栋、宋雄、李玉祥、李色篆、李学斌、余逊贤、杜春林、陈文森、陈思颐、苏继铭、张秀颖、林琦、周存中、赵绳武、侯庆有、姚培慧、姚敬劬、秦英支、黄育著、黄金水、龚志大、常福渠、舒全安、谭柱中、黎彤。

二、主要成果

《中国锰矿志》是冶金矿产志的系列丛书之一。

《中国锰矿志》分为两大部分，即第一篇"总论"和第二篇"各地区的锰矿床"。

第一篇"总论"，概略地论述了我国锰矿资源、地质情况、地质勘查工作和成果，并介绍了锰矿工业开发与加工技术状况。该篇包括第一至四章。

第一章，讨论了锰的物理化学性质和地球化学特征，从地球化学角度解释锰在内、外生条件下的成矿作用；阐述了工业锰矿物、锰矿石及其工业要求；详细介绍了我国锰矿资源特点及分布，并从锰矿开发利用现状及存在的问题出发，评述了锰矿资源对生产建设的保证程度，提出了必要的对策。

第二章，从含矿建造角度，将我国锰矿分为7大建造类型；从成因角度，将锰矿划分为4大类型和11个亚类。从不同侧面介绍了锰矿分布的地质背景、产出特征和赋存规律。以地质条件和分布规律为基础，划分出5个Ⅰ级锰矿成矿区、12个Ⅱ级成矿带、34个Ⅲ级矿带，同时对我国锰矿资源总量进行了预测，对资源潜力做了评估。

第三章，首先叙述了近代锰矿业的发展历程和兴衰变迁，然后重点叙述新中国成立40多年来锰矿地质勘查工作和进程，突出了各阶段重要锰矿的发现意义和勘查工作特点。同时，介绍了锰矿勘查工作中地球物理和地球化学探矿方法的应用和技术发展现状。还总结了我国锰矿地质理论研究的成果，重点是20世纪80年代以来锰矿系列课题的研究成果，归纳了成矿理论和技术方面的进展，如锰矿形成的构造-沉积环境、成矿物源和成矿作用（机制）等方面的新认识；还列述了为解决难选矿石所进行的工艺矿物学方面的研究进展。根据锰矿资源不足的情况，展望了未来锰矿资源及开发前景。

第四章，主要介绍我国锰矿开发和加工技术现状、采选技术方法、技术装备、工艺流程、技术经济指标及效果。针对我国锰矿"贫、杂、细、薄、缓"的不利条件，在开采方面已研究和采用了预支顶板锚杆房柱法、人工柱锚杆房柱法等新工艺；在选矿方面，推广了强磁选、重—磁选、强磁—浮选及火法富集等技术；在冶炼及深加工方面，矿粉造块、锰铁（硅）合金及金属锰等生产技术得到长足的进步。上述内容基本上反映了我国锰矿采、选、冶的技术进展和总体水平。

第二篇"各地区的锰矿床"是《中国锰矿志》的主要组成部分，包括第五至十五章，分省（或大区）综述锰矿资源状况，并对各入选矿床（区）分别按矿区地质、矿床地质特征、发现与勘查史、开采技术条件和开发利用情况5个方面进行详细介绍，并附有必要的地质图件。共收入全国72处矿床（区），其中：广西13处，湖南12处，四川8处，云南6处，贵州5处，广东4处，福建4处，湖北3处，陕西3处，新疆3处，辽宁3处，山西2处，天津、内蒙古、河北、甘肃、江苏及江西各1处。上述锰矿床（区）基本上包括了主要矿床类型、已探明的大、中型矿床，以及主要生产矿区。

《中国锰矿志》将锰矿地质、采矿、选矿和冶炼加工作为一个完整的"系统工程"，从历史到现状，从理论成果到技术方法，从锰矿地质总体规律到个别矿床特征进行了全面、系统的阐述，力求做到资源和地质数据、采选冶技术指标及工艺参数等系统、完整。这是该书的一个特色，不失为锰矿地质及锰业开发方面一本难得的工具书。

《中国锰矿志》忠于事实、尊重历史，全面记述了锰矿勘查和开发过程，公正反映各工作部门及有关人员的功绩。

该书获得冶金科技进步奖二等奖。

第二节　中国锰矿类型、成矿特征及找矿方向

一、项目基本情况

根据冶金部地质司"〔1979〕冶地科字25号文"的要求，由湖南冶金公司牵头，有广西、贵州、广东、云南、四川、福建、新疆、陕西、河北、江西、鞍山等公司参加，共同组成"冶金地质全国锰矿专题研究协作组"，以研究中国锰矿类型、成矿特征及找矿方向为目标，开展各方面的工作。工作起止时间：1979年3月~1981年12月。该专题研究报告由湖南公司冶金地质研究所提交初稿，并由参与的公司和有关人员修改完善和会审。报告主要编写人：林果荣、周代海、张九龄、胡超亮。参加该专题主要研究人员有：广西公司：单振华、李俊生、石体坚；陕西公司：甘克新、关志辉；贵州公司：陈为钦、

周崇英；华北公司：李兰桂；广东公司：赖来仁、古亮楷、钟赐淦；鞍山公司：徐光升；云南公司：杨秋生、罗希泽；江西公司：马晓岚、黄顺根；四川公司：黄裳、陈林兆；江苏公司：王凤全；湖南冶金236队：许遵立、徐熊飞；福建公司：苏彰年、李玉祥；湖南冶金地质研究所：季金法、杨悌君、沈锡嘉；新疆公司：彭守晋、张希宣、周自成；湖南公司：林果荣、张九龄、周代海、胡超亮、徐国万、成辉。

二、主要成果

（1）编制了 1：900 万中国锰矿分布图，按各省（区）行政编码统一编号，并附说明。

（2）编写各省（区）锰矿集 5 册，共 13 本，并附全国锰矿床（点）卡片；同时还编写了国外主要锰矿地质集 1 本，并附锰矿分布及说明。

（3）收集和整理了我国锰矿资源概况。以地质普查、评价、勘探的各矿床（点）有关现状为依据，摸清了我国锰矿资源状况，并明确了找矿方向。

（4）编写《中国锰矿类型、成矿特征及找矿方向》专题总结。其中按我国主要成锰期对有关的锰矿床地质特征进行归纳总结，提出陆缘浅海障壁及滞流环境控矿、铁锰"分步沉淀"成矿模式，并相应完成了各世代锰矿床（点）与岩相古地理的关系图。

第三节　中国锰矿成矿地质背景、成矿区划及资源潜力评价

一、项目基本情况

为落实冶金部关于"七五"期间重点开展优质锰矿找矿研究工作的要求，冶金部地质总局依据天津地质研究院提交的《我国锰矿成因建造分类、成矿区划及低磷优质锰矿找矿前景问题》的课题研究计划任务书，安排了"中国锰矿成矿地质背景、成矿区划及资源潜力评价"锰矿科研课题。

课题主要研究内容：以我国低磷优质锰矿的找矿前景问题为主要目标，研究锰的成矿作用地质背景和含矿建造分类；成矿区划和典型矿床地质地球化学特征；低磷优质锰矿找矿背景评估。

课题承担单位为冶金部天津地质研究院，工作起止时间：1987 年 4 月～1992 年 12 月。专题负责人为黄金水，主要完成人员为黄金水、朱作山、杨子元、王双彬、陆志军、马洪恩、李耀明、刁娟等。

二、主要成果

该课题始终以我国低磷优质锰矿的找矿前景问题为主要目标，以广泛的野外地质调查和区域地质与矿床地质资料的分析对比和综合研究为基础，先后调查了湘、黔、川、滇、桂、陕南—川北，以及京、津、冀、辽和长江中下游地区的各类锰矿产地七八十处，野外实录和搜集锰矿床及相关区域的地质资料百余处，对每个实地调研矿区的坑、井、采场的含锰岩系采集的岩矿标本（样品）开展镜下鉴定和测试工作，获得以下主要成果：

（1）较系统地获得了诸如含锰岩系层序结构、岩（矿）石组构、矿石矿物（相），以及地层与矿床的元素地球化学等系列资料和相关的成矿地质信息标志。

（2）总结了我国锰矿床的含锰岩系分类及其成矿的地质地史背景和锰矿床的成因-构造环境类型。将含锰岩系分为黑色岩系、硅质岩系、泥质岩系、碳酸盐岩系、火山沉积岩系5类。将锰矿形成的成因-构造环境分为陆壳稳定型和过渡型陆棚浅海环境，伴有拉张裂陷的陆棚浅海碳酸盐台地及大陆边缘岛弧海三种类型。

（3）划分了9个成锰区、34个锰矿带，并且应用逻辑信息法评估了各个锰矿区、带的资源总量和其中15个优质锰矿找矿优选区的资源潜力。

第四节 扬子地台周边及其邻区优质锰矿成矿规律及资源评价

一、项目基本情况

"扬子地台周边及其邻区优质锰矿成矿规律及资源评价"为冶金部"八五"科技攻关计划项目（项目编号：85-05-03）。项目下设5个二级课题（见表25-1），即1个综合性课题、3个地区性课题（扬子地台北缘、东南缘、西南缘各1个）、1个技术方法性课题，各课题下再设2~6个三级专题，共计22个三级专题。项目研究区范围：昆仑—秦岭对接带以南、北澜沧江—双江叠接带以东的中国南方广大地区，涉及12省（区），面积约200万平方千米。

表 25-1 "扬子地台周边及其邻区优质锰矿成矿规律及资源评价"二级课题设置情况

序号	二级课题名称	实施年度	承担单位	课题负责人
1	扬子地台周边及其邻区优质锰矿成矿环境及成矿模式研究	1994~1995年	冶金部天津地质研究院	黄金水
2	扬子地台北缘优质锰矿成矿规律及成矿预测	1992~1994年	冶金部天津地质研究院 冶金部西北地质勘查局	袁祖成 张恭勤
3	扬子地台南缘及邻区成矿规律及成矿预测	1991~1994年	冶金部中南地质勘查局 冶金部第二地质勘查局	姚敬劬 王六明
4	扬子地台西缘及邻区优质锰矿成矿条件及成矿预测	1991~1994年	冶金部西南地质勘查局	刘红军 唐瑞清
5	扬子地台周缘及邻区优质锰矿勘查技术方法及应用研究	1991~1995年	冶金部地球物理勘查院 北京科技大学资源工程学院 冶金部遥感技术应用中心	李色纂等 侯景儒 朱礼

项目以优质锰矿为主要研究目标；以沉积构造环境、成锰盆地性质、成矿物质来源及成矿机理为主要研究内容；以查明锰矿成矿规律、建立成矿模式，总结勘查评价准则，探索有效的勘查方法，以为优质锰矿的勘查评价提供靶区为目的。在现代先进地质科学理论和技术支撑下，对中国南方锰矿的成矿条件、分布规律、资源前景及勘查方法进行系统的科学研究。

项目承担单位为冶金部地质局，参加实施单位有西南地质勘查局、天津地质研究院、中南地质勘查局、西北地质勘查局、地球物理勘查院、第二地质勘查局、冶金部遥感技术应用中心、北京科技大学资源工程学院等冶金地质系统 17 个局、院、所、校、队。工作起止年限：1991~1995 年。项目科研经费 420 万元，勘查验证费用 9700 万元。项目负责人：侯宗林、薛友智；主要完成人员：侯宗林、薛友智、黄金水、林友焕、刘红军、姚敬劬、王六明、李色篆、朱恺军、余中平、骆华宝、张清才、杨玉春、李惠、张恭勤、唐定远、苏长国、刘仁福、周存中、谢明、连俊坚、杨子元、唐瑞清、丘荣藩等 110 多名科技人员。

二、主要成果

通过研究工作，基本构筑起中国南方锰矿地质学框架，提出了被动大陆边缘裂谷盆地是锰矿形成的有利地带，成矿物质多为"内源外生""弱还原、弱碱性、欠补偿、低能、低速率"环境是形成优质锰矿的重要条件等成矿新认识。其成果专著《扬子地台周边锰矿》"对我国南方锰矿床与成锰作用、模式及规律所进行的剖析与展望，是迄今为止最全面而系统的"（涂光炽）。项目对加里东期及海西—印支期华南古大陆边缘的成矿环境、成矿条件、成矿规律进行了全面归纳和系统总结，填补了国外对于这两个地史阶段成锰作用研究的空白，丰富了全球锰矿地质学科的理论体系，在世界锰矿地质研究中处于超前地位。项目把为钢铁工业提供资源保障作为工作目标，坚持同锰矿地质勘查紧密结合，通过大规模、大范围、多层次的地质调查，基本把握了我国南方锰矿地质面貌。项目提出的成矿预测区划和找矿建议经勘查验证，大幅度增长了我国优质锰矿探明储量，展示出我国南方丰富的锰矿资源潜力，为宏观经济决策及矿业开发提供了科学依据。

（1）揭示了中国南方锰矿成矿规律。从中国南方古大陆构造演化分析入手，揭示海相沉积锰矿成矿的时空演化规律，以及受大陆边缘海域性质和成锰盆地构造环境支配的机理。根据成矿作用的时空演化特点，把中国南方锰矿划分为 4 个成矿域。即晋宁期扬子地台增生边缘锰矿成矿域、加里东期扬子地台被动大陆边缘锰矿成矿域、海西—印支期扬子地台周缘及其邻区锰矿成矿域、喜山期次生氧化锰矿成矿域。

（2）系统建立起中国南方含锰地层体系。区内成锰时代历经中-晚元古代、震旦纪-早古生代、晚古生代-早中生代三个地史阶段；主要成锰期为：蓟县纪-青白口纪、中南华世、早震旦世、中-晚奥陶世、晚泥盆世、早石炭世、早-晚二叠世、中-晚三叠世；在三大地史阶段中，一共发育 27 个含锰层位，其中 18 个层位产工业锰矿；优质锰矿主要发育于中-晚元古代、中-晚奥陶世、中-晚三叠世的含锰层位。

（3）对中国南方主要成锰期进行了沉积建造分析。在稳定型、次稳定型、非稳定型三类建造系列中，确认次稳定型建造是中国南方最重要的含锰建造系列。编制了重要成锰期的建造古地理图，总结了各种含锰建造的分布规律及其板块构造背景、成锰作用特点。

（4）对中国南方主要成锰期进行了层序地层分析。划分了含锰沉积旋回，查明了含锰层系层序特征、区域变化及其控制因素。归纳出全球性海平面变化与锰的时限沉积相和空间定位的关系，确认许多重要含锰层位常常出现在最大海泛期形成的"凝缩层"中。总结出中国南方锰质沉积与中-晚元古代硅铁建造、中南华世间冰期、早震旦世-早寒武世洋流风暴、早古生代黑色页岩沉积、泥盆纪造礁、二叠纪基性火山作用及晚三叠世重力流等一系列地质事件之间的成生联系。

（5）对中国南方主要成锰盆地进行了系统研究。划分出离散环境与会聚环境中 8 种主要的成锰盆地类型。分别介绍了各种成锰盆地的范围、边界、几何形态、基底类型、大地构造背景、构造-沉积环境、充填物性质、盆地演化及地史分布。确认成锰盆地基底多为过渡性地壳，板块之间的背向拉张和深断裂带的转换拉张活动引起的离散作用，是成锰盆地形成的主要动力学机制，指出多数具有工业意义的锰矿床分布在离散型成锰盆地中。

（6）系统归纳出 6 种主要的含锰岩系类型。根据含锰沉积岩系形成的构造-沉积环境、岩石组合及地球化学特征，把各成锰时代形成的锰矿层及其所赋存的含矿围岩，划分为 6 种含锰岩系，即含锰黑色页岩系、含锰杂色泥质岩系、含锰硅质/硅泥灰质岩系、含锰碳酸盐岩系、含锰磷质岩系、含锰火山-沉积岩系。除含锰磷质岩系外，其他岩系均见优质锰矿。

（7）首次全面系统总结了中国南方锰矿物特征，介绍了锰的氧化物及氢氧化物、锰的硫化物、锰的碳酸盐、锰的硅酸盐等四大类 70 多种锰矿物，详细描述了其中 47 种锰矿物的化学成分、物理性质，乃至晶体光学特征。在国内首次发现肾硅锰矿、粒硅锰矿、辉叶石、锰硅镁石等 4 种矿物。发现"含锌锰矿"（暂名），可能是新矿物或矿物新变种。把优质锰矿划分为 6 种矿物组合，并分别介绍了它们的成因，提出优质锰矿的找矿矿物学标志。对矿石伴生元素进行分析，为综合利用提供了资料。

（8）对中国南方锰矿床进行了成因分类，制订出锰矿床新的成因分类方案。划分出沉积、沉积受变质/改造、次生氧化三大类 11 个亚类的锰矿床。分别描述了各类矿床的地层序列、含锰岩系、岩石组合、矿石矿物系列、成矿环境。全面总结了各典型矿床的赋矿层位、区域分布、构造-盆地背景、岩相或建造类型、矿床构造、矿体产状形态、矿床规模、矿石结构构造、矿物组合、化学成分、地球化学标型特征、成矿条件、矿床成因及成矿模式。

（9）提出"内源外生"系统成矿理论，刻画了中国南方锰矿床的形成机理。通过对成锰机理的研究，认为虽然大陆风化和地表迳流搬运是锰质的供给方式之一，但形成锰矿床的锰质主要来自内源。内源锰可以从多向获得，但主要是通过海底火山-喷气/喷流、"海解"萃取、热水循环等方式提供。锰、铁、磷分离热力学实验表明，溶液的 pH 值是决定三者分、合的主要因素，中性和弱碱性环境是锰磷分异的有利条件，Eh 值对矿物共生组合面貌产生重要作用。弱还原-弱氧化、弱碱性、欠补偿、低能、低速率沉淀，是形成海相沉积锰矿床，尤其是形成优质锰矿床的最佳环境。

（10）建立了优质锰矿的综合勘查技术方法系统，推荐在不同勘查阶段采用的几种技术方法组合方案。把勘查地球物理—勘查地球化学—遥感地质—数学地质方法技术运用于锰矿地质勘查，广泛开展了多种方法的找矿试验，总结出一套有效的勘查经验，制订了寻找优质锰矿的综合勘查技术方法系统。

（11）建立了多维综合找矿模型。在总结归纳中国南方锰矿成矿机理的基础上，分别建立晋宁期、加里东期、海西-印支期三个构造发展阶段海相沉积锰矿的区域成矿模式，在重点成矿区带建立典型矿床成矿模式，建立起多维综合找矿模型。指出超巨旋回沉积建造下部是大型锰矿的赋存部位，而其上部往往是中小型（个别大型）优质富锰矿赋存层位；被动陆缘和转换拉张裂谷盆地中的后火山沉积和部分远火山热水沉积型锰矿常可达大型-超大型；线性张裂盆地中火山沉积型锰矿只能达到中、小型规模，面状构造-岩浆（热液）动力场背景可形成大-超大型锰矿床。

（12）划分了成矿区带，估计了资源总量。在总结成矿规律、建立成矿模式的基础上，根据区域成矿环境、成矿地质条件和已知矿床、矿带的时空分布规律，把中国南方划分为4个Ⅰ级成矿域，15个Ⅱ级成矿区，32个Ⅲ级成矿带。根据已有综合地质信息，在中国南方划出A、B、C三类预测区16个，37个预测地段，运用地质类比法和勃尔法数字模型，对各成矿区带进行了锰矿资源总量和资源潜力估计。通过项目研究预测资源总量13亿吨，尚有资源潜力6亿~6.6亿吨，仅其中9个成矿区，尚有优质（富）锰矿资源潜力1亿~1.2亿吨。

三、成果应用及转化情况

项目取得的经济、社会效益显著。一是项目的预测意见及勘查建议经过验证，冶金地质部门"八五"期间新增锰矿储量4875万吨，其中优质锰矿3311万吨，富锰矿895万吨；二是自冶金地质部门发现中缅边境锰矿以来，1991~1995年共采运入境优富锰矿石约120万吨，除节省近亿元的矿山基建投资外，还节约进口矿石的外汇支出约10.8亿元；三是"八五"期间滇西石屏、砚山、勐海、鹤庆、景洪等地一批优质锰矿的开发，大幅度增加了少数民族地区的矿业收入，增加地方利税，改善地方经济状况，起到扶贫解困作用，产生巨大社会效益。

1995年3月，中国地质矿产经济研究院撰写的《1994年矿产品国内外市场形势分析及发展前景预测研究报告》，引用了该项目部分成果，认为"为我国继续开展锰矿特别是富锰矿与优质锰矿地质勘查提供了可靠依据"。

1995年11月出版的《中国锰矿志》专设章节，反映了该项目研究的最新成果。

国内外新闻媒体陆续报道了锰矿地质科研取得重大成果的消息。1996年5月25日《中国地质矿产报》第一版报首：《冶金部锰矿地质科研获重大成果》；1996年6月12日，中新社消息：《中国新增一批优质锰矿资源》；1996年6月13日《光明日报》第二版：《锰矿成矿规律研究获重大进展》；1996年6月13日《侨报》：《地质学家发现成矿规律，中国优质锰矿资源大增》；1996年12月10日《中国地质矿产报》第一版报首：《冶金部一项研究成果表明，我国南方锰矿资源总量为12.6亿吨》。

1996年8月于北京召开的第30届国际地质大会上，该项目出版物受到欢迎。项目主研人员同美国地质调查所锰矿地质学家，IGCP318项目负责人James R. Hein交流了研究进展，引起对方浓厚兴趣，双方达成共同考察中国南方锰矿地质的意向。

该项目所构筑的中国南方锰矿地质理论框架，是该学科领域研究的重要科学成果；该项目提供的资源潜力估计及相关的资源评价建议，为主管部门提供了重要的决策依据；项目研究同地勘工作的持续配合，将为我国钢铁工业提供更多更优的锰矿资源作出重要贡献。

四、重要奖项或重大事件

1996年5月，冶金部地质勘查总局成立由3名中科院院士及资深专家组成的部级科技成果鉴定委员会，对该项目的成果进行鉴定，并下达了科学技术成果鉴定书（冶科成鉴字〔1996〕47号），鉴定结论为："整个研究工作的指导思想明确、观点新颖，起点高、资料丰富翔实，不少学科有关热点前沿问题在该项目中处理应用得当，提出不少创新性意见，有一些是突破性的见解，是一项高水平的、高度综合性的，有理论、又可指导实践的大型科研成果，它将我国锰矿地质学的研究推进了一大步。项目对于加里东期和海西-印支期古大陆边缘锰的成矿环境、成矿条件、成矿规律的全面归纳和系统总结，填补了国外对于这个地史阶段成锰性研究的空白，丰富了全球锰矿地质学科的理论体系，使项目研究与国际同领域研究同步。该成果在整体上达到国际先进水平，关于加里东和海西-印支构造阶段古大陆海相沉积锰矿成矿规律的研究在世界锰矿研究中处于超前地位"。同时鉴定意见建议在已取得成果的基础上，选择横向展开、纵向深入的专题方向，继续探索，为锰矿地质科学进步、钢铁工业持续发展作出更大贡献。

1997 年 12 月，"扬子地台周边及其邻区优质锰矿成矿规律及资源评价"获冶金部科学技术进步奖特等奖（证书号：1997-001-1）；1998 年 12 月，该项目成果获得国家科学技术进步奖二等奖（证书号：04-2-004-01）。

该项目出版的主要论著有：

（1）《扬子地台南缘及其邻区锰矿研究》，姚敬劬、王六明、苏长国、张靖才编著，1995 年 12 月第一版，冶金工业出版社，10+237 页。

（2）《中国南方锰矿地质》，侯宗林、薛友智主编，1996 年 7 月第一版，四川科学技术出版社，7+369 页。

（3）《扬子地台周边锰矿》，侯宗林、薛友智、黄金水、林友焕、刘红军、姚敬劬、朱恺军等编著，1997 年 5 月第一版，冶金工业出版社，8+364 页。

（4）《Geology and Mineral Resources Proceedings of Ministry of Metallurgical Industry》（Ministry of Metallurgical Industry，P. R. China，The Chinese Society of Metals，International Academic Publishers，1996 年 6 月），含项目 18 名主研人员撰写的 8 篇科学论文（英文）（第 157~206 页，篇名略），并以此代表中国冶金地质学家参加第 30 届国际地质大会（30th International Geological Congress，Beijing，China，1996 年 8 月）。

第五节　扬子地台周边及其邻区优质锰矿成矿环境及成矿模式研究

一、项目基本情况

"扬子地台周边及其邻区优质锰矿成矿环境及成矿模式研究"课题是冶金部"八五"重点科研项目"扬子地台周边及其邻区优质锰矿成矿规律及资源评价"的二级课题，课题编号 85-02-01。课题研究范围位于秦岭地区山阳—桐城对接带以南、滇西—川西怒江、澜沧江（南段）以东、粤闽浙沿海长乐—南澳断裂带以西，即中国南部、东南部古大陆及陆缘构造域中的扬子地台和"华南—华夏"褶皱区的主体，以及邻接扬子地台西部的三江褶皱区和松潘—甘孜褶皱区的一部分；行政地理区划跨越湘黔桂滇川鄂陕甘和粤闽浙皖赣 14 个省（区）。在 1∶200 万地质图上，地理坐标大致为：东经 98°00′~120°00′，北纬 20°30′~33°30′。

主要研究任务是：扬子地台周边及其邻区主要锰矿成矿区带中的优质锰矿的形成环境、分布规律、找矿前景。

课题承担单位为冶金部天津地质研究院。工作起止年限：1994~1995 年。项目负责人为黄金水，主要完成人员为黄金水、王双彬、朱作山、朱恺军、郭万超等科技人员。

二、主要成果

（1）扬子地台周边及邻区的成锰时代跨越中-晚元古代（1850~800Ma）、震旦纪-早古生代、晚古生代-早中生代三个地质历史阶段；主要成锰期有蓟县纪—青白口纪、中南华世、早震旦世、中-晚奥陶世、晚泥盆世、早石炭世、早-晚二叠世和中-晚三叠世。在相当于"年代地层单位'阶'"的27个含锰层位中，有18个层位产有工业锰矿床。按照含锰地层单位中锰矿沉积寄主岩石组合特征，可以把各时代锰矿床泛分为6种含锰岩系类型，它们之间，在"陆源元素组"丰度值对"水化学元素组"元素丰度值的分类图解上，表现出有较高程度的对应相关、递变关系；这种关系可以看作沉积环境—元素地球化学景观的反映。

（2）锰矿成矿作用的时空演化进程，与中国南方古大陆边缘的构造演化进程同步发展，并受大陆边缘海域性质和盆地环境的支配。中-晚元古代火山-沉积锰矿，形成于晋宁阶段中、晚期原始扬子陆块边缘和陆间（前造山期或同造山期）活动海域；南华纪—三叠纪沉积锰矿，分别形成于加里东阶段早、中期扬子被动边缘和海西-印支阶段扬子—华南被动边缘及板内构造活动性相对稳定的造海时期，锰的沉积受与拉张构造背景有关的各种盆地控制；而滇西三江构造区石炭纪—三叠纪锰矿，则受控于晚海西—印支阶段（特提斯）陆间裂谷（C_1-P_2）—火山弧（T_3）。

（3）随着加里东阶段和海西—印支阶段扬子边缘和扬子—华南边缘构造幕式活动及盆地性质的演化发展（拉张沉降、收缩挤压），在南华纪—奥陶纪和泥盆纪—三叠纪各个成锰时期之间的锰矿堆积能力（成矿作用强度），总体上也呈现出强→弱-强→弱-强→弱脉动式演化的趋势。

（4）根据锰矿成矿作用的时空演化特点，借鉴中国南方古大陆边缘构造史和岩相古地理研究的成果，把扬子地台周边及邻区海相锰矿划分为4个构造沉积海域和3种沉积成因类型。

1）扬子构造沉积域：扬子被动边缘陆壳区（稳定型）和/或陆壳改造区（过渡型），从滨岸浅海陆架到陆棚边缘海各种盆地中的水成沉积锰矿床，属于这类的主要是中南华世、中-晚奥陶世黑色页岩型碳酸锰矿床和早震旦世磷质岩型碳酸锰矿床/泥质岩型氧化锰-碳酸锰矿床（相变系列）。

2）扬子—华南构造沉积域：扬子—华南被动边缘（及板内）碳酸盐台间盆地和/或走滑拉张盆地中的硅质岩型碳酸锰-硅酸锰/碳酸锰-氧化锰-硅酸锰矿床、陆屑灰泥质岩型氧化铁-碳酸锰矿床、碳酸盐台地碳酸锰矿床，以及铅锌硫化物铁锰碳酸盐矿床等；构成泥盆纪—三叠纪复杂多样的热水-水成沉积锰矿床系列。

3）原始扬子陆块活动边缘构造沉积域：中基性火山-沉积建造序列中细碧岩-板岩-碧玉-碳酸盐岩组合的褐锰矿-硅酸锰/碳酸锰-硅酸锰-氧化锰矿床和变质基性火山-沉积铁建造序列中硅板岩-碳质砂板岩组合的锰铝榴（英）岩型硅酸锰/硅酸锰-（碳酸锰）矿床（矿胚）。

4）滇西三江构造区特提斯构造沉积域：陆间裂谷硅质-灰泥质岩型褐锰矿-碳酸锰-硅酸锰矿床和火山弧带（？）玄武质安山玢岩中细脉、浸染褐锰矿。

（5）海相锰矿（不论其"初始锰源"来自何处）都是在各种盆地中通过海水化学和/或生物化学作用沉淀的，它们都经过大致相似的地球化学旋回过程，这些过程包括：含锰成矿物质从多向源地汇入盆地海域—Mn 在海水中蕴集—Mn 在盆地中（地球化学障）沉淀和早期 Mn-Fe 分离—成岩成矿。此外，在某些具有高热流场背景的盆地/海区中，成岩成矿作用可能会延续到后成矿过程；而这种后成过程对于解释研究区内某些复杂锰矿物（相）组合和结构构造的"特殊成因"锰矿床的形成过程，可能是很有意义的。

（6）遵循"构造控制盆地性质，盆地性质控制锰矿沉积作用"的研究路线，通过沉积海域构造背景、盆地环境和成矿过程分析，结合区域地质和典型矿例的研究资料构筑描述性的区域成矿模式，有助于提高找矿的科学性。

（7）按中国南方古大陆边缘构造-沉积海域的时空演化规律，把扬子地台周边及其邻区的海相锰矿和次生氧化锰矿的成矿区带，划分为 5 个 I 级成矿域、13 个 II 级成矿区、36 个 III 级矿带；在已有成矿信息资料水平上，运用逻辑信息法和勃尔法数字模型对各个成矿区（带）进行资源总量和资源潜力评估，给出全区锰矿资源总量估计值（13 亿吨）和其中 25 个优质锰矿带的资源潜力估计值（1.95 亿吨）。最后，采用比较地质学的现实主义方法，提出滇东南—滇西（中-晚三叠世）、滇西澜沧江南段（澜沧群、石炭纪—三叠纪）、湘中（中奥陶世）、川西南（中-晚奥陶世）、桂西南—桂北（晚泥盆世—早石炭世）、陕南勉略宁（碧口群）、陕南—川北（早震旦世）等已知优质锰矿分布地区，应继续作为找矿的重点区加强研究工作。

第六节　湘中湘南地区大型优质锰矿床找矿预测和综合评价

一、项目基本情况

《湘中湘南地区大型优质锰矿床找矿预测和综合评价》项目是国家计委 1995~1997 年科技找矿项目（项目编号：JG9471907）。

项目目的任务是：研究湘中湘南地区构造格局、演化历史与锰矿形成的时空关系；查明中南华世"湘潭式"锰矿形成的构造沉积古地理环境，在高磷锰矿床中寻找中低磷锰矿和富锰矿；研究湘中奥陶世"桃江式"优质锰矿形成的构造岩相条件和富矿产出部位，进行成矿预测；研究湖南各类氧化锰矿表生氧化作用富锰的机制，为寻找新的氧化锰矿和氧化铁锰矿提供依据。通过上述研究提供优质锰矿找矿靶区 2~3 处，大型锰矿勘查基地 1~2 处，科研储量 3000 万~4000 万吨。

项目由冶金部中南冶金地质研究所承担，冶金部中南地质勘查局、中南工业大学、有色总公司湖南地质勘查局和冶金部天津地质研究院协作。工作起止年限：1995 年 10 月~1997 年 10 月，项目科研经费 70 万元。项目负责人为姚敬劬、苏长国；主要完成人员为姚敬劬、苏长国、彭三国、晏久平、付群和、张殿春、钟运鄂、李雪、邹本利、周志强、谢映云、朱恺军、郭天福、杨宏伟、佘宏全等。

二、主要成果

（1）应用板块构造理论和地球动力学分析方法，作出了陆块边缘裂谷和板内裂陷控制成锰盆地分布的论断，并逐一对成锰盆地的类型、盆地结构、成锰岩相和大型锰矿定位机制进行了深入的分析，使湘中湘南锰矿成矿理论提高到一个新的水平，并为成矿预测提供了理论基础。

（2）确定了南华纪成锰盆地的演化与成矿作用的关系，特别是对中南华世成锰期磷锰分离的构造背景、沉积环境、地球化学条件和机理，取得了一系列前人没有的实际资料，提出中、低磷锰矿、富锰矿产出的判别标志和预测依据，开创了解决成矿过程中磷锰分离这一难题的新思路，为在高磷锰矿成矿区寻找低磷优质锰矿指明了找矿方向。这一突破性认识已在民乐、江口等矿床中得到证实，并为中南华世大型优质锰矿成矿预测提供了依据。

（3）提出了中奥陶世桃江成锰盆地受一系列南北向同沉积断陷槽控矿的观点，揭示了"桃江式"优质锰矿分布的规律，解决了找矿工作部署的方向性问题，扩宽了"桃江式"锰矿的找矿前景。研究和预测表明，桃江地区将成为我国大型优质锰矿的资源基地，可新增储量超千万吨，为冶金部在"九五"后期优质锰矿找矿部署提供了依据。

（4）首次提出"红土型锰矿""红土型铁锰矿"类型，这一成果是在湘南红土型铁锰矿剖面的各层矿物和元素组合、Eh 和 pH 值的变化、铁锰铝等元素地球化学特征的深入研究基础上获得的，特别是对其中黏土矿物的确切鉴定和相关分析，深层次地解决了红土化作用与锰矿成矿作用的过程及其地球化学机制，为湘南地区表生氧化锰矿找矿奠定了基础。

（5）提出了 8 个优质锰矿找矿预测区，4 个找矿靶区，3 个找矿验证区。其中响涛源—祖塔验证区预测优质锰矿 1296 万吨；新路河—雷坡验证区预测优质锰矿 2068 万吨；太平—田心验证区预测可供利用的铁锰矿 15203 万吨。全区提出科研预测优质锰矿 3870 万吨，是前人在该区已探明优质锰矿储量的 2.4 倍。

三、成果应用及转化情况

该研究项目"区域构造控制成锰盆地，成锰盆地控制聚锰岩相，聚锰主相控制优质锰矿产出"的科技找矿思路在我国南方乃至全国范围内均具有推广应用意义，促进中国南方地区锰矿勘查工作。

该项目出版专著：《湘中湘南古构造成锰盆地及锰矿找矿》，姚敬劬、苏长国等主编，1998 年 11 月第一版，冶金工业出版社，7+238 页。

第七节　桂西—滇东南大型锰矿勘查技术与评价研究

一、项目基本情况

"桂西—滇东南大型锰矿勘查技术与评价研究"（编号：2006BAB01A12）课题是国家"十一五"科技支撑项目"中西部大型矿产基地综合勘查技术与示范"的十二个课题之一。项目下设专题 6 个，具体情况见表 25-2。

表 25-2　"桂西—滇东南大型锰矿勘查技术与评价研究" 专题设置情况

序号	二级课题名称	实施年度	承担单位	专题负责人
1	桂西南—滇东含锰盆地 分析和含锰岩系研究	2006~2010 年	成都理工大学 中南冶金地质研究所	伊海生 秦元奎
2	桂西南—滇东地区锰矿 形成条件和找矿预测研究	2006~2010 年	中南地质勘查院 四川冶金地质勘查院	李升福 柏万灵
3	遥感技术在桂西南—滇东大型锰矿 找矿中的应用研究	2006~2010 年	浙江农林大学	徐丽华
4	GIS 技术在桂西南—滇东大型锰矿床 找矿中的应用研究	2006~2010 年	中南大学	毛先成
5	物化探技术在桂西南—滇东大型锰矿床的 应用研究	2006~2010 年	保定地球物理勘查院 中南地质勘查院	戴继舒
6	桂西南—滇东大型锰矿勘查技术 集成及成矿预测研究	2006~2010 年	中南地质勘查院	朱恺军

　　课题的目标任务是以盆地分析、热水成矿理论为指导，研究桂西南—滇东地区锰矿成矿规律；利用已知矿区地、物、化和遥感信息，建立锰矿找矿模型，并应用于示范区锰矿找矿靶区的优选、预测锰矿远景资源量，最终建立一套大型锰矿勘查技术系统。

　　课题由中国冶金地质总局承担，参加单位有中南地质勘查院、四川冶金地质勘查院、中南冶金地质研究所、成都理工大学、中南大学、浙江农林大学、保定地球物理勘查院等。专题经费 1100 万元，其中专项经费 700 万元。工作起止年限：2006~2010 年。课题负责人：骆华宝，课题主要完成人员：骆华宝、周尚国、朱恺军、李升福、柏万灵、秦元奎、伊海生、毛先成、徐丽华、王泽华、夏柳静、陈永根、王小春、张华成、夏国清、张宝一、陈永刚、田郁溟、李朗田、李腊梅、李红、张之武等。

二、主要成果

　　（1）对锰矿形成的古环境有了新认识。通过对典型锰矿床含锰岩系和岩石建造的岩石学、古生物学、元素地球化学的系统研究，认为锰矿床形成于浅水富氧的条件下，一般水深 80~150m。浅层海水富集氧气有利于溶解状态的 Mn^{2+} 发生氧化，形成难溶高价态锰的氧化物，从而沉淀于海底富集形成锰矿床。在以氧化锰为主的原生锰矿层中，矿石的品位随着矿石中 Mn^{3+}/Mn^{2+} 比值升高而升高。这种环境一般位于古海盆地的边缘，桂西—滇东南晚古生代海盆地中发育 "台-盆-丘-槽" 古地理格局，因此在孤立碳酸盐台地周边可能是形成锰矿床更加有利的环境。

　　（2）对主要成矿作用有利时间有了新的认识。桂西—滇东南地区晚古生代—三叠纪地层基本都有锰矿化，但主要成矿时代为晚泥盆世和早中三叠世。因为晚古生代—三叠纪右江—南盘江盆地经历多次的海侵海退，含锰层位均位于二级层序中的海侵体系域和最大海泛面之间。主要成矿时代还与大的缺氧事件在时间上密切相关，如晚泥盆世的F-F生物灭绝事件和二叠世末—三叠世初的生物灭绝事件。因为锰矿沉积富集成矿要经过盆地水体中的初始富集和铁锰的分离作用，分层海水中富有机质还原水体具有提高 Mn^{2+} 溶解度和促使铁锰分离的功能，海平面升高或区域性缺氧事件都有利于锰质在海盆地中初始富集。

（3）肯定了热水活动参与了锰矿沉积作用。此次研究系统地研究了右江—南盘江地区典型含锰建造、锰矿石的矿物学和地球化学特征，产于晚泥盆世地层中的下雷式锰矿床含锰岩系中富含硅质成分，早期一些研究者也认为热水作用参与了这些锰矿床的形成。此次对含锰岩系中的硅质岩开展了微量元素和稀土元素特征研究，反映了矿区硅质岩具有热水沉积的特点。对锰矿石中鲕粒（球粒）进行了结构和矿物学的研究，这种球粒具有非常明显的环带构造，环带有 3~6 层，不同的环带主要由硅酸锰（主要为蔷薇辉石、锰橄榄石）、菱锰矿、锰白云石和方解石的含量不同而形成的，最为典型的是以蔷薇辉石为主和以菱锰矿为主两个不同的层组成的环带构造。鲕粒中蔷薇辉石环带是在锰质沉淀过程中，受到间歇性活动的富硅质海底热液作用影响形成的。在斗南和龙邦等锰矿床中，褐锰矿是主要的矿石矿物，通常认为褐锰矿是内生或变质成因，但在斗南、龙邦矿区，既没有明显的变质作用，附近也没有侵入岩，锰矿石呈层分布，条带状构造发育，进一步肯定了热水活动参与了锰矿床形成过程。

（4）首次将 GIS 技术应用于锰矿勘查。1）建立了面向锰矿资源定量预测评价的"纵向分层、横向分块"层次结构的 GIS 锰矿多元地学空间数据库及其管理系统，为锰矿成矿规律、找矿模型与综合评价研究提供了信息支撑。2）针对信息不对称、地质信息提取不充分等锰矿找矿综合定量评价的技术问题，在现有 GIS 平台与 GIS 评价算法基础上，提出了成矿信息场分析模型、基于数学形态学的空间形态分析模型和组合作用域信息集成模型，研究开发了锰矿 GIS 评价专有算法与软件。3）采用组合作用域线性回归分析和证据权重法，以桂西—滇东南地区锰矿综合找矿预测评价指标集数据为基础，构建了基于 GIS 的具有资源定位、定量评价功能的锰矿找矿综合定量评价模型，开展了研究区基于 GIS 的锰矿成矿有利度和锰矿资源潜力定量预测评价，提出了 6 个预测区，新增锰矿资源远景 3.13 亿吨。

（5）化探方法应用于示范区找矿试验获得成功。对化探方法能否应用于锰矿床的找矿勘查工作少有报道。此次研究在示范区开展 1:5 万水系沉积物、大比例尺土壤和岩石地球化学测量，在龙邦—下雷示范区圈出 12 个锰矿化异常，为圈定找矿靶区提供了依据。在龙邦—下雷示范区、岩子脚—斗南示范区开展土壤和岩石地球化学剖面测量，发现锰、银异常对锰矿化具有非常好的指示作用，锰、银组合是寻找锰矿体最重要的地球化学指标。

（6）物探方法对于寻找隐伏矿体有一定指示意义。在示范区开展了地面高精度磁测、大功率激电和瞬变电磁（TEM）探测试验，优质锰矿带（脉）与围岩存在电性、磁性差异：锰矿带（脉）的磁性较弱，一般为 $-30~30nT$，围岩的磁性一般比锰矿带（脉）高，在磁性断面上锰矿带（脉）的磁性呈现相对较低的反映；锰矿带（脉）的导电性能较好，电阻率较围岩小，一般在几十欧姆·米至 $200\Omega·m$，在电阻率断面上呈现低阻反映，在充电率断面上呈高异常反映。基于锰矿带（脉）的低磁、低电阻率、高充电率的异常特征，建立优质锰矿地球物理综合方法找矿模型，指导锰矿找矿工作。

（7）进行了有效的锰矿遥感地质勘查试验。对示范区控矿构造、含锰岩系和矿化异常进行遥感解译，建立锰矿化信息的遥感解译标志和锰矿遥感找矿模型，提供锰矿预测靶区。利用 K-L 变换、灰度共生矩阵和特征信息阈值提取，不仅有效地进行数据的降维处理，提高运算速度减少存储容量，而且还有效提高了地质构造解译精度。综合利用门限阈值法、SAM 光谱角制图法和像元分解法等完全基于光谱特征的方法对氧化锰矿化的遥感专题信息进行提取，对每个像元的典型地物含量进行分解，从而得到最可能含有锰矿化信息的区域。

（8）建立了大型锰矿综合勘查技术系统。通过区域成矿条件研究和示范区找矿勘查试验，建立桂西—滇东南地区大型锰矿床综合勘查技术系统。首先利用区域地质方法、遥感技术与 GIS 技术相结合，圈定成矿远景区；然后通过 1∶5 万水系沉积地球化学测量、1∶5 万地质调查和地质图修编等，对远景区进行研究，进一步确定找矿靶区；而后利用大比例尺地质、地球化学和地球物理方法对锰矿体进行定位预测；最终采用槽探、坑探和钻探验证靶区，寻找矿体，这一找矿勘查方法在示范区找矿过程中获得了较好的效果。

（9）通过应用锰矿综合勘查技术，在研究区提出了 6 个预测远景区，包括 Ⅰ 类远景区 2 个，Ⅱ 类远景区 2 个，Ⅲ 类远景区 2 个。在 4 个 Ⅰ 类和 Ⅱ 类远景区中优选出 11 个找矿靶区，其中一级找矿靶区 7 个，二级找矿靶区 2 个，三级找矿靶区 2 个。提交锰矿 333+334 资源量 1.66 亿吨。

第八节 广西田林—大新地区锰矿成矿规律与深部勘查技术研究

一、项目基本情况

"广西田林—大新地区锰矿成矿规律与深部勘查技术研究"（编号：2011BAB04B10）为国家"十二五"科技支撑项目"中国东部典型矿集区深部资源勘查技术集成与示范"的子课题。该课题下设专题 3 个专题，具体情况见表 25-3。

表 25-3 "广西田林—大新地区锰矿成矿规律与深部勘查技术研究"专题设置情况

序号	专题名称	实施年度	承担单位	专题负责人
1	田林—大新锰矿成矿规律及深部勘查技术集成研究	2011~2015 年	中国冶金地质总局矿产资源研究院	曾普胜
2	广西田林—大新地区锰矿沉积地质特征研究	2011~2015 年	成都理工大学	伊海生
3	田林—大新地区锰矿床勘查技术组合研究及应用	2011~2015 年	中南地质勘查院	李升福
4	田林—大新典型锰矿床三维结构建模与深部找矿预测研究	2011~2015 年	中南大学	毛先成

该课题目的任务是以广西田林—大新地区锰矿矿集区为对象，研究已知典型锰矿床的地质特征，分析成矿作用、成矿条件，总结成矿规律；研究和确定矿床的控矿地质条件和主要影响因素，圈定含锰盆地、含锰岩系和锰矿化带分布范围、锰矿床和主要锰矿体分布范围；确定预测参数和指标，优化深部综合勘查模型，进行找矿预测，建立并优化广西田林—大新地区锰矿预测模型，提交锰矿找矿靶区 1~2 处，提交国家亟须的锰矿石资源量 3000 万~5000 万吨。为桂西南锰矿整装勘查提供理论依据及技术指导，为区域找矿提供技术示范，并指导深部找矿。

该课题由中国冶金地质总局矿产资源研究院承担，参加单位有中国冶金地质总局中南地质勘查院、成都理工大学、中南大学、中国冶金地质总局广西地质勘查院、中信大锰矿业有限责任公司。课题经费 2301 万元，其中自筹经费 1600 万元。工作起止年限：2011 年 1 月~2015 年 12 月。课题负责人为周尚国、程春，主要参加人员为曾普胜、赵立群、伊海生、时志强、李升福、朱恺军、毛先成、赖建清、黎永杰、吴贤图、李腊梅、陈群、李红、董书云。报告主要编写人员为朱恺军、赵立群、伊海生、李升福、毛先成、张敏、李启来、肖明顺、赖健清、吴华英、欧莉华、夏柳静、张宝一、尹青、王泽华、任佳、张超、苏绍明、潘诗辰、程春等。

二、主要成果

（1）查明同沉积断裂是热水沉积型矿床形成的构造依据。桂西南锰矿成矿带受下雷—灵马断裂带的控制，成锰盆地边界受规模较小的次一级同沉积断裂控制。根据锰矿形成的时期可将成锰盆地分为"晚泥盆世五指山期下雷—龙邦成锰盆地""早石炭世巴平期把荷—宁干成锰盆地""早三叠世北泗期东平—扶晚成锰盆地"。各时代的聚矿中心并不完全重叠，而是随着各时期物源条件和成锰盆地性质及其他变化而相对迁移，重点研究了典型锰矿床沉积微相与锰矿沉积之间关系，证实泥盆系、石炭系和三叠系锰矿走向为北东向，推测矿体产出部位受北东向同沉积断裂控制，锰矿沉积与硅质岩相关系密切。

（2）厘清研究区主要火成岩与锰矿床形成时空关系。基性侵入岩脉多分布在晚泥盆世锰矿点附近或周边，但年龄晚于含锰岩系形成时间（印支期），其热液叠加于锰矿层，对前期存在的锰矿体进行叠加、改造，使矿石脱硅，有利于形成优质富锰矿石。北泗组含锰岩系上部存在多层凝灰岩，凝灰岩的锆石年龄为 237.8~253Ma；在贫锰矿层中夹有毫米级的凝灰质球粒，呈串珠或层状分布，与锰矿的产状一致，主要由钾长石和钠长石组成，同时锰方解石、锰白云石晶体嵌生其间；三叠系锰矿层呈多层薄层产出，与海底含矿热水活动呈律动式间隔注入有关，当热水作用活动较强时，带来丰富的锰质在合适的位置沉积锰矿层，当没有热水注入或者热水作用较弱时，则形成含锰较少的硅质泥岩、硅质泥灰岩夹层。晚二叠世末期到中三叠世华南地块西南缘存在多期火山活动，为研究区内早三叠世的锰矿形成提供了丰富的成矿物质。

（3）总结了研究区锰矿床成因类型和矿床特征。田东—大新地区原生沉积锰矿床主要形成于 D_3w、C_1b、T_1b 三个不同时代的地层中，根据含锰岩系岩石组合和锰矿石特征，将研究区原生沉积锰矿床分成下雷式、东平式和宁干式三类，其中以下雷式锰矿床和东平式锰矿床较为重要。下雷式锰矿主要指赋存于上泥盆统五指山组和榴江组的原生沉积锰矿和表生氧化锰帽，含锰建造由一套化学沉积为主的硅质岩、硅质灰岩、灰岩组成，热水活动明显，原生沉积锰矿和次生氧化锰矿石的品位均较高，均可被工业利用。东平式锰矿主要指赋存于下三叠统北泗组中的原生沉积锰矿和表生氧化锰帽，含矿建造由一套泥质岩、硅质泥岩和钙质泥岩组成，原生沉积锰矿品位较低，目前主要开采次生氧化锰矿，这种锰矿原生沉积锰矿潜力巨大。随着选冶技术的提高，这类锰矿原生矿石有非常大的经济价值。宁干式锰矿主要指赋存于上—下石炭统巴平组中的原生沉积锰矿和表生氧化锰帽，含矿建造由一套薄层状硅质岩夹硅质页岩、泥岩、泥灰岩组成，矿层分层标志明显，含矿层结构简单，由三层矿（Ⅰ、Ⅱ、Ⅲ）和其间的两夹层组成，矿石以次生氧化锰矿石为主，少见原生沉积锰矿床，矿石品位均较高，均可被工业利用。

（4）火山作用和海底热水活动参与锰矿成矿作用，是成矿物质的主要来源。晚泥盆世下雷式锰矿床中硅质岩微量元素和稀土元素特征表明，矿区硅质岩具有热水沉积的特点；锰矿石中除了含锰碳酸矿物外，还含有大量的锰橄榄石、蔷薇辉石和褐锰矿等，局部锰矿体甚至主要由锰橄榄石组成；下雷锰矿床矿石发育的沉积鲕粒具有非常典型的环带构造，不同的环带是由硅酸锰（主要为蔷薇辉石、锰橄榄石）、菱锰矿、锰白云石和方解石的含量不同而形成的，这些特点反映了下雷锰矿形成与热水活动密切相关。早三叠世北泗期东平式锰矿是一种低品位 Fe-Mn 矿床，含锰岩系上覆有火山凝灰岩，锰矿层底部 I 层矿、Ⅱ层矿体含有球粒构造，这些球粒主要由长英质矿物组成，长英质矿物相互嵌生，同时含有大量的含锰方解石结晶颗粒，推测球粒是一种火山碎屑，火山作用、热水活动为东平式锰矿提供了成矿物质。

（5）锰矿床形成于相对氧化的古沉积环境。下雷式锰矿 I 层矿和Ⅱ层矿主要呈红色，矿石主要由菱锰矿组成，其次是锰橄榄石和蔷薇辉石等；Fe 矿物主要有赤铁矿、含锰赤铁矿组成，由此判断，下雷锰矿古沉积环境总体上是一个相对氧化环境。东平锰矿，矿石中 Mn 矿物主要为含锰碳酸盐，矿石中 Fe 矿物主要为菱铁矿，少量铁的氧化物和黄铁矿。根据含锰岩系中 DOP 值和 Ni/Co 比值，东平锰矿沉积环境为氧化环境，根据有机炭含量和 V/Cr 比值，则可分为氧化环境和次氧化环境，这两种环境变化频繁，相互交替，总体上属于相对氧化环境，矿石中碳酸锰主要是成岩期产物。从矿石矿物组合特征来看，下雷锰矿形成环境要比东平锰矿氧化程度更高。下雷矿区和东平矿区原生碳酸锰矿及其围岩的碳氧同位素分析结果发现：下雷锰矿石 $\delta^{13}C$ 偏负，最低可达 -9.5‰，东平锰矿石 $\delta^{13}C$ 最低 -6.5‰，下雷灰岩 $\delta^{13}C$ 偏正，最高可达 1.8‰，东平矿床顶底板围岩 $\delta^{13}C$ 最高值为1.8‰。矿石 $\delta^{13}C$ 偏负可能与埋藏早期有机质氧化有关。

（6）确定寻找锰矿隐伏矿体地球物理模型。引进了油田和煤田测井技术，在东平矿区开展了四口井的地球物理试验，测定了北泗组含矿层、上覆百逢组和下伏马脚岭组的电位、密度、磁化率、电阻率、放射性参数，研究发现含锰地层与非含锰地层的磁化率存在一定的差别，利用磁化率可以较好地判别含锰岩系和锰矿层。在示范区开展了地面高精度磁测、大功率激电和音频大地电磁测深（AMT）探测试验。音频大地电磁测深和大功率激电反演表明，含锰岩系主要沿上覆高阻岩层和下伏低阻岩层之间的转换区间分布，通过这两种方法可以较好地追踪含锰岩系的分布和褶皱构造的形态。高精度磁测结果表明，浅层次生氧化锰矿床和锰矿层地表氧化露头的磁异常、磁化率与围岩存在较大差异，但随着锰矿层埋深的加大，磁异常和磁化率反应趋平稳，异常逐渐消失。基于锰矿层（脉）电、磁方面的异常反映，在用地球物理方法勘探锰矿，可建立地球物理综合方法找矿模型：高密度、大比例尺的地面高精度磁测与高分辨率、大比例尺的大功率激电相结合的地球物理方法，利用锰矿层（脉）在磁性断面上相对低磁性异常，同时在电性断面上呈现低电阻率、高充电率的特征异常，推断锰矿存在的可能性，从而达到找矿的最终目的。

（7）建立了锰矿深部找矿地球化学指标。东平矿区土壤中元素 As、Sb、Mo、Cu、Hg、Ga 正异常表现明显，特别是 As、Sb 为克拉克值的 5 倍以上，是圈定找矿远景区的指标；土壤地球化学 Mn-Ni-Zn-W-Cu-Ba 元素组合是定位深部锰矿体的指示元素和元素组合。下雷锰矿石正异常表现显著的元素有 As、Sb、Co、Ni、Ba，与 Mn 关系密切的元素组合是 As-Co-Ni-Zn，因此 Mn、As、Co、Ni、Zn 是定位下雷锰矿深部锰矿体的指示元素和元素组合；东平锰矿石中正异常显著的元素有 As、Co、Zn、W，与 Mn 关系密切的元素组合是 Co-As-C，因此 Co、As、C（Zn、W）是定位东平锰矿深部矿体的指示元素和元素组合。对典型锰矿区含锰岩系微量元素开展了线性回归分析，结果表明在含锰岩系中 Mn 与 Ga 含量具有明显的正相关，为桂西南地区地球化学找矿提供新的线索。

（8）构建了锰矿床的地层、褶皱、次生富集等控矿因素的三维定量分析方法及数学模型。开发实现了地层含矿性体元求交、褶皱形态控矿分析、次生富集因素分析等算法和软件。这些方法和模型，是此次研究的原创性成果，主要解决了锰矿三维定位预测成矿信息提取不充分、控矿因素缺乏定量化表达等关键问题。建立了典型矿床东平锰矿和下雷锰矿的矿体立体定量预测模型，进行深边部及外围立体单元的品位、金属量和含矿性定位定量预测，圈定了立体找矿靶区，实现了锰矿深边部隐伏矿体的三维可视化定位定量预测，初步形成了较系统地面向锰矿深部找矿的隐伏矿体三维可视化定位预测理论、方法与技术。

（9）建立了深部锰矿综合勘查技术系统。通过区域成矿条件研究和示范区找矿勘查试验，建立广西田林—大新地区锰矿深部勘查技术系统，首先利用区域地质、区域物化探、遥感和 GIS 技术圈定找矿远景区；其次利用 1∶5 万地质调查和矿产地质调查、成矿规律和找矿模式研究等方法，在找矿远景区内圈定找矿靶区；而后利用构造分析、大比例尺物化探方法和三维结构建模对深部锰矿体进行定位预测；最终采用槽探、坑探和钻探方法验证预测成果。这一深部锰矿综合勘查技术系统在示范区找矿过程中获得较好效果。通过应用锰矿综合勘查技术，在研究区圈定了 3 个找矿远景区，优选出 2 个一级找矿靶区，在实施探槽、浅井、钻探等地质工程基础上，提交锰矿 333+334 资源量 1.30 亿吨。

三、成果应用及转化情况

项目成果推广应用于桂西南地区 20 个锰矿普查、详查项目，取得找矿突破，新发现矿产地 8 处，提交大中型锰矿床 15 个。评审备案 333 及以上锰矿石资源量 2.83 亿吨，其中氧化锰矿石 2589 万吨，碳酸锰矿石 25702 万吨，预测碳酸锰矿潜在资源 7559 万吨。其中中信大锰矿业有限责任公司天等锰矿分公司利用该项目成果理论和勘查技术方法组合开展天等东平地区深部找矿预测，圈定了新的深边部找矿靶区，经验证提交锰矿 333 及以上资源量 4362.5 万吨，2017~2019 年企业新增效益 1667.4 万元，新增税收 285.84 万元。

四、重要奖项或重大事件

"广西田林—大新地区锰矿成矿规律与深部勘查技术研究"成果获 2020 年度国土资源科学技术奖二等奖。

第九节　湘西—滇东地区锰矿成矿条件及资源潜力评价

一、项目基本情况

"湘西—滇东地区锰矿成矿条件及资源潜力评价"（编号：DD20160032-11）为中国冶金地质总局承担的"湘西—滇东地区矿产地质调查"项目（编号：DD20160032）中的科技创新与成果集成专题。

专题主要目的任务是：对二级项目各子项目的成果进行集成；对湘西—滇东地区主要成锰盆地成矿条件进行研究；对主要成锰盆地主要含锰岩系开展锰矿成矿预测及资源潜力评价；优选找矿靶区，提出锰矿勘查工作部署建议，为提高矿产资源保障能力和勘查部署决策提供依据。

专题主要对黔湘、湘中、桂中、右江、南盘江等成锰盆地的控盆古构造、岩相古地理环境、含锰岩系和锰矿层特征、后期构造定位等进行了研究与成果集成；收集了典型锰矿床最新研究成果，初步建立了典型矿床成矿模式和找矿模型；圈定了锰矿找矿远景区及找矿靶区，深入开展了湘西—滇东地区锰矿资源远景分析；对二级项目工作成果进行了集成，并开展了相关找矿技术培训、地质找矿研讨会、成果交流会、子项目检查验收等业务推进工作；编制提交了《湘西—滇东地区锰矿成矿条件及资源潜力评价报告》。

专题由中国冶金地质总局中南地质勘查院承担，资金来源为中央财政，专题经费300万元；工作起止时间：2017～2018年。专题负责人为刘延年，主要完成人员为刘延年、李连支、胡雅菲、陈旭、雷玉龙、吴继兵、陈广义、刘虎、江沙、杨朋、赵品忠、华二、龚光林、黄飞等。

二、主要成果

（1）对黔湘、湘中、桂中、右江、南盘江等成锰沉积盆地的控盆古构造、岩相古地理环境、含锰岩系和锰矿层特征、后期构造定位进行了研究与成果集成，编制了湘西—滇东地区锰矿矿产地质图、成矿规律图、预测成果图、勘查工作部署图，以及主要成锰沉积盆地沉积建造图、成矿预测图等综合性图件。

（2）收集了道坨、普觉、湘潭、照洞、民乐、响涛源、下雷、龙头、弄竹、遵义、东湘桥、后湘桥、东平、扶晚、斗南等典型锰矿床最新成果，总结了区域成矿规律，建立或完善了主要成锰期锰矿成矿模式。

（3）圈定了52处锰矿找矿远景区、99个最小预测区，完成了主要锰矿找矿远景区找矿预测及资源潜力评价，预测锰矿资源量32亿吨。

（4）优选了找矿靶区，提出了锰矿勘查工作部署建议，编制了锰矿找矿工作部署图。

三、成果转化及应用情况

通过锰矿调查及工程验证，新发现矿（化）点90处，提交新发现矿产地12处，圈定找矿靶区25处，探获锰矿333+334资源量5620万吨。其中在"广西南丹—宜州地区锰矿资源调查评价"子项目拉动区专项基金进一步开展锰矿勘查，发现并初步评价了弄竹、塘岭两个大型锰矿床。

四、重要奖项或重大事件

专题研究成果及时应用，并取得较好找矿效果，"湘西—滇东地区矿产勘查科技创新与应用"被中国地质学会评为2019年度"十大地质科技进展"。

第二十六章　锰矿成矿预测研究

本章共收录了 21 个锰矿成矿预测研究类项目，主要为冶金部地质局和冶金地质总局及所属局院部署的项目，重点反映冶金地质部门在锰矿成矿条件、成矿规律、找矿方向和成矿预测研究方面的研究成果。

第一节　巴山锰矿带沉积环境与成矿条件研究

一、项目基本情况

该项目为冶金部西北地质勘查局 1985 年部署的科研项目。研究范围：川陕交界的大巴山地区，分属陕西省西乡、镇巴、紫阳及四川省万源、城口等县所辖。该区北起西乡县茶镇，南至四川城口，总长 165km，东西宽 10～30km，面积约 3000km²。

项目目的任务：通过收集、整理陕西省境内巴山锰矿带以往资料，并开展野外工作，探讨区内岩相古地理特征及其沉积环境，研究锰矿的沉积赋存规律，寻找新的成矿有利地段。

项目承担单位为冶金部西北地质勘查局六队。工作起止时间：1985～1986 年。项目负责人为张恭勤，主要完成人员为张恭勤、丁振恒等人。

二、主要成果

在收集大量资料的基础上，对含锰岩系进行了较详细的划分和对比（实测剖面就有147 条），通过对古地形地貌、地层、锰矿特征、微量元素等的综合研究，分析探讨了震旦纪各时期的沉积环境和古地理环境，对锰质来源和锰矿形成提出了明确的见解，总结了巴山锰矿带的 4 条成矿规律和 5 个找矿有利地段，并在研究期间提供了栗子垭锰矿深部找矿基地。

（1）巴山锰矿带震旦系的锰质主要是古陆上含锰岩石经风化剥蚀，由地表水搬运而来。

（2）巴山锰矿带震旦系锰质沉积，受时空、古地理环境控制。在时间上，南沱沉积期低于陡山沱沉积期，而陡山沱沉积期又高于灯影沉积期。在陡山沱沉积期内，早期低于晚期，以第四岩性段沉积期为最高。在古地理上，锰质均富集于汉中古陆边缘的巴山锰矿带内，且越近古陆，锰质含量越高。在巴山锰矿带内，锰质又以南北两海湾内沉积量最高，而中间地段，即庙坝—谢家屋基间，沉积量相对偏低。在沉积环境上，通过大量微量元素及地层岩性资料统计分析，锰质是在盐度相对偏高、海水相对偏深、弱氧化还原环境中沉积量高，而盐度低、海水浅、氧化程度过高、还原程度过高均不利于锰质的沉积富集。

（3）总结的四条锰矿成矿规律如下：

1）低磷锰矿无一例外地分布在锰矿带南北两段，即斯家垭以北、大地河坝以南的范围内，显示出南北两个成矿区对称的分布规律。水晶坪、罗家湾、川心店分布于水晶坪海湾西北边缘，而黄泥池则处于北部偏中心地带。屈家山、石堡山月亮坪矿段分布于屈家山海湾东南边缘，石堡山大包梁矿段则略靠近沉积中心。栗子垭则是位于屈家山海湾的西北边缘。中间地带，即杨家河—谢家屋基间未见任何矿体或矿化体。

2）区内锰矿体赋存部位均为陡山沱组第四岩性段下层中上部。

3）锰矿石的主要组分为锰、磷、硅、铁、铅、钙、镁等，锰、钙、镁明显显示屈家山海湾大于水晶坪海湾，而硅、铁、磷则是水晶坪海湾大于屈家山海湾。Fe_2O_3/FeO 均大于1，说明锰矿的沉积是在弱氧化条件下完成的。钾、钠含量，除水晶坪外，普遍特点是钾大于钠。在屈家山海湾内，锰品位、钙、镁含量则是南大于北，东大于西，靠近沉积中心的石堡山大包梁矿段，钙、镁含量最高。而硅、磷、铁则出现相反情况（大包梁矿段除外）。上述组分的变化同锰矿床所在古地理位置及沉积环境基本相符。

4）从已知的几个矿床（点）物相分析资料知，巴山锰矿带中锰矿石主要由菱锰矿、氧化锰矿及少量硅酸锰、锰方解石组成，而氧化锰则多数由软锰矿、水褐锰矿、含锰赤铁矿及偏锰酸矿组成。按菱锰矿、氧化锰矿、锰方解石、硅酸锰统计可知，南北海湾菱锰矿在锰矿石中的含量是南部高于北部。氧化锰矿在矿石中的含量是水晶坪海湾北高南低，而屈家山海湾则是两侧高中间低，以石堡山含量最低。究其原因，似有石堡山靠近沉积中心、氧化条件稍弱之故。硅酸锰矿在矿石中的含量全区各矿床（点）均很少，但北海湾大于南海湾。平面上有以中间地带为界，南北对称变化的特点。

（4）提出的5个找矿有利地段如下：

1）屈家山锰矿床以南至四川边界地段：该段震旦系陡山沱组第四岩性段下层紫红色钙页岩普遍存在，钙页岩的钙镁质含量同屈家山相近，地表见锰条带稀疏赋存，最高处锰含量可达10%。从古地理位置上看，该段位于屈家山海湾南东边缘，虽比屈家山锰矿远离沉积中心，但其沉积环境基本上是相似的，因而有形成锰矿的可能。有望找出与水晶坪类似的锰矿床。

2）屈家山—石堡山间：从岩相古地理、古沉积环境分析，石堡山比屈家山稍远偏离古海湾东南边缘，石堡山大包梁矿段已近沉积中心。而石堡山、屈家山已被证实具有工业锰矿体，因而推测在这两矿床之间可能存在锰矿体。

3）石堡山锰矿床深部及北侧：根据矿体地表展布规律及品位变化推测，Ⅰ号矿体向深部应有一定的延伸。矿区北侧，根据矿区总体构造，总的地层、矿体均向北倾伏，ZK101的施工也证实了此点。根据矿体地表变化及ZK101钻孔资料，北侧存在着进一步找矿的前提条件。

4）栗子垭深部及南侧：从古地理位置看，栗子垭处于屈家山海湾北北西边缘，再向北北西5km即至边部。陡山沱组第四岩性段下层紫红色钙页岩在此普遍存在。钙、镁含量为 CaO 5.34%、MgO 4.58%，虽比屈家山、石堡山略低，但大大高出纸房沟—谢家屋基中间地段。经此次工作，区内已圈出七条矿体，矿化规模较大，Ⅱ号矿体锰品位已高出工业矿体指标要求。从古沉积环境看，同屈家山处于相似的古地理环境，所不同的是一个在海湾的东南边缘，一个在海湾的西北边缘，具有相似的沉积条件，有利于锰质的沉积与富集。根据该区所处的古地理位置，找矿方向应是：已知矿体深部，南部老房子—丁木树—发光坪一线以东深部。通过工作，有可能在此区找出类似石堡山锰矿床月亮坪矿段类型的矿体。

5）黄泥池—岳家山以东地段：尽管区内大面积分布的是灯影组地层。但黄泥池、弯对坡、水晶坪东侧已出露的陡山沱组第四岩性段全为灰绿色钙页岩，且内含锰矿条或矿体。同南部扇家山海湾相比，似同石堡山锰矿床大包梁矿段处于相似的位置。南海湾大包梁矿段东部已被证实存在着月亮坪矿段优质锰矿，推测水晶坪海湾的黄泥池—岳家山以东地带的深部，也有可能找到类似石堡山锰矿床月亮坪矿段及屈家山锰矿床类型的锰矿床。

第二节 西南地区低磷富锰矿成矿规律及成矿预测

一、项目基本情况

"西南地区低磷富锰矿成矿规律及成矿预测"研究项目是根据西南冶金地质勘探公司1985~1990年黑色、辅料矿产地质工作规划，经开题论证、编制总体设计，并以〔1985〕科字80号文批准立项的。课题作为锰矿专题系列，由公司科研所牵头，下设汉源—洪雅、秀山、黑水、鹤庆地区锰矿研究等次级课题，分别由各队（所）负责完成。

课题主要任务是以现代沉积学理论为指导，以岩相古地理研究方法为手段，对四川省汉源—泸定地区上奥陶统五峰组含锰岩系、四川省黑水地区下三叠统菠茨沟组含锰岩系、四川省秀山地区中南华统大塘坡组含锰岩系及云南省鹤庆地区三叠纪松桂组含锰岩系进行成矿规律研究；对四川省金口河区大瓦山碳酸盐锰矿床微相特征开展研究，对云南省鹤庆县猴子坡锰矿沉积微相开展研究；提交预测基地4~6处。

课题承担单位为冶金部西南冶金地质勘探公司科学研究所，参加单位为西南冶金地质勘探公司609队、603队、607队、水文工程队。工作起止时间为1985年3月~1988年12月。项目完成路线踏勘76km，槽探201.81m³，1：100实测控制性相剖面37930m/123条，1：200辅助剖面5993m/9条，1：2000实测地质剖面44条，光薄片鉴定3540件，光谱近似定量分析2261件，简项分析189件，岩矿化学全分析168件，多项分析240件，粒度分析71件，扫描电镜32件，电子探针82件，差热分析16件，X射线分析24件，物相分析10件，古生物鉴定样56件等。课题负责人为伍光谦，主要完成人员为伍光谦、刘红军、余兴治、付君如、唐瑞清、卢盛明、余淑萍等。

二、主要成果

（1）低磷富锰矿床多产在扬子准地台的边缘，如"斗南式"锰矿床产在滇东台褶带南缘，"鹤庆式"锰矿床产在地轴西缘拗陷带，"轿顶山式"锰矿床产在台向斜的西缘。

（2）低磷富锰矿在成矿时代上主要是晚奥陶世（一个层位）和晚三叠世（三个层位）。

（3）在建立黑水、秀山等锰矿成矿模式中，认识到由水下隆起形成封闭或半封闭的浅水盆地（洼地），这种封闭的滞流环境，有利于锰质的聚集与沉淀。

（4）黑水地区和鹤庆地区，在古构造背景下，同生断裂的存在与发展，加剧了沉降的不均衡性，控制了凸起与凹陷及相应的沉积微相。鹤庆地区的汝南哨同生断裂是造成松桂组地层旋回性进积层序的主要控制因素，同时是诱发基性火山沿其活动而提供了锰质的重要来源。

（5）沉积微相控制锰矿床的规律十分清楚，秀山锰矿严格受泥藻坪微相控制，其中的中磷锰矿则完全受藻层纹微相所制约，沉积微相从泥藻坪微相进入泥坪微相后，工业矿体立即消失。"轿顶山式"锰矿，主要受藻类繁衍所制约，藻丘微相本身就是锰矿体，即锰矿体是藻类营造岩与化学沉积岩的复合体。这一认识对锰矿成矿机理有一定突破。

（6）锰矿层常赋存在不同的岩石组合过渡带上。如斗南低磷富锰矿、轿顶山优质锰矿都赋存在碳酸盐岩与碎屑岩的过渡带上，但白显低磷富锰矿却产于碳酸盐岩中，或碳酸盐岩中成分有一定转换的地方。两个贫锰矿（黑水和秀山）都赋存于由碎屑岩至泥（页）岩过渡带上。

（7）通过黑水低磷地区与相邻的虎牙高磷地区的对比分析，初步认为低磷锰矿形成于清水环境或清水向浑水过渡的环境中，而在浑水中沉积的锰矿分异差、含磷高。清水或浑水又与距陆源远近及水体深浅等有关。

（8）认为锰质来源以海底火山喷发和古陆风化剥蚀互为补充。有些锰矿床距古陆远，含锰层中伴有火山物质，伴生的微量元素及 Co/Ni>1，并与锰品位成正相关。如斗南、鹤庆、轿顶山锰矿等是以海底火山供应锰质为主，而虎牙式铁、锰矿则距古陆边缘较近，沉积分异比较差，锰质可能以古陆供应为主。

第三节　四川省黑水地区低磷锰矿含锰岩系岩相古地理特征及成矿预测

一、项目基本情况

该项目是"西南地区低磷富锰矿成矿规律及成矿预测"项目的专题之一。该专题是在 1984 年西南冶金地质勘探公司组织编制《1985～1990 年黑色、辅料矿产地质工作规划》的基础上经开题论证、编制总体设计并经公司审批而建立的。专题主要任务是用（1：20 万～1：10 万）岩相古地理研究方法，运用现代沉积学理论对菠茨沟组含锰岩系的沉积相、古地理环境进行研究，预测找矿方向，提出预测找矿基地 1～2 处。

专题承担单位为冶金部西南冶金地质勘探公司科学研究所，协作单位为西南冶金地质勘探公司水文工程队。工作起止时间为 1985 年 4 月～1986 年 12 月。项目完成 1：100 实测控制性相剖面 6158m（15 条），1：100 辅助剖面 1117m（6 条），1：2000 实测地质剖面 1908m（1 条），光薄片鉴定 1561 件，光谱近似定量分析 1260 件，简项分析 110 件，化学全分析 40 件，多项分析 50 件，粒度分析 54 件，扫描电镜 10 件，电子探针 15 件，差热分析 5 件，X 射线分析 10 件，物相分析 10 件、路线踏勘 76km 等。专题负责人为伍光谦，主要完成人员为伍光谦、余兴治、付君如、王沐泓、刘小杰、唐瑞清、卢盛明、余淑萍、王方国、薛友智、谢明、夏廷高、吴斌、段嘉林等。

二、主要成果

（1）初步查明了黑水—松潘地区三叠系菠茨沟组含锰岩系的岩相古地理特征。

（2）初步查明了黑水锰矿石的结构、成因类型，矿石矿物组分结构构造，矿石中锰的赋存状态等。

（3）对含锰岩系与锰矿层的地球化学习性进行了初步研究，并有一定认识。

（4）通过野外调研、在获取较丰富的实际资料的基础上，勾画出了该区岩相古地理环境，阐明了锰矿成矿的基本规律，建立了成矿模式、提出了虎牙浅海槽、黑水半局限盆地、黑水瓦布梁子水下洼地等三个Ⅳ级蕴矿区和德万窝沟—3646 高地、三基龙—二米克、俄斯库吉—哥米斯、曲瓦—瓦岗等四个Ⅴ级成矿田。为黑水地区找矿指明了方向，缩小了找矿靶区，达到了预测目的。通过找矿实践，在三基龙—二米克、德石窝沟—3646 高地均找到了工业矿体，证明了预测的可行性。

第四节 四川省峨边—汉源—泸定地区晚奥陶世五峰期岩相古地理特征及锰矿成矿预测

一、项目基本情况

"四川省峨边—汉源—泸定地区晚奥陶世五峰期岩相古地理特征及锰矿成矿预测"属于西南冶金地质勘探公司 "西南地区低磷富锰矿成矿规律及成矿预测" 研究项目中的专题。专题主要任务是基本查明研究区内晚奥陶系五峰期沉积锰矿床岩相古地理环境及控矿地质条件；根据实际资料加以研究，并结合成矿理论，预测隐伏矿体和成矿远景区，指导地质找矿工作。

专题承担单位为冶金部西南冶金地质勘探公司 609 队。工作起止时间为 1985 年 3 月～1987 年 6 月。项目完成 1∶1 万地质草测 91.2km²，1∶100 岩相剖面 1855.57m，1∶500 岩相剖面测量 71m/1 条；采集光薄片 549 件，光谱分析 516 件，岩矿分析 102 件，古生物鉴定 20 件，槽探 2201.81m³ 等。项目专题负责人为曲红军，主要完成人员为曲红军、唐述文、夏四平、贺中亚、陈富全、付洪伟、王庭旅、唐诗荣、谢伟林、古正奇、黄雨松等。

二、主要成果

（1）通过课题研究和 1∶1 万地质草测，发现了金口河大瓦山锰矿床。

（2）通过课题研究，认为区内晚奥陶世五峰期位于成都隆起与康滇古陆之间的海湾环境，岩相古地理条件比较复杂。按其岩石组合、古生物组合及沉积构造，划分为 2 个相区、8 个相带、2 个亚相，其藻礁相严格控制该区锰矿的生成，藻礁分布于开阔台地外侧的水下隆起附近，已知的大瓦山礁体（点礁）和轿顶山礁体（小环礁）均位于此部位。

（3）通过课题研究，基本查明区内五峰期的岩相古地理环境和沉积锰矿的控矿地质条件，提出了 "轿顶山式" 锰矿为含藻礁控制的优质碳酸锰富矿的新认识和新观点。同时对各相带的地球化学特征及元素的含量变化与藻礁碳酸锰矿之间的关系也做了初步探索。概略论证了沉积锰矿的富集主要是受藻礁（藻类生物吸附作用）控制，水下隆起及古地形对锰矿的富集也起一定的控制作用。在此基础上建立了藻礁碳酸锰矿床的成矿模式，并分级提出了六个成矿预测区，其中Ⅰ级成矿预测区 2 个、Ⅱ级成矿预测区 1 个、Ⅲ

级成矿预测区 1 个、Ⅳ级成矿预测区 2 个，为在区内进一步开展锰矿找矿工作奠定了基础。

第五节 云南省鹤庆地区晚三叠世诺利期岩相古地理及成矿预测

一、项目基本情况

"云南省鹤庆地区晚三叠世诺利期岩相古地理及成矿预测"以西南冶地〔1987〕科字18 号批准立项的，为"西南地区低磷富锰矿成矿规律及成矿预测"项目的专题之一。专题工作范围是北纬 26°20′~27°40′，东经 100°00′~101°00′。包括大理州和丽江地区的鹤庆、丽江永胜、宁蒗四县及剑川、洱源、宾川、华坪的部分区域，编图面积为 15000km²。专题主要目的任务是通过对鹤庆、丽江地区松桂组岩相古地理特征及含锰性进行研究，力求寻找和圈出找矿远景区，扩大鹤庆锰矿区的远景。

专题承担单位为冶金部西南冶金地质勘探公司科学研究所。工作起止时间为 1987 年3 月~1987 年 12 月。项目完成 1∶500~1∶100 控制性相剖面 6902.5m（11 条），1∶1000~1∶500 辅助相剖面 4805m（2 条），光薄片鉴定 392 件，光谱近似定量分析 267 件，化学多项分析 78 件，化学全分析 22 件，包裹体测 11 件，电子探针 35 点，差热分析 11件，粒度分析 17 件（111 块），生物化石鉴定 23 件，专题负责人为刘红军、唐瑞清，主要完成人员为刘红军、唐瑞清、余兴治、卢盛明、王沐泓、付君如、刘小杰、冯少虎等。

二、主要成果

（1）1∶20 万岩相古地理研究，确定了鹤庆—丽江地区（面积 15000km²）松桂组含锰岩系岩相古地理格架，在划分的 5 个亚相带、11 个微相中，外陆棚—盆地过渡相带的拗拉谷盆地单元控制了该区已知锰矿床的产出。

（2）不同岩类、不同相区锰含量背景值统计表明，粉砂岩、泥岩类、泥质岩—非碎屑岩相区锰含量背景值相对较高，为锰的克拉克值（0.1%）的 1.65~7.87 倍。矿区范围内，含矿围岩的微量元素组合中，以底板黑色泥岩最接近矿石自身的微量元素组合形式，其次是作为矿体顶板产出的玄武质岩石，矿区外围不存在稳定的锰含量背景值增高的层位，目前还尚未发现有玄武质火山岩夹层在松桂组地层中分布。矿区已知矿体之间无渐变过渡关系。

（3）研究报告提出了一个火山—沉积富锰机理，给出了三个明确的找矿标志：1）滑塌堆积呈带状分布；2）诺利阶基性火山岩及火山碎屑岩分布地段；3）含锰结核的黑色泥质，Co、V、Y、Zn、Zr、Co/Ni 比等显著增高。同时强调了成岩改造作用在富锰矿形成过程中的作用。据此，划出一个Ⅰ级找矿远景区和一个成矿有利地段，在 1987 年 11 月西南冶金地质勘探公司召开的地质项目设计审查会上，提出了矿区找盲矿和开展矿区西部详细找矿的建议，对扩大鹤庆锰矿区的远景有重要意义。

（4）提出了拗拉谷盆地控矿的新认识，建立了内源（火山）→外生（沉积）的成矿模式，为成矿认识开拓了新思路，对于邻区的含锰性研究和找矿选区有一定的指导意义。

第六节　黔北地区晚二叠世低磷锰矿成矿地质条件及找矿远景预测

一、项目基本情况

该项目是"西南地区低磷富锰矿成矿规律及成矿预测"项目的专题之一。专题研究范围为贵州北部赤水、习水、正安、湄潭、桐梓、遵义、息烽、金沙、黔西、毕节、瓮安等广大地区，地理坐标为东经105°~108°，北纬26°40′~28°40′，面积约6万平方千米。专题主要任务是全面收集整理研究区基础地质、锰矿地质及成矿期的岩相古地理资料，并辅以必要的岩相剖面控制调查，提高岩相古地理图的研究程度，分析成锰沉积环境和贫锰矿中找富锰的可能性，圈定找矿远景区。

专题承担单位为冶金部西南冶金地质勘探公司科学研究所。工作起止时间为1987年1月~1987年12月。专题负责人为王则江，主要完成人员为王则江、胡达英、周光池、汪岸儒、龙治贵、刘莉东等。

二、主要成果

（1）通过对茅口期、龙潭期初期的岩相古地理研究和东吴运动造成的中二叠世末茅口组被剥蚀程度的研究，明确提出茅口组第二段白泥塘含锰灰岩是中二叠世低磷锰矿的成矿物质来源。白泥塘层含锰灰岩遭受风化剥蚀、搬运到富集成矿的动力条件是东吴运动。

（2）中二叠世末，东吴运动使黔北地区上升为陆，使中二叠统上部茅口组遭受到不同程度风化剥蚀，白泥塘层中锰质析出、迁移，并在剥蚀面上一定空间、一定的物理化学条件下富集成矿。通过成矿模式分析，认为黔北地区多为低磷贫至中锰矿，找到原生沉积低磷富锰矿的可能性较小。

（3）在总结成矿地质条件、矿床成因的基础上，提出黔北地区9处主要找矿远景预测区，指出了今后找矿方向。

第七节　滇西北上三叠统松桂组锰矿远景区划研究

一、项目基本情况

"滇西北上三叠统松桂组锰矿远景区划研究"为西南冶金地质勘探公司1986年以公司〔1986〕计字102号文和〔1986〕地字17号文下达给603队的专题。其目的任务是以上三叠统松桂组含锰地层为主攻目标，以岩相古地理研究为主要手段，以鹤庆猴子坡锰矿为中心，包括丽江、鹤庆、兰坪、盐源、盐边、永仁六幅1∶20万图幅，共45000km²，收集资料，进行室内编图。同时以丽江、鹤庆两图幅为重点，开展中比例尺的岩相古地理野外调查，测制岩相剖面，圈出成矿远景区，为"七五"计划的找矿评价基地锰矿成矿区划提供依据。

专题承担单位为西南冶金地质勘探公司603队。工作起止年限为1986年3月~1986年10月。完成野外路线地质观察约100km，实测地质岩相剖面11条，共3179.10m，露头特征素描及照相25幅，采集化学基本分析样10件，岩矿标本10件，重砂样5个。项目负责人为白崇裕，主要完成人员为李佐光、方崇海、覃志友、唐平华等。

二、主要成果

（1）根据前人资料和实测资料进行室内整理，编制了上三叠统锰矿区划图（1∶20万）及各种基础图件 14 幅，编写滇西北成矿远景区划研究报告书一份。

（2）对滇西北区上三叠统诺利克期建立了泻湖体系沉积模式和潮汐海湾成矿模式的初步轮廓。

（3）根据成矿模式的成矿规律，圈定了 4 个成矿预测区，其中①号预测区（猴子坡、小天井以南）可能找到大型锰矿床。

（4）通过区域地层岩相对比分析，肯定了猴子坡含矿地层局部倒转的新结论，明确了下一步深部找矿方向。

第八节　滇东南地区中三叠世法郎组优质锰矿成矿地质条件及找矿方向

一、项目基本情况

"滇东南地区中三叠世法郎组优质锰矿成矿地质条件及找矿方向"专题研究是部管"七五"重点科研项目。研究区为滇东南地区，即西起石屏，东至砚山、丘北，北到弥勒县境，南达屏边县境，东西长约 200km，南北宽约 100km，面积约 20000km² 的地区。其地理坐标是东经 102°~104°，北纬 23°~24°。

专题研究的主要目的是查明该区低磷优质富锰的成矿条件和找矿预测方向，为地质找矿和冶金矿山生产建设提供科学依据。研究的主要任务或主要内容是滇东南广泛分布的锰结核的成因、找矿意义和综合利用的可能性；滇东南中三叠世法郎组地层的沉积构造环境、含锰层位、成锰时代及锰质来源问题；滇东南锰矿成矿区带的初步划分及成矿远景的初步探讨；典型锰矿床和锰矿成矿远景区的研究；锰矿矿石类型及锰矿物质成分的研究。主攻的技术关键是滇东南地区中三叠世沉积古构造环境和锰质来源问题。

专题承担单位为冶金部天津地质研究院。工作起止年限为 1986 年 1 月~1988 年 5 月。完成野外路线地质剖面 30km，实测地质剖面 5 条，共 5000m，矿点检查 50 个，采集各类标本样品 400 件，采集岩矿石化学分析样 145 件，岩石微量元素分析 28 件，稀土分量分析 44 件，物相分析 9 件，铅同位素 10 件，碳同位素 6 件，氧同位素 8 件，包体测温 12 件，X 射线分析 30 件，差热分析 10 件，电子探针分析 11 点，薄片鉴定 242 片和光片鉴定 168 块。项目负责人为刘仁福；主要完成人员为李宏臣、田家坤、时子祯、郝如锡等。

二、主要成果

（1）滇东南地区的优质锰矿与该区的其他内生金属矿产类似，是在一定的地壳结构类型（地幔台阶区、莫霍面变异带）、特殊的构造环境（古大陆裂谷）和特定的地史发展阶段（中生代地台活化阶段）下形成的产物。而且，锰矿局限在特殊的地层层位（中三叠世法郎组）中和特定的空间位置上（两组断裂交汇部位）。

（2）区内已知主要锰矿床、矿点总数大约 80 个，可以命名为滇东南锰矿成矿区。区内矿点明显地呈现出线形分布的特点，依据这一特点大致粗分为 3 个矿带、12 个亚带，而且 3 个成矿带的展布方向相互平行为北东东向，几乎垂直北西向的红河深大断裂。已知矿床和有远景矿点又是在成矿带上作等距离分布。推断区内是一个比较活动的沉积构造环境，断裂活动与成矿作用关系密切，成矿物质来源主要来自深部热液。

（3）区内有 3 个已知的典型矿床：斗南沉积型锰矿（碎屑岩建造），白显沉积型锰矿（碳酸盐建造），个旧砂锡矿中伴生的铁锰结核（棕红色黏土岩建造）。累计探明表内各级各类储量（矿石量）2700 万吨、表外储量（矿石量）700 万～2800 万吨（共生铅金属量 35 万～140 万吨，指个旧富铅铁锰结核而言）。预期探明锰矿石储量约 1000 万吨。粗略估计滇东南锰矿资源总量至少可达 5000 万吨。其中优质矿石可占半数以上。这是依据宏观矿化现象（矿化强度、矿化规模、矿化特征）和区域成矿条件做出的远景估计。

（4）区内除斗南、白显、个旧外，还有四个矿化集中地段：石屏县、建水县的北西部；个旧市、开远市的北西部；砚山县、丘北县边境；砚山县城南西部。尤其是马扒岭—黑桃冲、倘甸—大平寨、蒲草—斗果、小平坝—六柴冲应该优先安排普查评价工作。成矿区的法郎组可见 3 个含矿层位（T_2f^{1+2}、T_2f^4、T_2f^5）、2 个含矿建造（碳酸盐、生物碎屑、火山—沉积）、成矿时代主要在拉丁尼克期。全区可划分 5 种矿石类型：表生氧化、原生氧化、碳酸盐类锰矿、铁锰结核、偏锰酸矿（有待进一步查定）。

（5）滇东南中三叠世拉丁尼克期可划分 18 个沉积—构造环境单元：3 个古陆（康滇、滇东南、哀牢山）、3 个洼地（江川、华宁、麻栗坡）、8 个古海盆（江边、双龙营、白显、大平寨、天星、斗南、六柴冲、大各大）、1 个古海山（丘北）、1 个古海隆（建水—开远）、1 条古海沟（蚂蚁）、1 个古海湾（马扒岭）。锰矿赋存在洼地、海沟、海湾和盆地边缘。

（6）滇东南中三叠世法郎组可划分 9 个相区：1）凝灰质粉砂岩灰岩泥岩相；2）灰岩砂岩相；3）（白云岩灰岩）碳酸盐岩相；4）粉砂岩相；5）杂砂岩相；6）灰岩硅质岩泥岩相；7）生物碎屑灰岩泥岩相；8）硅质岩粉砂岩泥岩相；9）白云岩砂岩相。锰矿赋存在 1）3）7）中。

三、成果应用及转化情况

研究报告提出的"1 区""3 带""12 个亚带"和"18 个沉积—构造环境单元"及"9 个相区"，对在滇东地区开展锰矿的找矿评价工作具有重要的指导作用。

四、重要奖项或重大事件

该研究成果在锰矿区带成矿条件及找矿方向研究上具有国内先进水平，是我国优质锰矿及其找矿研究的优秀成果之一，具有指导找矿的实际意义和一定的理论价值，对锰矿开发利用具有较好的经济价值。该项成果获得冶金部 1991 年科技进步奖三等奖。

第九节　湖南桃江中奥陶统优质锰矿成矿地质条件及找矿方向

一、项目基本情况

"湖南桃江中奥陶统优质锰矿成矿地质条件及找矿方向研究"为冶金部中南冶金地质勘探公司 1986 年以〔1986〕冶勘地字 181 号文《关于编制一九八七年地质找矿勘探和科研项目设计的通知》下达给中南冶金地质研究所的课题。

课题主要任务是在桃江地区 2000km² 范围内，采用大比例尺岩相古地理研究为主的方法，对湖南桃江、宁乡、安化地区"桃江式"锰矿床开展以大比例尺的成矿条件及成矿预测为目的的课题研究工作，为 607 队在该区进一步开展锰矿找矿提供靶区。

课题承担单位为冶金部中南冶金地质研究所。工作起止时间为 1986 年 10 月~1987 年 12 月。项目完成调研面积 2048km²，实测地质剖面 53 条计 3200m，光薄片 171 件等。专题负责人为苏长国，专题主要完成人员为苏长国、曾孟君、刘光模。

二、主要成果

（1）提出了寻找优质锰矿的 A、B、C 三级找矿预测区 8 处。1）A 级 1 处，即木鱼山至佐洞详细勘探预测区，预测锰矿 180 万吨。2）B 级预测区 3 处，即黑油洞南部、毛腊、磨石溪深部找矿评价预测区，预测锰矿 350 万吨。3）C 级预测区 4 处，即宁乡县龙田远景区，以高明铺锰矿点为中心，面积约 800km²；安化（东）远景区，以安化黄沙坪至楠竹园为中心，面积约 500km²；小横龙至安化（南）远景区，以铜锡溪锰矿点为中心，面积约 1000km²；洞口至城步找矿远景区，北至雪峰山南至城步羊架山一线长 130km。

（2）基本查清工作范围内中奥陶统"桃江式"锰矿的分布范围、富集地段。对这类锰矿床的沉积环境、控制条件、富集规律等提出了比较系统的认识。"桃江式"锰矿的形成和富集，明显地受生物作用的制约，尤其藻类生物作用对锰矿的形成和富集是极其重要的因素。

（3）桃江地区中奥陶统中的锰矿，主要有两层（上矿层和下矿层）。通过对比研究认为，整个区内以上矿层分布面广，且相对较下矿层稳定。

（4）桃江地区"桃江式"锰矿受海陆过渡环境，陆缘近海湖盆相中浅湖亚相控制。锰矿在古地貌中的局部洼地、滞流、弱还原环境中富集。在浅海台地亚相中的相对洼陷地段，也可以形成局部含锰矿层或少量矿体。但一般不具工业意义。

项目研究成果为公司和 607 队制订锰矿找矿、勘探规划和进一步对"桃江式"锰矿床的深入研究和深化认识起到了积极作用。有些预测区分别被列入 1988 年度 607 队普查、评价、勘探和进一步研究计划。

第十节　桂中锰矿富集规律及找矿预测研究—下石炭统、上泥盆统锰矿成矿地质条件及找矿预测

一、项目基本情况

"桂中锰矿富集规律及找矿预测研究—下石炭统、上泥盆统锰矿成矿地质条件及找矿预测"为冶金部中南冶金地质勘探公司南宁地调所 1986 年委托中南冶金地质研究所

的科研专题，同年中南冶金地质勘探公司以〔1986〕冶勘地字 268 号文正式下达了专题任务。工作重点地段在宜山洛东—忻城塘岭（315km²）和山等—同德—龙头一带（324km²），开展 1∶5 万巴平期岩相古地理及锰矿富集规律研究；开展象州下田式锰矿区域评价，该区南北长 100km，宽 20km，面积 2000km²，查明榴江组下田式富锰矿找矿可能性。专题主要任务是开展桂中地区上—下石炭统巴平期岩相古地理研究，查明含锰岩系岩相的变化、沉积环境和富锰矿的富集规律；开展上泥盆统榴江组象州式富锰矿研究；全面收集区内锰矿地质资料，开展区内锰矿床（点）检查，初步查明各矿床（点）的成矿地质环境、矿石质量和富集特征；建立龙头式锰矿等沉积成矿模式，圈出找矿有利地段，争取提交预测锰矿地质储量 1500 万吨，提交可供深部找矿的优质氧化锰矿基地 1~2 处。

专题承担单位为冶金部中南冶金地质研究所。工作起止时间为 1987 年 3 月~1988 年 12 月。项目完成调研面积 12900km²，实测 1∶500、1∶1000 岩相剖面 60 多条，调查矿床（点）55 个，采集光薄片 341 件，钻孔 52.2m（13 孔），岩矿分析 442 件，物相分析 31 件等。专题负责人为王六明（1987 年）、冯尚明（1988 年），主要完成人员为王六明、冯尚明、李盈斌、蔡素晖、毛伟、张华成、罗彦和、肖浙海、彭三国等。

二、主要成果

（1）提出三份找矿评价建议书：1）宜山潘洞龙龚地区；2）河池九圩锰矿；3）柳城社冲锰矿等三处找矿评价建议书。

（2）提出可供进一步找矿评价的预测区 13 处，即 A 级 1 处、B 级 4 处、C 级 8 处。其中，A 级：龙头锰矿深部详细勘探预测区（可新增锰矿 77 万吨）。B 级：1）B-1：龙龚—陈村地区深部（可新增锰矿 52 万吨）；2）B-2：九圩—保平深部（可新增锰矿 76 万吨）；3）B-3：虎爪山—牛栏坑深部（预计可获锰矿 16 万吨）；4）B-4：同德松软锰矿找矿评价预测区（预计可获锰矿 70 万吨）。C 级：1）C-1：甘相—祥山（松软锰矿）；2）C-2：桑茶—中段（表生氧化锰矿）；3）C-3：周团（淋积锰矿）；4）C-4：思荣锰矿；5）C-5：枇杷岭（堆积锰矿）；6）C-6：盘龙（锰铅锌矿）；7）C-7：头崖（碳酸锰矿）；8）C-8：深山—六力（表生氧化锰矿）。上述 A、B 级预测区共计可获锰矿 291 万吨，C 级区尚有较好的找矿前景，特别是表生氧化锰矿能有较大增长。

（3）将研究区内锰矿成因划分为四大类、七亚类，即：1）海相沉积型：原生沉积碳酸锰矿（如龙头）、原生沉积氧化锰矿（如飞蛾岭）；2）沉积—热液改造型（如九圩）；3）表生氧化富集型：锰帽型（如龙头、虎爪山）、淋积型（如洛冲—更洞）、堆积型（如凤凰）；4）沉积—凝聚型（如铜鼓岩）。

（4）对早石炭世巴平期及晚泥盆世榴江晚期岩相古地理进行了划分。巴平期的锰矿主要赋存于滨台过渡相区的南丹及龙头—里苗潜丘亚相区，优质锰矿主要赋存于后一亚相区。榴江晚期的锰矿明显受下田—头崖（主要）及大塘—幽兰（次要）两个坡洼的含锰扁豆灰岩亚相控制。孤峰期的锰矿仅赋存于相对凹陷环境中的含锰泥硅质碳酸盐岩内，当泥硅质增加，碳酸盐减少时，锰矿化减弱。表生氧化锰矿的富集主要与矿源层含锰富集程度及气候、地貌、构造等条件有关，并提出粒（羊粪）状氧化锰矿是在陆相湖盆中沉积—凝聚形成。

（5）新发现了九圩沉积—热液改造型富碳酸锰矿，盘龙表生堆积型氧化锰矿中共生有铅（2.40%）、锌（0.35%），枇杷岭堆积型铁锰矿石中含金（0.081g/t）、银（8.23g/t）等。应注意综合评价。

第十一节　广西宜山龙头地区"龙头式"锰矿床研究

一、项目基本情况

"广西宜山龙头地区'龙头式'锰矿床研究"是根据中南冶金地质勘探公司〔1988〕冶勘地字 17 号文件《对 1988 年科研（综合研究）项目审查意见》开展项目的研究。项目的任务是以广西"龙头式"优质锰矿为主要研究对象，采用大比例尺古地理研究为主的方法，在龙头至山等（800km²）和河池的九丹背斜（200km²）范围内，开展锰矿调研工作，查明锰矿床的形成条件、控制因素和富集规律，预测找矿有利地段，为南宁地调所在该区进行锰矿找矿指出有望地区；与此同时对靖西"峒邑式"氧化锰矿床和湖南城步"城步式"氧化锰矿床进行了资料收集、矿点检查，为后面在上述两地区开展"峒邑式"和"城步式"氧化锰矿床研究提供可行性依据。

专题承担单位为冶金部中南冶金地质研究所。工作起止时间为 1988 年 1 月~1988 年 12 月。专题完成调研面积 1035km²，实测剖面 30 条（3780m），采集光薄片 353 件，物相分析 5 件，岩矿分析 118 件等。专题负责人为苏长国，主要完成人员为苏长国、曾孟君、刘光模、祝寿泉等。

二、主要成果

（1）对"龙头式"锰矿的含锰岩系进行了较为详细的研究，根据岩性、结构、生物特征、化学成分及区域地层层位对比，将其分为上、中、下三个含锰层，并确定下含锰层是有工业意义锰矿的主要赋存层位，是"龙头式"锰矿的主要找矿目标，为该区找锰指明了方向。

（2）研究了广西中部早石炭世岩相古地理条件及其与锰矿的关系，提出了找矿的岩相标志和锰矿的富集特征，对成矿预测具有指导意义。

（3）提出了龙头锰矿区龙旺至凤凰头地段、同德锰矿区同德至饭锹山地段、山等锰矿区山等村三个深部找矿预测区，预计可获得锰矿 150 万吨，其中同德及山等地区的找矿建议书于 1988 年 9 月提交，及时为生产提供了重要找矿信息。

（4）认为靖西、城步两地的氧化锰矿规模较小，不稳定，只适合于民采，没有必要投入更多的力量做进一步的工作。这个意见也及时向有关部门作了报告。

第十二节　湖南广西优质锰矿成矿地质条件及找矿预测

一、项目基本情况

该课题为中南地质勘查局以〔1988〕冶勘地字 17 号文《对 1988 年科研（综合研究）项目审查意见》下达，要求中南冶金地质研究所开展"湖南、广西优质锰矿成矿地质条件及找矿预测"研究的课题。1989 年列入国家计委重点科技攻关项目"扬子地台周边低磷优质锰矿成矿条件与成矿预测"中的子课题。

课题目的任务是优质锰矿氧化矿床以广西"峒吧式"和湖南"城步式"为主要研究对象，优质原生锰矿床以湖南"桃江式"和广西"龙头式"为主要研究对象，开展湖南、广西地区的锰矿，尤其是优质锰矿床的形成条件、形成环境、富集规律及进一步扩大找矿远景等方面的研究工作，提交研究成果，并进行远景预测。

课题承担单位为冶金部中南冶金地质研究所。工作起止时间为 1988 年 1 月～1990 年 12 月。课题负责人为苏长国，课题主要完成人员为苏长国、曾孟君、郭天福、刘光模、祝寿泉等。

二、主要成果

该课题对湖南、广西两省优质锰矿床的主要含锰层位、主要类型、地理分布、成矿条件、成矿环境、富集规律、控制因素和找矿标志及进一步找矿等根本性的问题做了详细研究，有比较明确的认识。

（1）对湖南、广西两省优质原生锰矿床的形成时代、主要赋存层位、矿床成因类型、地域分布等已基本了解清楚。

（2）对优质锰矿的具体含义有了比较明确的认识，对优质锰矿床的评价提出了应考虑的前提条件及评价中适用的建议指标。

（3）对湘中"桃江式"锰矿床的沉积环境、沉积条件、富集规律提出了一系列认识。认为该类锰矿受浅海盆地相和碳酸盐台地相中的次级洼地控制，锰矿的沉积形成同生物作用，特别是藻类生物有极密切关系，对"桃江式"锰矿进一步找矿应集中在东部的高明至梅子洞联线以东地区，西部地区成矿不利，基本上属于无矿沉积区。

（4）桂中"龙头式"锰矿受碳酸盐台地中的相对凹陷同凸起的过渡地段控制，整个锰矿分三层：下矿层以龙头为富集中心，质量相对最优；中锰矿层主要富集九圩的局部范围内，变化特别大，但质量较好；上锰矿层，全区都有分布，但变化大，质量差。寻找"龙头式"锰矿应集中在洛东至九圩一带。

（5）桂西南地区"下雷式"锰矿床受碳酸盐台地上的槽形凹陷控制，以下雷地区为富集中心，矿石质量好而稳定，进一步找矿应集中在龙邦—湖润—下雷一带。

（6）优质氧化锰矿床以锰帽型和淋积型为主。桂西"东平式"锰帽型氧化锰矿床，属于易采、易选的矿石，简单手选或水洗后可以达到冶金用锰矿石Ⅲ级、Ⅳ级品，矿层累计厚度大，相对较稳定，认为该矿应列入"八五"计划建设。外围平尧至江城到六城一带还有较好找矿前景。湘西南"城步式"锰帽型氧化锰矿床，属于小而富的优质锰矿，在湘西南、桂北地区可以探索性寻找此类锰矿床。与上泥盆统、下石炭统含锰地层密切相关的锰帽型和淋积型氧化锰矿床多为优质锰矿，在桂中及桂西南都有一定找矿前景。

（7）通过对两省优质锰矿床的研究，共划分出优质锰矿成矿带 4 个、成矿区 7 个，并提出远景找矿预测区 21 个，其中Ⅰ级预测区 6 个，Ⅱ级预测区 4 个，Ⅲ级预测区 11 个，预计可获锰矿石 2890 万～3120 万吨，其中碳酸锰矿石 1940 万～2170 万吨，氧化锰矿石 950 万吨。

第十三节　云南省鹤庆县猴子坡锰矿地质特征及盲矿体预测

一、项目基本情况

该专题是冶金部西南地质勘查局科研所在 1987 年"云南鹤庆地区晚三叠世诺利期岩相古地理及成矿预测"科研成果的基础上，1988 年立项论证通过的专题，为国家计委下达的行业攻关项目——"扬子准地台周边低磷优质富锰矿成矿条件和成矿预测研究"项目的子项目。

该专题以大比例尺成矿预测为主要研究内容，主要目的和任务是对东起小天井，西至剑川县庆华乡，长 12km、宽 1~2km 的范围内，进行低磷富锰矿地质特征和成矿预测研究，重点解决猴子坡—小天井之间深部盲矿体预测问题。

专题承担单位为冶金部西南地质勘查局科研所。工作起止时间为 1989 年 3 月~1990 年 12 月。共完成实测地质剖面 27 条，近 9000m，修测 1∶2000 地质图 12.28km²，1∶1 万地质图修编 56km²，采取样品 439 件，并完成了岩矿系统鉴定和有关的测试分析及数据处理工作。专题负责人为刘红军、唐瑞清，专题主要完成人员为刘红军、唐瑞清、周光池、刘晓杰、黄鹏等。

二、主要成果

（1）通过矿区含矿层系剖面实测和地层、岩相、微量元素等多方面的对比研究及野外沿层追索等方法，重新厘定了地层层序和锰矿产出层位，确认了硅钙层为锰矿体顶板稳定的标志层；首次在矿区和近外围分布的硅质岩与锰矿层中发现了放射虫和硅质海绵骨针等指示深水相生物化石，为正确认识该区锰矿沉积环境提供了依据。

（2）根据沉积构造、物质组分、生物化石等，对锰矿层进行了详细分层和沉积微相分析，发现该区原生锰矿具有由硅酸锰、碳酸锰和氧化锰同时沉积而形成的层状、条带状、米粒状、假角砾状等典型沉积构造及近矿层顶部指示重力流作用的鲍马序列层。

（3）采用碳、氧稳定同位素，稀土元素分量测量等分析成果及微量元素的多元统计等资料，进一步探讨了矿床成因，确认鹤庆式锰矿为内源外生沉积的火山热水沉积矿床，并完善了沉积成矿模式。提出该区锰矿是受晚三叠世早中期裂陷槽（拗拉谷）控制，锰质来源与拗拉谷中下切地幔的同生断裂活动密切相关。

（4）通过 1∶1 万地质图修编和 1∶2000 修测工作，建立了该区上覆推覆构造，下伏原地构造和中间夹块组成的基本构造格架，提出构造夹块是该区主要控矿因素之一的新认识。为该区锰矿深部盲矿体预测提供了比较明确的方向和实际依据。

（5）课题根据该区锰矿成矿规律和赋矿地质特征，建立了盲矿预测标志。并划分出 3 个 Ⅰ 级远景区、3 个 Ⅱ 级远景区和 2 个 Ⅳ 级远景区，设计钻孔 34 个，达到课题预期目的。

第十四节　滇东南地区表生风化锰矿富集规律及找矿方向

一、项目基本情况

"滇东南地区表生风化锰矿富集规律及找矿方向"是冶金部西南地质调查局以〔1989〕计字118号文下达昆明地质调查所的局管科研专题。赓即冶金部地勘总局以《滇东表生氧化带锰矿的富集规律及找矿远景》（〔1990〕冶地技字39号文）将该专题纳入国家计委下达的"扬子准地台周边部低磷富锰矿成矿条件和成矿预测研究"项目的子课题（西冶地〔1990〕技字47号文）。专题研究范围为东经102°以东，北纬23°20′～24°20′，即玉溪—弥勒—丘北戈寒以南，元阳—麻栗坡以北，新平以东区域。面积5.6万平方千米。其主要目的任务是以新的成矿理论为指导，将表生锰矿特征、成矿规律、成矿作用与区域原生锰矿（化）等有关的成矿背景条件研究相结合，重点对白显—个旧、石屏—玉溪、开远—平远街、富宁四个表生锰矿成矿区，以及昆阳群美党组、中泥盆统坡折落组、中上三叠统拉丁阶、卡尼阶等主要含锰母岩（原生锰矿）进行研究，查明滇东南地区氧化锰矿基本地质情况，研究主要含锰层位及表生氧化锰分布特征和富集规律，总结成矿规律，圈出表生氧化带锰矿找矿远景。

专题承担单位为冶金部西南地质勘查局昆明地质调查所。工作起止年限为1989年3月～1991年3月。专题调研典型矿床（点）62处，踏勘观察地质剖面30余万米，岩矿鉴定253件（片），锰矿基本分析80元素（20件），矿石多元素分析1168元素（70件），微量元素化学分析1080元素（54件），岩石化学分析216元素（18件），稀土元素分析645元素（43件），硫同位素1件，氧同位素12件，扫描电镜4件，电子探针及X射线粉晶分析各10件。项目负责人为刘荣，主要完成人员为谭筱虹、周浩、刘荣等。

二、主要成果

（1）基本查清了滇东南地区锰矿资源现状，全面总结了各类表生锰矿的基本特征，确证了一批锰矿床（点）的表生风化成因，提出了表生锰矿分类新方案。指出滇东南地区表生工业锰矿主要为锰帽型，其次是淋积型。

（2）提出了表生风化锰矿主要是化学风化作用形成，淋积结核锰矿的形成与离子吸附作用和毛细上升作用有关，淋积块状锰矿、锰帽的成矿主要与氧化、水解、淋滤、水合作用有关，而锰帽中的优质富锰矿与离子扩散作用有关等新的锰矿成因观点。区内表生优质富锰矿有规律地产于锰帽型锰矿的富锰带及部分淋积型块状锰矿中，表生锰矿的质量与含锰母岩的性状、锰的原始赋存状态及质量有关。

（3）对表生锰矿地质特征、成矿地质作用、成矿规律及与表生锰矿成矿有关的含锰母岩、地质构造、地形地貌、地下水条件等进行了研究，总结了表生氧化锰分布特征及富集规律，并建立了成矿模式，对滇东南地区锰矿找矿具有指导意义。

（4）重新厘定了三叠系含锰地层，并将其分别划归为中三叠统拉丁阶和上三叠统卡尼阶。

（5）指出滇东南泥盆纪至三叠纪的锰矿均产于南盘江—右江裂谷盆地不同发展阶段

的不同古地理环境。中泥盆统坡折落期锰矿化主要产于台沟相硅质碳酸岩组合之中，属与基性岩浆活动有关的海底热水沉积锰矿。中三叠世拉丁期锰矿主要产于环越北古陆的局限环境之中，其中白显原生锰矿产于局限碳酸盐台地中的潮坪（泻湖）之中，"斗南式"锰矿产于近滨海盆中的近滨、前滨至滨外浅海陆棚上部，而西畴石峨锰矿则是产于裂谷盆地中，与基性火山活动或热水活动有关。晚三叠世卡尼期锰矿成矿环境多样化，有产于浅海陆棚凹地的"蒲草""斗果式"陆源原生沉积氧化锰，有产于陆棚边缘盆地的"倘甸""大平寨式"锰矿，产于欠补偿槽盆与放射虫硅质岩、碳酸盐岩相伴的"皇粮田式"锰矿化及产于超补偿槽盆的"石床—南尾式"锰矿化，"倘甸""皇粮田式"锰矿化可能与海底热水活动有关。上述观点的提出对滇东南锰矿的认识得到了深化、系统化，在该区尚属首次，对找矿具有指导意义。

（6）对滇东南地区的表生（包括原生）锰矿进行了成矿区带划分和成矿预测，提出 I 级预测区 3 片、II 级预测区 2 片、III 级预测区 4 片，部分预测区（如广南、石屏地区）经 1990 年找矿验证，符合客观实际，其他预测区列入了冶金部西南地勘局"八五"找矿规划。

第十五节 湘中锰矿 1∶10 万岩相古地理调绘

一、项目基本情况

该项目是冶金部地质勘查总局下达的基础地质工作项目，1990 年 9 月中南地质勘查局以局地发〔1990〕212 号文下达任务。项目研究区范围为湘中地区桃江县、宁乡市、安化县、溆浦县、新化县接壤地带的部分区域，面积为 15000km^2。

主要目的任务是查明中南华统大塘坡组和中奥陶统磨刀溪组含锰岩系地层的沉积相对锰矿富集的控制规律，初步确定成矿的有利相带和富集部位，为锰矿的找矿预测提供理论依据和找矿有利地段。

项目承担单位为中南地质勘查局长沙地质调查所。工作起止时间为 1990 年 9 月～1991 年 12 月。完成的主要实物工作量有野外相剖面测制 65 条、槽探 800m^3、薄片鉴定 643 块、化学分析 149 件、微量元素分析 114 件、稀土分析 74 件、同位素分析 60 件、X 射线衍射分析 62 件、pH 值和 Eh 测定 16 件、粒度分析 83 件、电镜扫描 7 件、有机碳分析 2 件、透射电镜 1 件。

项目负责人为张玉琦，主要参加人员为张玉琦、杨振强、蒋德和、赵时久、王大发、谢志恒、邓顺慈、秦世玉、催玉娥、何云法、曹景良、陈梦军、施磊、吴宏亮、张殿春、王乐亭等。

二、主要成果

（1）运用板块学说讨论了调研区大地构造演化历史，盆地分析原理确定了调研区沉积盆地类型和性质，提出南华纪含锰盆地为被动大陆边缘上的裂陷盆地，中奥陶世为拗陷盆地的观点，并阐述了它们各自的特点及演化过程，用沉积学的理论讨论了沉积相特点。

（2）运用现代沉积学理论对南华纪和中奥陶世的沉积环境、沉积作用和岩相古地理演化进行了较系统的研究，将南华纪划分为 2 个相区、5 个相、7 个亚相和 13 个微相；将中奥陶世划分为 2 个相区、3 个相、7 个亚相和 13 个微相。在对中奥陶世斜坡沉积和斜坡相讨论中，首次提出含锰岩系为远源细屑浊积岩、锰矿层为重力流沉积的新认识。

（3）总结了碳酸盐锰矿床的基本地质特征，重点讨论了含锰岩段的沉积序列、岩相组合及碳酸锰矿结构、构造特点。确定了有利锰矿沉积的岩石、岩相组合，从古地理环境讨论了锰矿富集主要在斜坡相带，并对其展布规律进行了分析。

（4）采用沉积地球化学理论，研究了含锰岩系的地球化学，首次对湘中地区的锰矿成因提出了热水沉积成矿的观点及认识，并根据同位素计算古温度，讨论了同位素演化途径与锰矿富集关系，在探讨成矿作用和成矿模式方面提出了区域背景、岩相古地理、沉积事件及生物作用等的影响，特别提出缺氧事件与锰矿的富集具有密切的成因联系。

（5）对调查区两个含锰层位的锰矿利用已有的成果划分了成矿带，并提出 4 个有利找矿地段，中南华世 2 个，即棠甘山—三尖峰矿带、白竹山—硝石湾矿带；中奥陶世 2 个，黑油洞—毛腊—月山铺矿带、鳊鱼山—南坝矿带，为今后找矿提供了方向及依据。

三、成果应用及转化情况

该成果为后续在湘中开展的新一轮锰矿资源调查评价、湘中锰矿矿集区矿产地质调查等项目立项、研究提供了理论支撑，为该区锰矿床勘查提供了方向。

四、重要奖项或重大事件

冶金部地质勘查总局和中南地质勘查局组织专家评审，认为该研究成果基础工作扎实，研究程度达到国内先进水平。

第十六节　扬子地台北缘优质锰矿成矿规律及成矿预测

一、项目基本情况

“扬子地台北缘优质锰矿成矿规律及成矿预测”课题是冶金部“八五”重点科研项目“扬子地台周边及其邻区优质锰矿成矿规律及资源评价”的二级课题，课题编号 85-02-02。研究区范围涉及我国陕、甘、川、鄂四省接壤地带，地理坐标大致为：东经 104°30′~110°00′，北纬 31°30′~33°20′。

主要任务是研究扬子地台北缘锰矿成矿大地构造背景、含锰岩系及含锰建造类型，优质锰矿的成矿规律及成矿作用，进行成矿预测。

课题承担单位为冶金部天津地质研究院和西北地质勘查局。工作起止年限为 1992~1994 年。项目负责人为袁祖成、张恭勤，主要完成人员为袁祖成、张恭勤、王辉、刘晓舟等科技人员。

二、主要成果

（1）扬子地台北缘自新元古代至中生代经历了多次升降开合的发展历史，锰矿的形成与大地构造发展一定阶段密切相关。

（2）新元古代摩天岭成锰沉积盆地构造性质属于会聚型弧前盆地，成矿作用发生在深海沟向海沟边缘斜坡过渡的位置，形成火山—沉积型锰矿，并经后期变质作用改造。黎家营锰矿就是产于该盆地内碧口群上亚群下岩组顶部的低磷低铁氧化锰矿床。

（3）早震旦世秦巴成锰沉积盆地属于拉张裂陷地堑盆地，由于构造部位和沉积环境的不同而形成两类不同性质的锰矿床。北段低磷锰矿亚带含锰岩系为含锰杂色泥质岩系（屈家山式），形成于盆地内滨—浅海相半氧化环境，矿床成因为海相热水沉积锰矿。南段高磷锰矿亚带含锰岩系为黑色硅泥质页岩系（城口式），为盆地内深水滞留的还原环境。成锰作用主要是在较浅水域弱氧化环境下形成由藻鲕组成的球粒状、豆粒状菱锰矿，在风暴潮回流的作用下以密度流形式带到较深水域形成具有粒序层理的低磷锰矿层。其围岩和夹层则为原地沉积的磷质黑色页岩或磷块岩。

第十七节　扬子地台南缘及邻区成矿规律及成矿预测

一、项目基本情况

"扬子地台南缘及邻区成矿规律及成矿预测"课题是冶金部"八五"重点科研项目"扬子地台周边及其邻区优质锰矿成矿规律及资源评价"的二级课题，课题编号85-02-03。研究区范围涉及我国南方诸省，重点研究湘中、湘南、桂西北、桂西南、闽西南、粤东北、粤西北等区带。

主要任务是研究扬子地台南缘及邻区锰矿成矿大地构造背景、含锰岩系及含锰建造类型，优质锰矿的成矿规律及成矿作用，进行成矿预测。

课题承担单位为冶金部中南地质勘查局研究所、第二地质勘查局研究所。工作起止年限为1991~1994年。完成野外调查路线36000km，调研矿床（点）187处，实测岩相剖面175条，采集样品1763件，化学分析1183件，P、Mn、Fe分离实验研究104件，光薄片904件，稀土元素分析59件，X射线衍射分析101件，电子探针分析209点，同位素分析28件，古生物鉴定21件。项目负责人为姚敬劬、王六明，主要完成人员为姚敬劬、王六明、苏长国、张钦才、黄正秀、刘小文、曾孟君、祝寿泉、潘新根、龚银杰、王超、杜树山、刘腾飞、罗彦和、王克智、陈启田、冯尚明、蔡素晖、李盈斌、庄庆兴、李玉祥、詹国平、黄道锐、林金裕、郑仁贤、林金堂、张祖文等。

二、主要成果

（1）应用板块构造理论系统地研究了扬子地台南缘及其邻区构造格局、演化历史与锰矿形成的时空关系，分析了各构造旋回中成锰盆地的形成、发展和消亡的过程及动力学机制、充填物的沉积层序、沉积体系和地球化学特征，建立了锰矿成矿作用的构造—沉积—地球化学模式。在统一的大地构造背景下，使全区各个主要锰矿成矿区的成矿作用得到贯穿、关联和融合，获得了局部研究所不能揭示的锰矿成矿规律的时空一体化的认识。

（2）运用新的沉积学理论，系统地研究了Nh、Z、O、D、C、P、T各成锰期形成的沉积相、古地理、古构造及其与锰矿成矿的关系，提出了成锰盆地受地台边缘的离散和转换构造控制、成锰期的岩相古地理特征直接决定锰矿的产出位置、古陆表海—锰质循环—

综合沉积控制成矿等观点。

（3）对优质锰矿成矿作用的基本地球化学问题，锰与铁、磷分离机制，进行了热力学理论分析和实验研究，取得了一系列前人没有的实际资料，提出源区和沉积区两次分离的观点，并阐明了分离的形式、条件和机理，为解决优质锰矿成矿的这一地球化学难题提供了新思路。

（4）对区内主要优质锰矿、富锰矿的控矿因素突破前人认识，提出了新的见解。如认为桂西北下石炭统成锰盆地与加里东期海底微型扩张有关，并首次明确提出龙头式锰矿属热水沉积成因；认为湘中奥陶世桃江式锰矿形成于前陆盆地，成矿物质以重力流方式带入，提出了深海浊积扇控矿模式；认为桂西南下雷式锰矿中的原生富矿受顺层滑脱剥离的控制，提出"构造重建热液叠加改造"的成矿模式；认为湘南表生氧化锰矿受"源、集、境"因素的控制，并建立了城步式优质锰矿元素和矿物演变序列和锰价态图解。

（5）全区共提出 A 类预测区 23 处，B 类预测区 22 处，预测锰矿 13513 万吨。其中预测优质碳酸锰矿（富锰矿）4756 万吨，优质氧化锰矿（富锰矿）2005 万吨，铁锰及铁锰多金属矿 6525 万吨。

三、成果应用及转化情况

课题进行过程中，提交找矿建议书 11 份，通过工作新增优质锰矿（富锰矿）储量4206 万吨，桃江、茶屯、扑隆、龙怀、祖塔、兰山、新榕等矿区锰矿勘查有新的突破。

四、重要奖项或重大事件

1997 年 12 月 "扬子地台周边及其邻区优质锰矿成矿规律及资源评价" 获冶金部科学技术进步奖特等奖（证书号：1997-001-1）；1998 年 12 月获得国家科学技术进步奖二等奖（证书号：04-2-004-01）。该专题作为其核心二级课题之一，为其获奖提供了主要成果支撑。

该项目出版专著《扬子地台南缘及其邻区锰矿研究》，姚敬劬、王六明、苏长国、张靖才编著，1995 年 12 月第一版，冶金工业出版社。

第十八节　扬子地台西缘及邻区优质锰矿成矿条件及成矿预测

一、项目基本情况

"扬子地台西缘及邻区优质锰矿成矿条件及成矿预测" 课题是冶金部 "八五" 重点科研项目 "扬子地台周边及其邻区优质锰矿成矿规律及资源评价" 的二级课题，课题编号号为85-02-04。研究区范围北起陕、甘、川交界地带，经川滇西部至滇黔桂交界地区围绕古扬子陆核边缘分布的弧形构造区。地理坐标大致为东经 $101°00' \sim 106°00'$，北纬 $22°30' \sim 31°30'$。

主要任务是研究扬子地台西缘及邻区锰矿成矿大地构造背景、含锰岩系及含锰建造类型，优质锰矿的成矿规律及成矿作用，并进行成矿预测。

课题承担单位为冶金部天津地质研究院和西南地质勘查局科研所。工作起止年限为

1991~1994 年。项目负责人为刘红军、唐瑞清，主要完成人员为刘红军、唐瑞清、胡江、邓学能、刘晓杰、刘绍东等。

二、主要成果

通过对扬子地块西缘新元古界—三叠系锰矿床形成盆地背景和层序地层研究，认为张裂盆地中与构造—岩浆动力场有关的火山、热水事件与全球性和区际性海平面上升同步是形成大型沉积锰矿的重要地质前提。优质高品位锰矿的生成部位是超巨旋回及巨旋回的顶部、锰沉积地球化学中心迁移路径的尾端。基于这一认识，以构造—岩浆动力场，与构造发展阶段和海平面变化周期相关的沉积旋回，锰矿沉积地球化学定位条件为骨架，建立了一个海相沉积型锰矿多维地质预测模型，可为开展大区域锰矿勘查选区提供理论依据。

第十九节　桂西南石炭系、三叠系表生富集型优质锰矿
成矿机制及勘查研究

一、项目基本情况

根据冶金部地质勘查总局冶地矿〔1996〕函字 58 号文关于发送《组织实施"九五"三大序列课题及工业矿物开发利用研究项目的初步意见》的精神，设置"桂西南三叠系表生富集型优质锰矿成矿机制及勘查研究"课题，工作期间发现石炭系富锰矿，1998 年增加石炭系找矿工作，课题更名为"桂西南石炭系、三叠系表生富集型优质锰矿成矿机制及勘查研究"。项目研究范围北起印茶，南至天等，东到进结，西止德保，面积为 4000 多平方千米。课题主要任务是开展桂西南地区石炭系、三叠系锰矿床的形成条件、控矿因素、富集特征研究，分析表生富集型优质锰矿的成矿环境、控制要素、形成机制，进而开展成矿预测，提出该区锰矿勘查工作具体建议。

项目承担单位为中南冶金地质研究所。工作起止年限为 1996 年 1 月~1999 年 3 月。项目完成调研面积 4008km²，实测地质剖面 101 条，矿床矿点 11 处，光薄片 252 件等。项目负责人为祝寿泉，主要完成人员为祝寿泉、黄正秀、刘腾飞、肖晰梅、孙立扬、邹本利。

二、主要成果

（1）在研究区内锰矿的成矿背景、成矿条件、矿床地质特征、控矿因素、分布规律及找矿标志等方面取得较为系统的认识。总结出如下结论：1）原生碳酸锰矿和含锰岩系形成受一定地层层位、特有岩性组合及台盆相控制，矿质来源于海底热液和火山岩；2）表生富集型锰矿形成受大地构造运动、地质构造、气候、地貌及水文等因素控制。建立了区内锰矿成矿模式。

（2）探讨了含锰氧化剖面中基本化学元素、微量元素及稀土元素在表生富集作用过程中的地球化学特征和分异富集规律，较以往的认识深入了一步。

（3）将含锰风化壳剖面划为 3 个带（原生带、氧化带、红土风化带）、5 个亚带（半氧化亚带、淋积亚带、锰富集亚带、残积亚带、红土或黑土亚带），将表生富集型锰矿划分为

4 种类型（红土型、锰帽型、淋积型、堆积型），两者结合对应，在实际工作中便于应用。

（4）课题研究与找矿结合较好，成效显著：1）工作期间新发现石炭系锰矿，扩大了研究领域和找矿范围；2）提交找矿靶区两处、找矿建议书一份，经中南地勘局南宁地调所验证，获优质锰矿石 155 万吨。

（5）在总结成矿条件、控矿因素和找矿标志基础上，提出成矿预测区 5 个，其中 I 级 1 个，Ⅱ级 1 个，Ⅲ级 3 个。根据已有锰矿床地质特征，采用类比模拟法，预测锰矿远景 919 万吨。对宁于等 5 个预测区提出了采用钻探、浅井等手段的具体勘查建议。这些对该区的找矿有较强的指导意义。

第二十节　中国锰矿资源远景分析

一、项目基本情况

"中国优质锰矿资源勘查远景分析"为中国地质调查局地质调查项目，属"优质锰矿资源勘查"计划项目中的工作项目（项目编号：1212010534203）。项目工作区范围涉及全国，包括桂西南、滇西南、滇东南、湘中、湘南—粤西北、晋冀辽、滇东北—黔西南、湘渝黔、川渝陕等锰矿富集区。

项目的目的任务是以优质锰矿为主攻矿种，以海相沉积型和风化型氧化锰矿为主攻矿床类型，收集国内锰矿科研、勘查信息，汇总我国优质锰矿资源勘查调查评价工作进展资料，建立调查评价信息库；开展我国主要优质锰矿富集区现场踏勘，进行各区综合对比研究，对优质锰矿计划项目调查评价工作部署提供建议；研制优质锰矿资源潜力估计方案，对重要的成矿区带优质锰矿资源潜力进行估计，圈定优质锰矿找矿靶区，并对我国优质锰矿资源勘查工作提供建议。

项目承担单位为中国冶金地质总局，中南地质勘查院具体组织实施。工作起止年限为 2004~2005 年。项目经费 110 万元。项目负责人为周尚国，主要完成人员为骆华宝、周尚国、王泽华、李升福、夏柳静、万平益、田郁溟、杜发永、黄高生、杨剑波、秦志平、王仕进、李庭栋、王平户、吴永胜、傅群和、林键、施伟业等。

二、主要成果

（1）把全国划分为 9 个锰矿富集区，分别阐述其地理位置、区域地质特征、矿床地质特征、锰矿调查评价工作进展，富集区锰矿资源远景估计等重要内容。

（2）从海相沉积型锰矿勘查、北纬 23°带氧化锰矿勘查、氧化铁锰矿勘查、优质锰矿勘查方法、锰矿资源量预测方法、红土型铁锰矿可利用研究等多个方面具体阐述了我国锰矿地质工作取得的重要进展。

（3）建立了"中国锰矿产地数据库"，编制了中国锰矿产地数据库说明书，收录"中国锰矿床"数据项 119 个、"中国锰矿矿产卡片册"数据项 224 项。冶金地质部门首次建立了比较完整的"中国锰矿产地数据库"，为锰矿地质科研与勘查提供了全新的工作平台。

（4）从全国优质锰矿资源潜力评价、重要成矿带的找矿评价、优质锰矿富集区的预查评价、优质锰矿资源富集区地段普查评价四个层次，建议我国"十一五"锰矿产勘查部署项目 22 个，其中全国性锰矿资源潜力评价项目 1 个，区带锰矿资源调查评价项目 4 个，锰矿预查项目 8 个，锰矿普查项目 9 个。

三、成果转化及应用情况

利用该项目成果部署锰矿调查评价及省区专项资金项目 20 多项，锰矿勘查取得重大进展：一是海相沉积型锰矿床勘查取得重大成果，发现了一批矿产地，新增碳酸锰矿资源量近 1 亿吨，其中桂北龙头—里苗地区石炭系巴平组发现 2 处大型锰矿床；二是进一步证实我国北纬 23°带是形成氧化锰矿最有利地区，共获氧化锰矿资源量近 7000 万吨；三是氧化铁锰矿调查取得重大进展，湘南成锰盆地探获氧化铁锰（铁锰）资源量逾亿吨。

第二十一节 扬子陆块东南缘南华系锰矿成矿预测与选区

一、项目基本情况

"扬子陆块东南缘南华系锰矿成矿预测与选区"（编号：DD20160032-03）为中国地质调查局部署的、中国冶金地质总局承担的"湘西—滇东地区矿产地质调查"项目（编号：DD20160032）的科技创新专题之一。

专题研究范围为湘中至黔东及渝东南地区，东至湖南湘江，西至贵州印江县，南至贵州从江县，北至重庆酉阳县，主要围绕湘潭成锰盆地、黔阳成锰盆地和松桃成锰盆地展开。

专题的目的任务是以沉积成矿理论为指导，充分收集和综合分析扬子陆块东南缘南华系锰矿床沉积建造资料，研究南华纪大塘坡期区域古构造、岩相古地理环境及与锰矿成矿有关的沉积相等。以松桃成锰盆地、湘潭成锰盆地和黔阳成锰盆地为重点，开展南华系锰矿成矿地质条件、成矿作用、成矿规律及矿床成因研究，运用综合地质信息预测技术进行成矿预测与选区，为扬子陆块东南缘南华系锰矿找矿突破及下一步工作部署提供依据。

专题由中国冶金地质总局湖南地质勘查院承担；资金来源为中央财政，专题经费 260 万元；工作起止年限为 2016~2018 年。

专题负责人为雷玉龙，主要完成人员为雷玉龙、龚光林、李朗田、曹景良、陈旭、黄飞、刘东升、刘虎、叶锋、颜家辉等。

二、主要成果

（1）通过大量测试的数据（$\delta^{13}C$、$\delta^{18}O$、$\delta^{34}S$、常量、微量、稀土元素测试数据）、锰矿矿物成分、锰矿层结构构造、成矿构造、成矿时间等证据，证实该区锰矿床锰质来源为多源，主要来源于深部幔源；较详细地阐述了松桃、黔阳、湘潭沉积盆地的锰矿成矿活动与岩石圈断裂及次级断裂活动密切相关，生物作用（主要是藻类）对锰质的富集、沉积起到了重要作用，基本厘清了南华系沉积型锰矿"内源外生"成因机制，建立了南华系锰矿热水沉积成矿模式，提升了锰矿"内源外生"成矿机理的理论基础，丰富完善了锰矿"内源外生"成矿理论。

（2）区内成锰沉积盆地发育并形成于武陵次级裂谷盆地、雪峰次级裂谷盆地西北缘或北缘强烈裂陷地带，由一系列地堑式（断陷式）聚锰槽盆及水下隆起构成。次级同沉积古断裂控制了盆地内断陷（地堑）、隆起（地垒）的分布，同沉积凹陷带内的聚锰槽盆具"行""列"汇特点，在交汇部位或附近形成"凹中凹"，往往为聚锰槽盆中心部位；聚锰槽盆具有明显岩相分带特点，一般在槽盆中心相带及过渡相带形成工业锰矿层，槽盆中心相带是厚、大、富锰矿层的赋存部位，深化了同沉积断裂控盆控岩控相控矿的认识。

（3）通过综合分析湘潭成锰沉积盆地结构、控盆构造，研究认为湘潭成锰沉积盆地为发育于雪峰次级裂谷盆地北缘的强烈裂陷盆地，主要受控于北西向常德—安仁同沉积岩石圈转换断裂、城步—新化（桃江）同沉积岩石圈断裂及北西向新化—双峰同沉积断裂，总体呈北西西向展布，改变了湘潭成锰沉积盆地呈北东向展布的认识，为未来锰矿勘查工作提供了新思路、新空间。

（4）采用先圈成锰盆地→预测区→再划最小预测区→优选靶区→深部验证的找矿思路，取得了较好的找矿效果。通过南华系含锰岩系的地层划分对比、大塘坡期岩相古地理、同沉积断裂与成矿的关系、南华系锰矿典型矿床等方面的综合研究，系统总结了不同类型南华系锰矿的成矿模式、成矿要素及成矿规律特征，共划分出 4 个 Ⅳ 级成矿带、12 个 Ⅴ 级成矿区，圈定 43 个最小预测区，对 9 个优选区进行了验证，其中 5 个优选靶区验证结果符合预期，新探获锰矿石 333+334 资源量约 1000 万吨，验证了区内古聚锰槽盆及其相带在现代（成矿期后改造后）的分布部位、范围，找矿效果明显。

（5）采取预测成果→快速验证→成果修正的预测方法，提高了矿产预测成果的可信度。通过 9 个优选靶区验证后，对 4 个最小预测区的范围依据验证钻孔及剖面进行了重新圈定，对 2 个最小预测区的矿床垂深进行了重新计算，重新定量估算了锰矿石远景资源量，使最小预测区的范围及锰矿层的延深更加符合实际，较好地践行了科研与调查相结合、研究成果及时指导生产的工作原则。

（6）在预测研究成果的基础上，通过经济条件、环境等因素综合分析，提出了锰矿工作部署建议，较好地完成了目标任务。

三、成果应用及转化情况

利用该项目成果部署并实施了"上扬子东南缘锰矿资源基地综合地质调查"，新增推断的锰矿石资源量 859 万吨；部署并实施了"湖南省洞口—靖州一带锰矿矿集区矿产地质调查"，新增锰矿资源量 391 万吨。新增中型锰矿产地 4 处，取得了较好找矿成果。

四、重要奖项或重大事件

该专题促进了湘西—滇东地区矿产地质调查工作，并取得较好找矿效果，"湘西—滇东地区矿产勘查科技创新与应用"被中国地质学会评为 2019 年度"十大地质科技进展"。

第二十七章 锰矿工业利用研究

本章共收录了 8 个锰矿开发利用研究类项目，主要为冶金部地质局和冶金地质总局及所属局院安排的研究项目，重点反映冶金地质部门在锰矿石物质成分、锰矿石中锰磷的物相分析方法、锰矿物及其成因矿物学等方面的研究成果或新发现。这些成果为锰矿的成矿作用和工艺矿物学研究提供了基础资料。

第一节 高磷锰矿利用途径研究——物质成分研究

一、项目基本情况

"高磷锰矿利用途径研究——矿石物质成分研究"为 1985 年冶金部地质局招标的重点科研专题。专题主要的目的任务是以锰及磷两个元素为研究重点，通过大量的资料积累和野外工作，结合各重点矿床，对锰矿石中锰与磷的时空分布特征、锰磷含量的相互关系、高磷锰矿石的元素组合、矿物种类及特征、赋存状态和锰磷分离的可能性进行系统研究，查明高磷锰矿石物质成分特征，为高磷锰矿的利用提供基础资料。

专题承担单位为冶金部中南冶金地质研究所。工作起止时间为 1985 年 4 月~1986 年 12 月。专题负责人为姚敬劬、郭天福，专题主要完成人员为姚敬劬、郭天福、杨长秀、曾沂、申国华、吕睿等。

二、主要成果

专题通过对面上重点高磷锰矿区的野外调研、采样试验及对点上长阳古城锰矿的专门性的物质成分研究后取得如下主要成果：

（1）查明了我国锰矿中磷分布的时空规律，磷在不同类型矿床中的分布，与其他元素的相互关系及影响矿石含磷量的主要地质地球化学因素，为全面掌握含磷特征提供了系统的资料，并指出湘中地区是高磷中找低磷的有望区。

（2）查明磷在矿床中分布的三度空间上的变化规律及其与锰品位变化的关系后，提出震旦系高磷锰矿床中磷锰总体共生，但在一定范围内和一定程度上存在着自然分离现象，为在高磷锰矿中圈出低磷块段提供依据。

（3）查明了古城锰矿中磷的赋存状态、磷锰关系及分离的可能性。通过多种物质成分研究手段，对矿石中各种状态的磷做了定量平衡，为今后的选矿试验提供了依据和指明了方向。

（4）对古城锰矿进行了探索性强磁选。原矿经脱泥后分级选别，获得综合精矿锰品位为 24.80%，作业回收率为 93.38%，脱磷率为 50.34%，再经黑锰矿法可获得合格产品，为今后正规选矿试验提供了实际材料。

第二节　锰矿石中锰磷的物相分析方法研究

一、项目基本情况

"锰矿石中锰磷的物相分析方法研究"课题为冶金部地质局 1985 年招标项目。该课题包括"锰矿石中锰的物相分析"和"高磷锰矿中磷的赋存状态分析"两个研究项目。

课题主要任务是制定一套系统的锰矿石中锰磷的物相分析方法，以便为我国锰矿资源的地质经济评价和选冶工艺研究提供必要的依据。

课题承担单位为冶金部中南冶金地质研究所。工作起止时间为 1985 年 4 月 ~ 1986 年 12 月。专题负责人为唐肖玫，专题主要完成人员为唐肖玫、张英盛、付仅珠、王凯。

二、主要成果

该课题在对国内外锰矿石物相分析资料进行全面了解、综合和比较的基础上，详细地对选出的多种含锰单矿物以多种溶剂（或结合灼烧、磁选等）分别进行试验、对比，优选出选择性好的溶剂，并向两个或多个单矿物的混合物或样品中加入单矿物进行测定，验证了所制定的分析条件和测定方法的准确性、精密性和适用性，制定了一套系统、完善的锰、磷相态分析和赋存状态分析方法，并初步用于生产实践，达到了预期效果。

（1）所制定的锰物相分析方法可测定矿石中碳酸锰、氧化锰、硅酸锰、硫化锰的含量；菱锰矿与锰方解石的含量；二价、三价及四价锰的含量；提出了新浸取剂、新方法三个，分析质量达到原设计指标要求。经试投产应用，已完成矿床室、物探室、选矿室等部门的试样 221 件，合格率达到 99%，效果较好。

（2）高磷锰矿中磷的赋存状态分析方法的建立，填补了国内空白，所制定的分析流程，可以分析游离磷矿物中磷的含量、碳酸锰矿物中磷的含量、氧化锰矿物中磷的含量、硅酸锰矿物中磷的含量。方法投入试生产，30 个测试数据，质量全部合格。

实践表明，锰矿石中锰磷相态分析和赋存状态分析方法的建立，对于推动我国锰矿勘查及资源合理利用具有重要作用。

该项研究成果获得了冶金部科技进步奖四等奖。

第三节　四川省金口河区大瓦山锰矿微相研究

一、项目基本情况

该项目是"西南地区低磷富锰矿成矿规律及成矿预测"项目的专题之一。专题主要任务是从岩石学角度对沉积成岩环境的标志进行研究，分析微相特征，建立微相模式；研究成矿机理，指出锰矿建造的矿物标志，预测矿体侧伏方向和盲矿体，指导锰矿深部评价工作。

专题承担单位为冶金部西南冶金地质勘探公司 609 队。工作起止时间为 1986 年 1 月 ~ 1987 年 8 月。项目在完成大量区域相剖面岩矿鉴定及矿区系统岩矿鉴定的基础上，完成光薄片鉴定 469 件，岩石化学全分析 40 件，矿石化学全分析 10 件，扫描电镜 6 小时，电子探针 32 件，反射率测定 11 件，矿物硬度测定 11 件，X 射线分析 14 件，古藻化石鉴定 13 件等。专题负责人为王杏芬，主要完成人员为王杏芬、吴文等。

二、主要成果

（1）查清了矿石质量与藻类的依附关系：首次提出了藻控锰矿的新认识，藻类越富集，锰含量越高；只是因结晶作用或矿化作用，难以确定藻类的属种名称，所以只能将矿石的藻组构称为藻迹形态。

（2）基本查清了矿石的物质组分（包括矿物组分和化学组分），并提出了在沉积—成岩（成矿）过程中锰矿物相转变的认识。

（3）确定了锰矿体是藻类营造岩与（生物）化学沉积岩的复合体，称为藻类岩礁；呈丘状、透镜状、豆荚状隆起，在沉积相的序列中是个微相实体。藻类岩礁又可分成富藻微相、贫藻微相、（生物）化学沉积微相三个组成部分。

（4）查清了矿体顶、底板（即藻类岩礁的基底和盖层）的沉积环境。

（5）阐述了矿床成矿机制，建立了大瓦山锰矿床的微相模式和轿顶山、大瓦山锰矿床的成矿模式。

（6）初步圈出了矿区东南深部和北东侧伏方向上的两个预测地段，为进一步寻找隐伏矿体提供了一定的依据。

第四节　滇西、滇南锰矿床（点）锰矿石类型及锰矿物研究

一、项目基本情况

我国"滇西、滇南锰矿床（点）锰矿石类型及锰矿物研究"是配合"滇东南地区中三叠世法郎组优质富锰矿成矿地质条件及找矿方向"这一专题，天津地质研究院设立的"七五"锰矿地质科研课题。主要的目的任务是开展滇西、滇南锰矿床（点）锰矿石类型及锰矿物研究，对难度较大的物质成分研究总结出一套工作方法。

课题承担单位为天津地质研究院，参加单位为西南冶金地质勘探公司、昆明地质调查所、鹤庆锰矿、昆明冶金研究所。工作起止年限为 1986 年 3 月~1988 年 5 月。课题选择斗南锰矿、白显锰矿、麻栗坡、大平寨、咩哺、马扒岭、小天井、武君山等锰矿床（点）进行比较详细的物质成分研究，共采集标本 360 块，光薄片鉴定 300 片，X 射线衍射分析 100 个，电子探针分析 100 个，差热分析 100 个，物相分析 20 个，化学分析 60 个，直读光谱分析 45 件，中子活化分析 4 件，原子吸收分析 14 件，稳定同位素分析 3 件。课题负责人为杨玉春，主要完成人员为孙末君、马凤俊、田淑贤等。

二、主要成果

（1）滇西与滇南锰矿属于两个不同的成锰期；不同成锰期的沉积环境、岩相古地理条件的差异，造成锰矿类型与矿物系列组合不同。

（2）发现滇东南地区存在有一种未定名的铁锰矿物，其成分与方铁锰矿相似，但结构有异；在滇西首次发现了锰铁矿、含锌锰矿（暂定名，有可能为新的锌—锰矿物）、锌

铁尖晶石、粒硅锰矿、锰铝蛇纹石、锰镁绿泥石。

（3）在滇西锰矿建立了锰矿物的演化系列及其变化规律，从而为解释矿床成因及进一步找矿提供基础资料。

（4）通过对锰矿物质成分研究总结了一套新的工作方法，为今后进一步工作和研究提供了方法研究资料。

（5）提交了附件《锰矿物类别、研究方法及找矿意义》和218种矿物鉴定表。

第五节 湖北团山沟高磷高铁贫锰矿的利用途径研究

一、项目基本情况

"湖北团山沟高磷高铁贫锰矿的利用途径研究"为1985年冶金部地质局招标的重点科研专题。专题主要的目的任务是针对湖北团山沟高磷高铁难选贫锰矿石，开展脱磷富锰方法、流程和影响因素试验研究。在此基础上，提出解决高磷锰矿石脱磷富锰及综合回收磷的问题的可行性方案，为我国同类高磷锰矿选矿提供经验。

专题承担单位为冶金部中南冶金地质研究所。工作起止时间为1985年4月~1987年9月。专题负责人为苏恩清，专题主要完成人员为苏恩清、赵利红、陈寿云、李桂玲、贺爱平、刘陶梅、朱桂英等。

二、主要成果

（1）确认团山沟锰矿石属于难选矿石。湖北团山沟锰矿石含锰较低（19.08%），矿石物质组成、结构构造极其复杂，彼此镶嵌，颗粒微细（在10μm以下）。矿石除具贫、细、杂、泥特点外，含磷、铁杂质高（含P 2.48%，Fe 6.39%），属高磷高铁锰矿石，是锰矿选矿领域的一大难题。

（2）改善矿的流程方法和基本工艺条件，效果显著。解决了高磷锰矿石脱磷富锰及综合回收磷的问题，为同类型高磷锰矿选矿提供了经验。

（3）试验获得了令人满意的技术指标。闭路试验指标：锰精矿含锰26.68%，回收率81.78%，磷精矿含五氧化二磷28.91%，回收率81.70%，杂质符合规范。开路试验指标：锰精矿含锰26.88%，回收率77.92%，磷精矿含五氧化二磷27.49%，回收率78.10%，锰精矿 P/Mn = 0.0048，Mn/Fe = 2.47。

第六节 湖北孝感黄陂一带沉积变质锰矿床物质成分研究

一、项目基本情况

该专题是根据中南冶勘公司〔1988〕冶勘地字17号文设立并实施的。

专题研究内容是对孝感肖家湾和何家湾锰矿进行研究，查明矿床的锰磷赋存状态，各种矿石的矿物组合及空间分布变化规律、地球化学特征，提出工业利用可能性。

专题承担单位为冶金部中南冶金地质研究所。工作起止时间为1988年4月~1988年12月。专题负责人为姚敬劬，专题主要完成人员为姚敬劬、郭天福等。

二、主要成果

（1）查明了何家湾、肖家湾两矿区的物质成分、矿石结构构造及锰、磷、铁的赋存状态，结合探索性选矿资料，认为矿石中的锰、磷、铁是可以分离的，对矿石利用可能性作出肯定性的结论。

（2）研究了团山沟锰矿原生矿石的物质组成、矿物组合的空间变化规律，并深化了鄂东北地区沉积变质锰矿床物质成分的研究，对团山沟锰矿选矿提出了改进选矿指标的建议。

（3）总结了沉积变质锰矿床的物质组成特征，阐明了主要有用组分在变质、表生作用中的变化规律，地球化学特征和对矿石性质的影响。

（4）研究结果认为，该区锰矿与国内其他类型高磷锰矿相比，属于通过较简单的机械选矿就可以利用的锰矿，具有工业价值。

第七节　湖南大屋含磷松软氧化锰矿石选矿试验

一、项目基本情况

"湖南大屋含磷松软氧化锰矿石选矿试验"为中南冶金地质勘探公司以〔1989〕冶勘科字 28 号文下达的课题，课题的目的是在前期完成"湖南永州大屋松软氧化锰矿石选矿研究"的工作基础上，深入试验，提高锰精矿品级和回收率，降低磷锰比，在实验条件下，进行烧结试验，从而确定大屋含磷松软氧化锰矿石工业利用的可能性。

专题承担单位为冶金部中南冶金地质研究所。工作起止时间为 1989 年 2 月~1989 年 11 月。专题负责人为缪锋，专题主要完成人员为缪锋、彭俊超、张仁平等。

二、主要成果

（1）查明了原矿的物质组成及基本性质：原矿含锰 23.4%、磷 0.12%、铁 8.25%。主要含锰矿物为硬锰矿-锰土类，少量铁硬锰矿、钙硬锰矿、软锰矿、黑铁锰矿、菱锰矿等；脉石矿物有伊利石、蒙脱石、高岭石、石英等。矿石松软，孔隙发育，硬度低。多呈土状，含泥量大。锰矿物颗粒细小，多低于 $30\mu m$。属于难选中磷高铁锰帽型松软氧化锰矿石。

（2）重点进行了选矿方案对比试验，研制了洗矿—选择性碎解分级富集锰—强磁选相结合的选矿工艺，其选矿指标较 1987 年研究结果有较大提高，选矿流程更完善合理。其锰精矿品位达到 30.32%，回收率 84.55%。经焙烧后锰精矿品位达到 35.81%，含磷 0.113%、含铁 8.86%，符合 YB/T 319—1963 冶金用锰二级精矿要求，烧结矿具有满意的强度和适宜的化学组成，是冶炼硅锰合金、锰质铁合金，尤其是碳素锰铁的优质原料。

第八节　湘中—桂西低品位锰矿锰氧化物环境矿物学研究及应用

一、项目基本情况

"湘中—桂西低品位锰矿锰氧化物环境矿物学研究及应用"专题为中国冶金地质总局矿产资源研究院自主研究项目。研究范围为湘中—桂西低品位锰矿。研究任务为湘中—桂西地区典型锰矿床氧化矿石类型及矿物成分分析；主要锰氧化物的矿物学及晶体化学特征研究；对锰氧化矿物进行改性处理，探索其作为吸附材料的环境价值及意义；初步探讨典型锰氧化矿物在环境方面的应用前景。

专题由中国冶金地质总局矿产资源研究院承担，专题经费 40 万元。工作起止时间为 2019 年 6 月~2020 年 12 月。专题负责人为赵立群、牛斯达，主要完成人员为牛向龙、吴华英、陈彤、周起凤、张敏、莫凌超等。

二、主要成果

（1）明确了湘中—桂西地区典型锰矿床氧化矿石矿物成分。湘潭锰矿氧化矿主要矿物组成为锰钾矿、褐铁矿及石英，多呈隐晶质集合体，有时见自形-半自形粒状结构，主要为他形，多呈网脉状、鲕状或同心环状、浸染状构造等。锰钾矿在反射光下呈灰白、淡绿色反射色。主要元素含量为：Mn 53.49%~81.28%，O 12.13%~29.29%，K 3.05%~6.59%。此外还有少量 Si、Al、Fe 等元素。下雷锰矿氧化矿主要矿物组成为软锰矿、黑锰矿、方锰矿、褐铁矿、锰钾矿和石英，多呈隐晶质集合体，网脉状、鲕状或同心环状构造等。软锰矿镜下呈灰白色、浅黄色，隐晶质的软锰矿与黑锰矿、铁的氧化物（褐铁矿）及氢氧化物构成紧密连晶，集合体呈环带状构造。主要元素含量为：Mn 59.85%~68.73%，O 31.27%~33.87%。此外还有少量 Si、Al、Fe、Mg 等元素。下雷样品中锰钾矿的主要元素含量为：Mn 67.65%，O 29.81%，K 2.54%。与湘潭样品中的锰钾矿相比，钾含量偏低，需要进一步做探针分析来确定其化学式组成。

（2）计算了主要锰氧化矿物的晶胞参数。针对此次研究所采集样品，湘潭锰矿矿石矿物主要是锰钾矿，下雷锰矿矿石矿物主要是软锰矿。采用 Rietveld 单晶进行晶胞参数精修，锰钾矿为单斜晶系，晶胞参数 $a_0 = 0.993(\pm0.006)$nm，$b_0 = 0.287(\pm0.002)$nm，$c_0 = 0.97(\pm0.006)$nm，$\alpha = 90°$，$\beta = 90.3643°$，$\gamma = 90°$；软锰矿为四方晶系，晶胞参数 $a_0 = 0.441(\pm0.001)$nm，$b_0 = 0.441(\pm0.001)$nm，$c_0 = 0.287(\pm0.001)$nm，$\alpha = 90°$，$\beta = 90°$，$\gamma = 90°$。湘潭锰矿锰钾矿发育最好的一组晶面为（211），晶面间距 $d = 0.246$nm。

（3）初步探讨了天然氧化锰矿石环境净化性能：

1）制备工艺简单，简单破碎、重选即可获得具备环境净化能力的含锰钾矿天然矿物材料，经该工艺处理过的天然矿物粉末，与不经处理的原石矿物相比，甲醛、TVOC 去除率均可提高 30% 左右，且该材料组分均为安全无毒的天然矿物原料。

2）使用方便，不受温度及光照的限制，在室温及自然光条件下就可吸附、分解空气内的甲醛和 TVOC；使用安全，可将甲醛分解为二氧化碳和水，不产生二次污染物。

3）可重复使用，当甲醛吸附分解性能下降时，简单通风光照即可恢复活性，再生过程无二次污染物生成，居家必备，经济环保。

4）价格低廉，效果明显。氧化锰矿价格低廉，每吨原矿不超过 1000 元，经破碎、重选后获得的含锰钾矿天然矿物粉末与市售合成锰氧化物甲醛分解毡相比（实验样品：含锰钾矿天然矿物粉末锰含量 50%，质量 35g；甲醛分解毡为 100% 合成水钠锰矿，质量 16g），具有相近或者更高的甲醛、TVOC 去除率（310min 后，50% 锰含量的含锰钾矿天然矿物粉末去除率超过市售合成锰氧化物甲醛分解毡）。

三、成果应用及转化情况

该项目已申请并获批总局科技创新项目"基于天然矿物复合材料的甲醛净化产品研发"1 项。

四、重要奖项或重大事件

该项目已申请国家发明专利"一种吸附分解甲醛和 TVOC 的方法"1 项。

第二十八章　锰矿勘查技术研究

本章共收录了 4 个锰矿勘查技术研究类项目，为冶金部地质局部署的研究项目，主要反映冶金地质部门在锰矿地质勘查技术研究方面的成果。

第一节　闽西南—粤东北地区锰矿床类型成矿系列及氧化锰找矿问题

一、项目基本情况

该项目为冶金部地质局 1984 年下达的锰矿地质科研项目，项目研究区为闽西南—粤东地区，包括福建永安、连城、上杭、大田、龙岩、永定、武平和广东蕉岭、梅县等九个县域，面积约 3 万平方千米。

课题以氧化锰矿作为重点找矿研究对象，主要研究内容为晚古生代—早三叠世地层中的含锰层位、性状及其找矿意义；氧化锰矿床的成矿条件和区域勘查标志；热液叠加（改造）锰矿的控矿因素和找矿前景。

专题承担单位为冶金部天津地质研究院。工作起止时间为 1984 年 1 月～1986 年 11 月。项目完成矿区调查 56 个，地层剖面 30km（8 条），1：500 实测剖面 120.6m（1 条），X 射线衍射分析 15 件，包体测温 34 件，光薄片鉴定 662 件，光谱半定量分析 33 件，电子探针 89 件，差热分析 48 件，X 射线分析 122 件，物相分析 90 件，简项分析 59 件，岩矿多元素分析 165 件，钻孔观察 23 个孔等。专题负责人为黄金水，专题研究人员为黄金水、汪璧忠、马凤俊等。

二、主要成果

通过对全区 56 个矿床（点）的野外地质调查、区域对比，以及多种岩矿测试所获地质资料的统计分析和综合研究，查明了区域主要含锰层位、成锰期和矿床（或矿石建造）成因类型，提出了闽西南—粤东华力西—印支断裂坳陷带锰矿的矿床成因序列模式，总结了工业氧化锰矿床的主要控矿因素、找矿远景和若干勘查准则。

（1）在闽西南—粤东华力西—印支断裂坳陷的长期地质地史演化过程中，形成了一组由原始沉积含锰矿源层—接触热变质和热液叠加（改造）锰矿—表成氧化锰矿构成的矿床成因序列，它们在不同地区，可形成复杂多样的共生组合型式。

（2）在晚古生代—早三叠世多层原始沉积的含锰地层单位（矿源层）中，最主要的含锰层位和岩石建造是下石炭统林地组的顶部的含锰泥砂—碎屑岩建造、中二叠统栖霞组上段的含锰—钙泥硅质岩建造和中二叠统文笔山组下部的菱锰矿结核（条带）—Mn、Fe、P 黑色砂页岩建造；中生代的印支—燕山构造—岩浆热液接触变质和热液叠加（改造）作用，主要形成了锰榴石英岩矿石建造、含锰矽卡岩—热液铁、多金属矿化和蔷薇辉石、硫锰矿、菱锰矿矿床。其中，含锰矽卡岩—热液矿化蚀变岩石则又构成了表成氧化锰矿的第二类矿源层。

（3）氧化锰的成矿作用，可能始于晚白垩世末到第四纪（全过程）的表成氧化作用。这种表成氧化作用，可能包含着渗流地下循环热水氧化作用和表生风化作用两种相互联系的成矿机制。氧化锰的成矿物质主要来自原始沉积矿源层，及含锰矽卡岩—热液矿化蚀变岩石。主要控矿因素包括矿源层中的含锰岩石性状、断裂构造和侵入体接触带，以及表成氧化作用的发育程度。项目研究报告将这类矿床类型称之为"层控表成氧化锰矿床"，并按其成因-产状关系，划分为三类：1）氧化残余矿床（原地形、层状、似层状、囊状和锰帽）；2）氧化淋滤—淋积矿床（准原地形，近距离迁移淋积的矿体）；3）表生风化残坡积矿床（机械剥蚀再搬运为主的，碎屑—壤土层中的矿体）。它们在空间上可形成各种不同的共生组合形式。

（4）氧化锰是该区锰矿床成因演化序列的最终产物，特点是矿点多、分布广泛，往往成区（带）丛集。在全区已探明的近700万吨的地质储量中，低磷和中低磷锰矿石占绝大部分，其中不乏相当比例的低铁富锰矿，而且适合地方矿山和乡镇群采。因此，它们在全国氧化锰矿石的生产中，具有"小而富"的优势，无疑应作为该区锰矿勘查和矿山生产开发的重点对象。

（5）林地组顶部含锰泥砂碎屑岩、栖霞组上段含锰硅质岩及各类含锰矽卡岩热液矿化蚀变岩石，是勘查氧化锰矿的重点对象。重点勘查区应优先选择在兰桥—庙前—丰图蛮、麻坝—安乡—庐阴、小淘、宝坑—大华、蕉岭新铺等主要锰矿产区的边深部和外围，以及建爱—铭溪、竹子板—马坑、宝山岗—白沙坪等已知氧化锰含锰矽卡岩热液铁多金属矿化区（带）。

（6）氧化锰矿勘查应突出"含锰层位加断裂构造找矿"的原则，深入研究和不断完善锰矿床的成因序列构式和矿床共生组合形式，以及层控表成氧化锰矿床等概念模式，同时氧化锰矿石的矿物和结构构造类型，以及矿石中锰、铁、磷、铅、锌、钴、镍等元素的组合特征和量比关系，应是判别矿源层和进行矿床评价的有用参数。

（7）研究区锰矿勘查要首先着眼于"小而富"或"小而优"的特点，从已知氧化锰矿的主要产区入手，加强综合研究、并实施"区域地质调研（综合对比）与就矿找矿相结合、以就矿找矿为主"的勘查计划。

第二节　电法找锰研究

一、项目基本情况

"电法找锰研究"课题为冶金部地质局1985年招标项目。

课题主要目的是对广西的大新、木圭、同德、平乐及湖南的桃江响涛源五个沉积型锰矿床及棠甘山沉积改造型锰矿床开展岩矿石电性、磁性、密度等物性特征及其物探方法的应用与研究，以探讨应用电法寻找沉积型锰矿的有效性，为锰矿资源勘探提供新的手段。

课题承担单位为冶金部中南冶金地质研究所。工作起止时间为1985年4月~1986年12月。专题负责人为郑达源，专题主要完成人员为郑达源、龙泽瑞、刘淑英、杨立增、陈石羡、曹振峰。

二、主要成果

该专题测试了大量的各种类型的锰矿石及其围岩标本的物性参数（电阻率、极化率、磁化率、密度、复电阻率、幅频、相频特性、饱和磁化强度、剩磁、矫顽力等），对影响电参数测定结果的某些因素进行了详细的探讨和试验。在实验室条件下，其电性测试结果是可靠的，电性参数的测试方法和技术具有国内先进水平。

（1）系统研究了我国沉积型、沉积改造型锰矿床岩矿石电性、磁性及密度分布特征。在此基础上，总结出不同成因类型的锰矿床中不同矿石类型野外工作相应投入的物探找锰方法。

（2）利用岩矿石物性的一次、二次及组合标志，建立了一整套较为完整和系统的岩矿石有用信息提取方法，以及建立不同成因的锰矿床"物性模式""电性模式"的方法。

（3）除摸索出一套较系统完善的岩矿石电性测试技术（包括夹具）方法外，对粉样电性测试问题进行了一定程度探讨，不仅进行了野外实测电法找锰方法有效性的实验，还针对野外生产实际存在的问题（如木圭矿区未能取得激电效果）开展了理论计算，找出了原因，提出了解决办法。

（4）根据电性差异及理论计算结果和实测工作证明用激发极化法可发现具有一定规模的氧化锰矿及某些沉积改造型锰矿。

（5）原生锰矿石与围岩没有明显电性差异，但有一定磁性差别。该差异可在一定规模、一定埋深的矿体上引起几十纳特磁异常。该结果为用高灵敏度磁测仪器进行高精度磁测寻找原生锰矿奠定了基础。

（6）除对常规参数进行岩矿石测试研究外，还研究了其他如磁滞回线、电极电位、幅、相频特性等参数，其结果表明：不同锰矿石其幅、相频特性有明显差异，其他电性参数无明显差异的沉积锰矿石在高频段（10^6Hz）幅、相频有良好反应，为电磁法寻找该类矿石提供了试验研究任务。

（7）探讨出克服供电电极接地电阻大、提高观测质量、有利于发现异常的"双AB法"，可在生产中试验与应用。

（8）室内模拟试验摸索出最佳装置"三极"和"中梯"适用于野外工作。

第三节　氧化锰矿激电异常评价方法研究

一、项目基本情况

"氧化锰矿激电异常评价方法研究"是由科研人员深入找矿第一线进行调研，经详细地论证后立项，并逐级申报的一个重要课题，旨在解决闽—粤地区氧化锰矿激电异常与黄铁矿化、炭质岩层、风化辉绿岩等非矿激电异常的区分问题，建立激电异常评价准则和氧化锰矿与非矿的区分标准。该项目历时3年（1988～1990年），由冶金部物勘院物化探研究所和冶金地质勘查二局二队协同完成。其间，该项目1988年为物勘院项目，1989～1990年升格为冶金部重点科研项目（1989冶地技字37号文）后又纳入国家计委下达的地质行业攻关项目"扬子准地台周边低磷优质锰矿成矿条件和成矿预测研究"。

　　课题目的任务是通过参数测定、模型实验和理论研究，结合锰矿区地质成矿规律，在方法试验的基础上，开展激电异常和锰矿点评价工作，最终提出一套能成功地区分氧化锰矿和风化辉绿岩、铅锌矿、黄铁矿化岩层、炭质岩层等非锰矿引起的激电异常的评价方法和判别准则。目的就是解决闽—粤地区存在多年的激电异常评价和矿与非矿区分的难题，并为其他地区提供具指导和参考意义的方法技术。该项目在大水槽中，研究了极化体大小、埋深、产状、围岩电阻率、介质温度、测点位置、极距大小、装置类型对衰减特性的影响，共测得衰减曲线约 500 条。模拟了三种地电情况，一是水平叠加，左边为高频特性极化体模型，右边为低频特性两种极化体模型；二是浅部为高频特性，深部为低频特性两种极化体的垂向叠加；三是浅部为低频特性，深部为高频特性两种极化体的垂向叠加，进行了变脉冲衰减测量。标本参数测定约 120 块。先后在福建连城、永安、武平、大田、广东梅县，做了 7 个已知锰矿点、3 个已知风化辉绿岩点、4 个已知黄铁矿化和铅锌矿点的变脉冲衰减测量的方法试验，共做剖面 10 条，测深点 12 个，测得衰减曲线 225 条。锰矿点评价 4 个，异常评价 6 个，共做剖面 30 条，测深点 19 个，测得衰减曲线 330 条。此外，还采化探次生晕样 92 件。对所测的衰减曲线进行了 Cole-Cole 模型反演拟合，共处理了约 650 条。对获得的衰减曲线基本都计算了 Tf、KD 和 SB 值。

　　课题负责人为吴孝国，主要完成人员为丁倪洪、闫恕、徐宁、张新功、陈颂平、林祥敏、黄风清、郑开森等。

二、主要成果

　　参数测定结果表明，氧化锰矿的激电二次场衰减较黄铁矿化、风化辉绿岩慢。通过对模型实验结果的分析研究，提出了"激电变脉冲衰减法"，并拟定了以该方法为主，配合其他综合方法进行异常评价的研究思路。在大水槽中研究了埋藏极化体上衰减特性的变化规律，使资料的解释推断有了依据；编制了时域激电谱 Cole-Cole 模型的正反演程序；对全时域激电场的正演理论问题作了有益的探讨。与冶地二局二队一起，在闽粤地区的一些主要锰矿区开展了已知矿和非矿的激电变脉冲衰减法的方法试验和异常评价工作，达到了预期目的。

　　该项目成果能直接指导和应用到闽粤地区氧化锰矿激电异常的评价工作。对于其他地区，由于人力、物力和工作时间所限，虽然未能开展野外工作，但通过对广西大新锰矿浅部氧化锰矿石标本的测定，表明氧化锰矿与黄铁矿存在明显的激电二次场衰减特征的差异。因此认为结合矿区的具体地质条件和其他物化探资料，利用激电变脉冲衰减法评价氧化锰矿激电异常具有一定的普遍意义。

三、成果应用及转化情况

　　1988 年提交异常验证建议书四份；1989 年提交一份模型实验工作小结和一份野外工作小结；1990 年提交了总体研究报告。

　　发表文章《柯尔-柯尔模型时域激电谱的正反演方法及应用》《全时域激电场正演问题的探讨》《时域激电中的变脉冲衰减测量及其在氧化锰矿激电异常评价中的应用》和《时域激电中的变脉中衰减测量及利用激电谱进行异常评价问题》。

　　项目研究过程中应用研究的方法对福建永安上石、长汀县中复、武平县罗坊角、广东梅县建新等地的 10 个锰矿点或异常进行评价预测，取得了预期效果，证明了方法的有效性。

经冶金部组织国内同行专家评审，认为该研究成果有创新，在锰矿激电异常评价方法方面具有国内领先水平。

方法的推广应用可提高氧化锰矿激电异常评价解释的技术水平，提高钻探的见矿率，减少工作量，从而提高地质找矿的经济效益。

四、重要奖项或重大事件

《柯尔-柯尔模型时域激电谱的正反演方法及应用》一文发表在 1989 年的《地质与勘探》杂志第 9 期。

《全时域激电场正演问题的探讨》一文在 1989 年的物化探研究所学术讨论会上宣读，并获得二等奖。

《时域激电中的变脉冲衰减测量及其在氧化锰矿激电异常评价中的应用》一文，在保定 1990 年冶金物化探学术讨论会上宣读，获得好评。

《时域激电中的变脉中衰减测量及利用激电谱进行异常评价问题》一文在中国地质学会首届青年勘探地球物理工作者学术讨论会上宣讲，并荣获优秀论文三等奖。

第四节 扬子地台周边及邻区优质锰矿勘查方法技术及应用研究

一、项目基本情况

"扬子地台周边及其邻区优质锰矿勘查方法技术及应用研究"是冶金部"八五"重点科研项目"扬子地台周边及其邻区优质锰矿成矿规律及资源评价"的二级课题，课题编号 85-02-05，由扬子地台西缘物探、化探、遥感地质和数学地质四个三级专题组成。

课题研究的目标任务是总结一套适用于优质锰矿勘查的地球物理、地球化学、数学地质及遥感地质有效方法技术及找矿模型，并用模型进行成矿预测。

该课题由冶金部地球物理勘查院负责，参加单位有冶金部西南地质勘查局 605 队、科研所，冶金部遥感中心，北京科技大学，冶金部中南地质研究所，冶金部中南地勘局 606 队。工作起止年限为 1991~1995 年。该项目在广泛收集扬子地台周边及其邻区有关优质锰矿的地质、物探、化探、遥感资料的基础上，对主要类型优质锰矿的典型矿床包括云南的鹤庆、勐宋、巴夜、石屏、斗南、白显、湘中的桃江、广西的下雷、龙头、湖润（木圭）、陕西史家院等 11 个矿床做了大量野外工作，并收集到闽粤永梅地区的兰桥等锰矿的物化探资料，取得了大量丰富的实际资料，其中化探采样达 7000 多件，化探数据达 12 万多个。物探的物性参数测定标本达 2749 块，完成了 24000 多个物理点的测量，取得了 3 万多个物探参数数据。课题负责人为李色篆、侯景儒、朱礼，主要研制人员为李色篆、李惠、侯景儒、朱礼、孙凤州、吴孝国、刘智光、王敬臣、周志强、梁世全、李宏、汪西鸣、张树泉、丘荣蕃、肖浙海等。

二、主要成果

（1）总结了扬子地台周边及其邻区优质锰矿的区域地球物理场特征及标志，典型矿床区域地球化学背景和遥感地质特征及标志，为优质锰矿区域预测提供了方法和依据。

（2）开拓了一套适于优质锰矿从普查—详查—勘探的地球物理、地球化学、遥感地质、数学地质新方法、新技术。

1）物探采用了最新的理论和国内外最先进的仪器设备，提高了物理参数测定、物理场测量的精度，开发出了提取综合微弱信息的技术，提高了优质锰矿勘查能力。研究了寻找隐伏构造、含锰岩层及确定优质锰矿体赋存空间的新方法。

2）化探首次全面系统地研究和总结出了应用水系沉积物地球化学测量、土壤地球化学测量找锰的工作方法及技术。根据优质锰矿成矿机制和严格受含锰层控制的特点，总结出了优质锰矿含锰岩系、含锰层及含锰层中赋矿部位的地球化学异常特征及标志，并建立了异常模型。开拓了在森林地区应用植物地球化学找锰、在覆盖区应用土壤离子电导率找隐伏锰矿的新方法、新技术。

3）数学地质研制了一套解决锰矿地层学、岩石学、含锰岩系、控矿构造、成矿过程、矿床成因的最佳地质统计学和多元统计方法，研究了锰矿勘探类型和矿石级别划分、勘探网度和储量计算的最佳数学地质方法及从区域化探资料中提取优质锰矿信息的有效方法技术，提出某些锰矿区（带）锰矿资源潜力估计的方法技术。

4）遥感地质研制了一套高水平的适用于不同找矿阶段遥感图像处理微机软件包。总结出了应用遥感地质找锰解决有关地质、构造、含锰岩系的方法、标志。

（3）首次建立了优质锰矿地质—地球物理—地球化学—遥感地质—数学地质的综合找矿模型。在深入研究典型优质锰矿物探、化探、遥感地质、数学地质特征的基础上，分别建立了地球物理、地球化学、遥感地质、数学地质的找矿模型，而且在总结其共性的基础上，建立了综合找矿模型。

（4）提出了优质锰矿从概查—普查—详查—勘探不同找矿阶段各种方法的最佳组合谱系图，为今后优质锰矿的勘查方法选择提供了依据。

（5）提交了用于优质锰矿勘查的遥感地质、数学地质计算机软件包。

（6）在科研中密切结合找矿实际，应用所建立的找矿模型对某些锰矿带进行了资源量估计，提出了找矿远景区 6 个，找矿有利地段或找矿靶区 80 个。

三、成果应用及转化情况

提出了找矿远景区 6 个，找矿有利地段或找矿靶区 80 个，为优质锰矿勘查提供了依据。

四、重要奖项或重大事件

1997 年 12 月"扬子地台周边及其邻区优质锰矿成矿规律及资源评价"获冶金部科学技术进步奖特等奖（证书号：1997-001-1）；1998 年 12 月获得国家科学技术进步奖二等奖（证书号：04-2-004-01）。该专题作为其核心二级课题之一，为其获奖提供了主要成果支撑。

第二十九章　锰矿勘查部署研究

自 1982 年冶金部成立全国锰矿技术委员会以来，冶金部地质局和冶金地质总局一直承担着全国性铁、锰、铬矿地质工作及勘查部署研究，并参加国家铁、锰、铬矿勘查开发等相关规划的制定。由于冶金地质历经多次机构改革、人员变动，这类资料大部分无法收集，本章仅收录了 2000 年之后的 4 个全国性锰矿勘查及工作部署研究类项目，这些项目主要阐述了不同时期全国锰矿资源勘查开发现状、市场需求及预测情况、存在的主要问题、我国主要锰矿找矿远景区及资源潜力，以及据此提出的锰矿勘查（开发）部署方案和相关产业政策建议等，为自然资源部（或原国土资源部）制定产业发展规划、产业政策提供了基础资料。

第一节　我国铁锰铬矿产资源勘探现状、潜力及可供性分析

一、项目基本情况

"我国铁锰铬矿产资源勘探现状、潜力及可供性分析"为 2003 年中国工程院承担的"我国矿产资源可持续发展战略研究"的第四课题"黑色金属（铁锰铬等）矿产资源可持续发展战略"中的子课题。原冶金部副部长、中国工程院院士殷瑞钰同志任第四课题组组长，2003 年 2 月 11 日主持召开了"黑色金属（铁锰铬等）矿产资源可持续发展战略"课题组第一次全体会议，中国冶金地质勘查工程总局邢新田同志和冶金天津地质研究院侯宗林同志参加会议，会议确定将"我国铁锰铬矿产资源勘探现状、潜力和可供性分析"子课题，交由中国冶金地质勘查工程总局承担，并提出了意见、要求与时间进度。

中国冶金地质勘查工程总局成立了子课题组。子课题组顾问为闫学义；组长为邢新田；副组长为侯宗林、骆华宝；成员为王永基、苏思祥、孙启祯、李生元、李升福；秘书为徐叶兵等。课题五部分研究内容具体分工如下：第一部分，我国铁锰铬矿产资源现状，由王永基、李升福承担；第二部分，我国铁锰铬矿产资源类型及基本特点，由李生元承担；第三部分，我国铁锰铬矿产资源地质勘查工作，由苏思祥承担；第四部分，我国铁锰铬矿产资源找矿潜力分析与资源储量预测，由孙启祯承担；第五部分，我国铁锰铬矿产资源可供性与保障程度分析，由侯宗林承担。各部分完成后，由侯宗林负责编写《我国铁锰铬矿产资源勘探现状、潜力及可行性分析》报告，由邢新田负责编写报告的要点和摘要。通过一年的工作，2004 年 2 月底提交了研究报告。

二、主要成果

（一）我国铁、锰、铬地质资源现状

1. 资源储量

截至 2002 年底（包括表外储量，下同），我国累计查明铁矿资源储量 628.82 亿吨，

其中基础储量 261.84 亿吨,资源量 366.88 亿吨。全国保有铁矿产地 1995 处,保有资源储量 578.72 亿吨,其中基础储量 213.57 亿吨,资源量 365.15 亿吨。保有储量 118.36 亿吨。

全国累计查明锰矿资源储量 8.15 亿吨,其中基础储量 2.98 亿吨,资源量 5.18 亿吨。全国保有锰矿产地 237 处,保有资源储量 6.88 亿吨,其中基础储量 2.01 亿吨,资源量 4.87 亿吨。保有储量 1.30 亿吨。

全国累计查明铬矿资源储量 1383.2 万吨,其中基础储量 911.4 万吨,资源量 471.8 万吨。全国保有铬矿产地 54 处,保有铬矿资源储量 1010.9 万吨,其中基础储量 567.5 万吨,资源量 443.4 万吨。保有储量 231.8 万吨。

2. 资源特点

铁矿分布集中,全国 12 个省(直辖市)保有铁矿资源储量 498.47 亿吨,占全国总量的 86.13%,另据 2000 年统计,在 10 个重要铁矿资源集中区有矿产地 539 处,资源储量 344 亿吨,占查明铁矿资源储量的 63.3%。锰矿产地多、规模小,根据 2002 年统计,广西、湖南等 7 个省(市、自治区)锰矿保有资源储量占全国总量的 90.2%,主要集中在桂西南、桂平、湘中、滇东南、遵义、武陵山、川陕渝交界地区、辽宁朝阳等地区。铬矿主要分布于西藏、新疆、内蒙古、甘肃等地,截至 2002 年,其保有资源储量为 815.5 万吨,占全国总量的 80.67%。

铁矿工业类型多,最主要是"鞍山式"沉积变质型铁矿(290 亿吨)。锰矿主要类型是海相沉积型锰矿(3 亿吨),其次是风化型氧化锰矿(1.20 亿吨)。铬矿只有岩浆晚期成因类型矿床。

铁矿、锰矿贫矿多,富矿少;矿石组分复杂,含有害杂质高,选冶性能差;在查明的资源储量结构中,资源量多,储量、基础储量少;经济可利用性差或经济意义未明确的资源储量多,可经济利用的资源储量少;控制和推断的资源储量多,探明的资源储量少。

铬矿矿产地少,资源量小,矿石质量差。

(二)我国铁锰铬矿产资源可供性分析

1. 铁矿资源

我国铁矿石保有经济可采储量 18.36 亿吨,97.2% 为贫矿,铁矿石平均品位 33%,采选综合回收率平均 75%,铁精矿品位 64%,生产 1t 生铁需要消耗 1.55t 铁精矿,即生产 1t 生铁消耗原矿石 4.1t,而生产 1t 钢需要 0.95t 生铁。该项目预测 2005~2020 年我国铁矿山的年度产能约为 3 亿~3.5 亿吨铁原矿石。国家年度钢产量可稳定在 2.5 亿~2.7 亿吨,按照上述指标测算:(1)已探明的保有的经济可采储量可持续供应约 30 年;(2)国内目前铁矿石年采量,可满足年产钢 7500 万~8500 万吨;(3)2005~2020 年国内铁矿石产量的保障程度约为 30%~35%。

2. 锰矿资源

我国锰矿石保有经济可采储量 1.3 亿吨,平均品位 22%。目前生产 1t 钢需要 34.5kg 成品锰矿,国内成品锰矿品位 30% 以上,约 2t 原矿生产 1t 成品矿。该项目预测 2005~2020 年我国每年生产成品锰矿为 350 万~450 万吨,所需锰原矿石 700 万~900 万吨,国家年度钢产量可稳定在 2.5 亿~2.7 亿吨,按上述指标测算:(1)已探明的保有的经济的可采储量可持续开采 10~15 年；（2）国产锰矿石可供年产钢 1 亿~1.3 亿吨所需；（3）2005~2020 年国内锰矿石产量的保障程度为 45% 左右。

3. 铬矿资源

由于我国铬矿资源缺乏，因此，对目前保有的矿产地和资源储量应立即停止开采，作为战略储备。我国用于冶金所需的铬矿石几乎全部依靠进口，按我国不锈钢的产量约占年钢产量的 2% 推算，2005~2020 年，我国不锈钢年产量约为 500 万~540 万吨，生产 1t 不锈钢需要 0.45t 铬铁合金，生产 1t 铬铁合金需要 2.6t Cr_2O_3 达到 45% 以上的铬矿石。由此，可以测算出我国钢铁工业从 2005~2020 年每年需要进口冶金级铬矿石 500 万~600 万吨。

通过上述分析，我国铁锰铬矿产资源可持续供应的主要问题是：供需矛盾日益加剧，是铁锰铬矿产资源可持续供应的首要问题；地质工作滞后是制约我国铁锰铬矿产资源可持续供应的瓶颈；提高我国铁锰铬矿产资源利用效率和加强资源保护，是铁锰铬矿产资源可持续供应面临的突出问题。

（三）我国铁锰铬矿产资源潜力分析与远景预测

1. 资源潜力分析

（1）西部地区铁矿资源潜力大，东部地区在主要铁矿床的深部和外围仍有找矿潜力。在全国 21 个主要铁矿区带中，推断致航磁异常 1176 处，其中一半以上未做过检查，不少地区的低缓异常尚未查证；性质不明异常 1755 处，结合地质条件和成矿规律研究，重新检查和评价后有望获得一批新的铁矿资源基地；沉积变质型"鞍山式"铁矿是最有希望取得找矿突破的铁矿类型，与海相火山-侵入活动有关的铁矿床，是富磁铁矿石的主要来源。

（2）我国锰矿资源在桂西南等地有较大找矿潜力，广西、云南等地有望寻找更多的优质锰矿资源；海相沉积型锰矿找矿潜力大，是今后找矿的主要对象；应用地质勘查新理论、新技术、新方法，深化对地质成矿规律的认识，很有扩大铁锰铬资源储量的可能；依靠采选冶技术进步和提高矿山企业管理水平，加强资源综合利用研究，坚持综合开采、综合利用，降低成本，使难利用矿石转化为能经济利用的矿石。

2. 铁矿找矿远景区、主要靶区及资源量预测

我国 15 个铁矿找矿远景区的潜在铁矿资源为 378 亿吨，其中东部地区 6 个远景区 178 亿吨，西部地区 9 个远景区 200 亿吨。预计在全国 37 个重点铁矿找矿区段投入 $500000km^2$ 磁异常评价工作和 192 万米钻探工作量，可获得资源储量 96 亿吨，其中东部地区 40 亿吨，西部地区 56 亿吨。

3. 锰矿找矿远景区、主要靶区及资源量预测

在我国 12 个主要锰矿找矿远景区预测锰矿资源潜力为 4.3 亿吨，预计投入 $624000km^2$ 基础地质工作、10 万米钻探和 10 万米坑探工作量，可获得优质锰矿资源储量 2 亿吨。

4. 铬矿远景区与资源潜力分析

总体上我国铬资源紧缺，主要铬矿矿带有五条：雅鲁藏布江—狮泉河成矿带、班公错—丁青成矿带、西准噶尔成矿带、祁连山成矿带、内蒙古北部成矿带，均为我国重要的

铬矿找矿远景区。其中前两条铬矿成矿带的资源潜力较大，有望寻找和评价新的成矿区带，主要作为战略储备。

（四）提高我国铁锰铬矿产资源可供性的对策与建议

1. 制订全国铁锰铬地质工作专项规划的建议

国家应制订全国铁锰铬地质工作专项规划，利用国家专项规划和政策调控，引导和推进铁锰铬商业性矿产勘查工作的发展。

（1）地质工作专项规划目标：1）基本目标是寻找和查明一批后备资源基地，在危机矿山深部和周围探明一批新增加的资源储量，以保证国内铁锰矿产资源储量的增长与消耗基本平衡，遏制保有储量负增长。2）努力目标是通过发现和查明一批后备资源基地，在老矿区深部和周边探寻到新的矿产资源，适度提高矿石产能，立足提高国内铁锰矿产资源保障程度。3）战略目标是力求新发现一批找矿远景区，发现和评价一批大中型矿产地，做好国家铁锰铬资源战略储备，确保国家资源安全。

（2）地质勘查重点：1）铁矿找矿方面：在西部地区以探寻新的矿产地为重点；东部地区以有市场需求和找矿潜力的老矿山深部和周边为重点；全国以中小型、易采易选的贫矿和富矿为重点，提高地质工作程度，努力查明一批新的矿产地和资源储量，为老矿山寻找和探明新的接替资源。2）锰矿找矿以在上述主要靶区寻找优质锰矿和优质富锰矿为重点。3）铬矿找矿以加强五个找矿远景区的勘查和科学研究为重点，寻找新的矿产地并加强评价工作，新发现的矿产地纳入战略储备。

（3）地质工作专项规划实施：1）国家按综合评价、综合勘查的原则，加大对铁锰铬公益性、基础性地质工作和战略性矿产勘查工作的投入，减少商业性地质勘查的风险，拉动和促进商业性地质工作。2）采取多种渠道筹资，加强铁锰铬商业性矿产勘查工作，在我国商业性地质勘查市场尚未健全的过渡时期，国家应建立铁锰铬矿产勘查专项基金，制订专项管理制度，严格管理，加强商业性矿产勘查工作。3）按上述基本目标，依据潜力分析，优选找矿主要靶区，加强铁锰铬矿勘查工作。

2. 加强铁锰铬矿产勘查工作的对策建议

（1）发挥政府对社会主义市场经济宏观调控的优势，加强对铁锰铬矿产资源地质勘查的行业管理。

（2）国家应从政策上进一步支持商业性地质工作。1）国家要加大对铁锰铬矿产资源基础性和战略性矿产勘查工作，引导和拉动商业性地质工作。2）国家调整有关经济政策，培育商业地质勘查市场，并创造矿产勘查的良好外部环境，主要是调整和确立国家矿业与勘查业为一次性产业和基础产业地位，降低税负；改革矿业与勘查业的财务制度，实施资源耗竭补贴，勘查费用进入矿山成本，加速折旧或摊销等。3）建立国家铁锰铬矿产资源勘查专项基金，制订严格的管理制度。4）国家将铁锰铬矿产资源勘查列入国家基础设施建设范围，利用国债拉动矿产勘查工作。5）完善我国的矿业法规，积极引进国外资金、技术、现代化管理和优秀人才，加强国内铁锰铬矿产勘查工作。

（3）加强国家矿业权市场和矿业资本市场建设，推进铁锰铬矿产勘查工作。1）规范、培育和推进矿业权市场建设，明确并坚持探矿权和采矿权的财产属性，健全有偿取得和依法转让制度。2）建立和发展我国矿业资本市场，为铁锰铬矿产勘查与开发筹措和融通资金。3）加强中介组织建设，发挥行业协会作用，加强行业自律，推进铁锰铬商业性地质工作。

（4）认真贯彻国办发〔1999〕37 号、〔2001〕2 号和〔2003〕76 号文件，推进国家地勘管理体制改革。1）中央和地方都要保留一支精干的地质工作队伍，发挥相对集中统一的优势，"养兵千日，用兵一时"。2）建立商业性地质工作的运行体制，转换经营机制，调动地勘单位从事铁锰铬矿产勘查工作的积极性。3）调整地勘单位经济结构，提高勘查与开发的集中度，构建大型矿产勘查与开发的集团公司，实现投资主体多元化。

（5）加强地勘队伍人才与装备建设，提高地勘单位整体素质和竞争力，向精兵和现代化目标推进。

（6）加强勘查理论与方法技术研究，提高地质找矿成功率。

3. 建立稳定的国外铁锰铬矿产供应基地的建议

（1）要采取多种方式，稳定、安全、充分地利用国外铁锰铬矿产资源。

（2）国家要制订利用国外铁锰铬矿产资源的专项规划和鼓励政策，并坚持统一管理。

（3）加强境外地质勘查工作，国家要安排和加大境外铁锰铬风险勘查专项基金，扶持地勘单位发挥自身优势，到铁锰铬矿产资源丰富、法制健全、社会稳定的国家，开展境外地质找矿工作。特别是在成矿条件好、社会稳定的周边国家开展铁锰铬矿产资源调研，为矿产勘查做好前期工作，以提高地质找矿效果，获取矿业权，建立境外铁锰铬矿产资源稳定供应基地，保障我国矿产资源长期、稳定、安全供应。

第二节　全国铁锰铬矿产资源潜力分析与"十一五"地质勘查工作部署

一、项目基本情况

为了做好"十一五"全国地质勘查工作部署，根据国土资源部相关部门的要求，中国冶金地质勘查工程总局于 2005 年 7 月编制提交了《全国铁锰铬矿产资源潜力分析与"十一五"地质勘查工作部署》，为全国铁、锰、铬矿勘查部署提供了部署方案。

二、主要成果

（1）全面梳理了我国铁、锰、铬矿资源现状。截至 2002 年底，全国共发现铁矿床（点）8896 处，已勘查 2034 处，累计探获铁矿资源储量 628.28 亿吨，探明保有铁矿石资源储量 582.72 亿吨，其中基础储量 213.57 亿吨（包括储量 118.36 亿吨），资源量 365.15 亿吨；全国探明锰矿区 237 处，保有资源储量 6.88 亿吨，其中基础储量 2.01 亿吨（包括储量 1.30 亿吨），资源量 4.87 亿吨；我国累计探明铬铁矿资源储量 1383.2 万吨，冶金级矿石只占总量的 37.47%，保有储量甚微。

（2）在详细阐述我国铁、锰、铬矿的分布，勘查开发利用现状和矿产资源供需形势的基础上，进一步明确了我国钢铁工业的发展对铁、锰、铬矿产勘查工作的基本要求，提出了我国铁、锰、铬矿勘查存在的主要问题。

（3）开展了全国铁、锰矿资源潜力分析，圈定了主要找矿远景区，预测了潜在铁、锰矿资源。一是根据地质勘查工作程度、矿床成因类型、成矿控制因素、物探（航磁、地磁）异常特征、开采利用情况，结合近期工作所获得的综合信息，梳理出鞍东—抚南、辽西、冀东、张宣、五台—吕梁、冀西太行、邯邢、鄂东、豫南许昌—武钢、长江下游、皖西北、赣中、蒙中、攀西、川滇中南段、阿尔泰、西昆仑山、东天山、西天山、澜沧、西疆、冈底斯等 22 个重要铁矿找矿远景，预测 22 个铁矿找矿远景区的潜在资源为 366 亿吨。二是根据锰矿成矿地质条件分析，筛选桂西南、湘渝黔毗邻区、滇东南、川渝陕毗邻区、滇东北—黔西北、湘中、晋冀蒙辽毗邻区、滇西南、西天山等 9 个锰矿找矿远景区，预测尚有资源潜力 25000 万吨。

（4）明确了突出重点、东西部兼顾、注重综合评价、立足国内兼顾国外等部署原则，提出了铁、锰、铬矿勘查技术思路，即铁矿勘查以"鞍山式""攀枝花式"和"大冶式"铁矿床为主要对象，系统地按不同层次部署勘查工作；锰矿勘查以海相沉积型锰矿床和风化型氧化锰矿为对象，以盆地—岩相—含锰岩系—锰矿层的思路，开展海相沉积型锰矿勘查和风化型氧化锰勘查；铬矿勘查以国外为主，在投资环境较好的国家，选择成矿条件有利地区开展勘查工作。

（5）提出了"十一五"铁锰铬矿勘查部署方案。一是在 22 个主要铁矿找矿远景区，部署铁矿勘查项目 54 个，其中基础工作项目 8 个（包括航空磁测项目 4 个，地磁测量 1 个，调查项目 3 个），预查项目 18 个，普查项目 28 个。预计可获得铁矿 333+334 资源量 67 亿吨。二是在 9 个主要锰矿找矿远景区，部署锰矿勘查项目 17 个。其中全国性锰矿资源潜力评价项目 1 个，区带锰矿资源调查评价项目 4 个，锰矿预查项目 5 个，锰矿普查项目 7 个。预期可望探获锰矿 333+334 资源量 6800 万吨。

第三节　全国锰矿勘查工作部署方案（2012～2020 年）

一、项目基本情况

为了深入贯彻《找矿突破战略行动纲要（2011～2020 年）》精神，落实锰矿"358"找矿目标，提高锰矿资源保障能力，科学部署新一轮锰矿勘查工作。2012 年 11 月中国地质调查局安排中国冶金地质总局中南局牵头，中国地质调查局武汉地质调查中心和中国地质科学院矿产资源研究所协作，编制《全国锰矿勘查工作部署方案》（以下简称《方案》）。为此中国冶金地质总局中南局成立了《方案》编制领导小组，组长为李学同，副组长为王泽华。同时成立了李朗田负责的方案编制工作组，主要参加编制人员为李朗田、王泽华、李学同、肖克炎、潘仲芳、薛迎喜、吴继兵、李升福、雷玉龙、夏柳静、周尚国、龙宝林、魏道芳、张生辉、蔺志永、董庆吉、田郁溟、刘增铁、李智明、王希今、徐敏成、司马献章等。

2013 年 4 月 20 日，中国冶金地质总局中南局提交了《方案》，4 月 23 日中国地质调查局组织中国冶金地质总局、中国地质科学院矿产资源所、相关地调中心和各省（区）地调院等在南宁召开全国锰矿找矿工作部署研讨会，对《方案》进行了讨论，广泛征求各方意见及建议。2013 年 6 月 16 日中国地质调查局在北京召开《方案》论证会，专家组审查通过了该《方案》。

二、主要成果

《方案》全面分析了我国锰矿资源形势和勘查现状，总结了锰矿成矿特征，圈定了 22 个锰矿找矿远景区。明确提出了"统筹安排，科学部署；公益驱动，机制创新；科技支撑，基础先行；区域展开，重点突破"的指导思想，以及"新（区）老（区）结合，快速突破；由浅入深，逐步推进；贫富并举，注重效益；以锰为主，综合评价"的工作部署原则。

《方案》以海相沉积型锰矿床为重点，以南华系大塘坡组、泥盆系五指山组、三叠系北泗组和法郎组、石炭系巴平组、奥陶系磨刀溪组、二叠系孤峰组（当冲组）、长城系高于庄组等 7 个区域含矿层位为重点找矿层位，以湘黔渝毗邻区、桂西南、湘中、滇东南、滇东北—黔西北、四川茂县—朝天、桂中、湘桂粤毗邻区、河北迁西—兴隆、四川黑水—平武等 10 个重要锰矿远景区为工作部署重点区域，部署了 20 个重点锰矿勘查项目。

《方案》是 2020 年前中国地质调查局部署全国公益性锰矿勘查工作的主要依据，也为非公益性锰矿勘查工作提供了部署建议。

三、成果应用及转化情况

《方案》的实施，对我国锰矿找矿工作和找矿突破具有重要的指导作用和促进作用。据初步统计 2011~2022 年我国累计查明的锰矿石资源量新增 12.45 亿吨，实现了锰矿查明资源量的巨幅增长。

第四节　中国锰业现状及资源安全保障研究

一、项目基本情况

"中国锰业现状及资源安全保障研究"为自然资源部遴选的、中国自然资源经济研究院承担的"新时代背景下矿产资源在经济社会发展大局中的战略地位与作用"专题中的课题（自然资办函〔2019〕1709 号），所属总题目为"全国矿产资源规划（2021~2025年）前期研究"。

课题的目的任务是以锰矿资源国情调查为基础，全面分析国内外锰矿资源的数量、质量、空间分布及开发利用现状，科学预测未来 15 年我国及全球锰矿资源需求。采用定性与定量相结合方式，结合全球锰矿资源格局和境外资源可得性分析，科学评估我国锰矿资源的可供性，论证不同时点（2025 年、2030 年、2035 年）我国锰矿资源对国民经济建设的保障程度。在此基础上，提出保障我国锰矿资源安全和锰业可持续发展的战略与对策建议。

课题由中国冶金地质总局承担，中国冶金地质总局中南地质调查院具体实施。工作起止时间为 2019 年 10 月~2020 年 3 月。专题项目负责人为田郁溟；主要完成人员为李朗田、雷玉龙、陈广义、陈旭、李连支、张之武、龙鹏、胡雅菲、张学义等。

二、主要成果

（1）系统调查了国内锰矿资源现状。截至 2018 年底，我国累计查明锰矿石资源储量 20.89 亿吨，保有资源储量 17.53 亿吨。锰矿主要分布在贵州、广西、湖南、重庆、四川、河北、云南等 7 省（市、自治区），区域上集中分布在桂西南、黔东—湘西、遵义、湘南、湘中、桂中、城口、阿克陶—乌恰和滇东南等 9 个锰矿矿集区，其查明及保有锰矿石资源/储量分别占全国的 82.8%、83.3%。

（2）综合分析全球锰矿资源的数量、质量、空间分布特征，并对主要锰矿资源潜力国进行了初步评价，提出全球锰矿资源开发利用的途径及需要注意的问题。同时，结合国内外锰矿资源和中国锰资源消费特点，提出"未来多方式获取境外高品质锰资源、继续加速锰资源的全球配置是必然趋势"。

（3）在全面调查、研究国内锰矿开发利用现状、中国锰矿进口情况的基础上，提出我国锰业存在资源比较优势差、矿山集中度低、贫矿尾矿综合利用不足、矿山环保问题突出、锰产业结构不合理、锰矿资源查明率低、综合保障程度低等七大问题。

（4）针对我国锰业存在的问题提出以下对策建议：1）全面提高矿山集中度，夯实锰矿资源基地，重塑锰资源开发利用格局，打造以大中型规模开采为主，选、冶、加工及综合治理一体化的工业园区（或产业集群）。重点建设好 9 个锰矿资源基地，即黔东—湘西、桂西南 2 个大型锰矿资源基地，贵州遵义、重庆城口、湘中、湘南、桂中、滇东南、新疆阿克陶—乌恰地区等 7 个中型锰矿资源基地，力争实现锰矿资源基地规划产能 4000 万吨/年。2）加大锰矿勘查投入，着力提高锰矿资源查明率。重点在我国 9 个锰矿矿集区部署勘查工作，增加锰矿资源/储量；进行锰矿资源/储量升级，提高矿集区锰矿控制程度，扩大锰矿资源储备，夯实"压舱石"。3）加强科技创新，切实提高贫矿、尾矿综合利用率。在中国矿业高质量发展规划的指引下，坚持"政用产学研协同"的原则，重点开展采矿技术、选冶工艺与尾矿综合利用技术创新。一是从根本上解决贫矿利用产生的大量"锰渣"等重大环境问题，并扩大"锰"源；二是通过锰多金属矿、锰渣的综合开发利用，有效减少环境污染，以实现降本增效、绿色发展。4）优化锰产业结构，大力降低锰资源消费。一是优化锰矿开发布局，扶优扶强，兼并重组，切实提高矿山开发规模，解决我国矿权设置不合理，采、选、冶企业"小、散、乱"问题。二是优化锰产业结构，做强、做大锰产业园区，利用财税、土地、资源等政策杠杆，淘汰落后产能，缩减国内低端冶炼过剩产能，转变"资源进口，低端产品出口"的产业发展模式，减少国内电解锰及锰系铁合金冶炼企业对锰矿石的需求。同时支持重点高新锰企业加快科技创新，开发更多锰系新材料新产品，扩大生产规模。5）多头并举，大力提高我国锰矿资源安全保障程度。一是全面提高锰矿勘查工作程度，加大锰矿开发规划执行力度，稳定国内锰资源供应；二是改善锰资源进口结构，从锰矿石进口为主向锰系产品和电解锰进口转变，鼓励国内电解锰及锰系铁合金冶炼过剩产能向境外转移；三是建立境外稳定供应渠道。鼓励中资企业组团在"一带一路"沿线及周边国家开展锰矿地质勘查与资源并购，获得优质锰资源，发展锰冶炼及锰系产品产业，争取形成稳定的资源供应基地。